U0176529

1000 MW巨型水轮发电机组关键技术

程永权　石清华　刘平安　等 编著

中国三峡出版传媒

中国三峡出版社

内容提要

金沙江白鹤滩、乌东德水电站，是当今世界在建最大规模的水电站，也是全球单机容量最大的水电站。其中白鹤滩装设 16 台单机容量 1000 MW 的机组，乌东德装设 12 台单机容量 850 MW 的机组。本书论述了白鹤滩、乌东德水电站装设 1000 MW 机组的工程可行性，1000 MW 机组设计制造的可行性，分析了关键技术难点，对总体技术研究和专项技术研究成果，白鹤滩 1000 MW 水电机组的设计计算成果、制造技术以及其他水电站已投产相近巨型机组出现的一些问题及预防措施等进行了分析与介绍。

本书可供从事水电站机电设计、机组研究以及运行维护和检修人员使用，也可作为大专院校相关专业师生的技术参考书。

图书在版编目（CIP）数据

1000MW 巨型水轮发电机组关键技术／程永权等编著 . —北京：中国三峡出版社，2021.5

ISBN 978－7－5206－0170－2

Ⅰ. ①1… Ⅱ. ①程… Ⅲ. ①水轮发电机-发电机组 Ⅳ. ①TM312

中国版本图书馆 CIP 数据核字（2020）第 222088 号

中国三峡出版社出版发行
（北京市通州区新华北街 156 号　　101100）
电话：（010）57082645　57082577
http：//media. ctg. com. cn

北京世纪恒宇印刷有限公司印刷　新华书店经销
2021 年 5 月第 1 版　　2021 年 5 月第 1 次印刷
开本：787 毫米×1092 毫米　1/16　印张：41.25
字数：1030 千字
ISBN 978－7－5206－0170－2　定价：300.00 元

《1000 MW巨型水轮发电机组关键技术》

编 委 会

顾　　问：杨　清

主　　编：程永权

审　　核：张成平　胡伟明　贺建华　刘玉强　邵建雄
　　　　　李胜兵

参编单位：中国长江三峡集团有限公司

　　　　　哈尔滨电气集团哈尔滨电机厂有限责任公司

　　　　　东方电气集团东方电机有限公司

　　　　　长江勘测规划设计研究有限责任公司

　　　　　中国电建集团华东勘测设计研究院有限公司

编　　写：程永权　石清华　刘平安　卜良峰　张天鹏
　　　　　刘　洁　邹祖冰　唐博进　陈冬波　方　杰

序

中国自古以来就是工程大国，也是工程强国。伟大的中华民族用一个个气势恢宏、巧夺天工的重大工程在人类文明史上书写了彪炳史册的光辉篇章。新中国成立以来，在党的领导下，我国成功建成了一系列重大工程，极大地提升了国家的综合实力和核心竞争力，极大地提振了民族的自豪感和凝聚力。重大工程构成了国家强盛的脊梁，民族兴盛的力量，民生福祉的依托，社会进步的阶梯，开放合作的平台，科技创新的沃土，经济发展的引擎，大国崛起的重器，在中华民族崛起与复兴的伟大历史进程中发挥着不可替代的重大作用。

2018 年 4 月 24 日，习近平总书记赴三峡工程视察。总书记站在三峡大坝坝顶，意味深长地指出："真正的大国重器，一定要掌握在自己手里。核心技术、关键技术，化缘是化不来的，要靠自己拼搏。"习总书记的指示发人深省，振聋发聩。历史上，我们曾经多次被西方垄断的关键核心技术"一剑封喉"，这种无奈、不甘与悲愤是许多国家重大工程的参与者共同的经历和刻骨铭心的体会。我们深深地知道，国家手中有重器，民族复兴才有底气，掌握了关键核心技术，大国重器才能牢牢地掌握在我们自己手里！

百万千瓦发电机组，是一个国家能源工程核心技术领先能力的代名词，是各国电力企业和工程技术人员争相攀登、征服的"珠穆朗玛峰"。2006 年和 2014 年，我国国产的火电与核电百万千瓦机组分别投运，继西方发达国家之后成功"登顶"，迈入全球"超百万千瓦机组俱乐部"。而百万千瓦水轮发电机组一直是世界空白，是西方发达国家也未曾涉足的"无人区"。如今，中国水电将在这一领域率先实现"从零到一"的突破——中国三峡集团投资建设的白鹤滩水电站将首次安装世界首创、全球唯一的全国产 1000 MW 水轮发电机组，世界水电由此跨入百万千瓦机组时代。在世界水电"无人区"留下第一枚足迹的将是中国水电，并且在未来相当长时期内无人能够超越。

1

如果说白鹤滩水电站是世界水电史和中国重大工程史上的又一顶皇冠，那么白鹤滩水电站首次装备的 16 台国产百万千瓦水电机组，就是在这顶皇冠上镶嵌的 16 颗耀眼明珠，是当今世界水电单机容量最大、技术水平最高、具有完全自主知识产权的巨型国产机组，是世界水电的巅峰之作，也是我国水电装备制造业实现由技术引进到"原发式"技术创新、由"中国制造"到"中国创造"、由"跟跑"到"领跑"、由"引进来"到"走出去"、由水电大国到水电强国的重大转变，必将进一步巩固中国水电在世界水电的引领者地位。国产百万千瓦水电机组与 70 万 kW、80 万 kW 大型水电机组相比，不仅仅是容量、尺寸、规模等方面的提升，更是中国大型装备制造业在技术、材料、工艺等多领域、多层次、全产业链的原发式创造和集成创新。在水力设计、电磁设计、通风冷却、高性能钢板及铸锻件方面都采用了"新设计、新工艺、新材料"，实现了一系列新的突破。百万千瓦水轮发电机组的研发制造，是落实党的十九大提出的"加快建设制造强国"的重要举措，这对于中国水电产业占据全球制高点，引领世界水电新发展具有十分重大的战略意义，这是一个前无古人、近无来者的伟大事业，一个为国担当、开创未来的伟大事业，一个青史留名、功在千秋的伟大事业。

抚今追昔，中国重大水电工程的每一次腾飞，都离不开国家重大装备制造的鼎力支持，每一次水电机组关键核心技术的自主创新，都是中国水电和中国机电共同提笔绘就的服从、服务国家战略的辉煌画卷，也是一部通过重大工程建设、重大装备制造引领重大技术创新发展的奋进篇章。回顾共和国大型水电机组国产化历程，可谓筚路蓝缕、玉汝于成。在三峡工程建设过程中，我们将中国水轮发电机组的研发、设计和制造能力从 32 万 kW 一举提高到 70 万 kW，用 7 年的时间取得了西方发达国家 30 年时间才能完成的巨大飞跃，完成了 70 万 kW 水电机组从"中国制造"到"中国创造"的历史性跨越。经过金沙江溪洛渡、向家坝水电站建设，国产水电机组单机容量成功提升到 80 万 kW，我国水电装备制造业也成功跻身世界先进行列。白鹤滩水电站百万千瓦水电机组的成功研制，意味着中国水电装备制造业将全面进入世界水电"无人区"，意味着中国水电将拉开全面引领世界水电可持续发展的历史序幕，意味着中国大型装备制造业将为世界水电贡献中国智慧，提供中国方案。

本项研究工作由中国长江三峡集团有限公司牵头组织，联合中国东方电气集团有限公司、哈尔滨电气集团有限公司、长江勘测规划设计研究有限责任公司、中国电建集团华东勘测设计研究院有限公司等单位共同完成。百万千瓦机组研究的成功，是继三峡工程之后创造的又一个"依托工程、业主引领、多方参与、联合创新"的成功范例。

白鹤滩水电站首批机组将于 2021 年投产发电，这是中国水电为建党一百周年精心打造的献礼之作。我们将始终以对党、对国家、对人民、对历史高度负责的精神，牢固树立"千年大计，质量第一"的意识，以"零容忍"的态度消灭所有的缺陷和瑕疵，以"设计零疑点、制造零缺陷、安装零偏差、进度零延误、运行零非停、安全零事故、服务零投诉"为目标，共同将百万千瓦机组和白鹤滩水电站打造成为世界一流的精品工程。

今天，中国已经进入了新时代，也进入了重大工程爆发式增长的重器时代，进入了引领全球重大工程发展的创新时代，进入了主导全球重大工程技术发展方向的领航时代，进入了团结世界各国联合发展重大工程的人类命运共同体时代。百万千瓦水轮发电机组只是照亮这个伟大时代的千万点光源中的一个，我们坚信，越来越多的大国重器、伟大工程将不断涌现在社会主义新时代，为中华民族的伟大复兴，为全人类的共同福祉做出新的更大贡献！

《1000 MW巨型水轮发电机组关键技术》是第一本论述百万千瓦水轮发电机组研究成果的权威专著，汇聚了中国长江三峡集团有限公司、中国东方电气集团有限公司、哈尔滨电气集团有限公司、长江勘测规划设计研究有限责任公司、中国电建集团华东勘测设计研究院有限公司等参与百万千瓦机组研发制造的有关企业的重要科研成果，同时也是百万千瓦水轮发电机组论证、设计、制造走过的十年艰辛历程的真实记录，见证了大国机电梦从构想到实现的伟大实践历程。本书由中国长江三峡集团有限公司副总工程师程永权同志牵头，组织各有关单位的多名权威专家共同编写，他们为这部专著的顺利出版付出了大量汗水和心血。在此，我向本书的编写者，以及所有参与百万千瓦机组研发制造的广大技术人员和产业工人致以崇高的敬意！

2020 年 3 月 14 日

前　言

　　百万千瓦发电机组，是电力装备先进水平的代名词，建造百万千瓦机组也是广大科技工作者和工程技术人员追求的梦想。经过近 20 年的努力，这一梦想在火电、核电领域已经实现，而水电的百万千瓦机组梦想也即将变成现实。

　　火电领域，2003 年我国引进技术超临界 900 MW 火电机组在上海外高桥电厂投产，2006 年第一台国产百万千瓦级超超临界火电机组在浙江玉环电厂投运。截至 2016 年底，国内已投产的百万千万级超超临界火电机组已达 97 台，已开工在建的百万千瓦级超超临界机组达 68 台，超超临界百万千瓦机组已经成为新建大型火电厂的主流技术。我国百万千瓦火电机组无论是已经投运还是在建数量均居世界首位，超过全球同类型机组保有量的总和。

　　核电领域，1994 年 2 月 1 日和 5 月 6 日，两台单机容量为 984 MW 压水反应堆机组先后在大亚湾投入商业营运；2007 年 5 月 17 日和 8 月 16 日，两台采用俄罗斯 VVER1000 型压水堆的百万千瓦核电机组在田湾核电站投入商业运行。2014 年，首台国产百万千瓦核电机组在秦山方家山并网发电，中核华龙一号和中广核 CRP1000 技术日趋成熟。我国在建、拟建百万千瓦核电机组超过 20 台，核电进入"超百万时代"。

　　水电领域，中国正处于"70 万 kW 时代"，三峡、龙滩、小湾、拉西瓦、向家坝、溪洛渡等水电站均采用 70 万 kW 机组。不同于火电、核电机组，水电要采用百万千瓦机组，不仅要考虑设计制造等技术问题，还要考虑与站址的水能特性相适应的问题，只有当水量足够大、水头足够高时，才适合采用超大容量机组。幸运的是，金沙江下游乌东德、白鹤滩两站址均满足这个水能条件。经过十多年的论证研究，确定白鹤滩采用 16 台全国产百万千瓦机组，计划 2021 年首批机组投产发电。相比火电、核电百万千瓦机组，水电百万千瓦机组投产时间分别晚了 15 年、21 年。虽然水电百万千瓦机组姗姗来迟，但意义

1

非凡，它填补了世界水电百万千瓦机组的空白。白鹤滩百万千瓦机组将是世界首创、全球唯一、未来相当长时期内无法超越的最大容量水电机组，堪称水电机组的巅峰之作，是世界水电发展史上的一个新的里程碑。

中国水电装备业从 300 MW 级到 700 MW 级，再到 1000 MW 的跨越，得益于三峡工程 700 MW 机组的技术引进、消化、吸收、再创新。

1996 年，三峡左岸 14 台机组招标时，我国还不能设计制造 700 MW 级机组，之前自主设计制造过的最大机组是 320 MW。三峡工程的决策者审时度势，制定了一条独具特色的"技术路线"：市场换技术。在国家"技贸结合、技术转让、联合设计、合作生产"方针政策的指导下，通过公开招标，三峡左岸电站 14 台水轮发电机组分别由国际一流水电制造商 VGS 联营体（Voith-GE-Siemens）和 ALSTOM 中标。国内东电、哈电受让技术并分包制造部分机组。

通过三峡左岸机组的技术转让和分包制造，东电、哈电掌握了 700 MW 机组设计制造的关键技术，在三峡右岸和地下电站机组招标中，获得了三分之二份额共 12 台机组的供货合同。2007 年 6 月，首台国产 700 MW 全空冷机组——三峡 26 号机组顺利投产。

从 1978 年美国大古力 700 MW 机组投产，到 2007 年国产第一台 700 MW 机组投产，其间相差近 30 年；从 1997 年三峡左岸引进 700 MW 机组合同签订，到 2004 年右岸国产 700 MW 机组合同签订，其间相差 7 年。三峡工程用 7 年的时间实现了中国水电装备 30 年的跨越。

三峡工程引领中国水电装备跨入 700 MW 时代。继三峡工程之后，又相继建设了世界第三大装机规模的溪洛渡水电工程（18×770 MW）、世界第六大装机规模的向家坝水电工程（8×800 MW），龙滩、小湾、拉西瓦水电站也都采用 700 MW 机组，其中绝大部分机组由东电、哈电设计制造。至此，全世界已经建成投产的 99 台 700 MW 及以上机组中（不含古里水电站 10 台额定容量 610 MW、最大容量 730 MW 机组），76 台在中国。

700 MW 级巨型机组群的建设、运行，为开发大水电、研发大机组积累了丰富的经验，形成了开发大水电、装备大机组、运营大电站的核心能力。同时，国产机组大规模成功投产，标志着我国已具备独立设计、制造 700 MW 级乃至更大机组的能力，开发并应用 1000 MW 机组的基本条件和能力已经具备。

（1）1000 MW 机组主要技术难点得到了充分识别和评估。1000 MW 机组的主要技术难点有：①水力设计要求更高，过大的压力脉动、空蚀对大型水轮机都是有害的，要严格控制，保证机组在 60%～100% 负荷范围内稳定运行，这一指标高于三峡的 70%～100% 稳定运行范围要求。②1000 MW 发电机要采用 24～26 kV 电压，这一电压高于目前大机组普遍采用的 20 kV 电压，必须解决定子线棒的绝缘问题以及绝缘加厚后引起的冷却问题。③机组结构和材料强度问题，相比三峡机组，白鹤滩 1000 MW 机组在水头、转速等方面都高于 700 MW 机组。因此，结构和材料强度至关重要。如大直径高转速转子需要使用 750 MPa 高强度磁轭钢板，水轮机蜗壳需要使用 800 MPa 高强度钢板。④大 PV 值推力轴承运行安全问题等。

（2）700 MW 级机组的创新成果为 1000 MW 机组研发奠定了基础。比较突出的有：一是设计技术得到了多个电站验证；二是发电机冷却技术，三峡工程对定子水冷、蒸发冷却、全空冷三种方式都进行了探索运用，并取得成功，为更大机组提供了多种选择；三是材料国产化取得成效，发电机的高牌号电工钢、水轮机的大型铸锻件、抗撕裂特厚钢板全部实现中国制造，并有多种选择。

（3）中国三峡集团机电工程管理的成熟经验为实施采用 1000 MW 机组的建设方案提供了可靠保障。中国三峡集团总结了一整套行之有效的机电工程管理方法。例如，以设计为龙头的技术审查管理，以带模型水轮机投标进行同台对比试验择优的招标方式，以精品机组为目标、标准先行、材料变更和缺陷报批、外购设备监控、工厂监造、安装监理、业主主导启动调试的全过程管理方法等。

2006 年，中国三峡集团启动了乌东德、白鹤滩水电站 1000 MW 级水轮发电机组论证工作，2008 年正式签订 1000 MW 级水轮发电机组科研合同，明确 1000 MW 级水轮发电机组研究以乌东德、白鹤滩水电站为依托工程，研究目标和技术路线总体上划分为三个阶段进行。

第一阶段：进行 1000 MW 级机组在工程应用中可行性和经济合理性研究，主要内容包括从电站角度开展乌东德、白鹤滩水电站装设 1000 MW 机组可行性研究。

第二阶段：进行 1000 MW 级机组总体研究和专项技术研究，其中专项研究包括水轮机水力设计及模型试验研究，24 kV、26 kV 定子线棒绝缘技术及仿真试验研究，1000 MW 水轮发电机组技术要求和标准规范研究。

第三阶段：进行 1000 MW 级水轮发电机组新技术、新材料、新工艺研究，主要内容包括通风模型及真机尺寸热模型试验研究、推力轴承全尺寸真机瓦试验研究、蒸发冷却技术研究、电力系统兼容研究、高强度材料的调研和跟踪研究等。

"十年磨一剑"，经过约 10 年的系统研究，充分论证了白鹤滩水电站安装百万千瓦机组的必要性和可行性，攻克了百万千瓦机组的关键技术难题，取得了丰富的研究成果，为百万千瓦机组的工程应用铺平了道路。经过多方反复论证，最后确定白鹤滩水电站采用 1000 MW 级机组。

本项研究工作是由中国三峡集团牵头组织，在东方电气集团、哈尔滨电气集团、长江勘测规划设计研究院、华东勘测设计研究院参与下联合完成的。百万千瓦机组研究的成功，创造了"依托工程、业主引领、多方参与、联合创新"的成功范例。

白鹤滩百万千瓦机组的主要特点可以总结为容量大、技术新、性能优、中国造。

容量大：白鹤滩水电站装机容量达 1600 万 kW，装机规模仅次于三峡工程，为世界第二，而单机容量更是达到空前的 100 万 kW，位居世界第一。

技术新：白鹤滩百万千瓦机组广泛采用了"新技术、新工艺、新材料"，在水力设计、电磁设计、通风冷却、高性能钢板及铸锻件等方面都进行了创新设计、创新制造。主要包括巨型水轮机水力开发技术、巨型水轮发电机 24 kV 定子绝缘技术、巨型水轮发电机结构稳定性技术、750 MPa 磁轭钢板和 800 MPa 级高强钢板应用技术、发电机全空冷技术以及百万千瓦机组设计制造标准等。

性能优："带模型投标"的水轮机模型研发模式确保了水轮机模型优中选优，水轮机稳定性能优越，全水头范围压力脉动小于三峡机组，全运行范围无空化，稳定运行范围大于 60% ~ 100%，大于已投产的 700 MW 级机组；水轮机真机加权平均效率达到 96%，高于向家坝、溪洛渡机组的 95%，高于三峡机组的 94%，达到了世界领先水平；发电机电压选用 24 kV，为当今世界水电行业同类机组中最高。

中国造：经过公开招标，哈尔滨电气集团和东方电气集团分别中标白鹤滩左、右岸电站 8 台机组，16 台百万千瓦机组全部由我国企业自主设计制造，实现了完全国产化。

本书论述了白鹤滩、乌东德水电站装设 1000 MW 机组的工程可行性和 1000 MW 机组设计制造的可行性，分析了关键技术难点，并对总体技术研究和专项技术研究成果、白鹤滩 1000 MW 水电机组的设计计算成果、白鹤滩 1000 MW 水电机组制造技术和已投产大机组一些问题的预防措施等进行了介绍。当前，白鹤滩百万千瓦机组正处于详细设计和部件制造交货阶段，书中内容代表了当今水电大机组设计和制造的最新水平。本书是对过去十多年工作的总结，是对百万千瓦机组核心技术的提炼。作者希望通过本书真实、完整、精炼、准确地记载百万千瓦机组的研究、设计、制造历史，传承当代水电大机组最新技术。

全书由中国三峡集团牵头，哈尔滨电气集团、东方电气集团、长江勘测规划设计研究院、华东勘测设计研究院参与共同编写。编写组完成的仅仅是资料整理、提炼、总结、编撰等工作，书中饱含工程审查核准部门、工程开发业主、工程设计单位、机组制造单位领导英明决策的大智慧，饱含广大科技人员多年坚持不懈辛勤工作的汗水、攻坚克难的创新精神。在此，对支持百万千瓦机组研发应用的各级领导和专家们表示衷心的感谢！

中国三峡集团董事长雷鸣山对本书出版做了批示，原董事长卢纯亲自为本书作序，副总经理范夏夏对前言及内容进行了审改，原副总经理杨清对本书的出版提出了宝贵意见，在此一并表示衷心的感谢！同时，对本书编委会和全体编审人员付出的辛勤劳动表示衷心的感谢！

由于水平有限，书中不足之处难免，敬请读者批评指正。

程永权

2020 年 3 月 20 日

目　录

第1章 概 论

1.1 水力发电的现状与未来

水力发电可分为下列几种类型:

按水电站的功能可分为常规水电站和抽水蓄能电站。常规水电站是利用天然河流、湖泊等水源发电;抽水蓄能电站是利用电网负荷低谷时多余的电力,将低处下水库的水抽到高处上水库存蓄,待电网负荷高峰时放水发电,尾水收集于下水库。

按水电站的开发取水方式可分为坝后式水电站、引水式水电站和混合式水电站三种基本类型。

水能的资源禀赋和人类对电力的需求促进了水力发电的发展。由于水力发电是利用水的势能发电,是将水的势能转换成电能的物理过程,发电过程不消耗水,不改变水的性质,不排放污染物,因此,水力发电是一种清洁、低碳、可再生的发电形式。水力发电在世界各国都得到了优先发展,据统计,世界上有 24 个国家依靠水力发电提供国内90% 以上的电力,如巴西、挪威等。有 55 个国家水力发电占全国发电量的 50% 以上,如加拿大、瑞士、瑞典等。

截至 2017 年底,全球水电装机容量约为 12.67 亿 kW,年发电量约为 4.2 万亿 kW·h。截至 2016 年,全球水电开发程度为 26% (按发电量计算),欧洲、北美洲水电开发程度分别为 54% 和 39%,南美洲、亚洲和非洲水电开发程度分别为 26%、20% 和 9%。发达国家水能资源开发程度总体较高,如瑞士为 92%,法国为 88%,意大利为 86%,德国为74%,日本为 73%,美国为 67%。发展中国家水电开发程度普遍较低,大部分待开发的水电资源集中在非洲、南美、东南亚等地。

作为利用效率高、开发经济、技术成熟、调度灵活的清洁可再生能源,水电优先开发已经成为国际共识。据国际行业预测,到 2050 年,全球水电装机容量将"翻番",达到 20.5 亿 kW。

中国是世界上水力资源最丰富的国家之一,水电资源理论蕴藏量约为 6.94 亿 kW,技术可开发量约为 5.42 亿 kW,经济可开发量约为 4.02 亿 kW。中国大陆第一座水电站为建于云南省螳螂川上的石龙坝水电站,始建于 1910 年 7 月,1912 年发电,装机480 kW。新中国成立后,水电得到了长足发展,特别是 20 世纪后半期,中国水电进入快速发展期，大江大河的水电开发达到高潮，一大批大型水电站巨型机组投产发电，其中包括世界最大的长江三峡水利枢纽工程（装机 2250 万 kW）、世界第三大水电站溪洛渡水电站（装机 1386 万 kW）。全球最大的十座已建和在建水电站见图 1-1。

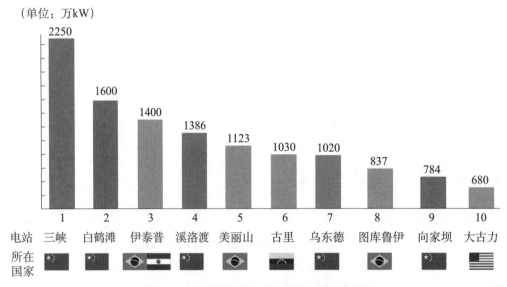

图 1-1　全球最大的十座已建和在建水电站

截至 2017 年底，全国电力总装机规模为 17.77 亿 kW，其中水电装机为 3.41 亿 kW，世界排名第一。国内水电开发程度为 39%（按发电量计算）。据不完全统计，截至 2017 年底，我国已建装机 5 万 kW 以下的小水电站 4.7 万余座，总装机容量约为 7927 万 kW；装机 5 万~30 万 kW（不含）的中型水电站 479 座，总装机容量约为 4487 万 kW；已建装机 30 万 kW 及以上的大型水电站 152 座，发电机组 797 台，总装机容量约为 2.22 亿 kW，年发电量约为 7200 亿 kW·h。在这些已建水电站中，包括各类抽水蓄能电站 34 座，总装机容量为 2942.5 万 kW。按照规划，到 2020 年，中国水电装机将达到 3.8 亿 kW，其中，常规水电 3.4 亿 kW，抽水蓄能 4000 万 kW。2017 年全球主要国家水力发电装机容量与发电量情况见图 1-2。

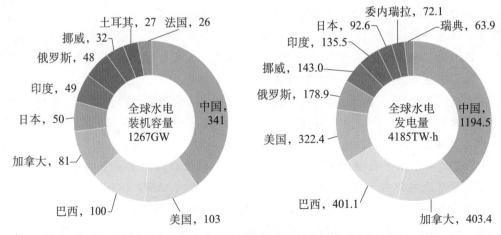

图 1-2　2017 年全球主要国家水力发电装机容量与发电量（单位：GW，TW·h）

　　虽然中国水电开发起步较晚，但通过三峡、溪洛渡、向家坝、龙滩、小湾、拉西瓦、锦屏等一大批大型水电工程的建设，最近 20 年实现了弯道超越。水电工程建设产能、水电施工技术、装备制造技术等，均处于世界先进行列。因此，对水电发展的未来，从资源上看，无论是国内还是国外都还有较大的发展空间；从产能和技术上看，中国具有明显的规模和技术经济优势；从能源结构变革趋势来看，为应对气候变化，世界各国均将大力发展清洁能源。水电，既具有清洁低碳的天然属性，同时，其良好的调节性能也可为风电、光伏等间歇性能源的消纳提供良好的支撑。因此，中国水电全产业链"走出去"面临着良好的发展机遇。

1.2　水电装备发展概况与当代最高水平

1.2.1　水电装备发展概况

　　水电站的主要设备有水轮机、发电机、升压变压器、调速器及水轮机附属设备、励磁装置及发电机附属设备、高压输配电装置、低压配电装置、继电保护和自动化系统等。其中水轮机和水轮发电机是水电站的最基本设备，也是最关键的设备。

　　水力发电装备制造业起源于西方。1849 年经美国工程师弗朗西斯设计改进形成现代的辐向轴流式水轮机，称为弗朗西斯水轮机，国内称为混流式水轮机。1880 年美国工程师培尔顿发明了冲击式水轮机，又称为培尔顿水轮机。1912 年奥地利工程师卡普兰设计了第一台轴流转桨式水轮机，又称为卡普兰水轮机。到了 20 世纪 40 年代至 50 年代，相继出现贯流式和斜流式水轮机。与此同时，水轮机又发展出水泵水轮机，用于抽水蓄能电站。20 世纪 80 年代，西方水力发电装备制造业已经相当成熟，一大批单机容量为 500 ~ 700 MW 的混流式机组、单机容量为 100 ~ 200 MW 的轴流转桨式机组、单机容量为 100 ~ 200 MW 的高水头冲击式机组、单机容量为 200 ~ 300 MW 的抽水蓄能机组相继投入运行。

　　世界各国水电开发很不平衡，欧美国家开发较早，亚洲和非洲开发较晚。1878 年法国建成世界第一座水电站。美洲第一座水电站建于美国威斯康星州阿普尔顿的福克斯河上，由一台水车带动两台直流发电机发电，装机容量为 25 kW，于 1882 年 9 月 30 日发电。1885 年欧洲第一座商业性水电站——意大利的特沃利水电站建成，装机容量为 65 kW。1895 年在美国与加拿大边境的尼亚加拉瀑布建造了一座大型水轮机驱动的 3750 kW 水电站。随后的一个多世纪，欧美国家开发了一大批大中型水电站，至 20 世纪 80 年代，欧美国家水电资源基本开发完毕。同时，随着水电的开发，欧美水电制造企业不断发展壮大，出现了水电装备的"寡头"，如德国 VOITH、德国 SIEMENS、法国 ALSTOM、美国 GE、奥地利 ANDRITZ 等，逐渐形成了对全世界水电装备制造业的主导局面。

　　中国水力发电发展起步较晚，最早的水电装备完全依靠进口。1912 年中国大陆第一个投产的近代水电站——云南省的石龙坝水电站，其水轮机和发电机均由欧洲厂家制造。从 1912—1949 年的近 40 年间，全国共建有水电站 42 座，水电装机容量为 360 MW。由于连年战争和设备陈旧等原因，到 1949 年尚能运行的只有 163 MW。日本侵占东北期间，在第二松花江上建设了装设 8 台水电机组（共 560 MW）的丰满水电站，在牡丹江上建设了装设两台18 MW水电机组的镜泊湖水电站。此外，在四川、西藏、云南、贵州等省建设的水电站，也多为从欧美进口的发电机组。

新中国成立后，水力发电事业得到了快速发展，水电装备从无到有，从小到大。表1-1列示了我国水力发电及其装备的发展历程。

表1-1 中国水电装备发展历程

年份	中国水电发展历程
1912	中国第一座水电站——位于云南省昆明市西山区海口螳螂川上游的石龙坝水电站，安装2×240 kW的水轮发电机组（发电机为德国西门子生产，水轮机为奥地利制造）
1942—1948	中国共产党在解放区兴建了漳河赤岸、漳河西达、渠水茅岭底、险隘河汹汹水等4座水电站。其中漳河赤岸电站利用5 m落差，引用流量0.5 m³/s，用自制的木质水斗式水轮机带动10 kW发电机发电，是我党历史上的第一批小型水电站
1943	中国近代最大的水电站——丰满水电站，日本侵占东北期间建设，装机8×70 MW
1949	至新中国成立，全国水电站42座，装机36万kW，尚能运行的16.3万kW
1957	黄河上的第一座水电站——三门峡水电站开工建设
1960	我国第一座自主设计、自制设备、自行施工的大型水电站——钱塘江上的新安江水电站投产，被誉为"长江三峡试验田"
1966	中国最早的大型冲击式机组在云南会泽县的以礼河电站投产，机组由捷克"Skoda"工厂制造，卧式36 MW的双转轮，最大毛水头为629 m
1968	华中地区骨干电站——丹江口水电站投产，安装6台单机容量为150 MW的竖轴混流式水轮发电机组
1969	我国第一座百万千瓦级的水电站——黄河上游刘家峡水电站投产发电
1971	中国第一台贯流式电站——四川东风水电站投产，机组由日本富士进口，容量为2500 kW
1978	全国电力装机5712万kW，其中水电装机1867万kW
1981	万里长江第一坝——葛洲坝水电站投产发电，装设21台轴流转桨式机组，其中2台单机容量为170 MW，其他机组单机容量为125 MW，机组由哈电和东电设计制造
1980's	中国水电开发小高峰，业主制、招投标制、监理制的"三制"模式从鲁布革水电站开始推向"五朵金花"：天生桥、岩滩、漫湾、隔河岩、水口
1984	东北最大的水电站——白山水电站发电，装机5×300 MW
1984	我国自行设计制造的第一台大型贯流机组，在广东省封开县白垢电站投产，容量为10 MW，天津发电设备厂于1980年试制完成
1987	国产最大容量的混流式机组在龙羊峡投产发电，机组4×320 MW，东电研制，这是三峡之前我国生产的最大水电机组

年份	中国水电发展历程
1990's	中国水电开发又一个小高峰：五强溪、李家峡、天荒坪抽水蓄能电站开工建设并投产发电。世纪之交，更有万家寨、二滩、小浪底、天生桥一级和二级、大朝山等一大批水电站建成投产
1994	中国第一个大型抽水蓄能电站——广州抽水蓄能电站一期建成，容量为 4×333/340 MW，机组由 ALSTOM 制造
2003	世界上最大的水电站——三峡水电站投产发电，装设 32 台 700 MW 机组；中国水电进入 70 万 kW 时代，2007—2009 年相继投产一批 700 MW 机组：龙滩 7 台，世界最高的碾压混凝土坝，最大坝高为 216.5m；小湾 5 台，世界最高的混凝土双曲拱坝，最大坝高为 294.5m；拉西瓦 6 台，黄河流域最高大坝、装机容量和发电量最大的水电站
2004	中国制造单机容量最大的冲击式水轮机在云南昭通高桥电站投产，电站总装机容量为 3×30 MW，额定水头为 550 m，其中 2 台机组由东方电机厂生产，1 台机组由昆明电机厂生产
2004	全国水电装机容量为 1 亿 kW，以公伯峡 1 号机组、三峡 7 号机组投产为标志
2009	中国制造水头最高的冲击式水轮机在四川苏巴姑水电站投产，水头为 1209.9m，单机容量为 26 MW
2010	全国水电装机 2 亿 kW，以小湾 4 号机组投产为标志
2014	全国水电装机 3 亿 kW，以溪洛渡、向家坝、糯扎渡、锦屏等一批重点水电工程陆续竣工投产为标志
2015	金沙江乌东德水电站主体工程开工建设，装设 12 台单机 850MW 机组，分别由 GE 和 VOITH 公司制造
2016	安装有中国自行设计制造最大抽蓄机组的浙江长龙山电站开工建设，单机容量为 350 MW，水头为 710m，东电制造 4 台，VOITH 制造 2 台，转速分别为 500 r/min、600 r/min
2017	世界单机容量最大的水电站——白鹤滩水电站主体工程开工建设，计划 2021 年投产，单机容量为 1000 MW，水头为 202 m，哈电和东电各设计制造 8 台

伴随着水电产业的发展，中国水电装备技术也得到了快速提升，一批世界一流的中国水电制造企业崛起。特别是近 20 年来，依托三峡工程建设，引进、消化、吸收国外先进技术，国内制造厂哈尔滨电气集团（简称哈电集团或哈电、HEC）、东方电气集团（简称东电集团或东电、DEC）通过技术受让、联合制造、分包生产，逐渐掌握了 700 MW 水轮发电机组的设计制造技术，在三峡左岸电站承担了全部 14 台机组 40% 以上的生产任务，在三峡右岸和地下电站 18 台 700 MW 机组中，独立完成 12 台机组的设计、制造任务。在三峡工程之前，中国能制造的最大机组为 320 MW，通过三峡 700 MW 机组的设计制造和技术创新，中国水电装备实现了弯道超越。目前，中国是全世界少有的能够制造 700 MW 级以上水轮发电机组的国家之一，哈尔滨电气集团、东方电气集团进入世界先进

水电制造业行列，与世界知名水电制造商 GE、VOITH、SIEMENS 齐名。同时，三峡工程之后，龙滩、小湾、拉西瓦都相继采用了 700 MW 水电机组，可以说三峡工程引领中国水电跨入"700 MW 时代"。目前，全球在建和已投产的 700 MW 及以上水电机组共 137 台，其中 104 台在中国，中国是世界上拥有 700 MW 及以上水电机组最多的国家，见表 1-2。

表 1-2　全球在建、已建单机容量为 700 MW 及以上水轮发电机组统计

国家	电站	单机容量	台数	投产年份	业主	机组制造厂
中国	三峡水电站	700 MW	32	2003	三峡集团	ALSTOM、VGS、哈电、东电
中国	向家坝水电站	800 MW	8	2012	三峡集团	哈电、ALSTOM
中国	溪洛渡水电站	770 MW	18	2013	三峡集团	东电、哈电、VOITH
中国	乌东德水电站（在建）	850 MW	12	2020	三峡集团	GE、VOITH
中国	白鹤滩水电站（在建）	1000 MW	16	2021	三峡集团	哈电、东电
中国	龙滩水电站	700 MW	7	2007	大唐集团	水轮机由 VOITH 和东电生产，发电机由 ALSTOM 和哈电生产
中国	小湾水电站	700 MW	6	2009	华能集团	水轮机由 VOITH 和东电生产，发电机由 ALSTOM 和哈电生产
中国	拉西瓦水电站	700 MW	5	2009	国家电投	水轮机由 VOITH 生产，发电机由哈电生产
小计			104			
巴西	Itaipu 伊泰普水电站（含扩机 2 台）	700 MW	20	1984	巴西-巴拉圭联合公司	CEITAIPU 集团（ABB、ALSTOM、VOITH、SIEMENS 等组成）
美国	Grand Coulee 大古力水电站	700 MW（1978 年首台投产；增容后 805 MW，1995 年投产）	3	1980（扩建完工）	美国内务部垦务局（USBR）	阿里斯-查摩+通用电气（CGE），1978—1980 年；增容由 SIEMENS 承担（1997 年）
委内瑞拉	GURI 古里水电站	最大 730 MW，额定 610 MW	10	1984	委内瑞拉国家电力公司	日立公司 JWG、GE 公司
总计			137			

1.2.2　水电装备当代最高水平

水轮机主要有冲击式、混流式、轴流转桨式、贯流式四种型式，分别适用于不同水

头范围的水电站。冲击式水轮机适合高水头电站，混流式水轮机适合中、高水头电站，轴流转桨式水轮机适合中、低水头电站，贯流式水轮机适合低水头电站。抽水蓄能水泵水轮机，可以看作是混流式水轮机的扩展应用。

对冲击式、混流式、抽水蓄能机组的共同技术难点是如何增大机组容量，如何提高水轮机的适用水头，水头越高，机组容量越大，技术难度就越大。因此，容量的大小、水头的高低，代表水电机组的技术水平。

对混流式水轮机，目前世界上已投产的最大容量机组安装在我国向家坝水电站，最大容量为 800 MW，对应额定水头为 100 m，分别由哈电集团和 GE 制造，这个容量的机组仅我国拥有，其他国家的最大机组容量为 700 MW，与三峡机组容量相同。

对轴流转桨式水轮机，目前世界上已投产的最大容量代表性机组安装在俄罗斯萨扬舒申斯克电站，单机容量为 230 MW，由日本东芝、日立公司生产，中国已投产的最大容量代表性机组安装在福建水口水电站，容量为 200 MW，额定水头为 45.3 m，由哈电集团制造。另外，葛洲坝 21 台机组全部为轴流转桨式，容量分别为 170 MW 和 125 MW，属于同类机型中的大容量机组。

对冲击式水轮机，目前世界上已投产的最大容量机组安装在瑞士 Bieudron 水电站，单机容量为 423 MW，额定水头为 1869 m，最大水头为 1883 m，也是目前世界上所有各类机组的最高水头。

对贯流式水轮机，目前世界上已投产的最大容量机组安装在巴西 JIRAU 水电站，容量为 75 MW，其中 22 台由东电集团设计制造。

对水泵水轮机，目前世界上已投产的最大容量的机组安装在东京电力公司神流川抽水蓄能电站，单机容量为 470 MW，最大水头为 728 m。近 10 年来，我国也设计和制造了一批大容量抽水蓄能机组，如西龙池、黑蜜蜂、呼和浩特等，正在建设的浙江长龙山抽水蓄能电站是中国水头最高的抽水蓄能电站，最高扬程为 764 m，机组额定容量为 350 MW，机组分别由东电集团和 VOITH 制造。

可见，我国在混流式水轮机和贯流式水轮机技术上达到了世界领先水平，在轴流转桨式水轮机和抽水蓄能水泵水轮机技术上达到了世界先进水平。而在冲击式水轮机技术上经验和业绩均较欠缺。中国已能够独立自主设计制造 700 MW 及以上的大型混流式机组、200 MW 以上大型轴流转桨式机组、75 MW 以上大型贯流式机组、300~400 MW 抽水蓄能机组（200~750 m 水头）、35 MW 及以上高水头（1000 m 以上）冲击式机组，已经是名副其实的水电大国、强国。

当代世界已投产最大容量和最高水头的代表性水电机组见表 1-3。

表1-3　当代世界已投产最大容量和最高水头的代表性水电机组

机组类型	特点	代表性电站	机组功率/水头	机组制造厂	投产年份
混流式机组	容量大	中国向家坝水电站	800 MW/100 m	哈电，ALSTOM	2012
	水头高	奥地利 Hausling 水电站	180 MW/744 m		1980

机组类型	特点	代表性电站	机组功率/水头	机组制造厂	投产年份
轴流式机组	容量大	中国福建水口水电站	200 MW/45.3 m	哈电	1993
	容量大	俄罗斯萨扬舒申斯克水电站	230 MW	东芝，日立	—
	水头高	意大利 Nembia 水电站	13.5 MW/88 m	—	—
冲击式机组	容量大 水头高	瑞士 Bieudron	423 MW/1869 m，H_{max}1883 m	水轮机和相关阀门由瑞士 VA Tech 设计制造	1998
贯流式机组	容量大	巴西杰瑞（JIRAU）水电站	75 MW	东电 22 台	2013
抽蓄机组	水头高	东京电力公司葛野川蓄能电站	400 MW/H_{max}778 m	日立、三菱	1999
	容量大	东京电力公司神流川抽蓄电站	470 MW/H_{max}728 m	东芝水轮机，日立发电机	2005

经过 140 多年的发展，水电开发面临的形势也发生了一些重要变化。国内一些经济可开发、技术可开发的资源基本开发完毕，剩余的资源大多开发难度很大，要么资源所在地处于高山峡谷中，水头极高，地势狭窄无法布置过多的机组；要么地处大江大河上，流量极大。如采用现有技术进行开发，对极高水头资源将需要分多级建设大坝，对大流量资源，则需要安装过多的机组，这些都将增加投资，从而使工程变得很不经济。要让这些资源变成经济可开发资源，必须减少开发级数，减少机组数量，因此，高水头大容量的机组是水电装备技术进步的必然趋势。

中国是世界水电装机容量最大、电站和机组特别是大容量机组数量最多的国家，也是水电装备制造水平提升最快、产能最大、自主设计制造综合能力最强的国家之一，有条件研发更大容量的水电机组，引领世界水电装备技术进步。同时，中国水电资源丰富，大江大河的水电开发对大容量机组也提出了现实需求。

1.3 乌东德、白鹤滩水电站 1000 MW 机组研发概况

金沙江是中国第一大河——长江的上游，金沙江干流全长约 3500 km，天然落差约 5100 m，水能资源十分丰富，是全国最大的水电能源基地之一，理论蕴藏量为 121 GW，其中经济可开发装机容量为 103 GW，占长江流域的 43.6%、全国水电经济可开发装机容量的 25.6%。金沙江下游河段水量大、落差集中，又是金沙江流域乃至长江流域水能资源最丰富的河段，河段全长为 783 km，落差为 729 m，规划的四个水电梯级电站——乌东德、白鹤滩、溪洛渡、向家坝总装机容量约为 47.9 GW，总发电量约 1700 亿 kW·h/年，是西电东送的重要电源基地。乌东德和白鹤滩水电站是金沙江下游河段规划建设的四个水电梯级中的第一个和第二个梯级电站。

乌东德和白鹤滩坝址控制流域面积分别为 40.61 万 km² 和 43.03 万 km²，分别占金沙

江流域面积的 86% 和 91%，初拟水库正常蓄水位分别为 975 m 和 825 m，调节库容分别为 26.15 亿 m³ 和 104.36 亿 m³，电站装机容量分别为 8400～10 000 MW 和 12 000～16 000 MW，多年平均发电量分别为 392.5 亿～400 亿 kW·h 和 571.44 亿～578.12 亿 kW·h，工程效益非常巨大。两个水电站的最大/最小/加权平均水头分别为 163/113.5/135 m、241/157.5/203 m。根据以上动能指标，两个水电站均适合安装大容量机组。

最早提出在乌东德和白鹤滩采用 1000 MW 机组的设想是在 2003—2006 年，当时这两个项目处于预可研阶段，三峡左岸电站 700 MW 机组刚刚投产，向家坝（8×800 MW 机组）和溪洛渡（18×770 MW 机组）前期工程刚开工，国内外还没有单机容量1000 MW 水电机组设计制造技术。对于直接在乌东德和白鹤滩采用 1000 MW 机组，三峡集团与规划设计制造等各部门进行了讨论，有人提出为稳妥起见，先预留两台机组的机坑，等以后技术水平达到后再安装 1000 MW 机组，也有人提出部分采用 1000 MW 机组。

三峡集团基于三峡工程 700 MW 机组国产化成果和创新经验，基于向家坝（8×800 MW机组）和溪洛渡（18×770 MW 机组）两个电站机组容量已经向 1000 MW 机组接近了一步及潜在空间的评估，基于乌东德和白鹤滩两个电站的现实需求和工程效益，认为 1000 MW 技术是等不来的，必须启动 1000 MW 机组的研发，目标是在乌东德和白鹤滩两个电站全部采用 1000 MW 机组。做出这一计划的依据是：

（1）三峡水电站 700 MW 巨型机组群的建成，为研发 1000 MW 机组奠定了基础。继三峡工程之后，三峡集团进一步利用、扩展 700 MW 机组的成果，又相继建设了当时世界第六大装机规模的向家坝水电工程（8×800 MW）、世界第三大装机规模的溪洛渡水电工程（18×770 MW）。向家坝、溪洛渡两工程的 26 台机组全部在国内生产制造，其中 19 台机组由哈电、东电设计制造。至此，全世界已经建成投产的 99 台 700 MW 及以上机组中，76 台在中国，且 58 台在三峡集团所属电站。700 MW 级巨型机组群的建设、运行，为中国开发大水电、研发大机组积累了丰富的经验，同时也证明中国具有开发大水电、装备大机组、运营大电站的核心能力。国产机组大规模的成功投产，标志着我国已具备独立设计制造 700 MW 级乃至更大机组的能力。开发并运行 1000 MW 机组的基本条件和能力已经具备。

（2）1000 MW 机组主要技术难点得到了充分识别和评估。1000 MW 机组的主要技术难点有：①1000 MW 机组水力设计要求更高，过大的压力脉动、空蚀对大型水轮机都是有害的，要严格控制，保证机组在 60%～100% 负荷范围内稳定运行，这一指标高于三峡的70%～100% 稳定运行范围要求。②1000 MW 机组电压更高，要采用 24～26 kV 电压，这一电压高于目前大机组普遍采用的 20 kV 电压，必须解决定子线棒的绝缘问题，以及绝缘加厚后引起的冷却问题。③1000 MW 机组结构和材料强度方面难度更大，相比三峡机组，白鹤滩 1000 MW 机组在水头、转速等方面都高于 700 MW 机组，因此，结构和材料强度至关重要。如大直径高转速转子需要使用 750 MPa 级高强度磁轭钢板，水轮机蜗壳需要使用 800 MPa 级高强度钢板。④1000 MW 机组推力轴承 PV 值更大，推力轴承运行安全问题必须解决。

（3）700 MW 级机组的创新成果为 1000 MW 机组研发奠定了基础。比较突出的，一是设计技术得到了多个电站验证；二是发电机冷却技术，三峡机组对定子水冷、蒸发冷却、全空冷三种方式都进行了探索运用，并取得成功，为更大机组提供了多种选择；三是材料国产化取得成效，发电机的高牌号电工钢、水轮机的大型铸锻件、抗撕裂特厚钢板全部实现中国制造，并有多种选择。

（4）三峡集团机电工程管理的成熟经验为实施 1000 MW 机组提供了保障。三峡集团总结了一整套行之有效的机电工程管理方法。如以设计为龙头的技术审查管理，以带模型投标进行同台对比试验择优的招标方法，以精品机组为目标、标准先行、严控材料变更和缺陷报批、第三方设备采购监控、工厂监造、安装监理、业主指挥启动调试的全过程管理方法等。

2006 年底，百万千万机组的研发工作在三峡集团的组织下展开。研发团队包括三峡集团、乌东德工程设计单位长江勘测规划设计研究院有限责任公司（简称长江设计院）、白鹤滩工程设计单位中国电建集团华东勘测设计研究院有限公司（简称华东院）、哈尔滨电机厂有限责任公司（简称哈电，HEC）、东方电机有限公司（简称东电，DEC）共五家单位。同时，中科院电工所受托对 1000 MW 机组蒸发冷却技术进行了研究，一些国内材料厂家受托对高强度磁轭钢板、蜗壳钢板等新材料进行了研究。

按照规划，1000 MW 机组的研发分三阶段进行：

第一阶段：进行 1000 MW 级机组在工程应用中可行性和经济合理性研究，主要内容是，根据电站水能条件，开展乌东德、白鹤滩装设 1000 MW 机组可行性研究。

第二阶段：进行 1000 MW 机组总体研究和专项技术研究，其中"总体研究"是对 1000 MW 机组进行整体初步设计，找出工程实施中的制约因素和不确定因素；"专项研究"包括：水轮机水力设计及模型试验研究；24 kV、26 kV 定子线棒绝缘技术及仿真试验研究；1000 MW 水轮发电机组技术要求和标准规范研究等。

第三阶段：进行 1000 MW 级水轮发电机组新技术、新材料、新工艺研究，主要内容包括通风模型试验研究、推力轴承模型试验研究、蒸发冷却技术研究、电力系统兼容研究、高强度材料的调研和跟踪研究等。

截至 2011 年，联合研发工作基本结束。经过约 5 年的系统研究，充分论证了乌东德、白鹤滩安装 1000 MW 机组的必要性和可行性，攻克了 1000 MW 机组的关键技术难题，取得了丰硕的研究成果，为 1000 MW 机组的工程应用铺平了道路。

与此同时，乌东德、白鹤滩工程的可行性研究也在同步进行。土木工程方面的研究结论认为，由于乌东德水头低于白鹤滩，如采用 1000 MW 机组，水轮机的流量过大，以至于尾水洞尺寸超过当前已有的经验，建议乌东德水电站采用 800～900 MW 机组；而白鹤滩水头较高，尾水洞尺寸未超过当前已有的经验，采用 1000 MW 机组不存在大的风险。

2015 年和 2017 年，乌东德、白鹤滩两个工程分别得到国家的正式核准，乌东德水电站确定装设 12 台单机容量为 850 MW 的机组，白鹤滩水电站确定装设 16 台单机容量为 1000 MW 的机组。1000 MW 机组的研究工作随即转入工程实施阶段，机组通过公开招标采购，哈电、东电、GE 水电集团、VOITH 水电集团参加了竞标，经过水轮机同台对比试验以及全面的技术和商务评审，哈电、东电各获得白鹤滩 8 台机组的供货合同。目前，1000 MW 机组的设计工作基本完成，机组的埋件已经开始供货安装，按照计划，2021 年白鹤滩机组开始投产发电。

根据联合研发和机组设计的成果，白鹤滩 1000 MW 机组的主要技术特点有：

（1）机组效率当今世界最高，水轮机真机加权平均效率达到 96%，高于向家坝、溪洛渡机组的 95%，高于三峡机组的 94%。

（2）水轮机稳定性优越，全水头范围压力脉动小于三峡机组，全运行范围无空化，稳定运行范围 60%～100%，优于已投产的 700 MW 级机组。

（3）发电机电压选用 24 kV，为当今世界水电行业同类机组中最高的。

（4）发电机采用全空冷，全空冷发电机中容量最大。

（5）采用 750 MPa 磁轭钢板、800 MPa 蜗壳钢板，开创了此类高标号钢板应用的先河。

第 2 章　乌东德、白鹤滩装设 1000 MW 水轮发电机组的可行性研究

2.1　乌东德、白鹤滩水电站概况

2.1.1　概述

金沙江干流全长约 3500 km，天然落差约 5100 m，水能资源十分丰富，是全国最大的水电能源基地之一，理论蕴藏量为 121 GW，其中经济可开发装机容量为 103 GW，占长江流域的 43.6%、全国水电经济可开发装机容量的 25.6%。金沙江下游河段水量大，落差集中，又是金沙江流域乃至长江流域水能资源最富集的河段，河段全长 783 km，落差 729 m，规划的 4 个水电梯级装机容量约 47.9 GW，年发电量约 1700 亿 kW·h，是西电东送的重要电源基地。乌东德水电站位于云南省昆明市禄劝县和四川省会东县交界的金沙江干流上，白鹤滩水电站位于云南省昭通市巧家县和四川省凉山自治州宁南县交界的金沙江干流上，分别是金沙江下游河段规划建设的 4 个水电梯级——乌东德、白鹤滩、溪洛渡、向家坝中的第一个和第二个梯级电站。

乌东德水电站上游距中游河段最下游梯级——观音岩水电站 253 km，下游距白鹤滩水电站 182.5 km，白鹤滩下游距溪洛渡水电站 195 km。乌东德和白鹤滩坝址控制流域面积分别为 40.61 万 km² 和 43.03 万 km²，占金沙江流域面积的 86% 和 91%，初拟水库正常蓄水位分别为 975 m 和 825 m，调节库容分别为 26.15 亿 m³ 和 104.36 亿 m³，电站装机容量分别为 8400~10 000 MW 和 12 000~16 000 MW，多年平均发电量分别为 392.5 亿~400 亿 kW·h 和 571.44 亿~578.12 亿 kW·h，工程效益巨大。

乌东德坝址离昆明和成都的直线距离分别为 125 km 和 470 km，离武汉和上海的直线距离分别为 1250 km 和 1950 km，白鹤滩坝址离昆明和成都的直线距离分别为 260 km 和 400 km，离武汉和上海的直线距离为 1200 km、1850 km，是"西电东送"的骨干电源点。

2.1.2　水电站基本参数

两座水电站可行性研究前期的电站基本参数如下：

1. 坝址水位流量关系曲线

天然情况下，乌东德坝址（电站厂房尾水出口处）水位－流量关系曲线见图 2－1。乌东德水电站发电尾水位将受下游白鹤滩水电站的顶托影响，径流调节计算中考虑了白鹤滩水电站水位变化过程的影响。

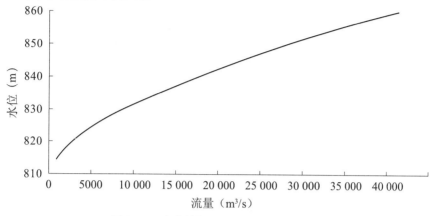

图 2－1　乌东德坝址水位－流量关系曲线

白鹤滩水电站发电尾水位将受下游溪洛渡水电站顶托影响，因此，径流调节计算时考虑了溪洛渡水电站库水位变化对白鹤滩水电站尾水的影响。白鹤滩厂房出口处水位－流量关系曲线见图 2－2。

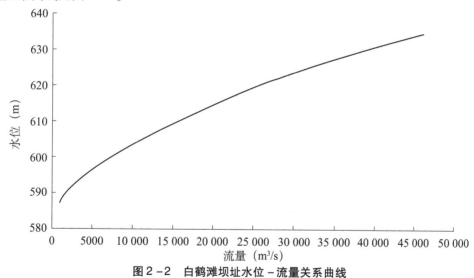

图 2－2　白鹤滩坝址水位－流量关系曲线

2. 主要动能指标

乌东德、白鹤滩水电站主要动能指标见表 2－1。

表 2－1　主要动能指标

项　　目	动能指标	
	乌东德	白鹤滩
装机容量（MW）	8400 ~ 10 000	12 000 ~ 16 000

项　　目	动能指标	
	乌东德	白鹤滩
保证出力（$P=90\%$）（MW）	3278	5030
多年平均发电量（亿 kW·h）	392.5～400.0	571.44～578.12
装机年利用小时数（h）	4672～4000	4762～3613
最大水头（m）	163	241
最小水头（m）	113.5	157.5
加权平均水头（m）	143.1	202
初拟额定水头（m）	135	203

3. 泥沙

乌东德坝址天然状态下多年平均悬移质年输沙量 1.22 亿 t，坝址多年平均含沙量为 1.02 kg/m³，实测最大含沙量为 49.7 kg/m³，多年平均推移质年输沙量为 234 万 t，坝址悬移质颗粒级配：中值粒径 0.015 mm，平均粒径 0.062 mm，最大粒径 0.997 mm。

白鹤滩坝址天然状态下多年平均悬移质输沙量为 1.853 亿 t，坝址多年平均含沙量为 1.46 kg/m³，多年平均汛期（6—10 月）输沙量占全年输沙量的 96.4%。库区及坝址悬移质泥沙最大粒径 2.71 mm，中数粒径 0.032 mm，平均粒径 0.083 mm。本阶段经水库泥沙淤积初步计算，水库运行后 5 年、10 年、20 年和 30 年汛期出库平均泥沙量分别为 0.2391 kg/m³、0.2580 kg/m³、0.2658 kg/m³ 和 0.2761 kg/m³。

4. 地震基本烈度

工程场址地区地震基本烈度：乌东德为Ⅶ度；白鹤滩为Ⅷ度。

5. 电站运行特点

乌东德和白鹤滩水电站的开发任务以发电为主，兼顾防洪，并具有拦沙、改善库区及下游航运条件等综合利用效益。

乌东德水电站主要运行方式为：6—7 月按汛期限制水位运行；8 月初水库开始蓄水，8 月底水库蓄水至正常蓄水位；9 月以后尽量维持高水位运行，次年 5 月消落至汛期限制水位或死水位。

径流调节计算结果表明：乌东德水电站汛期加权平均水头（6—9 月）为 136.3 m，非汛期加权平均水头为 146.0 m，全年加权平均水头为 143.1 m。电站年利用小时数较高，保证出力（$P=90\%$）达 3278 MW。

白鹤滩水电站主要运行方式为：6 月以后按保证出力运行，水库蓄至汛期限制水位 795 m 后维持该水位运行直至 8 月底，9 月初水库开始蓄水，逐步蓄至正常蓄水位 825 m，12 月左右水库开始供水，到翌年 5 月底水库逐步消落至死水位 765 m 附近。

径流调节计算结果表明：白鹤滩水电站汛期（6—8 月）加权平均水头为 185.43 m，非汛期（9—5 月）加权平均水头为 208.15 m，全年加权平均水头为 202.04 m。电站年利用小时数较高，保证出力（$P=95\%$）达 5030 MW。

2.2 装设 1000 MW 机组的必要性

2.2.1 装设 1000 MW 机组的条件

2.2.1.1 动能

乌东德、白鹤滩水电站装机容量分别为 8400 ~ 10 000 MW 和 12 000 ~ 16 000 MW，多年平均发电量分别为 392.4 亿 ~ 400 亿 kW·h 和 571.44 亿 ~ 578.12 亿 kW·h。

乌东德、白鹤滩水电站分别为不完全年调节和年调节电站，按预可研初选装机容量，年利用小时数均在 4500 h 以上，还有扩大装机容量的余地，为设置更大单机容量的机组提供了可能。

2.2.1.2 电网及电力外送

根据预可研，乌东德、白鹤滩水电站装机容量分别按 8700 MW 和 12 000 MW 考虑，乌东德水电站初步考虑左右岸均按 3 回交流 500 kV 送出，白鹤滩水电站左右岸均按 4 回交流 500 kV 送出。考虑输电距离，适当增大装机容量，将年利用小时数减少至不低于 4000 h，在送电规模和投资基本不变或增加不大的条件下，将电站巨大的容量和电能送出，充分发挥两电站的调峰性能是完全可行的。

截至 2006 年，我国已有 6 台套 1000 MW 火电机组投入运行，同时在建和规划拟建的 1000 MW 火电机组达 40 多台套，这表明电网规模和运行条件已达到了接受 1000 MW 级机组的水平和能力。

2.2.1.3 工程地质及枢纽布置

乌东德、白鹤滩水电站总体枢纽布置格局为：大坝为混凝土双曲拱坝，泄洪设施采用坝身泄洪为主、岸边泄洪洞为辅、坝下水垫塘消能方案，引水发电系统采用两岸布置的地下式厂房。

乌东德厂址区域自上而下主要分布有震旦系因民组（Pt2y2）和落雪组第 1 段（Pt2l1）~ 第 8 段（Pt2l8），岩性主要为厚层、中厚层变质灰岩和大理岩夹薄层变质灰岩，局部为薄层大理岩和千枚岩地层，其中 Pt2l3 为 Ⅰ、Ⅱ 类围岩，其他为 Ⅱ、Ⅲ 类围岩。厂区地层走向近 EW，倾角为 70° ~ 80°。主要裂隙为 NNW ~ SN 向（340° ~ 10°），以中高倾角为主。厂区测定最大地应力为 14.4 MPa，方向近西东，地应力中等水平。

乌东德水电站采用 1000 MW 机组后，虽然主厂房跨度较大，但与国内已建和在建电站主厂房洞室规模相比，仍在同等水平之内。根据地下厂房洞室围岩稳定分析研究成果，乌东德水电站厂房围岩应力、位移值以及塑性区范围在各大洞室中处于中等水平，围岩稳定条件较好。通过采用合理的布置及结构措施，1000 MW 机组地下电站洞室群的围岩稳定问题可以得到解决。同时由于机组台数减少，进水口前沿宽度减小，避免了边坡进入地质条件较差的因民组岩层，减小了影响边坡稳定和基础稳定的不确定因素。

白鹤滩水电站枢纽区山体亦具备布置大型地下厂房的条件。

2.2.1.4 机电设备设计制造

截至 2006 年，三峡左岸电站 14 台额定容量为 700 MW 的水轮发电机组已全部投产发电，机组分别由法国 ALSTOM 公司（其中水力设计和模型试验由挪威克瓦纳能源公司负责）和 VGS（VOITH + GE Canada + SIMENS）联合体制造，国内厂家哈电、东电作为合作伙伴参与联合设计并接受技术转让。哈电、东电在参与三峡左岸机组制造过程中，在巨型机组的设计和制造方面得到了跨越式的发展。2007 年 7 月，由哈电自主设计制造的三峡右岸电站 26 号机组顺利投产发电，东电设计制造的三峡右岸机组也随即投产。同时，金沙江向家坝和溪洛渡两个电站分别采用了更大容量的机组，向家坝装设 8 台单机容量800 MW 的机组，其中 4 台由哈电设计制造，4 台由天津 ALSTOM 设计制造。溪洛渡装设18 台单机 770 MW 的机组，其中右岸 9 台由东电设计制造，左岸 6 台由哈电设计制造，3台由上海 VOITH 设计制造。这些都标志着我国已完全具备独立设计和制造 700 MW 及更大水轮发电机组的实力，并跻身世界水电设备制造业先进行列。

华能玉环电厂和华电邹县电厂 6 × 1000 MW 超超临界火力发电机组的投产发电，标志着我国火电机组正由 600 MW 级向 1000 MW 级机组跨越，同时表明与之相配套的变压器、高压配电装置等已基本达到了满足 1000 MW 级机组的水平和能力。

2.2.2　装设 1000 MW 机组必要性分析

2.2.2.1　有利于枢纽工程的总体布置

一般而言，对于机组台数多、进水口前沿长度长、装机容量远大于单机容量的电站，进水口前沿长度往往是制约枢纽总体布置的主要难题。对于三峡水电站这样的河床式电站，增大单机容量、减少枢纽布置前沿长度，可减少河床岸边的开挖，或在有限的河床前沿宽度条件下，增大单机容量可增大装机容量。对于乌东德和白鹤滩这样位于高山峡谷的引水式电站，增大单机容量可减少引水洞条数，更可减少进水口建筑物和出水口建筑物的前沿宽度，可更好地选择岸坡稳定、地质条件较好的地段进行建筑物布置，减轻地震影响，这不仅可获得更高的工程安全可靠性，同时也能获得较好的经济效益。

2.2.2.2　是适应大江大河水电开发的需要

我国大江大河众多，水能资源极其丰富。在这些大江大河中，除世界最大的三峡水电站和溪洛渡水电站、向家坝水电站外，乌东德水电站和白鹤滩水电站的建设也需要大容量机组；在我国的西南诸河及西藏雅鲁藏布江上也规划了大量装有700 MW 及以上水轮发电机组的水电站。

在水电开发尚处于起步阶段的非洲大陆，也蕴藏着巨大的水能资源。如在刚果（金）规划修建发电规模为 40 000 MW 的特大型水电工程，按单机 700 MW 计算，可装设 57 台水轮发电机组。

由此可见，国内外一些有待开发的特大型水电站可装设 700 MW 级以上单机容量的水轮发电机组众多，构成了巨大的市场需求。通过增大机组容量，减少装机台数，可大幅提高工程经济效益，因此，1000 MW 级超大容量水轮发电机组具有广泛的应用前景。

2.2.2.3　推动我国水电设备设计制造技术的创新和发展

根据 1000 MW 机组主要技术难点分析，由于 1000 MW 级机组水轮机运行稳定性要求、外荷载条件、材料的应用等级、发电机电压等级、推力轴承难度等方面比 700 MW 机组有较大的提升，对配套的电气设备容量和技术要求也相应提高，因此，必须在相应的技术和材料方面有所发展和突破。通过乌东德、白鹤滩水电站 1000 MW 水轮发电机组的研制，掌握和发展超大型水轮发电机组的关键技术，走出一条自主创新之路，必将推动我国特大型水电装备设计制造技术的创新和发展。

2.2.2.4 有利于电力系统的稳定运行和灵活调度

在两座水电站可研之际，我国电力工业已经进入大电网、大机组、高电压、高度信息化的发展时期，随着电网的扩大和电压等级的提高，电网接纳大容量发电机组的能力不断增强。在此前提下，增大机组容量有利于简化电站电气接线，减少电气设备，节省投资和降低运行维护管理成本。

在越来越大的电力系统中，需要配备不同大小的负荷和事故备用容量，装设 1000 MW 水电机组后，适时启用大中小机组配合调度，适用于不同负荷的需要，有利于提高电网运行的稳定性和灵活性。

2.3 动能规划

在两座水电站可研前期，经综合比较推荐的动能规划参数如下。

2.3.1 工程特征水位初选

工程特征水位见表 2-2。

表 2-2 工程特征水位 单位：m

项 目	特征水位	
	乌东德	白鹤滩
正常蓄水位	975	825
死水位	950	765
防汛限制水位	962.5	795（6—8 月）
设计洪水位	979.66	827.36
校核洪水位	986.15	831.73

2.3.2 装机容量初选

2.3.2.1 乌东德水电站

从乌东德水电站的装机规模和地理位置看，华中、华东和南方电网覆盖区内的主要用电负荷地区均在超高压输电可以送达的范围内。

考虑远距离输电的经济性和供电区对容量的迫切需求，结合合理利用水能资源的原则，以装机年利用小时数大于 4000 h 拟定方案，根据径流调节计算成果，分别拟定乌东德水电站装机容量按 8400 MW、8700 MW、9000 MW 和 10 000 MW 四个方案进行技术经济比较。乌东德水电站各装机容量方案的多年平均发电量为 392.5 亿~400.0 亿 kW·h，相应装机年利用小时数在 4000~4672 h 之间。

乌东德送电距离较远，输变电投资较大。因此，装机容量需与输电线路规模相适应，以取得较好的整体经济效益。方案间经济比较结果表明，计入输变电工程投资后，随着装机容量增加，总费用现值减少，装机容量10 000 MW方案明显优于其他方案。财务指标测算结果表明，各方案的财务指标优越且十分接近，均具备财务可行性。

综上所述，从各装机容量方案的电能消纳、水资源利用程度、电站在受电区的容量电量发挥作用情况、工程投资、工程经济合理性和财务可行性等方面综合考虑，乌东德水电站是1000 MW机组应用研究较为理想的厂址。

2.3.2.2 白鹤滩水电站

根据水能资源合理利用和远距离输电要求，电站装机容量方案的下限按装机年利用小时数在4500 h左右考虑；同时考虑到白鹤滩水库库容较大，具有年调节能力，电站装机利用小时数可适当降低，装机容量方案的上限则按装机年利用小时数3500～4000 h考虑。

经过能量指标计算，在考虑上游龙盘、两河口、锦屏一级、二滩、乌东德水电站的调蓄作用及下游溪洛渡水电站影响的情况下（同时考虑滇中调水工程一期年调水25.55亿 m^3 及南水北调西线一期调水工程年调水15亿 m^3），白鹤滩水电站的装机容量可在12 000～16 000 MW范围内选择，其相应的多年平均发电量为571.44亿～578.12亿 kW·h，相应装机年利用小时数在3613～4762 h之间。因此，白鹤滩水电站可行性研究阶段前后共进行了装机容量12 000 MW、13 000 MW、14 000 MW、15 000 MW、16 000 MW等多个装机容量方案的比选，白鹤滩可研最终选定了16 000 MW装机容量方案。

2.3.3 额定水头初拟

2.3.3.1 乌东德水电站

1）特征水头

乌东德水电站主要运行方式为：5月底水库降至汛期限制水位962.5 m；6—7月维持在汛期限制水位962.5 m运行；8月初水库开始蓄水，8月底水库蓄水至正常蓄水位；9月以后尽量维持高水位方式运行，次年5月消落至汛期限制水位或死水位。径流调节计算结果表明，乌东德水电站最大水头为163 m，最小水头为113.5 m，加权平均水头为143.1 m，汛期加权平均水头为136.2 m，非汛期加权平均水头为146.0 m。

2）额定水头方案

兼顾乌东德水电站在水库高、低水位时的运行情况，考虑电站水头保证率、出力保证率等因素，初步拟定132 m、135 m、138 m三个额定水头方案。

从增加电站发电效益及满足系统需求考虑，机组额定水头低方案较好。但是，乌东德水电站机组容量大，为提高机组运行的稳定性，改善枯水期高水头时的机组运行工况，额定水头又不宜过低。

经过对上述三个额定水头方案的比选，额定水头初步拟定为135 m（约为加权平均水头的94.3%），相应水头保证率为89.7%，与加权平均水头的比值为0.943。

2.3.3.2 白鹤滩水电站

白鹤滩水库具有年调节能力，电站最大水头为241 m（空载工况），最小水头为

157.5 m。按上述水库运行方式，在"龙盘 + 两河口 + 锦屏一级 + 二滩 + 乌东德 + 白鹤滩 + 溪洛渡"梯级组合情况下，汛期 6—8 月加权平均水头为 185.5 m，非汛期加权平均水头为 208 m，全年加权平均水头为 202 m。

白鹤滩水电站汛期 6—8 月发电量约占全年的 27%，非汛期加权平均水头为 208 m 以上的发电量约占全年电量的 43.6%，全年加权平均水头为 202 m 以上的发电量约占全年的 52.1%，191 m 水头以上的发电量占全年的 72.2%，汛期加权平均水头为 185.5 m 以下的发电量占全年的 17.6%。

白鹤滩水电站保证率 80% ~ 85% 相应的水头为 185.21 ~ 179.31 m，191 m 水头对应的保证率为 71%，197 m 水头对应的保证率为 59%，203 m 水头对应的保证率为 52%，209 m 水头对应的保证率为 43%。

综合白鹤滩水电站机组运行稳定性要求、电站运行特性和汛期容量电量受阻等情况，根据年内水头的分布特点，拟定 191 m、197 m、203 m、209 m 4 个额定水头方案进行比较。

经过动能指标计算、机组出力受阻分析，并考虑水轮机稳定运行对最大水头与额定水头之比的经验要求，选择与电站加权平均水头相接近的额定水头方案，推荐额定水头为 203 m，后期调整为 202 m。

图 2－3 为国内外大机组 H_{max}/H_r 比值图。

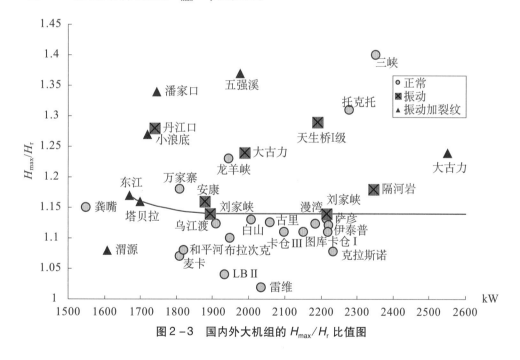

图 2-3　国内外大机组的 H_{max}/H_r 比值图

2.4　工程方案

2.4.1　机组台数与单机容量拟定

根据现有水电机组的设计制造水平及发展趋势，以及电站自身条件和特点，遵循水轮机参数优良、运行稳定可靠、投资省和效益高等原则确定电站机组容量与机组台数。考虑到机组分布在左右岸的两个厂房内，每个厂房台数按双数考虑，以利于两台机组共用一条尾水洞布置。

2.4.2 枢纽布置及主要建筑物

2.4.2.1 枢纽布置格局

1. 乌东德水电站

乌东德水电站主体建筑物由挡水建筑物、泄水建筑物、引水发电系统等组成。坝址区河谷狭窄，岸坡陡峻，两岸山体雄厚，建坝岩体为Ⅱ类岩体，修建高拱坝的地形地质条件优越。经坝型比选，乌东德坝址以拱坝为代表坝型。经多方案比选，坝身布置5个表孔、6个中孔泄洪，并在右坝肩与右岸电站厂房之间布置两条泄洪洞分流；坝下消能区水垫深厚，岩石坚硬，消能采用"挑跌流＋天然水垫塘"的型式。

乌东德坝址岩体坚硬完整，成洞条件好，采用地下式厂房，同时考虑均衡两岸施工强度，有利于运行管理，电站建筑物采用两岸布置相同的机组台数。对于总装机10 000 MW方案，乌东德坝址分别研究了单机为714.3 MW、833.3 MW、1000 MW三种枢纽布置方案。三种方案的枢纽布置格局以及挡水、泄水、消能建筑物、导流建筑物等均相同，仅对应的单机容量及机组台数不同，引水发电系统布置有所区别。

2. 白鹤滩水电站

在白鹤滩水电站可研过程中，围绕总装机容量和单机功率，对于工程可行性和方案比较进行了多个阶段的论证工作，本书仅以后期推荐的16 000 MW装机容量为例，对应16 000 MW总装机容量，主要比较了16×1000 MW和18×889 MW两个组合方案；对于更小的单机功率方案，由于机组台数多，枢纽布置困难，未纳入16 000 MW装机规模的工程方案比较。两个方案电站枢纽布置格局基本相同，由双曲拱坝、水垫塘、二道坝、泄洪洞、引水发电系统组成，两个方案间仅引水发电系统部分的布置不相同。

引水发电系统由进水口、引水隧洞、主副厂房洞、主变压器洞、尾水管检修闸门室、尾水调压室、尾水隧洞、尾水洞检修闸门室及地面出线场等组成。地下厂房采用首部开发方式，布置在坝体上游库区两岸山体内，位置选择以不设引水调压室为原则。1000 MW单机容量方案左、右岸各布置8台机组，引水隧洞采用单洞单机的布置型式，尾水隧洞按两机一洞的布置型式，每岸各布置4条，其中靠河谷的左岸3条、右岸2条，结合导流洞布置。889 MW单机功率方案左、右岸各布置9台机组，引水隧洞采用单洞单机的布置型式，尾水隧洞按两机一洞和三机一洞的布置型式（其中3条两机一洞，1条三机一洞），每岸各4个水力单元，其中靠河谷的左岸3条、右岸2条，结合导流洞布置。

2.4.2.2 引水发电系统

1. 乌东德水电站

乌东德水电站厂址区域自上而下，主要分布有震旦系因民组（Pt2y2）、落雪组第1段（Pt2l1）～第8段（Pt2l8），岩性主要为厚层、中厚层变质灰岩、大理岩夹薄层变质灰岩，局部为薄层大理岩和千枚岩地层，其中 Pt2l3 为Ⅰ、Ⅱ类围岩，其他为Ⅱ、Ⅲ类围岩。厂区地层走向近 EW，倾角 70°~80°。主要裂隙为 NNW~SN 向（340°~10°），中高倾角为主。厂区测定最大地应力 14.4 MPa，方向近西东，地应力中等水平。

根据地质地形条件及与其他建筑物的相互关系，电站采用首部式或中部式布置方案，不设置上游调压室。电站引水线路采用一机一洞布置型式。尾水线路相对较长，从减小洞挖工程量，加快施工进度，方便导流洞平面布置和利于与导流洞结合等因素考虑，采用多机一洞尾水布置方案。结合枢纽总体布置比选，经综合分析比较，两岸引水发电系统布置在靠山侧，导流洞布置在靠河侧，左岸尾水出口位于围堰下游侧，两条尾水隧洞与两条导流洞结合布置；右岸尾水出口位于围堰上游侧，导流洞与尾水隧洞不结合。

乌东德各单机容量方案电站建筑物主要尺寸对照见表 2-3。

表 2-3 乌东德各单机容量方案电站建筑物主要尺寸对照表

项 目		单机方案一		单机方案二		单机方案三	
		总装机容量 10 000 MW					
		单机容量	装机台数	单机容量	装机台数	单机容量	装机台数
		1000 MW	10	833.3 MW	12	714.3 MW	14
基本资料	单机额定流量（m³/s）	817.2		681		583.9	
	引水系统单洞最长长度（m）（进水口至厂房上游边墙） 左岸	511.35		529.54		555.12	
	右岸	529.3		561.48		602.99	
	尾水系统单洞最长长度（m）（主厂房下边墙至尾水出口） 左岸	948.5		953.8		962.36	
	右岸	529.2		538.9		546.80	
	输水隧洞单洞最长长度（m） 左岸	1491.9		1513.34		1548.48	
	右岸	1090.5		1130.38		1177.79	
进水塔	塔顶高程（m）	988					
	底槛高程（m）	916		918		920	
	尺寸（长×宽×高）（m）	150×24.5×76		180×24.5×74		210×24.5×72	
引水隧洞	流速（m/s）	5.8					
	洞径（m）	13.4		12.3		11.3	
	衬砌厚度（m）	0.8					

续表

项目				单机方案一		单机方案二		单机方案三	
				总装机容量10 000 MW					
				单机容量	装机台数	单机容量	装机台数	单机容量	装机台数
				1000 MW	10	833.3 MW	12	714.3 MW	14
主厂房	主要尺寸（m）	装机高程（m）		807					
		机组间距		38		35		33	
		机组宽度	下	32		30		28	
			上	33.8		31.8		29.8	
		安装场		90		84		78	
		开挖尺寸		280×32×87.5		294×30×83.5		309×28×80.5	
主变压器室	开挖尺寸（m）			19.5×32		19.0×32		18.5×32	
尾水调压室	开挖宽度（m）	左岸		28					
		右岸		25					
尾水隧洞	流速（m/s）	左岸		4.0					
		右岸		4.5					
	洞径（m）	左岸	城门洞型，两机一洞	18×23.8		两机一洞	16×22.5	两机一洞	16×19.5
			圆形，单机单洞	16.0				三机一洞	18×25.8
		右岸	城门洞型，两机一洞	18×21.5		两机一洞	16×20.5	两机一洞	16×17.5
			圆形，单机单洞	15.2				三机一洞	18×23
	衬砌厚度（m）	调压室前		1.2					
		调压室后		1.0					
		出口及局部		1.2~1.5					

2. 白鹤滩水电站

白鹤滩水电站枢纽区山体为玄武岩，岩性坚硬，岩石较完整，成洞条件较好，具备布置大型地下厂房的条件。

白鹤滩水电站各单机方案主副厂房洞、主变压器洞主要尺寸对照见表2-4。

表 2-4   白鹤滩水电站各单机方案主副厂房洞、主变压器洞主要尺寸对照表

项　　目			单机方案一		单机方案二	
			总装机容量 16 000 MW			
			单机容量	装机台数	单机容量	装机台数
			1000 MW	16	889 MW	18
主副厂房洞	总长度（m）	左岸	438		468.6	
		右岸	434		464.6	
	机组间距（m）		38		37.4	
	主机段长度（m）		304		336.6	
	安装场长度（m）		79.5		77.5	
	副厂房长度（m）		32		32	
	辅助安装场（m）	左岸	22.5		22.5	
		右岸	18.5		18.5	
	岩梁上部跨度（m）		34		33	
	岩梁下部跨度（m）		31		30	
	桥式起重机规格（m）		2 台 1300/160t		2 台 1200/150t	
	发电机层高程（m）		590.4		590.9	
	水轮机层高程（m）		582.4		583.2	
	机组安装高程（m）		570		571	
	厂房开挖高度（m）		86.7		84.8	
主变压器洞	总长度（m）		368		400.6	
	宽度（m）		21		21	
	高度（m）		39.5		39.5	
主厂房、主变压器洞之间岩柱间距（m）			60.65		60.65	
母线洞	靠主厂房侧（长×宽×高）（m）		42.15×9×9.7		42.15×9×9.7	
	中间段（长×宽×高）（m）		6×12.2×9.7		6×12.2×9.7	
	靠主变压器洞侧（长×宽×高）（m）		12.5×12.2×15		12.5×12.2×15	

2.4.2.3 不同单机容量方案引水发电系统方案比较

1. 乌东德水电站

布置条件：该三个单机容量方案的电站地质条件、总体布置格局、主要建筑物组成、型式及位置基本相同，仅由于单机容量、额定流量及机组台数不同，建筑物的尺寸和输水隧洞数量略有差异。

1）结构设计和技术难度

（1）当采用单机 714.3 MW 时，由于机组台数较多，进水口加长，进水口边坡高度较大，部分边坡可能进入地质条件较差的因民组岩层，增加了影响边坡稳定和基础稳定

的不确定因素，增大了边坡设计难度。1000 MW 方案则较好地避免了这一问题。

（2）三方案引水隧洞洞室规模基本相当，洞径为 11.3～13.4 m；由于电站引用流量较大，单机容量 714.3 MW 和单机容量 1000 MW 方案尾水隧洞规模较大，最大分别为 18 m×25.8 m（单机容量 714.3 MW，左岸三机一洞）、18 m×23.8 m（单机容量 1000 MW，左岸），尾水隧洞的设计难度较单机容量 833.3 MW 方案大。

（3）当采用单机容量 1000 MW 时，虽然机组台数较少，主厂房长度较短，但洞室跨度加大到 32 m，对厂房洞室稳定的要求相对较高，在一定程度上增加了洞室稳定性设计难度。

（4）运行条件对比：单机容量 714.3 MW 采用两机一洞和三机一洞联合布置型式的尾水布置方式，虽然可适当减小工程量和输水线路长度，但三机一洞方案较两机一洞方案机组的运行条件较差；单机容量 833.3 MW 和单机容量 1000 MW 方案分别采用两机一洞和一机一洞联合布置方案，有利于改善机组运行条件。

2）工程量

三方案中单机容量 714.3 MW 方案工程量最大，单机容量 1000 MW 方案工程量最小，单机容量 833.3 MW 方案工程量居中。

2. 白鹤滩水电站

1）厂区建筑物

两方案的地下厂房洞室群的布置格局、地下厂房的位置、轴线、地下厂房防渗排水系统、通风系统、进厂交通洞及出线布置基本相同。

单机容量 889 MW 方案，主副厂房洞室开挖跨度分别为 33 m（岩梁上部）和 30 m（岩梁下部），高度为 84.8 m，根据厂区的地质条件和类似工程建设经验，采取以锚喷为主的柔性支护措施，具备成洞条件。单机容量 1000 MW 方案，厂房洞室开挖跨度分别为 34 m（岩梁上部）和 31 m（岩梁下部），高度为 86.7 m，洞室开挖跨度和高度略大于 889 MW 单机容量方案。两方案洞室尺寸均超出已建和在建工程水平，可供类比的工程实例较少，均需要采取加强支护等工程措施。考虑左、右岸厂房洞室围岩均为坚硬较完整的块状玄武岩，主要为Ⅱ类围岩，总体地质条件较好，根据国内地下洞室的设计及施工技术水平，通过采取合适的加强支护等工程措施，均具备成洞条件。同时，方案一主副厂房洞长度较方案二有所减少，有利于减少层间错动带等不利地质构造对厂房洞室的影响。

单机容量 1000 MW 方案主副厂房洞开挖跨度及高度较大。由于该地下厂房长度较短，相应防渗排水廊道也较短，防渗排水系统工程量均略少于单机容量 889 MW 方案，其他附属洞室工程量基本相同。

从上述比较可见，方案一主副厂房洞长度较方案二有所减小，枢纽布置相对灵活；方案一主副厂房洞室开挖跨度及高度比方案二略有增加，但增加不大，工程量比方案二有所减少。由于左、右岸厂房洞室围岩均为坚硬较完整的块状玄武岩，主要为Ⅱ类围岩，总体地质条件较好，两个方案通过采取适当的加强支护等工程措施，均具备成洞条件，从地下厂房洞室群的布置及围岩稳定条件比较，不构成控制性制约因素。

2）引水与尾水建筑物

两方案引水和尾水建筑物的布置型式和位置基本相同，地质条件总体上相当。

进水口：右岸大寨沟地形深切，且有一定的泥石流来源，是制约右岸枢纽布置的主要因素之一。方案二较方案一进水口纵向长度增加 24.2 m，进水口与大寨沟沟口之间的距离更近，进水口布置受大寨沟影响程度加剧，为改善进水流态，马脖子山开挖规模需增加较多。方案二较方案一进水塔高度和孔口尺寸有所减小，抗震条件趋向有利。

引水隧洞/压力管道：方案二较方案一引水隧洞数量增加两条，工程规模相应有所增加，但引水隧洞洞径减小 0.6 m，压力钢管段 *PD* 值也有一定程度减小，结构设计和施工难度有所降低。

尾水调压室：两方案尾水调压室开挖尺寸和位置均差别不大，围岩稳定条件总体相当。

尾水隧洞：方案一尾水洞采用两机一洞的布置型式（每岸共 4 条），方案二尾水洞采用两机一洞和三机一洞的布置型式（每岸共 4 条，其中 3 条两机一洞，1 条三机一洞），除方案二的左岸 4 号和右岸 4 号尾水洞尺寸稍有加大以外，其余尾水洞尺寸均减小，方案二尾水洞工程量略小。

尾水出口建筑物：两方案尾水洞出口工程规模相当。

水力条件：选择右岸 3 号水力单元为代表，方案二与方案一水头损失基本相当，基本工况下调压室涌浪波幅差别不大。

运行条件：从运行条件来分析，方案二较方案一需维护的闸孔数量增加，但由于闸门尺寸减小，单个闸门启闭设备维护工作量有所降低。由于两方案均采用首部开发方式，总体上讲运行维护均比较便利，无明显差别。

白鹤滩水电站各装机方案引水及尾水建筑物主要特征参数见表 2－5。

表 2－5　白鹤滩水电站各装机方案引水及尾水建筑物主要特征参数表

项　目		单机方案一		单机方案二	
		总装机容量 16 000 MW			
		单机容量	装机台数	单机容量	装机台数
		1000 MW	16	889 MW	18
发电进水口布置	前缘宽度（m）	265.5		289.8	
	进水塔高度（m）	105		103	
	拦污栅孔口尺寸（$B \times H$）（m）	4.0×36		3.8×34	
	右岸距大寨沟沟口最小距离（m）	110		87	
压力管道布置	布置型式	单洞单机		单洞单机	
	开挖尺寸（m）	$d12.2 \sim d13$		$d11.6 \sim d12.4$	
	左岸单洞长度（m）	$401.6 \sim 413.7$		$401 \sim 415$	
	右岸单洞长度（m）	$392.8 \sim 525.3$		$376 \sim 526$	
	总长度（m）	6448		7184	
	钢衬直径（m）	$\phi10.2$		$\phi9.6$	
	钢衬总长度（m）	3772		4256	
	进厂段钢衬 *PD* 值（m²）	2752		2682	

续表

项　　目		单机方案一		单机方案二	
		总装机容量 16 000 MW			
		单机容量	装机台数	单机容量	装机台数
		1000 MW	16	889 MW	18
尾水隧洞布置	布置型式	两机一洞		两机一洞＋三机一洞	
	开挖尺寸（宽×高）（m）	17.5×21～20.5×25		17.5×19.2～20.5×25	
	衬后尺寸（宽×高）（m）	14.5×18～17.5×22		14.5×16.2～17.5×22	
	主洞单洞长度（m）	998～1745		1048～1778	
	主洞总长度（m）	11053		11347	
尾水调压室布置	开挖直径×高度（m）	左岸	$d43～d49×$ $(99.30～102.33)$		$d43～d48.7×$ $(99.30～102.33)$
		右岸	$d42～d49×$ $(88.10～100.65)$		$d42.7～d47.3×$ $(88.10～100.65)$
水道系统水头损失（m）		4.08		4.07	

注：水头损失为沿右岸3号水力单元的值。投资不包括金属结构部分。

　　从引水和尾水建筑物布置角度分析，1000 MW 单机方案工程总体规模较小，投资相对较省；其进水口总宽度减小，有利于改善枢纽布置条件；虽然 1000 MW 单机方案单个洞室开挖尺寸有所加大，技术难度略有增加，但不构成控制性制约因素。综合衡量，认为 1000 MW 单机方案较优。

2.4.3　机电设备

2.4.3.1　水轮发电机组

　　1）水轮机型式选择

　　乌东德水电站水头为 113.5～163 m，白鹤滩水电站水头为 163.9～243.1 m，均是混流式水轮机理想的适用水头范围，因此，两电站均选择混流式水轮机。

　　2）机组运行基本条件

　　（1）乌东德、白鹤滩水电站机组台数多，单机容量巨大，在系统中的地位重要。因此，在水轮机参数选择过程中，应遵循成熟、可靠、先进、合理的原则，以保证机组能够长期安全、稳定、高效地运行。

　　（2）乌东德水电站运行水头变幅 49.5 m，白鹤滩水电站运行水头变幅 79.5 m，要求水轮机在较宽的运行水头范围内具有较好的适应性和稳定性。

　　（3）乌东德水电站汛期加权平均水头为 136.2 m，非汛期加权平均水头为 146.0 m。全年加权平均水头为 143.1 m，额定水头为 135 m。白鹤滩水电站汛期加权平均水头为 201.1 m，非汛期加权平均水头为 210.8 m。全年加权平均水头为 207.4 m，额定水头为 202 m。

　　在进行水轮机参数选择时，需要研究水轮机设计水头的合理取值，并兼顾运行稳定和能量指标。

（4）乌东德水电站建库后 20 年平均出库泥沙含量为 0.1520 kg/m^3，中值粒径为 0.0061 mm。白鹤滩水库运行 20 年后汛期平均出库泥沙含量为 0.1621 kg/m^3，中值粒径为 0.0060 mm。

两电站过机泥沙含量不大，但泥沙硬度较大，要求水轮机参数、材料和结构应考虑具有较好的抗泥沙磨损特性。

3）水轮发电机组参数选择

根据电站水头条件及综合比选确定的水轮机比转速参数范围，考虑大容量发电机同步转速和冷却要求及初拟的三种单机容量，推荐乌东德、白鹤滩水电站不同单机容量方案机组主要技术参数分别见表 2-6 和表 2-7。

表 2-6　乌东德各单机容量方案机组主要技术参数表

项　目		单机方案一		单机方案二		单机方案三	
		总装机容量 10 000 MW					
		单机容量	装机台数	单机容量	装机台数	单机容量	装机台数
		714.3 MW	14	833.3 MW	12	1000 MW	10
动能参数	正常蓄水位（m）	975					
	最大水头（m）	163					
	加权平均水头（m）	143.1					
	额定水头（m）	135					
	最小水头（m）	113.5					
水轮机参数	额定转速（r/min）	100		93.75		85.71	
	额定比速（m·kW）	185		187.4		187.7	
	额定比速系数 K	2150		2177		2180	
	额定点效率（%）	94		94		94	
	最优单位转速（r/min）	67.3		67.5		67.5	
	限制点单位流量（L/s）	750		770		770	
	模型空化系数	0.078		0.079		0.079	
	装置空化系数	0.134		0.137		0.137	
	转轮 D_1（m）	8.2		8.7		9.6	
	吸出高度（m）	-9.0		-9.4		-9.4	
	安装高程（m）	807.3		807.0		807.1	
	水推力（t）	2370		2670		3240	
	转轮重（t）	320		360		435	
	水轮机总重（t）	2120		2423		3023	

续表

项　目		单机方案一		单机方案二		单机方案三	
		总装机容量 10 000 MW					
		单机容量	装机台数	单机容量	装机台数	单机容量	装机台数
		714. 3 MW	14	833. 3 MW	12	1000 MW	10
发电机参数	额定电压（kV）	20		20		24	
	额定电流（A）	22 914		26 728		26 730	
	并联支路数	6		8		7	
	发电机每极容量（MVA）	13. 228		14. 467		15. 873	
	槽电流（A）	7638		6682		7637	
	定子铁心内径（cm）	1530		1630		1785	
	定子铁心高度（cm）	330		370		390	
	推力负荷（t）	4520		5130		6160	
	冷却方式	半水冷		半水冷		半水冷	
	转子重（t）	1600		1850		2200	
	发电机重（t）	2785		3222		3863	
制造难度	水轮机制造难度系数（$D_1^2 \times H_{max}$）	10 960		12 337		15 022	
	水轮机蜗壳制造难度系数（$P \times D$）	21. 5		22. 84		25. 2	
	发电机机械强度难度系数（$S \times n_f$）	$15. 87 \times 10^4$		$17. 36 \times 10^4$		$19. 04 \times 10^4$	
	推力轴承难度系数（$P_t \times n_r$）	$45. 2 \times 10^4$		$48. 1 \times 10^4$		$52. 8 \times 10^4$	

表2-7　白鹤滩各单机容量方案机组主要技术参数表

项　目		单机方案一		单机方案二	
		总装机容量 16 000 MW			
		单机容量	装机台数	单机容量	装机台数
		1000 MW	16 台	889 MW	18 台
动能参数	正常蓄水位（m）	825			
	最大水头（m）	243.1			
	加权平均水头（m）	207.8			
	额定水头（m）	202			
	最小水头（m）	163.9			

续表

项　目	单机方案一		单机方案二	
	总装机容量 16 000 MW			
	单机容量	装机台数	单机容量	装机台数
	1000 MW	16 台	889 MW	18 台
水轮机参数 最优单位转速（r/min）n'_{10}（r/min）	62.5 ~ 67			
最优单位流量 Q'_{10}（m³/s）	0.4 ~ 0.44			
最优效率（%）	94.5			
限制工况单位流量 Q'_1（m³/s）	0.53 ~ 0.57			
水轮机额定出力（MW）	1015		902.4	
额定水头（m）	202		202	
转轮进口直径 D_1（m）	8.6		8.23	
额定转速 n（r/min）	107.1		111.1	
飞逸转速 n_f（r/min）	202		208	
额定流量 Q_r（m³/s）	547.8		488.1	
额定点效率（%）	≥93.5			
最高效率（%）	≥96			
电站空化系数 σ_p	0.123		0.118	
比转速 n_s（m·kW）	141.7		138.5	
比速系数 K	2014		1970	
吸出高度（m）	−15.43		−15.43	
安装高程（m）	570		570	
转轮重量（t）	352		334	
水轮机总重（t）	3341		3169	
发电机参数 额定功率因数	0.9		0.9	
额定容量（MVA）	1111.1		987.8	
额定电压（kV）	24		22	
额定电流（A）	26 730		25 924	
最大工作电流（A）	28 066		27 220	
额定转速 n（r/min）	107.1		111.1	
飞逸转速 n_f（r/min）	202		208	
定子并联支路数	8		9	
发电机每极容量（MVA）	19.84		18.29	
槽电流（A）	6682		5940	
定子铁心内径（mm）	16 500		16 000	
定子铁心高度（mm）	3500		3400	
推力负荷（t）	4687		4277	
冷却方式	空冷		空冷	
发电机总重（t）	3996		3635	

续表

项　目		单机方案一		单机方案二	
		总装机容量 16 000 MW			
		单机容量	装机台数	单机容量	装机台数
		1000 MW	16 台	889 MW	18 台
制造难度	水轮机制造难度系数（$D_1^2 \times H_{max}$）（$\times 10^3$）	18.0		16.5	
	水轮机蜗壳制造难度系数（$P \times D$）	29.7		28.4	
	发电机机械强度难度系数（$S \times n_f$）	224 444		205 458	
	推力轴承难度系数（$P_t \times n_r$）［t · (r/min)］	501 978		475 175	

4）各单机容量方案比较

由表 2 - 6、表 2 - 7 可见，乌东德水电站不同单机容量水轮机的比转速参数基本处于同一水平，比速系数在 2200 左右。白鹤滩水电站不同单机容量水轮机的比转速参数也基本处于同一水平，比速系数在 2100 左右。

乌东德、白鹤滩水电站各方案的槽电流在现有已投运水轮发电机组最大槽电流范围以内。

乌东德、白鹤滩水电站 1000 MW 机组均采用 24 kV 电压等级，白鹤滩水电站 889 MW 机组采用 22 kV 电压等级。

乌东德、白鹤滩水电站由于单机容量增加，水轮发电机组尺寸、重量、设计制造难度指标也随之增加。

已投运电站水轮机制造难度系数 $H_{max}D_1^2$ 最大值为三峡水电站水轮机 12 288，溪洛渡水轮机 12 938；已投运电站水轮机蜗壳难度系数 PD_1 最大值为三峡水电站蜗壳 18.85，龙滩、小弯蜗壳 20.01；发电机制造难度系数 Sn_f 最大值为萨扬舒申斯克机组 19.91×10^4，小湾机组 21.78×10^4；发电机每极容量最大值为萨扬舒申斯克机组 16.93 MVA，小湾机组 19.45 MVA；发电机槽电流最大值为大古力机组 9211 A，构皮滩机组 7127 A；水轮发电机组发电机额定电压最高值为三峡等机组 20 kV，发电机推力轴承难度系数投运电站最大值为萨扬舒申斯克机组 464 100，小湾机组 540 000；推力轴承推力负荷最大值为三峡机组 5750 t。

乌东德水电站 14 × 714.3 MW、12 × 833.3 MW 方案，各项指标排名在已建和在建电站之内，不存在技术制约因素。10 × 1000 MW 方案，水轮机制造难度、水轮机蜗壳制造难度、推力轴承难度、发电机电压等级也有一定程度的增幅，跃居已建和在建电站之首。

白鹤滩水电站 889 MW、1000 MW 方案，除槽电流、推力轴承难度系数外，所有指标排名均超出了已建和在建电站难度指标。

尽管大容量高水头机组设计制造难度系数大幅提高，通过进一步研究，采取结构设计和材料措施后，技术上将不会成为制约因素。

2.4.3.2　电气

1. 电站与电力系统的连接

按"西电东送"通道的初步规划，乌东德、白鹤滩水电站建成投产后将主要考虑送电华中、华东或南方电网。

乌东德水电站装机容量 10 000 MW，左、右岸电站各 5000 MW，初步考虑左岸和右岸电站各出 3 回交流 500 kV 线路，分别至左、右岸直流换流站，送电距离估计在 30 km 左右。

白鹤滩水电站装机容量 16 000 MW，按左右岸各 4 回交流 500 kV 线路送出至直流换流站。

2. 电气主接线

乌东德、白鹤滩水电站是金沙江水电能源基地的后续建设电站，是"西电东送"的重要电源，在系统中具有重要地位，为确保电站的安全稳定运行，电气主接线应具有高度可靠性和运行灵活性。

1）发电机和变压器的组合方式

由于单机容量大，发电机与变压器组合方式只能采用单元接线或联合单元接线。单元接线具有清晰简单、可靠性高、运行灵活、适应系统变化能力强等优点，因此，乌东德、白鹤滩水电站对不同装机方案均推荐采用单元接线，并设发电机出口断路器。

2）500 kV 侧接线方式

国内巨型水电站 500 kV 电压侧接线方式主要采用 3/2 断路器接线或 4/3 断路器接线，4/3 断路器接线进出线回路较多，匹配时 3/2 断路器接线在投资上略有优势，因而更多采用 3/2 断路器接线。

乌东德水电站左、右岸装机为 5 台、6 台、7 台方案，出线均为 3 回，发变组合为单元接线，进出线回路分别为 8 回、9 回、10 回，左、右岸均采用 3/2 断路器接线。

装机 5 台时，为 4 串 3/2 断路器接线；

装机 6 台时，为 4 串 3/2 断路器接线加 1 串双断路器接线；

装机 7 台时，为 5 串 3/2 断路器接线。

白鹤滩水电站左、右岸 4/3 断路器接线、3/2 断路器接线和它们的混合接线可靠性、安全性高，白鹤滩机组台数及单机容量两方案均采用 4/3 断路器接线、3/2 断路器接线和它们的混合接线。

根据进出线回路数的合理匹配，单岸装设 8 台时，左右岸升高电压侧接线均为 8 进 4 出，选用 4 串 4/3 断路器接线；单岸装设 9 台时，左右岸升高电压侧接线均为 9 进 4 出，选用 3 串 4/3 断路器和 2 串 3/2 断路器混合接线。

3. 大电流母线

根据设计规范的规定，100 MW 及以上发电机组应选用大电流离相封闭母线（IPB）。乌东德、白鹤滩水电站机组容量巨大，发电机回路母线均采用离相封闭母线，额定电压按发电机的额定电压选取，额定电流应满足发电机回路最大工作电流的要求。乌东德、白鹤滩水电站单机容量为 714.3～1000 MW，功率因数为 0.9，额定电压为 20～24 kV，最大工作电流为 24 057～28 066 A。因此，为 1000 MW 机组配套的封闭母线的额定电流为 28 kA。

两座水电站可研初期，国内水电站已设计、制造并投入运行的最大电流、自冷方式的离相封闭母线是为三峡左、右岸电站 700 MW 机组配套的 20 kV、26 kA 封闭母线。国内为 1000 MW 机组配套的自冷式 IPB 研制工作起步较早，国内主要的 IPB 制造厂家中已有 5 家进行并通过了 1000 MW 级自冷式 IPB 的型式试验。因此，对于乌东德、白鹤滩水电站 1000 MW 机组而言，其 IPB 在设计、制造方面已不存在大的技术难题。为此，乌东德、白鹤滩水电站均采用结构简单、运行可靠、维护工作量小的自冷式离相封闭母线。封闭母线的额定电压为 20 kV 或 24 kV，额定电流为 25 ~ 28 kA。

4. 发电机断路器

乌东德、白鹤滩水电站在系统中参与电网的调峰，机组启停较频繁，因而均设置了发电机断路器。这将有利于机组的调峰运行，提高主变压器高压侧设备运行的稳定性以及电站厂用电源的可靠性。

乌东德、白鹤滩水电站发电机断路器均采用 SF_6 断路器，配液压弹簧操作机构，额定电压为 24 kV，额定电流为 28 kA。

5. 主变压器

主变压器容量与发电机容量相匹配。由于受运输条件限制，乌东德水电站采用单相变压器组或三相组合式变压器；白鹤滩水电站采用单相变压器组。由于均为地下洞室布置，变压器冷却方式均采用强迫油循环水冷方式。

变压器主要参数见表 2 - 8。

表 2 - 8　变压器主要参数

项目	主要参数					
	乌东德			白鹤滩		
发电机容量（MW）	1000	833.3	714.3	1000	875	778
发电机电压（kV）	24	20	20	24	22	20
型式	单相变压器或组合式变压器			单相变压器		
额定容量（MVA）	371 或 1111.1	309 或 925.9	265 或 793.7	375	325	289
额定电压（kV）	$\frac{550}{\sqrt{3}} - 2 \times 2.5\% /24$（20）或 $550 - 2 \times 2.5\% /24$（20）			$\frac{550}{\sqrt{3}} - 2 \times 2.5\% /24$（22、20）		
阻抗电压（%）	15 ~ 17			15 ~ 16		
冷却方式	OFWF 或 ODWF			OFWF 或 ODWF		
低压侧进线方式	离相封闭母线			离相封闭母线		
高压侧出线方式	油/SF_6 套管			油/SF_6 套管		

6. 500 kV 配电装置

500 kV 配电装置型式选用全封闭组合电器（GIS）还是选用敞开式电气设备，应结合电站枢纽布置及地形、地质等条件和综合造价确定。敞开式配电装置占地面积大，高边坡防护措施和防高空滚石措施难度较高，设备运行可靠性低，故乌东德、白鹤滩水电站均按 GIS 设计。

地下与地面连接的 500 kV 线路可采用 GIS 管道母线或 XLPE 电缆，考虑到输送容量大，经综合考虑，乌东德、白鹤滩水电站均采用 GIS 管道母线。

GIS 主要技术参数：额定电压 550 kV，额定电流 3150 A，额定短路开断电流 63 kA。GIS 管道母线额定电流 4000 A。

7. 主要电气设备布置

乌东德、白鹤滩水电站均为地下厂房，主变压器均采用地下洞室布置。主变压器洞室布置在厂房下游，通过母线洞连通，封闭母线布置在母线洞内。GIS 均布置在地下主变压器上层，500 kV 出线设备布置在地面，通过出线竖井采用 GIS 管道母线连通。

2.4.4　施工布置及工期

围绕乌东德水电站单机容量 714.3 MW 方案、833.3 MW 方案及 1000 MW 方案；白鹤滩水电站单机容量 889 MW 方案、1000 MW 方案，对施工布置与工期进行分析比较，主要内容包括：

（1）地面工程施工道路。

（2）地下工程施工通道。

（3）引水通道、电站厂房、尾水通道的布置、开挖、混凝土浇筑与衬砌施工方案。

（4）桥机与机组设备安装施工方案。

（5）各单机容量施工进度比较。

上述部分内容非本书的重点，分析比较过程在此不详细罗列，只给出相关结论如下：

①乌东德、白鹤滩水电站各种单机容量方案的地面枢纽建筑物布置相同，地下引水发电系统因单机容量和台数的不同存在差异，但左右岸总体布置格局差别不大。因此，乌东德、白鹤滩水电站的大坝、水垫塘、二道坝和泄洪洞等主体工程的施工布置、方法、工期在各种单机容量方案均相同，不存在差别。

②不同单机容量引水发电系统规模大体相当，土建施工和机电设备安装总体上一致，不存在大的差别。

③由于不同单机容量间机组部件尺寸、重量有所不同，特别是乌东德水电站整体转轮尺寸大、重量大，因此，场内运输道路及隧洞必须满足重大件的运输要求。整体转轮重量过大，加大了过江桥梁的荷载，因此，技术上转轮采用不过江的方案（左右岸各自设置转轮组焊加工厂）。

④由于单机容量和机组台数不同，地下厂房洞室规模、输水隧洞规模及数量、进出水口规模有所不同，尽管施工方法基本相同，但随着单机容量的加大，施工难度有所加大，单台机组的施工工期有所加长，但完建总工期随着单机容量加大，机组台数减少而有所缩短。

⑤乌东德、白鹤滩水电站直线工期由大坝控制，因此，两电站各装机台数方案首台（批）机组发电工期相同，乌东德水电站首台机组发电工期为开工后的第 7 年 8 月初，714.3 MW 方案完建工期为第 9 年 7 月，833.3 MW 方案完建工期为第 9 年 3 月，1000 MW 方案完建工期为第 8 年 11 月。白鹤滩水电站首台机组发电工期为开工后的第 9 年年末，889 MW 方案完建工期为第 13 年 6 月，1000 MW 方案完建工期为第 13 年 10 月。对

1000 MW方案，因单机容量大，后续投产一台的效益大于其他方案，相当于加快了总体投产进度，在电站投产初期水量充沛的条件下发电效益明显。

综上分析，1000 MW 方案虽然增加了地下洞室跨度，相应增加了部分支护工程的施工难度，但考虑到乌东德、白鹤滩地质条件较好，以及根据当时国内施工技术水平，大洞室地下厂房的开挖施工技术上仍属可行，施工不会成为制约条件。因此，从施工角度来看，全部采用 1000 MW 机组方案是可行的，且能缩短总工期。

2.5 1000 MW 水轮发电机组应用可行性研究

2.5.1 巨型水轮发电机组现状

2.5.1.1 国内外大型水轮发电机组参数分析

水轮发电机组的型式、参数、尺寸等受电站水头、单机容量及运输条件等因素的制约。不同使用条件的大型机组表现出不同的特征，国内外已建电站装设的大型水轮发电机组主要参数见表 2-9。

表 2-9 国内外已建电站大型水轮发电机组主要参数

电站名称	水轮机输出功率（MW）	水头（m）		转轮直径 D_1（m）	额定转速（r/min）	比转速（m·kW）	比速系数	投产年份
		H_r	H_{max}					
大古力Ⅲ	716.2	86.9	108.2	9.114	85.71	273.4	2549	1978
伊泰普	740	118.4	126.7	8.45	92.3/90.9	200/197	2175/2144	1984
萨扬舒申斯克	650	194	220	6.77	142.9	159	2215	1978
古里Ⅱ	643	130	146	7.163	112.5	200	2280	1978
罗贡	615	245	320	6.2	166.7	134.9	2111	
丘吉尔瀑布	483	312.6	322	6.10	200	105.7	1870	1971
李家峡	408.2	122	135.6	6.03	125	197	2176	1997
二滩	561	165	189	6.26	142.9	180.9	2323	1999
三峡左岸	710	80.6	113.0	10.1/10.43	75	261.7	2349	2003
三峡右岸（哈电）	710	85	113	10.71	75	233.2	2150	2007
三峡右岸（东电）	710	85	113	9.88	75	244.86	2257	2008
构皮滩	609	175.5	200	7.0	125	153	2028	2009
水布垭	406	170	203	5.9	150	155.7	2030	2007
龙滩	714	138	179	7.9065	107.1	191.3	2248	2007
小湾	714	216	251	6.5	150	153.1	2250	2009

续表

电站名称	水轮机输出功率（MW）	水头（m）		转轮直径 D_1（m）	额定转速（r/min）	比转速（m·kW）	比速系数	投产年份
		H_r	H_{max}					
瀑布沟	571.7	148	181.7	7.115	125	183.1	2227	2009
拉西瓦	711	205	220	6.9	142.9	156.3	2238	2009
锦屏二级	610	290	321	6.5	166.7	108.8	1853	2012
溪洛渡	713	186	230	7.5	125	153.7	2096	2013
向家坝（哈电）	812	100	114	9.95	75	213.7	2137	2012
锦屏一级	611	200	240	6.55	150	155.9	2205	2013

由表 2-9 可见，国内外已建电站大型水轮发电机组的特征主要表现在如下几个方面：

（1）机组容量上限基本上为 800 MW，其中发电机最大容量为向家坝的 888.9 MVA。

（2）已有的 700 MW 级巨型水轮发电机组均属于中、低水头段混流式水轮发电机组，具有尺寸大、转速低的特点。其中，三峡水电站机组运行水头最小，变幅最大，转速最低，转轮直径最大（右岸哈电机组水轮机直径 D_1 达到 10.71 m）；700 MW 级的小湾水电站机组运行水头最大达到 251 m，且转速最高，转轮直径最小。

（3）水轮机的参数水平一般用比速系数表示，除三峡、大古力水轮机比速系数大于2350 以外，其他机组均小于该值，特别是近年来，一些大机组的比速系数在 2000~2250 之间取值。

（4）水轮机的制造难度系数一般采用 $H_{max}D_1^2$ 表示，已投运电站水轮机制造难度系数最大的代表性机组为三峡水电站水轮机 12 288，溪洛渡水轮机 12 938；发电机制造难度系数采用 $S·n_f$ 表示，其最大的代表性机组为俄罗斯萨扬舒申斯克机组 199 100，小湾机组217 800；发电机每极容量最大的代表性机组为俄罗斯萨扬舒申斯克机组 16.93 MVA，小湾机组 19.45 MVA；推力轴承推力负荷最大值为三峡机组 5750 t。

（5）700 MW 级水轮发电机额定电压最高值为三峡等机组 20 kV，额定电流最大值为大古力机组 27636 A，定子槽电流最大值也为大古力机组 9211 A。

（6）低转速机组定子直径大，铁心长度小于 4 m，绕组并联支路数多，大多采用径向通风的空冷或定子水冷的半内冷方式，两种冷却方式工艺成熟、技术可靠。

2.5.1.2　国内外巨型水轮机水力设计现状

近年来，随着计算流体动力学（CFD）数值求解技术和计算机技术的高速发展，黏性流动计算技术趋于成熟。最新 CFD 技术在水轮机水力设计中的应用，能够分析和了解水轮机转轮及通流部件的内部水流状态，能够对水轮机转轮及通流部件的几何形状进行优化，从而全面提高水轮机的各项性能。现代 CFD 分析和数值模拟预测技术在水轮机水力设计中的应用，彻底改变了传统的水轮机水力开发过程，大大提高了水轮机水力设计的可靠性，在水轮机水力开发中不再仅仅依靠模型试验进行多方案比较和优选，取而代之以计算机数值模拟进行性能预测、方案比较和优选,大大缩短了水轮机水力开发的周期,并极大地提高了水轮机水力设计的质量和技术含量。

传统水力设计和最新 CFD 技术设计的水轮机典型流态图比较如图 2 – 4 和图 2 – 5 所示。

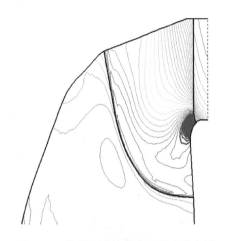 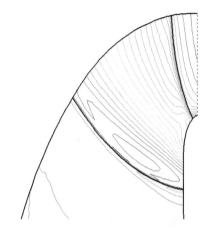

图 2 – 4　传统设计转轮背面压力分布图　　　图 2 – 5　CFD 设计转轮背面压力分布图

由上述对比图中可见,与传统分析方法相比,CFD 分析优化可以根据电站水头的大小、水头变幅等条件设计出满足多种目标(能量、空化、稳定性、水头变化、负荷变化等)要求的水轮机叶片形状,如 GE 的 "X" 形叶片,东电的 "γ" 形叶片等,这些叶片在最优工况下速度场、压力场分布更加均匀,叶片正、背面的压力或压差分布也趋向均匀化,压力和流速场分布均匀,避免了叶片正、背面压力、流速的急剧变化可能导致的流动分离和旋涡等现象。

GE 采用相对粗糙的计算网格,用 18 个电站水轮机模型试验数据,来验证当前采用的 CFD 工具的精确性。计算表明,CFD 分析与模型试验结果在最优工况点的误差在 ±0.2% 内,具有较好的一致性,在偏离最优工况点的工况,CFD 分析的误差增大,在 ±10% 负荷内,最大误差为 0.9%,在 ±15% 负荷内,最大误差为 1.25%,在 ±20% 负荷内,最大误差为 1.5%。考虑到计算网格的粗糙性等简化因素,可以认为,对于混流式水轮机,当前采用的 CFD 工具的精度还是可以接受的。

然而,水轮机不可能仅在最优工况区运行,而是在一个较大的负荷和水头范围内运行,水轮机不得不在严重的涡带区或充满一定强度的涡流区,即所谓的非稳态水流条件下运行。在非稳态水流条件下,由于数值模型的差异,CFD 工具很难获得较高的计算精度。国外一些研究机构进行了一些尾水管非稳态流的计算工作,能够模拟计算出尾水管中的涡带现象,但计算方法异常复杂和费时,如一个工况计算时间需一周以上。也有研究机构在探索开展水轮机模型内特性试验,即除常规的外特性的观察试验,还开展水轮机内部压力和流速场的测试试验,进一步深入探索水轮机内部特性规律,并为水轮机非稳态工况下的 CFD 分析提供试验数据,全面改进数学物理方法和计算方法,真正提高 CFD 工具的计算精度和实用性。

2.5.1.3 水轮机产生不稳定运行的主要表现

对国内一些大中型水电站机组运行情况调查分析，水轮机产生破坏的主要表现为：转轮无叶区及尾水管压力脉动引起机组振动和厂房振动。

投运初期或不久，转轮出水边靠上冠或下环处产生贯穿性裂纹，主要原因是转轮刚度不够，水力激振产生共振；或是叶片在上冠、下环对焊处过渡圆弧半径偏小，应力集中过大；或是焊缝处或其热影响区由于材质和工艺原因存在较大的残余应力。这些原因造成转轮应力过大，产生破坏。

在保证期后出现裂纹，则主要是转轮疲劳破坏所致，这与机组长时间在低负荷区运行，尾水压力脉动过大，其他水力激振强度较大，产生较大动应力，转轮静态应力偏高，疲劳安全系数不够等有关。

因此，水轮机产生不稳定运行的原因主要与水力设计、转轮刚强度及动力特性、疲劳破坏特性、材质及制造焊接工艺直接相关。

2.5.1.4 水轮机主要结构刚强度分析计算内容及考虑的主要问题

随着机组容量和尺寸的增加，水轮机结构部件的刚度降低，固有频率下降，振动模态趋于复杂，如转轮整体会产生椭圆、扭转变形，叶片也会产生弯曲、扭转变形。由于水轮机流道部件较多，尽管采用优化的流线型设计，但由于水轮机运行工况复杂（包括过渡过程工况），除转频及其倍频的激振频率、尾水管压力脉动频率外，还会产生其他大量的水力激振源，并有较宽的频谱。因此，水轮机的刚强度分析需涵盖各种复杂结构进行变形、应力和动力特性分析。

国内水轮机采用的分析软件主要是从美国 Structural Dynamics Research Corporation（SDRC）引进的 I-DEAS 程序、美国 ANSYS 公司引进的 ANSYS 等有限元分析软件。这些软件提供了多种边界条件和载荷类型，能够较真实地模拟转轮现场工作环境和工作条件。经大量实际工程应用，只要正确处理载荷条件、边界约束条件，并具有一定的设计计算经验，计算结果都能较好地满足工程要求。因而，这些计算软件的可靠性在国际上得到了公认。

我国哈电、东电在三峡工程引进技术中参与了三峡左岸电站水轮机转轮、蜗壳座环、顶盖、导叶、轴系等大部件的刚强度计算，随后在三峡右岸、构皮滩等一批大型机组中进行了大量的计算应用验证，积累了大量的技术参数，取得了较丰富的计算经验。

混流式转轮静应力的计算相对简单，特别是子模型的应用，只要叶片出水边与上冠、下环交接处的过渡圆弧半径大于一定值（如 30 mm），就能较好地控制应力集中系数在一定范围以内（如 2.0~2.5），控制了应力集中系数，就大大增加了转轮静应力分析的可靠性。

而转轮动应力的计算，往往由于混流式水轮机运行条件的复杂性，计算较为困难，且计算精度有待提高。为了转轮的安全稳定运行，有些电站，特别是初期转轮出现裂纹的电站，业主和制造厂家联合进行了旨在解决裂纹问题的真机动应力测试和试验，通过试验，大部分找到了转轮产生裂纹的原因，有的是转轮启动过程中动应力过大，有的是转轮材质或焊接过程中残余应力过大，采取针对性的技术措施后，减轻或缓解了转轮的裂纹问题。但现场试验要花费巨大的人力、物力，极大地影响了电站发电效益，是一种不得已的事后补救措施。因此，国内外厂家，除注重转轮的静应力分析外，都在大力开展包括转轮在内的水轮机大部件的动力特性分析计算，期望通过详细的静态应力分析、动力特性分析，达到避免水力激振频率引发共振、减少动应力幅值、提高转轮安全运行裕量的目的。另外，水轮机转轮始终在一种开机、停机、增减负荷的交变负载下运行，除静态应力和频率分析外，防止转轮产生裂纹的另一个重要手段就是开展转轮疲劳破坏研究。

通过三峡工程引进技术和软件，国内东电、哈电已能够计算和分析在两种介质中整个转轮和单个叶片的动力特性以及其他大部件的动力特性，也建立了常规疲劳强度的评估方法，通过增大转轮的疲劳安全系数，达到转轮长期运行而不产生破坏性裂纹的目的，可大大改善转轮的疲劳性能。国内已投运的 700 MW 及以上的机组均未出现裂纹。

2.5.1.5　设备加工制造能力

三峡工程开工建设以来，我国在水电机组制造方面，装备了各种类型的水电重型机加工车间和加工机床。如哈电、东电都已装备了大型三轴联动和五轴联动落地式数控镗铣床，其最大水平行程为 18 m，最大垂直行程为 7 m。

哈电和东电独立设计制造的三峡工程右岸水轮机直径分别达到 10.44 m 和 9.88 m，机组均已于 2007—2012 年间投产运行。

乌东德、白鹤滩 1000 MW 机组尺寸小于三峡右岸机组，因此，国内制造厂家完全具有制造 1000 MW 机组的能力。

2.5.2　水轮发电机组设计制造分析研究

2.5.2.1　设计制造难度系数

1）水轮机制造难度分析

水轮机的制造难度与运行水头和转轮直径密切相关，运行水头越高，转轮直径越大，水轮机的制造难度（$H_{max}D_1^2$）也越大。乌东德、白鹤滩水电站 1000 MW 机组方案水轮机与国内外大型水轮机的制造难度系数见表 2-10。

表 2-10　水轮机制造难度系数（$H_{max}D_1^2$）比较

电站名称	最大水头（m）	转轮直径 D_1（m）	难度系数 $H_{max}D_1^2$	难度排名
白鹤滩 1000 MW 机组	243.1	8.6	18 000	1
乌东德 1000 MW 机组	163	9.6	15 022	2
向家坝（哈电）	140	9.95	13 860	3
锦屏二级	321	6.5	13 562	4
三峡右岸（哈电）	113	10.71	12 962	5
溪洛渡	229.4	7.4	12 562	6

续表

电站名称	最大水头（m）	转轮直径 D_1（m）	难度系数 $H_{max}D_1^2$	难度排名
三峡左岸（ALSTOM）	113	10.43	12 292	7
丘吉尔瀑布	322	6.1	11 982	8
三峡左岸（VGS）	113	10.1	11 527	9
龙滩	179	7.9065	11 189	10
三峡右岸（东电）	113	9.88	11 030	11
小湾	251	6.5	10 605	12
拉西瓦	220	6.9	10 474	13
锦屏一级	240	6.55	10 297	14
萨扬舒申斯克	220	6.77	10 083	15
构皮滩	200	7	9800	16
瀑布沟	181.7	7.115	9198	17
伊泰普	126.7	8.45	9047	18
大古力Ⅲ	108.2	9.114	8988	19
古里Ⅱ	146	7.163	7491	20
二滩	189	6.26	7406	21
水布垭	203	5.9	7066	22
李家峡	135.6	6.03	4931	23

由表 2-10 可见，白鹤滩、乌东德水电站 1000 MW 机组水轮机的制造难度分别排名第 1 和第 2。

水轮机蜗壳进口断面设计（工作）水压 P 越高、进口直径 D 越大，难度系数越大。乌东德、白鹤滩水电站 1000 MW 机组水轮机与国内外大型水轮机蜗壳制造难度系数统计对照见表 2-11。

表 2-11　水轮机蜗壳制造难度系数统计对照表

电站名称	单机容量（MW）	蜗壳进口直径 D（m）	设计压力 P（MPa）	板材厚度（mm）	板材级别（MPa）	难度系数 PD 值	排名
白鹤滩 1000 MW 机组	1015	8.6	3.4	72	SX780CF	29.7	1
乌东德 1000 MW 机组	1015	12	2.1			25.2	2
溪洛渡	784	7.74	2.87	85	610CF	22.21	3
龙滩	714	8.7	2.3		610U2	20.01	4
小湾	700	6.9	2.9			20.01	5

续表

电站名称	单机容量 （MW）	蜗壳进口 直径 D（m）	设计压力 P（MPa）	板材厚度 （mm）	板材级别 （MPa）	难度系数 PD 值	排名
向家坝	812	12.2	1.58		610CF	19.28	6
三峡右岸 （哈电）	756	12.4	1.52	53		18.85	7
三峡右岸 （东电）	756	12.4	1.52	60	610U	18.85	8
拉西瓦	711	6.8	2.76		610U2	18.768	9
萨扬舒申斯克	650	6.5	2.85			18.53	10
构皮滩	609	7.1	2.56	55	610U	18.176	11
伊泰普	715	10.5	1.64	78	360	17.22	12
三峡左岸 （VGS）	756	12.4	1.37	56	610U	16.99	13
古里	610	8.475	2	65	600	16.95	14
二滩	561	7.2	2.31			16.63	15
丘吉尔瀑布	483	4.58	3.6			16.49	16
三峡右岸 （ALSTOM）	756	12.4	1.315	67	610U	16.31	17
三峡右岸 （哈电）	710	12.4	1.315	67	610U2	16.3	18
水布垭	466	6.313	2.5		610U2	15.78	19
大古力Ⅲ	716.2	11.36	1.23	43	A517F	13.97	20
大古力Ⅲ	612	10.5	1.23		T－1	12.92	21

由表 2－11 可见，白鹤滩、乌东德水电站 1000 MW 机组水轮机蜗壳制造难度分别排名第 1 和第 2。

2）发电机制造难度分析

发电机的制造难度系数通常用 Sn_f 来表示。白鹤滩、乌东德发电机与国内外大容量水轮发电机机械强度难度对比表 2－12，与大型水轮发电机组每极容量与冷却方式对比见表 2－13，与大型水轮发电机组推力轴承难度对比见表 2－14。

表 2－12 水轮发电机机械强度难度对比

电站	额定容量 （MVA）	额定转速 （r/min）	飞逸转速 （r/min）	难度 （容量×飞逸转速）	难度 排名
白鹤滩 1000 MW 机组	1111.1	107.1	202	22.44×10^4	1
小湾	777.8	150	280	21.78×10^4	2

续表

电站	额定容量 （MVA）	额定转速 （r/min）	飞逸转速 （r/min）	难度 （容量×飞逸转速）	难度 排名
溪洛渡	855.6	125	240	20.53×10^4	3
拉西瓦	777.8	142.9	271	20.1×10^4	4
萨扬舒申斯克	711	142.9	280	19.91×10^4	5
乌东德 1000 MW 机组	1111.1	85.7	171.4	19.04×10^4	6
古里 II	805	112.5	215	17.31×10^4	7
二滩	612	142.9	275	16.83×10^4	8
丘吉尔瀑布	500	200	335	16.75×10^4	9
构皮滩	666.7	125	250	16.67×10^4	10
龙滩	777.8	107.1	214.2	16.66×10^4	11
水布垭	511.1	150	277.5	14.2×10^4	12
伊泰普 1 号 ~ 9 号	824	90.9	170	14×10^4	13
三峡左岸	840	75	165	13.86×10^4	14
向家坝（哈电）	888.9	75	150	13.33×10^4	15
三峡右岸	840	71.4	157.1	13.20×10^4	16
大古力 III 22 号 ~ 24 号	最大容量 825.5	85.7	158	13.04×10^4	17
大古力 II 19 号 ~ 21 号	最大容量 708	72	144	10.2×10^4	18

表 2-13　发电机每极容量与冷却方式对比

电站名称	额定容量 （MVA）	极数	每极容量 （kVA）	冷却方式	难度排名
白鹤滩	1111.1	54	20 576	空冷	1
小湾	777.8	40	19 450	空冷	2
拉西瓦	757	42	18 020	空冷	3
溪洛渡	855.6	48	17 825	空冷	4
萨扬舒申斯克	711	42	16 930	定子水冷	5
二滩	612	42	14 570	空冷	6
丘吉尔瀑布	500	36	13 890	空冷	7
龙滩	777.8	56	13 890	空冷	8
构皮滩	666.7	48	13 889	空冷	9
乌东德	944.4	70	13 492	空冷	10
水布垭	511.1	40	12 778	空冷	11
古里 II	805	64	12 578	空冷	12

续表

电站名称	额定容量（MVA）	极数	每极容量（kVA）	冷却方式	难度排名
伊泰普	824	66	12 485	定子水冷	13
向家坝	888.9	80	11 111	空冷	14
三峡右岸（哈电）	840	80	10 500	空冷	15
三峡右岸（东电）	840	80	10 500	定子水冷	15
三峡左岸	840	84	10 000	定子水冷	17
大古力Ⅲ	825.6	84	9829	定子水冷	18
大古力Ⅱ	708	100	7080	空冷	19

表 2–14 水轮发电机组推力轴承难度对比

电站名称	容量（MVA）	额定转速（r/min）	推力负荷（t）	轴承难度（转速×推力负荷）	难度排名
小湾	777.8	150	3600	54×10^4	1
乌东德1000 MW 机组	1111.1	85.7	6160	52.8×10^4	2
白鹤滩1000 MW 机组	1111.1	107.1	4687	50.2×10^4	3
拉西瓦	757	142.8	3400	48.55×10^4	4
萨扬舒申斯克	711	142.8	3250	46.41×10^4	5
溪洛渡（东电）	855.6	125	3700	46.25×10^4	6
二滩	612	142.8	3070	43.91×10^4	7
水口	222.2	107.1	4100	43.87×10^4	8
三峡左岸（ALSTOM）	840	75	5800	43.5×10^4	9
三峡右岸（哈电）	840	75	5560	41.70×10^4	10
三峡右岸（ALSTOM）	840	71.4	5800	41.41×10^4	11
伊泰普	824	90.9	4500	40.90×10^4	12
大古力Ⅲ	718	85.7	4700	40.28×10^4	13
向家坝（哈电）	888.9	75	5150	38.6×10^4	14
龙滩	777.8	107.1	3100	33.2×10^4	15
三峡右岸（东电）	840	75	4050	30.38×10^4	16
三峡左岸（VGS）	840	75	4050	30.38×10^4	17
古里Ⅱ	805	112.5	2667	30.00×10^4	18
大古力Ⅱ	615.4	72	4040	29.09×10^4	19
葛洲坝（大机）	194.29	54.6	3800	20.75×10^4	20

由表 2–12～表 2–14 可见，白鹤滩、乌东德1000 MW 级机组发电机机械强度排名分别为第1和第6，每极容量排名分别为第1和第10，推力轴承难度排名分别为第3和第2。

乌东德推力负荷排名第 1。

3）枢纽布置及厂房跨度

机组段长度与厂房跨度主要受发电机风罩尺寸和蜗壳尺寸控制，而地下厂房施工难度主要取决于洞室群尺寸和地质地形等条件，为便于比较，下面仅以地下厂房最大开挖跨度作为难度系数进行比较，详见表 2 - 15。

表 2 - 15　大型地下电站主厂房最大开挖跨度比较

电站名称	主厂房跨度尺寸（m）	难度排名
乌东德 1000 MW 机组	32.0	1
溪洛渡水电站	31.9	2
白鹤滩 1000 MW 机组	34（岩梁上部）/31（岩梁下部）	3
三峡地下水电站	31.0	4
向家坝水电站	31.0	5
龙滩水电站	30.7	6
二滩水电站	30.7	7
小湾水电站	30.6	8
彭水水电站	28.5	9
构皮滩水电站	26.8	10
大朝山水电站	26.4	11
小浪底枢纽	26.2	12

由表 2 - 15 可见，乌东德、白鹤滩 1000 MW 级机组厂房最大开挖跨度排名分别为第 1和第 3。

2.5.2.2　1000 MW 水轮发电机组设计制造分析

1. 水轮机主要结构刚强度分析

1）转轮

转轮是决定水轮机性能最关键的部件，先进的水力设计、结构设计、选材、铸件及成品加工、运输及现场组焊加工方案等均是 1000 MW 机组重点考虑的问题。根据电站水头和水轮机比转速不同，在转轮水力参数和几何尺寸参数总体设计时，首先要保证的是转轮的整体刚强度。

三峡水电站投产前，采用 CFD 和模型试验技术开发了一些效率较高的转轮，但由于转轮运行条件的复杂性和结构设计计算技术的局限性，同时设计条件与实际运行工况不匹配，一些转轮不同程度地产生稳定性和裂纹问题，甚至在投产初期或不久，转轮就产生了裂纹破坏。因此，对于大型水轮机，不应单纯追求过高的参数水平和效率，而应把长期安全稳定运行放在首位。

1000 MW 机组水轮机转轮设计的重点是从水力设计和结构设计方面开展的。

（1）水力设计方面。水力设计期间，进行足够的方案分析和模型试验，分析各水力设计参数及几何尺寸对机组性能、特别是稳定性的影响。在不影响总体水力性能的条件下，根据电站水头条件，选择合适的叶片数、叶片形状和导叶高度，使转轮总体水力性能和刚度、强度、动力特性协调一致。在此前提下，进一步开展非最优工况区 CFD 计算技术的研究、水轮机模型内特性试验技术研究、水轮机动力特性和动应力的试验与计算技术的研究等。

通过现有技术和进一步的开发研究，1000 MW 机组水轮机在电站保证运行区域内，要减小转轮出口正环量，控制尾水管压力脉动幅值和强度，减小或消除高负荷区压力脉动；要减小叶片进口水流冲角，控制叶片进水边背面脱流，消除叶道涡流；要加强固定导叶和转轮叶片出水边卡门涡频率及整体转轮、叶片等部件在水中动力特性的分析研究，对水力激振频率与各部件的固有频率进行全面的分析比较，避免共振；要重视固定导叶和转轮叶片进、出水边翼型的研究，尽量减小翼型进口撞击能量和出口卡门涡能量，改善尾水管入流、出流条件。

（2）机械设计方面。乌东德 1000 MW 机组转轮直径达到 9.6 m，白鹤滩 1000 MW 机组转轮直径达到 8.4 m，在巨型机组中，仅次于三峡水电站机组转轮直径（右岸 ALSTOM10.71 m、哈电 10.44 m、东电 9.88 m）。由于乌东德、白鹤滩水电站最大水头为三峡水电站最大水头的 1.44 倍和 2.08 倍，单纯从外载荷来看（$H_{max}D_1^2$），乌东德、白鹤滩水电站转轮要远远大于三峡水电站转轮。但转轮的刚强度要求并不仅仅是由水头和转轮直径所决定的，其中还有一个很重要的参数就是导叶相对高度。

当机组的主要参数确定后，在确定水力通道结构参数时，首先要确定的是水轮机导叶高度。导叶高度选择的原则，首先是必须满足通流部件和转轮的刚强度要求，其次是满足尽可能小的水力损失。俄罗斯水轮机新型谱 170 m 水头段导叶高度大于或等于 $0.20D_1$。根据国外不同厂家的统计资料，可以发现，近年来一般使用的导叶高度都比较高，如二滩水电站最高水头 189 m，其导叶高度为 $0.234D_1$；天生桥一级水电站，最高水头 143 m，属 150 m 水头段水电站，但其导叶高度达 $0.267D_1$；我国和俄罗斯在这个水头段过去只用到 $0.224D_1$，现在我国一般也只采用 $0.25D_1$；从俄罗斯水轮机新型谱可知，俄罗斯使用的导叶高度也比其过去有所提高。我国的水轮机导叶高度也随着技术水平的进步而相应提高。可见，在全世界范围内，水轮机的导叶高度呈提高的趋势，导叶高度的提高也适应了水轮机综合参数水平——比转速提高的需要。

图 2-6 给出了导叶高度与最高水头的关系曲线，该曲线是哈尔滨大电机研究所 1991 年绘制的，图中的圆点是一些电站的最大水头和导叶高度参数，图中曲线 I 是哈电根据强度分析计算绘制的曲线，曲线 II 是考虑升压的 1.3 倍升压曲线，曲线 III 是俄罗斯型谱曲线，在曲线 I 和曲线 II 的基础之上并考虑了已经运行的大量国内外大型混流式水轮机的最大水头与导叶高度的关系，哈电给出了推荐使用曲线 IV。

根据推荐使用曲线 IV，乌东德 1000 MW 机组转轮的导叶相对高度只要不大于 $0.235D_1$，尽管转轮使用水头达到 163 m，直径 D_1 达到 9.6 m，转轮的总体刚强度是完全可以保证的，转轮也具有较好的水力性能。同样，白鹤滩转轮的导叶相对高度只要不大于 $0.17D_1$，尽管转轮使用水头达到 235.5 m，直径 D_1 达到 8.4 m，转轮的总体刚强度是完全可以保证的，转轮也具有较好的水力性能。

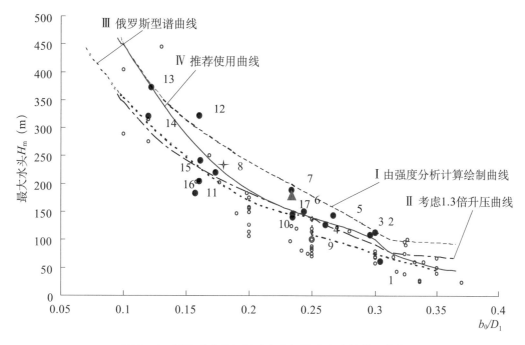

图 2 - 6 混流式水轮机导叶高度与最大水头的关系曲线

1—五强溪；2—三峡；3—大古力；4—伊泰普；5—天生桥；6—龙羊峡；7—二滩；8—萨杨舒申斯克；9—克拉斯诺亚尔斯克；10—拉格朗德Ⅱ；11—天生桥Ⅱ；12—罗贡斯克；13—鲁布格；14—丘吉尔瀑布；15—泽林丘克；16—天生桥Ⅱ；17—古里Ⅱ

不过，由于 1000 MW 机组转轮外载荷大，转轮部件的结构厚度会较大。叶片叶形，特别是进出口头部叶形、叶片与上冠下环的"T"形接头过渡圆弧及焊接接头的断裂力学性能等结构设计应是 1000 MW 机组转轮研究的重点。目的是尽可能降低水力激扰强度，降低动应力幅值和应力集中水平，降低转轮残余应力。

具体而言，乌东德、白鹤滩水电站 1000 MW 机组水轮机的水力和结构设计，主要过流部件前 5 阶自振频率要远离水力激扰频率；叶片与上冠、下环焊接接头实际应力集中系数应控制在 2.5 以内；考虑转轮动应力及应力集中后，转轮的静应力水平应控制在 1/5 材料屈服强度以下，并不大于 110 MPa，基于常规疲劳强度设计方法的疲劳安全系数应不低于 3.5。

乌东德、白鹤滩 1000 MW 机组水轮机转轮直径大、重量重，限于现场运输条件，转轮只能采用散件运输，现场组焊加工成整体的方案，这种运输加工技术方案实际是将工厂临时设在现场，完成最后的组焊、加工、热处理等工序。转轮的制造质量，特别是叶片的型线可以得到很好的保证，因而也成为不具备整体运输条件电站的首选。在现场组焊加工转轮的电站有：大古力、小浪底、龙滩、三峡（ALSTOM 机组）、拉西瓦、构皮滩、溪洛渡等。

对乌东德、白鹤滩 1000 MW 机组而言，水轮机上冠、下环、叶片将在工厂采用分件铸造，由于转轮整体尺寸和重量小于三峡水电站转轮，因此，铸件及加工设备完全可以满足 1000 MW 机组转轮的要求。验收合格的铸件将在工厂内进行加工，叶片整体精加工，上冠在工厂加工，预留工地加工余量后，直切大小块分 3 瓣运输，下环工厂加工预留工地加工余量，分 2 瓣运输，三大件在工地组焊、探伤、热处理、加工、平衡、检查。

转轮材质、制造工艺将是保证转轮性能的一个重要方面。根据目前的工艺水平，1000 MW 机组至少采取以下工艺措施：毛坯采用 VOD 真空精炼，保证铸件质量；采用五轴数控机床加工叶片；采用同材质焊接，提高焊接接头的疲劳性能，减少残余应力的幅值。严格控制焊接过程中残余应力和变形；严格探伤检查。

2）座环、蜗壳

座环、蜗壳的工作状态是在浇有混凝土的条件下工作，但蜗壳强度按能单独承受水压力的要求进行设计。

根据座环、蜗壳的设计及工作条件，在进行有限元计算分析时，蜗壳采用自由边界条件，座环下环进行适当的位移约束。

在计算中，根据座环、蜗壳在不同状态的受力情况，一般进行两种工况计算，载荷条件如下：

工况 1：机组正常运行的状态，考虑最高水头产生的静水压力，通过顶盖作用到上环的力（包括水压力和顶盖的重量），座环、蜗壳和固定导叶自身的重量。

工况 2：升压状态，考虑升压水头产生的静水压力，通过顶盖作用到上环的力（包括水压力和顶盖的重量），座环、蜗壳和固定导叶自身的重量。

因此，对座环、蜗壳而言，水头、转轮直径所确定的顶盖直径、蜗壳直径产生的外载荷在确定座环、蜗壳的结构型式和尺寸时起主要作用。

三峡水轮机蜗壳左岸采用 NKK – HITEN610U2 调质钢，右岸采用 ADB610D，TPCP（TMCP + 高温回火）法生产的国产（鞍钢）低焊接裂纹敏感性高强钢，材料屈服极限 490 MPa，壳体最大板厚 60 mm，舌板厚 120 mm，材料本身性能和焊接性能都要求很高。

受国外厚钢板市场供应的制约，构皮滩 200 m 水头段 600 MW 机组水轮机蜗壳采用国产上海宝钢生产的 55 mm 厚低焊接裂纹敏感性高强钢，蝶形边板厚 80 mm，大舌板板厚 100 mm。电站首台机组蜗壳 100% 超声波和射线探伤表明，宝钢生产的低焊接裂纹敏感性高强钢厚钢板现场焊接性能良好，环板纵缝和上下蝶形边纵缝超声波、射线探伤一次性合格率分别达到 99.2% 和 98.6%。

乌东德、白鹤滩 1000 MW 机组采用的材料性能不应低于三峡或构皮滩机组要求。按 PD 值增加的比例，乌东德、白鹤滩 1000 MW 机组水轮机蜗壳 PD 值在三峡右岸基础上分别增加了 1.36 倍和 1.58 倍，初估乌东德、白鹤滩 1000 MW 机组蜗壳壳体板材厚度将达到 80 mm 和 85 mm 以上，即要采用大量的 80 ~ 85 mm 以上的蜗壳厚钢板。根据座环、蜗壳有限元分析计算的一般经验，蜗壳与座环的连接短板处及舌板处，由于应力集中，因此，这两处的板材厚度会增加较大。如三峡、构皮滩蝶形边厚度 80 mm 以上，蜗壳舌板厚度分别达到 120 mm、100 mm，乌东德、白鹤滩 1000 MW 机组蜗壳壳体板材厚度的大幅增加，无疑要大幅增加这两部分钢板厚度，因此，有必要研究采用更高强度的钢板，同时，焊接工艺及探伤工艺与现有机组相比，要求也会更高。

1000 MW 水轮机座环仍采用固定导叶与上、下环板的焊接结构，为提高材料性能，除上、下环板采用钢板，固定导叶也将采用钢板制造。根据受力情况，环板主要承受轴向力，故材料要采用抗层状撕裂钢板。三峡等巨型机组座环上、下环板钢板板厚达到230～260 mm，固定导叶板厚达到 180～220 mm，因此，预计乌东德、白鹤滩 1000 MW 水轮机座环固定导叶钢板厚度要达到 280 mm 以上。

3）水轮机顶盖

乌东德、白鹤滩 1000 MW 机组水轮机顶盖结构及刚强度设计主要受转轮直径和电站水头的影响，$H_{max}D_1^2$ 值的大小可近似反映顶盖的设计难度。乌东德、白鹤滩 1000 MW 机组 $H_{max}D_1^2$ 值分别为 15 022 和 18 000，为三峡左岸机组 12 288 的 1.22 倍和 1.46 倍，因此，顶盖的结构设计应有足够的刚强度来承受外载荷的增加，三峡水电站顶盖钢板厚度为 120～180 mm，预计乌东德 1000 MW 机组顶盖钢板厚度为 140～220 mm，白鹤滩 1000 MW 机组顶盖钢板厚度为 160～240 mm。由于顶盖的加工、热处理等工艺在工厂内完成，增加顶盖的刚强度不会增加额外的制造难度。

4）水轮机主轴

水轮机主轴承受的载荷为水轮机轴、转轮的重量，水推力（轴向载荷）、机组出力产生的扭矩（切向载荷）。

主轴最大应力主要取决于机组出力产生的最大扭矩和应力集中系数。乌东德、白鹤滩 1000 MW 机组最大扭矩分别为 111 422 kN·m 和 85 959kN·m，三峡左岸机组最大扭矩为 96 264 kN·m，右岸机组为 101 089 kN·m，与右岸机组相比，分别为右岸机组的 1.1 倍和 0.85 倍，白鹤滩 1000 MW 机组最大扭矩小于三峡机组，乌东德 1000 MW 机组最大扭矩大于三峡机组，但增加值有限，因此，外荷载不是水轮机主轴强度和刚度的制约因素。

三峡水电站水轮机主轴采用 150 mm 板厚 S355N 材料卷焊，为减小大件运输尺寸，乌东德 1000 MW 机组大轴直径不宜超过三峡机组主轴直径，即外法兰结构的法兰直径不超过 $\phi4.2$ m，内法兰结构法兰直径不超过 $\phi4.0$ m，外荷载主要通过增加轴身板厚来承受。因此，预计主轴要采用更厚的板厚材料，材料板厚约 165 mm。为便于运输，白鹤滩 1000 MW 机组大轴直径宜小于三峡机组主轴直径。

5）水轮机大部件动力特性

乌东德、白鹤滩 1000 MW 机组水轮机除具有可靠的静态刚强度外，为保证各种可能的工作条件下水轮机能安全稳定运行，水轮机各主要部件必须具有良好的动力特性，避免与各种水力激扰频率产生共振，导致部件结构的破坏。

水轮机大部件动力特性分析主要包括顶盖动力特性分析；活动导叶动力特性分析；固定导叶动力特性分析；转轮动力特性分析。

乌东德 1000 MW 机组水轮机各部件自振频率要避开：尾水压力脉动频率；机组转动频率 1.43 Hz；转轮叶片（15 个）通过频率 21.45 Hz；活动导叶（24 个）通过频率34.32 Hz；幅值较大的卡门涡、叶道涡频率及启停过程中主轴扭振频率等。

白鹤滩 1000 MW 机组水轮机各部件自振频率要避开：尾水压力脉动频率；107.1 r/min机组转动频率为 1.785 Hz，转轮叶片（15 个）通过频率 26.8 Hz，活动导叶（24 个）通过频率 42.84 Hz；111.1 r/min 机组转动频率 1.85 Hz，转轮叶片（15 个）通过频率 27.8 Hz，活动导叶（24 个）通过频率 44.4 Hz；幅值较大的卡门涡、叶道涡频率及启停过程中主轴扭振频率等。

2. 发电机主要结构刚强度分析

发电机主要部件的刚强度计算，主要采用美国引进的著名结构分析软件 ANSYS，用有限元法分析完成。主要包括：发电机转子支架刚强度计算，发电机下机架刚强度计算，发电机上机架刚强度计算，发电机定子机座刚强度计算，发电机主轴刚强度计算。

1) 转子

转子在运行时，支架、磁轭和磁极将产生离心力，并引起支架和磁轭径向位移。目前通常的设计方法是，转子支架与磁轭产生位移的分离转速一般不小于额定转速的 1.25 倍，准确计算分离转速和转子支架与磁轭间的位移差值，并确定转子支架在装配时所需的打键紧量是非常重要的。因此，转子刚强度分析计算工况一般为考虑静止状态打键力的打键工况；考虑额定转速下额定扭矩及剩余打键力的额定工况；考虑飞逸转速的飞逸工况等。许多计算分析表明，转子在飞逸工况下磁轭部位应力最大（飞逸工况的安全系数不小于 1.5）。

对高水头大容量发电机，由于每极容量和极距大，转子机械强度是决定极距的主要因素，所以，一般按最大允许圆周速度来确定极距。而转子磁轭允许最大圆周速度与磁轭固定方式、材料屈服强度有关，如采用鸽尾连接，350~480 MPa 级叠片材料，允许最大圆周速度为 130~160 m/s。目前，一些大容量大铁心外径的发电机转子（如二滩电站）最大圆周速度提高到 175 m/s，三峡水电站转子磁轭采用 DER550 材料，屈服强度已提高到 550 MPa 级。

从结构设计强度留有裕量考虑，乌东德 1000 MW 机组发电机极距设计可采用 800 mm，考虑水轮机最大飞逸转速系数为 2.0，则转子最大飞逸线速度为 160 m/s。考虑结构设计水平及材料屈服强度的提高，并采用目前最高 550 MPa 级的磁轭材料，1000 MW 机组发电机转子磁轭最大应力应以可以控制在设计允许应力以内；白鹤滩 1000 MW 机组发电机极距设计可采用 870 mm，考虑水轮机最大飞逸转速系数为 1.93，则转子最大飞逸线速度为 168 m/s。考虑结构设计水平及材料屈服强度的提高，并采用目前最高 550 MPa 级的磁轭材料，白鹤滩 1000 MW 机组发电机转子磁轭最大应力也应以可以控制在设计允许应力以内。

由于乌东德、白鹤滩 1000 MW 机组发电机转子磁轭高度较大（接近 4 m），附加的各种应力（如不均匀热应力）也会增加发电机转子刚强度设计计算难度，为防止转子支架挠度过大，转子支架刚度应加强。三峡发电机转子支架中心体下圆盘采用 ASTM A36 - Z35 钢板，板厚达 200 mm，左岸机组最大扭矩为 96 264 kN·m，右岸机组最大扭矩为 101 089 kN·m，乌东德 1000 MW 机组发电机转子最大扭矩为 111 422 kN·m，比三峡水电站大 10%，考虑结构加强后，预计乌东德、白鹤滩 1000 MW 机组转子支架中心体下圆盘钢板厚度将不小于 220 mm。

2) 下机架

下机架设计中，必须严格控制轴向挠度。根据下机架结构特点，设计计算一般采用整体结构有限元计算模型。考虑的主要计算工况有额定工况，承受部分（如 10%）径向偏心磁拉力、轴向推力和自重重力；事故工况，承受半数磁极短路磁拉力、轴向推力和自重重力。边界条件主要为支臂外端与基础支撑处轴向自由度约束。结构计算主要考核下机架挠度、最大应力是否满足设计要求。

乌东德 1000 MW 机组转动部分重量、轴向水推力合并的推力负荷约为 6160 t，大于三峡机组的 5800 t，三峡机组下机架下圆盘和下环板采用 ASTM A36 钢板，最大板厚 195 mm。考虑乌东德 1000 MW 机组下机架的刚强度要求要略高于三峡机组，因此，对板材的厚度要求应大于 200 mm。白鹤滩 1000 MW 机组推力负荷为 4687 t，小于三峡机组，三峡机组板材可以满足白鹤滩 1000 MW 机组下机架板材要求。

3）上机架

根据上机架结构特点，一般采用整体结构有限元计算模型。考虑的主要计算工况有额定工况运行，承受部分（如 10%）径向偏心磁拉力、轴向推力和自重；事故工况，承受半数磁极短路磁拉力、轴向推力和自重重力。边界条件为，上机架支腿与机座相交处连接以约束轴向位移，上机架与机坑圆周处连接以约束周向位移。结构计算主要考核上机架位移、最大应力是否满足设计要求。

由于上机架为轻型机架，乌东德、白鹤滩 1000 MW 机组上机架的设计制造不存在任何问题。

4）定子机座

采用有限元法计算。考虑的主要计算工况有额定运行工况、两相突然短路工况、半数磁极短路工况、起吊工况等。结构计算主要考核各工况下定子机座、定位筋、定子铁心等部件的位移、最大应力是否满足设计要求。

另外，定子铁心的翘曲计算也非常重要。在一些电站，国内公司利用引进的软件和技术对定子铁心翘曲进行了一些分析计算，通过计算铁心的最大应力、临界应力，从而得到铁心翘曲安全系数。按照西门子公司的经验，安全系数大于 2，铁心就不会发生翘曲变形。

乌东德、白鹤滩 1000 MW 机组定子铁心直径大，轴向高度高（约 4 m），定子定位筋、定子铁心等部件的位移、应力及铁心翘曲计算至关重要。同时根据结构计算成果，优化结构设计。随着计算技术和结构设计经验的提高，乌东德、白鹤滩 1000 MW 机组定子的结构强度不应是制约因素。

5）发电机大部件动力特性

为考核发电机主要部件的动力特性，对发电机主要部件还要进行固有频率和振型等动力特性计算，使发电机主要部件具有良好的动力稳定性。目前发电机各部件动力特性均由有限元法计算给出，电磁激扰频率则根据结构特征和经验确定，发电机各部件一阶或多阶自振频率必须远离转频和电磁激扰频率。

发电机大部件动力特性分析主要包括上机架动力特性分析、下机架动力特性分析、转子动力特性分析、定子动力特性分析。

乌东德 1000 MW 机组发电机各部件自振频率要避开：尾水管涡带频率，机组转动频率 1.43 Hz 和 50 Hz、100 Hz 的电磁激励频率等。

白鹤滩 1000 MW 机组发电机各部件自振频率要避开：尾水管涡带频率，机组转动频率 1.85 Hz 和 50 Hz、100 Hz 的电磁激励频率等。

6）水轮发电机组轴系稳定性

为了保证机组轴系动力稳定性良好，需对机组轴系的临界转速、扭振频率及机组在不同工况下的摆度响应进行计算分析。

目前，一般要求机组轴系的一阶临界转速大于飞逸转速的 1.25 倍，确保机组运行及飞逸状态不会引起机组共振。

乌东德、白鹤滩 1000 MW 机组轴系稳定方面的设计要求为：

一阶临界转速大于飞逸转速的 1.25 倍。

扭振激振频率分别为尾水管涡带频率、机组转动频率、转轮叶片通过频率、活动导叶通过频率、导叶与叶片共同产生频率、电磁扭振激励频率等。

7）推力轴承

推力轴承有点支承、单托盘、双托盘支承、弹簧束及弹性支柱束等支承结构型式，瓦面材料有巴氏合金瓦和金属弹性氟塑料瓦之分。在投运的大型机组中，大部分采用弹簧束或弹性支柱束支承巴氏合金瓦轴承。东电、哈电具有 1000 t、3000 t 推力轴承试验台，具备先进的推力轴承理论计算和试验手段，并对不同结构的推力轴承进行了大量的对比试验研究和理论计算分析，在支承结构、润滑理论计算、试验研究、油路循环、瓦面材料、制造工艺等方面均取得了显著进步，达到了国际先进水平。

哈电、东电设计生产的三峡右岸、溪洛渡、向家坝等机组推力轴承，目前已安全投产运行。因此，我国具备了生产大吨位推力轴承的能力。尽管如此，乌东德 1000 MW 机组推力轴承在三峡基础上负荷增加 6%、转速增加 14%，无疑是难度较大的推力轴承，白鹤滩 1000 MW 机组推力轴承难度系数仅次于乌东德 1000 MW 机组推力轴承，但通过研究，乌东德、白鹤滩 1000 MW 机组推力轴承是可以成功设计制造的。

3. 1000 MW 发电机设计制造分析

1）发电机额定电压选择

发电机额定电压的选择，与机组容量、转速、合理的槽电流、冷却方式、发电机电压配套设备的选择等密切相关。对于 1000 MW 发电机，额定电压的选择主要受定子线棒绝缘水平和发电机电压设备，包括 GCB、IPB、主变压器低压套管等设备的影响。

若不考虑发电机电压配套设备的影响，仅从发电机自身角度而言，在 1000 MW 容量下，水轮发电机的额定电压仍可选择当今已有成熟制造和运行经验的 20 kV 电压等级，因为可通过并联支路数等参数的选择，使槽电流等电磁参数处于目前设计和制造水平的合理范围内。但在 20 kV 电压等级条件下，1000 MW 级发电机的额定电流将达到一个很高的水平（32.1 kA）。额定电流 28 kA 对于 IPB 和 GCB 而言是冷却方式选择（自冷或强迫风冷）的分界点。目前，国内自冷式 IPB 的设计和制造能力最高为 35 kV、28 kA，GCB 在自冷方式下最大额定电流也为 28 kA。大于 28 kA，IPB 和 GCB 则应采用强迫风冷方式。发电机额定电压若选择 24 kV，1000 MW 下发电机主回路额定电流（考虑降压 5%）恰好为 28 kA，主回路额定短路开断电流接近 700 MW 级机组的水平，低于相应电压下 GCB 的开断能力，且 IPB 和 GCB 均可采用自然冷却方式。因此，1000 MW 水轮发电机的额定电压应选择 24 kV 或以上的电压等级。

综上所述，乌东德、白鹤滩水电站 1000 MW 水轮发电机的额定电压初步选为 24 kV。

2）定子绕组绝缘设计

大容量、高电压发电机定子绕组在运行过程中必须承受电、热、机械应力和环境条件的作用，还得承受启动、停机发生的冷热循环热应力作用和突然短路事故产生的强大电磁力作用，因此，要求定子绕组绝缘具有良好的电气和机械性能，从而保证发电机的可靠运行。

乌东德、白鹤滩水电站 1000 MW 发电机所采用的 24 kV 及以上电压等级，为国内水轮发电机组前所未有的高电压，电压等级的提高不仅要求发电机定子绕组具有相应更高的绝缘水平，同时由于电场强度加大，加上水电机组环境条件潮湿的特点，导致电晕现象更易于发生，因此，对发电机定子绕组的防晕性能提出了更高的要求。由于目前国内具有成熟制造和运行经验的大型水轮发电机的最高电压等级为 20 kV，国外曾制造和运行的水轮发电机额定电压最高也仅为 23 kV，因此，定子绕组 24 kV 电压等级的绝缘及防晕结构是 1000 MW 级水轮发电机设计和制造的主要难点之一。

目前，世界各电机制造公司的大型发电机采用的绝缘工艺有少胶真空压力浸渍（VPI）和多胶模压固化两大体系。以 ALSTOM、东电为代表的少胶绝缘体系，其特点是生产效率高，绝缘可以基本做到无气隙，绝缘性能好，但其生产所需设备、材料和管理要求较高；以 GE 和哈电为代表的多胶云母连续绝缘体系，其绝缘性能与 VPI 绝缘体系相差不大，但生产工艺和设备要求较低。

根据国内外发电机主要制造厂家采用或推荐的 20 kV 及 24 kV 水轮发电机定子线棒对地绝缘结构的工艺和主要参数，24 kV 定子线棒单边主绝缘厚度较 20 kV 增加 14% ~ 20%；为控制主绝缘厚度在合理范围内，24 kV 发电机绝缘设计的场强取值高于 20 kV，因此，对发电机定子绕组防电晕结构、屏蔽材料和工艺都提出了更高的要求。

从上述分析可知，对于水轮发电机 24 kV 绝缘结构，应通过对关键技术的攻关，合理选择和确定主绝缘结构及绝缘厚度，并研究单根定子线棒和发电机定子绕组防晕结构、材料及工艺，提高主绝缘的云母含量，在保证电气绝缘性能的前提下减小绝缘厚度，提高槽利用率，改善散热效果。目前，哈电研制的 F 级环氧桐马粉云母结构的研究成果已应用到 15.75 ~ 20 kV 电压等级的大型水轮发电机上，在 24 kV 及 27 kV 等级的绝缘系统方面也取得了多项科技成果，关键技术指标达到或者超过国外先进水平。东电最新引进和采用的 VPI 绝缘工艺具有云母含量高、绝缘厚度薄、导热系数高等优点。另外，国内外均有额定电压大于 24 kV（最高为 27 kV）的汽轮发电机制造和投入运行，对水轮发电机高电压等级定子绕组的绝缘设计具有一定借鉴意义。

综上所述，在国内现有的制造和工艺水平的基础上，通过对上述关键技术难题进一步研究和攻关，多胶或少胶的绝缘工艺均能满足 24 kV、1000 MW 水轮发电机定子绕组的绝缘性能要求。

3）发电机冷却方式选择

（1）可选的冷却方式。国内外较大容量的水轮发电机组，尤其是 700 MW 以上的机组，采用的冷却方式主要有全空气冷却方式（全空冷）、定子绕组水内冷（半水冷）两种。另外，蒸发冷却方式作为我国拥有自主知识产权的技术，已成功应用于三峡 27 号、28 号机组，是大容量水轮发电机组冷却方式中的又一个新的选择。

（2）全空冷水轮发电机技术现状。全空冷水轮发电机结构简单、运行可靠、操作简单、运行成本低、维护简便。全空冷方式的参数较好，额定点的效率略高。另外，现场安装工艺及试验简单、易操作，安装周期短。

随着通风冷却技术的改进和完善，绝缘技术的进步以及防止铁心膨胀翘曲的技术进步和发展，国内外空冷机组得到了广泛应用，容量、槽电流及电负荷有不断增大的趋势。普遍认为，发电机的冷却方式已不受每极容量的限制，而更注重对电压、支路与槽电流的匹配，热流密度分析计算及热负荷的控制。在建的大容量空冷水轮发电机及已成功投运的高转速大容量空冷发电机每极容量达 25 000 ~ 40 000 kVA。目前，三峡右岸电站、拉西瓦、龙滩与小湾等 700 MW 级全空冷水轮发电机均进行了相应的通风模型设计和试验，积累了大量原始参考数据和宝贵的技术储备。通风模型试验表明，试验数据与真机计算结果基本吻合。三峡右岸电站和地下电站 6 台 700 MW（最大容量840 MVA）机组、溪洛渡全部 18 台 770 MW 机组、向家坝全部 8 台 800 MW 机组采用全空冷技术，运行实测数据表明，其通风设计是成功的。

1000 MW 水轮发电机组属于长铁心、大容量水轮发电机。长铁心电机风量沿轴向均布是保证电机温度均匀分布的基础。乌东德水电站 1000 MW 水轮发电机在提高发电机电压等级后，虽然槽电流可与现有技术水平相当，但定子铁心高度接近或超过 4 m，这一高度超过了现有 700 MW 级机组的水平。与三峡右岸发电机相比，乌东德 1000 MW 发电机在 24 kV 电压下定子电流增加的幅度不大（约10%），定子线棒的铜耗（发热量）增加的不多；另外，对于超长铁心可采用适当加强定子的冷却力度、增大空冷器冷却容量的措施来保证冷却效果和温度分布均匀。因此，结合三峡右岸电站 700 MW 全空冷发电机的成功经验，经过一定的技术攻关，1000 MW 水轮发电机采用全空冷技术是可行的。白鹤滩水电站 1000 MW 水轮发电机定子铁心高度约 3.7 m，选用的槽电流较大，为 8910 A，能否采用空冷方式需进一步进行试验研究。

（3）半水冷水轮发电机研究现状。半水冷方式冷却效果好，可保持均匀的温度分布。同时，由于定子绕组的损耗热由冷却水带走，需要的风量小，相应风损小，在满足规定 GD^2 条件下，半水冷方式可适当降低铁心高度、缩小体积、减轻重量。三峡水电站 32 台 700 MW 机组中共有 24 台机组采用半水冷方式。其主要缺点是结构复杂，水处理装置及冷凝器设备多，水接头存在漏水风险，安装、运行维护量大。

1000 MW 水轮发电机与已运行的机组相比，结构尺寸将进一步加大，由于热应力和热变形等原因引起的铁心变形翘曲问题将更加突出，如果电机需要风量受通风系统冷却能力限制，发电机可采用定子绕组水内冷、其他部分空气冷却的冷却方式。

（4）蒸发冷却水轮发电机技术现状。蒸发冷却是利用高绝缘性能、低沸点液体沸腾吸收气化潜热进行冷却。蒸发冷却除包含了水冷的一切优点外，因其采用低沸点的新型氟碳化合液，无毒、无污染、高绝缘性能、不腐蚀电机部件材料，且密闭、无泵自循环、运行方便、可靠性高、泄漏量小，和水内冷比有其独特的优越性。东电和哈电公司均对蒸发冷却开展了超前研究，建有800 MW蒸发冷却试验台，东电与中科院电工所、三峡集团合作研发的蒸发冷却机组已在三峡成功投入运行。实测数据表明，发电机温度分布的均匀性优于前两种冷却方式。其主要缺点是结构较复杂，冷凝器及管路多，每根线棒上下端均有接头，存在漏液、漏气风险，安装、运行维护量大。

（5）1000 MW 机组冷却方式选择。上述三种冷却方式均在 700 MW 及以上机组上成功应用，1000 MW 水轮发电机采用全空冷、半水内冷和蒸发冷却方式都是可行的。发电机冷却方式不会成为 1000 MW 机组的制约因素。

2.5.3　配套主要电气设备分析研究

2.5.3.1　1000 MW 机组配套升压变压器

根据电站所处地理位置，主变压器最大运输尺寸以铁路二级限界为控制尺寸，运输重量不超过 200 t。受运输条件限制，1000 MW 机组配套升压变压器应采用单相变压器组或三相组合式变压器。

国内火电厂已有多台 1000 MW 级机组配套升压变压器生产和投入运行，如重庆 ABB 公司为外高桥电厂Ⅲ期提供的 3×380 MVA/500 kV 单相变压器组，天威保变为玉环电厂、邹县电厂、泰州电厂及北仑电厂提供的 （3×370）～（3×380）MVA/500 kV 单相变压器组等。

与 1000 MW 机组相配套，变压器低压套管通流能力是一个限制因素。对于单相变压器低压套管电流为 15 458 A，可选用 20 000 A 级大电流套管，该型套管有成熟的产品可选用。对于三相组合式变压器低压套管电流为 26 730 A，可选用 31 500 A 级大电流套管，该型套管已运用于三峡左、右岸电站（已计及对应使用环境温度下的降容系数）。因此，主变压器采用单相变压器或三相组合变压器均可行。

因变压器布置在地下洞室，变压器采用强迫油循环水冷方式。

乌东德、白鹤滩水电站 1000 MW 机组配套主变压器主要参数见表 2-16。

表 2-16　1000 MW 机组配套主变压器主要参数

项　目	乌东德	白鹤滩
型　式	单相变压器或组合式变压器	单相变压器
额定容量（MVA）	371 或 1111.1	375
额定电压（kV）	$\frac{550}{\sqrt{3}}-2\times2.5\%/24$（20）或 $550-2\times2.5\%/24$（20）	$\frac{550}{\sqrt{3}}-2\times2.5\%/24$（22、20）
阻抗电压（%）	15～17	15～16
冷却方式	OFWF 或 ODWF	OFWF 或 ODWF
低压侧进线方式	离相封闭母线	离相封闭母线
高压侧出线方式	油/SF$_6$ 套管	油/SF$_6$ 套管
运输重量（t）	≤200	≤200

2.5.3.2　1000 MW 级机组配套 IPB

与 1000 MW 机组配套的 IPB 的额定电流值达 28 kA，已接近自冷母线的制造极限。国内为 1000 MW 机组配套的自冷式离相封闭母线的研制工作起步较早，国内主要的 IPB 制造厂家中已有 5 家通过了 1000 MW 级自冷式 IPB 的型式试验，因此，对于乌东德、白鹤滩水电站 1000 MW 机组而言，其 IPB 在设计、制造方面已不存在大的技术难题。因而，乌东德、白鹤滩水电站 1000 MW 机组配套 IPB 现阶段采用 24 kV、28 kA 自冷式离相封闭母线是可行的。

2.5.3.3　500 kV 配电装置

500 kV 配电装置型式选用全封闭组合电器（GIS）还是选用敞开式电气设备应结合电站枢纽布置及地形、地质等条件和综合造价确定。敞开式配电装置占地面积大，高边坡防护措施和防高空滚石措施难度较高，设备运行可靠性低，故乌东德、白鹤滩水电站均按 GIS 设计。

地下与地面连接的 500 kV 线路可采用 GIS 管道母线或 XLPE 电缆，考虑到输送容量大，经综合考虑，乌东德、白鹤滩水电站均采用 GIS 管道母线。

GIS 主要技术参数：额定电压 550 kV，额定电流 4000 A，额定短路开断电流 63 kA。GIS 管道母线额定电流 4000 A。

2.5.3.4　1000 MW 机组配套 GCB

1000 MW 机组配套 GCB 要求额定电流达 28 kA，额定短路开断电流：系统源（DC 分量 75%）≥160kA，发电机源（DC 分量 120%）≥150 kA。ABB 公司制造的 HEC8 型发电机断路器的技术参数能满足 1000 MW 机组的要求，见表 2 – 17。

表 2 – 17　GCB 短路电流开断能力参数表

项　　目		额定电压（kV）		
		25.2	27.5	30
额定电流（kA）		≤28	≤28	≤28
GCB 额定短路开断电流（kA，有效值）	系统源（DC75%）	210	190	160
	发电机源（DC120%）	170	150	120
额定峰值耐受电流（kA）		600	520	440

因而，乌东德、白鹤滩水电站均可采用 HEC8 型发电机断路器。

2.5.4　机组设备的大件运输分析研究

机组主要机电设备大件运输线路的选择主要取决于设备的特征（包括尺寸、重量），途中的装卸转运条件，线路的运输限制（如桥梁、隧洞的限制）三个方面。根据对乌东德、白鹤滩水电站地理位置初步分析，乌东德、白鹤滩水电站大件运输采用铁路—公路和水路—公路联运方案。

1）铁路—公路联运方案

白鹤滩水电站：铁路至昆明或昭通（箐门）→巧家→葫芦口→坝址。

乌东德水电站：铁路运输至昆明中转公路运输，经昆明→禄劝→撒营盘→半角→乌东德工区。

2）水路—公路联运方案

水富重大件码头位于金沙江下游右岸的云南省水富县的水富港内，是为解决溪洛渡及向家坝大件运输而建设的大件码头。水富重大件码头是在原云天化大件码头的基础上，根据溪洛渡水电站大件运输设备的运输特点而进行改造、完善形成的，经改建后可装卸最大单件重量为 300 t。电站重大件由生产厂家专用码头运出，经海运至长江口，然后沿长江水运至水富码头。

水富重大件码头由溪洛渡水电站业主单位三峡集团投资兴建，与乌东德、白鹤滩水电站同属一个业主单位，同时，水富至巧家路段运输线路与白鹤滩水电站重大件运输线路重合，统一投入改造，可节省工程投资和便于管理。

白鹤滩水电站：长江水路至水富码头→昭通→巧家→葫芦口→坝址。

乌东德水电站：长江水路至水富码头→昭通→巧家→葫芦口→会东→坝址。

各运输方案限制条件见表 2-18。

表 2-18　各运输方案尺寸限制及重量限制

限界项目	铁路货运				水陆联运
	正常限界	一级超限限界	二级超限限界	超级超限	
高度限制（mm）	4800	4950	5000	建议不采用	5000
宽度限制（mm）	1700×2	1900×2	1940×2		7000
重量限制（t）			200		150

乌东德、白鹤滩 1000 MW 机组永久机电设备主要包括水轮发电机组、主变压器、厂房桥机和高压电气设备几大类。这些设备具有重件、大件多（超出铁路运输、公路运输尺寸及承重的限制），不规则件多（几何中心与重心偏离多）的特点，需要根据设备的特征及不同运输方式的限制条件确定设备的运输方案。

通过运输线路、条件及设备尺寸、重量分析，乌东德、白鹤滩 1000 MW 机组通过分件、分瓣运输，转轮、下机架中心体现场组焊加工成整体的技术方案，运输条件将不是 1000 MW 机组的制约条件。

2.5.5　机组安装工序及工期分析研究

2.5.5.1　1000 MW 水轮发电机组安装特点

（1）安装工程量大。乌东德、白鹤滩水电站单机容量巨大，达到 1000 MW，超过已建三峡水电站，因此，乌东德、白鹤滩水电站机组安装工程量将不小于三峡水电站。

（2）乌东德、白鹤滩水电站运输条件为铁路或水陆运输，发电机大部件如转子中心体、上机架中心体等需在结构设计中尽可能采用整体运输；水轮机转轮需现场装配组焊成整体。下机架中心体或因运输条件的限制，也需在现场将 2 瓣组焊成整体。

（3）安装强度高，同厂房单机投产间隔 4 个月，电站两个厂房持续年平均投产 6 台，安装强度不低于三峡水电站。

（4）施工组织难度大，施工技术要求高。乌东德水电站采用两岸地下厂房布置方式，机组台数多，大量的超级超限部件需要在工地组装、焊接，而安装场地数量和面积有限，场地的相互交叉使用和多台机组平行流水作业的矛盾，以及机电、金属结构和土建施工的相互干扰，使得乌东德、白鹤滩水电站机组安装的施工组织及管理十分复杂。

（5）蜗壳的现场拼装焊接，超大直径、超长铁心定子、转子的现场装配，24 kV 定子工地下线，耐压试验新工艺等还有不少技术难题。

2.5.5.2　电站机电安装条件

乌东德左、右岸地下电站 1000 MW 机组方案设有主安装场和副安装场两个安装场，各设有一个转子叠装工位。安装场的右 1 号（左 10 号）机机坑作为发电机定子组焊叠装工位。第一、二台定子在转子叠装前要借用转子工位。

白鹤滩左、右岸地下电站 1000 MW 机组方案设有主安装场和副安装场两个安装场，共设有两个转子叠装工位，除第一台定子借用转子工位外，其余定子均在专用机坑进行组装，在本基坑进行下线。

2.5.5.3　单机安装工序及工期

1000 MW 机组安装的主要工序、工期与 700 MW 机组基本相同。典型单机安装工序如下：

（1）机坑内埋件安装工序：底板混凝土浇筑→肘管基础混凝土浇筑→固结灌浆→肘管里衬安装→肘管里衬外围混凝土浇筑至蜗壳混凝土平台→锥管里衬安装→锥管二期混凝土浇筑→基础环、座环安装，蜗壳→机坑蜗壳混凝土浇筑至发电机层地面形成。

（2）机坑内机组安装工序：定子吊入机坑，进行定子线棒下线，同时，座环基础面进行机加工、导水机构进行预装、转轮吊入、导水机构正式组装→下机架和推力轴承安装→发电机转子吊装→上机架安装→盘车，机组附件安装→机电联调→冲水调试→启动试运行、发电。

（3）主安装场组焊拼装工作：主安装场设三大工作区，定子、转子组装工作区，水轮机顶盖、转轮和发电机机架组装工作区，设备进厂卸货工作区，定、转子在专用工作区内组焊叠片，水轮机、发电机部件在专用工作区内组装成整体后先后吊入机坑。

（4）副安装场组焊拼装工作区：副安装场设专用转子组焊叠装工位。

（5）水轮机转轮临时加工厂：水轮机转轮临时加工厂设在厂外，转轮本身组焊加工工序复杂，根据转轮工序要求，临时加工厂设计 7 个工位。

乌东德、白鹤滩水电站施工控制性工期受电站大坝施工工期控制，引水发电系统和机组安装为非控制性工期，考虑 1000 MW 机组的实际安装难度，如铁心高度大，24 kV 电压等级高，定子下线工艺尚属首次，因此，应给一些关键工序留有足够工期。乌东德、白鹤滩定子机坑下线工期分别为 180 天和 170 天，定子、转子叠片工期分别为 150 天、180 天和 130 天、195 天，发电机层形成后的大安装直线工期分别为 413 天和 385 天。

两电站机组台数多，年投产强度高，因此，在工位设计上要给予足够保证。乌东德水电站设计了两个转子专用工位，1 个机坑定子专用工位。白鹤滩水电站设计了 3 个转子专用工位和 1 个机坑定子专用工位。

2.5.5.4　小结

根据以上分析，电站机电安装工程可以满足电站首台机组发电工期和电站完建总工期要求。

2.6　结论

（1）乌东德水电站装机容量为 8700 ~ 10 000 MW，白鹤滩水电站装机容量为 12 000 ~ 16 000 MW，机组台数多，电站具备装设 1000 MW 机组的动能、工程地质及枢纽布置、电力系统、机组设计制造等条件。为适应大江大河巨型电站开发的需要，简化枢纽工程的总体布置，方便运行维护管理，节省投资，在乌东德、白鹤滩水电站研究装设 1000 MW 机组是必要的。

（2）在三峡左右岸电站 700 MW 机组引进、消化、吸收、再创新，以及向家坝 800 MW、溪洛渡 770 MW 机组设计制造经验的基础上，依托乌东德、白鹤滩水电站开展 1000 MW 水轮发电机组的研制，走出一条自主创新之路，必将推动我国特大型水电设备设计制造技术的创新和发展，全面提升我国电力装备工业的竞争力，占领世界水电设备设计制造技术的制高点，成为引领世界水电行业技术发展的新的里程碑。

（3）三峡右岸 700 MW 机组转轮直径为 9.88 m 和 10.71 m，重量为 440 ~ 473.2 t，乌东德 1000 MW 机组水轮机直径约为 9.6 m，重约为 435 t。白鹤滩 1000 MW 机组水轮机直径约 8.6 m，重约 352 t。机组尺寸、重量与三峡机组相当，设计、制造、运输不存在重大制约因素。

（4）乌东德、白鹤滩 1000 MW 机组发电机额定电压要从目前的 20 kV 提高到 24 kV，虽然存在一定的技术难度，但火电机组发电机额定电压已经达到 27 kV。因此，通过研究，1000 MW 水轮发电机组发电机额定电压提高到 24 kV 是可行的。

（5）我国 1000 MW 超超临界火力发电机组的投产和多达 40 多台套的 1000 MW 火电机组的规划和建设，表明变压器、高压配电装置已基本达到与 1000 MW 机组相配套的水平和能力。

（6）乌东德 1000 MW 机组主厂房开挖尺寸为 280 m × 32 m × 87.5 m，白鹤滩 1000 MW 机组主厂房开挖尺寸为 400 m × 31 m × 86.7 m。目前最大的三峡地下厂房开挖尺寸为 309.8 m × 31.0 m × 87.3 m。从跨度而言，乌东德、白鹤滩略大于三峡地下厂房跨度。根据乌东德水电站地下厂房洞室围岩稳定初步分析研究，厂房围岩应力、位移值以及塑性区范围在现有各大洞室中处于中等水平，稳定条件较好，白鹤滩水电站地下厂房地质条件也较好，两电站装设 1000 MW 机组不存在大洞室群围岩稳定制约因素。

（7）与装设成熟的 700 MW 机组相比，乌东德、白鹤滩水电站装设 1000 MW 机组，枢纽挡水、泄水建筑物布置相同，引水发电系统因单机容量和台数的不同存在差异，但枢纽总体布置格局差别不大。

（8）乌东德、白鹤滩水电站随着单机容量加大，投产初期发电量大于较小容量的机组，相当于加快了投产进度，提升了发电效益。

（9）乌东德、白鹤滩水电站大件运输线路最小通过宽度 7 m，最大重量 150 t，1000 MW 机组设备大件采用分件、分瓣运输并现场组焊加工成整体的技术方案，运输条件的限制将不是重要的制约因素。

（10）乌东德水电站 14 × 714.3 MW、12 × 833.3 MW 和 10 × 1000 MW 三个装机方案

的工程静态总投资分别为 367.57 亿元、363.5 亿元和 361.04 亿元。与 14×714.3 MW 和 12×833.3 MW 相比，10×1000 MW 方案可分别节省静态投资 6.52 亿元和 2.46 亿元。

白鹤滩水电站装机 18×889 MW 和 16×1000 MW 两个单机容量方案静态投资分别 855.88 亿元、842.87 亿元。与 18×889 MW 方案比，16×1000 MW 方案可节省投资 13.01 亿元。

（11）1000 MW 机组大件运输尺寸和重量要大于其他方案机组尺寸和重量，应结合下游梯级电站运输线路，按 1000 MW 机组大件运输尺寸和重量进行统一规划。

（12）乌东德、白鹤滩水电站装设 1000 MW 机组可行性研究表明，尽管不存在大的制约条件，但 1000 MW 机组在设计、制造等方面仍存在一些主要技术难点，应重点开展研究：

①乌东德、白鹤滩水电站水轮机水力研发和模型试验；

②发电机 24 kV 及以上电压级应用研究；

③大负荷、高转速发电机推力轴承设计和试验；

④水轮发电机通风冷却方式研究；

⑤高性能、高强度厚钢板应用研究；

⑥新技术、新材料、新工艺研究。

综上所述，乌东德、白鹤滩水电站具备装设 1000 MW 水轮发电机组条件，在工程应用中不存在不可克服的制约因素，并具有较好的经济效益。我国也已具备设计制造 1000 MW 水轮发电机组及配套电气设备的水平和能力，因此，乌东德、白鹤滩水电站装设 1000 MW 水轮发电机组技术可行，经济合理。

第 3 章 1000 MW 机组总体研究

3.1 概述

3.1.1 1000 MW 机组总体研究的目的和内容

1000 MW 水轮发电机组的应用涉及机组及配套设备研制、电站设计、施工和运行管理等诸多方面，是一项复杂的系统工程，关键是 1000 MW 水轮发电机组研制和相关工程技术问题的研究和解决。按照研究工作的总体规划，第二阶段将开展 1000 MW 机组总体研究和专项研究。其中，总体研究的目的是，通过执行完整的机组整体初步设计程序，形成 1000 MW 机组雏形，并在这一过程中找出不确定点、风险点和难点。专项研究的目的是对总体研究过程中发现的不确定点、风险点和难点开展更深入的专题研究，通过计算、数值模拟、物理仿真等方法，找到最优解决方案。多数专项研究课题要在总体研究之后才能看清，但有些课题不需要经过总体研究即可提出，并且可能对总体研究产生影响。例如水轮机水力模型开发、发电机高电压等级定子线棒研究等。这些专项研究课题与总体研究同步开展，同时也为总体研究提供了支撑。

为广泛吸取已投运大型水电机组的经验教训，在总体研究前，联合各研究单位组织开展了国内水电站大型机组现场调研，分析大型机组的运行特点，总结机组各种设计方案的优缺点，以此作为 1000 MW 机组总体设计研究的参考。

为了避免通过"吃余量"或简单放大 700 MW 机组而得到 1000 MW 机组，保证 1000 MW 机组安全可靠、符合规范，在总体研究的同时还开展了 1000 MW 水轮发电机组技术标准和规范研究，提出基于目前设计制造水平的既现实可行又具有一定创新意义的 1000 MW 水轮发电机组总体技术要求和规范，使 1000 MW 机组的综合性能达到或超过三峡水电站机组的水平，从而为"总体研究和专项研究"的成果建立了判别标准。

3.1.2 1000 MW 机组总体研究期望成果

总体研究期望得到的成果是：

（1）对乌东德、白鹤滩水电站采用 1000 MW 水轮发电机组，在设计、制造、运输、安装等方面整体上是否可行得出结论。

（2）充分识别 1000 MW 水轮发电机组在设计、制造、运输、安装等方面的关键技术难题，提出进一步研究的课题和方向。

根据上述目标，通过初步设计的方式对 1000 MW 机组进行了总体研究，主要内容有：
①水轮发电机组参数。
②水轮发电机组结构和刚强度。
③水轮发电机组主要部件运输和加工方式。
④水轮发电机组关键部件初步加工工艺。

本章将分别介绍 1000 MW 级水轮发电机组总体研究成果。对总体研究中涉及的专题研究、详细设计计算内容将在本书其他章节中详细介绍。

3.2　乌东德水电站 1000 MW 水轮发电机组总体研究

3.2.1　水轮机

3.2.1.1　水轮机主要性能

1. 参数分析、水力设计及模型试验

根据乌东德水电站水头，1000 MW 水轮机比转速系数水平宜在 2100 ~ 2300 之间选择，结合发电机同步转速选择，水轮机可能的比转速在 182.5 ~ 187.7 m·kW 之间选择，相应水轮机比速系数 k 值为 2120 ~ 2180。根据电站动能条件和水轮机比转速大小，水轮机最优点单位转速在 67 ~ 68 r/min 之间，额定单位流量在 0.74 ~ 0.78 m^3/s 之间，最优点单位流量在 0.58 ~ 0.64 m^3/s 之间，这样选择容易使水轮机参数与电站参数达到较优匹配。

在水轮机参数分析基础上，经水力设计及模型试验研究，哈电和东电共开发出五种优化转轮，五种优化转轮模型主要性能参数见表 3-1。

表 3-1　五种优化转轮模型主要性能参数

转轮项目		模型				
		HLA1020	HLA1024	HLD530-F13	HLD543-F15	HLD546-F15
模型几何参数	名义直径 D_{1m}（mm）	374	374	399.58	399.56	387.54
	喉口直径 D_{thm}（mm）	360	360	350.00	350.00	350.00
	转轮出口直径 D_{2m}（mm）	352.7	352.7	350.10	350.43	351.96
	叶片数 Z	15	15	13	15	15
	固定导叶数 Z_s	24	24	23	23	23
	活动导叶数 Z_0	24	24	24	24	24
	导叶分布圆直径 D_0（mm）	418.36	418.36	440.3	440.3	440.3
	活动导叶高度 B_0（mm）	87.5	87.5	87.5	87.5	87.5

转轮项目			模型				
			HLA1020	HLA1024	HLD530 – F13	HLD543 – F15	HLD546 – F15
模型性能参数	单位参数	最优单位转速 n_{10}（r/min）	67.9	66.9	67.0	68.0	67.0
		最优单位轮流 Q_{10}（L/s）	700	668	510.0	510.0	525.0
		限制点单位流量 Q_1^*（L/s）	890	910	试验表明，至最大开度 38°时出力仍未下降，因此，不能计算出准确的限制工况		
	模型效率	最优点效率 η_{mmax}（%）	94.84	94.64	94.70	94.63	94.25
		限制点效率 η_{m*}（%）	90.8	89.5			
	模型空化特性	$\sigma_{0.5}$	0.06	0.062	0.093	0.065	0.065
		σ_i	0.125	0.145	0.130	0.122	0.099
	尾水管锥管压力脉动	113.5~135m 空载至各水头下 45% 预想功率	6.8	6.6	7.3	8.5	7.5
		各水头下 45%~70% 预想功率	5.3	4.8	7.0	6.8	6.5
		各水头下 70%~100% 预想功率	2.5	3.6	3.2	3.5	2.9
		135~163m 空载至各水头下 45% 额定功率	4.6	4.7	6.0	7.1	6.3
		各水头下 45%~70% 额定功率	3.9	3.4	5.8	5.9	5.4
		各水头下 70%~100% 额定功率	2.0	1.2	4.1	4.2	4.2
	水轮机导叶后和转轮前压力脉动	113.5~135m 空载至各水头下 45% 预想功率	5.3	5.3	3.2	3.4	3.2
		各水头下 45%~70% 预想功率	3.8	3.7	3.2	3.4	3.2
		各水头下 70%~100% 预想功率	2.3	2.3	5.3	5.2	4.4
		135~163m 空载至各水头下 45% 额定功率	5.3	5.3	3.6	3.4	3.2
		各水头下 45%~70% 额定功率	5.3	1.8	3.8	3.4	3.2
		各水头下 70%~100% 额定功率	1.8	1.8	5.3	5.2	3.8

2. 机组选型及真机参数

针对上述五种模型转轮，按 83.3 r/min、85.71 r/min 两种同步转速进行真机选型及真机参数分析，综合分析认为，HLA1020、HLA1024、HLD530 – 13、HLD543 – 15、HLD546 –15 系列水轮机的主要水力性能参数在水轮机参数分析范围内，在整个运行范围内，水轮机的能量性能、空化性能、水力稳定性能良好。

经对哈电推荐的 HLA1020、HLA1024 两种转轮综合比较，选择推荐 HLA1024 转轮、83.3 r/min 方案，相应水轮机型号为 HLA1024 – LJ – 950。

经对东电推荐的 HLD530 – 13、HLD543 – 15 及 HLD546 – 15 三种转轮综合比较，选择推荐 HL D530 – 13 转轮、83.3 r/min 方案，相应水轮机型号为 HLD530 – LJ – 995。

推荐两种机型真机参数见表 3 – 2。

表3-2 两种机型真机参数

机型	单位	HLA1024-LJ-950	HLD530-LJ-995
最大水头	m	163	163
加权平均水头	m	143.1	143.1
额定水头	m	135	135
最小水头	m	113.5	163
额定功率	MW	1015	1015
额定转速	r/min	83.3	83.3/85.7
额定流量	m³/s	807.5	832.7
额定效率	%	94.168	92.36
额定比转速	m·kW	182.4	182.4
额定比速系数		2119	2119
转轮 D_1/D_2	m	10.07/9.5	9.95/8.718
模型最优点效率	%	94.64	94.7
模型加权平均效率	%	92.54	93.47
原型加权平均效率	%	94.41	95.18
吸出高度	m	-10	-11

3.2.1.2 水轮机结构设计

水轮机总体结构设计应考虑的问题如下：

（1）水轮机的结构设计，在满足水力性能的同时，要满足结构的刚强度要求、动力稳定性要求、抗疲劳破坏要求。

（2）水轮机的结构设计，应考虑材料供应的可能性。

（3）水轮机设计方案应满足大部件运输要求。

（4）水轮机各部件尺寸、重量应在工厂制造能力范围内，其制造是可行的。

（5）水轮机各部件在现场组焊、拼装制造是可行的。

（6）水轮机结构设计应采用700 MW水轮机具有成功运行经验的结构。

（7）在消化和吸收的基础上，进行关键部件的设计、制造和材料创新，经评价及中间检验后，可采用新结构、新材料和新工艺。

水轮机结构设计：

乌东德水轮机为中水头、中低转速、巨型混流式水轮机，水轮机型式为竖轴混流式带金属蜗壳。水轮机由转轮、顶盖、主轴、活动导叶、座环、底环等部件组成，主轴采用分段轴结构。

乌东德水电站1000 MW水轮机总体结构设计方案采用700 MW级水轮机经运行证明合适的结构型式，并满足1000 MW水轮机刚强度要求。水轮机总体结构设计数据见表3-3。

表 3 - 3　水轮机总体结构设计数据

项　目		单位	规格型号	
			HLA1024 - LJ - 950	HLD530 - LJ - 995
主要结构设计参数	额定功率	MW	1015	1015
	额定转速	r/min	83.3	83.3
	上游水位	m	975	975
	下游水位	m	834	834
	额定水头	m	135	135
	最大水头	m	163	163
	升压水头	m	210	210
	额定流量	m	807.5	832.7
	安装高程	m	807	807
	飞逸转速	r/min	160	162
	水轮机轴向推力	N	2600	1925
转轮结构	转轮进口直径 D_1	mm	10 074	9950
	转轮出口直径 D_2	mm	9500	8718
	转轮最大外径 D	mm	10 262	10 140
	转轮高度	mm	4365	4710
	转轮叶片数	片	15	13
	转轮材料		ZG04Cr13Ni4Mo	ZG04Cr13Ni4Mo
	上冠重量	t	156	108
	下环重量	t	73	108
	叶片总重	t	162	220
	转轮重量	t	390	490
主轴结构	主轴轴身外径	mm	3998	3800（轴身） 4160（半法兰）
	主轴内径	mm	3745	3490
	主轴长度	mm	6279	5816
	轴身材料		P355NL - Z35	P355NL - Z35
	法兰材料		ASTMA668E 级	ASTMA668D 级
	主轴重量	t	135	108
导叶	活动导叶个数		24	24
	导叶高度 b_0	mm	2354	2.180
	导叶分布圆直径	mm	11 259	11.20
	导叶最大开口	mm	640	
	导叶瓣体材料		ZG04Cr13Ni4Mo （电渣熔铸 或 VOD 精炼）	ZG04Cr13Ni4Mo （电渣熔铸）
	导叶轴材料		ZG04Cr13Ni4Mo （电渣熔铸, 或 VOD 精炼）	ZG04Cr13Ni4Mo （电渣熔铸）
	单个导叶重量	t	8.5	

续表

项 目		单位	规格型号	
			HLA1024 – LJ – 950	HLD530 – LJ – 995
顶盖	顶盖最大外径	mm	12 997	12 920
	顶盖高度	mm	2760	2315
	分瓣数	瓣	4	4
	法兰材料		S355JZG – Z35	Q345B – Z35
	其他材料		Q235C	Q235C
	法兰板厚	mm		235
	顶盖重量	t	364	485
蜗壳	蜗壳设计压力	MPa	2.1	2.1
	蜗壳进口直径	mm	12068	10807
	蜗壳最大板厚	mm	94	90
	蜗壳材料		B610CF	ADB610D HITEN610U2
	蜗壳重量	t	894	
座环	座环最大外径	mm	17 000	15 100
	座环高度	mm		2650
	座环环板厚	mm	320	230
	连接板厚度	mm	110	120
	环板材料		TSTE355 – Z35	ASTM A516M Gr485 – Z25, S500Q – Z35
	固定导叶材料		SM490B 或 SS50Q	ASTM A516M Gr485, S550Q
	连接板（过渡段）		B610CF	ADB610D HITEN610U2
	分瓣数		6	6
	座环重量	t	600	450
其他	水轮机机坑直径	mm	14 100	13 320
	水轮机总重	t	3900	4450

3.2.1.3 水轮机材料应用

（1）铸件：转轮采用牌号为 ZG04Cr13Ni4Mo 的 VOD 或 AOD 精炼铸件，铸件的化学成分、力学性能等符合《三峡 700 MW 级水轮机转轮马氏体不锈钢铸件技术规范》。水轮机导叶采用牌号为 ZG04Cr13Ni4Mo 的材料精炼或电渣熔铸，铸件的化学成分、力学性能等符合《三峡 700 MW 级水轮机用电渣熔铸马氏体不锈钢导叶铸件技术规范》。

（2）锻件：水轮机主轴法兰选择 ASTM A668 Class E 或类似锻件，轴身选择 S355J2G3 Z35、SM490B 或类似钢板卷焊。国内一重和二重均具备生产主轴锻件的能力。

高强度高性能板材：水轮机蜗壳钢板选用 ADB610D、B610CF 或类似钢板。座环钢板选用 S355J2G3 Z35、P355NL1 - Z35 或类似钢板。目前我国宝钢和鞍钢均具备生产 B610CF 或 ADB610D 调质高强钢板的能力，但板材厚度在 80 mm 以下，尚不能达到 1000 MW 机组使用厚度 94 mm 要求，还需进行攻关或从国外进口类似性能的厚板材（如 NKK - HITEN610U2 调质钢）。国内的舞阳钢厂已具备生产 300 mm 厚，抗撕裂钢板的能力。

3.2.1.4　水轮机刚强度研究

许用应力标准：通过对水轮发电机组相关标准及制造厂惯用标准进行研究，为统一 1000 MW 机组刚强度计算结果判断标准，对平均应力算法许用应力统一采用 GB/T 15468—2006 规定评判。除转轮和主轴外，采用 GB/T 15468—2006 规定，对有限元算法许用应力标准借鉴 ASME - Ⅷ-Ⅱ标准的部分规定，即正常工况许用应力按模应力 S_m 小于 Min（抗拉强度 R_m 的 1/3、屈服极限 Rel 的 2/3）控制，非正常工况许用应力按局部应力小于 $1.5S_m$ 控制，并作为有限元算法应力控制标准。各部件材料及许用应力见表 3 - 4。

表 3 - 4　水轮机部件、材料及许用应力

部件		材料	屈服强度（MPa）	极限强度 R_m（MPa）	应力（MPa）							
					正常工况				非正常工况			
					许用应力标准		许用应力值		许用应力标准		许用应力值	
					解析法	有限元法	解析法	有限元法	解析法	有限元法	解析法	有限元法
转轮		04Cr13Ni4Mo	550	750	—	Rel/5		110	—	2Rel/5		220
主轴	轴身	S355J2G3Z35	295	520	Rel/4	2Rel/5	73.7	208	非控制工况			
	法兰	ASTMA668	295	570	Rel/4	2Rel/5	73.7	228				
顶盖	法兰	S355J2G3Z35	295	520	$R_m/4$	S_m	130	173.3	S_m	$1.5S_m$	173.3	260
	其他	Q235	235	410	$R_m/4$	S_m	102.5	136.6	S_m	$1.5S_m$	136.6	205
活动导叶		04Cr13Ni4Mo	550	750	$R_m/5$	S_m	150	250	S_m	$1.5S_m$	250	375
蜗壳		B610CF	490	610	Rel/3	S_m	163.3	203	S_m	$1.5S_m$	203	304.5
座环		TSTE355/Z5	295	450	$R_m/4$	S_m	112.5	150	S_m	$1.5S_m$	150	225
固定导叶		锻钢 20SiMn	275	490	Rel/3	S_m	91.7	163.3	S_m	$1.5S_m$	163.3	245

注：S_m = Min（$R_m/3$，2Rel/3）

（1）水轮机主要部件应力计算：水轮机部件在完成结构设计后，进行强度计算。结果见表3-5。

表3-5　水轮机部件、材料及应力计算结果

部件		材料	屈服强度（MPa）	R_m（MPa）	应力（MPa）							
					正常工况				非正常工况			
					许用应力值		有限元计算值		许用应力值		有限元计算值	
					解析法	有限元法	A1024	D530	解析法	有限元法	A1024	D530
转轮		04Cr13Ni4Mo	550	750	110	140.4	98.7		220	203.8	220	
主轴	轴身	S355J2G3Z35	295	520	73.7	208	73.6		93.6	非控制工况		
	法兰	ASTMA668	295	570	73.7	228	109					
顶盖	法兰	S355J2G3Z35	295	520	130	173.3	95.5	78.6	173.3	260	63	124.7
	其他	Q235	235	410	93.75	125			125	187.5		
活动导叶		04Cr13Ni4 Mo	550	750	150	250	106.6	147.5	250	375	110.7	180.5
蜗壳		B610CF	490	610	163.3	203	233	189.2	203	304.5	251	210.1
座环		TSTE355/Z5	295	450	112.5	150	230	123.7	150	225	228	178.2
固定导叶		锻钢20SiMn	275	490	91.7	163.3	67	81	163.3	245	76.77	97.6

注：$S_m = Min\ (R_m/3,\ 2Rel/3)$。

（2）刚度计算：水轮机主要部件、材料、刚度计算见表3-6。

表3-6　水轮机部件、材料、刚度计算结果

部件	材料	屈服强度（MPa）	R_m（MPa）	位移（mm），转角（rad），刚度（10^6 N/mm）					
				正常工况			非正常工况		
				变形形态	有限元计算值		变形形态	有限元计算值	
					A1024	D530		A1024	D530
转轮	0Cr13Ni4Mo	550	750	位移	4.65	1.68	位移	7.22	3.958
主轴	S355J2G3Z35	275	520	扭转	2.92	3.086	扭转		
顶盖	Q235	235	410	位移	2.55	0.95	位移	1.67	1.432
				转角	6.64E-4		转角	4.36E-4	
				径向刚度	5.35				

续表

部件	材料	屈服强度（MPa）	R_m（MPa）	位移（mm），转角（rad），刚度（10^6 N/mm）					
				正常工况			非正常工况		
				变形形态	有限元计算值		变形形态	有限元计算值	
					A1024	D530		A1024	D530
活动导叶	0Cr13Ni4 Mo	550	750	位移	4.358	0.75	位移	5.909	0.96
蜗壳	B610CF	490	610	位移	5.82		位移	7.66	
座环	TSTE355/Z5	295	450						
固定导叶	锻钢 20SiMn	275	490						

根据 GB/T 15468—2006 标准和 ASME – Ⅷ – Ⅱ 规范要求，经分析，水轮机主要部件刚强度计算基本满足要求，能满足工程实施需要。

3.2.1.5　水轮机主要部件动力特性研究

水轮机抗振设计准则：水轮机抗振设计的主要内容包括 3 个方面：

（1）找出水流通道中可能出现的激振频率。

（2）计算过流部件在水中的固有频率。

（3）通过设计使部件的固有频率与水力激振频率避开一定的范围，避免共振，同时尽可能提高部件的刚度。

抗振设计的原则，就是让水轮机过流部件在水中的固有频率要和各种水力激振频率避开，避免发生共振，一般错频 20%。对不同的水轮机部件，应作如下考虑：

①固定导叶的固有频率通常都比较高，远高于除卡门涡外其他的水力激振频率，因此，设计时主要应考虑与固定导叶卡门涡频率避开。

②活动导叶的固有频率除考虑避开卡门涡频率外，还应与叶片的过流频率避开。

③顶盖的固有频率应考虑与叶片的过流频率避开。

④转轮和轴系的扭振频率应避开导叶过流频率。

⑤叶片固有频率除考虑避开卡门涡频率外，还应与导叶的过流频率避开。

⑥尾水管的固有频率应与涡带频率避开。

⑦管道水体自振频率应与转频和低频涡带频率避开。

水轮机可能发生的激振频率可分为 4 类：

①叶栅尾部的卡门涡。

②部分负荷下的涡带。

③小流量时的叶道涡。

④导叶流速对转轮叶片的影响。

乌东德 1000 MW 水轮机可能发生的主要激振频率见表 3 – 7。

表 3-7 水轮机激振频率 单位：Hz

激振频率名称	HLA1020	HLD530
涡带频率	0.222~0.764	0.347~0.463
机组转动频率	1.389	1.389
2、3、4、5 倍转动频率	2.778、4.167、5.556、6.945	2.778、4.167、5.556、6.945
转轮叶片过流频率	20.835	18.05
活动导叶过流频率	33.33	33.33
固定导叶卡门涡频率	76.9~114	
活动导叶卡门涡频率	192.2~353.8	

水轮机主要部件频率特性：经有限元分析，水轮机主要部件固有频率特性见表 3-8。

表 3-8 水轮机主要部件固有频率特性 单位：Hz

项目			阶数					
			0	1	2	3	4	5
HLA1024	整体转轮	空气介质下	8.91	20.56	52.45	27.41		
		水介质下	5.16	16.44	37.24	19.19		
	叶片	空气介质下		118.09	125.50	156.64	166.08	212.08
		水介质下		82.66	87.85	109.65	116.26	148.46
	顶盖	空气介质下		24	27.7	42.3（局部）	47.79（轴向）	
	活动导叶	空气介质下		51.5	103.6	123.7	262.4	
		水介质下		28.8	63.5	69.2	146.7	
	固定导叶	空气介质下		221.02	266.49	529.94	564.23	579.53
		水介质下		159.13	191.87	381.55	406.24	417.26
HLD530	整体转轮	空气介质下	5.69	27.03	74.4	39.72		
		水介质下	7.12	21.63	57.29	30.58		
	叶片	空气介质下		105.60	139.77	156.26	173.79	189.6
		水介质下		77.10	102.03	115.63	128.60	142.20
	顶盖	空气介质下		37.91	46.318	80.868	106.15	
	活动导叶	空气介质下		51.615	110.14	146.61	173.701	
		水介质下		38.712	84.81	115.82	138.96	
	固定导叶	空气介质下		332.282	395.979	668.563	767.476	860.359
		水介质下		278.912	303.446	557.376	644.231	715.197

乌东德 1000 MW 水轮机各主要部件的固有频率均避开了可能的水力激振频率，水轮机动力特性良好，不会发生共振现象。

3.2.1.6　水轮机重大部件运输尺寸、重量

HLA1024 和 HLD530 两种型号转轮水轮机大部件尺寸、重量见表 3-9。

表 3-9　乌东德 1000 MW 水轮机大部件尺寸、重量

项目		HLA1024	HLD530
转轮直径 D_1（m）		10.07	9.95
整体转轮	尺寸（mm×mm）	$\phi10\,262\times4365$	$\phi10\,258\times4870$
	重量（t）	390	490
整体上冠	尺寸（mm×mm）	$\phi9430\times7000$	$\phi9443\times4211$
	重量（t）	135	160
上冠大瓣	尺寸（mm×mm）		
	重量（t）	125	
1/2 下环	尺寸（mm×mm）		$\phi10\,258\times5129$
	重量（t）		54
单个叶片重量（t）			14.7
主轴	尺寸（mm×mm）	$\phi4300\times6280$	$\phi4160\times5700$
	重量（t）	135	108
1/4 顶盖	尺寸（mm×mm）	9200×4600×2800	$\phi14\,500\times3250$（整体）
	重量（t）	91	502（整体）
1/4 底环	尺寸（mm×mm）	8950×2785×550	$\phi13\,150\times720$（整体）
	重量（t）	27.5	126（整体）
1/6 座环	尺寸（mm×mm）	9300×5500×4490	$\phi16\,200\times4890$（整体）
	重量（t）	120	485（整体）
蜗壳总重量（t）		894	
水轮机总重（t）		3900	4650

3.2.1.7　水轮机结构加工工艺

经过分析研究认为，三峡等巨型水轮机部件的制造、加工工艺基本能适用于乌东德 1000 MW 水轮机制造加工。

3.2.2　发电机

3.2.2.1　发电机主要参数合理的取值范围

通过对乌东德 1000 MW 水轮发电机主要参数的分析，其主要参数的合理取值范围见表 3-10。

表3-10　水轮发电机主要参数的合理取值范围

项目	空冷	内冷	备注
额定转速（r/min）	83.3 或 85.7		
额定电压（kV）	24/26	24/26	
额定电流（A）	26 729/24 673	26 729/24 673	
额定功率因数	0.9～0.925	0.9～0.925	
支路数	4、6、8、9/5、7、10		
槽电流（A）	6000～7000	8500～10 000	
电负荷（A/cm）	800～900	850～1000	具体取值应结合电磁方案确定
定子电流密度（A/mm²）	2.5～3.5	5 左右	
热负荷［A²/（cm·mm²）］	2700	2900～3500	
短路比	1.0～1.1	1.0～1.1	
直轴瞬变电抗	≤0.34	0.35～0.40	
定子铁心内径	转子磁轭材料 750 MPa 级	转子磁轭材料 700 MPa 级	以转子磁轭应力为指标确定定子内径
定子铁心长度（mm）	≤3800	≤3800	

3.2.2.2　推荐方案及性能参数

乌东德1000 MW水轮发电机推荐方案及性能参数见表3-11。

表3-11　水轮发电机推荐方案及性能参数

序号	名称	单位	方案 A 内冷	方案 B 空冷
1	额定容量	MVA	1111.1	1111.1
2	额定功率	MW	1000	1000
3	额定功率因数		0.9	0.9
4	额定转速	r/min	83.3	83.3
5	飞逸转速	r/min	162	162
6	额定电压	kV	24	24
7	额定电流	A	26729	26729
8	定子并联支路数		6	8
9	定子槽电流	A	8910	6682
10	每极每相槽数		$2\frac{3}{4}$	4
11	定子槽数		594	864
12	电负荷	A/cm	838	902

序号	名称	单位	方案 A 内冷	方案 B 空冷
13	定子绕组电流密度	A/mm^2	4.9	2.78
14	X'_d（不饱和值）$\leq$		0.269	0.33
15	X''_d（不饱和值）$\geq$		0.206	0.24
16	短路比　$\geq$		1.15	1.0
17	额定效率　$\geq$	%	98.7	98.8
18	定子铁心内径	mm	20100	20400
19	定子铁心长度	mm	3100	3250
20	转子最大线速度	m/s	169	172
21	GD^2	$t \cdot m^2$	560000	540000
22	转子磁轭材料屈服极限	MPa	700	750

3.2.2.3　发电机冷却方式

乌东德发电机单机容量大，发电机的冷却方式是关键技术之一，在进行不同冷却方式分析时，主要从以下几个方面考虑：

（1）电磁设计中选择的各项参数应合理，即槽电流值、定子线负荷值等。

（2）电磁方案计算时应考虑转子磁轭材料，即控制发电机的直径。

全空冷、半水冷、蒸发冷却三种冷却方式在 700 MW 机组上均有使用业绩，其中半水冷历史最悠久，技术最成熟。最早的 700 MW 半水冷机组于 1978 年投产，国外全部、国内部分 700 MW 及以上水电机组均采用这一冷却方式。700 MW 水电机组最早使用全空冷的是三峡右岸哈电机组，2007 年投产。随后在向家坝、溪洛渡全部推广使用。采用蒸发冷却的 700 MW 机组为三峡右岸地下厂房 27 号和 28 号机组，2012 年投产。三峡水电站是世界上唯一同时使用这三种冷却方式的电站，有较完整的对比测试数据。

全空冷方式结构简单、运行可靠、操作简便、运行成本低、维护方便。全空冷发电机的参数较好。另外，现场安装工艺及试验简单、易操作，安装周期短。全空冷方式的主要问题是电机利用系数低、体积大，给制造、运输和安装带来一些困难，并且由发热引起的机械应力、定子铁心热膨胀及定子叠片翘曲问题较内冷发电机更突出些。

半水冷冷却方式的定子线棒温度较低，温度分布较均匀，有利于改善热应力，减小铁心翘曲及延长绝缘寿命。需要的风量小，相应风损小，由于空载损耗小，低于额定容量运行时的效率略高。在满足飞轮力矩条件下，半水冷方式可适当降低铁心高度、缩小体积、减轻重量。半水冷方式的主要问题是定子接头、水处理装置以及保护装置等的可靠性低，安装及运维复杂。同时，半水冷热交换器的制造、安装、维护成本较高（包括监控系统）。

蒸发冷却虽然起步时间晚，但在冷却能力方面显示出其优越性，最显著的优点是各线棒间温度的均匀性非常好。目前在云南大寨（10 MW，1000 r/min）、陕西安康（50 MW，214.3 r/min）及青海李家峡（400 MW，125 r/min）发电机上投入应用，三峡地下厂房2台700 MW蒸发冷却发电机也于2012年投运，为今后1000 MW水轮发电机冷却设计又提供了一种新的成熟的选择方案。

综上所述，对乌东德1000 MW水轮发电机冷却方式的选择，研究结论如下：

（1）全空冷方式和内冷方式都是可行的，两种冷却方式都有适合的电磁方案，其电磁性能及各项参数都能符合电磁设计的要求。

（2）内冷方式中，由于水内冷结构复杂，还需要水处理设备，故障率较高，给运行、维护带来不便，同时，一旦漏水还可能造成短路事故。而蒸发冷却由于压力低（有时低于大气压），渗漏现象很少发生，即使泄漏也不会造成短路。故内冷两种方式中优先采用蒸发冷却方式。

（3）对于全空冷方式，推荐采用83.3 r/min转速、8支路、24 kV电压方案。

（4）对于蒸发冷却方式，推荐优先采用83.3 r/min转速、6支路、24 kV电压方案，其次为85.7 r/min转速、5支路、26 kV电压方案。

鉴于全空冷在安全、结构、运维、成本等方面的优势，作为优先方案；蒸发冷却作为备用方案；水内冷作为保底方案。本书后面相关章节将详细介绍发电机全空冷专题研究内容。

3.2.2.4　发电机高电压线棒研究

哈电的多胶模压和东电的少胶VPI绝缘技术均是成熟可靠的，两种绝缘工艺均能满足乌东德1000 MW水轮发电机线棒的技术要求。

哈电采用多胶模压的成型工艺，其24 kV、26 kV线棒主绝缘的厚度值较东电VPI线棒取值高，相应场强取值与东电相比较低。两种工艺线棒常规性能参数及电热老化寿命均能较好地满足本项目技术条件的要求。另外，哈电采用的绝缘技术方案和工艺能较好地适应环境模拟试验的要求，东电则需要在绝缘结构、导线、工艺及场强参数取值等方面进行适当改进和调整，以满足环境模拟试验的相关要求。

绝缘研究和试验的初步结果表明，哈电、东电24 kV、26 kV两种电压等级线棒应用到乌东德水电站1000 MW水轮发电机均是可行的。

从1000 MW水轮发电机的电磁参数、结构、冷却方式等多种因素综合考虑，推荐发电机选择24 kV电压等级。

本书后面相关章节将详细介绍发电机24 kV、26 kV线棒专题研究内容。

3.2.2.5　发电机结构与刚强度

1. 发电机结构

发电机总体结构选型设计应考虑的问题：发电机的尺寸选择，应考虑材料供应的可能性；发电机设计方案应满足大部件运输和部件刚强度的要求；发电机各部件尺寸应在工厂制造的能力范围内，保证制造可行；通过引进消化吸收、科技创新，采用新结构、新材料和新工艺；充分吸取已运行大型发电机设计、制造和运行的经验，开展1000 MW发电机的总体结构设计。

乌东德 1000 MW 发电机总体结构型式采用带有两部导轴承和一部推力轴承的半伞式结构，按定子机座、转子支臂、上机架结构型式不同，研究了三斜一直支架空冷方案和全直支架内冷方案共两种方案的结构设计和计算。两种冷却方案发电机主要结构参数见表 3-12。

表 3-12　空冷和内冷发电机主要结构参数

	项目		单位	空冷方案	内冷方案
结构主要设计参数	额定容量		MVA	1111.1	1111.1
	额定功率		MW	1000	1000
	额定功率因数			0.9	0.9
	额定电压		kV	24	24
	额定电流		A	26 729	26 729
	额定转速		r/min	83.3	83.3
	冷却方式			全空冷	半内冷（蒸发冷却）
	飞逸转速		r/min	162	162
	飞逸线速度		m/s	172	169
	推力负荷		t	5650	
定子	结构型式			斜立筋	直立筋+双鸽尾筋结构
	材料	一般部件		Q235B	Q235B
		立筋及高应力部位		Q345B	Q345B
	立筋个数		个	20	20
	定子铁心外径		mm	21 530	21 100
	定子铁心内径		mm	20 400	20 100
	定子铁心长度		mm	3250	3100
	定子机座外径		mm	23 290	24 000
	定子机座高度		mm	6350	
	定子重量		t	1080	
转子	结构型式			斜支臂圆盘结构	多层圆盘结构
	主要部件材料			Q345	Q345
	转子外径		mm	20 326	20 037
	转子最大圆周速度		m/s	172	169
	转子磁轭部分高度		mm	3600	3500
	转子支架部分高度		mm	3120	2750
	磁轭材料屈服限		MPa	750	750
	转子重量		t	2680	

续表

项目		单位	空冷方案	内冷方案
发电机轴	结构型式		上半法兰、下外法兰	内法兰或半法兰
	材料 法兰		ASTM A668 锻件	ASTM A668 锻件
	材料 轴身		P355NL – Z35 钢板	P355NL – Z35 钢板
	主轴轴身外径	mm	3400	4160
	主轴内径	mm	2900	
	外法兰外径	mm	3400	
	内法兰外径	mm	3480	
	主轴长度	mm	6279	5816
	轴身材料		P355NL – Z35	P355NL – Z35
	法兰材料		ASTMA668D 级	ASTMA668D 级
	主轴重量	t	135	108
下机架	结构型式		辐射型承重机架	辐射型承重机架
	材料		Q345	Q345
	支臂数	个	12	14
上机架	结构型式		斜支臂	多变型支臂
	材料		Q235	Q235
	支臂数	个	20	16
推力轴承	瓦材料		巴氏合金	巴氏合金
	推力瓦数量	个	24	28
	支撑结构		弹性销双层瓦	小弹簧双层瓦
	冷却方式		外加泵外循环冷却	外加泵外循环冷却
上导轴承	瓦材料		巴氏合金	巴氏合金
	支撑结构		偏心键支撑	偏心键支撑
	冷却方式		油冷却	油冷却
下导轴承	瓦材料		巴氏合金	巴氏合金
	支撑结构		偏心键支撑	偏心键支撑
	冷却方式		油冷却	油冷却
其他	飞轮力矩	t·m²	540 000	
	发电机总重量	t	4450	

2. 发电机刚强度研究

1）刚强度标准

平均应力算法许用应力标准统一采用 GB/T 15468—2006 规定，对有限元算法许用应力标准借鉴 ASME – Ⅷ – Ⅱ标准的部分规定，即正常工况许用应力按膜应力 S_m 小于

Min（$R_m/3$，2Rel/3）控制，非正常工况许用应力按局部应力小于 $1.5S_m$ 控制，并作为有限元算法应力控制标准。乌东德 1000 MW 水轮发电机主要部件、材料及刚强度标准见表 3-13。

表 3-13　发电机主要部件、材料及刚强度标准

部件		材料	屈服强度（MPa）	极限强度 R_m（MPa）	应力（MPa）							
					正常工况				非正常工况			
					许用应力标准		许用应力值		许用应力标准		许用应力值	
					解析法	有限元法	解析法	有限元法	解析法	有限元法	解析法	有限元法
定子机座	主立筋	Q345	345	560	$R_m/4$	S_m	140	186.7	S_m	$1.5S_m$	173.3	260
	其他	Q235	235	375	$R_m/4$	S_m	93.75	125	S_m	$1.5S_m$	125	187.5
转子支架		Q345	345	560	$R_m/4$	S_m	140	186.7	S_m	$1.5S_m$	173.3	260
主轴	轴身	S355J2G3Z35	295	520	Rel/4	2Rel/5	73.7	208	非控制工况			
	法兰	ASTMA668	295	570	Rel/4	2Rel/5	73.7	228				
下机架		Q345	345	560	$R_m/4$	S_m	140	186.7	S_m	$1.5S_m$	173.3	260
上机架	主筋	Q345	345	560	$R_m/4$	S_m	140	186.7	S_m	$1.5S_m$	173.3	260
	其他	Q235	235	375	$R_m/4$	S_m	93.75	125	S_m	$1.5S_m$	125	187.5

注：S_m = Min（$R_m/3$，2Rel/3）；转子支臂轴向变形应小于 2.5 mm；下机架轴向变形小于 3.5 mm。

2）发电机主要部件材料及应力

发电机部件在完成结构设计后，进行强度计算，其计算结果见表 3-14。

表 3-14　发电机主要部件、材料及应力计算结果

部件		材料	屈服强度（MPa）	极限强度 R_m（MPa）	应力（MPa）							
					正常工况				非正常工况			
					许用应力值		有限元计算值		许用应力标准		有限元计算值	
					解析法	有限元法	斜元件结构	直元件结构	解析法	有限元法	斜元件结构	直元件结构
定子机座	主立筋	Q345	345	560	140	186.7	134	57.81	173.3	260	159	151.87
	其他	Q235	235	375	93.75	125			125	187.5		

续表

部件	材料	屈服强度（MPa）	极限强度 R_m（MPa）	应力（MPa）							
				正常工况				非正常工况			
				许用应力值		有限元计算值		许用应力标准		有限元计算值	
				解析法	有限元法	斜元件结构	直元件结构	解析法	有限元法	斜元件结构	直元件结构
转子支架	Q345	345	560	140	186.7	186.42	118.60	173.3	260	317.3	157.04
主轴 轴身	S355J2G3Z35	295	520	73.7	208		93.6	非控制工况			
主轴 法兰	ASTMA668	295	570	73.7	228	109					
下机架	Q345	345	560	140	186.7	175.14	154.98	173.3	260		170.53
上机架 主筋	Q345	345	560	140	186.7	218	70.50	173.3	260	293	78.67

3）发电机刚度计算

发电机主要部件、材料及刚度计算见表3-15。

表3-15　发电机主要部件、材料及刚度计算结果

部件	材料	屈服强度（MPa）	极限强度 R_m（MPa）	位移、扭转、扰度（mm）刚度（10^6 N/mm）					
				正常工况			非正常工况		
				变形形态	有限元计算值		变形形态	有限元计算值	
					斜元件结构	直元件结构		斜元件结构	直元件结构
定子机座	Q345	345	560	位移	3.62	0.8754	位移	3.82	2.252
转子支架	Q345	345	560	径向位移	4.56	1.326	径向位移	5.91	2.018
				垂直挠度	2.70				
主轴	S355J2G3Z35	275	520	扭转	2.92	3.086			
下机架	Q235	235	375	垂直挠度	4.292	3.148	垂直挠度		3.313
				轴向刚度	12.914	17.319			
				径向刚度	8.209	12.6			
上机架	Q345	345	560	垂直挠度	1.34	8.70	垂直挠度	1.53	8.68
				径向刚度	2.77	1.51			

4）发电机主要部件刚强度设计评价

根据 GB/T 15468—2006 标准和 ASME - Ⅷ - Ⅱ 规范要求及目前发电机刚强度设计的实际情况，拟定发电机材料及许用应力标准，经计算分析，主要部件刚强度基本满足要求，但由表 3 - 13、表 3 - 14 及表 3 - 15 可见，斜元件结构发电机的转子支臂和上机架的应力偏大，转子支臂和下机架的垂直挠度偏大，直元件结构发电机的上机架的垂直挠度偏大。因此，两种结构的发电机主要部件需要进一步加强刚强度，考虑发电机结构采用的是常规材料，从结构设计及材料应用方面改善 1000 MW 发电机刚强度是可行的。

3.3　白鹤滩水电站 1000 MW 水轮发电机组总体研究

3.3.1　水轮机

3.3.1.1　水轮机主要性能

1）参数分析、水力设计及模型试验

白鹤滩水电站 1000 MW 水轮机的比转速范围宜在 150 m·kW 左右。考虑到发电机同步转速选择，其比转速选择范围不宜超出 140 ~ 160 m·kW，相应比速系数在 1990 ~ 2274 之间。模型水轮机最优点单位转速在 65 r/min 左右，不宜超出 62.5 ~ 67 r/min 范围；最优点单位流量在 0.42 m^3/s 左右，不宜超过 0.40 ~ 0.44 m^3/s 范围；限制工况单位流量在 0.53 m^3/s 左右。

在水轮机参数分析基础上，经水力设计及模型试验研究，开发出五种优化转轮，五种模型水轮机及其几何参数见表 3 - 16。

表 3 - 16　模型水轮机及其几何参数

项目	型号	HLA1014	HLA1017	HLD545 - F15	HLD547 - F15	HLD548 - F15
模型转轮	类型	常规	长短叶片	常规	常规	常规
	名义直径 D_1（mm）	420	420	417.65	417.53	417.625
	叶片数 Z	15	15 长 + 15 短	15	15	15
蜗壳	蜗壳断面	圆形		圆形		
	进口直径（mm）	414		436.8		
	+ Y 方向（mm）	507.1		515.92		
	- Y 方向（mm）	703.9		691.93		
	+ X 方向（mm）	719.4		715.24		
	- X 方向（mm）	623.9		622.37		
座环	型式	平板式（带导流环）		平板式（带导流环）		
	固定导叶数（只）	23		23		

续表

项目	型号	HLA1014	HLA1017	HLD545 – F15	HLD547 – F15	HLD548 – F15
导叶	形状	负曲率		负曲率		
	相对高度	$0.183D_1$		$0.172D_1$		
	数目	24		24		
	分布圆直径	$1.145D_1$		$1.144D_1$		
尾水管	肘管型号	弯肘型		弯肘型		
	高度（至导叶中心线）（mm）	1532.43		1512		
	长度（mm）	3036.49		2996		
	宽度（mm）	681.08		672		

2）机组选型及真机参数

针对上述五种模型转轮，按 107.1 r/min、111.1 r/min 两种同步转速进行真机选型及真机参数综合分析，认为所推荐模型转轮在全部运行范围内的水轮机能量性能、空化性能、水力稳定性能良好。

哈电共开发了 2 个转轮，经综合比较，最终推荐额定水头 202 m、同步转速 107.1 r/min、转轮直径 8600 mm 的模型转轮 A1017 作为代表性方案。

东电共开发了三个转轮，经综合比较，推荐了额定水头 202 m、同步转速 111.1 r/min、转轮直径 8450 mm 的模型转轮 D545 作为代表性方案。

五个备选模型转轮性能参数见表 3 – 17。

表3 – 17　模型转轮性能参数

项　　目		哈电		东电		
		HLA1014	HLA1017	HLD545 – F15	HLD547 – F15	HLD548 – F15
最优工况点	n_{10}（r/min）	66.44	65.04	62.5	64	63.5
	Q_{10}（L/s）	423.07	400.76	405	425	410
	η_{mopt}（%）	95.06	94.94	95.07	95.03	95.01
	α_0（°）	18.12	16.63	21.5	20.3	19.8
限制工况点	n_{1r}（r/min）	66.44	65.04	试验表明，至最大开度34°时出力仍未下降，因此，不能计算出准确的限制工况		
	Q_{1r}（L/s）	573	560			
	η（%）	90.5	90.7			
	α_0（°）	25.8	24			
额定工况点	σ_1（MPa）	0.0507	0.043	0.048	0.046	0.047
	σ_i（MPa）	0.0905	0.0909	0.094	0.084	0.09

续表

项　　目				哈电		东电		
				HLA1014	HLA1017	HLD545 – F15	HLD547 – F15	HLD548 – F15
尾水管锥管压力脉动	水头范围	162 ~ 202m	功率范围	空载至45%预想功率			5.6	5.6	5.5
				45% ~60%预想功率	4.3	4	4.3	4.5	4.5
				60% ~100%预想功率	2.2	2	2.5	2.8	2.4
		202 ~ 241m		空载至45%保证功率			<5.6	<5.6	<5.5
				45% ~60%保证功率	2.95	2.9	3.2	3.3	3.4
				60% ~100%保证功率	1.3	1.3	2.1	2.4	1.8
顶盖压力脉动		162 ~ 202m		45% ~60%预想功率	3.3	3.3	2.5	2.75	3.2
				60% ~100%预想功率	2.9	3.0	3	2.8	2.6
		202 ~ 241m		45% ~60%额定功率	4.2	2.85	2.7	3.6	2.5
				60% ~100%额定功率	2.3	1.95	2.8	2.4	2.6
蜗壳进口压力脉动		162 ~ 241m		全功率范围	3.3	2.9	3	3.0	2.5

推荐的两种机型真机参数见表 3 – 18。

表 3 – 18　白鹤滩水电站推荐两种机型真机参数

项目	单位	HLA1017 – LJ – 860	HLD545 – LJ – 845
单机容量	MW	1000	1000
最大水头	m	241	241
额定水头	m	202	202
设计水头	m	200	220
最小水头	m	162	162
水轮机额定功率	MW	1015	1015
额定转速	r/min	107.1	111.1
飞逸转速	r/min	205	201
额定流量	m^3/s	542.7	547.4
额定点效率	%	94.38	93.89
转轮直径 D_1	m	8.6	8.45
比转速	m·kW	141.7	147
比速系数 K		2013.8	2089.3
转轮直径 D_1/D_2	m	8.6/7.35	8.45/7.42
模型最优点效率	%	94.94	95.07

项目	单位	HLA1017 – LJ – 860	HLD545 – LJ – 845
原型最优点效率	%	96.66	96.685
模型加权平均效率	%	92.85	93.65
原型加权效率	%	94.5	95.14
吸出高度	m	– 11.0	– 11.53
参数水平		合理	适中
发电机冷却方式		空冷	空冷/蒸发冷却

3.3.1.2 水轮机结构设计

白鹤滩 1000 MW 水轮机结构设计考虑的因素与乌东德相同。水轮机总体结构设计数据见表 3 – 19。

表 3 – 19　白鹤滩水轮机总体结构设计数据

项目名称		单位	HLA1017 – LJ – 860	HLD545 – LJ – 845
转轮	转轮进口直径 D_1	mm	8600	8450
	转轮最大外径 D	mm	8900	8600
	转轮高度	mm	3635	3942
	转轮叶片数	片	15 + 15	15
	转轮材料		ZG04Cr13Ni5Mo	ZG04Cr13Ni4Mo
	上冠重量	t	128	125
	下环重量	t	57	57
	叶片总重	t	158	170
	转轮重量	t	343	352
主轴	主轴轴身外径	mm	3000	3300
	主轴内径	mm	2500	2950
	主轴长度	mm	5475	5420
	轴身材料		P355NL – Z35	P355NL – Z35
	法兰材料		ASTMA668E 级	ASTMA668D 级
	主轴重量	t	125	108
导叶	活动导叶个数	个	24	24
	导叶高度 b_0	mm	1570	1452
	导叶分布圆直径	mm	9847	9665
	导叶瓣体材料		ZG04Cr13Ni4Mo（电渣熔铸或 VOD 精炼）	ZG04Cr13Ni4Mo（电渣熔铸或 VOD 精炼）
	导叶轴材料		ZG04Cr13Ni4Mo（电渣熔铸或 VOD 精炼）	ZG04Cr13Ni4Mo（电渣熔铸或 VOD 精炼）
	单个导叶重量	t		

	项目名称	单位	HLA1017 - LJ - 860	HLD545 - LJ - 845
顶盖	顶盖最大外径	mm	11640	11400
	顶盖高度	mm	2100	2420
	分瓣数	个	4	4
	法兰材料		S355JZG - Z35	Q345B - Z35
	其他材料		Q235C	Q235C
	法兰板厚	mm		250
	顶盖重量	t	340	398
蜗壳	蜗壳设计压力	MPa	3.2	3.2
	蜗壳进口直径	mm	8600	8840
	蜗壳最大板厚	mm	95	85
	蜗壳材料		B610CF	Rp0.2≥700 MPa
	蜗壳重量	t	723	
座环	座环最大外径	mm	14030	13810
	座环高度	mm	4265	3400
	座环环板厚	mm	230	240
	上下环板材料		TSTE355 - Z35	ASTM A516M Gr485 - Z25，S500Q - Z35
	固定导叶材料		SM490B 或 SS50Q	ASTM A516M Gr485，S550Q
	连接板（过渡段）		B610CF	ADB610D HITEN610U2
	分瓣数	个	6	6
	座环重量	t	437	395
其他	机坑直径	mm	12100	12800
	单台水轮机总重	t	2915	3060

3.3.1.3　水轮机材料应用

白鹤滩水轮机材料研究成果与乌东德相同，不再赘述。

3.3.1.4　水轮机刚强度研究

水轮机主要部件应力：综合哈电和东电的计算结果，水轮机主要部件的应力计算结果见表 3 - 20。

表3-20 水轮机主要部件的应力计算结果

部件	材料	屈服强度（MPa）	极限强度 R_m（MPa）	应力（MPa）							
				正常工况				非正常工况			
				许用应力标准		有限元计算值		许用应力标准		有限元计算值	
				解析法	有限元法	A1017	D545	解析法	有限元法	A1017	D545
转轮	0Cr13Ni4Mo	550	750	—	1/5 Rel	98.77	108.7	—	2/5 Rel	155.99	251.8
主轴	20SiMn	275	520	Rel/4	2/3 Rel	71.26	98.6				
顶盖	Q235	235	410	$R_m/4$	S_m	86.3	81.2	S_m	$1.5S_m$	143.4	138.6
蜗壳	62U	490	610	Rel/3	S_m	194.8	238.8	S_m	$1.5S_m$	243.7	271.1
座环	TSTE355/Z5	295	450	$R_m/4$	S_m	171.6	208.2	S_m	$1.5S_m$	222.9	224.5
固定导叶	锻钢20SiMn	275	490	$R_m/4$	S_m	89.8	156.0	S_m	$1.5S_m$	104.5	173.9
活动导叶	0Cr13Ni4 Mo	550	750	Rel/3	S_m	175.2	149.0	S_m	$1.5S_m$	228.2	192.2

注：$S_m = Min\ (R_m/3,\ 2Rel/3)$

水轮机主要部件刚度：综合东电、哈电的计算结果，水轮机主要部件的刚度计算结果见表3-21。

表3-21 水轮机主要部件的刚度计算结果

部件	材料	屈服强度（MPa）	极限强度 R_m（MPa）	位移（mm）转角（rad）刚度（10^6 N/mm）					
				正常工况			非正常工况		
				变形形态	有限元计算值		变形形态	有限元计算值	
					A1017	D545		A1017	D545
转轮	0Cr13Ni4Mo	550	750	位移	3.40	0.233	位移	4.12	1.63
顶盖	Q235	235	410	位移	0.691	1.12	位移	1.985	1.57
				转角	1.8E-4		转角	5.3E-4	
				径向刚度	0.13			0.38	
主轴	20SiMn	275	520	扭转		2.64	扭转		
蜗壳	62U	490	610	位移	6.15		位移	7.33	
座环	TSTE355/Z5	295	450						
固定导叶	锻钢20SiMn	275	490						
活动导叶	0Cr13Ni4 Mo	550	750	位移	3.5	0.91	位移	4.63	1.08

3.3.1.5　水轮机主要部件动力特性研究

经有限元分析计算，水轮机主要部件固有频率特性见表 3 - 22。

表 3 - 22　水轮机主要部件固有频率特性　　　　单位：Hz

部件项目			阶数					
			0	1	2	3	4	5
A1017	整体转轮	空气介质下	45.95	28.97	46.92	85.66		
		水介质下	39.97	23.18	32.85	60.82		
	叶片	空气介质下		118.09	125.50	156.64	166.08	212.08
		水介质下		82.66	87.85	109.65	116.26	148.46
	顶盖	空气介质下		69.84	49.40	55.80	69.20	
	活动导叶	空气介质下		63.7	157.5	162.4		
		水介质下		55.9	123.9	158.5		
	固定导叶	空气介质下		未提供原始数据				
		水介质下						
D545	整体转轮	空气介质下	52.33	37.97	63.56	94.54		
		水介质下	39.78	30.38	50.85	72.79		
	叶片	空气介质下		143.37	183.90	201.19	215.58	254.35
		水介质下		104.66	134.25	148.88	159.53	190.76
	顶盖	空气介质下		35.8	43.7	76.4	102.2	
	活动导叶	空气介质下		99.3	133.5	264.5	331.9	422.2
		水介质下		74.5	102.8	209.0	265.5	358.9
	固定导叶	空气介质下		503.7	583.9	874.1	962.9	
		水介质下		377.8	437.9	681.8	751.1	

3.3.1.6　水轮机重大部件运输尺寸和重量

由于两厂设计方案的差别，相同部件的运输尺寸和重量存在差异，但此差异不影响水轮机总体运输方案。水轮机主要部件的运输尺寸、重量见表 3 - 23。

表 3 - 23　水轮机主要部件的运输尺寸、重量

部件项目		单位	控制值
转轮上冠	最大件运输尺寸	m × m × m	8.6 × 6.5 × 3.3
	最重件重量	t	110
	运输方式		最大最重件 1 件：水路 + 公路；其余 2 件：铁路
	数量	瓣	3
转轮下环	运输尺寸	m × m × m	8.8 × 4.4 × 2.1
	单件重量	t	29
	运输方式		铁路 + 公路
	数量	瓣	3

续表

部件项目		单位	控制值
水轮机主轴	运输尺寸	m×m	$\phi 4.1×5.5$
	单件重量	t	125
	运输方式		水路+公路
	数量	根	1
顶盖	运输尺寸	m×m×m	$8.7×4.7×2.1$
	单件重量	t	100
	运输方式		水路+公路
	数量	瓣	4
座环	运输尺寸	m×m×m	$7.1×3.6×4.3$
	单件重量	t	80
	运输方式		水路+公路
	数量	瓣	6
底环	运输尺寸	m×m×m	$8.0×2.7×0.6$
	单件重量	t	25
	运输方式		铁路+公路
	数量	瓣	4

从表3-23可见，水轮机主要部件基本能满足铁路二级超限或公路的运输要求。但其中主轴的结构尺寸和重量两厂差异较大，其运输方式需与制造厂沟通落实。

3.3.1.7 水轮机结构加工工艺

经过分析研究，认为三峡等巨型水轮机部件的制造、加工工艺基本适用于白鹤滩1000 MW水轮机。

3.3.2 发电机

3.3.2.1 发电机主要参数合理的取值范围

通过对白鹤滩1000 MW水轮发电机主要参数的分析，其合理的取值范围见表3-24。

表3-24 发电机主要参数的合理取值范围

项目	空冷	内冷	备注
额定转速（r/min）	107.1 或 111.1		
额定电压（kV）	24/26		24/26
额定电流（A）	26729/24673		26729/24673
额定功率因数	0.9~0.925		0.9~0.925
支路数	2、4、7、8/2、3、6、9		
槽电流（A）	6000~7000	8500~10 000	
电负荷（A/cm）	800~900	850~1000	具体取值应结合电磁方案确定

续表

项目	空冷	内冷	备注
定子电流密度（A/mm^2）	2.5~3.5	5 左右	
热负荷〔A^2/（cm·mm^2）〕	2700	2900~3500	
短路比	1.0~1.1	1.0~1.1	
直轴瞬变电抗	≤0.35	0.35~0.40	
定子铁心内径	转子磁轭材料 750 MPa 级	转子磁轭材料 700 MPa 级	以转子磁轭应力为指标确定定子内径
定子铁心长度（mm）	≤3800	≤3800	

3.3.2.2　推荐方案及性能参数

白鹤滩 1000 MW 水轮发电机组推荐方案及性能参数见表 3-25。

表 3-25　发电机组推荐方案及性能参数

序号	名称	单位	方案 A	方案 B	方案 C
1	额定容量	MVA	1111.1	1111.1	1111.1
2	额定功率	MW	1000	1000	1000
3	额定功率因数	MVA	0.9	0.9	0.9
4	额定频率	Hz	50	50	50
5	额定电压	kV	24	24	24
6	额定电流	A	26 729	26 729	26 729
7	额定转速	r/min	107.1	111.1	111.1
8	飞逸转速	r/min	202		
9	极数		56	54	54
10	定子并联支路数		7	6	9
11	定子支路电流	A	3819	4454	2969
12	定子槽电流	A	7637	8909	5939
13	每极每相槽数		$3\frac{3}{4}$	3	5
14	定子槽数		630	486	810
15	绝缘等级		F	F	F
16	冷却方式		全空冷	蒸发冷却	空冷
17	定子铁心外径	mm	17 400	17 500	18 100
18	定子铁心内径	mm	16 200	16 450	17 100
19	定子铁心长度	mm	3650	3400	3400
20	转子最大线速度	m/s	171	172	179
21	电负荷	A/cm	948	837	895
22	定子绕组电流密度	A/mm^2	2.70	4.9	3.6
23	转子绕组电流密度	A/mm^2	2.4	2.0	2.0

序号	名称	单位	方案 A	方案 B	方案 C
24	极距	cm	90.9	95.7	99.4
25	定转子气隙	mm	38	34.5	45
26	气隙磁通密度	T	0.973		
27	定子 1/2 齿高处磁通密度	T	1.781		
28	轭部磁通密度	T	1.195		
29	极身根部磁通密度	T	1.460		
30	直轴同步电抗	Ω	1.10	0.953	0.947
31	直轴瞬变电抗	Ω	0.35	0.252	0.286
32	直轴超瞬变电抗	Ω	0.25	0.214	0.221
33	短路比		1.0	1.15	1.16
34	定子绕组温升	K	80		
35	励磁绕组温升	K	80		
36	飞轮力矩	t·m^2	360 000	300 000	400 000
37	推力负荷	t	4250	4100	4400
38	定子重量	t	1025		
39	转子重量	t	2140		
40	发电机总重量	t	3750	3621	3840
41	利用系数		10.83		
42	磁轭材料屈服极限	MPa	750		
43	额定效率 ≥（%）		98.7	98.7	98.7

3.3.2.3 发电机冷却方式

对白鹤滩 1000 MW 水轮发电机冷却方式的选择，考虑的因素和原则与乌东德一致，不再赘述。结论如下：

（1）全空冷方式和内冷方式都是可行的，两种冷却方式都有适合的电磁方案，其电磁性能及各项参数都能符合电磁设计的要求。

（2）内冷方式中，由于水内冷发电机定子线棒需要通水，结构复杂，还需要水处理设备，故障率较高，给运行、维护带来不便，同时，一旦漏水还可能造成短路事故。蒸发冷却虽然线棒内通冷却介质，但由于压力低（有时低于大气压），渗漏现象几乎很少发生，即使泄漏也不会造成短路。故优先采用蒸发冷却方式。

（3）对于全空冷方式，推荐采用 107.1 r/min 转速、7 支路、24 kV 电压方案，或 111.1 r/min 转速、9 支路、24 kV 电压方案。

（4）对于蒸发冷却方式，推荐采用 111.1 r/min 转速、6 支路、24 kV 电压方案。

3.3.2.4 发电机高电压线棒试验研究

与乌东德机组相应章节内容相同，不再赘述。

3.3.2.5　发电机的结构和刚强度

1. 发电机总体结构

白鹤滩 1000 MW 机组为中高水头、中低转速、立轴、混流式水轮发电机组。电站左、右岸厂房基本对称布置，两岸厂房内水轮发电机组均为俯视顺时针旋转。根据其基本型式、容量、转速和引水发电系统的布置特点，采用具有上导轴承、推力轴承、下导轴承和水导轴承的轴系结构。

其中，上导轴承布置在上机架中心体内，推力轴承布置在下机架中心体上方，考虑下导轴承与推力轴承分开布置，安装在下机架中心体内，以提高机组的稳定性，也便于推力轴承的检修和降低下导轴承的损耗和温度。下导轴承与推力轴承共油箱布置也是多数大型机组采用的成熟方案，详细设计时还可研究。通风系统采用了密闭双路自循环端部回风无风扇径向通风系统。

发电机转子下端轴与水轮机主轴直接连接，发电机定子内径和水轮机机坑内径均满足顶盖整体吊运和安装的需要。为了水轮机安装和检修的方便，发电机下机架布置了环形轨道和电动葫芦。

上述的总体结构型式为混流式水轮发电机的典型结构型式，为大多数大型混流式水轮发电机采用，见图 3 – 1 和图 3 – 2。

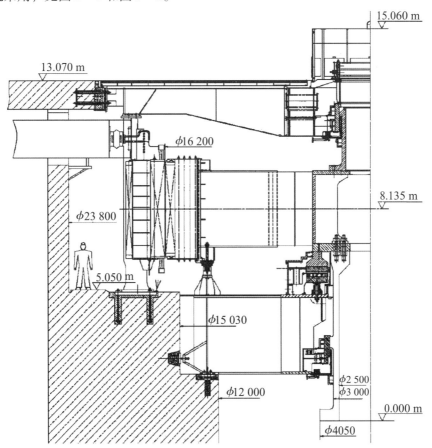

图 3 – 1　哈电发电机初步结构方案图（单位：mm）

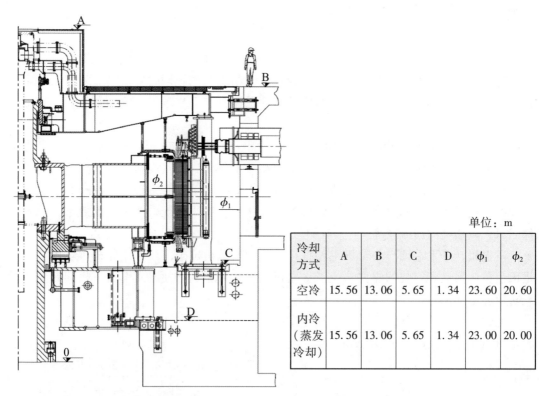

冷却方式	A	B	C	D	ϕ_1	ϕ_2
空冷	15.56	13.06	5.65	1.34	23.60	20.60
内冷（蒸发冷却）	15.56	13.06	5.65	1.34	23.00	20.00

单位：m

图 3-2　东电发电机初步结构方案图

　　两个制造厂在白鹤滩 1000 MW 发电机电磁设计和研究的基础上，对发电机的主要结构部件优化做了研究，包括结构型式、采用材料、制造工艺及运输等方面，并为白鹤滩 1000 MW 水轮发电机推荐了基本结构型式。

　　2. 定子结构

　　1）哈电初设方案

　　(1) 定子机座。定子机座采用钢板焊接结构，其外径为 18.51 m，高度为 6.735 m，根据运输条件，机座分成 5 瓣运至工地，在工地组焊成整圆。定子机座用螺栓和销钉固定在埋于混凝土基础中的基础板上。定子机座采用斜立筋结构。机座外壁上均匀装设空气冷却器，并从外部固定于机座上。

　　(2) 定子铁心。定子铁心由 0.5 mm 厚的 DW250-50 优质硅钢片叠成。定子铁心采用穿心螺杆压紧结构，定子铁心通过托块和鸽尾筋固定在定子机座上。定子铁心高度为 3.65 m。定子铁心与机座采用双鸽尾形定位筋固定。

　　(3) 刚强度计算。定子结构与上机架结构和刚强度密切相关，哈电对于上述两个部件各工况结构应力和变形计算结果见表 3-26。计算得到上机架径向刚度值：$K_{\text{upper}} = 2.20\text{E}6$ N/mm。

表 3 - 26　各工况结构应力和变形计算结果

运行工况		最大 Von Mises 综合应力（MPa）	最大结构变形（mm）		
			径向	切向	轴向
正常运行	上机架	76	—	—	—
正常运行	定子	217	4.714	8.239	2.618
半数磁极短路	上机架	207	—	—	—
半数磁极短路	定子	303	5.792	—	2.506
地震工况	上机架	79	—	—	—
地震工况	定子	311			

其结构刚强度计算结果特征数据为：

- 正常运行工况，上机架及定子最大综合应力分别为 76 MPa 和 217 MPa。
- 半数磁极短路运行工况，上机架及定子最大综合应力分别为 207 MPa 和 303 MPa。
- 地震工况，上机架最大综合应力为 79 MPa，定子最大综合应力为 311 MPa。

（4）结构振动分析。结构固有频率要求避开由转频 1.79 Hz、基频（网频）50 Hz 存在的径向晃动振动频率的 ±20%，即结构径向晃动固有频率应避开的范围是：

$$1.4 \text{ Hz} \leqslant f \leqslant 2.1 \text{ Hz 及 } 40 \text{ Hz} \leqslant f \leqslant 60 \text{ Hz}$$

通过计算，定子铁心轴向振动模态为 9.2 Hz，定子倾斜振动模态为 9.573 Hz，定子平移振动模态为 11.055 Hz，定子扭转振动模态为 11.115 Hz，定子椭圆振动模态为 12.041 Hz，上机架轴向振动模态为 13.921 Hz，均有效避开了此激振频率范围。

定子椭圆振动模态（12.041 Hz）远小于电网频率（50 Hz）。

哈电分析计算表明：定子和上机架联合结构各种关键振动模态频率均有效避开了机组相应的激振频率，满足振动标准要求。

2）东电初设方案

（1）定子结构设计。白鹤滩 1000 MW 发电机定子机座外径分别约为 20 m（内冷），需要分 6 瓣运输；20.6 m（空冷），需要分 8 瓣运输。考虑工厂的加工制造以及运输，发电机定子机座将由两部分组成，即上支墩和机座中间段。机座上支墩和分瓣机座中间段分别在厂内焊接成部件，然后在工地将上支墩部分和分瓣机座中间段组焊或把合在一起，该结构已在李家峡、三峡等大型机组上采用。

在总结近年来大型发电机定子设计、制造和运行经验的基础上，白鹤滩 1000 MW 发电机定子结构设计考虑了以下几个关键问题。

- 发电机的电磁设计充分考虑了铁心的电磁振动，在槽数的选择上两种冷却方案的槽数都尽量选用整数槽，避免了由分数槽引起的次谐波的电磁振动。
- 为了避免大容量发电机定子的热膨胀引起的铁心翘曲变形，白鹤滩发电机定子设计对采用双鸽尾筋结构或采用斜组件支撑结构都进行了研究，认为两种结构的使用都是可行的，目前暂时以双鸽尾筋结构设计和分析，至于最终选用方案，在进一步总结当前应用的两种结构的优缺点后给予确定。
- 定子铁心设计考虑到长期运行后的松动，在设计中适当加宽铁心轭部宽度，增加压指、压板刚度，提高铁心压紧力，并在拉紧螺杆上增设碟型弹簧，补偿铁心的收缩，保证定子铁心长期运行而不松动。对于铁心轭部是否采用穿心螺杆，下阶段进一步研究后确定。

● 对 1000 MW 发电机组，由于选用电压高（24 kV），因此，对定子绕组的绝缘结构和防晕处理都做了专门研究。

（2）定子部件材料。白鹤滩 1000 MW 发电机定子采用的材料，定子铁心冲片选用优质、低损耗的硅钢片。定子绕组及绝缘部件均采用优质绝缘材料。结构部件采用高质量钢板。

（3）刚强度计算。定子机座在正常运行工况、两相短路工况和半数磁极短路工况下，最大等效应力低于材料的屈服极限，最大为两相短路工况，其最大等效应力为 167.809 MPa，出现在机座与基础相接位置，定子机座满足刚强度设计要求。

发电机定子结构研究总结结论：

两个制造厂在发电机电气参数研究和总体设计的基础上，根据各自的经验，分别对白鹤滩 1000 MW 水轮发电机定子结构型式和刚强度等进行了研究。研究结果表明，两个制造厂所推荐的结构型式和结构刚强度等基本满足需要。

但仍有以下问题需要两个制造厂进一步研究：

● 哈电推荐的定子机座外径为 18.51 m，风洞内径为 23.8 m，定子机座底面至发电机层楼板面的高度为 8.02 m。东电推荐的定子机座外径为 20.6 m，风洞内径为 23.6 m，定子机座底面至发电机层楼板面的高度为 7.41 m。其中，哈电定子机座外径与风洞内径之差达到 5.29 m，东电为 3 m。两个制造厂将结合总体设计方案，进一步研究缩小风洞内径的可能性，为白鹤滩水电站地下厂房设计创造有利条件。

● 哈电推荐的定子起吊方案，总高度为 8.835 m，东电推荐的定子起吊方案，总高度为 7.05 m。两个制造厂将结合总体设计方案，进一步研究减小定子起吊高度的可能性，为白鹤滩水电站地下厂房设计创造有利条件。

3. 发电机转子结构

1）哈电初设方案

（1）转子结构。转子采用三段轴结构，以满足刚度、强度、通风及运输要求。

转子支架：为圆盘式结构，由一个中心体和若干个外环组件构成。运到工地后，在施工现场组焊成整体。支架筋板采用斜筋结构。

磁轭结构：磁轭冲片是由厚度为 3 mm 的高强度钢板冲制而成。磁轭冲片上无供叠装使用的定位销孔，工地叠片时用拉紧螺杆孔安装临时定位销钉。在冲片叠装过程中，沿轴向片间接缝为"之"字形。磁轭连接片在工地不焊成一体。

磁极装配：磁极装配结构中线圈与极身绝缘间的间隙在几个间隔位置处用包有浸胶涤纶毡的绝缘板塞紧。在极身底部，线圈与铁心间缝隙用注满环氧胶的玻璃纤维软管密封。

磁极铁心：磁极铁心由 2 mm 厚高强度优质冷轧钢板叠压而成，两端有磁极压板。在压力机上叠装后，拧紧磁极拉杆，把紧力通过两端的压板压紧冲片，使铁心成为一个整体。

磁极线圈：磁极线圈采用四角焊接结构，焊接时采用中频感应加热。磁极线圈铜排带有散热翅，以增大散热面积，提高线圈的冷却效果。线圈需加装极间撑块，撑块通过拉杆固定在磁轭上。磁极线圈极间连接采用"Ω"形软连接线。极间连接线用拉杆固定到磁轭外圆鸽尾槽上。

主轴：发电机主轴结构为锻焊结构。主轴的轴身、法兰均为锻件。主轴材质为高强度合金钢。

（2）刚强度计算。哈电针对所推荐方案的发电机转子结构进行了有限元分析计算，各工况应力和径向位移计算结果见表 3 - 27。

表 3 - 27　各工况应力和径向位移计算结果

工　况	径向位移（mm）	Von Mises 最大应力（MPa）
静　止	- 4.47	213.62
额　定	- 1.75	133.05
飞　逸	4.93	281.05

在静止工况，由于热打键配合力产生的高应力区域最高应力强度为

$$\sigma_{v,max} = 213.62 \text{MPa} < [\sigma] = \frac{2}{3}\sigma_{s1} = 216.67 \text{MPa}$$

在正常运行工况，高应力区域最高应力强度为

$$\sigma_{v,max} = 133.05 \text{MPa} < [\sigma] = \frac{2}{3}\sigma_{s1} = 216.67 \text{MPa}$$

在飞逸工况，高应力区域最高应力强度为

$$\sigma_{v,max} = 281.05 \text{MPa} < \sigma_{s1} = 325 \text{MPa}$$

热打键单边紧量为 5 mm；转子支架的最大垂直挠度为 - 1.15 mm。

2）东电初设方案

（1）转子结构。白鹤滩 1000 MW 发电机无论采用什么冷却方案，转子支架拟采用多层圆盘式结构，以适合通风系统的需要。转子支架分成中心体和扇形支臂两大部分。一个中心体，8 个（内冷）/10 个（空冷）扇形支臂。多年来的实际运行经验表明，磁极线圈设计成散热匝结构，对大容量发电机转子部分的冷却以及温度的均匀性起到重要作用，因此，白鹤滩发电机转子磁极线圈将采用此种结构。斜支板圆盘式和弹性键固定结构的圆盘式，这两种结构均可采用，各有优缺点，目前暂时以斜支板结构的圆盘式支架进行设计和分析。白鹤滩 1000 MW 发电机转子内冷方案转子外径约 φ16381 mm，磁轭部分高度为 3780 mm，转子支架部分高度为 3050 mm；空冷方案转子外径约 φ17010 mm，磁轭部分高度为 3790 mm，转子支架部分高度为 3050 mm。

（2）转子部件材料。白鹤滩发电机转子磁轭部分材料，在进行电磁方案分析时，适当控制转子的最大周速（控制在 170～175 m/s），其方案是能成立的。在此条件下推荐的磁轭钢板材料采用国产 WDER650 钢板。其他转子结构部件都采用高质量钢板。

（3）转子刚强度计算。转子支架在打键工况、正常运行工况、飞逸工况最大等效应力应低于材料的许用应力，转子支架满足刚强度设计要求。

3）发电机转子结构总体研究结论

哈电和东电提出的转子结构方案，均为成熟方案，满足 1000 MW 机组要求；哈电推荐的转子起吊方案，总高度为 7.1 m，起吊重量为 2000 t（不包括平衡梁，下同），东电

推荐的空冷方案转子起吊总高度为 7.13 m，起吊重量为 2326 t，内冷方案转子起吊总高度为 7.12 m，起吊重量为 2039 t。参考其他类似工程经验，两个制造厂提出的转子起吊方案总体合适。白鹤滩水电站地下厂房桥式起重机起吊重量和高度将根据以上数据确定。

4. 发电机上机架

目前在大型水轮发电机上采用的机架结构型式，主要有以下两种型式：

（1）斜支臂机架。机架的每个支臂沿圆周方向都偏扭一个支撑角，被称之斜支臂机架。斜支臂可以使机架支臂在运行时具有一定的弹性。支撑角的大小是根据机架需要的柔性而确定的。上机架通过斜向柔性板与定子机座连接，定子铁心的热膨胀可以不受上机架的影响，以减少铁心弯曲应力。同样，上机架的中心体也可以不受定子和机架的热膨胀的影响。采用这种结构型式的机架可保证定子的同心度。

（2）多边形机架。两个相邻支臂间用"工"字钢连接成一体，构成一个多边形的机架。每对支臂的连接处焊有"人"字形支撑架，采用键（切向键）与基础板连接。键与支撑架间留有一定的间隙（视机组大小决定）以适应热膨胀的需要。支撑架与上机架焊接前，在间隙处应根据间隙的大小垫上临时垫片以确保间隙值，并在键（切向键）两侧放入侧键（斜键），以调节支臂中心。这种机架的最大特点，可以把由导轴承传出的径向力，经连接的支撑架转变为切向力，可减少径向力对基础壁的作用。

1）哈电初设方案

上机架由一个中心体和若干个支臂组成，支臂也为斜筋结构。支臂与中心体在工地焊成一体。在每个支臂外端按支臂扭转方向扩大了上翼板面积，并由销钉和螺栓与基础埋件固定，以传递上机架径向力。

2）东电初设方案

斜支臂或多边形机架型式在国内几个电站都有采用，各有优缺点，目前暂时以多边形机架结构进行设计和分析。

通过计算，上机架在正常运行工况和半数磁极短路工况的最大等效应力均低于材料的许用应力，最大为半数磁极短路工况，其最大等效应力为 89.536 MPa，出现在支臂与基础相接位置，上机架满足刚强度设计要求。

5. 发电机下机架

1）哈电初设方案

下机架带有 12 个径向"工"字形支臂，由中心体和 12 个径向支臂组成，中心体和支臂在工地焊接成一个整体。推力轴承和下导轴承采用分开布置方式，推力轴承布置在下机架中心体上部，下导轴承布置在下机架中心体内。下机架在最严重的工况下，其垂直挠度不超过规定值。

发电机采用半伞式（带下导轴承）结构，因此，推力轴承的支承采用下机架支承方式，便于下导轴承的布置及径向力的传递和提高机组的稳定性。

下机架刚强度计算结果如下：

（1）下机架最大综合应力 σ_{max} = 139.2 MPa，下机架中心体轴向挠度为 3.262 mm；轴向刚度 K_v = 1.28 × 10^7 N/mm；径向刚度 K = 0.93 × 10^7 N/mm。

（2）下机架的轴向振动的固有频率均能避开干扰频率的 ±20%，满足设计要求。

2）东电初设方案

下机架拟采用辐射型机架，这种结构受力均匀，适用于负荷机架。为了配合推力轴承的设计，机架支臂选用 12 个。机架能承受机组的所有转动部分的重量和水轮机最大推力叠加后的动荷载。机架的轴向挠度不超过规定值。

计算结果表明：下机架在正常运行工况和半数磁极短路工况最大等效应力均低于材料的许用应力，最大为半数磁极短路工况，其最大等效应力为 158.63 MPa，出现在支臂与基础相接位置，下机架满足刚强度设计要求。

3）发电机下机架初步方案总结

两个制造厂方案均可行，但两个制造厂所提出的下机架中心体尺寸偏大，分别约为 $\phi 7.1 \text{ m} \times 3.1 \text{ m}$、90 t 和 $\phi 7.0 \text{ m} \times 3.5 \text{ m}$、150 t。经过进一步研究，减小运输尺寸和重量是可能的。

6. 发电机轴承

白鹤滩 1000 MW 发电机推力轴承是机组设计和制造的关键技术之一。其转速高、推力负荷大、*PV* 值高，设计过程中，应对安全稳定性给予足够重视。大型水轮发电机推力轴承难度对比见表 3 - 28。

表 3 - 28　大型水轮发电机推力轴承难度对比

电站	容量（MVA）	推力负荷 F（t）	转速 n_N（r/min）	轴承外径（mm）	吨转速 $F \times n_N / 1000$	PV 值（MPa·m/s）
大古力Ⅲ	718	4700	85.7	5359	402.8	82
伊泰普	823.6/766	4400	90.9	5200	400	82.8
三峡左岸（ALSTOM）	840	5410（最大 5800）	75	5200	405.75	96.1
三峡左岸（VGS）	840	3990	75	5415	299	78.7
三峡右岸（东电）	840	4050	75	5435	303.75	78.1
龙滩	777.8	3525.7	107.1	4500	377.6	92.66
小浪底	343	3740	107.1	4150	369.5	113.9
溪洛渡（东电）	855.6	3400	125	4600	425	103.2
向家坝（哈电）	888.9	5150	75	5200	386.25	88.4
乌东德 1000 MW 机组	1111.1	5650	83.3		470.06	
白鹤滩（哈电）	1111.1	4250	107.1	5120	455.2	113.8
白鹤滩（东电）	1111.1	4400	111.1	5040	488.8	117

1）哈电初设方案

（1）导轴承：上导瓦支撑为一个键，键的一面与导瓦背相接触，另一面与焊在上机架上的方形支柱接触，导瓦间隙是通过测量并配加工键的厚度来保证；下导轴承和推力轴承选用将油槽分开设置的结构，以便于推力轴承的检修，降低下导轴承的损耗和温度。支撑结构与上导轴承相同。

（2）推力轴承结构初步设计计算如下：

轴瓦外径 $D_2 = 5120\text{mm}$

轴瓦内径 $D_1 = 3420\text{mm}$

轴瓦数 $M = 20$

额定转速 $n_N = 107.1\text{r/min}$

推力负荷 $F = 4250\text{t}$

单位压力 $P = 5.21\text{MPa}$

平均周速 $V = 23.2\text{m/s}$

PV 值 $PV = 120.9\text{MPa} \cdot \text{m/s}$

最小油膜厚度 $H_2 = 0.795\text{mm}$

白鹤滩发电机推力轴承难度大于三峡推力轴承。其原因在于发电机容量的增长，使得发电机大轴直径增加，同时推力瓦直径外移，提高了瓦的旋转速度，PV 值随之快速增长。

推力轴承采用双层瓦支撑结构，双层瓦通过若干个销子连为一体而不是直接接触。每块薄瓦和厚瓦之间有几种不同规格的销子，装配就位后，各支撑销子高度相等。厚瓦下面有一个托盘，将推力轴承轴向力通过一个支撑杆传到下机架上。支撑杆通过一段螺纹连接传递受力。支撑杆中心有孔，里面装设传感组件，在工地调整每块轴瓦受力时使用。该结构型式已广泛应用于三峡、龙滩、拉西瓦、小湾、锦屏一级等 700 MW 级发电机，可保证推力轴承运行的安全性和可靠性。

推力轴承为外加泵外循环冷却方式，维护方便。

2）东电初设方案

由于白鹤滩水轮发电机目前冷却方式暂未确定，因此，考虑两种不同的冷却方式，其推力负荷也不同，内冷电机推力负荷 4100 t，空冷电机推力负荷 4400 t，对应的推力轴承也选取了不同的外径尺寸和瓦块数。具体方案数据见表 3-29。

表 3-29 白鹤滩水轮发电机推力轴承方案

项目	内冷（蒸发冷却）		空冷	
转速（r/min）	111.1		111.1	
推力负荷（t）	4100		4400	
瓦数	24	22	24	22
瓦内径 D_1（mm）	3500	3500	3500	3500
瓦外径 D_0（mm）	4960	4960	5040	5040
瓦夹角（°）	13.3	14.5	13.3	14.5
比压（MPa）	4.676	4.679	4.713	4.716
瓦宽（mm）	730	730	770	770
瓦长宽比	0.672	0.733	0.644	0.702

续表

项目	内冷（蒸发冷却）		空冷	
平均线速（m/s）	24.61	24.61	24.84	24.84
PV 值（MPa·m/s）	115	115	117	117
平均瓦间距（mm）	63	69	63	69
单瓦面积（m²）	0.3584	0.3907	0.3816	0.416

由于机组转速较高，轴承直径增大会导致轴承损耗快速增大，因此，表 3-29 中 4 个方案的选择原则是根据大轴外径预留适当的油流动空间来确定轴承的内径；同时尽量减小轴承外径。无论空冷还是内冷方案，表 3-29 中列出了 22 瓦与 24 瓦的方案数据。由于 28 瓦会导致瓦长宽比过小，不宜采用。考虑到下机架支臂数为 12，因此，推力瓦选 24 块较为合适，这使得外循环管路易于布置。

东电对白鹤滩水轮发电机推力轴承润滑进行了计算，表 3-30 列出了白鹤滩空冷水轮发电机推力轴承为 24 瓦方案的润滑计算结果。

表 3-30　弹簧束支承钨金瓦 24 瓦方案的润滑计算结果

项目	数值	项目	数值
额定转速（r/min）	111.1	平均周速（m/s）	24.84
推力负荷（t）	4400	PV 值（MPa·m/s）	117
润滑油牌号	L-TSA46 防锈汽轮机油	油槽热油温度（℃）	40
瓦内径（mm）	3500	最小油膜厚度（μm）	53
瓦外径（mm）	5040	常规监测瓦温（RTD）（℃）	73
瓦面夹角（°）	13.3	最高油膜压力（MPa）	10.8
瓦块数（瓦）	24	轴承摩擦损耗（kW）	996
瓦面长宽比	0.644	轴承搅拌损耗（kW）	443
比压（MPa）	4.7	轴承总损耗（kW）	1439

注：因为空冷方案推力负荷大，所以按空冷推力负荷计算。

3）推力轴承研究总结

两个制造厂在发电机总体设计的基础上，根据各自的经验，分别对白鹤滩 1000 MW 水轮发电机推力轴承结构型式等进行了初步研究。两个制造厂均采用了下导轴承和推力轴承分开设置的结构，以便于推力轴承的检修，降低下导轴承的损耗和温度。哈电推荐了双层瓦支撑结构、外加泵外循环冷却方式，东电推荐了弹簧束多点支承、外加泵外循环方式。两种型式均在一些大型机组上得到应用，各有优缺点。由于白鹤滩水电站 1000 MW 水轮发电机推力轴承负荷大、转速高、PV 值大，其难度系数超过了以往的发电机推力轴承，所以，还将继续开展相关的试验工作，以保障其最终的设计结果和可靠运行。

7. 白鹤滩发电机结构和刚强度研究总结

白鹤滩水电站 1000 MW 水轮发电机具有尺寸大、转速较高和荷载大等特点，其结构型式和刚强度研究是总体研究的重点之一。两个制造厂在白鹤滩 1000 MW 水轮发电机电气参数和总体设计的基础上，对发电机结构和主要部件进行了研究。由于两个制造厂经验和研究侧重点的不同，所推荐的结构、材料和加工方法等方面也存在一定的差异。

（1）白鹤滩 1000 MW 水轮发电机采用具有上导轴承、推力轴承、下导轴承和水导轴承的典型布置方式。上导轴承布置在上机架中心体内，下导轴承与推力轴承分开布置，安装在下机架中心体内。通风系统采用密闭双路自循环端部回风无风扇径向通风系统。发电机转子下端轴与水轮机主轴直接连接，发电机定子内径和水轮机机坑内径均满足顶盖整体吊运和安装的需要。

（2）总体结构和主要部件结构，均采用了转子三段轴结构。转子中心体整体运输至工地后再与外环件焊接；定子机座分瓣运输至现场组装；定转子采用现场叠片的方案。

（3）哈电推荐了斜筋结构支臂的上机架方案，可以使基础所受的径向作用力减小。支臂与中心体在工地焊成一体，在每个支臂外端按支臂扭转方向扩大了上翼板面积，并由销钉和螺栓与基础埋件固定，以传递上机架径向力。东电采用多边形的机架，也可以把由导轴承传出的径向力，经连接的支撑架转变为切向力，可减少径向力对基础壁的作用。两种方案都有应用的先例。

（4）哈电推荐了带有 12 个径向"工"字形支臂的下机架方案，中心体和支臂在工地焊接成一个整体；东电下机架拟采用辐射型机架，中心体分两瓣运输。以上两个方案均是可行的。但两个制造厂所提出的下机架中心体运输尺寸和重量偏大，分别约为 $\phi7.1\,\text{m} \times 3.1\,\text{m}$、90 t 和 $\phi7.0\,\text{m} \times 3.5\,\text{m}$、150 t。结构方案存在进一步优化以减小运输尺寸和重量的可能性。

（5）下导轴承和推力轴承采用分开设置的结构，以便于推力轴承的检修，降低下导轴承的损耗和温度。哈电推荐了双层瓦支撑结构、外加泵外循环冷却方式，东电推荐了弹簧束多点支承、外加泵外循环方式。两种型式均在一些大型机组上得到应用，各有优缺点。

（6）两个制造厂分别进行了主要部件的刚强度分析计算和关键部件的动力特性分析；因两厂结构方案上的不同，计算结果也存在一定差异，但各部件和工况间的规律相似，总体上满足要求。

3.3.2.6　发电机结构加工工艺

白鹤滩水电站 1000 MW 水轮发电机虽然总体尺寸没有超过三峡机组，三峡等 700 MW 发电机大部分结构部件的加工工艺适合白鹤滩 1000 MW 发电机结构加工。但由于机组容量和转速都高于三峡机组，一些新技术和新材料的应用，如采用 24 kV 额定电压等级、更高等级磁轭钢板的应用等，必然会产生一些新的工艺研究内容，需要进一步开展详细的研究工作。

3.3.2.7　大部件运输尺寸、重量

根据哈电和东电推荐的 1000 MW 水轮发电机组方案，由于两厂设计方案的差别，相同部件的运输尺寸和重量存在着差异，见表 3-31，但不影响以水路转公路运输主要重大件的总体运输方案。最终的分瓣方案和运输尺寸、重量需在发电机详细设计方案后确定。初步方案如下：

（1）在目前确定的电站对外交通条件下，发电机重、大件运输无特殊困难，主要运输方式为水路转公路的运输方式。

（2）进一步优化发电机下机架的结构和尺寸。如采用整体运输，运输尺寸控制在约 $\phi 6.8$ m 为宜；如采用分瓣或散件运输至现场最后加工的方式，需要详细研究。

（3）结合水轮机主轴设计，确定其发电机主轴尺寸，最终确定其运输尺寸、重量和运输方式。

（4）详细研究发电机定子机座等主要重、大运输部件的结构、尺寸和重量。

表 3-31　发电机主要部件运输尺寸和重量

部件			哈电	东电	
			转速：107.1r/min	转速：111.1r/min	
			全空冷	全空冷	定子内冷
转子中心体	部件尺寸	mm	$\phi 6000 \times 3130$	$4800 \times 4800 \times 3060$	$4800 \times 4800 \times 3050$
	运输重量	t	103	62	62
	分瓣数量	瓣	1	1	1
推力头	部件尺寸	mm	$\phi 5200 \times 1255$	$\phi 5040 \times 860$	$\phi 4960 \times 860$
	运输重量	t	68.5	53	51
	分瓣数量	瓣	1	1	1
推力镜板	部件尺寸	mm	$\phi 5200 \times 240$	$\phi 5040 \times 200$	$\phi 4960 \times 200$
	运输重量	t	22	24	23
	分瓣数量	瓣	1	1	1
上机架中心体	部件尺寸	mm	$\phi 6000 \times 1950$	$\phi 4200 \times 1000$	$\phi 4200 \times 1000$
	运输重量	t	30	33	33
	分瓣数量	瓣	1	1	1
下机架中心体	部件尺寸	mm	$8490 \times 7970 \times 3950$	$7100 \times 3500 \times 3500$	$7000 \times 3500 \times 3500$
	运输重量	t	206	150	75
	分瓣数量	瓣	1	1	2
定子机座	部件尺寸	mm	$12\,010 \times 5245 \times 3215$	$7900 \times 3540 \times 2000$	$10\,000 \times 3540 \times 2400$
	运输重量	t	40	23	30
	分瓣数量	瓣	5	8	6
转子支架扇形支臂	部件尺寸	mm	$5800 \times 3800 \times 3900$	$5400 \times 4800 \times 4000$	$5350 \times 4700 \times 4000$
	运输重量	t	45	26	25
	分瓣数量	瓣	7	8	8
发电机主轴	部件尺寸	mm	$\phi 3980 \times 6120$		
	运输重量	t	133		
	分瓣数量	瓣	1		

3.4 1000 MW 机组总体研究总结

3.4.1 乌东德水电站

3.4.1.1 水轮机

1. 水轮机参数

1000 MW 水轮机性能参数及几何参数分析表明，水轮机参数兼顾发电机参数要求后，比转速参数水平适中，水轮机参数符合目前水轮机参数发展水平和趋势。

2. 水轮机水力设计及模型试验

水轮机水力设计表明，流道水力参数合理，流态分布均匀，有利于机组高效稳定运行。水轮机模型试验结果显示，水轮机能量性能、空化性能、水力稳定性能良好。

3. 水轮机选型设计

水轮机选型设计在优化的 HLA1020、HLA1024、HLD530 - F13、HLD543 - F15、D546 - F15 五种机型基础上进行，考虑发电机参数设计优化、真机避开不稳定区等因素，最终选择 HLA1024 - LJ - 950 和 HLD530 - LJ - 995 两种机型作为 1000 MW 机组现阶段代表机型。考虑避开不稳定区和安装高程因素，两种机型的应用单位流量比参数分析的单位流量略小，使水轮机转轮直径略显偏大，导致水轮机设计水头略显偏高，水轮机加权平均效率略显偏低。在保持两种转轮最优单位转速在 67 r/min 左右基础上，HLA1024 转轮要进一步研究降低叶片头部出现空化的单位转速区域（n_{11}/n_{110} 小于 0.95），HLD530 转轮适当降低额定点空化系数，或真机适当降低安装高程。

4. 水轮机结构设计

乌东德 1000 MW 机组结构尺寸总体上与三峡 700 MW 机组结构尺寸相当，水轮机结构设计采用了当今 700 MW 级巨型机组具有成功经验的结构型式，1000 MW 水轮机结构设计是合适的。

5. 水轮机结构刚强度计算

经对 HLA1024 - LJ - 950 和 HLD530 - LJ - 995 两种机型进行的结构刚强度研究，分析计算成果表明：

（1）转轮、主轴的许用应力水平按 GB/T 15468—2006 标准控制，其他结构部件，根据 GB/T 15468—2006 标准和 ASME - Ⅷ - Ⅱ 规范要求及目前水轮机刚强度设计的实际情况，提出新的不同计算方法（解析法、有限元法）、不同工况、不同材料的水轮机许用应力控制标准。该标准比过去按平均应力标准有所放宽，但比 GB/T 15468—2006 标准和 ASME - Ⅷ - Ⅱ 规范要严，比较适合水轮发电机组结构设计实际应力控制的现状。

（2）根据拟定水轮机材料及许用应力标准，1000 MW 机组两种机型水轮机主要部件刚强度计算基本满足要求。

（3）根据拟定水轮机材料及许用应力标准，HLA1024 型转轮应力超标（标准控制为 110 MPa，计算达到 140 MPa）、蜗壳、座环应力也略微超标。因此，对超标部分结构宜进一步加强刚强度，预计从结构设计及材料应用方面改进后可以满足工程要求。

（4）主要部件结构在空气中和水中动力特性分析表明，两种机型主要部件自振频率避开了水力激励频率，水轮机动力特性良好，预计结构不会发生共振。

6. 水轮机结构材料应用

1）铸件

1000 MW 级机组转轮采用牌号为 ZG04Cr13Ni4Mo 的 VOD 或 AOD 精炼铸件。

水轮机导叶采用牌号为 ZG04Cr13Ni4Mo 的精炼、电渣熔铸成型铸件。

2）锻件

水轮机主轴法兰选择 ASTM A668 Class E 或类似锻件，轴身选择 S355J2G3 Z35 或 SM490B 类似钢板卷焊。国内一重和二重均具备生产 1000 MW 机组水轮机轴和发电机轴锻件的能力。

3）高强度高性能板材

水轮机蜗壳钢板选用 ADB610D、B610CF 或类似钢板。座环钢板选用 S355J2G3 Z35、P355NL1 - Z35 或类似钢板。

目前，我国宝钢和鞍钢均具备生产 B610CF 或 ADB610D 调质高强度钢板的能力，但板材厚度在 80 mm 以下，尚不能达到 1000 MW 机组使用厚度 94 mm 要求，还需要厂家攻关或从国外进口类似性能的厚板材（如 NKK - HITEN610U2 调质钢）。

国内的舞阳钢厂已具备生产 300 mm 厚抗撕裂钢板的能力。

3.4.1.2　发电机

1. 可行性

经过比选研究，推荐的乌东德 1000 MW 级水轮发电机的参数是可行的。

2. 发电机结构

乌东德 1000 MW 发电机结构尺寸总体上与三峡 700 MW 机组结构尺寸相当，在发电机结构设计上采用了具有成功经验的结构型式是合适的。

3. 发电机刚强度计算

乌东德 1000 MW 机组发电机主要部件刚强度计算基本满足要求，但哈电斜元件结构发电机的转子支臂和上机架的应力偏大，转子支臂和下机架的垂直挠度偏大，东电直元件结构发电机上机架的垂直挠度偏大，因此，两种结构的发电机主要部件需要进一步加强刚强度。由于发电机结构采用的是常规材料，预计从结构设计及材料应用上改善发电机刚强度是可行的。

发电机动力特性计算结果表明，发电机主要部件固有频率、轴系基本避开了可能的水力激振频率，但部分结构的固有频率与网频 50 Hz 较接近，可能会存在与网频接近而形成共振，因此，部分结构需进一步改善频率特性，但总体上预计不会发生共振现象。

4. 发电机冷却方式

全空冷方式和内冷方式都是可行的，两种冷却方式都有适合的电磁方案。对于全空冷方式，推荐采用 83.3 r/min 转速、8 支路、24 kV 电压方案；对于内冷方式，推荐优先采用 83.3 r/min 转速、6 支路、24 kV 电压方案，其次为 85.7 r/min 转速、5 支路、26 kV 电压方案。

5. 发电机电压

通过对 24 kV、26 kV 绝缘技术及仿真试验研究成果表明，1000 MW 水轮发电机额定电压可采用 24 kV 或 26 kV 电压等级。从乌东德发电机的电磁参数、结构、冷却方式等多种因素综合考虑，推荐发电机选择 24 kV 电压等级。

乌东德 1000 MW 级机组总体及专项研究成果表明，1000 MW 级机组设计、制造不存在技术上的障碍，是完全可行的。

3.4.2　白鹤滩水电站

3.4.2.1　水轮机

1. 水轮机参数

1000 MW 水轮机性能参数及几何参数分析表明，水轮机比转速参数兼顾了发电机参数要求后，水轮机比转速水平适中，单位参数匹配，水轮机参数符合目前水轮机参数发展水平和趋势。

2. 水轮机水力设计及模型试验

水轮机水力设计表明，流道水力参数合理、分布均匀，有利于机组高效稳定运行。水轮机模型试验结果显示，水轮机能量性能、空化性能、稳定性能良好，符合哈电和东电分别推荐的水轮发电机组同步转速 107.1 r/min 和 111.1 r/min 的需要。

两公司开发的模型转轮叶道涡观测中，叶道涡已进入 50% ~ 60% 部分负荷运行范围内，部分运行范围压力脉动值偏高，下一步应进一步优化转轮性能，同时研究分析白鹤滩水轮机合理的稳定运行范围，以保证白鹤滩水轮机的稳定运行。进一步研究降低水轮机飞逸转速的可能性。

3. 水轮机选型设计

水轮机选型设计在优化的 HLA1014、HLA1017、HLD545 – F15、HLD547 – F15、HLD548 – F15 五种机型基础上进行，考虑发电机参数设计优化、真机避开不稳定区等因素，最终选择 HLA1017 – LJ – 860 和 HLD545 – LJ – 845 两种机型作为 1000 MW 机组现阶段代表机型。两者的差别主要是由于同步转速选择不同造成的，两个方案都有相关的水轮机水力开发和模型试验的支撑。

4. 水轮机结构设计

两个制造厂在白鹤滩 1000 MW 机组水轮机水力设计的基础上，总结三峡、溪洛渡等巨型水轮发电机组设计、制造的经验，对水轮机主要部件结构进行了研究，所推荐的水轮机总体结构和主要部件结构型式是可行的。

5. 水轮机结构刚强度计算

对白鹤滩 1000 MW 机组水轮机主要结构和刚强度研究的主要结论如下：

（1）水轮机各部件刚强度计算总体上满足要求。

（2）顶盖结构和刚强度分析计算，两厂均按不设圆筒阀考虑，而水力设计考虑了设置圆筒阀的可能性。若设置圆筒阀，顶盖的结构型式需做相应的调整，顶盖与座环的连接须采用上法兰结构，顶盖尺寸、重量将加大，对顶盖刚强度产生不利影响，且制造加工难度加大，需要做进一步的分析研究。

（3）两厂转轮在正常运行工况下的最大应力均小于相应的许可应力。在飞逸工况下，哈电转轮满足要求，东电转轮计算最大应力达到 251.8 MPa，已大于经验解析计算的允许值，虽然仍小于 ASME 许用应力值，但转轮为水轮机的核心部件，所以还需进一步采取措施，以减小局部应力值。

（4）从两厂计算结果看，水轮机过流部件在水中的固有频率基本已与各种水力激振频率避开，避免共振现象的发生。但其中转轮在水中扭转振动的固有频率没有很好地避开转频与导叶个数的乘积，还应对转轮下环结构进行进一步的优化，以完善转轮的动力特性。

6. 水轮机结构材料应用

白鹤滩 1000 MW 机组的水轮机结构材料应用与乌东德的基本类似。

1）铸件

白鹤滩 1000 MW 机组转轮和活动导叶的尺寸和重量均小于三峡机组，因此，转轮采用与三峡等大型机组中已使用的 VOD 精炼 ZG00Cr13Ni4Mo 不锈钢铸件，活动导叶采用 ZG06Cr13Ni4Mo 电渣熔铸或 VOD 精炼铸件是可行的。

2）锻件

水轮机主轴直径约 3.3 m，长度约 5.5 m，总重约 125 t，可采用整锻或锻焊结构。一重和二重均具备生产白鹤滩 1000 MW 机组水轮机轴和发电机轴锻件的能力。

3）高强度高性能板材

目前蜗壳钢板的备选材料有 ADB610D、B610CF、WDB-620 及 16MnR，座环钢板的备选材料有 S355J2G3 Z35、P355NL1-Z35、S500Q-Z35 及 Q345B 等，其中 S355J2G3 Z35 和 P355NL1-Z35 为同等材料。

白鹤滩 1000 MW 机组蜗壳采用 ADB610D 或 B610CF 板材，壳体最大厚度为 95 mm，东电推荐采用 700 MPa 级高强钢板，蜗壳壳体最大板厚为 72 mm，过渡板厚度为 85 mm。目前我国舞钢、宝钢和鞍钢均具备生产 WDB-620、B610CF 或 ADB610D 调质高强钢板的能力，但板材厚度在 80 mm 以下，尚不能达到 1000 MW 机组使用的厚度要求，还需要厂家攻关或从国外进口类似性能的厚板材（如 NKK-HITEN610U2 调质钢）。而对 700 MPa 级钢板，目前国内还没有相应产品。

座环采用 Z35 抗撕裂钢板，三峡机组座环 Z35 抗撕裂钢板厚度为 260 mm，白鹤滩 1000 MW 机组座环最大厚度约 260 mm，与三峡机组相当。

综上所述，白鹤滩 1000 MW 机组对高强度、超厚板材的应用需求目前尚未完全满足，还需做进一步的研究落实。

3.4.2.2　发电机

（1）经过比选研究，推荐的白鹤滩 1000 MW 级水轮发电机的参数是可行的。

（2）全空冷方式和内冷方式都是可行的，两种冷却方式都有适合的电磁方案。对于全空冷方式，推荐采用 107.1 r/min 转速、7 支路、24 kV 电压方案或 111.1 r/min 转速、9 支路、24 kV 电压方案；对于内冷方式，推荐采用 111.1 r/min 转速、6 支路、24 kV 电压方案。

（3）通过 24 kV、26 kV 绝缘技术及仿真试验研究成果表明，1000 MW 水轮发电机额定电压可采用 24 kV 或 26 kV 电压等级。从白鹤滩发电机的电磁参数、结构、冷却方式等多种因素综合考虑,推荐发电机选择 24 kV 电压等级。

(4) 完成了满足现有制造能力下的白鹤滩 1000 MW 级机组的总体设计和重要部件的结构设计,结构的刚强度及稳定性分析计算结果满足相应的标准要求,达到可应用于白鹤滩机组设计的水平。

(5) 白鹤滩 1000 MW 级机组总体及专项研究成果表明,1000 MW 级机组的设计、制造不存在技术上的障碍,是完全可行的。

第4章　1000 MW 水轮发电机组关键技术专项研究

在对 1000 MW 水电机组进行总体研究的同时，启动了有关课题的专项研究，以进一步支撑总体研究的结论，包括乌东德、白鹤滩水电站 1000 MW 级水轮机水力设计及模型试验技术条件、乌东德、白鹤滩水电站 24 kV、26 kV 电压等级定子绕组绝缘及试验研究，1000 MW 水轮发电机组大负荷推力轴承的模型试验研究、乌东德、白鹤滩 1000 MW 水轮发电机全空冷模型试验研究等。考虑机组水力设计和模型试验专题成果为总体技术研究提供了支撑，已在前一章节进行了论述，本章主要着重对推力轴承专题、定子绕组绝缘技术专题和全空冷通风冷却专题进行详述。

4.1　1000 MW 水轮发电机组推力轴承研究

4.1.1　概述

1000 MW 级水轮发电机组推力轴承技术是 1000 MW 水轮发电机组要解决的关键技术之一。由于机组容量大，其特点是具有较高的运行速度、大单位压力，和由此而产生的单瓦受力大、推力瓦变形较大、油膜厚度较小及轴承损耗高等。高速重载推力轴承的技术关键是推力轴承结构设计和润滑参数选择，以此保证轴承运行的可靠性。哈电、东电通过设计计算、试验台模拟试验等方法，对推力轴承的结构、参数进行了深入研究，取得了较好的效果。本章介绍哈电在白鹤滩和乌东德 1000 MW 水轮发电机推力轴承设计计算和试验研究方面的成果。

推力轴承性能研究是一项综合性技术项目，涉及的技术范围较广，采用的计算和试验方法是一种结果准确、技术可靠的方法，以前新产品的开发均采用这种方法，取得了满意的结果。

为便于推力轴承的试验研究，哈电公司早在 20 世纪 80 年代初期便建造了 3000 t 推力轴承试验台。推力轴承试验台具有试验周期短、试验工况及试验过程可控、数据采集量大等特点，为推力轴承性能的试验验证提供了理想的平台。试验台建成后曾成功地为岩滩电站发电机 26.98 MN 推力轴承进行了巴氏合金瓦和弹性金属塑料瓦的全尺寸真机瓦试验。20 世纪 90 年代，哈电对三峡 60 MN 级弹性金属塑料瓦和巴氏合金瓦在 3000 t 推力轴承试验台上进行了真机全尺寸模拟试验，对其基本性能取得了更为深入的了解。这些工作为巨型推力轴承的试验研究积累了经验，也为三峡左岸 4 号 ~ 6 号、10 号 ~ 14 号机和三峡右岸 23 号 ~ 26 号机以及龙滩发电机等成功投运提供了可靠的技术保证。

4.1.2 类似的推力轴承性能参数

白鹤滩和乌东德水轮发电机推力轴承有两种结构型式可以选择：小支柱双层瓦结构和弹性油箱支撑结构。

采用小支柱双层瓦结构的成功运行参考项目有三峡、龙滩、拉西瓦、小湾、锦屏 I 电站，其推力轴承主要参数见表 4 - 1。采用弹性油箱支撑结构的成功运行参考项目有葛洲坝、岩滩、天生桥、五强溪、小浪底等电站，其推力轴承的主要参数见表 4 - 2。这些轴承技术成为 1000 MW 水轮发电机推力轴承研究的基础。

表 4 - 1　类似的推力轴承的主要参数（小支柱双层瓦结构）

项目	三峡	龙滩	拉西瓦	小湾	锦屏 I
装机台数（台）	8/4	7	7	6	6
额定容量（MVA）	840	777.8	757	777.8	700
投运时间	2003/2007	2007	2008	2008	2012
转速（r/min）	75	107.1	142.9	150	142.9
推力负荷（kN）	54 100	35 257	25 600	27 330	26 000
外直径（mm）	5200	4500	4240	4100	4000
内直径（mm）	3500	2800	2740	2530	2530
平均速度（m/s）	17.1	20.5	26.4	26.0	24.4
瓦数（块）	(24)	18	18	16	16
瓦宽（mm）	850	850	750	885	735
瓦长（外缘/内缘）（mm）	564/380	628/391	518/335	680/397	558/353
瓦面积（cm²）	4011	4332	3198	4315	3350
单瓦负荷（kN）	2254	1959	1422	1708	1625
比压（MPa）	5.62	4.52	4.4	3.96	4.75
PV 值（MPa·m/s）	96.1	92.7	116.2	103.0	115.9

表 4 - 2　类似的发电机推力轴承的主要参数（弹性油箱支撑结构）

项目	葛洲坝	天生桥 I	岩滩	天生桥 II	五强溪	小浪底
机组数	13	4	4	6	5	6
额定容量（MVA）	143	343	345.7	245	267	343
投运时间	1980	1996	1992	1992	1994	2000
转速（r/min）	62.5	136.4	75	200	68.2	107.1

项目	葛洲坝	天生桥 I	岩滩	天生桥 II	五强溪	小浪底
推力负荷（kN）	33 000	21 000	27 500	12 400	27 000	37 400/34 470
外径（mm）	3900	3600	3750	2600	4190	4150
内径（mm）	2450	2300	2350	1450	2870	2740
平均速度（m/s）	10.4	21.1	12	21.2	12.6	19.3
瓦数（块）	18	16	16	12	18	20
瓦长（外径/内径）（mm）	545/342	550/351	573/359	576/278	585/400	513/330
瓦面积（cm²）	3210	2928	3260	2454	3250	2870
单瓦负荷（kN）	1833	1313	1719	1034	1500	1870/1724
比压（MPa）	5.6	4.4	5.3	4.3	4.5	6.5/5.9

4.1.3　推力轴承设计方案

4.1.3.1　白鹤滩推力轴承

根据白鹤滩水轮发电机推力轴承的设计运行工况，推力轴承选择如下两个方案进行研究：①采用小支柱结构的双层巴氏合金瓦推力轴承，外循环冷却方式，并配备高压油顶起系统。②采用弹性油箱支撑的塑料瓦推力轴承，外循环冷却方式。

1）推力轴承瓦

推力轴承根据最大推力负荷进行推力轴承的设计，推力瓦的设计计算能保证最佳的油膜压力分布和最佳的油膜厚度分布，这一设计可满足所有工况的要求。推力瓦和镜板是轴承直接起相对滑动作用的部分，它受载荷和轴向温度梯度的影响而产生变形。轴承的设计应严格控制瓦变形和建立合适的油膜厚度。确定合适的动压油膜特征系数，即油膜的最大压力和平均压力之比。

方案①推力轴承瓦由薄瓦、托瓦和一簇不同直径、不同弹性的小支柱组成（见图 4-1）。在负荷作用下小支柱的压缩量决定推力瓦的最终变形，还有温度梯度引起的变形，它也可使小支柱产生微小的压缩。小支柱由托瓦支撑，小支柱的尺寸根据计算的压力分布确定，同时还要考虑轴瓦变形以及不同载荷作用下瓦面的平行下移量。

方案②推力轴承瓦为双层瓦结构，它由薄瓦、托瓦组成，薄瓦为弹性金属塑料瓦（见图 4-2）。推力瓦可互换。

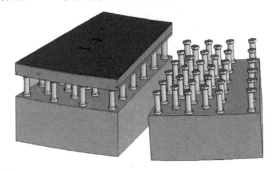

图 4-1　小支柱双层瓦

图 4-2　塑料瓦

2）支撑型式

（1）小支柱双层瓦支撑型式。小支柱双层瓦支柱螺钉支撑结构见图4-3。

小支柱支撑结构采用可调支柱螺钉，支柱螺钉使每块瓦上的负荷可调节（支柱螺钉孔内装有负荷传感器），这样可调的结果补偿了不同轴向载荷下负荷分布的差异，瓦的承载均匀度不大于5%，支柱螺钉的长度保证支柱和瓦之间的接触区有相同的压力分布，这种支撑结构保证了瓦的倾斜支点的最佳位置，也增加了轴承座上支撑结构的相对弹性。

大型推力瓦必须控制瓦面的热变形和弹性变形。安装在推力瓦和托瓦之间的弹性小支柱是特殊设计的。小支柱可使托瓦的温度远低于推力瓦的温度，致使很厚的托瓦几乎没有热变形。尽管很薄的推力瓦有较大的温度梯度，但大厚度、大刚度的托瓦可使推力瓦保持为平面。补偿推力瓦弹性变形，只保留推力瓦上温度梯度引起的热变形的方法是，选择高度相同而直径不同的小支柱。进一步优化小支柱的弹性，还可抵消镜板的大部分变形，从而使推力轴承油膜分布达到最优，确保推力轴承长期安全可靠运行。

小支柱的设计不但要考虑额定转速和负荷下稳态变形，而且还要保证推力轴承在所有可能工况下安全运行。

在图4-3中，托盘固定在托瓦上以增加接触面，这可避免托瓦支撑部位压力过大，并可减小变形。瓦和托盘支撑在支柱上，由固定在推力支架上的支柱座支撑。调整支柱可使瓦间受力均衡。支柱受力不同，其压缩量不一样。安装时，用图4-3中测量装置，电子位移传感器测量支柱的压缩量。各瓦的受力可精确调整。轴瓦可在支柱上摆动和倾斜，以便在瓦面建立动压润滑油楔（可倾瓦轴承）。推力瓦配有高压油顶起系统。

在三峡左岸、龙滩等推力轴承的小支柱以及三峡右岸推力轴承的小支柱设计参数的基础上，针对白鹤滩推力轴承所采用的小支柱结构进行了优化，推力轴承性能得到进一步提高。

（2）弹性油箱塑料瓦支撑型式。普通厚薄瓦结构的塑料瓦采用弹性油箱支撑结构，见图4-4。弹性油箱具有安装调整方便、机组运行过程中自动平衡瓦间负荷的能力（瓦的负荷均匀度小于等于3%）、瓦的倾斜灵活及能够较好地控制瓦变形等优点，得到广泛应用。弹性油箱支撑还可满足弹性支撑、自动调整负荷使其均衡的要求。目前哈电已为容量为100 MVA及以上的刘家峡、白山、葛洲坝、岩滩、天生桥、万家寨、五强溪、小浪底、莲花、柘林等电站提供100余台套的多波纹弹性油箱，运行效果良好。

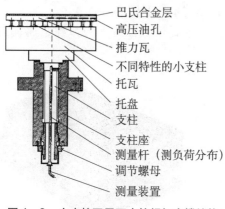

巴氏合金层
高压油孔
推力瓦
不同特性的小支柱
托瓦
托盘
支柱
支柱座
测量杆（测负荷分布）
调节螺母
测量装置

图4-3　小支柱双层瓦支柱螺钉支撑结构

图4-4　弹性油箱支撑弹性金属塑料瓦

白鹤滩推力轴承采用弹性油箱支撑，每个弹性油箱承载 2.08MN，见表 4 - 3。白鹤滩推力轴承弹性油箱按承载 2.45MN 设计，这也是目前承重最大的弹性油箱。

表 4 - 3　典型发电机弹性油箱承载对比

项目	丰满	万家寨	天生桥 I	五强溪	岩滩	小浪底	葛洲坝	白鹤滩
推力负荷（MN）	15.0	18.0	21.0	27.0	27.5	34.5	33.0	41.65
转速（r/min）	107.1	100	136.4	68.2	75	107.1	62.5	107.1
弹性油箱数量（个）	16	16	16	18	16	20	18	20
弹性油箱承载（MN）	0.93	1.1	1.3	1.5	1.7	1.7	1.8	2.08

4.1.3.2　乌东德推力轴承

根据乌东德水轮发电机推力轴承的设计运行工况，推力轴承选择如下两个方案进行研究：采用小支柱支撑的双层巴氏合金瓦，外循环冷却方式，并配备有高压油顶起系统。采用小支柱结构的双层塑料瓦推力轴承，外循环冷却方式。

1）推力轴承瓦

方案①推力瓦为双层瓦结构，它由薄瓦、托瓦和一簇不同直径不同弹性的小支柱组成，薄瓦为巴氏轴承合金瓦。

方案②推力瓦为双层瓦结构，它由薄瓦、托瓦和一簇不同直径不同弹性的小支柱组成，薄瓦为塑料瓦。

2）支撑型式

推力轴承采用小支柱双层瓦支撑结构，见图 4 - 1 和图 4 - 3。

3）润滑冷却方式

循环冷却方式包括内循环和外循环冷却方式两种，其区别是冷却器分别安装在油槽的内部和外部。外循环又依循环动力的不同分为自身泵和外加泵两种型式。自身泵又分为镜板泵和导瓦自泵两种。高转速机组推力轴承一般采用外循环冷却。

（1）内循环特性。内循环冷却方式为了加强循环效果，还可以安装轴流泵叶片（叶轮泵）或者在镜板上加工径向孔强制流油循环。内循环以冷却器的型式分为立式冷却器、卧式冷却器和抽屉式冷却器三种方式。立式油冷却器结构适用于悬式电机推力轴承。抽屉式油冷却器适用于伞式电机推力轴承。哈电公司设计制造的内循环推力轴承应用最多的是采用抽屉式冷却器（见图 4 - 5）。

油冷却器装设在轴承油槽内，并全部浸在润滑油中以便进行热交换。冷却器应靠近镜板外缘，以获得一个合适热交换的油流速。润滑

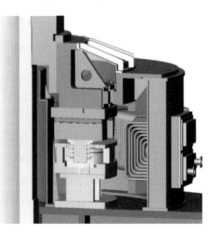

图 4 - 5　内循环冷却结构

油内循环的动力来自润滑油的黏滞作用。为减小压头损失和搅拌损耗，冷却器距镜板不

宜过近。冷却器的结构尺寸，一般以每千瓦损耗所用冷却管长度确定。

冷却器安装在油槽壁上，每个冷却器相应于一块推力瓦的位置。冷却器由一组同心排列的"U"形管组成。这种冷却器的冷却管的长度较短，不易堵塞，对水质的要求相对较低。另外，这种冷却器拆装方便，通过其安装孔可以抽瓦，冷却器和轴承检修方便。如岩滩机组，其冷却方式采用抽屉式冷却器内循环，装有叶轮泵加强循环效果。在3000 t推力轴承试验台上对推力轴承做了真机瓦模拟试验，沿油槽截面安装一组热电偶，测量油的温度分布，其差值最大为0.5K。此时油温24℃，说明油槽内油的温度较均匀。典型的内循环冷却机组有水口、岩滩、葛洲坝、五强溪、天生桥Ⅰ级和小浪底等。

（2）镜板泵外循环特性。镜板泵外循环（见图4-6）适宜在高转速机组上使用，一是推力轴承 PV 值高，二是轴承的尺寸较小。自身泵是利用轴承旋转部件，加工数个径向或后倾泵孔形成。当机组运行时，可形成稳定的压头。在旋转体的外侧，附加有集油槽，将泵打出的油汇集入系统油管并进入油冷却器，经冷却后，沿环管、喷油管再喷到瓦的进油边附近。为防止热油被带到第二块瓦，一般在两块瓦之间安装有刮油装置。

典型的镜板泵外循环冷却机组有天生桥Ⅱ级、拉西瓦、锦屏Ⅰ级、溪洛渡等。

白鹤滩推力轴承的镜板泵计算空载压头为0.18 MPa，工作压头为0.11 MPa，见表4-4和图4-6及图4-7。考虑到集油槽密封的影响，其工作压头和工作流量会有所降低，设计工作流量比轴承所需流量大50%以上，符合设计规范的要求。

乌东德推力轴承的镜板泵工作压头较低，采用镜板泵外循环的可靠性较低。

天生桥Ⅱ级推力轴承镜板泵的空载压头为0.176 MPa，工作压头为0.123 MPa。测试结果表明：油循环系统满足正常工况运行要求。其设计压头为0.123 MPa，实测为0.08 MPa。其瓦间喷油管的出口压力低，这与循环系统中的集油槽密封和油过滤器的关系较大。

在哈电3000 t推力轴承试验台进行双向试验，推力轴承镜板泵的空载压头为0.20 MPa，设计工作压头为0.148 MPa，实测为0.13 MPa，油循环系统满足正常工况运行要求。润滑油流量为1206 L/min。集油槽密封采用接触密封，效果较好。

表4-4　镜板泵特性

项目	乌东德	白鹤滩	天生桥Ⅱ	锦屏1级	拉西瓦	双向试验轴承
转速（r/min）	83.3	107.1	200	142.9	142.9	140
镜板内径（mm）	3800	3500	1450	2530	2740	2190
镜板外径（mm）	5500	5000	2600	4000	4240	3910
空载压头（MPa）	0.14	0.18	0.176	0.22	0.235	0.20
工作压头（MPa）	0.088	0.11	0.123	0.114	0.147	0.148
空载流量（L/min）	6440	6850	3692	6429	8364	2009
工作流量（L/min）	3930	4340	2022	4484	5117	1204

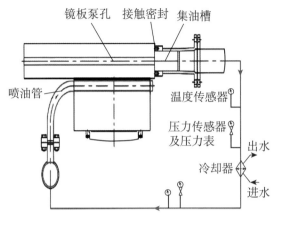

图 4 – 6　镜板泵外循环润滑冷却系统

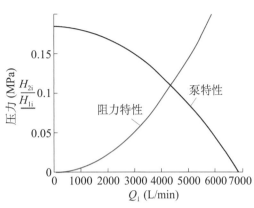

图 4 – 7　镜板泵特性

（3）导瓦泵外循环特性。白鹤滩和乌东德推力轴承采用导瓦泵外循环的特性（见表 4 – 5）符合设计规范的要求。

表 4 – 5　乌东德和白鹤滩导瓦泵的特性

项目	单位	白鹤滩		乌东德	
		导瓦泵	试验	导瓦泵	试验
额定转速	r/min	107.1	144.5	83.3	127
轴径	mm	5000	3800	5600	3800
瓦块数	块	20	24	20	24
瓦夹角	(°)	8 + 4	6.5 + 3.5	8 + 4	6.5 + 3.5
瓦宽	mm	360	270	400	270
泵槽夹角	(°)	4	3.5	4	3.5
泵槽深度	mm	1.75	1.15	1.68	1.15
泵槽宽	mm	320	240	360	240
运行间隙	mm	0.2	0.2	0.2	0.2
润滑油	L	46	46	46	46
冷油温度	℃	40	40	40	40
轴承总损耗	kW	1200	740	1200	730
空载泵压	MPa	0.148	0.147	0.148	0.147
工作压力	MPa	0.06	0.06	0.06	0.06
泵流量	L/min	6930	4500	5840	3770
循环油温降	K	6.5	6.3	7.5	7.2
泵损耗	kW	34.2	22.8	22.7	17.9

导瓦泵外循环（见图4-8和图4-9）适宜在较高转速机组上使用，一是推力轴承 PV 值较高，二是轴承的尺寸较小。自泵瓦是利用导轴承瓦的泵孔和轴径的旋转形成。当机组运行时，可形成稳定的压头。在导轴承的底部，附加有出油管，将泵打出的油汇集入系统油管并进入油冷却器，经冷却后沿环管、回油管再回到瓦的内缘附近。为防止冷热油混合，一般有冷热油分隔装置。这种方案的结构复杂，设备投资比内循环的大，管路部件多，管理维护不便。但其优点是拆卸推力瓦不需拆卸冷却器，油冷却器、推力轴承检修相对便利。单个冷却器可拆卸维修，不影响其他冷却器的使用。典型的导瓦自泵外循环冷却机组，有三峡左岸4~6号及10~14号发电机和右岸22~26号发电机以及小湾发电机，三峡地下、溪洛渡、向家坝、白莲河和蒲石河机组，推力轴承也采用导瓦自泵外循环润滑冷却（见表4-6）。

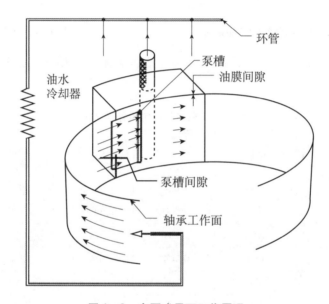

图4-8　自泵式导瓦工作原理

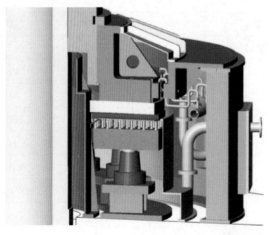

图4-9　导瓦泵外循环系统

表 4-6　类似导瓦泵的特性

项目	单位	蒲石河	白莲河	三峡右	小湾	三峡	向家坝	溪洛渡
额定转速	r/min	333.3	250	75	150	75	75	125
轴径	mm	2400	2700	5200	4100	5200	5200	4600
瓦块数	块	12	12	16	16	16	16	18
瓦夹角	(°)	12 + 2 × 4.8	9.22 + 4.17		7	9.22 + 6	9.22 + 6	9.5 + 3.5
瓦宽	mm	250	260	400	230	400	400	400
泵槽夹角	(°)	2 × 4.8	2 × 4.0	4.17	7	6	6	3.5
泵槽深度	mm	1.4	1.3	1.2	2.0	0.8	1.6	1.55
泵槽宽	mm	210	220	360	190	360	360	360
运行间隙	mm	0.2	0.2	0.2	0.2	0.2	0.2	0.2
润滑油	L	46	46	46	46	46	46	46
冷油温度	℃	40	40	40	40	40	40	40
轴承总损耗	kW	665	562	882	688	834	788	1118
空载泵压	MPa	0.16	0.14	0.19	—	0.16	0.19	0.145
工作压力	MPa	0.06	0.06	0.06	0.06	0.06	0.06	0.06
泵流量	L/min	3050	2417	3197	3543	4344	4237	5949
循环油温降	K	8.0	8.4	10.2	7.2	7.1	7.0	7.6
泵损耗	kW	17.8	13	15.8	—	21.5	21.9	29

（4）外加泵外循环特性。外加泵外循环系统在油的循环回路系统中，外加一组互为备用的电动油泵作为循环动力，由冷却器、滤油器、压力表、流量显示器和阀门等元件组成。润滑油在油槽内部可采用瓦间喷管结构或瓦间隔板结构进行润滑。外加泵外循环系统对外部管路和元件的阻力要求不高，适用于大负荷、低速推力轴承。

● 瓦间喷管结构。进、出油环管布置在油槽内。在进油（冷油）环管上按瓦数布置小孔喷管，直接喷油至瓦间润滑冷却。在出油（热油）环管上布置吸油管，将上浮的热油吸走，进入冷却器，重复循环。适用于一般负荷的推力轴承。

● 瓦间隔板结构。将成型隔板插入瓦两侧的沟槽内，与镜板面高度之间形成一个径向通道。该结构油槽中必须设隔油板，将油槽分成上、下两油腔。上部油腔为热油区，下部油腔为冷油区。根据情况，也可将进、出油环管布置在油槽外部，但必须采用连通管将冷油区的一部分油引到稳油板上方，以改善轴承运行条件。适用于超大型推力轴承。典型的外加泵外循环冷却机组有龙滩、官地等。

白鹤滩推力轴承采用外加泵外循环系统（见图 4-10），在推力轴承损耗为 950 kW 情况下，按 5~10 K 温差计算，循环油流量为 3200~6500 L/min，外循环系统的工作流量不应小于 1.25 倍的循环油流量，即工作流量不小于 4100 ~ 8100 L/min。喷油管的出口压力应保证 0.05 ~ 0.10 MPa。

乌东德推力轴承采用外加泵外循环系统，在推力轴承损耗为 933 kW 情况下，按 5 ~ 10 K 温差计算，循环油流量为 3200 ~ 6300 L/min，外循环系统的工作流量应不小于 1.25 倍的循环油流量，即工作流量不小于 4000 ~ 8000 L/min。喷油管的出口压力应保证 0.05 ~ 0.10 MPa。

外加泵外循环冷却方式的推力轴承冷却系统，其冷却器、泵、油过滤器及相应阀门等均 100% 冗余，故障时可自动切换到备用管线工作，并发出报警信号。如工作油泵发生故障，可自动切换到备用油泵工作，并发出报警信号。

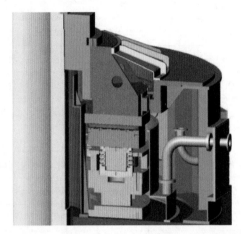

图 4 - 10　外加泵外循环系统

（5）内循环和外循环对比。采用外循环或内循环冷却，从冷却效果分析，两者并没有明显的差异。

采用内循环，油冷却器装设在油槽内，冷却油路循环相对复杂，拆卸推力瓦需先拆卸冷却器。但其优点是内循环系统管路部件少，装置相对集中，无附加备用设备，节省设备投资。轴承内部密封简单，运行维护简单可靠。

外循环，即油冷却器装设在油槽外，有油循环的动力设备，如镜板泵或外加油泵及油循环的控制设备，结构复杂，设备投资比内循环的大，管路部件多，管理维护不便。但其优点是拆卸推力瓦不需拆卸冷却器，油冷却器、推力轴承检修相对便利。单个冷却器可拆卸维修，不影响其他冷却器的使用。

4.1.4　推力轴承试验

4.1.4.1　试验系统

图 4 - 11 为 3000 t 推力轴承试验台，其主要参数（见表 4 - 7）显示了轴承试验台的巨大尺寸和能力，试验台进行部分改进还可进行高速试验。试验台包括试验轴承和静压加载设备，每一块静压轴承瓦上都有一液压加载油缸，两台直流驱动电机在其转速和功率范围内可反转。

表 4 – 7　试验台主要参数

项目	参数	项目	参数
最大加载能力（MN）	29.43	转动部分重量（t）	200
直流拖动电机功率（kW）	2×1500	镜板最大外径（m）	3.90
转速范围（r/min）	60~600	最大直径（m）	10.50
冷却水最大供应量（m³/h）	1000	总高度（m）	14.35
总重量（不包括润滑油）（t）	480	地面以上高度（m）	5.325

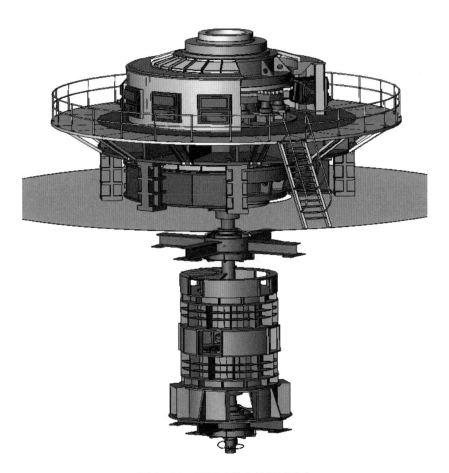

图 4 – 11　3000 t 推力轴承试验台

4.1.4.2　测量和数据采集方法

压力传感器和光学位移传感器安装在镜板上，可获得各试验瓦的油膜压力、油膜厚度的详细情况。试验时可对全部瓦的不同半径位置进行同时测量。温度传感器安装在一块瓦和镜板的不同位置，测量温度分布，通过测量油冷却器进出口水温和流量，确定推力轴承损耗。在每块瓦的支撑件中安装（位移）传感器，以确定总轴向负荷和每块瓦的负荷。数据采集系统主要的测量仪器及配置见图 4 – 12。

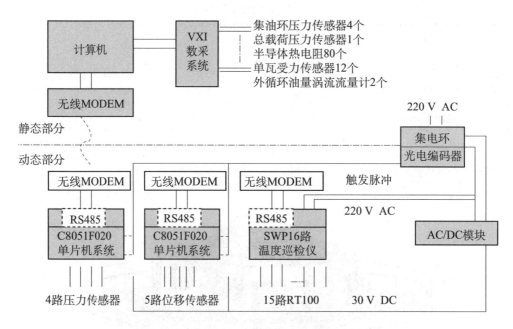

图 4-12　数据采集系统框图

4.1.4.3　试验项目

1) 导瓦泵和外加泵试验项目

导瓦泵和外加泵的外循环冷却器共用,管路可部分共用,采用 4 个冷却器。外循环试验与推力轴承试验同时进行。主要试验项目见表 4-8。

表 4-8　试验项目

序号	试验项目	序号	试验项目
1	循环油压力	4	冷却水流量
2	循环油流量	5	冷却水压力
3	循环油温差	6	冷却水温差

2) 内循环试验项目

安装 12 个抽屉式冷却器。内循环试验与推力轴承试验同时进行。主要测试项目为冷却水流量、冷却水压力、冷却水温差。

3) 油槽油流场和温度场试验项目

测量瓦的外径侧、进油侧、出油侧的油的速度分布、出油管周围油的速度分布、瓦和油槽壁之间油的速度分布及主要部位的温度分布等。油槽内的油流速分布采用数值模拟的方法获得。主要部位的温度分布可通过试验测量的方法得到。

4) 塑料瓦试验项目

塑料瓦轴承试验工况和试验项目见表 4-9 和表 4-10。

表 4 - 9　试验工况

序号	转速（r/min）	负荷（t）	备注
1	0	1260	短时运行
2	35	1260	短时运行
3	70	1260	
4	147	1260	
5	147	2550	
6	147	3000	

表 4 - 10　试验项目

序号	试验项目	序号	试验项目
1	油膜厚度分布	8	油槽油温分布
2	油膜压力分布	9	镜板温度分布
3	进出油温度	10	冷却器冷却水流量、压力和温差
4	各瓦受力	11	转速
5	薄瓦及托瓦温度分布	12	推力瓦和导瓦温度
6	冷却器循环油压力、流量和温差	13	油槽内重点位置的油流速和方向
7	总载荷		

5）钨金瓦试验项目

钨金瓦轴承试验项目和试验工况见表 4 - 11 和表 4 - 12。

表 4 - 11　试验项目

序号	试验项目	序号	试验项目
1	油膜厚度分布	8	油槽油温分布
2	油膜压力分布	9	镜板温度分布
3	进出油温度	10	冷却器冷却水流量、压力和温差
4	各瓦受力	11	转速
5	薄瓦及托瓦温度分布	12	推力瓦和导瓦温度
6	冷却器循环油压力、流量和温差	13	油槽内重点位置的油的流速和方向
7	总载荷		

表 4 – 12 试验工况

序号	转速（r/min）	负荷（t）	备注
1	0	1200	高压油顶起
2	33	1200	高压油顶起
3	65	1200	高压油顶起
4	127	1200	高压油顶起
5	127	2700	
6	127	3000	开机和停机过程中启动高压油顶起

4.1.4.4 测试方法

在镜板、一块钨金瓦和一块塑料瓦（薄瓦和托瓦）及另 11 块薄瓦、油槽内、冷却器进出油管和水管等处安装温度传感器，测量相应的温度。测试项目和采集系统见表 4 – 13，相关传感器的位置见图 4 – 13 ~ 图 4 – 18。

在镜板上安装压力传感器，测量瓦面压力。在镜板上安装位移传感器，测量钨金瓦油膜厚度。

在钨金瓦的支墩内安装位移传感器，测量载荷。

在一块塑料瓦上安装位移传感器，测量油膜厚度。

在冷却器进出油管上安装压力传感器，测量进出油压力。

在油槽内主要部位安装速度传感器，测量油的流速和方向。

在油槽内主要部位安装温度传感器，测量油的温度。

在油槽内安装油流场的可视化系统，观察油的流动。还有相应的推力负荷和转速测量，以及冷却器进出油流量和进出水流量。

表 4 – 13 测试项目和采集系统

序号	测试项目	传感器	采集系统
1	油膜厚度分布	5 个电涡流传感器	美国 Cygnal 单片机系统
2	油膜压力分布	4 个压力传感器	
3	进出油温度	10 个热敏电阻	VXI 数据采集系统 HP34980 A
4	各瓦受力（钨金瓦）	12 个电涡流传感器	
5	薄瓦温度分布	2 × 75 个热敏电阻	
6	薄瓦及托瓦温度分布	2 × 75 个热敏电阻	
7	油膜厚度分布	25 个电涡流传感器	
8	油槽油速度	6 个速度传感器	
9	循环油压力	4 个压力变送器	
10	总载荷	1 个压力变送器	
11	油槽油温分布	30 个热敏电阻	

续表

序号	测试项目	传感器	采集系统
12	镜板温度分布	15 个 Pt 100	16 路温度循检仪
13	推力瓦温度	24 个 Pt 100	HP34970 A
14	导瓦温度分布	24 个铜热电阻	
15	冷却水流量	4 个电磁流量计	
16	冷却器冷却水压力	2 个压力表	
17	冷却器冷却水温差	4 个 Pt 100	
18	循环油流量	4 个超声波流量计	
19	冷却器循环油压力	2 个压力表	
20	冷却器循环油温差	4 个 Pt 100	

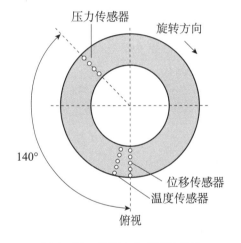

图 4－13　镜板上传感器的位置

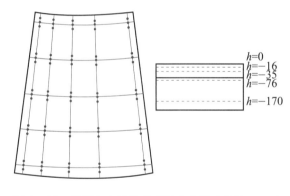

图 4－14　塑料瓦上温度传感器的位置（单位：mm）

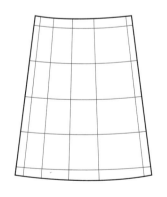

图 4－15　塑料瓦上位移传感器的位置

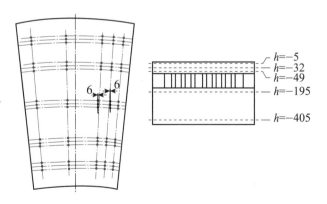

图 4－16　钨金瓦上温度传感器的位置（单位：mm）

图4-17 弹性油箱支撑塑料瓦推力轴承

图4-18 小支柱巴氏合金瓦推力轴承

4.1.5 推力轴承性能

4.1.5.1 白鹤滩推力轴承性能

1. 小支柱推力轴承

1) 结构参数

白鹤滩采用小支柱巴氏合金瓦的推力轴承结构时，其结构参数见表4-14。

2) 稳定运行时的轴承性能

在额定转速的工况下，稳定运行时的轴承性能计算结果见表4-15。额定转速运行时，轴承的油膜压力、油膜温度、油膜厚度、轴瓦和镜板温度以及轴瓦和镜板变形的有限元计算结果分别见图4-19~图4-24。

表4-14 小支柱推力轴承结构参数

序号	项目	单位	参数值
1	瓦内直径	mm	3420
2	瓦外直径	mm	5120
3	瓦夹角	(°)	14.0
4	瓦厚	mm	64 + 115 + 240
5	瓦块数		20

表4-15 轴承性能计算结果

序号	项目	结果	序号	项目	结果
1	负荷（kN）	41650	7	进油温度（℃）	40
2	转速（r/min）	107.1	8	最小油膜厚度（μm）	65.1
3	润滑油	L-TSA46	9	最大油膜压力（MPa）	11.2
4	单位压力（MPa）	4.7	10	最高油膜温度（℃）	76.8
5	PV值（MPa·m/s）	112.5	11	瓦面润滑油流量（L/min）	1912
6	单瓦面积（cm²）	4434	12	损耗（kW）	953

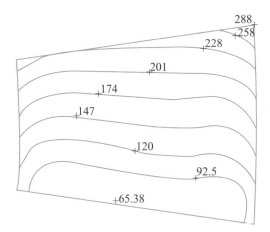

图 4 - 19　油膜厚度分布（单位：μm）

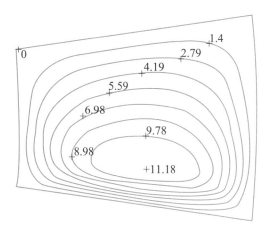

图 4 - 20　油膜压力分布（单位：MPa）

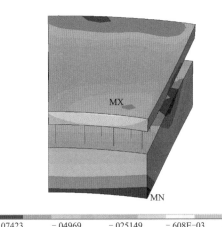

图 4 - 21　瓦变形（单位：mm）

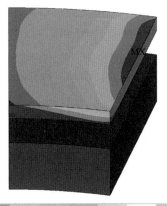

图 4 - 22　瓦温度（单位：℃）

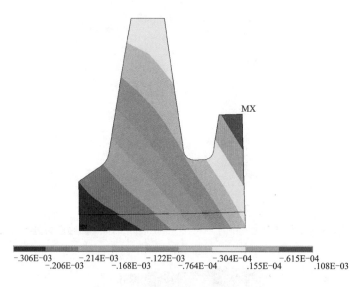

图 4 - 23　镜板变形（单位：mm）

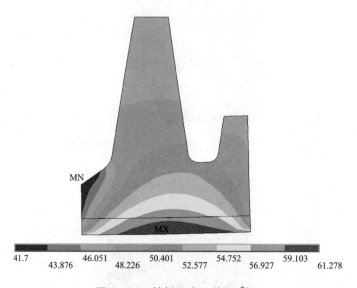

图 4 - 24　镜板温度（单位：℃）

3）白鹤滩巴氏合金瓦小支柱支撑结构推力轴承性能对比评价

采用小支柱支撑结构及外循环润滑冷却方式，三峡右岸、拉西瓦、锦屏一级（小支柱支撑结构）推力轴承与白鹤滩推力轴承最具有可比性。两者的运行工况及参数基本相近，见表 4 - 16。因此，白鹤滩发电机推力轴承采用巴氏合金瓦小支柱支撑结构及外循环润滑冷却方式，其设计制造具有坚实的基础和依据，完全满足安全可靠稳定运行要求。

表 4 -16　巴氏合金瓦小支柱支撑结构推力轴承结构参数和计算结果对比

序号	项目	白鹤滩	三峡右岸	锦屏一级	拉西瓦
1	负荷（kN）	41650	54096	25480	26500
2	转速（r/min）	107.1	75.0	142.9	142.9
3	瓦内直径（mm）	3420	3500	2530	2570
4	瓦外直径（mm）	5120	5200	4000	3920
5	瓦夹角（°）	14.0	12.6	16.0	14.8
6	瓦厚（mm）	64 + 115 + 240	64 + 115 + 237	64 + 115 + 200	64 + 115 + 200
7	瓦块数（块）	20	24	16	20
8	单位压力（MPa）	4.7	5.7	4.75	4.4
9	PV 值（MPa·m/s）	112.5	97.5	116.0	116.1
10	单瓦面积（cm^2）	4434	4033	3350	3198
11	进油温度（℃）	40	38.3	35	35
12	最小油膜厚度（μm）	65.1	37.4	65.9	67.9
13	最大油膜压力（MPa）	11.2	15.1	10.9	10.5
14	最高油膜温度（℃）	76.8	83.0	73.7	67.1
15	瓦面润滑油流量（L/min）	1912	1116.0	1429.0	1869.0
16	总损耗（kW）	953	702.0	737.0	969.0

2. 塑料瓦推力轴承

1）结构参数

白鹤滩发电机采用塑料瓦的推力轴承结构时，其结构参数见表 4 -17。

表 4 -17　白鹤滩发电机采用塑料瓦推力轴承结构参数

序号	项目	单位	参数
1	瓦内径	mm	3500
2	瓦外径	mm	5000
3	瓦夹角	（°）	15.0
4	瓦厚	mm	60 + 240
5	瓦块数	块	20

2）稳定运行时的轴承性能

采用 L - TSA46 润滑油，在额定转速工况下，稳定运行时的轴承性能见表 4 -18。额定转速运行时，轴承性能的油膜压力、油膜温度、油膜厚度、轴瓦和镜板温度以及轴瓦和镜板变形的有限元计算结果分别见图 4 – 25 ~ 图 4 – 30。

表 4 – 18　白鹤滩发电机采用塑料瓦推力轴承性能计算结果

序号	项目	参数	序号	项目	参数
1	负荷（MN）	41.65	7	进油温度（℃）	40.0
2	转速（r/min）	107.1	8	最小油膜厚度（μm）	40.0
3	润滑油	L – TSA46	9	最大油膜压力（MPa）	15.3
4	单位压力（MPa）	5.0	10	最高油膜温度（℃）	89.9
5	PV 值（MPa·m/s）	119.0	11	瓦面润滑油流量（L/min）	1845
6	单瓦面积（cm²）	4172	12	损耗（kW）	915

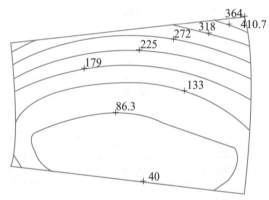

图 4 – 25　油膜厚度分布（单位：μm）

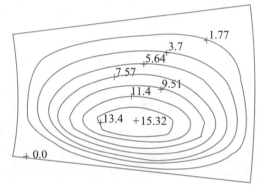

图 4 – 26　油膜压力分布（单位：MPa）

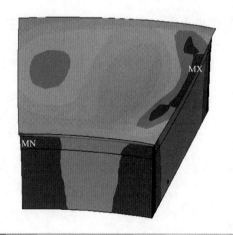

-.340E-04　　-.215E-04　　-.888E-05　　.370E-05　　.163E-04
　　-.277E-04　　-.152E-04　　-.259E-05　　.999E-05　　.226E-04

图 4 – 27　瓦变形（单位：mm）

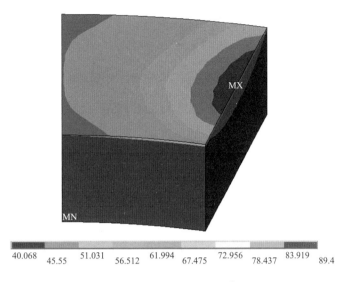

| 40.068 | | 51.031 | | 61.994 | | 72.956 | | 83.919 | |
| | 45.55 | | 56.512 | | 67.475 | | 78.437 | | 89.4 |

图 4 - 28　瓦温度（单位：℃）

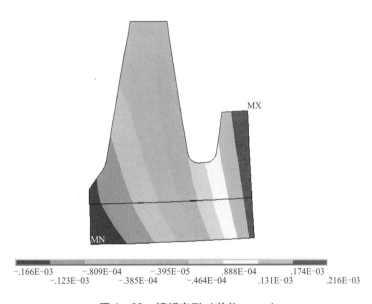

| -.166E-03 | | -.809E-04 | | -.395E-05 | | .888E-04 | | .174E-03 | |
| | -.123E-03 | | -.385E-04 | | -.464E-04 | | .131E-03 | | .216E-03 |

图 4 - 29　镜板变形（单位：mm）

3）推力轴承对比

　　采用弹性油箱支撑的弹性金属塑料瓦推力轴承及内循环润滑冷却方式，小浪底、五强溪、岩滩等推力轴承最具有可比性，其运行工况及参数基本相近，见表 4 - 19。因此，白鹤滩发电机推力轴承的设计制造具有坚实的基础和依据，完全满足安全可靠稳定运行要求。

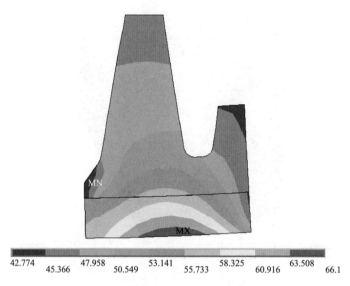

42.774　45.366　47.958　50.549　53.141　55.733　58.325　60.916　63.508　66.1

图4-30　镜板温度（单位：℃）

表4-19　白鹤滩发电机采用塑料瓦推力轴承结构参数和计算结果对比

项目	葛洲坝	天生桥Ⅰ	岩滩	五强溪	小浪底	白鹤滩
机组数	13	4	4	5	6	16
额定容量（MVA）	143	343	345.7	267	343	1111.1
投运年份	1980	1996	1992	1994	2000	2021
转速（r/min）	62.5	136.4	75	68.2	107.1	107.1
推力负荷（kN）	33 000	21 000	27 500	27 000	34 470	41 650
单瓦负荷（kN）	1833	1313	1719	1500	1724	2083
外径（mm）	3900	3600	3750	4190	4150	5000
内径（mm）	2450	2300	2350	2870	2740	3500
平均速度（m/s）	10.4	21.1	12.0	12.6	19.3	23.8
瓦数（块）	18	16	16	18	20	20
瓦宽（mm）	725	650	700	660	705	750
瓦夹角（°）	16.0	17.5	17.5	16.0	13.7	15.0
瓦面积（cm²）	3210	2928	3260	3250	2870	4172
比压（MPa）	5.6	4.4	5.3	4.5	5.9	5.0
PV值（MPa·m/s）	58.2	92.8	63.6	56.7	114	119.0
进油温度（℃）	35	35	25	35	35	40
最小油膜厚度（μm）	23.5	37.7	37	35.9	33.5	40

项目	葛洲坝	天生桥 I	岩滩	五强溪	小浪底	白鹤滩
最大油膜压力（MPa）	18.0	9.9	13.1	11	16.8	15.3
最高油膜温度（℃）	80.4	88	72.4	84.4	88.1	89.9
瓦面润滑油流量（L/min）	275.0	560	501.0	466.2	864.0	1845
总损耗（kW）	199.5	443	256.0	251	574.4	915
瓦的结构	双层					
支撑型式	弹性油箱					

3. 试验方案

1）试验方案分析计算

白鹤滩推力轴承的负荷和转速等参数与三峡、龙滩等推力轴承的参数相近，采用小支柱结构双层巴氏合金瓦方案时，其推力轴承与三峡、龙滩等推力轴承相当，无需重复试验。因此，白鹤滩推力轴承试验仅针对塑料瓦推力轴承进行。

白鹤滩推力轴承额定负荷为 41.65 MN。受试验台的最大镜板外径的限制，白鹤滩轴瓦的支撑分布直径 4282 mm 改为试验台上的 3128 mm，为了保持线速度不变，转速由真机的 107.1 r/min 增加到试验台上的 147 r/min，同时，瓦数由真机的 20 块瓦减为试验台上的 12 块瓦，并保证单瓦负荷不变。试验模型在额定负荷下的参数见表 4 - 20。计算结果见表 4 - 21 和图 4 - 31 ~ 图 4 - 36。

表 4 - 20　试验模型参数

项目	单位	白鹤滩轴承	白鹤滩试验轴承
推力负荷	MN	41.65	24.99
额定转速	r/min	107.1	147
瓦块数	块	20	12
轴承外径	mm	5000	3900
轴承内径	mm	3500	2400
瓦夹角（平均半径）	(°)	15.0	15.0
瓦径向长度（平均）	mm	750	750
瓦周向长度（平均）	mm	556	556
周向支承偏心	%（mm）	8.5（48）	8.5（48）
径向支承偏心	%（mm）	2.1（16）	2.1（16）
支撑分布直径	mm	4282	3128
平均周速	m/s	23.8	23.8
单位压力	MPa	5.0	5.0

表 4 – 21　试验轴承性能计算结果

序号	项目	参数	序号	项目	参数
1	负荷（MN）	24.99	7	最小油膜厚度（μm）	37.8
2	转速（r/min）	147	8	最大油膜压力（MPa）	12.3
3	单位压力（MPa）	5.0	9	最高油膜温度（℃）	77.0
4	PV 值（MPa·m/s）	119.0	10	瓦面润滑油流量（L/min）	1132
5	单瓦面积（cm²）	4172	11	损耗（kW）	660
6	进油温度（℃）	35.0			

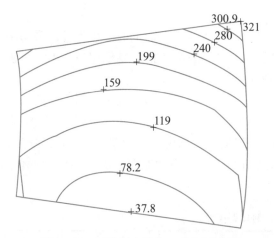

图 4 – 31　油膜厚度分布（单位：μm）

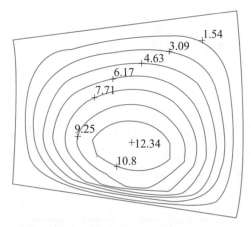

图 4 – 32　油膜压力分布（单位：MPa）

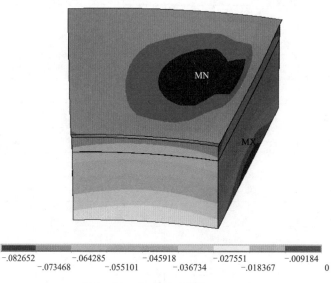

图 4 – 33　瓦变形（单位：mm）

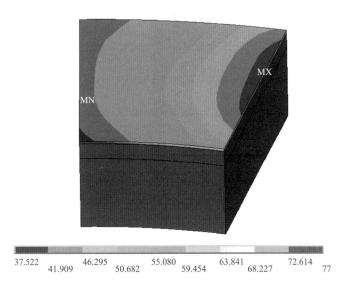

37.522　　46.295　　55.080　　63.841　　72.614
　　41.909　　50.682　　59.454　　68.227　　77

图 4 - 34　瓦温度（单位：℃）

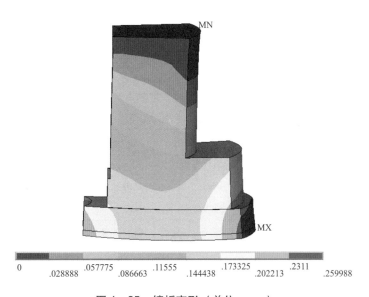

0　　.057775　　.11555　　.173325　　.2311
　.028888　.086663　.144438　.202213　.259988

图 4 - 35　镜板变形（单位：mm）

2）试验测量结果

（1）内循环冷却方式。转速 147 r/min 时，负荷 1260 t、2520 t、3000 t 工况下，监测瓦温及油槽内油温见表 4 - 22 和表 4 - 23。

额定工况下，油温 36.9 ~ 41℃ ＜［50℃］，推力瓦温度 49.6 ~ 52℃ ＜［60℃］（RTD），推力瓦间温度差 2.3K ＜［5K］，瓦面温度 83.6℃ ＜［90℃］。油膜厚度、瓦面温度分布见图 4 - 37 和图 4 - 38。

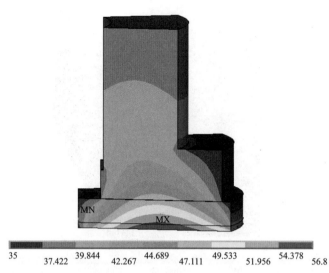

35　　37.422　　39.844　　42.267　　44.689　　47.111　　49.533　　51.956　　54.378　　56.8

图 4-36　镜板温度（单位：℃）

表 4-22　监测瓦温　　　　　　　　　　　　　　　　　单位：℃

工况	1	2	3	4	5	6	7	8	9	10	11	12
147 r/min，1260 t	44.8	46.2	43.4	43.8	45.6	45.7	45.4	44.9	43.5	45.5	44.3	45.4
147 r/min，2520 t	50.9	52.0	49.6	49.8	51.4	51.6	51.2	50.9	49.6	51.5	50.4	51.2
断水 30 min	56.7	55.7	54.9	56.4	55.2	55.6	54.2	54.2	55.2	55.5	55.7	55.6
147 r/min，3000 t	56.2	57.0	54.9	55.0	56.5	56.9	56.5	55.9	54.9	56.3	55.5	56.2

表 4-23　油槽内油温　　　　　　　　　　　　　　　　单位：℃

工况	1	2	3	4	5	6	7	8	9	10	11
147 r/min，1260 t	35.0	35.8	30.1	38.9	35.5	39	37.7	38.6	38.0	38.5	36
147 r/min，2520 t	36.9	37.7	32.2	40.7	37.5	42.0	39.6	40.3	40.1	40.3	38
断水 30 min	50.0	51.0	45.3	53.9	50.0	54.2	52.9	53.4	53.2	53.5	51.3
147 r/min，3000 t	40.0	40.8	35.5	43.6	40.3	43.9	42.5	43.0	43.2	43.3	41.1

负荷传感器的测量值为 25.11MN，12 块瓦的油膜压力积分之和为 24.66MN，占负荷测量值的 98.2%，见表 4-24。

表 4-24　各瓦负荷

瓦号	单瓦负荷（MN）	偏差（MN）	偏差（%）
1	2.04	-0.015	-0.73
2	2.1	+0.045	+2.19
3	2.11	+0.055	+2.68
4	2.02	-0.035	-1.70

续表

瓦号	单瓦负荷（MN）	偏差（MN）	偏差（%）
5	2.01	− 0.045	− 2.19
6	2.06	+ 0.005	+ 0.24
7	2.04	− 0.015	− 0.73
8	2.01	− 0.045	− 2.19
9	2.03	− 0.025	− 1.22
10	2.09	+ 0.035	+ 1.70
11	2.07	+ 0.015	+ 0.73
12	2.08	+ 0.025	+ 1.22

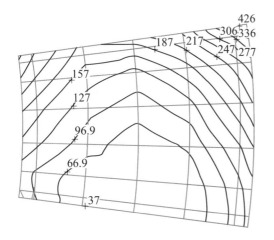

图 4 – 37　油膜厚度分布（单位：μm）

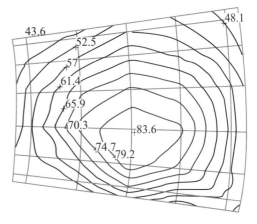

图 4 – 38　瓦面温度分布（单位：℃）

（2）外加泵外循环冷却方式。转速 147 r/min 时，负荷 1260 t、2520 t、3000 t 工况下，监测瓦温及油槽内油温见表 4 – 25 和表 4 – 26。

额定工况下，油温 37.9 ~ 39.2℃ ＜［50℃］，推力瓦温度 48.3 ~ 50.6℃ ＜［60℃］（RTD），推力瓦间温度差 2.3 K＜［5K］，瓦面温度 79.9℃ ＜［90℃］。油膜厚度、瓦面温度分布见图 4 – 39 和图 4 – 40。

表 4 – 25　监测瓦温　　　　　　　　单位：℃

工况	1	2	3	4	5	6	7	8	9	10	11	12
147 r/min，1260 t	43.1	43.7	42.5	44.3	42.4	44.2	42.8	42.3	43.3	42.9	43.8	43.9
147 r/min，2520 t	49.8	49.9	48.3	50.6	49.2	50.1	48.8	48.3	49.7	49.2	49.7	49.7
关一台冷却器	53.4	50.3	48.8	51.2	49.7	53.7	49.3	48.8	50.2	49.8	50.2	50.3
断水 30 min	55.7	55.0	54.6	55.8	54.7	55.0	54.2	53.8	54.9	54.8	55.2	55.0
147 r/min，3000 t	54.2	54.9	53.7	55.8	54.4	55.5	53.2	53.6	54.4	53.9	54.3	54.6

表4-26　油槽内油温　　　　　　　单位:℃

工况	1	2	3	4	5	6	7	8	9	10	11	12
147 r/min, 1260 t	36.4	36.9	36.6	36.6	36.5	36.3	36.7	36.3	36.0	37.4	36.3	36.4
147 r/min, 2520 t	38.3	38.8	38.5	38.4	38.4	38.2	38.6	38.2	37.9	39.2	38.2	38.2
关一台冷却器	40.0	40.5	40.3	40.1	40.1	40.0	40.3	39.9	39.6	40.9	40.0	40.0
断水 30 min	50.4	51.9	51.7	51.3	51.6	51.6	51.8	54.6	51.1	51.8	51.8	52.0
147 r/min, 3000 t	41.8	41.6	41.3	41.3	41.7	41.4	42.4	41.5	40.8	42.1	41.1	40.7

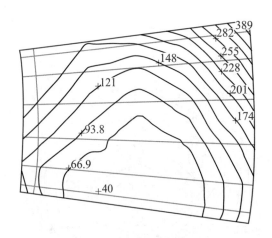

图4-39　油膜厚度分布（单位：μm）

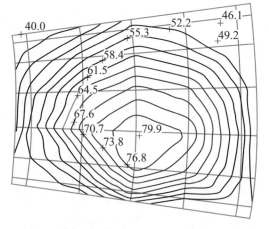

图4-40　瓦面温度分布（单位:℃）

4. 推力轴承计算和测量结果对比

推力轴承计算和测量结果对比见表4-27。计算结果和测量结果吻合。

表4-27　推力轴承计算和测量结果对比

参数	单位	计算值		测量值	
		真机轴承	试验轴承	内循环	外循环
负荷	kN	41 650	24 990	25 123	25 111
转速	r/min	107.1	147	147.5	147.1
瓦数	块	20	12	12	12
进油温度	℃	40.0	35.0	42.1	38.3
最小油膜厚度	μm	40.0	37.8	37	40
最大油膜压力	MPa	15.3	12.3	12.7	12.8
最高温度	℃	89.9	77.0	83.7	79.9
损耗	kW	915	660	682	685.5

4.1.5.2　乌东德推力轴承性能

1. 推力轴承参数

根据发电机总体布置及对多个方案进行分析对比，采用巴氏合金瓦和塑料瓦的推力轴承结构参数见表4-28。

表4-28　推力轴承结构参数

项目	参数	项目	参数
瓦内直径（mm）	3900	瓦厚（mm）	64 + 115 + 240
瓦外直径（mm）	5600	瓦块数	24
瓦夹角（°）	12.6		

2. 稳定运行时的轴承性能

在额定转速的工况下，稳定运行时的轴承性能参数见表4-29。额定转速运行时，巴氏合金瓦轴承性能的油膜压力、油膜温度、油膜厚度、轴瓦和镜板温度以及轴瓦和镜板变形的有限元计算结果分别见图4-41~图4-47。塑料瓦轴承性能的油膜压力、油膜温度、油膜厚度、轴瓦和镜板温度以及轴瓦和镜板变形的有限元计算结果分别见图4-48~图4-54。

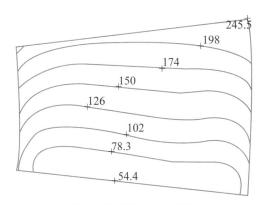

图4-41　油膜厚度分布（单位：μm）

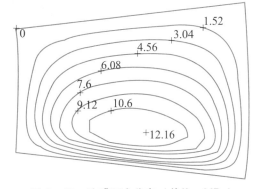

图4-42　油膜压力分布（单位：MPa）

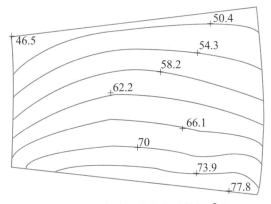

图4-43　油膜温度分布（单位：℃）

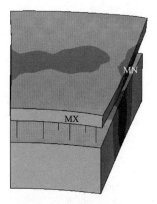

-.130121   -.101205   -.072289   -.043374   -.014458
    -.115663   -.086747   -.057831   -.028916   0

图 4 -44   瓦变形（单位：mm）

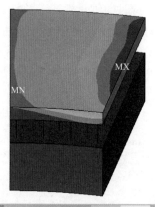

42.505   50.393   58.28   66.168   74.056
    46.449   54.337   62.224   70.112   78

图 4 -45   瓦温度（单位：℃）

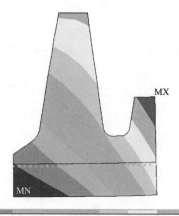

-.387E-03   -.279E-04   -.171E-03   -.629E-04   .451E-04
    -.333E-03   -.225E-04   -.117E-03   -.887E-05   .994E-04

图 4 -46   镜板变形（单位：mm）

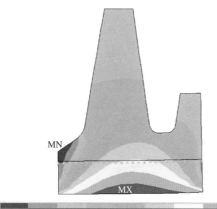

图 4 - 47　镜板温度（单位：℃）

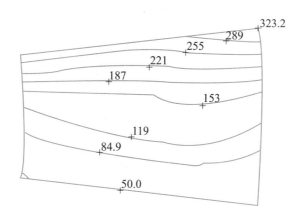

图 4 - 48　油膜厚度分布（单位：μm）

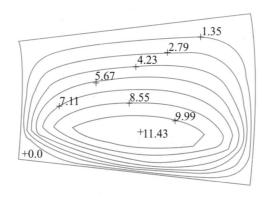

图 4 - 49　油膜压力分布（单位：MPa）

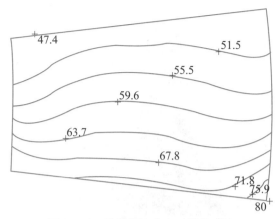

图 4-50　油膜温度分布（单位：℃）

-.15037　-.133662　-.116955　-.100247　-.083539　-.066831　-.050123　-.033416　-.016708　0

图 4-51　瓦变形（单位：mm）

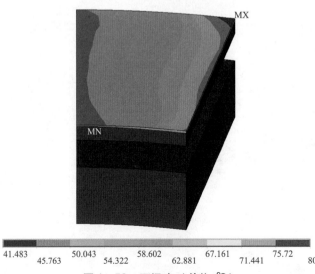

41.483　45.763　50.043　54.322　58.602　62.881　67.161　71.441　75.72　80

图 4-52　瓦温度（单位：℃）

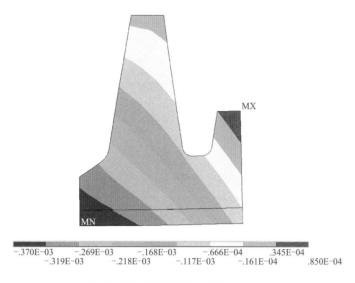

-.370E-03　　-.269E-03　　-.168E-03　　-.666E-04　　.345E-04
　　　-.319E-03　　-.218E-03　　-.117E-03　　-.161E-04　　.850E-04

图 4 - 53　镜板变形（单位：mm）

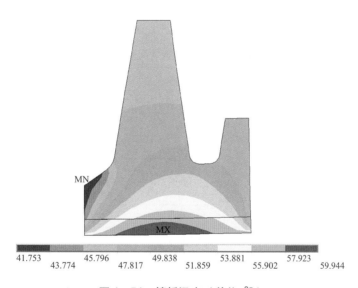

41.753　43.774　45.796　47.817　49.838　51.859　53.881　55.902　57.923　59.944

图 4 - 54　镜板温度（单位：℃）

表 4 - 29　乌东德轴承性能参数

项目	单位	巴氏合金瓦	塑料瓦
负荷	kN	52 920	52 920
转速	r/min	83.3	83.3
润滑油		L – TSA46	L – TSA46
单位压力	MPa	5.0	5.0
PV 值	MPa · m/s	102.9	102.9

项目	单位	巴氏合金瓦	塑料瓦
单瓦面积	cm²	4439	4439
进油温度	℃	40	40
最小油膜厚度	μm	54.4	50.9
最大油膜压力	MPa	12.2	11.4
最高油膜温度	℃	77.8	80.0
瓦面润滑油流量	L/min	1773	1894
损耗	kW	887	943

3. 乌东德推力轴承与类似发电机推力轴承对比

采用巴氏合金瓦小支柱支撑结构及外循环润滑冷却方式，三峡右岸、拉西瓦、锦屏一级（小支柱支撑结构）推力轴承与乌东德推力轴承最具有可比性。两者的运行工况及参数基本相近，见表4-30。因此，乌东德发电机推力轴承采用巴氏合金瓦小支柱支撑结构及外循环润滑冷却方式，其设计制造具有坚实的基础和依据，完全满足安全可靠稳定运行的要求。

表4-30　巴氏合金瓦推力轴承结构参数和计算结果对比

项目	单位	乌东德（巴氏合金）	乌东德（塑料瓦）	三峡右岸	锦屏一级	拉西瓦
负荷	kN	52920	52920	54096	25480	26500
转速	r/min	83.3	83.3	75.0	142.9	142.9
瓦内直径	mm	3900	3900	3500	2530	2570
瓦外直径	mm	5600	5600	5200	4000	3920
瓦夹角	(°)	12.6	12.6	12.6	16.0	14.8
瓦厚	mm	64+115+240	64+115+240	64+115+237	64+115+200	64+115+200
瓦块数		24	24	24	16	20
单位压力	MPa	5.0	5.0	5.7	4.75	4.4
PV 值	MPa·m/s	102.9	102.9	97.5	116.0	116.1
单瓦面积	cm²	4439	4439	4033	3350	3198
进油温度	℃	40	40	38.3	35.0	35.0
最小油膜厚度	μm	54.4	50.9	37.4	65.9	67.9
最大油膜压力	MPa	12.2	11.4	15.1	10.9	10.5
最高油膜温度	℃	77.8	80.0	83.0	73.7	67.1
瓦面油流量	L/min	1773	1894	1116.0	1429.0	1869.0
总损耗	kW	933	943	702.0	737.0	969.0

4. 高压油顶起系统

乌东德发电机巴氏合金瓦推力轴承配备有高压油顶起系统。图 4 - 55 为巴氏合金瓦面的高压油室结构示意图。高压油室的主要参数计算结果见表 4 - 31。乌东德、白鹤滩发电机塑料瓦推力轴承无需配备高压油顶起系统。

表 4 - 31　高压油室主要参数计算结果

项目	单位	设计值	测量值
顶起量	mm	0.044	0.052
机组转动部分重量和附加水推力	kN	23520	11760
压力	MPa	10.2	10.5
流过一套瓦的润滑油流量	L/min	50.0	36.0

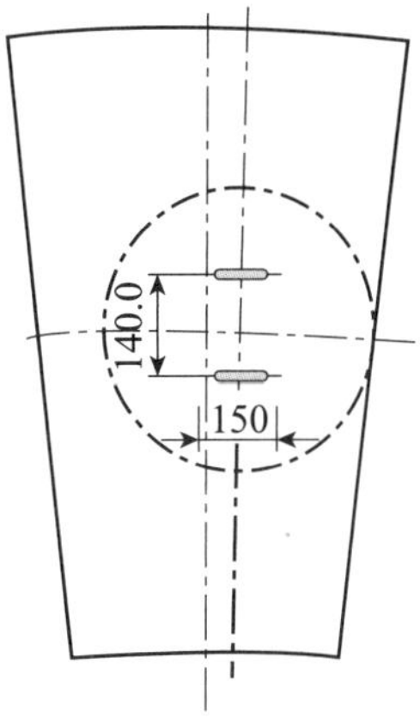

图 4 - 55　瓦面高压油室结构示意图（单位：mm）

5. 试验方案

乌东德推力轴承额定负荷为 52.92 MN。受试验台最大镜板外径的限制，支撑分布直径由真机轴瓦的 4792 mm 改为试验台上的 3092 mm，为了保持线速度不变，转速由真机的 83.3 r/min 增加到试验台上的 127 r/min，同时，瓦数由 24 块瓦减为试验台上的 12 块，并保证单瓦负荷不变。试验模型在额定负荷下的参数见表 4 - 32。

表 4 - 32　试验模型参数

项目	单位	乌东德轴承	乌东德试验轴承
推力负荷	MN	52.92	26.46
额定转速	r/min	83.3	127
瓦块数		24	12
轴承外径	mm	5600	(3900)
轴承内径	mm	3900	(2200)
瓦夹角（平均半径）	(°)	12.6	12.6
瓦径向长度（平均）	mm	850	850
瓦周向长度（平均）	mm	520	520
周向支承偏心	%（mm）	10（52.8）	10（52.8）
径向支承偏心	%（mm）	2.5（21）	2.5（21）
支撑分布直径	mm	4792	3092
平均周速	m/s	20.3	20.3
单位压力	MPa	5.0	5.0

6. 试验轴承性能

在额定转速的工况下，稳定运行时的巴氏合金瓦试验轴承性能见表 4 – 33。额定转速运行时，轴承性能的油膜压力、油膜温度、油膜厚度、轴瓦和镜板温度以及轴瓦和镜板变形的有限元计算结果分别见图 4 – 56 ~ 图 4 – 61。塑料瓦试验轴承性能见表 4 – 33。额定转速运行时，轴承性能的油膜压力、油膜温度、油膜厚度、轴瓦和镜板温度以及轴瓦和镜板变形的有限元计算结果分别见图 4 – 62 ~ 图 4 – 67。

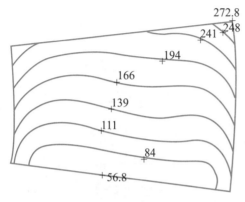

图 4 – 56 油膜厚度分布（单位：μm）

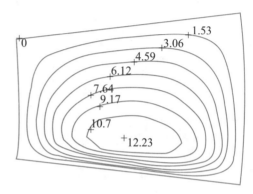

图 4 – 57 油膜压力分布（单位：MPa）

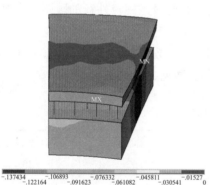

图 4 – 58 瓦变形（单位：mm）

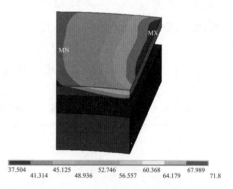

图 4 – 59 瓦温度（单位：℃）

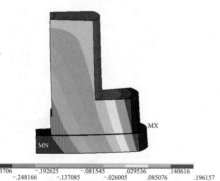

图 4 – 60 镜板变形（单位：mm）

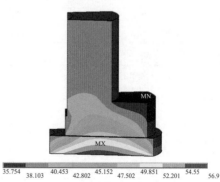

图 4 – 61 镜板温度（单位：℃）

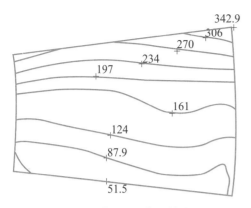

图 4-62　油膜厚度分布（单位：μm）

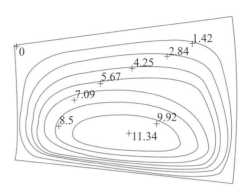

图 4-63　油膜压力分布（单位：MPa）

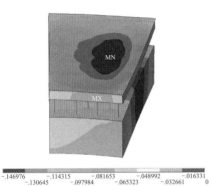

图 4-64　瓦变形（单位：mm）

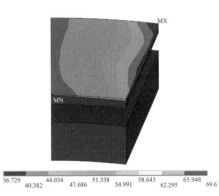

图 4-65　瓦温度（单位：℃）

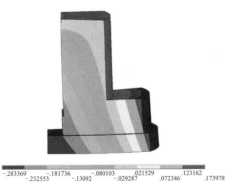

图 4-66　镜板变形（单位：mm）

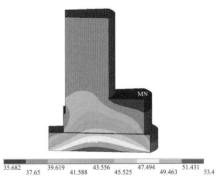

图 4-67　镜板温度（单位：℃）

表 4-33　试验轴承性能

项目	单位	巴氏合金瓦	塑料瓦
负荷	MN	26.46	26.46
转速	r/min	127	127
润滑油		L-TSA46	L-TSA46

项目	单位	巴氏合金瓦	塑料瓦
单位压力	MPa	5.0	5.0
PV 值	MPa·m/s	100.9	100.9
单瓦面积	cm^2	4439	4439
进油温度	℃	35	35
最小油膜厚度	μm	56.6	51.5
最大油膜压力	MPa	12.2	11.3
最高油膜温度	℃	71.9	69.2
瓦面润滑油流量	L/min	968	1042
损耗	kW	503	534

7. 试验测量结果

转速 127 r/min 时,负荷 1200 t、2700 t、3000 t 工况下,监测瓦温及油槽内油温见表 4-34 和表 4-35。

额定工况下,油温 24.6~30.8℃ < [50℃],推力瓦温度 67.8~69.8℃ < [80℃] (RTD),推力瓦间温度差 2.0K < [5K],瓦面温度 72.3℃ < [90℃]。油膜厚度、瓦面温度分布见图 4-68 和图 4-69。

负荷传感器的测量值为 26.44 MN,占加载负荷测量值 26.86 MN 的 98.4%,见表 4-36。

表 4-34 油槽内油温

工况	温度（℃）
127 r/min, 1200 t	24.1, 24.8, 26.5, 30.5, 30.3, 30.4, 28.2, 30.0, 29.0, 28.3, 30.9, 32.7, 33.2, 32.6, 33.3, -, 33.2, 33.1, 33.2, 33.2
127 r/min, 2700 t	24.6, 25.0, 26.4, 30.6, 30.4, 30.7, 28.2, 29.9, 29.0, 27.7, 30.8, 32.5, 33.1, 32.5, 33.2, -, 33.1, 33.1, 33.1, 33.1
127 r/min, 3000 t	24.0, 25.1, 26.6, 31.0, 30.9, 31.1, 28.7, 30.2, 29.4, 27.9, 31.3, 33.0, 33.6, 33.0, 33.7, -, 34.9, 32.0, 33.8, 33.8

表 4-35 监测瓦温   单位:℃

工况	1	2	3	4	5	6	7	8	9	10	11	12
127 r/min, 1200 t	56.6	56.2	58.3	58.7	59.2	59.9	—	57.9	58.3	57.9	58.4	69.4
127 r/min, 2700 t	68.8	68.0	68.7	69.3	69.0	69.8	—	69.6	68.2	67.8	58.2	72.6
127 r/min, 3000 t	73.2	72.3	72.8	73.6	73.0	73.6	—	73.6	72.1	71.7	68.6	73.3

表 4-36　瓦负荷

瓦号	单瓦负荷（MN）	偏差（MN）	偏差（%）
1	2.168	−0.035	−1.59
2	2.189	−0.014	−0.64
3	2.187	−0.016	−0.73
4	2.197	−0.006	−0.27
5	2.257	+0.052	+2.36
6	2.178	−0.025	−1.13
7	2.217	+0.014	+0.64
8	2.277	+0.072	+3.27
9	2.217	+0.014	+0.64
10	2.207	+0.004	+0.18
11	2.178	−0.025	1.13
12	2.168	−0.037	−1.68

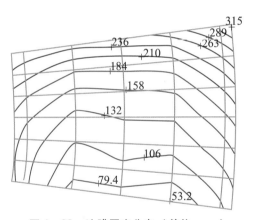

图 4-68　油膜厚度分布（单位：μm）

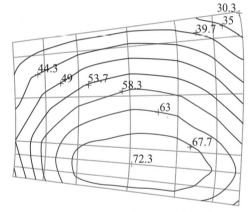

图 4-69　瓦面温度分布（单位：℃）

8. 乌东德推力轴承计算和测量结果对比

推力轴承计算和测量结果对比见表 4-37。计算结果和测量结果吻合。

表 4-37　推力轴承计算和测量结果对比

项目	单位	计算值（真机轴承）	计算值（试验轴承）	测量值（外循环）
负荷	kN	52 920	26 460	26 430
转速	r/min	83.3	127	126.6
瓦数		24	12	12
进油温度	℃	40.0	35	31

项目	单位	计算值 （真机轴承）	计算值 （试验轴承）	测量值 （外循环）
最小油膜厚度	μm	54.4	56.6	53.2
最大油膜压力	MPa	12.2	12.2	12.8
最高温度	℃	77.8	71.9	72.3
损耗	kW	933	503＋85	560

4.1.6　结论

针对白鹤滩1000 MW机组，设计了小支柱支撑巴氏合金瓦推力轴承和弹性油箱支撑金属塑料瓦推力轴承，并在3000 t试验台上对弹性油箱支撑金属塑料瓦推力轴承进行了试验；针对乌东德1000 MW机组，设计了小支柱支撑巴氏合金瓦推力轴承和弹性油箱支撑金属塑料瓦推力轴承，并在3000 t试验台上对两种推力轴承进行了试验；试验测试数据与设计计算结果一致，表明课题研究提出的推力轴承方案可用于乌东德、白鹤滩水轮发电机组。

对白鹤滩和乌东德推力轴承的热弹流润滑性能进行了分析，优化了轴承参数。试验研究表明，在110%～120%额定推力负荷的情况下，推力轴承仍能稳定运行。试验研究了抽屉式内循环冷却方式、导瓦泵和外加泵外循环冷却方式，并进行了分析对比。

开发了世界上最大的250 t级弹性油箱和单瓦面积4200 cm² 弹性金属塑料瓦，开发了世界上单瓦面积最大（4440 cm²）的小支柱双层瓦结构巴氏合金瓦推力轴承。世界上首次进行巨型推力轴承油槽内油流场和温度场的研究，实现了油流场和温度场的"可视化"。测量结果验证了设计计算结果，并完善了推力轴承热弹流分析软件。

研究方法同步应用到770 MW溪洛渡和800 MW向家坝水轮发电机组推力轴承的设计中，研究成果得到了验证。弹性金属塑料瓦和弹性油箱的研究成果对该项技术的发展及其标准更新发挥了关键指导作用。

4.2　1000 MW水轮发电机组24 kV、26 kV发电机绕组绝缘技术及仿真试验研究

4.2.1　概述

4.2.1.1　课题研究的目标

1000 MW级水轮发电机容量大，由于发电机主回路设备额定电流的限制（28 kA），发电机额定电压应比700 MW机组电压20 kV更高，如24 kV或26 kV，这在世界水电史上将是首次。其定子绕组所采用的绝缘材料、绝缘结构及绝缘工艺，不仅涉及电机设计参数的选择和整体结构的布局，而且还关系电机运行的可靠性和寿命。绝缘系统各项技术经济指标，在很大程度上反映电机的设计和制造水平。因此，24 kV、26 kV电压等级

定子绕组绝缘技术是 1000 MW 级水轮发电机需研究解决的关键技术之一。

本节对乌东德、白鹤滩 1000 MW 级水轮发电机组 24 kV、26 kV 电压等级发电机绕组绝缘技术及仿真试验研究成果作一介绍。

本专项研究的主要目标是：研究适用于 24 kV、26 kV 电压等级电气和机械性能稳定优越的定子线棒绝缘系统，对真机试验线棒进行试验，提出满足 1000 MW 级水轮发电机 24 kV、26 kV 电压等级定子绕组绝缘性能要求的绝缘设计，并提出合理的技术规范和参数水平。

4.2.1.2　主要研究内容

重点研究电压等级为 24 kV、26 kV 主绝缘厚度适宜、电气和机械性能稳定优越、适应水电站运行环境的定子线棒绝缘系统。主要内容如下。

1）绝缘材料及成型工艺研究

绝缘材料及成型工艺分为多胶模压和少胶真空压力浸渍（VPI）两大体系。对多胶模压绝缘体系，研发和完善高云母含量、高 Tg、工艺适应性好的多胶云母带，以保证电气性能和高温机械性能要求。对少胶 VPI 绝缘体系，系统地对少胶云母带制造技术和与少胶云母带配套的不含苯乙烯的 VPI 浸渍树脂的研究，从原材料和工装入手，采用干法上胶技术研发具有高云母含量、高透气性、含有促进剂的少胶云母带及高导热云母带，并从原材料和体系上保证 VPI 浸渍树脂性能及工艺方面的匹配，提高国内材料的制造水平，逐步国产化替代进口，推动在高压发电机组上的应用；开发换位绝缘材料、端部固定材料、防晕材料等。

2）主绝缘结构研究

通过绝缘结构的优化设计，降低定子线棒导体的角部电场不均匀系数，提高定子线棒主绝缘的电场强度，减薄绝缘厚度。对常规绝缘系统和高导热绝缘系统进行理论分析计算，在此基础上，对目前绝缘系统各种材料及结构的电气、机械和导热性进行评定，制定 24 kV、26 kV 定子线棒高导热绝缘系统材料及结构的电气、机械和导热性指标。

3）防晕结构、端部防放电及对地放电距离研究

由于主绝缘结构和防晕结构是相辅相成的，是统一的整体，主绝缘结构的优化也需要对防晕结构作相应的改进，以保证整体性能最优。国内 20 kV 及以下电压等级的防晕技术是相当成熟的，对于 24 kV、26 kV 电压等级的 1000 MW 水轮发电机的防晕结构需重新设计并做验证试验（包括全防晕技术的研究），因为运行电压越高，发生定子槽内电腐蚀、绕组爬电和沿面闪络等放电现象的概率越大。该研究关系到整个电机绕组的稳定性和使用寿命，不容忽视。

4）定子绕组固定结构研究

研究槽内、端部固定结构及材料，使绕组表面与铁心电接触良好，避免产生槽部电晕；使定子绕组固定成为一体，防止振动和电磁力的破坏。

5）定子绕组绝缘结构的机械性能和蠕变性能研究

研究定子绕组受热应力、机械力等受力条件下的机械性能，以及在电机热/冷态交替过程中的长期变形。

6）定子绕组绝缘耐电压试验及评定标准研究

制造 24 kV、26 kV 两种电压等级的真机试验线棒，对真机试验线棒进行以下（不限于）试验，通过试验制定定子线棒合理的绝缘水平及评定标准。

①常规性能试验；

②电老化试验、电热老化试验、冷热循环试验；

③运行环境（潮湿、粉尘和油雾）模拟试验。

4.2.2　24 kV、26 kV 定子绕组（线棒）技术条件

经过 1000 MW 级水轮发电机的总体研究，初步确定 1000 MW 级水轮发电机基本参数为：

（1）额定容量（S_N）：1111.1 MVA。

（2）额定功率（P_N）：1000 MW。

（3）额定电压（U_n）：24 kV 或 26 kV。

（4）额定功率因数（$\cos\varphi_N$）：0.9。

（5）额定频率（f_N）：50 Hz。

（6）额定转速（n_N）：83.3 r/min 或 85.7 r/min（乌东德）；

　　　　　　　　　　107.1 r/min 或 111.1 r/min（白鹤滩）。

（7）直轴瞬变电抗（X_d'）：≤0.35（p.u.）。

（8）直轴超瞬变电抗（X_d''）：≥0.2（p.u.）。

（9）短路比（SCR）：≥1.0。

（10）额定效率（η）：≥98.7%。

（11）发电机飞轮力矩（GD^2）：550 000 t·m²（乌东德）；

　　　　　　　　　　300 000~400 000 t·m²（白鹤滩）。

（12）冷却方式：全空冷、定子水内冷或定子蒸发冷却。

根据上述发电机的基本参数，通过 24 kV 和 26 kV 电压等级定子绕组绝缘及试验研究，确定 1000 MW 水轮发电机定子线棒主绝缘材料及绝缘结构、线棒防晕材料及结构、线棒槽内固定和端部固定材料及结构、线棒制造工艺、磁极绕组绝缘结构等，提出定子线棒合理的绝缘厚度、电场强度、耐压水平、介质损耗、电老化寿命、热稳定性及机械性能等指标。定子线棒主绝缘绝缘性能指标见表 4-38。

表 4-38　定子线棒主绝缘绝缘性能指标

试验项目	试验条件	指标	
		24 kV	26 kV
1 min 工频交流耐电压试验	室温	单根线棒：$2.75U_n + 6.5$ kV（72.5 kV）	单根线棒：$2.75U_n + 6.5$ kV（78 kV）
		整体绕组：$2U_n + 3$ kV（51 kV）	整体绕组：$2U_n + 3$ kV（55 kV）
瞬时工频击穿试验	室温	≥$5.5U_n$（132 kV）	≥$5.5U_n$（143 kV）

续表

试验项目	试验条件	指　　　标	
		24 kV	26 kV
电晕试验	室温	单根线棒：$\geq 1.5U_n$（36 kV）	单根线棒：$\geq 1.5U_n$（39 kV）
		整体绕组：$\geq 1.05U_n$（25.2 kV）	整体绕组：$\geq 1.05U_n$（27.3 kV）
常态介质损耗	室温	$\tan\delta_{0.2U_n}\leq 1.5\%$	$\tan\delta_{0.2U_n}\leq 1.5\%$
热态介质损耗	155℃	$\tan\delta_{0.6U_n}\leq 6.0\%$	$\tan\delta_{0.6U_n}\leq 6.0\%$
常态介质损耗增量	室温	$\Delta\tan\delta\leq 1.0\%$（$\tan\delta_{0.6U_n}-\tan\delta_{0.2U_n}$）	$\Delta\tan\delta\leq 1.0\%$（$\tan\delta_{0.6U_n}-\tan\delta_{0.2U_n}$）
电老化寿命试验	室温、$3U_n$	≥ 50 h	≥ 50 h
	室温、$2U_n$	≥ 1000 h	≥ 1000 h
	室温、$1.6U_n$	≥ 4000 h	≥ 4000 h
冷热循环后电老化寿命试验	室温、$3U_n$	≥ 30 h	≥ 30 h
	室温、$2U_n$	≥ 800 h	≥ 800 h

4.2.3　哈电 24 kV、26 kV 绝缘技术及试验研究成果

4.2.3.1　主绝缘材料选择

1）哈电主绝缘现状

哈电定子绕组主绝缘材料普遍采用多胶 F 级环氧粉云母带，定子绕组采用热模压成型工艺，经过几十年的发展，目前国内多胶模压成型的主绝缘性能与少胶 VPI 成型的主绝缘电气性能相当。

通过三峡工程等重大项目，哈电在原 F 级桐马环氧粉云母带体系的基础上，联合绝缘材料厂及粉云母纸厂，开发了 F 级高电压场强环氧玻璃粉云母带（简称高电压云母带），并成功用于三峡、龙滩、拉西瓦、小湾及水布垭等高压水轮发电机机组上，取得良好的效果。普通粉云母纸与三峡机组（20 kV/700 MW）特定高电压粉云母纸技术要求见表 4－39。

表4－39　普通粉云母纸与三峡机组特定高电压粉云母纸技术要求

粉云母纸	标重（国家标准）（g/m²）	电气强度（MV/m）
普通粉云母纸	85 ± 3	≥ 18
三峡特定高电压粉云母纸	85 ± 3	≥ 33

2）24 kV、26 kV 专用主绝缘材料的开发

哈电用主绝缘材料主要由国内哈尔滨绝缘材料厂（简称哈绝）和西电电工绝缘材料有限公司（简称西绝）两家提供。哈绝生产的 F 级多胶环氧玻璃粉云母带在三峡机组上应用，性能稳定可靠，对于三峡 20 kV 级及以下电压等级发电机，采用 F 级高电压场强环氧玻璃粉云母带主绝缘材料是可以满足机组长期安全运行要求的，但对于 24 kV、26 kV 高压巨型

1000 MW 水轮发电机，没有使用先例，因此，主绝缘材料还需要进行深入的研究。

哈电与哈绝合作，以 20 kV 绝缘技术为基础，共同开发 24 kV、26 kV 专用 F 级高电压环氧玻璃粉云母带主绝缘材料，主要是提高了粉云母纸的电气强度指标。主绝缘粉云母纸指标见表 4-40。

表 4-40　主绝缘粉云母纸指标

粉云母纸	标重（国家标准）（g/m²）	电气强度（MV/m）
普通粉云母纸	85 ± 3	≥18
三峡机组主绝缘粉云母纸	85 ± 3	≥33
哈电 24 kV、26 kV 主绝缘粉云母纸	85 ± 3	≥35

24 kV、26 kV 电压等级线棒主绝缘粉云母纸的电气强度由三峡专用粉云母纸的 33 MV/m 提高到 35 MV/m，杭州富阳云母纸厂开发了特高电气强度为 35 MV/m 粉云母纸，哈绝制造了用于 24 kV、26 kV 电压等级线棒主绝缘用粉云母带，性能测试结果与 F 级主绝缘材料性能对比见表 4-41。

表 4-41　24 kV、26 kV 线棒主绝缘材料与 F 级主绝缘材料性能对比

性　能	单　位	F 级指标	检测结果
云母含量	%	≥40	42.5
胶含量	%	37 ~ 40	39.0
挥发物含量	%	0.7 ~ 1.1	1.1
胶化时间（170℃）	min	10 ~ 14	13 min10s
平均厚度	mm	0.14 ± 0.01	0.14
电气强度	MV/m	≥40	61.2

哈电开发的特高电气强度的 F 级桐马环氧粉云母带作为 1000 MW 发电机 24 kV、26 kV 级定子线棒主绝缘材料，进行了应用工艺和全面性能试验。

4.2.3.2　主绝缘结构研究

哈电 24 kV、26 kV 高压电机主绝缘厚度攻关目标：定子线棒主绝缘的工作场强达到 2.6 kV/mm 左右，主绝缘单边厚度：24 kV 级为 5.25 mm，26 kV 级为 6.20 mm，对制造的仿真线棒进行常规性能试验、冷热循环试验和模拟耐环境因素试验评定。

要达到上述攻关目标，一方面除主绝缘基础材料外，要对线棒导线电磁线的优选、导线绝缘结构优化及其角部电场均匀化处理技术等方面进行研究；另一方面还要对线棒成型装备及成型工艺参数的优化等各个方面进行攻关研究，以满足 24 kV、26 kV 级定子线棒主绝缘厚度分别为 5.25 mm 和 6.20 mm 的要求。

对于 24 kV、26 kV 级定子仿真线棒，哈电选用高性能的漆包单涤纶玻璃丝烧结线（F1 CuC1.61-DS）进行线棒制造及性能试验。

通过对导线棱角处的电场数值分析，根据不同等位层曲率半径下的最大电场强度与

电场不均匀系数的计算结果，将导体圆角处等位层的曲率半径加工至 2 mm 以上，会使最大场强下降到 8.65 kV/mm 以下，不均匀系数下降到 1.99 以下，角部电场明显改善。实验表明，当导线角部打磨成 $r = 2.0 \sim 3.0$ mm 后，线棒电气强度和电老化寿命分别提高了 20% ~ 40% 以上，大大提高了定子线棒主绝缘的电气性能。

4.2.3.3　防晕技术研究

24 kV、26 kV 电压等级定子线棒的防晕材料及防晕结构是重点攻关内容之一，科研合同要求：24 kV、26 kV 两种电压等级单根仿真定子线棒在空气中起晕电压不小于 $1.5U_n$；24 kV、26 kV 两种电压等级定子绕组的起晕电压大于或等于 $1.05U_n$。

对于额定电压高、高宽比大的线棒，防晕的要求更高，而且对于防晕材料及防晕结构设计难度大。一方面要解决使用防晕材料的技术指标问题；另一方面对于额定电压高、高宽比大的定子线棒要采用多级防晕结构和处理技术，这样就要解决各级防晕层合理搭配和结构优化的问题。

哈电与材料供货商共同开发了适用于 24 kV、26 kV 电压等级定子线棒的防晕材料，通过大量结构试验，确定了以电压－电流非线性碳化硅为主要材料，制造了不同电阻率 ρ_i、不同非线性系数 β_i 的防晕带，根据不同防晕的非线性参数进行防晕结构试验。

哈电最终确定的 24 kV、26 kV 两种电压等级仿真定子线棒的防晕结构，其防晕性能达到以下水平：

（1）单根线棒起晕电压均大于 $1.5U_n$。

（2）单根线棒通过 $2.75U_n + 6.5$ kV 交流耐压试验，防晕层未出现放电及烧伤现象。

（3）在所有试验电压点下的电老化和电热老化，达到合同要求寿命的线棒在整个老化过程中均未出现防晕结构（防晕层）击穿现象。

（4）24 kV 定子绕组模拟耐环境因素试验中，在试验完成后，对整个绕组进行 $2.0 U_n + 1.0$ kV（49 kV）交流耐压试验，结果在试验电压 49 kV 下整个绕组无可见电晕现象（合同要求不小于 25.2 kV）。

（5）单根线棒端部防晕层在空气中闪络电压均不小于 140 kV，保证线棒进行交流高压试验时，防晕层不出现放电和闪络现象。

（6）防晕结构与主绝缘热模压"一次成型"，该成型工艺为哈电特有技术。

老化结果及模拟绕组耐环境因素试验证明：哈电确定的防晕材料及防晕结构满足 24 kV、26 kV 级定子线棒对防晕的要求，制造的 90 余根线棒防晕性能稳定；24 kV 级线棒进行模拟耐环境因素试验时，绕组在 49 kV 试验电压下未出现可见电晕现象，说明哈电对定子绕组端部喷涂高阻防晕漆处理技术是先进可靠的。

4.2.3.4　定子线棒制造工艺研究

1）定子线棒成型工艺

哈电按空冷机组设计了 1000 MW 水轮发电机定子线棒，线棒尺寸见图 4 – 70。

线棒高宽比为 4.57（24 kV）和 4.19（26 kV）。

按照制造工艺研究成果，制造的 90 余根线棒主绝缘整体性良好，未出现发空分层现象，外形尺寸与图纸一致，解剖后主绝缘未出现压偏现象，所有线棒绝缘介质损耗及局部放电测试结果表明：确定的线棒制造工艺完全满足 24 kV、26 kV 级定子线棒的制造要求，线棒主绝缘介质损耗及损耗增量均达到合同要求，并达到国标优等品水平。

2）主绝缘包扎工艺

采用数控包带机，保证了云母带包扎紧度、层数，提高了绝缘包扎质量。通过工艺试验，确定了既不拔丝，又无褶皱的最佳包扎张力，确保包扎过程中云母带始终处于恒张力，且包带角度自动调节，避免了云母带的损伤。另外，根据线棒转角、槽部、引线等不同部位确定不同的包扎工艺，确定合理的绝缘包扎层数，保证绝缘厚度均匀。

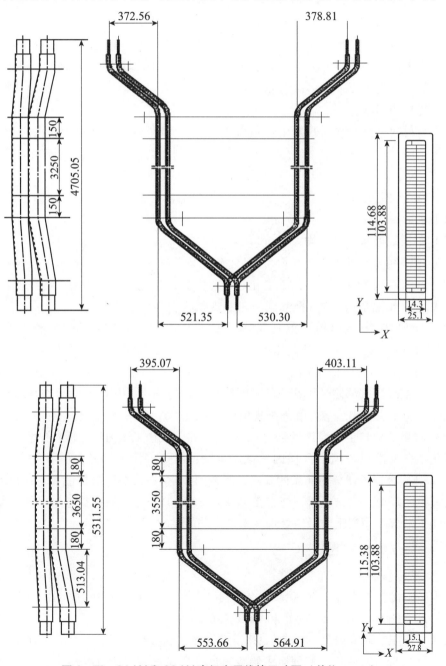

图 4-70 24 kV 和 26 kV 真机定子线棒尺寸图（单位：mm）

3）模压设备改进

为减少设备对绝缘偏差等模压质量的影响，哈电新研制了两台模压电气控制柜和液压泵站，使得设备功能更加强大。该设备共有 6 个支路，各路压力可调，可实现顺序加压、自动控制、全程监控等功能，较好地解决了大高宽比线棒的压力传递问题，减少了模压质量的分散性。

通过对工装设备的更新及改进，哈电制造的 24 kV、26 kV 级 1000 MW 水轮发电机仿真线棒外观、绝缘整体性及几何尺寸均满足图纸要求，无一出现超标现象。

4.2.3.5　定子绕组固定结构研究

1）绕组固定结构与材料

绕组槽部和端部固定结构及固定材料也是 24 kV、26 kV 级发电机绝缘系统重点研究的内容之一。哈电依托三峡合作项目，首先引进了 ALSTOM 公司对巨型水轮发电机固定用高等级、高强度绝缘材料，开发了高强度环氧玻璃布层压板（绕组端部支撑及固定用）、槽部固定用高强度绝缘槽楔、波纹板、槽部紧密固定用半导体硅橡胶及半导体无纺布等关键材料，国产化的材料和 ALSTOM 公司材料指标相同。迄今为止，国产化的高强度、高等级绕组固定材料已广泛应用到三峡、龙滩、拉西瓦及小湾等巨型机组上，效果良好。

在 24 kV 级仿真线棒进行模拟耐环境因素试验中，采用国产的高强度槽楔、波纹板、半导体硅橡胶及半导体无纺布等固定材料，效果良好，试验后检查模拟绕组局部放电量变化很小，说明模拟绕组用国产固定材料是可靠的。

定子绕组槽部固定结构见图 4 – 71。

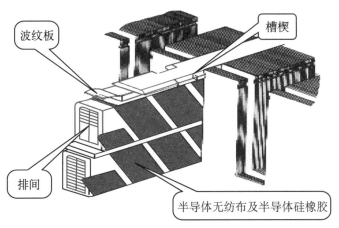

图 4 – 71　定子绕组槽部固定结构

三峡机组 20 kV/700 MW 发电机绕组端部用膨胀玻璃丝套管内部注射环氧胶固化后，作为端箍以固定端部绕组，该固定结构在树脂固化后，绕组端部无应力集中现象，确保机组安全运行。

2）定子绕组槽电位

高压电机定子绕组槽部有电位差，产生的原因是定子线棒与定子铁心槽壁或槽底接触不够紧密，这主要取决于绕组槽部固定结构型式。试验证明，当定子线棒表面与铁心是点接触时，在接触两点之间线棒表面产生高电位，由于有电位差，当线棒表面与铁心槽壁间隙形成的电场强度大于空气击穿场强时，将产生线棒表面与铁心之间的放电现象，这就是通常所说的槽部电晕腐蚀现象。除此之外，影响槽电位的另一个因素是线棒槽部表面低阻防晕层电阻率的大小。研究表明：当线棒表面电阻率大于或等于 $1 \times 10^5 \ \Omega \cdot m$ 时，同样距离接触点，线棒表面电位将上升20%左右，所以，适当降低线棒表面电阻率对降低槽电位也是有效的措施之一。

因此，要彻底消除槽电位及电腐蚀现象，必须对绕组槽部固定结构、固定用材料及线棒槽部表面电阻率等进行深入的研究。

哈电及 ALSTOM 线棒槽部表面电阻率标准见表 4 - 42。

表 4 - 42　线棒槽部表面电阻率标准

项目	哈电标准	ALSTOM 标准	24 kV、26 kV 仿真线棒
线棒槽部表面电阻率（$\Omega \cdot m$）	$2.5 \times 10^3 \sim 2.5 \times 10^5$	$2.0 \times 10^3 \sim 1.0 \times 10^4$	$2.5 \times 10^3 \sim 6.3 \times 10^3$

通过 24 kV 线棒模拟耐环境因素试验，采用的固定结构对于降低槽电位效果明显，应用工艺简单，材料均实现国产化。

4.2.3.6　定子绕组绝缘耐电压试验及评定标准研究

目前国内还没有关于 24 kV、26 kV 两种电压等级电机定子线棒和定子绕组的行业标准和国家标准，主要参照国外制造商相应标准进行试验和评定。哈电制造的 24 kV、26 kV 两种电压等级电机定子线棒试验标准参照国标 20 kV 及以下电压等级的标准进行，如常规性能、绝缘介质损耗、交流耐压试验及老化评定试验等。

哈电通过对 24 kV、26 kV 两种电压等级电机定子仿真线棒全面性能试验及结果的研究，采用了以下评定标准：

（1）外观，满足图纸尺寸及公差。

（2）单根线棒通过 $2.75\,U_n + 6.5$ kV 交流电压下持续 1 min 的耐电压试验，试验中及试验后，线棒端部防晕层不允许放电、闪络及有烧伤现象。

（3）线棒瞬时工频击穿场强：

$U_n = 24$ kV 瞬时工频击穿场强 $\geqslant 27$ kV/mm；

$U_n = 26$ kV 瞬时工频击穿场强 $\geqslant 25$ kV/mm。

（4）线棒电老化寿命评定标准：

在 $3.0\,U_n$ 电压下，电老化寿命 $\geqslant 50$ h；

在 $2.0\,U_n$ 电压下，电老化寿命 $\geqslant 1000$ h；

在 $1.6\,U_n$ 电压下，电老化寿命 $\geqslant 3000$ h。

（5）电热老化寿命评定标准：

线棒温度为 120 ℃，在电场强度 8.50 kV/mm 下，电热老化寿命不小于 300 h。

4.2.3.7　常规绝缘性能试验研究

1）常规性能试验

电机定子线棒常规性能试验包括几何尺寸、线棒主绝缘常态和热态绝缘介质损耗、局部放电量、交流耐电压试验、线棒防晕性能测试等。

哈电制造的 24 kV、26 kV 级发电机定子线棒共计 97 根，其中：

（1）所有线棒几何尺寸，如总长、节距、升高及截面尺寸均在设计图纸公差范围内，说明设计制造的模具满足 24 kV、26 kV 级发电机定子线棒制造工艺要求。

（2）绝缘介质损耗常态及增量均达到国标优等品水平，特别是绝缘介质损耗增量 $\Delta \tan\delta \leqslant 0.50\%$，热态损耗 $\tan\delta < 5.0\%$。

24 kV、26 kV 真机定子线棒绝缘介质常态损耗、热态损耗（155℃）、损耗增量及 $1.0\ U_n$ 局部放电量分别见表 4 – 43 ~ 表 4 – 45。

（3）线棒瞬时工频击穿场强，$U_n = 24$ kV 瞬时工频击穿场强最低达到 30.6 kV/mm，$U_n = 26$ kV 瞬时工频击穿场强最低达到 27.2 kV/mm。试验结果见表 4 – 46。

表 4 – 43　24 kV 真机定子线棒绝缘介质损耗、损耗增量及 $1.0\ U_n$ 局部放电量

线棒编号	常态绝缘介质损耗 $\tan\delta$（%）						损耗增量 $\Delta \tan\delta$（%）	局部放电量（pC）
	$0.2\ U_n$	$0.4\ U_n$	$0.6\ U_n$	$0.8\ U_n$	$1.0\ U_n$	$1.2\ U_n$	$\tan\delta_{0.6\ U_n}$ $- \tan\delta_{0.2\ U_n}$	$1.0\ U_n$
	4.8 kV	9.6 kV	14.4 kV	19.2 kV	24.0 kV	28.8 kV		24.0 kV
1 ~ 49	0.5252 ~ 0.9986	0.7378 ~ 0.7633	0.8597 ~ 0.8783	0.8339 ~ 0.9047	0.8232 ~ 0.9568	0.8388 ~ 1.045	0.0296 ~ 0.3017	110 ~ 710

表 4 – 44　26 kV 真机定子线棒绝缘介质损耗、损耗增量及 $1.0\ U_n$ 局部放电量

线棒编号	常态绝缘介质损耗 $\tan\delta$（%）						损耗增量 $\Delta \tan\delta$（%）	局部放电量（pC）
	$0.2\ U_n$	$0.4\ U_n$	$0.6\ U_n$	$0.8\ U_n$	$1.0\ U_n$	$1.2\ U_n$	$\tan\delta_{0.6\ U_n}$ $- \tan\delta_{0.2\ U_n}$	$1.0\ U_n$
	5.2 kV	10.4 kV	15.6 kV	20.8 kV	26.0 kV	31.2 kV		26.0 kV
1 ~ 14	0.5942 ~ 0.9362	0.715 ~ 1.391	0.7624 ~ 1.516	0.7947 ~ 1.488	0.8231 ~ 1.469	0.85 ~ 0.9401	0.1682 ~ 0.5798	431 ~ 1430

表 4 – 45　主绝缘热态介质损耗

线棒编号	U_n（kV）	主绝缘厚度（mm）	155℃介质损耗 $\tan\delta$（%）
12	24	5.25	3.964
27	24	5.25	3.774
19	26	6.20	4.004

表4-46 24 kV、26 kV 电压等级定子线棒工频瞬时击穿试验结果

线棒编号	额定电压（kV）	击穿电压（kV）	击穿场强（kV/mm）	合同要求
2039	24	160.9	30.65	≥132.0 kV（≥5.5 U_n）
2015		169.3	32.25	
0003	26	168.8	27.23	≥143.0 kV（≥5.5 U_n）
0030		174.9	28.21	

试验表明：24 kV、26 kV 电压等级定子线棒工频瞬时击穿电压达到合同要求。

（4）哈电制造的 24 kV、26 kV 两种电压等级的仿真线棒，均通过 $2.75\,U_n + 6.5\,kV$ 持续 1 min 交流耐电压试验，线棒试验完后，端部防晕层均未出现放电及烧伤现象。

常规性能试验及试验结果表明：哈电研制的 24 kV、26 kV 两种电压等级的仿真线棒满足合同要求，特别是两种电压等级的线棒绝缘介质损耗及常态介质损耗增量达到国标优等品水平。

2）电老化寿命试验

（1）常态电老化试验。电机定子线棒主绝缘电老化寿命试验是考核主绝缘能否满足机组长期耐电性能及安全运行的关键指标。进行线棒主绝缘电老化试验时，在高于数倍的额定电压下进行快速老化试验，虽然与线棒实际运行电老化机理不同，但主绝缘电老化寿命试验结果符合统计学规律，可按照统计学相关理论推算主绝缘实际运行寿命。

目前国内外对线棒主绝缘电老化采用 $1.6\,U_n$、$2.0\,U_n$ 和 $3.0\,U_n$ 电压下进行快速电老化试验，通过一定指标来进行主绝缘寿命评定。

哈电根据合同要求，对 24 kV、26 kV 两种电压等级的仿真线棒电老化寿命分别进行了 $3.0\,U_n$ 和 $2.0\,U_n$ 电压下电老化试验。电老化试验结果见表4-47～表4-50。

表4-47 24 kV 线棒 $3.0\,U_n$ 电老化试验结果

线棒编号	试验电压（kV）	合同要求（h）	老化寿命结果（h）
2010	72（$3.0\,U_n$）	≥10	69.3
2041			73.1
2021			62.9
2030			88.9
2012			107.0

表4-48 24 kV 线棒 $2.0\,U_n$ 电老化试验结果

线棒编号	试验电压（kV）	合同要求（h）	老化寿命结果（h）
2014	48（$2.0\,U_n$）	≥500	>1069.6
2004			>1069.6
2020			>1069.6
2008			>1069.6
2028			>1069.6

表 4 - 49　26 kV 线棒 3.0 U_n 电老化试验结果

线棒编号	试验电压（kV）	合同要求（h）	老化寿命结果（h）
0012	78 (3.0 U_n)	≥10	72.1
0009			63.9
0013			69.2
0019			86.8
0020			104.4

表 4 - 50　26 kV 线棒 2.0 U_n 电老化试验结果

线棒编号	试验电压（kV）	合同要求（h）	老化寿命结果（h）
0014	52 (2.0 U_n)	≥500	>1418.2
0002			>1418.2
0010			>1418.2
0021			>1418.2
0017			>1418.2

在进行 3.0 U_n 和 2.0 U_n 电老化试验整个过程中，所有线棒主绝缘及防晕结构等均未出现异常现象，试验表明：哈电设计制造的 24 kV、26 kV 两种电压等级的仿真线棒主绝缘体系的电老化结果满足合同要求。

（2）电热老化试验。热态电老化寿命试验，主要考核线棒主绝缘耐电和热综合因素的性能，电热老化试验更接近线棒运行环境条件，所以，电热老化寿命也是线棒主绝缘的关键指标。

试验时，将线棒固定在模拟铁心槽内，铁心槽内安装加热元件，用温控仪自动控制温度，温度控制在 120℃ ±2℃ 范围内，线棒导线施加试验电压。电热老化施加试验电压按照合同要求的电场强度确定，24 kV、26 kV 级线棒施加电压分别为 47.4 kV 和 55.9 kV。

当试验结果达到并超过合同要求指标后，停止试验。在整个电热老化过程中，受试的两电压等级线棒主绝缘均未击穿，特别是线棒防晕结构也未出现放电现象。

电热老化试验结果见表 4 - 51 和表 4 - 52。

表 4 - 51　24 kV 线棒电热老化试验结果

线棒编号	试验条件	合同要求	老化寿命结果
3012	电压：47.4 kV 温度：120℃	≥400 h	>503.5 h
2001			
2009			
2011			
2036			

表4-52 26 kV线棒电热老化试验结果

线棒编号	试验条件	合同要求	老化寿命结果
0015	电压：55.9 kV 温度：120℃	≥400 h	>547.8 h
0016			
0022			
0024			
0025			

试验表明：24 kV、26 kV两种电压等级线棒电热老化试验结果均满足合同要求。

3）主绝缘热稳定性试验

高压电机主绝缘的热稳定性也是一项关键指标，热稳定性的好坏直接影响电机安全运行的可靠性。国内外各电机制造商都自己有一套关于热稳定性的评定方法。

哈电对发电机定子线棒主绝缘需要进行快速热稳定性试验，即线棒在180℃温度下，持续热老化48 h，待自然冷却后测量绝缘整体性和尺寸变化情况，要求绝缘不分层、不发空，尺寸没有明显变化。测试结果见表4-53。

表4-53 线棒热稳定性试验结果

线棒编号	条件	线棒尺寸（mm）					整体性
2028	试验前	24.7×114.7	24.8×114.6	24.9×114.5	24.8×114.6	24.7×114.5	不空
	180℃/48 h	24.9×114.7	24.8×114.7	24.9×114.5	24.9×114.7	24.8×114.7	不空
2020	试验前	24.8×114.8	25.0×114.6	25.0×114.5	25.0×114.7	25.0×114.5	不空
	180℃/48 h	24.9×114.8	25.0×114.7	24.9×114.7	25.0×114.7	25.0×114.6	不空

线棒在180℃下热老化48 h后，线棒绝缘没分层、无发空，尺寸没有明显变化。说明主绝缘满足高压电机热稳定性的要求。

4）冷热循环试验

（1）冷热循环试验原理。哈电将24 kV、26 kV两种电压等级定子线棒冷热循环试验委托哈尔滨理工大学进行，包括试验装置、试验过程及测试。

定子线棒冷热循环试验装置实现自动控制，升温和降温速度在规定的时间内是均匀的，试验周期及温度曲线自动记录，试验数据自动保存，可随时查看某一时间的试验过程情况，如果有异常现象可自动断电和报警。该试验装置目前在国内外处于先进水平，可准确地对大电机定子线棒主绝缘体系进行在冷热循环条件下的性能评定，为电机绕组主绝缘设计提供可靠依据。

（2）试验基本过程。8根线棒（其中1根为测温线棒）紧固连接后，采用大电流感应加热，在 30 ~ 45 min 内将线棒加温至 150℃ ± 5℃，在 30 ~ 45 min 内将线棒降温至 40℃。试验周期 500 个，在第 0、50、100、250、500 个周期结束后分别进行介质损耗测量、尺寸测量、发空测量和局部放电测量，以比较各个参数变化情况来判断线圈绝缘耐受冷热循环的能力，要求试验前后各参数无明显变化。

（3）冷热循环试验结果。24 kV、26 kV 定子线棒经过 500 个周期冷热循环试验后，线棒的几何尺寸无明显变化，绝缘整体性能良好；在整个试验周期内，线棒常态介质损耗（tanδ）及在额定线电压下的局部放电量（Q_{max}）也无明显变化。特别是在 $0.2\ U_n$ 和 $0.6\ U_n$ 电压下，绝缘介质损耗之差（Δtanδ）没有明显变化，典型损耗增量曲线见图 4-72，说明线棒在冷热循环试验过程中绝缘介质损耗增量无明显变化。

冷热循环试验结果表明：哈电选用的主绝缘材料、确定的主绝缘结构、防晕结构及模压成型工艺完全满足 24 kV、26 kV 电压等级 1000 MW 水轮发电机定子线棒对主绝缘的要求，满足电机频繁启动停机冷热冲击的运行条件。

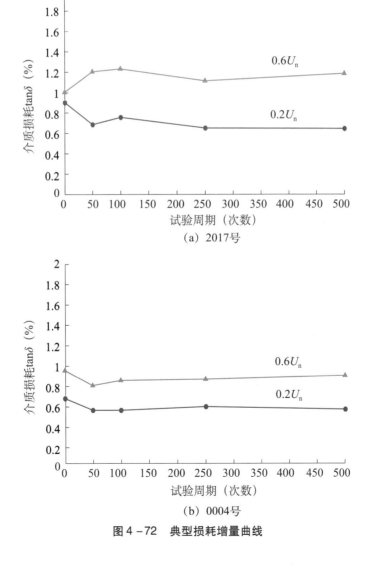

（a）2017号

（b）0004号

图 4-72　典型损耗增量曲线

分别用 8 根 24kV、26kV 电压等级线棒进行冷热循环试验，其中 1 根线棒打孔埋入测温元件，其他线棒表面设置多个测温元件，以便准确地控制温度。每个电压等级分别用 3 根线棒进行 $2.0\ U_n$ 的电老化和电热老化试验。

5）冷热循环后线棒电老化及电热老化试验结果

研制的 24 kV、26 kV 仿真线棒冷热循环试验结束后，测试线棒尺寸无明显变化、绝缘整体性能良好、常态介质损耗（tanδ）及在额定电压下的局部放电量（Q_{max}）也无明显变化。然后对热循环试验后的线棒进行了 $2.0\ U_n$ 的电老化和电热老化试验，试验结果均达到合同要求。试验结果见表 4-54~表 4-57。

表 4-54　24 kV 定子线棒冷热循环试验后 $2.0\ U_n$ 电老化试验结果

线棒编号	试验电压	合同要求	老化时间（h）
2017	48 kV（$2.0\ U_n$）	≥400 h	>832.6
2023			>832.6
2024			>832.6

表 4-55　24 kV 定子线棒冷热循环试验后电热老化试验结果

线棒编号	试验电压	合同要求	老化时间（h）
2006	44.5 kV 120℃	≥250 h	>786.2
2007			>786.2
2026			>786.2

表 4-56　26 kV 定子线棒冷热循环试验后 $2.0\ U_n$ 电老化试验结果

线棒编号	试验电压	合同要求	老化时间（h）
0023	52 kV（$2.0\ U_n$）	≥400 h	>1975.1
0018			1884.0（击穿）
0004			>1975.1

表 4-57　26 kV 定子线棒冷热循环试验后电热老化试验结果

线棒编号	试验电压	合同要求	老化时间（h）
0005	52.5 kV 120℃	≥250 h	1623.5（击穿）
0006			>1959.5
0008			>1959.5

4.2.3.8　环境模拟试验研究

1）概述

模拟实际运行环境，如潮湿、油污、粉尘等多因子综合因素对定子绕组绝缘性能的影响试验，目前国外还没有相应的报道，对于多因子综合因素影响主绝缘还没有相应的判断标准，所以，对 24 kV、26 kV 电压等级 1000 MW 水轮发电绕组绝缘进行潮湿、油污、粉尘等因素试验及评定采用各因子相关的标准及合同要求进行。

由于运行环境（潮湿、粉尘和油雾）模拟试验，哈电和东电试验线棒均采用同样试验过程、方法，在同一试验装置中进行，因此，有关详细试验过程、试验装置、试验条件等可参见本章东电环境模拟试验研究部分。

2）试验用模拟定子铁心槽及线棒的安装

试验装置在东电建立，按照仿真定子线棒设置了模拟试验用定子铁心槽，在模拟定子铁心槽中，嵌入 24 kV/1000 MW 水轮发电机上、下层定子线棒各 6 根，为了更接近真机条件，使 12 根上下层线棒的端部防晕区域完全交叉，线棒端部斜边间隙、层间间距及端部对地距离、端部对结构部件距离完全与真机相同。这样，模拟运行环境（潮湿、粉尘和油雾）试验结果可真实反映线棒主绝缘及绕组耐环境因素的性能。

3）灰尘油污样品采集和分析

模拟耐环境因素试验用油污采集、配制、喷涂及试验由西安交通大学负责。从葛洲坝和三峡水电站运行较长时间机组上采集了油污和杂质，经分析，油和杂质比例约为 1:1，混合物表面电阻率均不小于 $1 \times 10^{11} \Omega \cdot m$，杂质粒径分布在 $5 \sim 20$ μm 范围内。

4）试验方法及过程

将试验样品放入试验箱中，模拟运行条件，进行潮湿、热老化、耐电压等试验。试验共进行三个周期，每个试验周期结束后，测量样品的介质损耗和局部放电量。

5）运行环境（潮湿、粉尘和油雾）模拟试验结果

哈电 24 kV 模拟真机绕组的耐环境模拟试验可初步得出如下结论：

（1）24 kV 模拟真机绕组经人工喷涂粉尘油污，前后的介电性能无明显变化。

（2）经过三个周期的耐环境模拟试验后，绕组的 100 ℃ 等效绝缘电阻均有下降，而吸收比和极化指数均有增加。试验后模拟真机绕组在 5000 V 电压下 1 min 的 100 ℃ 等效绝缘电阻值为 0.264 GΩ，比试验前下降 73.9%，而试验绕组的吸收比和极化指数分别为 3.27 和 7.09，比试验前分别增加 13.9% 和 115.5%，符合国家标准 GB/T 8564—2003《水轮发电机组安装技术规范》规定的吸收比应大于 1.6 和极化指数应大于 2.0 的要求。

（3）经过三个周期的耐环境模拟试验后，模拟真机绕组的介质损耗角正切值有所增加。试验后哈电绕组在 24 kV、26 kV 级的 1.0 U_n 电压下的 tanδ 值分别为 0.0165 和 0.0172，比试验前分别增加 7.1% 和 6.2%；而在 24 kV、26 kV 级的 1.0 U_n 电压下的 Δtanδ （ = tanδU_n − tanδ 0.2 U_n）值分别为 0.0094 和 0.0099，比试验前分别增加 13.9% 和 7.6%。

（4）经过三个周期的耐环境模拟试验后，模拟真机绕组的局部放电量有所增加。试验前后变化不显著，符合 DL/T 492−2009《发电机定子绕组环氧粉云母绝缘老化鉴定导则》规定的 1.0 U_n 电压下的最大放电量应小于 10 000 pC 的要求。

（5）经过三个周期的耐环境模拟试验后，对哈电模拟真机绕组进行了 24 kV、26 kV 级的系列耐压试验。试验绕组分别通过了 24 kV 级的 1.3 U_ϕ（U_ϕ 为定子绕组额定相电压）、1.05 U_n、1.5 U_n 和 2 U_n 耐压试验；同时也分别通过了 26 kV 级的 1.3 U_ϕ、1.05 U_n、

1.5 U_n 和 2 U_n 耐压试验。

（6）通过绕组绝缘模拟耐环境试验的研究，粉尘油污、温度和湿度对绕组绝缘性能均会产生一定的影响，但环境因子对 24 kV 或 26 kV 电压等级大型水轮发电机运行可靠性及绕组绝缘寿命的影响，目前还没有相关的评定标准或规范，有待于在试验和理论研究的基础上予以建立。

4.2.4 东电 24 kV、26 kV 绝缘技术及试验研究成果

4.2.4.1 主绝缘材料及成型工艺研究

1）主绝缘材料

东电经过对国内外电机制造厂采用单只线棒 VPI 绝缘体系进行分析比较，最终选定 VONROLL 的环氧酸酐浸渍树脂和含促进剂的云母带 366.55－30 作为主要绝缘材料。

（1）浸渍树脂。VPI 浸渍树脂 3407（以下简称 3407 树脂）是由环氧树脂 3407A 和酸酐固化剂 3407B 按 1:1 重量（或同体积包装）比混合而成的无溶剂浸渍树脂。

VPI 浸渍树脂 3407 树脂为无色、无气味的透明液体，单组分和混合后树脂的饱和蒸汽压很低；树脂挥发量极小，闪点在 145℃以上，为非易燃品，安全性能很好。

3407 树脂同所有有机树脂一样，随温度的升高黏度变小，根据混合树脂黏度与温度关系曲线，在温度升高条件下存储对树脂的黏度有很大的影响，由此得出 VPI 浸渍应在 40℃以上的尽可能低的温度下进行。

3407 树脂遇水后其状态要发生变化，其原因是酸酐水解为酸。因此，在 3407 树脂的使用过程中应严禁水或潮气的混入，以保证树脂的安全使用寿命。

（2）少胶云母带。结合东电 VPI 绝缘技术，基于 Isola 公司的试验室试验基础，选择少胶云母带 A、少胶云母带 B（366.55－30）和少胶云母带 C 三种粉云母纸云母带进行材料选择试验。通过试验，选定少胶云母带 B（366.55－30）作为主绝缘材料。

（3）少胶云母带的国产化研究。东电与国内绝缘材料生产厂家合作，系统地组织开展少胶云母带制造技术研究，研发具有高云母含量、高透气性、含有促进剂的少胶云母带 D5442－1，并从原材料和体系上保证 VPI 浸渍树脂性能及工艺方面的匹配，提高材料的国内制造水平，推动在高压发电机上的应用。

东电进行了国产少胶云母带与 3407 浸渍树脂相容性试验研究。

● 试验目的：确保云母带不影响 3407 浸渍树脂的性能和储存稳定性。

● 试验方法：将适量的国产少胶云母带和 VONROLL 少胶云母带分别浸泡在适量的浸渍漆中，在规定的条件下浸泡规定的时间后，取出云母带，然后在规定的条件下测试浸渍漆的黏度变化，以及贮存稳定性和绝缘性能。

● 试验结果：通过对试验数据进行比较分析，国产少胶云母带与 3407 浸渍树脂具有良好的相容性，不会影响浸渍树脂的性能和储存稳定性。

试验结果表明：所开发的国产少胶云母带的材质满足要求，与 VPI 浸渍漆有良好的相容性，绝缘性能优良。

2）其他绝缘材料的研发和完善

（1）排间绝缘材料。在三峡机组的研制过程中，东电与东绝联合开展了排间绝缘材

料 J0401 和 1005 的研究，并成功推广应用。结合 VPI 绝缘的实际情况，对材料的技术性能进行了完善，提高了主绝缘与导线的黏接强度，改善了导线的表面质量。

（2）内均压层材料。使用内均压层的目的有两个，一是屏蔽导线换位处空气隙，二是加大导线的圆角半径，均匀电场，改善角部电场分布，宏观性能表现为绝缘结构的介质损耗增量小。具体结构有涂刷导电漆或包扎导电带的全屏蔽和半屏蔽结构。经过对全屏蔽和半屏蔽结构进行反复试验和分析后，东电选择了全屏蔽内均压结构，并对相关材料进行了筛选和应用试验。

（3）绝缘结构件。由于定子绕组额定电压高，为了提高定子绕组表面耐漏电腐蚀的能力，开发了高 CTI 高强度绝缘结构件，并已进行实际应用。

（4）防晕材料。为了提高定子绕组端部的防放电距离，定子绕组采用全防晕结构，为此，开发了新型高电阻防晕漆并已实际应用。

4.2.4.2   主绝缘结构研究

1）导线角部电场分布

从电介质物理可知，线棒电场分布与导体和外防晕层的几何形状、几何尺寸、绝缘厚度相关，表达形式如式（4-1）所示，平均电场强度计算按式（4-2）。电场屈变系数定义为最大电场强度与平均电场强度比值。

$$E_{\mathrm{m}} = \frac{U}{r_0 \ln\left(1 + \dfrac{d_{\mathrm{i}}}{r_0}\right)} \tag{4-1}$$

式中：E_{m} 为最大电场强度分布；r_0 为角部曲率半径；d_{i} 为单边绝缘厚度。

$$E_0 = \frac{U}{d_{\mathrm{i}}} \tag{4-2}$$

由式（4-1）和式（4-2）计算获得最大电场强度（E_{m}）、平均电场强度（E_0）、屈变系数与绝缘厚度的关系曲线，如图 4-73～图 4-76 所示，图中额定电压按照 20 kV 计算。

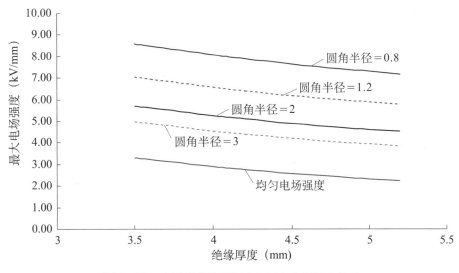

图 4-73   定子线棒绝缘厚度与最大电场强度关系

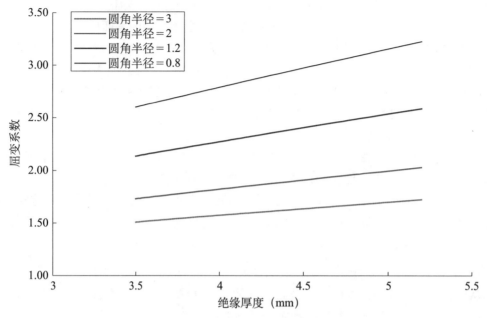

图 4 - 74　定子线棒电场屈变系数与绝缘厚度的关系

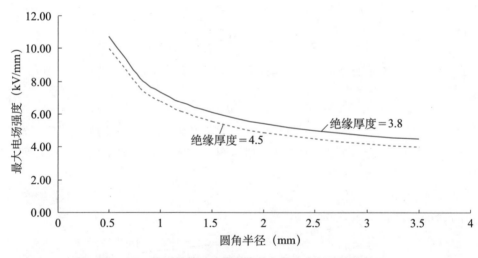

图 4 - 75　定子线棒导线圆角半径与最大电场强度的关系

　　最高电场强度随导线圆角半径加大而减小，屈变系数随导线圆角半径加大而减小。对于实际线棒，导线圆角半径加大方式可以是选择电磁线厚度大的线规，得到较大的圆角半径，但在实际使用时，采用大圆角半径电磁线是不经济的，也不能达到圆角半径为 2 ~ 3 mm 的要求，通常采用内均压层结构来实现。

　　相同主绝缘、不同的导线内均压层圆角半径的线棒进行 1 min 耐电击穿试验的试验结果见表 4 - 58。试验电压从 45 kV 开始，以每级电压为 5 kV 逐级升高，每级停留 1 min 进行耐电试验，直到击穿为止，记录击穿电压和击穿时间。根据在最后一级试验电压下，绝缘未击穿、承受试验电压的时间，计算 1 min 耐电压的电压值。

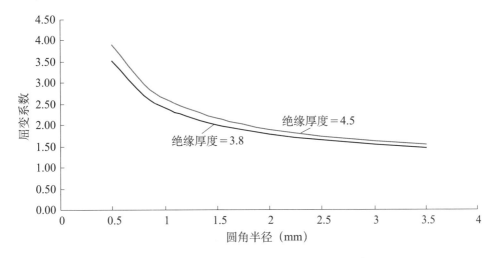

图 4-76　定子线棒导线圆角半径与电场屈变系数的关系

表 4-58　不同圆角半径线棒 1 min 耐电压击穿试验结果

项　　目	试样号					
	3 A	20	25	1	17	18
电极长度（mm）	150	150	150	150	150	150
绝缘厚度（mm）	3.8	3.8	3.8	3.8	3.8	3.8
圆角半径（mm）	1	1	1	2	2	2
通过电压（kV）	90	105	95	115	110	105
击穿电压（kV）	95	110	100	120	115	110
通过时间（s）	23	3	56	30	55	50
折合通过 1 min 耐电电压值（kV）	91.9	105.3	99.7	117.5	114.6	109.2
1 min 击穿场强（kV/mm）	24.2	27.7	26.2	30.9	30.2	28.7
击穿电压平均值（kV）	98.9			113.8		
击穿场强平均值（kV/mm）	26.0			29.9		

不同内均压层材料、不同圆角半径的线棒进行 40 kV 耐电寿命试验的试验结果如表 4-59 所示。试验结果表明：随圆角半径越大，绝缘电老化寿命越长。

表 4-59　不同圆角半径线棒 40 kV 耐电寿命试验结果

项　　目		线棒号	$2 U_n$ 寿命（h）
圆角半径（mm）	2.5	19A	>3700
		21A	
		均值	

续表

项　　目		线棒号	2 U_n 寿命（h）
圆角半径（mm）	2.0	11	4578.5
		23	3379.8
		26	1912.8
		27	1522.8
		28	1828.3
		29	1457.3
		均值	2446.583
	1	6A	996.8
		7A	955.7
		8A	1083.1
		11	1643.4
		22	1974.2
		24	1351
		均值	1334.033

理论分析和试验表明：圆角半径大小直接影响线棒绝缘的电场分布，决定了绝缘结构的寿命和耐电强度值的高低。

东电通过研究，确定了改善导线转角电场分布的工艺方法，同时确定了 24 kV、26 kV定子线棒导线的圆角半径和内均压层的结构。

2）主绝缘厚度的确定

1000 MW 水轮发电机组 24 kV、26 kV 电压等级发电机绕组绝缘技术及仿真试验研究的攻关目标为主绝缘工作场强大于或等于 2.6 kV/mm 时的主绝缘厚度确定。结合东电 VPI 绝缘技术的实际应用情况，在计算分析的基础上，单边主绝缘厚度分别设计为 4.9 mm 和 5.4 mm，相应的主绝缘的工作场强分别为 2.827 kV/mm 和 2.78 kV/mm。根据确定的主绝缘结构，设计制造 24 kV 和 26 kV 电压等级的真机定子线棒，并进行全面性能试验研究。

3）定子线棒主绝缘结构、防晕结构设计方案

定子线棒主绝缘结构、防晕结构设计方案见表 4-60。

表 4-60　定子线棒主绝缘结构、防晕结构设计方案

项目	额定电压	
	24 kV 设计方案	26 kV 设计方案
设计工作场强（kV/mm）	2.827	2.78
计算绝缘厚度（mm）	4.9	5.4
排间绝缘厚度（mm）	0.3	0.3
换位绝缘厚度（mm）	0.5	0.5
内均压层结构	全屏蔽	全屏蔽
防晕结构	全防晕	全防晕

4.2.4.3　防晕结构、端部防放电及对地距离研究

国内 20 kV 及以下电压等级的防晕技术是相当成熟的，对于 24 kV、26 kV 电压等级的 1000 MW 水轮发电机的防晕结构需进行材料优选和防晕结构优化设计，并进行全面的防电晕性能试验。

东电通过大量的防晕材料筛选及性能试验，以及防晕结构试验，确定了 24 kV、26 kV 电压等级定子线棒的防晕材料、防晕结构和防晕处理工艺；单根定子线棒的起晕电压高于 50 kV，完全满足合同规定的大于或等于 1.5 U_n（分别大于或等于 36 kV 和大于或等于 39 kV）的要求。

东电的定子绕组全防晕技术已在龙滩、景洪、水布垭、瀑布沟、构皮滩、三峡右岸等大型水轮发电机组和 1000 MW 核电机组上实际应用，经过调查分析，全防晕结构的使用效果良好，有效地提高了端部放电电压，确保绕组在进行交流耐电压试验时不出现端部闪络放电和对地放电现象。

4.2.4.4　定子绕组固定结构研究

绕组槽内固定部件主要为槽楔、楔下波纹板、楔下垫条、调节垫条、层间垫条、槽底垫条等；绕组端部固定部件主要有外端箍、层间端箍、层间垫块、绑扎带及胶粘剂、绝缘支架等。经过与国内材料厂家进行联合开发，定子绕组的绝缘支架、外端箍、斜边垫块等使用 F 级高 CTI 高强度层压玻璃布板 DECJ 0907，槽楔、斜楔、楔下垫条和层间垫条使用 F 级高强度层压玻璃布板 DECJ 0902，其性能指标见表 4 - 61。

表 4 - 61　高强度层压玻璃布板性能指标

项　　目		单位	指标值	
			DECJ0907	DECJ0902
密度		g/cm³	1.8 ~ 2.0	1.8 ~ 2.0
垂直层向弯曲强度（纵向）	常态	MPa	≥400	≥400
	155℃ ±2℃		≥200	≥200
拉伸强度（纵向）	常态	MPa	≥300	≥300
冲击强度（纵向、简支梁、缺口试样）		kJ/m²	≥ 40	≥ 40
压缩强度	常态	MPa	≥400	≥400
	155℃ ±2℃		≥250	≥250
平行层向剪切强度		MPa	≥30	≥30
体积电阻率	常态	MΩ·m	≥1.0×10⁵	≥1.0×10⁵
	155℃ ±2℃		≥1.0×10⁴	≥1.0×10⁴
	浸水（24 h）		≥1.0×10⁴	≥1.0×10⁴
表面电阻率	常态	MΩ·m	≥1.0×10⁶	≥1.0×10⁶
	155℃ ±2℃		≥1.0×10⁵	≥1.0×10⁵
	浸水（24 h）		≥1.0×10⁵	≥1.0×10⁵

续表

项　目		单位	指标值	
			DECJ0907	DECJ0902
平行层向绝缘电阻	常态	MΩ	$\geqslant 1.0 \times 10^6$	$\geqslant 1.0 \times 10^6$
	浸水 24 h 后		$\geqslant 1.0 \times 10^4$	$\geqslant 1.0 \times 10^4$
垂直层向耐电压强度（90℃ ±2℃ 变压器油中 1 min、逐级升压法）		MV/m	$\geqslant 10.2$	$\geqslant 10.2$
平行层向击穿电压（90℃ ±2℃ 变压器油中 1 min）		kV	$\geqslant 35$	$\geqslant 35$
耐漏电起痕指数（CTI）		V	$\geqslant 500$	—
吸水性		mg	满足 IEC 60893 – 3 – 2 表7	满足 IEC 60893 – 3 – 2 表7
可燃性			FV0 级	FV0 级
长期耐热性温度指数（T.I）		℃	$\geqslant 155$	$\geqslant 155$

定子线棒槽内表面与定子铁心的配合采用了导电纸加导电腻子的导电槽衬结构，该结构已在龙滩、景洪、水布垭、瀑布沟、构皮滩、三峡右岸等大型水轮发电机组上成功应用。

4.2.4.5　定子绕组绝缘耐电压试验及评定标准研究

根据合同要求，东电制造了 24 kV、26 kV 两种电压等级的内冷和空冷真机试验线棒，并进行了常规性能试验（1 min 工频耐压试验、瞬时击穿电压试验、介质损耗试验、电晕试验）、电老化试验、冷热循环试验、热稳定性试验（分层试验）和运行环境（潮湿、粉尘和油雾）模拟试验，试验结果表明：

（1）单根线棒均通过 2.75 U_n +6.5 kV、1 min 工频交流耐压试验，满足合同要求。

（2）单根线棒主绝缘的瞬时击穿电压：24 kV 线棒击穿电压最低值为 136 kV，26 kV 线棒击穿电压最低值为 150 kV，均大于或等于 5.5 U_n，满足合同要求。

（3）单根线棒的介质损失角正切值及其增量均满足合同要求。

常态介质损失角正切值最大值不超过 1.0%：$\leqslant$1.5% （0.2 U_n 下）。

常态介质损失角正切值增量最大值不超过 0.5%：$\leqslant$1.0% （0.2 U_n ~0.6 U_n 下）。

热态介质损失角正切值最大值为 5.673%：$\leqslant$6% （155℃、0.6 U_n 下）。

（4）定子线棒的起晕电压大于 50 kV，满足合同规定的大于或等于 1.5 U_n 的要求。

（5）定子线棒的电老化寿命满足合同要求：

3 U_n 下电老化寿命最小值为 60.6 h，大于或等于 50 h；

2 U_n 下电老化寿命最小值为 1647.2 h，大于或等于 1000 h；

冷热循环试验后室温条件下，3 U_n 下电老化寿命最小值为 57.8 h，大于或等于 30 h；

2 U_n 下电老化寿命最小值为 1236.5 h，大于或等于 800 h。

4.2.4.6　24 kV、26 kV 两种电压等级内冷定子线棒绝缘性能试验研究

1）试验线棒

利用三峡定子线棒导线、采用 VPI 绝缘体系及绝缘工艺分别生产了 15 支 24 kV 和 15

支 26 kV 试验线棒（主绝缘工作场强分别为 2.828 kV/mm 和 2.78 kV/mm），并对定子线棒的绝缘性能进行试验。

2）常规绝缘性能试验

（1）1 min 工频交流耐电压试验。所有试验线棒均通过了 2.75 U_n +6.5 kV（24 kV 线棒试验电压为 72.5 kV，26 kV 线棒试验电压为 78 kV）、1 min 工频交流耐电压试验，试验过程中线棒绝缘无击穿现象，端部防晕层无冒烟和放电现象。

（2）电晕试验。所有线棒的起晕电压均大于 50 kV，满足起晕电压不低于 1.5 U_n（24 kV 线棒起晕电压不低于 36 kV、26 kV 线棒起晕电压不低于 39 kV）的要求。

（3）瞬态工频击穿试验。工频击穿试验结果见表 4 - 62。

表 4 - 62　工频击穿试验结果

线棒编号	电压等级（kV）	击穿电压（kV）	击穿场强（kV/mm）
1	24	168	34.29
3		182	37.14
5		171.8	35.06
16	26	180.5	33.43
18		173.6	32.15
20		195	36.11

（4）介质损耗与试验电压。当额定电压 U_n 为 24 kV 和 26 kV 时，线棒绝缘在 0.2 U_n 下的常态介质损耗均不大于 1.5%，最大值为 0.748%；在 0.6 U_n 和 0.2 U_n 下的常态介质损耗测试值的差值均小于 1.0%，最大值为 0.38%；在 0.6 U_n 下的热态（155℃）介质损耗均不大于 6%，最大值为 4.145%。

3）室温电老化寿命试验

根据定子线棒主绝缘工作场强的设计，线棒绝缘的长期老化寿命试验的试验电压和试验场强见表 4 - 63。

表 4 - 63　线棒绝缘的长期老化寿命试验的试验电压和试验场强

试验项目		试验电压（kV）	试验场强（kV/mm）
24 kV 额定电压	2 U_n 室温电老化试验	48	9.796
	3 U_n 室温电老化试验	72	14.694
26 kV 额定电压	2 U_n 室温电老化试验	52	9.63
	3 U_n 室温电老化试验	78	14.44

室温电老化寿命试验结果见表 4 - 64。

表 4 - 64　室温电老化寿命试验结果

试验项目			电老化寿命（h）	指标（h）
线棒编号	2	24 kV 额定电压	1852.8	≥1000
	4		2023.5	
	6	2 U_n 室温电老化试验	1924	
	7		86.0	≥50
	9	3 U_n 室温电老化试验	67.1	
	11		65.5	
	17	26 kV 额定电压	1725	≥1000
	19		1996.5	
	21	2 U_n 室温电老化试验	2246.2	
	22		76.4	≥50
	24	3 U_n 室温电老化试验	88.3	
	26		67.8	

4）冷热循环试验

（1）常态介质损耗测试，试验结果见表 4 - 65、表 4 - 66。

表 4 - 65　24 kV 定子线棒冷热循环试验过程中室温介质损耗试验结果

线棒编号	试验时间	温度（℃）	测试电压（kV）及测试值（%）					$\Delta\tan\delta$
			0.2 U_n	0.4 U_n	0.6 U_n	0.8 U_n	1.0 U_n	
8	试验前	15	0.742	0.748	0.752	0.783	0.782	0.010
	50 次后	14	0.725	0.823	0.945	1.022	1.132	0.220
	100 次后	17	0.746	0.821	0.985	1.122	1.155	0.239
	250 次后	16	0.738	0.843	1.032	1.246	1.311	0.294
	500 次后	18	0.715	0.955	1.523	1.655	2.113	0.808

注：表中仅以编号为 8 号的线棒为例，其他编号线棒结果类似。

表 4 - 66　26 kV 定子线棒冷热循环试验过程中室温介质损耗试验结果

线棒编号	试验时间	温度（℃）	测试电压（kV）及测试值（%）					$\Delta\tan\delta$
			0.2 U_n	0.4 U_n	0.6 U_n	0.8 U_n	1.0 U_n	
23	试验前	17	0.724	0.730	0.734	0.765	0.764	0.010
	50 次后	16	0.707	0.805	0.927	1.004	1.114	0.220
	100 次后	17	0.728	0.803	0.967	1.104	1.137	0.239
	250 次后	16	0.720	0.825	1.014	1.228	1.293	0.294
	500 次后	18	0.697	0.937	1.505	1.637	2.095	0.808
	50 次后	16	0.774	1.063	1.361	1.561	1.808	0.587
	100 次后	17	0.704	0.933	1.405	1.508	1.766	0.701
	250 次后	16	0.744	1.037	1.335	1.604	1.824	0.591
	500 次后	18	0.737	1.030	1.548	1.690	1.945	0.811

注：表中仅以编号为 23 号的线棒为例，其他编号线棒结果类似。

（2）冷热循环试验后的室温电老化寿命，见表 4 - 67。

表 4 - 67　室温电老化寿命

线棒编号	额定电压（kV）	试验项目	电老化寿命（h）	指标（h）
8	24	2 U_n 室温电老化试验	1548.1	≥800
10			1432.8	
13			1255.9	
12		3 U_n 室温电老化试验	64.3	≥30
14			78.9	
15			87.6	
23	26	2 U_n 室温电老化试验	1359	≥800
25			1286.3	
29			1682.5	
27		3 U_n 室温电老化试验	82.5	≥30
28			77.3	
30			61.5	

5）局部放电测试

对试验线棒分别施加额定相电压和额定线电压，采用 LDIC 局部放电测试系统测试试验线棒的局部放电，试验结果见表 4 - 68。

表 4 - 68　局部放电试验结果

线棒编号	额定电压（kV）	试验电压（kV）	放电量（pC）
8	24	13.86（额定相电压）	229
		24.00（额定线电压）	358
10		13.86（额定相电压）	158
		24.00（额定线电压）	330
12		13.86（额定相电压）	264
		24.00（额定线电压）	450
13		13.86（额定相电压）	450
		24.00（额定线电压）	625
14		13.86（额定相电压）	230
		24.00（额定线电压）	523
15		13.86（额定相电压）	260
		24.00（额定线电压）	425

线棒编号	额定电压（kV）	试验电压（kV）	放电量（pC）
23		15.01（额定相电压）	260
		26.00（额定线电压）	458
25		15.01（额定相电压）	280
		26.00（额定线电压）	459
27		15.01（额定相电压）	620
	26	26.00（额定线电压）	980
28		15.01（额定相电压）	220
		26.00（额定线电压）	380
29		15.01（额定相电压）	290
		26.00（额定线电压）	246
30		15.01（额定相电压）	320
		26.00（额定线电压）	410

4.2.4.7　24 kV、26 kV 两种电压等级空冷定子线棒绝缘性能试验研究

1）试验线棒

利用空冷定子线棒导线，采用 VPI 绝缘体系及绝缘工艺，分别生产了 18 支 24 kV 和 18 支 26 kV 试验线棒（主绝缘工作场强分别为 2.828 kV/mm 和 2.78 kV/mm），并对定子线棒的绝缘性能进行试验。

2）常规绝缘性能试验

（1）1 min 工频交流耐电压试验。所有 36 支试验线棒均通过了 $2.75\,U_n + 6.5$ kV（24 kV 线棒试验电压为 72.5 kV，26 kV 线棒试验电压为 78 kV）、1 min 工频交流耐电压试验，试验过程中线棒绝缘无击穿现象，端部防晕层无冒烟和放电现象。

（2）电晕试验。所有 36 支试验线棒的起晕电压均大于 50 kV，满足起晕电压不低于 $1.5\,U_n$（24 kV 线棒起晕电压不低于 36 kV、26 kV 线棒起晕电压不低于 39 kV）的要求。

（3）瞬态工频击穿试验。试验结果见表 4-69，击穿电压不低于 $5.5\,U_n$，击穿场强不低于 25 kV/mm。

表 4-69　工频击穿试验结果

线棒编号	电压等级（kV）	击穿电压（kV）	击穿场强（kV/mm）
T28	24	142	26.30
B26	24	136	25.19
B27	24	138	25.56
T27	26	158	26.33
T30	26	160	26.67
B28	26	156	26.00
B29	26	152	25.33
B30	26	150	25.00

（4）介质损耗与试验电压。当额定电压 U_n 为 24 kV 和 26 kV 时，线棒绝缘在 $0.2\ U_n$ 下的常态介质损耗均不大于 1.5%，最大值为 0.575%；在 $0.6\ U_n$ 和 $0.2\ U_n$ 下的常态介质损耗测试值的差值均小于 1.0%，最大值为 0.171%；在 $0.6\ U_n$ 下的热态（155℃）介质损耗均不大于 6%，最大值为 5.673%。

3）室温电老化寿命试验

室温电老化寿命试验结果见表 4-70。

表 4-70　室温电老化寿命

线棒编号	额定电压（kV）	试验项目	电老化寿命（h）	指标（h）
B12	24	$2\ U_n$ 室温电老化试验	1752.5	≥1000
B20			2123.3	
B21			1829.5	
B13		$3\ U_n$ 室温电老化试验	76.0	≥50
B24			87.5	
B25			64.5	
B14	26	$2\ U_n$ 室温电老化试验	1826	≥1000
B15			1997.3	
B16			1647.2	
B17		$3\ U_n$ 室温电老化试验	86.5	≥50
B18			78.4	
B19			60.6	

4）冷热循环试验

（1）常态介质损耗测试，试验结果见表 4-71 和表 4-72。

表 4-71　24 kV 定子线棒冷热循环试验过程中室温介质损耗测试结果

线棒编号	试验时间	温度（℃）	测试电压（kV）及测试值（%）					$\Delta\tan\delta$
			$0.2\ U_n$	$0.4\ U_n$	$0.6\ U_n$	$0.8\ U_n$	$1.0\ U_n$	
B8	试验前	16	0.542	0.548	0.572	0.583	0.582	0.03
	50 次后	17	0.575	0.673	0.801	0.872	0.982	0.226
	100 次后	15	0.596	0.671	0.84	0.972	1.005	0.244
	250 次后	16	0.588	0.693	0.884	1.096	1.161	0.296
	500 次后	16	0.565	0.805	1.368	1.505	1.963	0.803

注：表中仅以编号为 B8 号的线棒为例，其他编号线棒结果类似。

表4-72 26 kV 定子线棒冷热循环试验过程中室温介质损耗测试结果

线棒编号	试验时间	温度（℃）	测试电压（kV）及测试值（%）					Δtanδ
			$0.2\,U_n$	$0.4\,U_n$	$0.6\,U_n$	$0.8\,U_n$	$1.0\,U_n$	
T4	试验前	16	0.574	0.58	0.596	0.615	0.614	0.022
	50 次后	16	0.557	0.655	0.777	0.854	0.964	0.22
	100 次后	17	0.578	0.653	0.817	0.954	0.987	0.239
	250 次后	17	0.57	0.675	0.864	1.078	1.143	0.294
	500 次后	15	0.547	0.787	1.355	1.487	1.945	0.808

注：表中仅以编号为 T4 号的线棒为例，其他编号线棒结果类似。

（2）冷热循环试验后的室温电老化寿命，见表4-73。

表4-73 室温电老化寿命

线棒编号	额定电压（kV）	试验项目	电老化寿命（h）	指标（h）
B8	24	$2\,U_n$ 室温电老化试验	1648	≥800
B9			1236.5	
B22			1543.2	
B10		$3\,U_n$ 室温电老化试验	58.2	≥30
B11			68.1	
B23			72.6	
T4	26	$2\,U_n$ 室温电老化试验	1357.3	≥800
T5			1386.5	
T10			1584.5	
T20		$3\,U_n$ 室温电老化试验	62.5	≥30
T25			67.3	
T26			57.8	

5）热稳定性试验

取 24 kV 和 26 kV 试验线棒各一支（编号分别为 T23、T21），将线棒置于 160℃烘焙 8 h 后取出，在室内冷却到室温，测量介质损耗与试验电压关系，与受热冲击前进行比较；随后逐步提高温度，分别至 170℃、180℃、190℃、200℃、210℃、220℃、230℃、240℃，重复上述过程，测量介质损耗与试验电压关系。

无论是 24 kV 线棒还是 26 kV 线棒，经过 220℃、8 h 热处理后，介质损耗及增量都没有明显增加，说明主绝缘层没有分层；在 230℃处理后，介质损耗在试验电压为 9 kV 时增加很快，表明主绝缘层出现分层现象。因此，主绝缘出现分层现象的温度高于 220℃。

6）局部放电测试

对 3 支 24 kV 试验线棒（编号分别为 B7、B8、B9）及 5 支 26 kV 线棒（编号分别为 T4、T5、T10、T20、T25）进行了额定相电压和线电压下的局部放电测试，测试结果见表4-74。

表 4 - 74　局部放电测试结果

线棒编号	额定电压（kV）	试验电压（kV）	放电量（pC）
B7	24	13.86（额定相电压）	89.6
		24.00（额定线电压）	118.7
B8		13.86（额定相电压）	74.1
		24.00（额定线电压）	234.8
B9		13.86（额定相电压）	82.7
		24.00（额定线电压）	90.9
T4	26	15.01（额定相电压）	85.6
		26.00（额定线电压）	102.3
T5		15.01（额定相电压）	145.2
		26.00（额定线电压）	213.1
T10		15.01（额定相电压）	78
		26.00（额定线电压）	82.3
T20		26.00（额定线电压）	103.7
		26.00（额定线电压）	129.4
T25		15.01（额定相电压）	277
		26.00（额定线电压）	87.3

从试验结果可知，无论是在额定相电压下还是在额定线电压下，线棒的局部放电均小于 300 pC。

4.2.4.8　环境模拟试验研究

1）试验目的

为了研究水轮发电机组实际运行环境对定子绕组绝缘性能的影响，在实验室建立运行环境模拟试验台，模拟机组实际运行环境的潮湿、油污、粉尘等，并进行试验研究，为 24 kV、26 kV 定子绕组安全运行提供设计和试验依据。

2）试验设计

环境模拟试验的内容和要求见表 4 - 75。

表 4 - 75　环境模拟试验的内容和要求

项目	内容	要求
条件准备	试验平台	建立哈电、东电两厂生产的定子绕组同台试验平台。包括：模拟真机定子铁心槽、电机绕组；加热加湿装置、温湿度测量；试验变压器、5000 V 绝缘电阻表、介质损耗测量仪、局部放电测量仪
	粉尘油污	现场提取电机定子绕组端部的粉尘油污试样，分析测量其组成成分与性能，确定其试验涂覆面密度

续表

项目	内容	要求
模拟试验	粉尘油污实施	根据对现场取样实验分析结果，以一定配比的粉尘油污喷涂在绕组上下端部及铁心表面
	热老化试验	模拟绕组在120℃±5℃（设定绕组最高温度点为控温参考点）温度下，热老化14天为一个周期，累计三个周期
	受潮试验	模拟绕组在室温和相对湿度不低于90%情况下（以试验箱下部为控制参考点），受潮试验14天为一个周期，累计三个周期
性能评价	绝缘电阻	检测方法参照相关标准。三个周期热和湿交替老化后，若绕组绝缘电阻、绝缘介质损耗和局部放电量达到技术要求的范围，且通过1 min交流电压耐电压试验，视为通过水轮发电机绕组绝缘及绝缘结构的耐环境试验
	介质损耗	
	局部放电量	
	耐压试验	

绕组环境模拟试验流程如图4-77所示。其中性能测试包括绝缘电阻、介质损耗、介质损耗增量、局部放电。

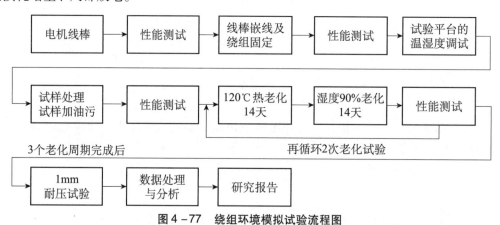

图4-77　绕组环境模拟试验流程图

3）环境模拟试验台

根据三峡集团的统一安排，在东电建立了环境模拟试验台，东电和哈电两厂的定子绕组集中在同一试验台上进行试验。

（1）环境试验箱。具有6 m（长）×2 m（宽）×6.3 m（高）的环境试验箱，能够同时进行哈电、东电模拟定子绕组的试验。

● 配备大电流感应加热装置、鼓风及排风措施，环境试验箱中绕组最高温度能够达到120 ℃±5 ℃，温度和保温时间实行控制和自动记录。

● 环境试验箱中湿度的控制不低于90%，且在室温下进行受潮老化试验。

● 环境试验箱可安全接入高压试验线路及测量引出线路，高压试验线路不受湿度油污等的影响。

● 配备能满足性能测试要求的无局部放电工频试验变压器1台套、5000 V绝缘电阻表1台、绝缘介质损耗测量仪1台套、局部放电量测试仪1台套。局部放电量及介质损耗测量可共用试验变压器，测量线应采用屏蔽线。

● 环境试验箱旁配备三相交流 380V 动力电源，并具有良好的接地线。

（2）模拟定子槽装置。模拟定子铁心用硅铁冲片叠装，铁心长度、槽形尺寸、同层线棒的斜边间隙、上下层线棒之间的端部间隙、定子绕组端部对结构部件之间的距离均按真机设计。该装置能够进行试验绕组的嵌线和端部绑扎固定，绕组端部采取有效支撑。

（3）试验绕组。在模拟铁心中，嵌入 1000 MW 水轮发电机 24 kV 电压等级的真机试验线棒上、下层各 6 根，嵌线后，上、下层的 6 根线棒在槽内全部重叠，高、低电阻防晕搭界区全部重叠，高电阻始端至少有 5 根线棒重叠，绕组槽部、端部固定及绝缘处理等按真机设计进行。哈电试验绕组布置如图 4-78 所示，东电试验绕组布置如图 4-79 所示。

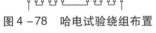
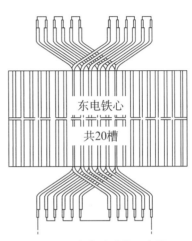

图 4-78　哈电试验绕组布置　　　　图 4-79　东电试验绕组布置

4）运行环境因素（如潮湿、油污、粉尘等）的模拟

（1）温度。采用直流大电流进行绕组内部加热方式加热，使最高温度达到 120℃ ± 5℃，以槽中部层间的温度进行温度测试和控制。

（2）湿度。采用试验箱内部蒸汽加湿方式加湿，控制湿度不低于 90%。

（3）粉尘和油污。在电站（三峡、葛洲坝）运行时间较长的机组上实际采集线棒上、下端部和制动粉尘收集器中的粉尘和油污。

通过对所采集的粉尘和油污试样进行粒度分布特征、组成成分、粉尘和油污的比例以及电气性能分析和测试研究，选择合适的粉尘、油污介质，按特定的比例制备人工粉尘油污，并进行人工粉尘油污的喷涂工艺试验，最终确定人工粉尘油污喷涂工艺，以使粉尘油污喷涂的面密度及其电气性能能够模拟运行环境的实际情况。

5）模拟试验测试结果

（1）人工粉尘油污喷涂前的性能测试。绝缘电阻和极化指数测试；使用 5000 V 绝缘电阻表测试绕组的绝缘电阻和极化指数，测试结果见表 4-76。

表 4-76　绝缘电阻和极化指数测试结果

R_{15s}（GΩ）	R_{60s}（GΩ）	R_{600s}（GΩ）	吸收比（R_{15s}/R_{60s}）	极化指数（R_{60s}/R_{600s}）
9.8	25.2	81.5	2.57	3.23

室温介质损耗测量，测试结果如表4-77所示。

表4-77 介质损耗测试结果

设定电压	$U_n = 24$ kV		$U_n = 26$ kV	
	实际电压（kV）	$\tan\delta$（%）	实际电压（kV）	$\tan\delta$（%）
0.2 U_n	4.7291	0.87	4.8972	0.88
	4.8743	0.88	5.2186	0.89
0.4 U_n	9.487	1.03	10.081	1.05
	9.743	1.03	10.4659	1.05
0.6 U_n	14.3494	1.17	15.2908	1.19
	14.823	1.17	15.6858	1.20
0.8 U_n	19.075	1.30	20.4409	1.34
	19.4818	1.31	20.8036	1.34
1.0 U_n	23.9979	1.44	25.7637	1.51
	24.0919	1.45	26.3379	1.51

局部放电测量，测试结果见表4-78。

表4-78 局部放电测试结果

U_n	设定电压	实际电压（kV）	q_{peak+}	q_{peak-}
24 kV	0.2 U_n	4.9	39.1	29.0
	0.4 U_n	9.8	58.0	64.5
	0.6 U_n	14.2	52.2	49.9
	0.8 U_n	19.4	339.8	57.0

交流耐电压试验，绕组通过了2 U_n +1 kV（即49 kV）、1 min 的交流耐电压试验，在1.05 U_n（即25.2 kV）时定子绕组端部无电晕出现。

（2）人工粉尘油污喷涂后的性能测试。实施人工粉尘油污喷涂22 h 后，进行绕组的绝缘电阻、介质损耗和局部放电的测量。

绝缘电阻和极化指数测试：使用5000 V 绝缘电阻表测试绕组的绝缘电阻和极化指数，测试结果见表4-79。

表4-79 绝缘电阻和极化指数测试结果

R_{15s}（GΩ）	R_{60s}（GΩ）	R_{600s}（GΩ）	吸收比（R_{15s}/R_{60s}）	极化指数（R_{60s}/R_{600s}）
7.9	19.1	75.5	2.42	3.95

室温介质损耗测量，测试结果见表4-80。

表 4-80　介质损耗测试结果

设定电压	$U_n = 24$ kV		$U_n = 26$ kV	
	实际电压（kV）	$\tan\delta$（%）	实际电压（kV）	$\tan\delta$（%）
0.2 U_n	4.7182	0.87	4.9579	0.88
	4.8559	0.87	5.2492	0.88
0.4 U_n	9.475	1.01	10.3909	1.04
	9.8278	1.01	10.5645	1.04
0.6 U_n	14.2996	1.15	15.4218	1.17
	14.4798	1.15	15.6667	1.18
0.8 U_n	19.5189	1.29	20.7384	1.33
	19.7605	1.29	21.1846	1.33
1.0 U_n	23.9957	1.42	25.7289	1.48
	24.0197	1.43	26.198	1.49

局部放电测量，测试结果见表 4-81。

表 4-81　局部放电测试结果

U_n	设定电压（$U_\phi = U_n/\sqrt{3}$）	实际电压（kV）	q_{peak+}	q_{peak-}
24 kV	0.2 U_ϕ	2.8	42	56.4
	0.4 U_ϕ	5.6	41	65.6
	0.6 U_ϕ	8.3	50.8	68.6
	0.8 U_ϕ	11.0	46.4	68.6
	1.0 U_ϕ	13.9	60	67.2
	1.2 U_ϕ	16.5	237.6	142.7
26 kV	0.2 U_ϕ	3.0	42	59.3
	0.4 U_ϕ	6.1	44.4	74.4
	0.6 U_ϕ	9.1	60.5	53.9
	0.8 U_ϕ	12.1	63	72
	1.0 U_ϕ	14.9	126.8	127.2
	1.2 U_ϕ	18.0	337.9	163.1

6）环境试验程序

（1）热老化试验程序。在模拟绕组中各设置 6 个温度监测点，对模拟绕组进行加热，绕组中有一个监测点温度达到 120℃，开始热老化计时；调整加热电流，保持绕组温度（至少一个点）在 120℃ ±5℃范围内，连续进行 14 天后（一个周期）完成第一周期热老化试验。在整个热老化试验过程中，记录绕组和环境的温度、湿度。

（2）受潮试验程序。在模拟试验绕组上部和下部各设置 2 个湿度监测点，热老化周期完成后，待绕组温度降到室温范围时，将环境试验箱的相对湿度（控制点）调整至 90%以上，开始计时；调整蒸汽机的开停时间，保持绕组下部湿度在（90±3）%范围，连续受潮14天（一个周期）完成第一周期受潮试验。在整个受潮试验过程中，记录湿度、温度及其他现象。

（3）性能检测程序。模拟绕组完成受潮试验后，将模拟绕组干燥处理，即加热绕组温度到60~70℃下干燥48 h，然后绕组温度降到室温；测量模拟绕组的绝缘电阻、介质损耗和局部放电量；绝缘电阻的试验电压为5000V DC，介质损耗测试电压最高为额定电压1.0 U_n，局部放电测试电压最高为1.2 $U_n/\sqrt{3}$；做好详细记录。

（4）上述3步为一个循环试验周期，连续进行3个循环周期的模拟试验。

（5）在三个循环周期完成后，进行1 min交流耐电压试验。顺序如下：1.3 U_ϕ（U_ϕ为定子绕组额定相电压）、1.05 U_n、1.5 U_n、2.0 U_n，观察、记录绕组电晕和放电情况；每次1 min耐电压试验完成后，间隔2 h。

（6）各周期环境试验过程中的温度和湿度。监测数据表明，在各加热老化期间，线棒温度监测点中至少有一个点维持在120℃±5℃范围，在各受潮试验期间，线棒下部所处的环境湿度均保持在（90±3）%RH范围；各周期的温度和湿度满足要求。

7）各循环周期环境试验后的性能测试

（1）各循环周期环境试验后的绝缘电阻和极化指数测试结果如表4-82所示。

表4-82　绝缘电阻和极化指数

循环周期	R_{15s}（GΩ）	R_{60s}（GΩ）	R_{600s}（GΩ）	吸收比（R_{15s}/R_{60s}）	极化指数（R_{60s}/R_{600s}）
1st	7.9	20	80	2.53	4.0
2nd	8.7	25.4	122.0	2.92	4.80
3rd	7.85	25.8	117.0	3.29	4.53

（2）各循环周期环境试验后绕组的介质损耗角正切tanδ测量结果如表4-83所示。

表4-83　介质损耗测试结果

循环周期	设定电压	U_n = 24 kV		U_n = 26 kV	
		实际电压（kV）	tanδ（%）	实际电压（kV）	tanδ（%）
1st	0.2 U_n	3.8739	0.76	5.0768	0.84
		5.034	0.80	5.3477	0.85
	0.4 U_n	9.0183	1.19	9.8552	1.26
		9.6037	1.21	10.4364	1.27
	0.6 U_n	14.3968	1.42	15.1175	1.46
		14.9731	1.43	15.6829	1.46
	0.8 U_n	18.9586	1.56	20.7856	1.62
		19.5384	1.56	20.8034	1.62
	1.0 U_n	23.3743	1.69	25.9936	1.76
		24.1037	1.70	26.3936	1.77

循环周期	设定电压	$U_n = 24$ kV		$U_n = 26$ kV	
		实际电压（kV）	tanδ（%）	实际电压（kV）	tanδ（%）
2nd	0.2 U_n	4.58996	0.79	5.07766	0.82
		5.08252	0.82	5.51264	0.83
	0.4 U_n	9.55785	1.52	10.3806	1.57
		10.1557	1.56	10.6908	1.57
	0.6 U_n	14.0313	1.72	15.1653	1.76
		14.441	1.73	15.7532	1.76
	0.8 U_n	19.1585	1.84	20.7331	1.88
		19.6191	1.85	21.2131	1.88
	1.0 U_n	23.4447	1.95	25.8018	2.01
		24.1641	1.95	26.2783	2.01
3rd	0.2 U_n	4.54372	0.92	5.18124	1.00
		4.82856	0.92	5.51698	1.00
	0.4 U_n	9.25957	1.73	10.0767	1.81
		9.67336	1.77	10.5221	1.81
	0.6 U_n	14.3738	2.04	15.0579	2.07
		14.4861	2.05	15.3839	2.07
	0.8 U_n	19.0199	2.18	20.4718	2.21
		19.3637	2.18	20.891	2.21
	1.0 U_n	23.8464	2.30	25.8492	2.35
		24.0046	2.30	26.1604	2.35

（3）各循环周期环境试验后绕组的局部放电测试结果见表4-84。

表4-84　局部放电测试结果

循环周期	U_n	设定电压（$U_\phi = U_n / \sqrt{3}$）	实际电压（kV）	q_{peak+}	q_{peak-}
1st	24 kV	0.2 U_ϕ	2.7	74.3	-69.2
		0.4 U_ϕ	5.6	5008.7	-1704.8
		0.6 U_ϕ	8.3	18 710.2	-4070.2
		0.8 U_ϕ	10.9	13 041.7	-6627.4
		1.0 U_ϕ	13.9	6393	-5689.8
		1.2 U_ϕ	16.5	6179.9	-3857.1
	26 kV	0.2 U_ϕ	2.9	79	-70.6
		0.4 U_ϕ	5.9	7415.9	-4368.6
		0.6 U_ϕ	8.9	10 782.9	-5263.6
		0.8 U_ϕ	12.1	8097.8	-3729.3
		1.0 U_ϕ	15.0	10 314	-4411.2
		1.2 U_ϕ	18.0	6137.3	-4325.9

续表

循环周期	U_n	设定电压（$U_\phi = U_n/\sqrt{3}$）	实际电压（kV）	q_{peak+}	q_{peak-}
2nd	24 kV	0.2 U_ϕ	2.7	62.5	−60
		0.4 U_ϕ	5.6	9375	−2400
		0.6 U_ϕ	8.2	9810	−5530
		0.8 U_ϕ	11	14 556	−5625
		1.0 U_ϕ	13.9	13 115	−5688
		1.2 U_ϕ	16.7	14 523	−6564
	26 kV	0.2 U_ϕ	2.9	70	−62
		0.4 U_ϕ	5.9	9100	−3811
		0.6 U_ϕ	8.9	14 231	−5722
		0.8 U_ϕ	12	13 825	−5755
		1.0 U_ϕ	15.1	14 152	−5698
		1.2 U_ϕ	18	11 250	−5712
3rd	24 kV	0.2 U_ϕ	2.7	70	−64
		0.4 U_ϕ	5.6	2212	−1250
		0.6 U_ϕ	8.2	7386	−4962
		0.8 U_ϕ	11	8812	−5004
		1.0 U_ϕ	13.9	9456	−5983
		1.2 U_ϕ	16.7	9912	−6812
	26 kV	0.2 U_ϕ	2.9	65	−69
		0.4 U_ϕ	5.9	4923	−3256
		0.6 U_ϕ	8.9	7356	−4865
		0.8 U_ϕ	12	9521	−5120
		1.0 U_ϕ	15.1	9546	−5846
		1.2 U_ϕ	18	14 132	−6548

8）绕组交流耐电压试验

在完成三个循环周期的环境试验后，对绕组进行 1 min 交流耐电压试验，试验结果见表 4 – 85。

表 4 – 85　交流耐电压试验结果

额定电压（kV）	试验电压	升压方式	是否通过
24	1.30 U_ϕ、18.01 kV	连续升压、停留 1 min	通过
	1.05 U_n、25.20 kV	连续升压、停留 1 min	通过
	1.50 U_n、36.00 kV	连续升压、停留 1 min	通过
	2.00 U_n、48.00 kV	连续升压、停留 1 min	没通过
26	1.30 U_ϕ、19.52 kV	连续升压、停留 1 min	通过
	1.05 U_n、27.30 kV	连续升压、停留 1 min	通过
	1.50 U_n、39.00 kV	连续升压、停留 1 min	通过
	2.00 U_n、52.00 kV	连续升压、停留 1 min	未试验

在绕组按 24 kV 级考核、进行 $2.0\,U_n$（48.00 kV）交流耐电压试验中，试验电压加压至 48 kV、停留 15 s 时发生主绝缘击穿现象，击穿部位在上层 D10 线棒上端部出槽口约 150 mm 处。由于主绝缘已被击穿，故未进行 26 kV 级的 $2.0\,U_n$（52.00 kV）耐电压试验。

为进一步了解其他线棒的绝缘状态，解开主绝缘已被击穿的线棒，对绕组剩余 11 根线棒进行 $2\,U_n$ 耐压试验，结果全部通过，见表 4 – 86。

表 4 – 86　第三周期试验后绕组单根线棒的耐压试验结果

线棒	线棒编号	$2\,U_n$（24 kV 级）	$2\,U_n$（26 kV 级）
上层	D8 – T24	48.00 kV, 1 min 通过	52.00 kV, 1 min 通过
	D9 – T22	48.00 kV, 1 min 通过	52.00 kV, 1 min 通过
	D11 – T17	48.00 kV, 1 min 通过	52.00 kV, 1 min 通过
	D12 – T16	48.00 kV, 1 min 通过	52.00 kV, 1 min 通过
	D13 – T19	48.00 kV, 1 min 通过	52.00 kV, 1 min 通过
下层	D8 – B6	48.00 kV, 1 min 通过	52.00 kV, 1 min 通过
	D9 – B1	48.00 kV, 1 min 通过	52.00 kV, 1 min 通过
	D10 – B2	48.00 kV, 1 min 通过	52.00 kV, 1 min 通过
	D11 – B5	48.00 kV, 1 min 通过	52.00 kV, 1 min 通过
	D12 – B3	48.00 kV, 1 min 通过	52.00 kV, 1 min 通过
	D13 – B4	48.00 kV, 1 min 通过	52.00 kV, 1 min 通过

9）试验结果分析

（1）绝缘电阻变化。绕组的绝缘电阻与测量温度有关。为便于比较分析绕组绝缘电阻随环境模拟试验的变化，将不同室温下的测量值 R_t 进行归一化处理，即换算为 100 ℃ 下的等效值 R_{100}，以减少温度对电阻测量的影响。

根据 GB/T 8564—2003 中 9.3.18 的要求，可算出在本试验中 24 kV 和 26 kV 级整机绕组在 100 ℃ 的绝缘电阻值分别不应低于 2.18 MΩ 和 2.36 MΩ。

同时，可将室温下测量的绕组绝缘电阻值 R_t 换算为 100 ℃ 下绕组的电阻等效值 R_{100}，换算结果见表 4 – 87。从表 4 – 87 中可知，绕组在 100 ℃ 下的等效绝缘电阻值在初始状态最大，且随着人工粉尘油污的喷涂和环境模拟试验周期的增加而减小，但远高于最低值要求。

表 4 – 87　绕组的绝缘电阻、吸收比和极化指数

绕组状态	室温（℃）	R_{15s}（GΩ）		R_{60s}（GΩ）		R_{600s}（GΩ）		吸收比（R_{15s}/R_{60s}）	极化指数（R_{60s}/R_{600s}）
		R_t	R_{100}	R_t	R_{100}	R_t	R_{100}		
人工粉尘油污喷涂前	28	9.8	0.332	25.2	0.855	81.5	2.764	2.57	3.23
人工粉尘油污喷涂后	24.5	7.9	0.227	19.1	0.549	75.5	2.172	2.42	3.95

续表

绕组状态	室温（℃）	R_{15s}（GΩ）		R_{60s}（GΩ）		R_{600s}（GΩ）		吸收比（R_{15s}/R_{60s}）	极化指数（R_{60s}/R_{600s}）
		R_t	R_{100}	R_t	R_{100}	R_t	R_{100}		
第一循环周期试验后	21	7.9	0.193	20.0	0.488	80	1.952	2.53	4.0
第二循环周期试验后	13.5	8.7	0.149	25.4	0.436	122.0	2.093	2.92	4.80
第三循环周期试验后	12	7.85	0.125	25.8	0.412	117.0	1.870	3.29	4.53
变化率（%）	—	−19.9	−62.3	2.4	−51.8	43.6	−32.3	28.0	40.2

模拟绕组的吸收比均大于 1.6，极化指数均大于 2.0，吸收比和极化指数随着试验周期呈增大的趋势，但都符合国家标准 GB/T 8564—2003 的要求。

（2）介质损耗角正切 tanδ。模拟绕组在不同试验周期的介质损耗角正切 tanδ 值的变化趋势如图 4-80 所示。

结果表明：在试验电压范围，介质损耗角正切随外加电压的增加而增加；在耐环境试验前，损耗与所加电压成线性增加关系；在耐环境试验后，损耗与所加电压不成线性关系，在 0.4 U_n 处存在明显拐点。

从图 4-80 可知，模拟绕组的 tanδ 值随耐环境试验周期呈线性增加；三个试验周期结束后，tanδ 值变化显著，tanδ 变化率高于 50%。

介质损耗角正切增量 Δtanδ 随试验周期的变化曲线如图 4-81 所示，从图中可见，自第一个试验周期结束后，Δtanδ 呈线性增加。

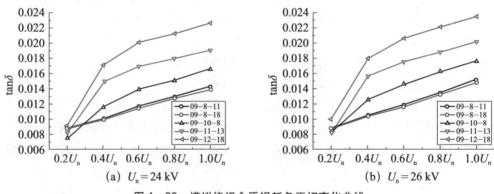

图 4-80　模拟绕组介质损耗角正切变化曲线

（3）局部放电。局部放电随试验周期的变化可以看出，模拟绕组在环境试验前后的局部放电量在 0.4$U_φ$ 试验电压以上有显著增加。

（4）交流耐电压试验。从表 4-85 试验数据可以看出，经过三个周期的耐环境模拟试验后，模拟绕组分别通过了 24 kV、26 kV 的 1.3$U_φ$、1.05U_n、1.5U_n 耐压试验。在进行 2U_n 耐压试验时，在承压（48.00 kV）15s 时发生主绝缘击穿，击穿部位位于一根上层线棒（D10）上端部距出槽口 150 mm 处，并通过线棒间垫块和绑带表面的路径向相邻线棒

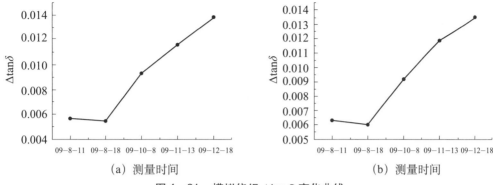

图 4 -81　模拟绕组 △tan δ 变化曲线

（D9）沿面放电，其原因有待进一步分析。

从试验数据可见，在随后的单只线棒耐压试验中，11 根线棒均通过 24 kV 级和 26 kV 级的 $2U_n$ 耐压试验，但其 $1.0U_\phi$ 局部放电量大于 4500 pC。

10）问题分析与后续研究

（1）问题分析。针对模拟绕组在环境试验前后的介质损耗、局部放电有显著变化，且一根定子线棒在进行 48 kV 的交流耐电压过程中出现主绝缘击穿问题，分析认为，问题的原因，一是环境模拟试验后线棒主绝缘与铜导线间产生脱壳影响，局部放电大，造成对主绝缘的电腐蚀现象；二是真机模拟线棒绝缘结构的主绝缘最高工作场强设计为 2.828 kV/mm，偏高；通常情况下，额定电压高于 20 kV 的绝缘结构的主绝缘最高工作场强取值应低于 20 kV 绝缘结构的主绝缘最高工作场强。东电了解到 ALSTOM 设计的 24 kV 内冷线棒 VPI 绝缘结构的主绝缘最高工作场强为 2.47 kV/mm，27 kV 绝缘结构的主绝缘最高工作场强为 2.43 kV/mm；日立设计的 27 kV 内冷线棒 VPI 绝缘结构的主绝缘最高工作场强为 2.15 kV/mm；三是原试验线棒导线的高宽比为 5.14，在绝缘包扎时造成线棒高度和宽度方向的绝缘厚度差值大，线棒的制造难度较高，所采取的工艺措施不足。

（2）改进措施及后续研究。根据原因分析，改进措施以解决主绝缘与导体黏接性能为重点，完善和提高 VPI 线棒工艺技术质量。

导线改进：目前，导体排间绝缘材料树脂含量为 70% ~75%（900~1100 g/m²），导线压制后，排间绝缘中的树脂被挤压流出附着在线棒绝缘表面，产生光滑的表面，减少主绝缘与导线的接触面。针对此问题，降低排间绝缘树脂含量，使得压制后导线表面无黏接树脂，提高主绝缘与导线的黏接性能。

主绝缘结构改进：据了解，SIEMENS 公司首层采用双面补强云母带（聚酯无纺布、玻璃布），VonRoll 公司技术专家提出首层云母带采取反包扎方式。试验线棒使用的是一种云母带和常规包扎方式，可能不适合电压等级为 24 kV 的长线棒。改进主绝缘结构，在新试验线棒生产时，首层采用双面补强含促进剂的云母带 374.15 进行包扎，以提高内层云母带与导线的黏接性能。

降低主绝缘的工作场强：降低主绝缘的工作场强，增加绝缘设计裕度，提高主绝缘绝缘性能的稳定性。对于 24 kV 绝缘结构，设计工作场强由 2.828 kV/mm 降低到 2.6145 kV/mm，即主绝缘厚度由单面 4.90 mm 增加到 5.30 mm。

工艺方式：改进绝缘包扎工艺，控制线棒高度和宽度方向的绝缘厚度均匀性；改进主绝缘热模压固化工艺，避免主绝缘在热模压固化过程中，线棒直线部分和端部的绝缘处于不同状态而影响主绝缘的连续性。

基于改进方案，新制作了额定电压为 24 kV 的试验线棒，上、下层线棒各生产 30 只，重新进行线棒绝缘性能的系统评定试验和模拟绕组的环境模拟试验：上、下层线棒各 6 只用于环境模拟试验，6 只上层线棒用于冷热循环试验，3 只线棒用于常规性能测试，3 只线棒用于分层试验，6 只下层线棒用于寿命试验。后续研究试验结果全部达到课题合同要求。

4.2.5 多胶模压与少胶真空压力浸渍（VPI）两种绝缘技术研究成果对比分析

哈电、东电 24 kV、26 kV 线棒采用的绝缘技术在绝缘材料、结构、工艺等方面均不相同，表 4-88 列出了两厂及两个电压等级的绝缘技术的异同点。

表 4-88　哈电、东电两种绝缘技术研究对比

序号	绝缘技术		哈电		东电		合同技术条件要求
	24kV	26kV	24kV	26kV	24kV	26kV	
1	主绝缘工艺		多胶模压		少胶真空压力浸渍（VPI）		
2	主绝缘材料		F 级高电压场强环氧玻璃粉云母带		环氧酸酐浸渍树脂和含促进剂的云母带（B 型）		
3	主绝缘结构						
3.1	主绝缘单边厚度（mm）		5.25	6.20	4.9（5.3）	5.4	
3.2	场强取值（kV/mm）		2.64	2.42	2.828（2.6145）	2.78	≥2.6（研究争取目标值）
3.3	防晕结构		防晕结构与主绝缘热模压"一次成型"；定子绕组端部喷涂高阻防晕漆处理技术		全防晕结构，采用新型高电阻防晕漆		
3.4	线棒高宽比		4.57	4.19	5.14		
4	常规性能试验参数						
4.1	击穿电压（kV）		160.9	168.8	136	150	≥5.5 U_n
4.2	击穿场强（kV/mm）		30.65	27.23	27.76	27.78	
4.3	局部放电量（pC）		110~710	230~1430	158~625 内冷 74.1~234.8 空冷	220~980 内冷 78~213.1 空冷	

续表

序号	绝缘技术		哈电		东电		合同技术条件要求
	24kV	26kV	24kV	26kV	24kV	26kV	
4.4	常态绝缘介质损耗 tanδ（%）		≤1%		≤1%		≤1.5%（$0.2U_n$）
4.5	损耗增量 Δtanδ		≤0.50%		≤0.50%		≤1.0% （$0.2U_n \sim 0.6U_n$）
4.6	热态介质损耗（155℃）		≤5.0%		5.673%		≤6.0%
5	环境模拟试验参数						
5.1	介质损耗增加		无明显增加		较明显增加		无明显增加
5.2	局部放电量增加		无明显增加		较明显增加		无明显增加

从表 4-88 可知，哈电和东电主绝缘采用的材料和成型工艺不同，因此，线棒在结构参数和绝缘性能方面也存在不同。

哈电由于采用多胶模压的成型工艺，其 24 kV、26 kV 线棒主绝缘的厚度值较东电取值高，相应场强取值和东电相比较低。哈电 24 kV、26 kV 线棒在击穿电压（或击穿场强）、热态介质损耗参数上略优于东电，其他参数，如局部放电量、常态介质损耗和增量等常规性能参数则基本相当。

在环境模拟试验方面，哈电 24 kV、26 kV 线棒的介质损耗和局部放电量均无明显增加；东电 24 kV 个别线棒则在试验后上述两参数出现较大变化，为此，东电进行了专门的分析，并进行了改进和补充试验。

综合而言，哈电的多胶模压和东电的少胶 VPI 绝缘技术均是成熟可靠的，两种方式下的 24 kV、26 kV 线棒常规性能参数均能较好地满足本项目技术条件的要求。另外，哈电采用的绝缘技术方案和工艺能较好地适应环境模拟试验的要求，东电 24 kV 线棒在绝缘结构、导线、工艺及场强参数取值等方面进行适当改进和调整后，满足了环境模拟试验的相关要求。

4.2.6　1000 MW 水轮发电机机组 24 kV、26 kV 绝缘技术及试验研究主要结论

4.2.6.1　哈电 24 kV、26 kV 绝缘技术研究试验的主要结论

（1）哈电完成了科研课题合同中的所有研究内容，各项研究内容的目标全部达到合同要求的指标。

（2）24 kV 和 26 kV 级水轮发电机仿真定子线棒主绝缘材料采用 F 级高电压场强环氧玻璃粉云母带，通过优化热模压工艺，制造的线棒常规性能如绝缘介质损耗、电气强度、防晕水平及热态损耗（155℃）达到 CEEIA 154-2003《大型水轮发电机产品质量无感电阻和电容分等标准》中优等品水平。

（3）研制的 24 kV、26 kV 级水轮发电机仿真定子线棒 3.0 U_n、2.0 U_n 电老化和电热老化寿命结果远远优于合同要求的指标。

（4）研制的 24 kV、26 kV 级水轮发电机仿真定子线棒经过冷热循环（500 周期）试验结束后，线棒绝缘整体性、绝缘介质损耗及局部放电量等，与初始值相比没有明显的变化，特别是线棒绝缘介质损耗增量几乎无变化。

（5）研制的 24 kV、26 kV 级水轮发电机仿真定子线棒经过冷热循环（500 周期）试验结束后，2.0 U_n 电老化和电热老化（120℃）寿命远远优于合同要求的指标，说明哈电采用的 F 级多胶模压主绝缘系统，可以满足 24 kV、26 kV 级 1000 MW 水轮发电机组对主绝缘的要求。

（6）研制的 24 kV/1000 MW 和 26 kV/1000 MW 仿真定子线棒常规性能及可靠性能均达到科研合同的要求；冷热循环试验及模拟耐环境因素试验结果表明，哈电采用的 F 级多胶模压主绝缘系统研制的 24 kV 和 26 kV 级仿真定子线棒，可满足 1000 MW 水电机组长期安全运行要求。

4.2.6.2 东电 24 kV、26 kV 绝缘技术研究试验的主要结论

（1）单根线棒均通过 2.75 U_n +6.5 kV、1 min 工频交流耐压试验，满足合同要求。

（2）单根线棒主绝缘的瞬时击穿电压：24 kV 线棒击穿电压最低值为 136 kV，26 kV 线棒击穿电压最低值为 150 kV，均大于或等于 5.5 U_n，满足合同要求。

（3）单根线棒的介质损耗角正切值及其增量均满足合同要求。

常态介质损耗角正切值最大值不超过 1.0%，不大于 1.5%（0.2 U_n 下）。

常态介质损耗角正切值增量最大值不超过 0.5%，不大于 1.0%（0.2 U_n~0.6 U_n 下）。

热态介质损耗角正切值最大值为 5.673%，不大于 6%（155℃、0.6 U_n 下）。

（4）定子线棒的起晕电压大于 50 kV，满足合同规定的大于或等于 1.5 U_n 的要求。

（5）定子线棒的电老化寿命满足合同要求。

3 U_n 下电老化寿命最小值为 60.6 h，≥50 h；2 U_n 下电老化寿命最小值为 1647.2 h，≥1000 h；

冷热循环试验后室温条件下，3 U_n 下电老化寿命最小值为 57.8 h，≥30 h；2 U_n 下电老化寿命最小值为 1236.5 h，≥800 h。

（6）东电采用的少胶 VPI 主绝缘系统研制的 24 kV 仿真定子线棒，经过三个循环周期的环境模拟试验后，模拟绕组的等效绝缘电阻均有下降，而吸收比、极化指数和介质损耗角正切均有增加，上述参数指标符合 GB/T 8564—2003《水轮发电机组安装技术规范》、DL/T 492—2009《发电机定子绕组环氧粉云母绝缘老化鉴定导则》的要求。

经过三个周期的环境模拟试验后，模拟绕组的局部放电量均有增加，且变化显著。试验过程中试验绕组的局部放电量偏大，有超过 10000 pC 的现象。

在进行 24 kV 级 2 U_n 耐压试验时，发生线棒端部主绝缘反常击穿现象，对模拟绕组剩余的 11 根线棒进行单根线棒耐压试验，均通过了 24 kV 级和 26 kV 级 2 U_n 耐压试验。经过改进和补充试验，达到合同要求，研究成果可用于 1000 MW 水轮发电机组。

4.3　1000 MW 水轮发电机整体通风模拟试验研究

4.3.1　概述

前面的有关章节对 1000 MW 可选择的几种冷却技术做了比较论述，共有三种可选方案：全空冷、定子纯水内冷、定子蒸发冷却。这三种可选方案均有实际运行经验，并且都在三峡 700 MW 机组上有应用，32 台 700 MW 机组中，24 台机组采用定子纯水内冷，6 台机组采用全空冷，2 台机组采用定子蒸发冷却。定子纯水内冷方案在国外 700 MW 机组上普遍使用，全空冷技术在中小型机组上普遍采用，但在 700 MW 级机组上应用始于三峡右岸的哈电机组。后续建设的向家坝、溪洛渡机组也都采用了这种冷却方案。蒸发冷却属于中国自主知识产权的创新技术，目前应用实例较少，对 700 MW 级机组，仅在三峡 27 号、28 号机组上得到了应用。经过综合分析一致认为，1000 MW 机组拟优先选择全空冷方案，蒸发冷却作为备选方案，定子纯水内冷作为最后的选择，只有在前两个方案不可行的情况下才采用。同时认为，定子纯水内冷方案在国内外巨型机组上应用相当成熟，不再做专题研究。而对全空冷应用于 1000 MW 机组还需进行深入研究。

通过在缩小的发电机整体模型上进行通风模型试验，并与通风冷却计算相互印证，是全空冷技术研究最常用、最有效的方法之一。为此，东电、哈电均建立了乌东德、白鹤滩水轮发电机通风模型，并开展了试验研究，结论是，全空冷设计方案应用于两个电站 1000 MW 发电机组均是可行的。两个制造厂对乌东德、白鹤滩机组的模型研究方法相同，只是模型与真机比例略有不同，为节省篇幅，本节仅对哈电的白鹤滩水轮发电机通风模型研究进行论述。

白鹤滩水轮发电机通风模型与真机比例为 1:6。整个系统由通风模型、拖动系统、测试系统等组成。通风模型由定子、转子、轴承系统、上机架、下机架、基础板等部分组成。通风模型大体上可做到几何相似，但定子、转子通风沟严格按几何相似设计是不可行的。本专项研究从理论上说明了为使这些路径内的空气处于相似状态流动，这部分模型的面积可按其与真机的相似比设计，达到模型局部相似。拖动系统由变频器和拖动电机组成，通过变频器改变拖动电机的电源频率，从而改变拖动电机转速，保证模型稳定工作在各转速工况。在通风模型与拖动电机之间安装扭矩传感器，测量通风模型的通风损耗，折算出真机通风损耗值。通风模拟试验将在验证真机各部分计算所采用的数学建模方法的正确性、检验真机通风系统设计的可行性、评价改进真机通风系统结构的合理性等方面发挥重要作用。

4.3.2　研究内容

（1）根据初步电磁方案及结构进行通风计算，初步确定通风系统结构。

（2）依据相似理论和真机初步尺寸进行通风模型设计，制造、安装调试通风模型。

（3）进行白鹤滩 1000 MW 水轮发电机通风模型的试验。

（4）分析试验数据，与计算结果对比分析。

4.3.3 研究方法

4.3.3.1 通风模型设计的理论基础

1）电机通风的物理现象

由于只限于讨论电机稳定运行情况下的通风现象，因此，一切物理参数全是恒定的，不随时间改变，为定常过程。

电机通风的目的在于冷却电机各部件，在流动过程中伴随着能量的交换，因此，电机中空气所参与的过程分为空气动力和热交换现象两方面。

电机转子的运动造成空气压力的升高，压力差是空气运动的最根本原因，因此，电机通风是有压轻流体运动。

电机中气流速度一般不超过 50 m/s，它所能产生的动压力不超过 1500 Pa，相对大气压力只占 1.6%，因此，电机内部压力变化引起的空气密度改变不超过 1.6%，可以认为是不可压缩流体的流动。

空气参与热交换，固体表面向空气放热，因此，空气在电机中有一定的温度差别，这样才能维持热量的传递，因此，气流是不等温的。

电机中气流的分布、涡流的产生与消失、气动阻力以及能量损失都与空气的黏性分不开，因此，黏性是电机通风问题不可忽视的因素。

综上所述：电机通风系统中的流动现象属于黏性不可压缩轻流体做不等温定常流动。

这一现象应遵守的基本物理规律是：质量守恒，能量守恒，牛顿内摩擦定律$f = \mu \frac{\partial v}{\partial n}$，牛顿力学定律$F = ma$，傅里叶导热定律$q = -\lambda \frac{\partial t}{\partial n}$，牛顿放热定律$q = \alpha \Delta t$。

根据牛顿力学定律：外力合力与惯性力平衡，这样得到描写运动规律的关系式。压差力 + 摩擦力 = 惯性力，即：

$$-\nabla p + \mu \nabla^2 v = \rho (v \cdot \nabla) v \qquad (4-3)$$

由于气体做受迫运动主要是压力的作用，因此，这里忽略温差产生的浮升力作用。实际上，电机静止时没有明显的气流就是很好的实验证明。

由质量守恒得到，任何封闭的空间流入的质量等于流出质量。

$$\nabla (\rho v) = 0 \qquad (4-4)$$

至此，方程式（4-3）、式（4-4）有两个未知量 P（x，y，z）、v（x，y，z），两个向量方程可以解出这两个未知数，即方程已经封闭。但是，由于严格考虑温度分布对密度 ρ 和黏度 μ 的影响，必须了解温度分布才能知道密度和黏度的分布。由能量（热量）守衡，空气内能增加等于导入热量加摩擦功。可增加一个未知标量温度 θ 和导热方程。但由于方程十分复杂，再加上电机中风道的边界条件也十分复杂，无法得到解析解答。实际上，电机中温度分布对 ρ 和 μ 的影响并不大，电机一般空气进出口温差为 18～30K，电机冷空气温度约为 40℃，可见空气在电机内部的温度变化范围最大不过是 40～70℃。在这个范围内空气密度 ρ 变化8.7%，黏度变化约为 13%。由于黏性流体的运动有稳定性和自模性——速度和压力分布在黏性、密度变化相当范围内是不改变的，这样，电机中空气温度的变化不会使气流速度和压力产生显著变化。实际电机在空转——温度很低且较均匀情况下的流量、速度、压力与在负载情况下是一致的就是个证明。这样在研究通风时就可以略去温度影响，简化为黏性不可压轻流体的等温定常流动。

运动方程：
$$\rho(v \cdot \nabla) = -\nabla p + \mu \nabla^2 v \qquad (4-5)$$

连续性方程：
$$\nabla v = 0$$

边界条件：黏性流体壁面上速度与固体面速度一样，即：$v = \omega$

这样就大大简化了对模型的要求，说明可以用冷模型研究电机的通风问题。

2）电机通风系统的相似分析

由描写电机通风现象的方程组或基本定律出发，根据相似原理可以推导出两个现象相似的必要充分条件。

如果确定物理现象的完整物理参数，在两系统中对应的空间和时间段上都呈线性关系，则把两系统中的两现象叫作物理相似现象。空间相似指几何位置对应成比例。时间相似指对现象所选时间起点有对应的时刻，这对现象参数恒定不变的定常现象则没有限制。

电机通风现象是指空气受力运动，因此描写力和运动的物理参数要对应成比例（即相似）。

对应的空间应有相似的速度（加速度），方向一致，大小成比例，或叫速度（加速度）场相似，这是运动相似，即

$$C'_v = \frac{v'}{v}$$

式中：v' 为模型速度；v 为真机速度。

对应的空间作用着同样性质的力，主要是压力、黏滞力，并且相应成比例，方向一致，这就是动力相似，即

$$C'_p = \frac{p'}{p}$$

$$C'_\tau = \frac{\tau'}{\tau} \quad \left(\tau = \mu \frac{\partial v}{\partial n} \right)$$

式中：p' 为模型压力；p 为真机压力；τ' 为模型黏滞应力；τ 为真机黏滞应力。

现象的综合结果是在一定物理条件下产生的，参与介质的物理参数相似，即物性相似。

主要是
$$C'_\rho = \frac{\rho'}{\rho}$$

$$C'_\mu = \frac{\mu'}{\mu}$$

式中：ρ' 为模型密度；ρ 为真机密度；μ' 为模型黏度；μ 为真机黏度。

要达到以上诸相似，在两系统中相似系数 C' 是不能任意选的。由描写现象的基本物理定律所制约的各量之间的关系，根据相似分析原理可以导出两个现象相似的条件，并且有鲜明的物理意义。

在流管系统中，由牛顿力学定律 $F = ma$，压差力产生加速度。

第一系统中取一流管　　$\Delta s(p_1 - p_2) = \rho \Delta s L v_1 \dfrac{v_2 - v_1}{L}$ 　　　　　　　（4 – 6）

其中：等号左式表示压力，等号右式表示惯性力。

第二系统中取相应流管　　$\Delta s'(p_1' - p_2') = \rho' \Delta s' L v_1' \dfrac{v_2' - v_1'}{L}$ 　　　　（4 – 7）

相似则　　　　　　　　$C_v' v = v' C_p' p = p' C_\rho' \rho = \rho' C_L' L = L'$ 　　　（4 – 8）

式中：v' 为模型速度；v 为真机速度。

将式（4 – 8）带入式（4 – 7）

$$C_L'^2 C_p' \cdot \Delta s'(p_1 - p_2) = C_\rho'^2 C_L'^2 C_v'^2 \rho s L v_1 \frac{v_2 - v_1}{L}$$ 　　（4 – 9）

将各相似关系带入可得到式（4 – 10），即欧拉准数。

$$\frac{\rho'}{v'^2} = \frac{p}{\rho v^2} = \text{constant}$$ 　　　　　　　　（4 – 10）

即：　　　　　　　　　　　　$Eu = \dfrac{p}{\rho v^2}$ 　　　　　　　　（4 – 11）

两系统中有相等的 Eu 的意义，就是压力与惯性力的比值在两系统中对应相等。或是说两系统中压力与速度分布相似，则两系统中压力与惯性力成比例。

此外，系统中还有黏性产生的摩擦力存在。按牛顿力学定律

$$\Delta s \mu \frac{v_2 - v_1}{L} = \rho \Delta s L v_1 \frac{v_2 - v_1}{L}$$ 　　　　（4 – 12）

式中，等号左式表示摩擦力，等号右式表示惯性力。

采用同样分析方法可得到两系统中方程完全相同的条件为：

$\dfrac{C_L' C_v' C_\rho'}{C_\mu'} = 1$ 或 $\dfrac{L' v' \rho'}{\mu'} = \dfrac{L v \rho}{\mu} = Re = $ 常数　　即雷诺准数。

$$Re = \frac{L v}{\gamma}$$ 　　　　　　　　　　（4 – 13）

两系统相似要 Re 准数相等的物理意义是两系统中对应的惯性力与摩擦力成比例。Re 数的意义是系统中一点的惯性力与摩擦力的比值。这里认为两系统中密度全都不变，所以各处速度在封闭面上的通量为零就满足质量守恒。既然速度分布相似，则两系统必定自动相应满足质量守恒，因此，不必另加条件。

以上分析了不可压黏性轻流体等温定常流动所要遵守的全部规律。可见 Re、Eu 两准数对应相等是两系统运动相似和动力相似的必要条件。其物理意义是，两系统中处处作用相同性质的力，摩擦力、压力和速度分布成比例。

根据相似第三定律，两系统相似的充分条件是定型准数相等，单值条件相似。

由于 Eu 准数只是 Re 准数的函数 $Eu = f(Re)$，所以，只要 Re 准数相等就可以了，这时 Eu 准数自动相等。

因为是定常现象，单值条件中时间条件不需要。

物理条件：因为认为是等温流动，$\theta = $ 常数，其他 $\rho = $ 常数，$\mu = $ 常数都自动满足了。因为压力变化小于 1.6%，任何均质流体全能保持 $\rho = $ 常数，$\mu = $ 常数。冷模型自动保持

$\theta \approx$ 常数。

几何条件：几何相似，要求两系统尺寸成比例，形状一样，表面相对粗糙度相等，这些是影响气动特性的主要物理因素。

边界相似：介质全有黏性，黏性固壁条件 $v = \omega$ 自动满足，v 为流体速度，ω 为固体表面速度，这里只要求固体表面有对应的速度就可以了，由于电机中只有转子上的构件运动，几何尺寸又成比例，所以这一条件也自动满足。

这样对一个冷模型相似的条件只有两个：一个是几何相似；另一个是 Re 准数相等。

4.3.3.2　电机通风系统的模化

由以上相似分析说明，在近似地认为电机通风属于黏性不可压轻流体的定常等温流动时，只要保持模型的 Re 准数与实体相等，模型在几何上与实体完全相似就可以了。这样模型中压力分布和气流速度分布与实际电机对应相似。电机通风系统极为复杂，它包括旋转的压力元件和各种形状的风阻元件，但它有以下几个方面的流动特性：

（1）风路全是由短的风道组成，截面多变化，因此，局部阻力为主，沿程阻力很小，只占 10% 左右。

（2）全部压头由转子产生，压头正比于转子周速二次方。

（3）电机中转动部件中的气流产生很大的搅动作用，在风道中造成很高紊流度，白鹤滩水轮发电机的雷诺数约为 9.65×10^7，处于充分紊流状态。

（4）由于封闭循环系统中空气周而复始，没有外来气流影响，边界条件可以自动建立。

以上特点使模型模拟真机得到简化。

1）模化的近似实现

模型以几何相似为基础（个别元件不相似）。尺寸比例选用 1:6，使得模型具有适中的尺寸。这样制造经济简便，实验测量也方便。

在几何相似条件方面遇到的制造困难是表面粗糙度问题。模型尺寸缩小到 1/6，只有模型加工表面粗糙度高于实际电机 6 倍时才能保持相对表面粗糙度相等。这在工艺上很难实现。但是电机风路第一个特点说明表面粗糙度对系统风阻的影响很小。总的来说，保持几何形状相似就保证了风阻的性质和大小与实体相似。

模化的第二个特点是模型中 Re 数与实体中对应相等。由于模型缩小，模型采用与实体一样的介质，则要求模型中风速是实体的 6 倍。由黏性流体的壁面条件可知，固体壁速度在模型中是相应实体的 6 倍，这样，模型转子的转速是实体转速的 36 倍。旋转元件中的机械应力 σ 与速度成正比增加。实际电机中材料应力已经达到极限，那么模型中应力再大 35 倍是不可能的。除去在转子上应用轻质铝材料外，还必须降低速度。这样模型中 Re 数必将小于实体中的 Re 数。风路的第三个特点，白鹤滩水轮发电机的雷诺数为 9.65×10^7，处于充分紊流状态。随着流体雷诺数的变化，流动截面上的速度分布也随之发生变化，但当雷诺数大到一定值之后，如雷诺数再增大，则此截面上的速度分布情况就不再变化了。这就是说，在此情况下，流动截面上速度分布与雷诺数无关，这一流动区域称为流体的自模区。假设管内流体的平均速度与中心线处流体最大流速之比为 K，从图 4-70 可以看出，对于层流，K 是一个定值。随着雷诺数增大，K 值也增大。当雷诺数到达 10^6

以后，K值迅速接近于1，这是紊流特点之一，与自模区的说法是基本一致的。如在规定的转速范围内能使模型处于自模区，虽然模型的雷诺数小于真机的雷诺数，但速度分布保持相似，达到模型与真机的通风过程在流动上的相似（见图4－82）。在此条件下，只要保持模型与真机几何形状相似就足够了。

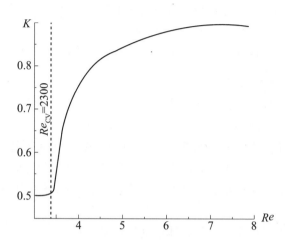

图4－82　管道中平均流速及最大流速之比K与雷诺数的关系

由此可知，为了保证模型与真机流体流动上的相似性，应使模型中流体的雷诺数在10^6以上。模型内流体的流动将进入自模区。以下为通风模型在转速100 r/min下的雷诺计算值。

$$V_m = \frac{\pi \times D_m \times n}{60} = \frac{\pi \times 2.687 \times 100}{60} = 14.1(m/s) \qquad (4-14)$$

$$Re_m = \frac{V_m \times D_m}{\gamma_m} = \frac{14.1 \times 2.687}{15.11 \times 10^{-6}} = 2.5 \times 10^6 \qquad (4-15)$$

式中：V_m为转子圆周速度，m/s；D_m为转子外径，m；γ_m为流体动力黏度系数，m^2/s。

当模型在100 r/min工作时，模型的雷诺数为2.5×10^6，大于10^6。随着转速的增加，流体的雷诺数逐渐增大。可见，在转速大于100 r/min的情况下，流体流动的雷诺数都远大于10^6，模型试验可以进入自模区。若模型在自模区内运行，在不同转速情况下，各参数应用量纲分析的方法找出各物理量之间的联系，可推导出通风系统的基本参数应符合下列规律：

风速：　　　　　　　$V_H/V_M = (L_H/L_M)(n_H/n_M)$ 　　　　　　　$(4-16)$

压头：　　　　　　　$H_H/H_M = (L_H/L_M)^2(n_H/n_M)^2$ 　　　　　　$(4-17)$

流量：　　　　　　　$Q_H/Q_M = (L_H/L_M)^3(n_H/n_M)$ 　　　　　　$(4-18)$

损耗：　　　　　　　$P_H/P_M = (L_H/L_M)^5(n_H/n_M)^3$ 　　　　　　$(4-19)$

2）定子的模化

定子的大部分尺寸按比例设计，其中，为了保持过流面积相似，将风沟数由77个减少到13个，通风沟宽6 mm，定子齿宽基本与电机相同。定子通风沟的风阻有局部损失和沿程摩擦损失，由于局部损失大小取决于过流通道面积变化的大小，而模型与电机的面积维持比例变化，因此，模型与电机的局部损失系数是相同的。几何长度主要影响沿程摩擦损失，而电机中局部阻力系数在 2.5~3 之间，沿程摩擦阻力系数在 0.2~0.23 之间，局部损失远大于沿程摩擦损失，沿程摩擦损失只占 10% 左右。通风模型中由于流道面积维持相似比，局部阻力系数仍在 2.5~3 之间，而沿程摩擦阻力系数在 0.03~0.04 之间，沿程摩擦损失比电机要小，但由于沿程摩擦占的比例很小，因此，流道几何长度对试验结果的影响不大。如采用严格按比例缩小定子风沟的方法模拟，由于无法加工出具有同样相对表面粗糙度的定子通风沟，按相对表面粗糙度大 5 倍计，沿程摩擦阻力系数在 0.27~0.29 之间，沿程摩擦损失比真机要大。同时由于变形的影响，可能导致风沟的局部阻力系数相对误差更大。因此，采用相似放宽法则模拟定子通风沟是恰当的。

3）转子的模化

通风模型转子支架采用与真机相似的斜支臂结构，转子支架中心体设计成两个圆盘，用 20 mm 厚的幅板将其焊为一个整体。在幅板上分别焊一条固定块，每个固定块上设计一个键槽，用于磁轭冲片固定。转子支架中心体与转轴采用方键传递扭矩。由于转子支架高度低于磁轭高度，在转子支架底部需焊挡板。增强磁轭风隙的利用率，挡板与支架幅板上的固定块焊接牢固，便于磁轭叠装，然后用拉紧螺杆把紧。转子磁轭采用铝板材料，与定子通风沟一样，为使这些路径内的空气处于相似状态流动，这部分模型按其与真机的总面积相似比设计，达到模型局部相似，转子磁轭缝隙按 6 mm 高设计。为了磁轭模型与真机结构相同，磁轭冲片分为两种结构设计，配合填充片实现了磁轭的模拟。针对磁极极间分块挡风板结构设计了端部磁极的特殊模拟结构。

4）上、下风道的模化

真机和模型的上、下风道阻力相对通风系统其他流道要小，在模型设计时，主要考虑最小面积处的模拟达到面积相似比，以维持上、下风道处的风阻与真机一致。在非传动端，设计安装了铜环、密封板等，在传动端，下机架上点焊了类似于油槽的部件，以形成与真机相似的过流通道。

5）空气冷却器的模化

由于通风模型试验不涉及电机的温度变化，分析的是电机内的流场问题，即流体流过冷却器时的压力损失在通风系统分析中引起的影响问题。冷却器模化时按冷却器的面积相似比确定冷却器的长为 597 mm，宽为 441 mm。阻力系数是通过两孔板平移来调节的。

其他元件由于前述风路第三特点，$Re > 10^6$ 就进入自模区，而且局部阻力主要决定于几何形状。这样，只要保持这些元件的几何相似就可达到模化。

以往的模型实验结果证明了这一点，冷却器的压差正比于速度二次方，速度正比于转速，说明雷诺准数 Re 变化了几倍，速度分布仍保持不变。

由于电机风路系统第二特点，在压力元件中 $\Delta p \propto v^2$，$Eu = \dfrac{\Delta p}{\rho v^2} =$ 常数，所以，模型中转子保持和实际电机中转子几何相似，在 Re 自模区内就达到动力相似，运动相似。实验结果证明转子功率与转速的三次方成比例，总风量与转速呈线性关系。由于功率 $P_1 \propto HV$，$H \propto n^2 \propto P_1/V$，所以 Eu 不变也是正确的。

总结以上模化的分析，说明无论是由经验规律分析，还是模型本身的实验结果，都证明模型总的风压大小、总流量、总的风阻近似地模拟了实际电机的通风系统。

4.3.4 通风模型的基本结构及特点

4.3.4.1 主要尺寸确定

通风模型的设计充分考虑了与真机流体流动上的相似性。该模型按 1∶6 的比例设计，模型由定子、转子、轴承系统、上机架、下机架、挡风板等部分组成。白鹤滩 1000 MW 机组的全空冷初步设计方案为：

额定容量：1 111 111 kVA 额定电压：24 kV
额定电流：26 729.2 A 额定功率：1000 MW
额定频率：50.00 Hz 定子内径：16 200 mm
铁心长度：3650 mm 通风沟数及高度：77×6 mm
定子槽数：630 并联支路数：7
槽电流：7637 A

真机与模型主要结构尺寸对比见表 4-89。通风模型试验系统装配示意图见图 4-83；图 4-84 为白鹤滩水轮发电机通风模型外观。

表 4-89 真机和模型主要结构尺寸对比

主要技术项目	真机	模型
定子铁心外径（mm）	ϕ17 400	ϕ2900
定子铁心内径（mm）	ϕ16 200	ϕ2700
铁心长度（mm）	3650	608.3
定子通风沟数	77	13
定子通风沟高度（mm）	6	6
转子外径（mm）	ϕ16 124	ϕ2687
磁轭内径（mm）	ϕ13 584	ϕ2264
转子磁轭风隙宽（mm）	180	30
转子磁轭风沟出口宽（mm）	210	35
极数	56	56

4.3.4.2 定子结构

白鹤滩水轮发电机定子模型主要由机座、定子铁心、定子绕组撑块、定子绕组端部、通风槽片、槽片和冷却器等组成。设计绕组撑块模拟真机绕组在通风沟里的情况，绕组撑块个数取槽数近似的 1/6，尺寸接近真机槽宽设计。

为保持边界条件相似，通风模型的定子铁心采用通风槽片与槽片夹木板结构，定子通风沟处的材料选用与真机定子铁心摩擦系数一致的材料。在定子机座壁上设计测试元件观察窗，为透明机座壁结构。另外，齿压板背部与真机一样，采用加挡板来调节压指

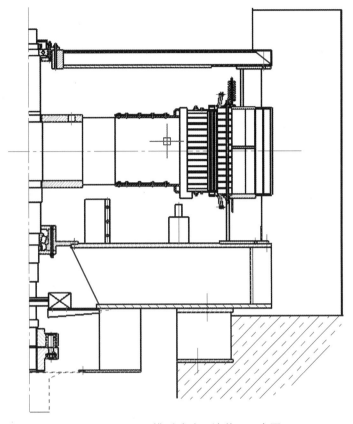

图 4 – 83　通风模型试验系统装配示意图

图 4 – 84　白鹤滩水轮发电机通风模型

过流面积。图 4 – 85 为白鹤滩水轮发电机通风模型定子。

为方便数据的测量,在定子扇形板上设计了安装元件的槽,设计了固定元件的固定夹等。

图 4 – 85   白鹤滩水轮发电机通风模型定子

4.3.4.3   转子结构

通风模型转子主要由转轴、转子支架、磁轭、磁极等部分组成。转轴由 $\phi200$ mm 圆钢加工而成。图 4 – 86 为白鹤滩水轮发电机通风模型转子。转子支架采用与真机一致的支臂结构，并模拟了转子支架入风口的面积，其部件材料采用 Q235 钢板。转子磁轭采用铝板材料，磁轭叠片方式与真机相同，采用整极叠片方式，叠片完成后用拉紧螺杆把紧。转子磁极及磁极线圈材料选用铝板，加工后装配成一个整体，端部设计了端部磁极，磁极模型采用带沉头的螺杆固定在磁轭上。

图 4 – 86   白鹤滩水轮发电机通风模型转子

4.3.5   通风模型试验分析

4.3.5.1   试验项目

通风模型分别在转速 100 r/min、150 r/min、200 r/min、250 r/min、300 r/min 工况进

行下列测试：

（1）在各冷却器上用电子翼轮风速计（风速传感器）测量各冷却器出风口处风速值，以计算白鹤滩水轮发电机通风模型产生的总风量。

（2）测量定子各通风沟风速。

（3）测量上、下风道风量。

（4）测量冷却器前后压降。

（5）测量定子入口压力。

（6）测量定子出口压力。

（7）测量模型通风损耗。

4.3.5.2　各种参数的测试方法与测试元件的布置

流体在紊流状态时，流体质点互相混杂和碰撞。在不同时刻经过某一空间点的流速和压力都随时间围绕着某一数值做变化。流速和压力的这种脉动现象很复杂，脉动的幅值有大有小，变化频繁而无明显的规律性。如果想要获得流场中某点的流速和压力的实际变化数值，那是很困难的。现在被广泛采用的方法是用时间平均法，即紊流某一时刻的瞬时流速 V_x 是随时间 t 而变化的，如果将 V_x 对某一时间段平均，可得到在 t 段时间内的平均流速。把紊流的运动要素进行时间平均以后，紊流运动可简化为没有脉动的时均流动，以方便研究。白鹤滩通风模型试验时，在不同工况首先取一时段求平均值，记录测量结果，然后在不同时间对每一工况进行多次试验，再求各工况的平均值。

风量的测量机理是先测得各个冷却器的平均风速，然后通过平均风速与冷却器截面积乘积计算出总风量，从而得到发电机通风模型产生的总风量，再按相似关系推算白鹤滩水轮发电机真机的总风量。电子翼轮风速计布置见图 4 - 87。

定子风沟风速的测量是在定子各通风沟处布置风速测量探头，与模型外各差压变送器相连接。通过测量可以掌握沿轴向风沟风速的分布规律，考核风量沿各风沟分配情况，可获得真机定子通风沟合理布置方案，通风沟风速测量探头布置见图 4 - 88。

图 4 - 87　电子翼轮风速计布置

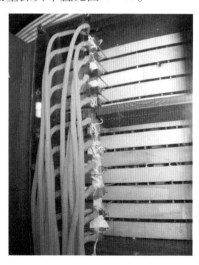

图 4 - 88　通风沟风速测量探头布置

用压力变送器测量冷却器前后压差，计算冷却器模型阻力系数，保证模型阻力系数与真机接近，使得测试的风量能够准确反映电机的风量值。图 4 - 89 为冷却器前后压力探头布置图。

用压力变送器测量定子风沟入口压力、定子风沟出口压力，计算定子风沟阻力系数，分析真机阻力系数选择的是否恰当。图 4 - 90 为定子入口和出口压力探头布置图。

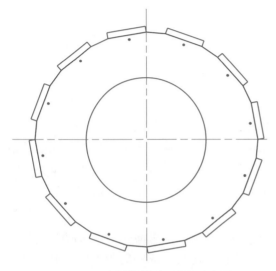

图 4 - 89　冷却器前后压力探头布置

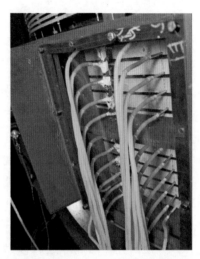

图 4 - 90　定子入口和出口压力探头布置

4.3.5.3　模型试验数据分析

1）总风量的测量值

各冷却器上的测试风速值见表 4 - 90，不同转速的测试风量值见表 4 - 91。

表 4 - 90　各冷却器上的测试风速值　　　单位：m/s

测量项目		转速（r/min）				
		100	150	200	250	300
风速值	测点 1	0.52	0.81	1.1	1.37	1.7
	测点 2	0.51	0.78	1.05	1.36	1.68
	测点 3	0.5	0.75	1	1.35	1.65
	测点 4	0.52	0.78	1.01	1.38	1.6
	测点 5	0.5	0.77	1.03	1.27	1.52
	测点 6	0.52	0.79	1.07	1.35	1.64
	测点 7	0.5	0.77	1.06	1.35	1.63
	测点 8	0.53	0.8	1.1	1.4	1.69
	测点 9	0.52	0.83	1.14	1.43	1.64
	测点 10	0.52	0.71	0.96	1.25	1.58
	测点 11	0.46	0.73	1.05	1.35	1.63
	测点 12	0.5	0.8	1.08	1.38	1.66

表 4 – 91　不同转速的测试风量值

转速（r/min）	测量值		
	风速值（m/s）	风量值（m³/s）	风量折算值（m³/s）
100	0.51	1.59	367.82
150	0.78	2.43	374.76
200	1.05	3.30	381.70
250	1.35	4.23	391.42
300	1.64	5.12	394.81

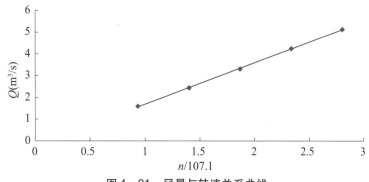

图 4 – 91　风量与转速关系曲线

将各转速工况按式（4 – 18）折算出真机的总风量，得到电机总风量约为 382.1 m³/s。从图 4 – 91 风量与转速关系曲线可以看出，风量与转速基本呈线性关系，说明各工况处在自模拟区内。从冷却器测试结果分析，各冷却器风量相差较小，说明圆周方向风量分配比较均匀，这与电机的对称性是相符合的。

2）定子风沟风速分布

对不同转速工况定子各风沟风速进行测试，各工况的定子风沟风速如图 4 – 92 所示。

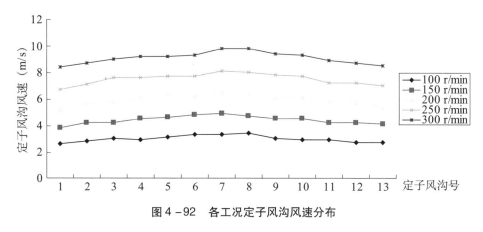

图 4 – 92　各工况定子风沟风速分布

各工况风速测试结果表明，总的来看各风沟风速是比较接近的，由于气隙端部漏风、压力变化等原因，定子各风沟风速沿轴向呈中间略高于两端的分布规律。

3）冷却器前后压差测试值

阻力系数的选择是通风计算中的难点之一，通过模型试验所获得的这些经验是十分珍贵的，对今后电机的通风计算、通风系统优化有极大的益处。表 4 - 92 为各冷却器压差测试值。此测量数据折算至真机冷却器压降在 310Pa 左右。

表 4 - 92　冷却器压差测试值　　　　　　　　单位：Pa

冷却器序号	工况				
	100 r/min	150 r/min	200 r/min	250 r/min	300 r/min
1	5.9	15.1	27.5	44	63.1
2	6.5	14.7	26.8	42.7	61.8
3	6.1	14.7	26.4	41.6	60.5
4	6.8	16.6	30.5	48.6	70.2
5	7.2	17.5	31.2	49.7	72.2
6	7	16.7	31	50.2	72.9
7	7	16.6	29	45.8	66
8	7.8	18.2	32.1	50.8	71.9
9	6.7	16	28.5	43.7	63.6
10	8.1	18.2	32.8	50.6	72.6
11	7.4	17.5	31.9	50.8	73.9
12	7.9	18.6	34.3	53.2	76.4

4）上、下风道风量

表 4 - 93 为上、下风道风量分配值。试验中所分布的测试仪表测量的是点风速值，对平均值反映较差。从表中可看出，上风道风量约占总风量的 59% ，下风道风量约占总风量的 41% 。上风道风量偏大，在试验过程中发现下风道靠立筋处有气体涡流现象，说明电机上下风道高度不太匹配，设计改进时应提高下风道高度。

表 4 - 93　上、下风道风量分配　　　　　　　　单位：m^3/s

位置	工况				
	100 r/min	150 r/min	200 r/min	250 r/min	300 r/min
上风道	0.94	1.43	1.95	2.5	3.02
下风道	0.65	1	1.35	1.73	2.1

5）定子风沟进、出口压力

定子风沟进口压力测试值见表 4 - 94，出口压力测试值见表 4 - 95。图 4 - 93 中给出了 3 个风沟压力与转速平方的关系曲线。

表 4 - 94　定子风沟进口压力测试值　　　　　单位：Pa

风沟号	工　况				
	100 r/min	150 r/min	200 r/min	250 r/min	300 r/min
1	27.1	60.6	105.7	163.6	235.2
2	27.9	63.1	109.1	168.4	239.4
3	28.4	62.9	110.7	170.2	241.2
4	29.6	65.4	115.2	177.1	251
5	29.1	64.2	113.7	174.8	251
6	28.3	65	117	185.1	268.6
7	32.1	70.8	126.1	195	278.3
8	32.8	71.6	124.8	192.3	271.9
9	30	65.5	115.5	176.9	253.4
10	29.8	65	114.8	177.5	248.9
11	28.1	62.2	109.6	168.5	238.8
12	26.6	59.9	106.6	165.9	239.8
13	25.9	58.4	103.8	161.8	232.2

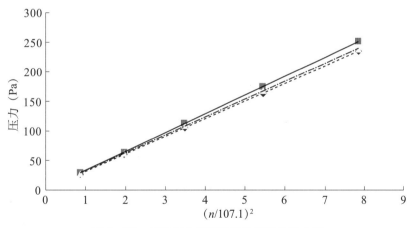

图 4 - 93　模型压力与转速二次方的关系曲线

表 4 - 95　定子风沟出口压力测试值　　　　　单位：Pa

风沟号	工　况				
	100 r/min	150 r/min	200 r/min	250 r/min	300 r/min
1	10.7	26.1	46.9	74.8	108.1
2	10.7	25.2	45.7	72.8	105.2
3	10.5	25.2	45.5	71.7	103.2
4	10.7	25.5	45.8	72.2	104.4
5	10.7	25	45.7	71.3	103.5

风沟号	工 况				
	100 r/min	150 r/min	200 r/min	250 r/min	300 r/min
6	10.5	24.8	45.3	71.7	103
7	10	24.1	42.9	69.1	98.4
8	10.3	25.2	45.5	72.4	103.5
9	11.1	25.3	46.4	73.9	106.5
10	11.1	25.5	46.4	72.9	105.4
11	10.5	25	45.8	72.9	105.4
12	10.9	25.3	46	72	104.3
13	11.4	26.4	48	75.9	109.6

从图 4-93 中可看出，在不同转速工况各风沟进口压力值是比较接近的，说明各风沟内流体的损失是接近的，计算时选用的各阻力系数应是一致的。对于同一风沟在不同转速下的压力与转速成平方关系，这符合模型与真机的相似规律。从这一点也反映模型进入了自模区，实验测试数据折算至真机可反映真机的实际运行情况。

6）通风损耗测量值

用扭矩传感器测量的轴功率包括通风损耗和轴承损耗。用扭矩传感器测量的损耗减去轴承损耗可得到通风损耗。对不同转速工况损耗测量值列于表 4-96 中，表 4-97 给出通风模型轴承损耗计算值，表 4-98 给出通风模型通风损耗测量值。图 4-94 为模型通风损耗值与转速的关系曲线，从图中可看出模型通风损耗与转速成立方关系。

表 4-96　各工况损耗测量值　　　　　　单位：kW

项目	工 况				
	100 r/min	150 r/min	200 r/min	250 r/min	300 r/min
损耗	0.57	1.93	4.301	7.776	13.078

通风模型导轴承采用的是深沟球轴承 6230，轴承损耗用式（4-20）计算

$$N = \mu F_r \times \frac{3.14159dn}{60} \qquad (4-20)$$

式中：$\mu = 0.0015$ 摩擦系数；F_r 为轴承径向载荷（N）；d 为轴承内滚道直径（m）；n 为转速（r/min）。

通风模型推力轴承采用的是单列圆锥滚子轴承 32230，轴承损耗用式（4-21）计算

$$N = \mu \times (0.4F_r 1.5F_a) \times \frac{3.14159dn}{60} \qquad (4-21)$$

式中：$\mu = 0.0018$ 摩擦系数；F_r 为轴承径向载荷（N）；F_a 为轴承轴向载荷（N）；d 为轴承内滚道平均直径（m）；n 为转速（r/min）。

表 4 - 97　通风模型轴承损耗计算值

项目		6230 轴承损耗（W）	32230 轴承损耗（W）	总的轴承损耗（kW）
转速（r/min）	100	0.246	117.105	0.117
	150	0.553	175.855	0.176
	200	0.983	234.735	0.236
	250	1.536	293.747	0.295
	300	2.212	352.890	0.355

表 4 - 98　各工况通风损耗测量值　　　　　　　　单位：kW

项目	工　况				
	100 r/min	150 r/min	200 r/min	250 r/min	300 r/min
损耗	0.453	1.754	4.065	7.481	12.723

通风损耗值按式（4 - 19）折算至真机的通风损耗为 4644.19 kW。

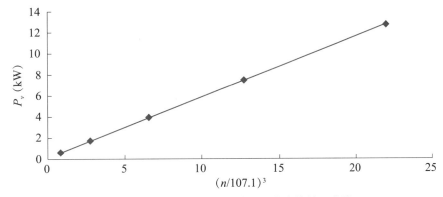

图 4 - 94　模型通风损耗与转速三次方的关系曲线

4.3.6　模型试验结果与真机通风冷却计算数据对比

通风冷却系统计算的目的，就是以通风系统结构为基础，通过计算求出 1000 MW 水轮发电机的总风量及风量沿轴向的分配，依据风速的大小，准确地选择表面散热系数等参数，确保进行温度场计算时的边界条件更加合理、准确。求出发电机各部分的温度分布情况，以保证电机冷却满足安全可靠运行要求。白鹤滩水轮发电机通风系统风路如图 4 - 95 所示。

4.3.6.1　空气密封结构

由于 1000 MW 水轮发电机的转子外径较大，若转子磁极轴向、气隙等处漏风较多，导致大量冷却空气未能进入定子通风沟，不仅影响发电机的冷却效果，而且会增加通风

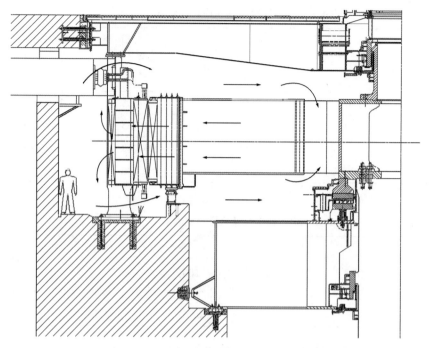

图 4-95 白鹤滩水轮发电机通风系统风路

损耗。为解决这一问题，在发电机转子上装设分块挡风板，以挡住磁极轴向部分气隙，达到漏风量极小的良好密封效果，提高冷却能力。另外，这种密封结构，省去了定子绕组上的密封胶条，简化了工艺，使定子绕组端部及转子绕组端部的冷却效果更好。图 4-96 为发电机的空气密封结构。

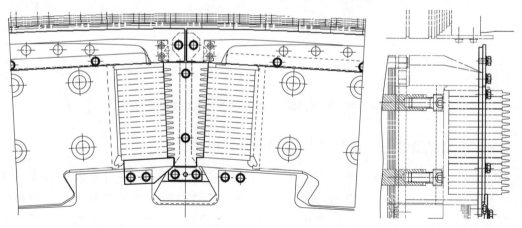

图 4-96 发电机空气密封结构

转子支架挡风板与转子支架在旋转时，能够产生一定的压头，同时，在入风口等位置伴随着压力损失。通风系统设计时，通过计算分析，确定转子支架位置和结构尺寸，减小支架入口损失。转子支架与磁轭之间的间隙同样也采用密封结构，可以有效减少漏风，从而降低通风损耗，提高发电机的效率。

考虑铜环引线和定子绕组端部的阻力相对上、下风道要大得多，因此，为了充分满足它们的散热要求，需将上、下风道的进风面积进行合理分配，这样可使冷却空气能够流过铜环引线和定子绕组端部。

4.3.6.2 磁轭通风沟结构

磁轭通风沟是冷却风量过流通道的咽喉，磁轭通风沟选择的好坏直接影响风量的均匀分配及冷却效果。白鹤滩水轮发电机磁轭过流通道由磁轭风隙和通风沟组成，磁轭风隙是在两张冲片间形成缝隙，磁轭通风沟由导风带形成。冷却空气由这些通道进入转子磁极极间，具体结构见图 4 – 97。该结构在三峡右岸、向家坝、溪洛渡等水轮发电机已有成功运行实践。设计时，根据磁轭的结构特点，通过叠片方式的设计，优化流道尺寸，改善流道条件，降低阻力，提高流体分布的均匀性。在满足 GD^2 的前提下，可通过提高磁轭过流风道的面积，合理选择通风沟位置来达到流体均匀分布的目的。

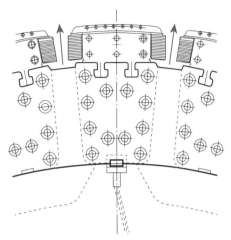

图 4 – 97 空气流经极间、磁轭通风隙

4.3.6.3 磁极支撑

由于受磁极尺寸的限制，磁轭风沟的出风口受到制约，束缚了通风系统的设计，因此，1000 MW 水轮发电机没采用传统的磁极由磁极下托板支撑的结构，而采用了玻璃丝管注胶的支撑方式。这样的结构使得磁轭风道出风口尺寸选择的余地大大增强，使流道变得流畅，有效降低了空气流出磁轭时的压力损失。

4.3.6.4 计算方法

发电机通风计算应用了 FLOWMASTER 流体计算软件，它的计算方法与以往计算所采用的网络方法是相似的。将发电机的通风系统的各部分流动损失所形成流体流动网络简化为一线性网络的分析方法。在 FLOWMASTER 网络中，关于元件（各种流动损失）的稳态分析要求关联节点的质量流量用线性函数表示出来，因此，有几个支路元件就需要几个方程。在面积不变、损失系数与流体方向无关的情况下，对于等温不可压缩流体，压力与流量方程可写成

$$\Delta P = K \frac{\rho V^2}{2} \tag{4 – 22}$$

该分析方法用一个收敛的质量流量法迭代求解网络问题，因此，式（4 – 22）必须写成相对平均流速的质量流量的函数，用流体连续性方程

$$V = \frac{\dot{m}}{\rho A} \tag{4 – 23}$$

式中，$\dot{m}$ 为质量流量，kg/s。

将式（4 – 23）代入方程式（4 – 22）得

$$\Delta P = \frac{K\dot{m}^2}{2\rho A^2} \tag{4 – 24}$$

在网络中，质量流量的方向和压力变化符号是重要的，式（4－24）不能完全描述压力与流量的关系，用来对线性系数推导也是不适合的，计及质量流量，方程式（4－24）可改写成

$$\Delta P = \frac{K\dot{m}\mid\dot{m}\mid}{2\rho A^2} \qquad (4-25)$$

根据发电机中的风路特点，质量流量与节点压力的关系可写成：

$$\dot{m}_1 = \frac{-2\rho A^2}{\mid\dot{m}_1\mid K}P_1 + \frac{-2\rho A^2}{\mid\dot{m}_1\mid K}P_2 \qquad (4-26)$$

$$\dot{m}_2 = \frac{-2\rho A^2}{\mid\dot{m}_2\mid K}P_1 + \frac{-2\rho A^2}{\mid\dot{m}_2\mid K}P_2 \qquad (4-27)$$

在通风网络和每个节点上有若干个元件的网络支路，可给出每个节点的质量流量的和，建立线性方程用于建立矩阵，进行求解。对于四个线性方程可在节点上给出式（4－28）这样的方程

$$\begin{bmatrix} a_{21}^1 & a_{22}^1 & 0 & 0 \\ a_{11}^1 & a_{12}^1 + a_{12}^2 + a_{12}^3 & a_{11}^2 & a_{11}^3 \\ 0 & a_{22}^2 & a_{21}^2 & 0 \\ 0 & a_{22}^3 & 0 & a_{21}^3 \end{bmatrix}\begin{bmatrix} P_1 \\ P_2 \\ P_3 \\ P_4 \end{bmatrix} = \begin{bmatrix} \dot{m}_{21} - a_{23}^1 \\ \dot{m}_{12} + \dot{m}_{32} + \dot{m}_{42} - a_{13}^1 - a_{13}^2 - a_{13}^3 \\ \dot{m}_{23} - a_{23}^2 \\ \dot{m}_{24} - a_{23}^3 \end{bmatrix}$$

$$(4-28)$$

根据电机的结构，建立通风计算网络，从而建立各节点的多个支路元件的线性方程矩阵进行计算。在计算过程中，分析通风模型的各测试结果，说明定、转子通风沟尺寸的选择合理。在最终的通风系统计算中，不再对这部分结构尺寸进行变动。为了铜环引线和定子绕组端部的冷却效果得到一定改善，在定子绕组端部安装挡风板。根据电机的最终结构，建立白鹤滩水轮发电机通风计算网络，根据该水轮发电机通风系统的特点，选取通风计算的相关阻力系数。

4.3.6.5 通风计算结果

根据白鹤滩水轮发电机的结构确定了电机的通风网络，如图 4－98 所示。

计算软件的后处理可在网络上显示流量、流速、压力等变量，还可绘出各种类型的图，显示方便、清晰，易于理解和分析。白鹤滩水轮发电机风量计算结果如图 4－99 所示。

水轮发电机的等效风路中的压源，是指由于转子旋转而引起的压力升高作用；对于常规立式水轮发电机，转动部分的径向流道可近似看作径向离心风扇，其计算公式由相对运动的伯努利（Bernolli）方程

$$P_1 - \frac{1}{2}\rho\ (r_1)^2 + \frac{1}{2}\rho W_1^2 = P_2 - \frac{1}{2}\rho\ (\omega r_2)^2 + \frac{1}{2}\rho W_2^2 \qquad (4-29)$$

可知

$$S(L) = \frac{1}{2}\rho\omega^2 (r_2^2 - r_1^2) + \frac{1}{2}\rho(W_2^2 - W_1^2) \qquad (4-30)$$

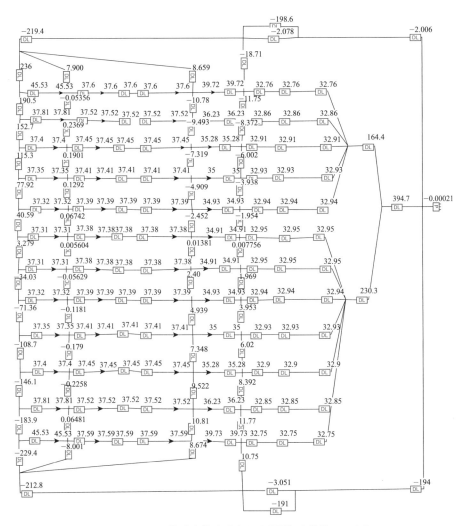

图 4 - 98　白鹤滩水轮发电机通风网络（单位：m/s）

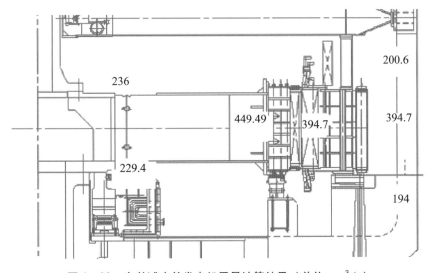

图 4 - 99　白鹤滩水轮发电机风量计算结果（单位：m³/s）

式中：ω 为旋转角速度，rad/s；W_1 为入口处相对风速，m/s；W_2 为出口处相对风速，m/s。

水轮发电机通风系统中冷却介质在转子的风扇作用下，克服流道阻力达到需冷却的各部件进行热交换，达到冷却的目的。图 4-100、图 4-101 给出了各部分风压和风速的计算结果。

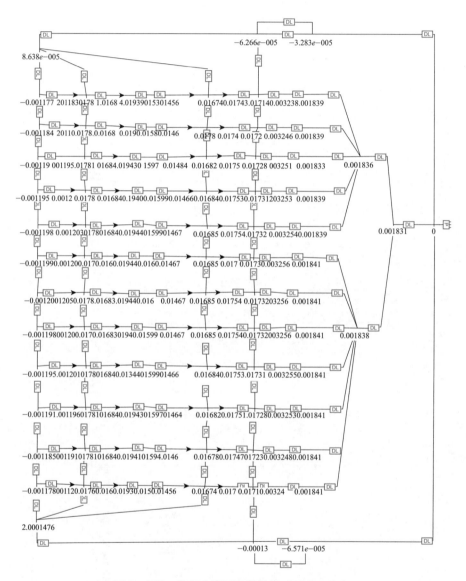

图 4-100 各部分风压计算结果（单位：Pa）

除去轴承损耗后，需冷却器带走的损耗约为 11 355 kW。按气体温升 28K 常规设计，发电机需冷却风量约为 368.7 m³/s。白鹤滩水轮发电机计算风量为 394.7 m³/s，模型试验测试风量折算至真机的风量为 382.1 m³/s，计算结果与试验数据基本吻合，说明白鹤滩水轮发电机通风系统能够满足通风冷却的要求。

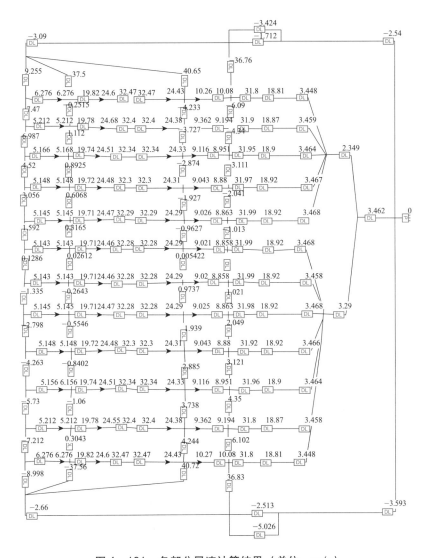

图 4-101　各部分风速计算结果（单位：m/s）

4.3.6.6　通风损耗的分析

水轮发电机的通风损耗分两部分：一部分是为了维持发电机所需冷却风量而消耗的功率，它的大小与系统的压头和流量成比例，为了减少这一部分损耗，可在满足发电机冷却风量的基础上，适当限制风量的增大和降低系统的风阻压降；另一部分则是由气体的涡流、沿程摩擦以及气体撞击引起的，这一部分损耗是无效的，必须设法在设计上和结构上加以消除或减少。在优化设计过程中，对这部分系数要重新进行确定；在结构上，通过安装各种挡板和密封部件来调整风量的分配和减少风量的泄漏。每两张叠片为一层搭叠，层间相错一个磁极节距。搭叠方向不是连续沿一个方向形成一个螺旋曲线，而是隔一定的节距，方向颠倒，形成锯齿状，通过这种叠片方式可改变通风隙的水力直径，降低通风隙内的摩擦损耗。另外，设计了磁轭风沟，增加磁轭过流通道的面积。在结构优化和系数的重新确定后，根据计算的压力、风量等可得通风损耗为 4600 kW。

4.3.7 定、转子温度分布研究

白鹤滩水轮发电机定、转子的温度分布采用温度场有限元法进行计算。电机稳态运行时，在直角坐标下，各向异性介质中的三维稳态热传导方程为：

$$\frac{\partial}{\partial x}\left(\lambda_x \frac{\partial T}{\partial x}\right) + \frac{\partial}{\partial y}\left(\lambda_y \frac{\partial T}{\partial y}\right) + \frac{\partial}{\partial z}\left(\lambda_z \frac{\partial T}{\partial z}\right) = -q_v \tag{4-31}$$

式中：λ_x、λ_y、λ_z 为 x、y、z 方向的导热系数；q_v 为热源；T 为温度。

为确定物体内的温度分布，还必须给定适当的边界条件。根据电机的运行特点考虑温度边界条件（第一类边界条件）、绝热边界条件（第二类边界条件）和热交换边界条件（第三类边界条件）。定子温度分布计算的边界条件在通风沟处选用第三类边界条件，即需给出流体的温度和流体与边界面的对流换热系数。对流换热系数计算考虑风沟中风温是逐步升高的，对不同风速、不同温度下的物性参数计算相应的换热系数。另外，由于铁心叠片、绕组股线绝缘等因素的影响，计算中考虑材料的三维各向异性，考虑附加损耗趋表效应。应用上述方法进行分析计算，额定连续运行工况定子半齿半槽温度分布云图见图 4-102，发电机定子线棒沿轴向温度分布云图见图 4-103，铁心沿轴向温度分布云图见图 4-104。表 4-99 列出了发电机额定容量下定子线棒沿轴向的最热点温度值，并根据表 4-99 在图 4-105 中列出了温度分布情况，图中 1~3 节点为非传动端端部绕组温度，4 节点为非传动端端部直线段绕组温度，5~81 节点为与各铁心段位置对应的绕组温度值，82 节点为传动端端部直线段绕组温度，83~85 节点为传动端端部绕组温度。

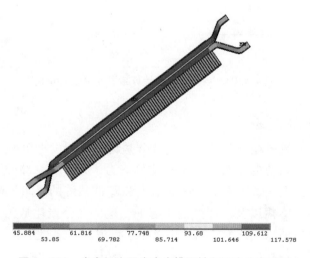

45.884　　61.816　　77.748　　93.68　　109.612
　　53.85　　69.782　　85.714　　101.646　　117.578

图 4-102　发电机定子半齿半槽沿轴向温度分布云图

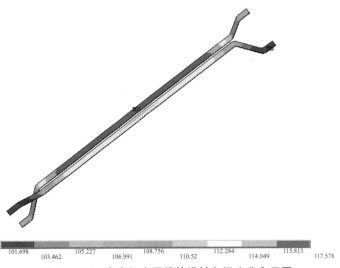

101.698 103.462 105.227 106.991 108.756 110.52 112.284 114.049 115.813 117.578

图 4 –103 发电机定子线棒沿轴向温度分布云图

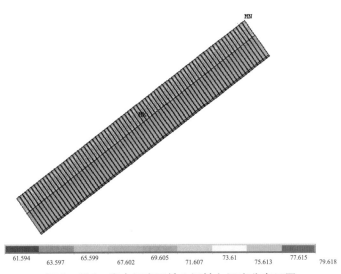

61.594 63.597 65.599 67.602 69.605 71.607 73.61 75.613 77.615 79.618

图 4 –104 发电机定子铁心沿轴向温度分布云图

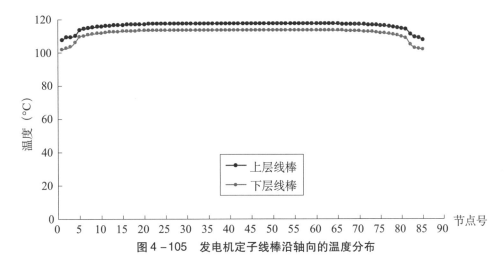

图 4 –105 发电机定子线棒沿轴向的温度分布

表 4-99　发电机定子线棒沿轴向的最热点温度值

位置	上层线棒	下层线棒	位置	上层线棒	下层线棒	位置	上层线棒	下层线棒
上端部 1	107.7	102	风沟 26	117.38	113.64	风沟 55	117.35	113.59
上端部 2	109.17	102.72	风沟 27	117.39	113.65	风沟 56	117.34	113.57
上端部 3	109.33	103.6	风沟 28	117.4	113.66	风沟 57	117.32	113.55
上端部 4	110.27	106.26	风沟 29	117.4	113.67	风沟 58	117.3	113.52
风沟 1	113.59	109.65	风沟 30	117.41	113.67	风沟 59	117.27	113.48
风沟 2	114.19	110.29	风沟 31	117.41	113.68	风沟 60	117.24	113.44
风沟 3	114.69	110.82	风沟 32	117.42	113.68	风沟 61	117.21	113.39
风沟 4	115.12	111.28	风沟 33	117.42	113.68	风沟 62	117.16	113.34
风沟 5	115.48	111.65	风沟 34	117.42	113.69	风沟 63	117.11	113.27
风沟 6	115.78	111.97	风沟 35	117.42	113.69	风沟 64	117.05	113.19
风沟 7	116.04	112.24	风沟 36	117.42	113.69	风沟 65	116.98	113.09
风沟 8	116.25	112.47	风沟 37	117.43	113.69	风沟 66	116.9	112.98
风沟 9	116.44	112.66	风沟 38	117.43	113.69	风沟 67	116.8	112.84
风沟 10	116.59	112.83	风沟 39	117.43	113.69	风沟 68	116.69	112.68
风沟 11	116.72	112.96	风沟 40	117.43	113.69	风沟 69	116.55	112.49
风沟 12	116.83	113.08	风沟 41	117.43	113.69	风沟 70	116.39	112.27
风沟 13	116.93	113.18	风沟 42	117.43	113.69	风沟 71	116.2	112
风沟 14	117.01	113.26	风沟 43	117.42	113.69	风沟 72	115.97	111.68
风沟 15	117.07	113.33	风沟 44	117.42	113.68	风沟 73	115.71	111.31
风沟 16	117.13	113.39	风沟 45	117.42	113.68	风沟 74	115.39	110.86
风沟 17	117.18	113.44	风沟 46	117.41	113.68	风沟 75	115.02	110.34
风沟 18	117.22	113.48	风沟 47	117.41	113.67	风沟 76	114.58	109.71
风沟 19	117.25	113.51	风沟 48	117.41	113.67	风沟 77	114.05	108.96
风沟 20	117.28	113.54	风沟 49	117.41	113.66	下端部 1	111.18	105.12
风沟 21	117.31	113.57	风沟 50	117.4	113.66	下端部 2	109.43	103.01
风沟 22	117.33	113.59	风沟 51	117.39	113.65	下端部 3	108.93	102.6
风沟 23	117.34	113.61	风沟 52	117.39	113.64	下端部 4	107.75	101.79
风沟 24	117.36	113.62	风沟 53	117.38	113.62			
风沟 25	117.37	113.63	风沟 54	117.37	113.61			

　　转子温度场计算以转子半轴向为计算区域，磁极底部采用第一类边界条件。磁极两侧与流体之间实际上是固体与流体的对流换热过程，所以磁极两侧施加第三类边界条件。另外，磁极两侧存在迎风面和背风面的差别，迎风面的散热系数要高于背风面的散热系数。极靴表面施加第三类边界条件，根据转子外圆周边速度及物性参数计算散热系数。绕组托板等与流体接触面同样施加第三类边界条件。根据电磁计算得到的损耗值，对磁极绕组施加热源，即单位体积的损耗；极靴表面、阻尼条同样施加附加损耗引进的热源。图 4 - 106 为转子剖分网格图，额定连续运行工况下转子温度分布云图见图 4 - 107。表 4 - 100 为发电机转子在额定工况下迎风面、背风面温度发电机磁极绕组温度分布，图 4 - 108 列出了分布曲线。

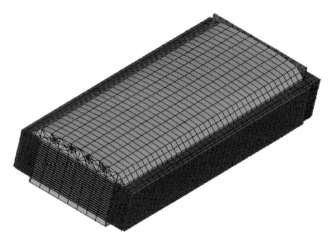

图 4 - 106　转子剖分网格图

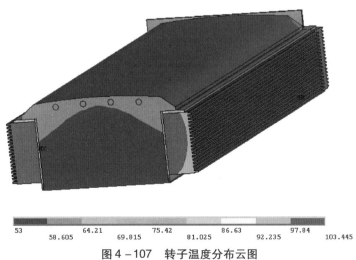

53　　58.605　64.21　69.815　75.42　81.025　86.63　92.235　97.84　103.445

图 4 - 107　转子温度分布云图

表 4 - 100　发电机转子磁极绕组温度分布

节点号	迎风面	背风面	节点号	迎风面	背风面
1	98.407	100.56	11	99.245	103.06
2	98.638	101.2	12	99.257	103.11
3	98.808	101.69	13	99.276	103.15
4	98.943	102.08	14	99.272	103.16
5	99.024	102.35	15	99.277	103.18
6	99.092	102.56	16	99.291	103.2
7	99.153	102.73	17	99.283	103.19
8	99.18	102.85	18	99.284	103.2
9	99.208	102.94	19	99.295	103.21
10	99.24	103.02			

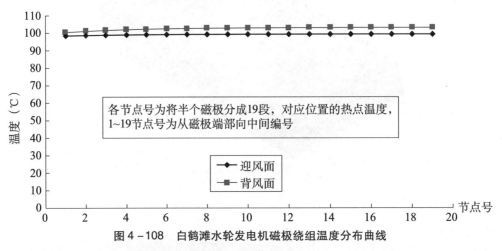

图 4 - 108　白鹤滩水轮发电机磁极绕组温度分布曲线

从对各部分的温度分布计算中可看出，定子绕组最热点温度为 117.58℃，最热点温度处在中间铁心段的齿根部，轭背部及齿顶处温度较低。磁极绕组背风面靠近极身绝缘处轴侧 2~4 匝绕组中部温度最高，这与电机的真实温度分布是相符的。转子最热点温度为 103.45℃，转子迎风面温度较背风面温度略低，这与以往散热系数模型试验所获得的结论一致。以上分析说明定、转子温升均在合理范围内，满足 1000 MW 水轮发电机技术规范中设备特性和性能保证要求。

4.3.8　结论

（1）白鹤滩 1000 MW 水轮发电机通风模型按真机结构及相似原理设计，真实地反映了白鹤滩 1000 MW 水轮发电机通风系统的实际运行情况。通风模型的试验结果与转速关系试验曲线说明，通风模型的设计符合相似规律。模型流体的流动状态处于自模区内，实现了通风模型与真机的相似模拟。

（2）白鹤滩 1000 MW 水轮发电机通风模型测试的总风量折算至真机为 382.1 m³/s，

对白鹤滩 1000 MW 水轮发电机真机风量的计算结果为 394.7 m³/s，试验结果与真机的计算结果基本相互吻合。通风模型试验结果说明，电机各部分的风量分配合理，风速沿轴向呈中间略高于两端的分布规律，这与真机的结构和规律是一致的，由此可见，采用模型试验进行真机的通风系统研究是可行的、有效的。

（3）通过计算和模型试验验证，白鹤滩 1000 MW 水轮发电机采用全空冷方案总体上是可行的。

4.4　白鹤滩全空冷 1000 MW 水轮发电机局部 1:1 通风热模型模拟试验研究

4.4.1　概述

前面的章节运用 1:6 的发电机通风模型，对 1000 MW 水轮发电机全空冷设计方案进行了试验研究，结论是白鹤滩 1000 MW 水轮发电机采用全空冷方案总体上是可行的。鉴于白鹤滩单机容量大，以往没有全空冷的设计制造和运行经验，为稳妥起见，在整体通风模拟试验的基础上，再对发电机定子局部进行 1:1 热模型的模拟试验研究，进一步验证 1000 MW 机组全空冷冷却方式的可行性。在白鹤滩全空冷的设计方案基础上，设计制造出沿周向 1/20 的热模型。其中定子线棒、铁心采用真机的线棒及铁心，同时包括定子机座上下风路。转子由风路及风机模拟。在转子风路中，适当模拟冷却风进入定子的入风角。风机采用离心式风机，为保证风量的均匀性，采用上下两个风机。

通过该模型试验，验证白鹤滩 1000 MW 机组定子线棒、定子铁心在满负荷时的温升情况，最终确认白鹤滩 1000 MW 机组全空冷的可行性。

4.4.2　研究内容

（1）白鹤滩 1000 MW 机组的全空冷水轮发电机设计方案。
（2）白鹤滩机组局部热模型的设计与制造。
（3）局部热模型的试验。

4.4.3　研究方法

4.4.3.1　白鹤滩机组局部热模型的模拟和参数确定

1）试验电流的确定

根据以往的试验经验可知，3818 A 电流的三相交流势必带来三相不平衡，60 多根定子线棒无论采用何种连接方式，都不能满足电流一致的情况。如果采用交流，那么只能采用单相交流电。其总功率为 90 kW，其单相容量将是此数量的好几倍乃至十几倍，难以实现。

因此试验电源只能采用直流。

2）定子线棒损耗的模拟

受定子线棒结构的限制，无法实现与真机相同的连接方式，试验模型采用了串联连接方式。通过大电流变压器及晶闸管整流等供电系统来提供直流电进行试验，与真机的主要区别是不能模拟集肤效应及环流,为更精确地模拟这些损耗热量,折算后的直流电流将比交流电流大。其中真机的基本铜耗为 1671.8 kW,附加铜耗为 529.5 kW,真机的额定电流为 3818 A。折算后的额定试验直流电流为 4381 A。

3) 铁心的模拟

定子铁心由硅钢片冲制而成,同时在表面涂以相应厚度的漆层组成。由于定子线棒通的是直流电,因此,铁心的磁场为恒定磁场,铁心将不发热。为更好地模拟铁心的损耗,可在不同的铁心段(中间位置)加发热元件,其功率等于铁心段损耗。真机的定子铁耗为 2157.9 kW,其中试验总铁耗占真机的 1/20,为 107.9 kW,每层铁心内的加热片功率为 1.38 kW。加热片的齿部和轭部加热密度按真机设计,由于真机铁心是均布发热,现采用集中发热的方式进行模拟,温升将比正常情况下高出 2~3K。

4) 风量的模拟

风量按通风计算中定子风量的 1/20 选取,真机的设计风量为 394.7 m³/s,试验模型的风量为 19.7 m³/s。定子风路与真机相同,冷却器出来的冷风通过上下风道回到模拟转子作用的两个风机内,经风机加压后从风机出来的风经转子模拟风道(与定子径向成60°)到定子内径处进入定子通风沟内,携带着定子绕组及铁心的热风从定子铁心出来后,进入冷却器,与冷却器进行热交换后重新回至模拟风道内,完成一次冷却循环。

5) 冷却器的选择

冷却器按真机进行设计,所用的管型、管数、排列方式及尺寸与真机完全相同。

4.4.3.2 白鹤滩机组局部热模型的设计与制造

试验台包括试验台架系统、冷却水循环系统、测控系统、加热系统等。图 4-109 为局部热模型外观,图 4-110 为局部模型定子线棒端部连接,图 4-111 为局部模型定子线棒。试验台架系统由定子线棒、定子端部连接、定子铁心模拟、机座焊接、定位筋、大小密封罩、通风模拟等组成。

图 4-109　局部热模型外观

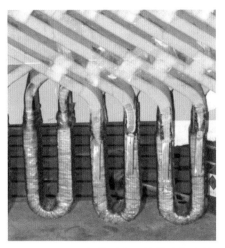

图 4 – 110　局部模型定子线棒端部连接

图 4 – 111　局部模型定子线棒

4.4.4　通风模型试验分析

4.4.4.1　试验项目

1）风量的测量

在冷却器处采用与真机实测相同的方法进行风量测量，即采用测量冷却器冷风侧平均风速，从而计算风量的方法。风量的大小可通过变频器调整风机的转速来实现，使风量与真机的设计风量吻合。达到设计风量时，变频器的频率为 44 Hz。

2）线棒温度的测量

在 64 根线棒中，选取 6 根线棒作为测量线棒，3 根位于上层，3 根位于下层。在测量线棒上每隔 300 mm 埋一个测温热电偶，测量线棒的温度分布。上层线棒及下层线棒中的 3 个测温点按径向方向分为上、中、下三种。

3）铁心温度测量

铁心的温度采用铂电阻来测量，与真机相同。

4.4.4.2　试验数据分析

1）总风量的测量值

冷却器上的测试风速值见表 4 – 101。

表 4 – 101　冷却器上的测试风速值

项　　　目		风速值（m/s）
智能风速仪	测点 1	3.57
	测点 2	3.38
	测点 3	3.52
	测点 4	3.44
	测点 5	3.39
	测点 6	3.45
	平均值	3.46
中速风速计		3.45

应用以上测得的平均风速，计算得到白鹤滩局部模型的风量为 19.7 m^3/s，测试风量为真机计算风量的 1/20。风路和风量的模拟保证模拟试验能够反映真机定子的冷却条件，达到检验真机定子的各部分温升的目的。

2）定子线棒铜线温升

对不同电流工况定子线棒铜线温度进行测试，表 4-102 为 3820 A 工况线棒铜线各测点温升（定子入口风温升按 8K 考虑），图 4-112～图 4-114 分别给出了不同测试槽内上下层线棒铜线的温升分布情况。

表 4-102　3820 A 线棒铜线温升分布　　　　　　单位：K

项目	测　点					
	14 槽		16 槽		18 槽	
	下层上	上层下	下层中	上层中	下层下	上层上
温升	47.55	44.12	49.52	46.23	49.19	50.54
	39.04	38.02	43.8	41.2	42.71	48.3
	36.17	34.27	39.81	33.59	37.1	34.63
	34.27	32.58	37.4	30.54	35.11	32.18
	34.07	31.72	37.08	31.27	34.14	30.13
	34.21	31.24	37.37	31.46		
	34.74	30.99	37.93	31.61		28.7
	35.29	30.39	37.25	30.99		27.92
	35.38	30.52	37.09	30.85		
	34.85	30.38	37.09	30.47		28.17
	34.35	30.37		30.64		28.62
	34.18	30.82	36.92	30.89		29.54
		31.96	37.25	31.8		28.72
	39.49		40.46	33.72		31.98
	48.43	43.61	45.64	41.44	41.76	37.04
	52.96	47.43	46.46	48.88	43.8	47.41

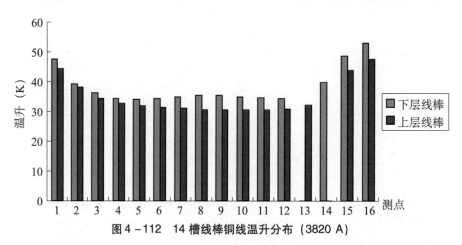

图 4-112　14 槽线棒铜线温升分布（3820 A）

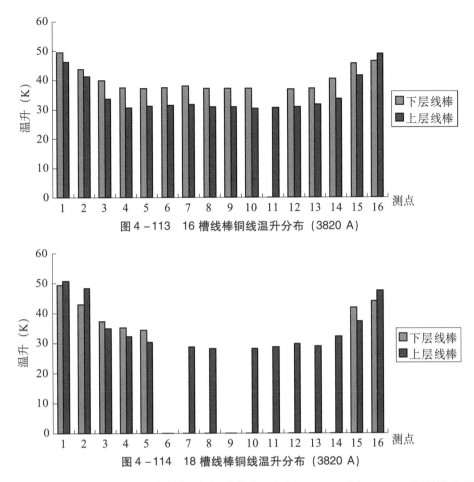

图 4-113　16 槽线棒铜线温升分布（3820 A）

图 4-114　18 槽线棒铜线温升分布（3820 A）

表 4-103 为 4000 A 工况线棒铜线温升分布，图 4-115～图 4-117 分别给出了不同测试槽内上、下层线棒铜线的温升分布情况。

表 4-103　4000 A 线棒铜线温升分布　　　　　　　　单位：K

项目	测　点					
	14 槽		16 槽		18 槽	
	下层上	上层下	下层中	上层中	下层下	上层上
温升	53.53	49.15	55.42	51.58	55.27	56.65
	43.33	42.16	48.62	45.78	47.51	53.89
	39.66	37.63	43.66	37.01	40.68	38.24
	37.4	35.51	40.77	33.36	38.16	35.23
	37.08	34.52	40.33	34.17	36.99	32.89
	37.12	34.02	40.62	34.22		
	37.65	33.53	41.19	34.39		31.28
	38.24	33.01	40.47	33.86		30.41

续表

项目	测点					
	14 槽		16 槽		18 槽	
	下层上	上层下	下层中	上层中	下层下	上层上
温升	38. 35	33. 14	40. 33	33. 58		
	37. 78	32. 91	40. 35	33. 27		30. 75
	37. 31	32. 86		33. 51		31. 25
	37. 19	33. 61	40. 26	33. 56		32. 23
		35. 06	40. 75	34. 78		31. 53
	43. 6		44. 69	37. 07		35. 35
	54. 15	48. 76	51. 03	46. 28	46. 43	41. 81
	59. 55	53. 46	52. 21	55	49. 13	53. 42

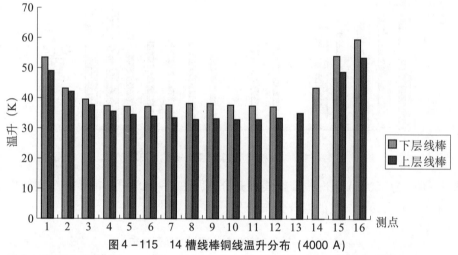

图 4 - 115　14 槽线棒铜线温升分布（4000 A）

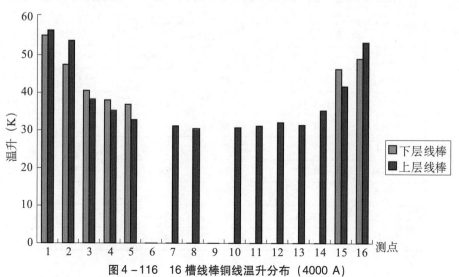

图 4 - 116　16 槽线棒铜线温升分布（4000 A）

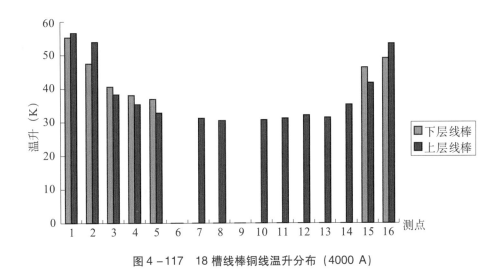

图 4-117　18 槽线棒铜线温升分布（4000 A）

表 4-104 为额定工况 4380 A 时的线棒铜线各测点温升，图 4-118～图 4-120 分别给出了额定工况下，不同测试槽内上、下层线棒铜线的温升分布情况。

表 4-104　4380 A 线棒铜线温升分布　　　　　　　　　单位：K

项目	测　点					
	14 槽		16 槽		18 槽	
	下层上	上层下	下层中	上层中	下层下	上层上
温升	71.78	66.4	75.27	69.89	74.84	76.48
	57.36	56.65	64.98	61.61	63.42	71.75
	51.62	49.52	56.99	49.4	53.27	50.86
	48.33	46.55	52.64	44.3	49.21	46.57
	47.8	45	51.91	44.86	47.5	43.32
	47.6	44.33	52.08	44.93		
	48.13	43.79	52.57	44.67		41
	48.79	42.85	51.62	44.13		39.84
	48.79	43.03	51.45	43.77		
	48.05	42.83	51.52	43.17		40.22
	47.66	43.06		43.71		40.95
	47.77	43.83	51.61	43.77		42.18
		45.92	52.57	45.85		41.47
	57.02		58.18	49.2		46.74
	71.7	64.65	67.36	61.81	61.09	55.94
	79.45	71.49	69.7	73.7	65.48	71.24

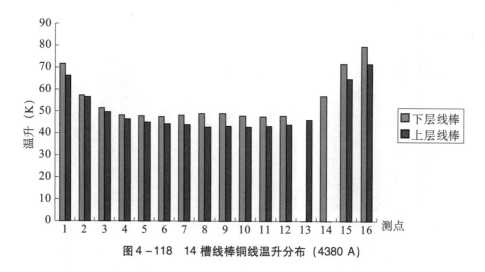

图 4 – 118　14 槽线棒铜线温升分布（4380 A）

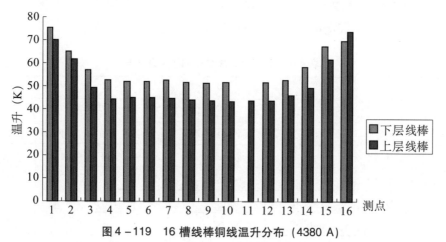

图 4 – 119　16 槽线棒铜线温升分布（4380 A）

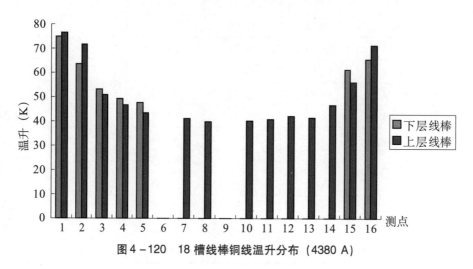

图 4 – 120　18 槽线棒铜线温升分布（4380 A）

表 4 - 105 为 4500 A 工况线棒铜线各测点温升，图 4 - 121 ~ 图 4 - 123 分别给出了不同测试槽内上、下层线棒铜线的温升分布情况。

表 4 - 105　4500 A 线棒铜线温升分布　　　　　　　　　单位：K

项目	测　点					
	14 槽		16 槽		18 槽	
	下层上	上层下	下层中	上层中	下层下	上层上
温升	76.22	71.07	80.63	74.57	79.63	81.89
	61.01	60.35	69.39	65.86	67.52	75.53
	54.94	52.78	60.7	52.76	56.68	54.39
	51.48	49.65	55.98	47.45	52.34	49.79
	50.87	48.03	55.15	47.9	50.5	46.35
	50.63	47.28	55.26	47.93		
	51.16	46.69	55.73	47.92		43.88
	51.86	45.74	54.79	47.03		42.7
	51.84	46.02	54.68	46.84		
	51.13	45.82	54.79	46.22		43.08
	50.78	45.78		46.95		43.83
	50.97	46.9	54.95	47.2		45.2
		49.04	55.99	48.96		44.5
	60.95		61.83	52.68		50.12
	76.82	68.95	71.47	66.2	65.21	54.11
	85.29	76.23	74.04	78.37	70.17	75.98

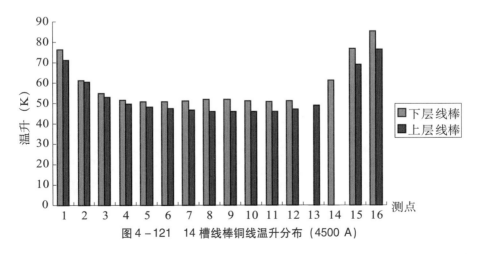

图 4 - 121　14 槽线棒铜线温升分布（4500 A）

定子线棒铜线在槽内沿轴向分布比较均匀。端部的温升比本体高是由于模型转子风罩与定子线棒处密封，使端部线棒的冷却条件变差所致。

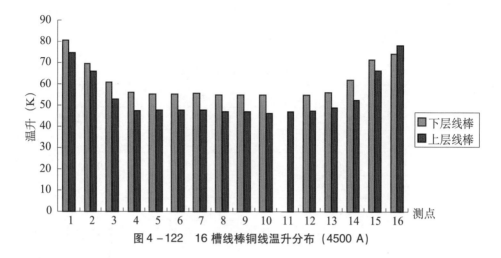

图 4 - 122 16 槽线棒铜线温升分布 (4500 A)

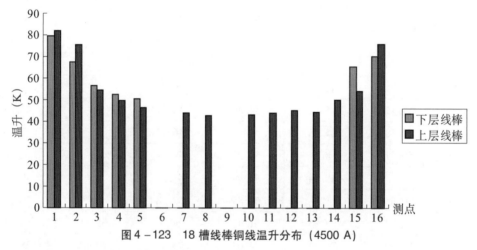

图 4 - 123 18 槽线棒铜线温升分布 (4500 A)

每槽内的下层线棒铜线温度高于上层线棒是由于采用直流电，致使上层线棒内的附加损耗平均加在上下层线棒内造成的，在真机中，上层线棒的附加损耗比下层线棒多，此处无法模拟。

3) 定子线棒（RTD）温升

表 4 - 106 给出了在不同工况下的定子线棒层间 RTD 的测量值。

表 4 - 106 定子线棒（RTD）温升分布   单位：K

项目		14 槽	15 槽	16 槽	17 槽	18 槽
3820 A	上侧	24.68	28.67	24.07	27.11	19.12
	下侧	21.13	25.52	26.81	24.83	26.81
	平均值	22.91	27.10	25.44	25.97	22.97
4000 A	上侧	26.16	30.70	25.85	28.78	20.48
	下侧	22.36	27.14	28.64	26.34	28.59
	平均值	24.26	28.93	27.25	27.56	24.53

续表

项目		14 槽	15 槽	16 槽	17 槽	18 槽
4380 A	上侧	32.09	37.47	32.49	35.21	24.76
	下侧	27.49	33.81	35.99	32.73	35.79
	平均值	29.79	35.64	34.24	33.97	30.28
4500 A	上侧	34.45	40.22	35.09	37.70	26.77
	下侧	29.73	36.22	38.52	35.02	38.33
	平均值	32.09	38.221	36.81	36.36	32.55

用 RTD 测得的定子线棒温升比定子线棒铜线的温升低，在额定工况，14 号槽定子线棒铜线的平均温升约为 49.33K，RTD 测得的平均温升约为 29.79K，两者温差约为 19.54；16 号槽定子线棒铜线的平均温升约为 51.27K，RTD 测得的平均温升约为 34.24K，两者温差约为 17.03K；18 号槽定子线棒铜线的平均温升约为 51.7K，RTD 测得的平均温升约为 30.28K，两者温差约为 21.42K。

4）定子铁心温升

定子铁心加热片位于铁心段中间位置，1 号测点距加热片轴向距离为 18.5 mm；2 号测点距加热片轴向距离为 13.5 mm；3 号测点距加热片轴向距离为 8.5 mm；4 号测点距加热片轴向距离为 3.5 mm。

对不同电流工况定子铁心温度进行测试，表 4 - 107 为 3820 A 工况铁心各测点温升分布（定子入口风温升按 8K 考虑），图 4 - 124 给出了不同定子铁心段在 3820 A 工况的温升分布情况。

表 4 - 107　3820 A 铁心温升分布　　　　　　单位：K

测点	第 3 段铁心	第 21 段铁心	第 39 段铁心	第 57 段铁心	第 75 段铁心
1	18.93	17.13	14.35	16.92	16.08
2	20.75	15.89	20.53	15.28	19.64
3	26.57	20.78	14.88	19.86	15.57
4	28.82		22.29	21.9	21.99

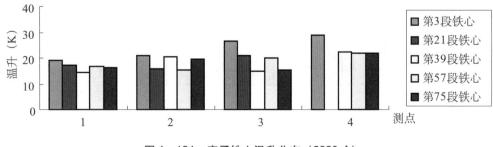

图 4 - 124　定子铁心温升分布（3820 A）

表4 – 108 为4000 A工况铁心各测点温升（定子入口风温升按8K考虑），图4 – 125给出了不同铁心段在4000 A工况的温升分布情况。

表4 – 108　4000 A铁心温升分布　　　　　　单位：K

测点	第3段铁心	第21段铁心	第39段铁心	第57段铁心	第75段铁心
1	18.96	17.24	14.51	17.11	21.54
2	20.79	15.95	20.7	15.41	19.9
3	26.57	20.82	15.01	20.04	15.78
4	28.92		22.43	22.04	22.08

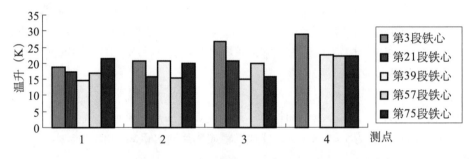

图4 – 125　定子铁心温升分布（4000 A）

表4 – 109 为额定工况4380 A铁心各测点温升分布（定子入口风温升按8K考虑），图4 – 126 给出了不同铁心段在4380 A工况的温升分布情况。

表4 – 109　4380 A铁心温升分布　　　　　　单位：K

测点	第3段铁心	第21段铁心	第39段铁心	第57段铁心	第75段铁心
1	20.87	19.05	16.14	18.73	23.31
2	22.76	17.83	22.44	16.96	21.72
3	28.66	22.79	16.65	21.75	17.54
4	31.06		24.16	23.67	23.9

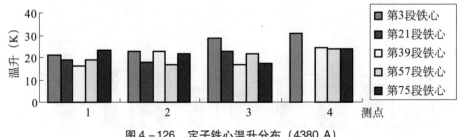

图4 – 126　定子铁心温升分布（4380 A）

表4 – 110 为额定工况4500 A铁心各测点温升分布（定子入口风温升按8K考虑），图4 – 127 给出了不同铁心段在4500 A工况的温升分布情况。

表 4 – 110　4500 A 铁心温升分布　　　　　　　单位：K

测点	第 3 段铁心	第 21 段铁心	第 39 段铁心	第 57 段铁心	第 75 段铁心
1	22.46	20.64	17.79	20.38	17.53
2	24.37	19.4	24.1	18.59	23.31
3	30.3	24.38	18.25	23.45	19.14
4	32.65		25.81	25.36	25.63

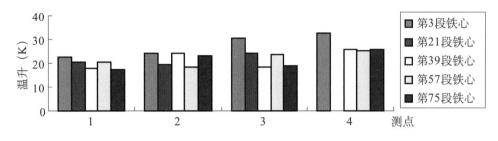

图 4 – 127　定子铁心温升分布（4500 A）

从各工况测试数据分析可知，各测试段铁心内越靠近加热元件的测点温度越高；反之，温度越低。在额定工况，定子铁心轭部的平均温升约为 21.5K。

4.4.5　结论

（1）白鹤滩全空冷水轮发电机局部模型比较准确地模拟了真机的运行情况，为各部分温升测试提供了试验条件。

（2）局部通风及温升模拟试验测试数据说明，定子各部分温升均在允许范围内。白鹤滩水轮发电机采用全空冷冷却方式是可行的。

第 5 章　白鹤滩 1000 MW 机组设计方案

1000 MW 水电机组的研发成果，是乌东德、白鹤滩两个水电站可行性研究的重要支撑基础。在 1000 MW 机组研究过程中，上述两工程的可行性研究的其他专业研究也在同步开展。根据水工建筑专业的研究结论，如果乌东德水电站采用 1000 MW 机组，其尾水洞尺寸过大，超过已有工程经验，结构安全存在一定的风险，同时工程布置和动能指标也不尽合理。综合各方面意见，决定乌东德采用单机容量 850 MW 的机组，因此，乌东德 1000 MW 机组研究工作到此停止。白鹤滩采用 1000 MW 机组各项指标均较优，科研和设计、制造、工程应用研究等工作继续深入进行。从本章开始的章节仅对白鹤滩 1000 MW 机组关键技术进行论述。

5.1　机组主要参数方案

5.1.1　额定水头的选择

白鹤滩水电站最大水头为 243.1 m，最小水头为 163.9 m，全年加权平均水头为 207.8 m，汛期（6—8 月）加权平均水头为 192.1 m，非汛期（9—5 月）加权平均水头为 213.1 m。额定水头选择主要考虑如下：

（1）按防洪限制水位 785 m 运行时电站容量不受阻计算，则白鹤滩水电站额定水头下限应为 185 m，结合电站水头特性和电量分布特点分析，按加权平均水头的 0.95~1.0 倍考虑，额定水头可在 197.4~207.8 m 之间选取。

（2）考虑到白鹤滩单机容量达 1000 MW，且电站运行水头变幅达 79.2 m，额定水头需重点满足水轮机高水头区的稳定运行需要。根据经验，电站最大水头与额定水头的比值应不超过 1.2 为宜，额定水头不宜过低。因此白鹤滩水电站额定水头方案应在保证机组稳定运行的条件下合理选择。

在白鹤滩水电站可研阶段，在装机 16 台×1000 MW 的基础上拟定了 194 m、198 m、202 m 和 206 m 4 个额定水头方案进行综合比较。综合分析了各方面因素，包括水头保证率、汛期受阻容量、汛期电量、工程投资、动能分析、经济性分析以及机组制造难度、机组效率/稳定性等方面。

白鹤滩水电站各额定水头方案主要参数见表 5-1。

表 5 - 1　白鹤滩水电站各额定水头方案主要参数

项目	单位	额定水头方案			
		194 m	198 m	202 m	206 m
正常蓄水位	m	825			
防洪限制水位	m	785			
死水位	m	765			
装机容量	台 × MW	16 × 1000			
最大水头	m	243.1	243.1	243.1	243.1
最小水头	m	162.9	163.4	163.9	164.4
水头变幅	m	80.2	79.7	79.2	78.7
加权平均水头	m	207.8	207.8	207.8	207.8
最大水头/额定水头比值	—	1.25	1.23	1.20	1.18
水轮机转轮直径（D_1）	m	8.87	8.73	8.60	8.48
额定转速	r/min	107.1	107.1	107.1	111.1

综合分析认为：一方面，根据水库运行方式和运行特点，由于流域防洪的需要，电站汛期水库运行水位相对较低，从电站汛期容量、电量效益发挥和满足电网用电需求等方面考虑，额定水头选择应尽量使电站汛期少受阻，故以低方案较为有利；另一方面，电站的水头变幅和单机容量均较大，机组运行水头高、尺寸较大，机组制造难度大，应关注水轮机在高水头的运行稳定性，较高的额定水头可以获得在高水头较宽的稳定运行范围，尽可能地降低水轮机不稳定运行的风险，故额定水头选择以高方案较为有利。综合权衡各方面因素，认为 202 m 额定水头方案能够满足水轮机的稳定运行范围要求，同时在汛期低水位时出力受阻较少，因此，推荐白鹤滩水电站额定水头为 202 m。

5.1.2　水轮机主要参数

5.1.2.1　比转速与比速系数

根据选择的水轮机比转速和比速系数范围，可供选用的发电机同步转速有 107.1 r/min、111.1 r/min 和 115.4 r/min。经对发电机参数分析，适合发电机的同步转速有 107.1 r/min 和 111.1 r/min。综合比较，选择水轮发电机的同步转速为 107.1 r/min 和 111.1 r/min，相应比转速分别为 141.7 m·kW 和 147 m·kW，比速系数为 2014 和 2089。

5.1.2.2　单位转速和单位流量

哈电根据设计经验认为，白鹤滩最优单位流量宜选在 0.4 ~ 0.44 m^3/s，额定工况单位流量宜选在 0.57 m^3/s 左右。东电根据水力分析及模型试验结果认为，只要导叶高度选择合理，针对低参数设计的水轮机，最优单位转速大多集中在 63.5 r/min 左右，最优单位流量可保证在 0.41 ~ 0.42 m^3/s，额定工况单位流量 0.55 ~ 0.57 m^3/s。

综合分析，白鹤滩水电站模型水轮机最优点单位转速不宜超出 62.5 ~ 67 r/min，最优点单位流量宜选择在 0.40 ~ 0.44 m^3/s，额定工况单位流量宜在 0.56 m^3/s 左右。

5.1.2.3 吸出高度和安装高程选择

综合考虑过渡过程尾水管最小压力等因素，选取水轮机安装高程为 570 m，相应吸出高度 $H_s = -15.43$ m，对应电站空化系数为 0.123，根据统计经验，水轮机临界空化系数 σ_c 取 0.066，σ_p/σ_c 为 1.86。

5.1.3 发电机容量和同步转速

发电机的额定功率为 1000 MW，额定功率因数为 0.9，相应发电机容量为 1111.1 MVA。

发电机额定转速的选择，除了要考虑与水轮机特性相匹配外，还需研究发电机的设计和制造的合理性，以满足发电机电磁设计及结构布置的需要。根据水轮机的参数选择，16×1000 MW 方案水轮发电机组可选择的额定同步转速分别有 107.1 r/min、111.1 r/min 和 115.4 r/min 三挡，不同额定电压发电机支路数和槽电流关系见表 5-2。

表 5-2 额定容量下不同额定电压发电机支路数和槽电流关系表

项目		额定容量					
		1111.1 MVA					
并联支路数		4	6	7	8	9	13
槽电流（A）	$U_n = 24$ kV	13 365	8910	7637	6683	5940	4112
	$U_n = 26$ kV	12 337	8224	7050	6169	5483	3796

按目前的国内外设计制造水平，发电机采用全空冷方式合理的槽电流约为 7000 A 左右，采用定子水冷方式合理的槽电流约为 10 000 A 左右。

从定子并联支路数分析比较：

当定子并联支路数取 4 时，发电机电压无论采用 24 kV 还是 26 kV，其槽电流均太大，甚至超出了定子水冷方式的合理槽电流范围。

当定子并联支路数取 6 时，发电机电压无论采用 24 kV 还是 26 kV，其槽电流超出了全空冷方式的合理槽电流范围，落入定子水冷方式的合理槽电流范围，当发电机电压为 24 kV、定子水冷方式时相对合理。

当定子并联支路数取 7 时，发电机电压采用 24 kV，槽电流超出了全空冷方式的合理槽电流范围，但如采用定子水冷方式，槽电流偏小；发电机电压采用 26 kV，可采用全空冷方式。

当定子并联支路数取 8 时，发电机电压无论采用 24 kV 还是 26 kV，其槽电流均在全空冷方式的合理槽电流范围内。

当定子并联支路数取 9 时，发电机电压无论采用 24 kV 还是 26 kV，其槽电流均在全空冷方式的合理槽电流范围，其中当发电机电压为 24 kV 时相对合理。

当定子并联支路数取 13 时，发电机电压无论采用 24 kV 还是 26 kV，其槽电流偏小，发电机经济性不高。

当额定转速为 107.1 r/min 时，可选定子并联支路数为 2，4，7，8，…；

当额定转速为 111.1 r/min 时，可选定子并联支路数为 2，3，6，9，…；

当额定转速为 115.4 r/min 时，可选定子并联支路数为 2，4，13，…。

根据以上分析，发电机额定转速不宜选择 115.4 r/min，可以选择 107.1 r/min 或 111.1 r/min。

5.1.4　发电机额定电压选择

对于大型水轮发电机，额定电压为 20 kV 的发电机已经在三峡工程有成熟的运行经验；对于额定电压为 23 kV 的发电机在向家坝工程也有成熟运行经验，同时，课题组也对额定电压为 24 kV、26 kV 的发电机进行了专项研究与试验，研究结果前面章节进行了论述，因此，上述电压等级均可作为白鹤滩发电机额定电压的选择。同时，额定电压选择应与电流综合考虑，以便选择机端电压设备。1000 MW 水轮发电机主要参数计算结果见表 5 - 3。

表 5 - 3　1000 MW 水轮发电机主要参数计算结果

项目	单位	额定功率（MW）					
		1000					
额定功率因数		0.9					
额定容量	MVA	1111.1					
额定电压	kV	22		24		26	
额定电流	A	29 160		26 730		24 674	
最大工作电流	A	30 618		28 066		25 908	
额定转速	r/min	111.1					
飞逸转速	r/min	202					
定子并联支路数		6	9	6	9	6	9
槽电流	A	9720	6480	8910	5940	8225	5483
冷却方式		内冷	空冷	内冷	空冷	内冷	空冷
项目	单位	额定功率（MW）					
		1000					
额定功率因数		0.9					
额定容量	MVA	1111.1					
额定电压	kV	22		24		26	
额定电流	A	29 160		26 730		24 674	
最大工作电流	A	30 618		28 066		25 908	
额定转速	r/min	107.1					
飞逸转速	r/min	202					
定子并联支路数		7	8	7	8	7	8
槽电流	A	8331	7290	7637	6683	7050	6169
冷却方式		内冷	空冷	内冷	空冷	空冷	空冷

根据计算结果，当额定电压选择为 22 kV，最大持续工作电流超过了 28 000 A，对配套的发电机断路器及大电流离相封闭母线的选择造成较大的难度。因此额定电压推荐采用 24 kV。

5.1.5 发电机冷却方式选择

当额定转速选为 111.1 r/min，发电机额定电压采用 24 kV，定子并联支路数选为 6 支路时，槽电流为 8910 A，适合采用定子绕组内冷的冷却方式；定子并联支路数选为 9 支路时，槽电流为 5940 A，适合采用全空冷的冷却方式。

发电机额定转速也可选为 107.1 r/min，发电机电压采用 24 kV，定子并联支路数选为 7 支路时，槽电流为 7637 A，略超出了全空冷方式的合理槽电流范围，但如采用定子内冷方式，槽电流偏小；定子并联支路数选为 8 支路时，槽电流为 6683 A，适合采用全空冷的冷却方式。

因此，以下三个方案均可行：

（1）额定转速 111.1 r/min，额定电压 24 kV，定子并联支路数为 6 支路，槽电流 8910 A，定子绕组内冷。

（2）额定转速 111.1 r/min，额定电压 24 kV，定子并联支路数为 9 支路，槽电流 5940 A，定子绕组空冷。

（3）额定转速 107.1 r/min，额定电压 24 kV，定子并联支路数为 8 支路，槽电流 6683 A，定子绕组空冷。

5.2 项目可研审批结论

2010 年 10 月 27 日，国家发改委办公厅下发《国家发展改革委办公厅关于同意金沙江乌东德和白鹤滩水电站开展前期工作的复函（发改办能源［2010］2621 号)》（俗称"路条"），白鹤滩水电站正式启动前期筹建工作。

经过业主单位、白鹤滩设计单位、水电总院之间多次专题咨询、反复协商，形成了《金沙江白鹤滩水电站可行性研究报告（审定稿)》。2016 年 11 月 17 日至 18 日，水电总院在北京主持召开了金沙江白鹤滩水电站可行性研究报告审查收口会议，对报告进行了复审，提出了《金沙江白鹤滩水电站可行性研究报告审查意见》，并上报国家能源局。2017 年 8 月 3 日，经国务院审批同意，白鹤滩水电站正式通过国家核准，进入主体工程大规模全面建设的新阶段。

《金沙江白鹤滩水电站可行性研究报告审查意见》中机电部分内容如下。

1. 水力机械

（1）本电站装机容量 16 000 MW，水轮机运行水头范围尾水河道整治前 240 ~ 159.0 m，整治后 243.1 ~ 163.9 m。同意报告推荐左、右岸电站各安装 8 台单机容量为 1000 MW 的立轴混流式水轮发电机组。

（2）水轮机主要参数选择基本合适，报告推荐机组额定转速采用 107.1 r/min 和 111.1 r/min均可行，可根据机组招标情况确定。同意水轮机额定水头选择 202 m、水轮机安装高程 570.0 m。

（3）同意水轮机调速器及其油压装置的选型和布置。

（4）基本同意调节保证设计成果，水轮机蜗壳最大压力上升设计值 354 m，机组最大转速上升率设计值 52%，尾水管进口最小压力设计值 −6. 9 m。下阶段应根据选定的输水系统特性和机组特性对调节保证设计成果进行复核。

（5）同意左、右岸主厂房起重设备各装设两台 1300 t/160 t 桥式起重机和一台 160 t 桥式起重机。

（6）基本同意水力机械各辅助设备系统的设计方案。

2. 电气

（1）电站总装机容量 16 000 MW，左、右岸各布置 8 台 1000 MW 的水轮发电机组，目前流域梯级输电系统规划设计工作尚在进行之中，电站接入系统设计尚未开展。经与电力系统规划设计主管部门沟通，白鹤滩水电站暂按左、右岸电站均采用交流 500 kV 一级电压接入系统，出线 4 回，左、右岸各预留第 5 回出线布置场地进行设计。建议及时委托电站的接入系统设计工作，以满足电站电气设计需要。

（2）同意左、右岸电站发电机与变压器的组合采用单元接线，发电机出口装设断路器，基本同意 500 kV 电压侧采用 4 串 4/3 断路器接线的电气主接线方案。下阶段应根据审定的电站接入系统方案，最终确定电站电气主接线。

（3）同意左、右岸电站厂用电系统工作电源分别从 6 台发电机出口母线引接，左、右岸电站均从保留的施工变电所引接 10 kV 线路作为备用电源，另设柴油发电机组作为电站的保安电源。同意电站厂用电系统采用 10 kV 和 400V 两级电压供电。基本同意电站厂用电系统接线方案，下阶段结合厂用电负荷的落实情况，进一步优化厂用电系统接线。

（4）考虑到本电站机组单机容量居世界第一，设计制造技术难度大，业主单位会同设计、制造等单位对 1000 MW 机组关键技术联合攻关，完成了发电机 24 kV 和 26 kV 线棒绝缘常规和老化试验、发电机初步通风模型试验、推力轴承试验、电磁设计优化、主要部件刚强度分析等工作，自主掌握了 1000 MW 水轮发电机设计制造的关键技术。基于上述研究成果，基本同意设计推荐的水轮发电机结构型式和主要参数。发电机采用半伞式，推力轴承采用下机架支撑方式，发电机额定电压采用 24 kV。发电机冷却方式采用全空冷或定子内冷均是可行的，额定转速选择 107. 1 r/min 或 111. 1 r/min 均是可行的，可作为招标设计方案。

（5）同意发电机电压母线采用自冷全连式离相封闭母线。同意主变压器选用单相变压器，地下布置，冷却方式采用强油循环水冷方式。

（6）同意左、右岸电站 500 kV 高压配电装置选用气体绝缘金属封闭开关设备（GIS）地下布置方案。基本同意左、右岸高压引出线采用 500 kV GIL 各通过两条竖井引至地面 500 kV 出线场的方案。

（7）基本同意电站过电压保护设计总体方案。下阶段在接入系统方式、线路设计和主要电气参数确定后，对避雷器配置和绝缘配合设计方案进一步优化。

（8）基本同意电站接地系统总体设计方案，以及预采取的分流、散流、均压、隔离等措施。

（9）基本同意电站主要电力设备布置。

5.3　白鹤滩 1000 MW 水轮发电机组设计方案及参数

根据前期的研究成果，以及可研批复确定的参数，2016 年白鹤滩 16 台 1000 MW 水轮发电机组开始招标采购，要求投标人带转轮模型投标，经过第三方试验台同台对比试验评价水轮机性能，招标前向潜在的投标人提供了水力开发条件，并给出足够的时间进行转轮模型开发。哈电集团、东电集团、ALSTOM 水电集团、VOITH 水电集团 4 家国际知名水电设备制造商参与了投标，经过转轮模型试验、投标文件评价，确定哈电集团、东电集团中标，分别为白鹤滩提供 8 台 1000 MW 水轮发电机组，2017 年正式签订合同。至此，白鹤滩 1000 MW 水轮发电机组主要设计方案和参数正式确定。

5.3.1 水轮机设计方案与参数

哈电和东电两种机型 1000 MW 机组主要设计方案与参数见表 5 - 4。

表 5 - 4　1000 MW 机组主要设计方案与参数

项　目		哈电	东电
水轮机型式		混流	混流
	水轮机型号	HLA1181 - LJ - 872	HLD545A - LJ - 847
	水轮机俯视旋转方向	顺时针	顺时针
	最大水头（m）	243.1	243.1
	额定水头（m）	202.0	202.0
	最小水头（m）	163.9	163.9
	设计水头（m）	209.4	223.1
	额定流量（m^3/s）	538.8	545.49
	额定转速（r/min）	107.1	111.1
	水轮机安装高程（m）	570	570
水轮机型式及参数	水轮机所需最低吸出高度（m）	-11.01	-12.3
	顶盖泄压方式	减压管 + 泄荷孔	平压管
	不包括水的水轮机转动部分 GD^2（t·m^2）	10 500	11 800
	包括水（额定工况）的水轮机转动部分 GD^2（t·m^2）	14 700	15 300
	模型水轮机最优效率（%）	95.02	95.02
	原型水轮机最优效率（%）	96.68	96.67
	水轮机模型加权平均效率（%）	94.47	94.16
	原型水轮机加权平均效率（%）	96.13	95.81
	水轮机稳定运行范围（%）	60% ~100% 预想出力	60% ~100% 预想出力
	稳定运行范围内压力脉动（%）	无叶道涡、叶片进水边正、背面脱流，尾水管压力脉动幅最大值小于3%	无叶道涡、叶片进水边正、背面脱流，尾水管压力脉动幅最大值小于3%
	水轮机发 1015 MW 的最小水头（m）	195（实测 192.2）	195（实测 194.96）
	飞逸转速（r/min）	202	202

项　目			哈电	东电
转轮	最大外径（mm）		8873	8640
	进口直径 D_1（mm）		8723	8470
	名义直径 D_2（mm）		7351	7124
	喉部直径 D_{th}（mm）		7351	7100
	转轮进口高度（mm）		1570	1455.5
	转轮高度（mm）		3795	3920
	材料		ZG04Cr13Ni5Mo	ZG04Cr13Ni4Mo
	叶片数（个）		15 长 + 15 短	15
	叶片型式（是否长短叶片）		长短叶片	X 形叶片
	转轮正常运行工况下最大工作应力（MPa）		108.18	107.68
		发生部位	长叶片出水边与下环连接处	下环和叶片处
		相应工况描述	额定水头、额定出力	$H_r = 202$ m, $P = 1128$ MW（$\cos\phi = 1$）
	转轮最大飞逸转速下最大工作应力（MPa）		216.25	197.3
		发生部位	长叶片出水边与下环连接处	下环和叶片处
	转轮总重量（t）		350	375
尾水管	里衬材料		Q345B + 0Cr13Ni5Mo	Q235B + 0Cr18Ni9
	里衬重量（t）		352	352
	锥管	高度（mm）	13 396.3	12 343
		进口直径（mm）	$\phi7355$	$\phi7172$
		出口直径（mm）	$\phi9750$	$\phi9400$
	肘管	高度（mm）	14 631.3	15 500
		进口直径（mm）	9750	9400
		出口高度（mm）	7503.4	6700
		出口宽度（mm）	15 828.5	16 000
座环	外形尺寸（外径×内径×高度）（mm×mm×mm）		14 540 × 7850 × 4300	13 900 × 11 100 × 3468
	固定导叶	固定导叶数	23	23
		高度（mm）	1578	1468
		材料	S500Q/锻 A668E	S500Q/锻 A668E
	总重量（t）		530	364

续表

项 目		哈电	东电
蜗壳	材料	B780CF/WSD690E	Q690SE（800MPa级）
	推荐的蜗壳埋设方式	弹性垫层	弹性垫层
	蜗壳延伸段进口直径（mm）	8600	8600
	蜗壳进口中心线到机组 $Y-Y$ 轴线距离（mm）	10 300	10 300
	机组中心至 $+X$ 方向距离（mm）	14 505	14 668
	机组中心至 $-Y$ 方向距离（mm）	14 153	13 980
	机组中心至 $-X$ 方向距离（mm）	12 693	12 476
	机组中心至 $+Y$ 方向距离（mm）	10 662	10 332
	最厚钢板厚度（mm）	87	81
	进口断面流速（m/s）	9.28	9.85
	设计压力（MPa）	3.468	3.54
	总重量（t）	684	662
机坑里衬	尺寸（内径×高度）（mm×mm）	ϕ12 400×7380	ϕ12 800×6228
	材料	Q235B	Q235B
	分瓣数	8	8
	总重量（t）	75	86
活动导叶	材料	ZG04Cr13Ni5Mo	ZG04Cr13Ni4Mo
	导叶数量（个）	24	24
	导叶及竖轴尺寸（长×宽×高）（mm×mm×mm）	4800×1400×578	4208×1385×550
	导叶瓣体高度（mm）	1570	1454
	导叶分布圆直径（mm）	10 148	10 000
	导叶制造加工工艺	电渣熔铸/数控加工	电渣熔铸，数控
	导叶过流表面硬度（HB）	217~286	220~290
	导叶轴承支撑数/轴瓦材料	3/自润滑材料	3/自润滑材料
	导叶操作机构总重（包括导叶、连杆、操作环等）（t）	345	316.8
水轮机轴	材料	锻钢25MnSX	锻钢25MnSX 或 Q345C＋锻钢25MnSX
	水轮机轴长度（mm）	6610	6630
	水轮机轴（外径×内径）（mm×mm）	ϕ3100×ϕ2700	ϕ3500×ϕ3160
	水轮机轴与发电机轴分界法兰高程（m）	577.4	577.4
	重量（t）	140	139

项　目		哈电	东电
主轴密封	主轴密封副材料	高分子材料/不锈钢	高分子材料
	主轴密封结构型式	端面水压式	衡压自补偿端面密封
	主轴密封水质要求	过滤精度≤0.08 mm	过滤精度≤0.1 mm
	冷却与润滑水量（m^3/h）	20	25
	冷却与润滑水压（MPa）	0.4～1.1	0.4～0.8
	主轴密封漏水量不大于（L/min）	270	180
导轴承	轴领结构	带轴领	带轴领
	支撑及结构型式	斜楔式/稀油润滑分块瓦	分块瓦，楔型调节
	轴承设计间隙（mm）	0.3（单边）	0.40～0.45（单边）
	轴瓦瓦面材料	轴承合金	巴氏合金（ZSnSb11Cu6）
	轴瓦数目（个）	16	24
	轴瓦尺寸（高×宽×厚）（mm×mm×mm）	430×430×130	290×290×110
	冷却水量（m^3/h）	30	50
	冷却水压（MPa）	0.4～1.1	0.4～0.8
	油循环冷却方式	自泵外循环	油泵强迫外循环
	油冷却器数量（个）	3	3 个主用，1 个备用
底环	材料	Q235B	Q235B
	外形尺寸（外径×内径×高度）（mm×mm×mm）	ϕ11 350×ϕ8350×635	ϕ11 090×ϕ8020×650
	总重量（t）	120	107
顶盖	材料	S500Q-Z35+Q345B	Q345B-Z35
	最大直径（mm）	ϕ11 970	ϕ11 650
	外形尺寸（外径×高度）（mm×mm）	ϕ11 970×2850	ϕ11 650×2432
	分瓣数	4	4
	总重量（t）	395	370
总重量及尺寸	水轮机总重量	3330	3340
	水轮机转动部件重量（t）	550	546
	安装最重件名称/重量/尺寸（t/mm）	座环/550/ϕ15 000	转轮主轴/546/ϕ8640×11 250
	安装最大件名称/重量/尺寸（t/mm）	座环/550t/ϕ15 000	座环/364/ϕ13 900×3468
	运输最重件名称/重量/尺寸（t/mm）	主轴/140t/ϕ4000×6650	主轴/139/ϕ3860×6630
	运输最大件名称/重量/尺寸（t/mm）	1/6 座环/108t/8800×5700×4100	大瓣上冠/110/8550×6900×2570
	需要通过发电机定子的水轮机部件/最大直径（mm）	顶盖/ϕ11 970	顶盖/ϕ11 650

5.3.2　发电机设计方案与参数

发电机设计方案与参数见表 5-5。

表 5-5　发电机设计方案与参数

项　目		单位	哈电	东电
发电机型式与参数	发电机型式		半伞式	半伞式
	发电机型号		SF1000-56/17800	SF1000-54/17500
	冷却方式		全空冷	全空冷
	发电机设计冷却总风量	m^3/h	353.8	301
	机组设计冷却总水量	m^3/h	1914	1730
	额定容量	MVA	1111.1	1111.1
	额定功率	MW	1000	1000
	额定电压	kV	24	24
	额定功率因数（滞后）		0.9	0.9
	额定频率	Hz	50	50
	相数		3	3
	额定转速	r/min	107.1	111.1
	定子绕组绝缘等级		F 级	F 级
	转子绕组绝缘等级		F 级	F 级
	定子绕组温升	K	60.7	49
	定子铁心温升	K	28.6	41（需确认）
	转子绕组温升	K	62.1	53
	额定效率	%	98.90	99.01
	发电机可用率		99%	99%
	使用期限	年	40	40
电气参数	短路比		1.12	1.14
	直轴同步电抗 X_{du}	%	100.7	96.3
	X_{ds}	%	89.3	87.5
	直轴瞬态电抗 X'_{du}	%	32.5	33.7
	X'_{ds}	%	30.5	29.7
	直轴超瞬态电抗 X''_{du}	%	23.4	22.9
	X''_{ds}	%	21.9	21.8
	零序电抗 X_0		12.8	10.68
	发电机飞轮力矩 GD^2	$t \cdot m^2$	≥370 000	≥360 000
	以额定容量为基值的惯性常数 H_c	$(kW \cdot s)/kVA$	5.23	5.48
	额定容量的惯性时间常数 T_j	s	11.63	10.96

项　　目		单位	哈电	东电
定 子 结 构 与 参 数	定子机座型式		斜立筋支撑（斜元件 20 个、角度 40°）	斜立筋支撑（斜元件 18 个、角度 45°）
	定子槽数		696	810
	定子槽电流	A	6682	5940
	每极每相槽数		4 + 1/7	5
	定子绕组线负荷	A/m	89 500	93 954
	定子绕组电流密度	A/mm²	2.74	2.99
	定子绕组并联支路数		8	9
	定子铁心高度	mm	3650	3550
	定子铁心的内径	mm	16 580	16 300
	定子铁心的外径	mm	17 800	17 500
	定子硅钢片型号		50W250	50W250
	定子线棒的绝缘厚度	mm	11.3（双边）	10.6（双边）
转 子 结 构 与 参 数	转子结构		无风扇的斜支臂圆盘式结构	无风扇的斜支臂圆盘式结构
	转子支臂数量		28	27
	转子磁轭材料		SXDER750	SXDER750
	转子磁极的最大磁通密度	Wb/m²	1.534	2.10
	转子绕组的最大电流密度	A/mm²	2.35	2.34
	转子绕组自感	H	1.335	1.20
	额定运行工况时的励磁电流/电压	0.9 p.f	A/V	4176/495	4280/510
		1.0 p.f	A/V	3164/375	3750/390
		空载励磁电流/电压	A/V	2365/197	2530/187
	转子直径	mm	16 496	16 202
	转子磁轭的高度	mm	3700	3841
	转子磁极的高度	mm	3866	3826
	每极线圈匝数	匝	17	16.5
上 端 轴 、 主 轴	发电机上端轴的内径/外径/高度	mm	1350/1650/2962	1350/1650/3130
	发电机主轴的内径/外径/高度	mm	2450/3100/6120	2920/3250/6215
	发电机主轴法兰盘的外径	mm	3980	4260
	联轴螺栓分布圆直径	mm	3550	3800
	联轴螺栓直径和数量	mm/个	150/30	170/30
	发电机主轴重量	kg	141 000	115 000
	发电机主轴材料		20SiMn	20SiMn
	发电机上端轴重量	kg	34 000	25 000
	发电机上端轴材料		20SiMn	20SiMn

续表

项 目		单位	哈电	东电
上、下机架	发电机上机架结构型式		斜支臂	斜支臂
	发电机上机架支臂数量		20	18
	上机架能承受的最大荷载 — 垂直	kN	5	29
	上机架能承受的最大荷载 — 切向	kN	80	42
	上机架能承受的最大荷载 — 径向	kN	483	317
	上机架支臂高度	mm	1930	1690
	下机架能承受的最大荷载 — 垂直	kN	4550	4784
	下机架能承受的最大荷载 — 切向	kN	811	69
	下机架能承受的最大荷载 — 径向	kN	1621	3145
	下机架支腿高度	mm	2440	2535
	下机架支腿数量		12	12
推力轴承	推力轴承瓦支撑方式		小支柱簇支撑	弹簧束多点支撑
	推力轴承的内径	mm	3330（挡油管内径）	3535
	推力轴承的外径	mm	7380（油槽外径）	5035
	推力轴瓦的内径	mm	3500	3540
	推力轴瓦的外径	mm	5200	5030
	推力轴瓦块数	块	24	24
	推力轴承有效面积	cm²	97 560	87 768
	轴承总负荷能力	t	4600	4325
	单位面积上的负荷	MPa	4.62	4.83
	滑动面的平均速度	m/s	24.4	24.96
	PV 值	MPa·m/s	112.7	120.6
	额定转速和额定负荷时推力轴承的温度	℃	75	70
	油膜最小厚度	mm	0.044	0.046
	推力轴承油箱结构		与下导轴承共油箱	与下导轴承共油箱
	推力轴承油循环冷却方式		导瓦泵外循环，浸泡冷却	外加泵外循环，喷淋冷却
	轴承油槽油量	L	41 000	32 000
	推力轴承需要的冷却水量	L/min	10 000	7000
	镜板 — 镜板硬度不小于	HB	200	190~240
	镜板 — 镜板硬度差不大于	HB	30	20
	镜板 — 两平面的平行度不大于	mm	0.03	0.03
	镜板 — 镜板平面度不大于	mm	0.03	0.03
	镜板 — 镜面表面粗糙度不大于	mm	0.0004	0.0004

项　　目			单位	哈电	东电
上、下导轴承	上导轴承	上导轴承需要的冷却水量	L/min	900	833.3
		上导轴承冷却器的水压降	MPa	0.05	≤0.03
		在额定转速和额定负荷时导轴承的温度	℃	47.7	63
		在飞逸转速运行（5min）时导轴承的温度	℃	58.1	68
		上导轴承瓦数	块	10	18
		导轴承有效面积	cm²	4356	20 790
		导轴承冷却油量	L	4000	5000
	下导轴承	下导轴承冷却器的水压降	MPa	0.05	≤0.03
		在额定转速和额定负荷时导轴承的温度	℃	52.5	63
		在飞逸转速运行（5min）时导轴承的温度	℃	67.9	68
		下导轴承瓦数	块	16	40
		导轴承有效面积	cm²	7984	27 600
		导轴承冷却油量	L	41 000（与推力共用）	32 000（与推力共用）
空气冷却器		台数	台	20	18
		单台容量	kW	650	650
	在水温为 25℃、额定 MVA 时	全部冷却器需要的冷却水量	L/min	21 000	21 000
		每个冷却器相应的冷却容量	kW	597	511
		冷却器最大水压力	MPa	1	1
		冷却器最小水压力	MPa	0.3	0.3
		冷却器最大水耐压	MPa	2	1.5
		冷却器的水头损失	m	3.36	≤3

续表

项　　目		单位	哈电	东电
发电机总重量及尺寸	整台发电机总重量	kg	4 150 000	4 100 000
	发电机的总运输重量	kg	4 550 000	4 300 000
	组装定子重量（不带绕组及空冷器）	kg	975 000	900 000
	组装定子装配重量（含绕组）	kg	1 097 000	1 050 000
	组装定子装配重量（含绕组及空冷器）	kg	1 125 000	1 080 000
	空气冷却器重量×数量	kg×个	1200×20	1500×18
	单个磁极重量	kg	9798	8805
	转子装配重量（不含轴和磁极）	kg	1 610 000	1 437 200
	组装转子装配重量（含轴和磁极）	kg	2 428 000	2 060 000
	转子起吊重量（含轴、磁极和起吊工具）	kg	2 380 000（不含主轴）	1 960 000（不含主轴）
	转子起吊装置重量	kg	约80 000	45 000
	发电机主轴	kg	133 200	112 370
	上端轴	kg	31 800	33 975
	发电机转动部分总重量	kg	2 518 000	2 142 825
	上机架	kg	112 300	91 500
	下机架	kg	339 300	304 393
	定子机座组装件运输重量	kg	37 000	24 000
	定子机座组装件运输尺寸（长×宽×高）	mm×mm×mm	12 010×5245×3215	7295×6531×2017
	主轴组装件运输重量	kg	133 200	115 000

第6章 白鹤滩水电站水轮机设计

6.1 水力模型开发

6.1.1 概述

对于白鹤滩 1000 MW 级水电机组，如何保证机组高效、安全、稳定运行是水轮机设计的首要任务。水轮机通流部件水力设计的好坏，直接关系到整个机组的效能和运行稳定性，其中转轮设计开发是水力设计的核心技术。

白鹤滩水力开发前后经过了三个阶段：第一阶段是从参数论证，到确定单机容量、额定水头、额定转速，主要探究单机容量 1000 MW 的可行性，以及电站的额定水头、设计水头的合理性；第二阶段是确定参数后的水力研发阶段，主要探索最佳几何搭配；第三阶段是完善水力研发工作及水力设计优化工作。

白鹤滩水电站水轮机基本水力参数主要是根据白鹤滩水电站的实际情况和特点，对已有的、相近水头段电站的比转速、单位流量、单位转速、导叶高度、空化系数等重要参数进行数学统计分析，并结合目前水力设计水平选择确定的。为了确保设计的水轮机具有优异的能量性能、空化性能及良好的水力稳定性，水力开发采用了水轮机全流道 CFD 计算分析和模型试验相结合的方法，在确定设计方案时，分析了国内外相近水头段水轮机的参数情况以及转轮和通道的几何形状特点，做了多种方案的探索研究。通过几轮多个模型转轮的研发，设计出了多个适合白鹤滩水电站的转轮，经过性能的对比，选择综合性能最优的转轮作为最终方案。

6.1.2 基本参数的确定

6.1.2.1 水轮机参数选择的基本条件分析

根据前面章节的研究结果，经国家有关部门审批确定了下列与水轮机设计有关的参数：

额定功率 P_r 1015 MW

最大水头 H_{max} 243.1 m

额定水头 H_r 202 m

最小水头 $H_{\min}$ 163.9 m

额定转速 n_r 111.1 r/min 或 107.1 r/min

1. 额定水头分析

额定水头 H_r 是水轮机在额定出力时的最小水头，额定水头的选择将直接影响水轮机的制造（机组尺寸、工艺方法及大件运输）、加权平均效率、低水头下机组最大出力和水轮机运行的稳定性（主要是高水头部分负荷区运行的稳定性）。对机组尺寸而言，机组的尺寸、重量随额定水头的增加而减小；从发电量这一指标看，额定水头越低，水轮机在额定水头以下的发电量越多，但低额定水头易引起高水头下部分负荷时机组的稳定性变差，而高水头部分负荷区运行的稳定性问题是应考虑的主要问题。

白鹤滩水电站加权平均水头 $H_w = 202$ m，最大水头 $H_{\max}/H_w = 1.193$，最小水头 $H_{\min}/H_w = 0.78$。从该比值看，白鹤滩水电站的额定水头定在加权平均水头附近也不显得太高，在已投运的电站中，$H_{\min}/H_r \leq 0.75$ 的很多电站都未出现低水头运行不稳定问题，如龙羊峡 $H_{\min}/H_r = 0.57$、乌江渡 $H_{\min}/H_r = 0.58$、岩滩 $H_{\min}/H_r = 0.62$、克拉斯诺亚尔斯克 $H_{\min}/H_r = 0.64$、古里 I $H_{\min}/H_r = 0.55$。相反，有许多电站在高水头时却出现了不同程度的振动问题，如岩滩、五强溪、潘家口等水电站。另外，白鹤滩水电站一年在 170 m 以下运行的概率很小，从提高机组稳定性和加权平均效率的角度出发，都应选择较高的额定水头。据此，白鹤滩水电站的额定水头在 195 m、202 m、209 m 之中确定。考虑到汛期多发电的原因，只要水力和几何参数选择合理，额定水头为 202 m 时可以做到水轮机具有较好的稳定性。

2. 设计水头的选择

由于电站水头变幅偏大，设计水头时既要照顾高水头，也要重视低水头。一般工程设计要求 $(H_{\max} - H_{\min})/H_d$ 不超过 30% ~ 40%，按此计算白鹤滩水电站的设计水头应不低于 198 m。对于水头变化幅度较小的电站，应使设计水头尽可能接近加权平均水头，以利于平均效率的提高。白鹤滩机组容量大、尺寸大、水头变幅较大，高水头运行的稳定性问题应该在设计时给予足够的重视，应合理选择设计水头，均衡考虑模型特性、高水头运行效率与振动问题。如果将设计水头选择在 210 ~ 220 m 左右，其最大水头与设计水头的比值约为 1.16 ~ 1.1，最小水头与设计水头的比值约为 0.716 ~ 0.78，该比值在水轮机能够稳定运行的合理范围内。

3. 合理选择其他参数保证水轮机运行特性

图 6 - 1 给出了混流式水轮机运行特征区域，图中 AB 线为低频压力脉动引起机组不稳定的边界线；在低水头大流量区，转轮进口产生较大负冲角，叶片工作面产生脱流空化，此时尾水管内常出现多条涡带，也会对机组稳定带来影响，这一区域以 BC 为边界线；CD 为 5% 出力限制线；与小负荷对应的大负荷区，负环量引起转轮出口的同心涡带，引起机组振动，DE 为其边界线；在高水头的小流量区，转轮进口产生较大的正冲角，将引起转轮叶片进口背面的脱流及空化，漩涡直接进入转轮流道，在其间发展并泄出，称其为叶道涡，此漩涡会引起中、高频压力脉动，此区以 EA 线为边界。

这一由 ABCDEA 包围的区域即为混流式水轮机的稳定运行区。设计时如果几何参数搭配合理，可使压力脉动最大值有所降低、稳定运行区扩大，但其相对于最优工况附近

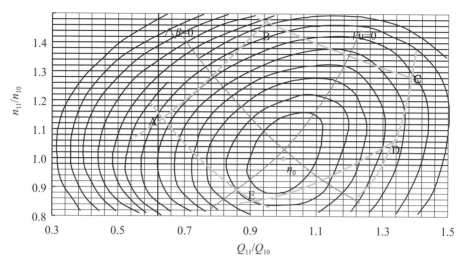

图 6-1　混流式水轮机运行特征图

稳定性仍然较差，因此，ABCDEA 外围区域的相对不稳定不能消除，只能适当调整各边界线的位置。而高水头小负荷区，进口有较大的正冲角并伴有较大的出口正环量，对稳定运行危害更大，因此，设计时应给与更多关注。

综合考虑上述因素，选择白鹤滩水轮机设计参数，包括比转速 n_s、额定转速、单位转速和单位流量、导叶高度 b_0/D_1、导叶分布圆直径 D_0/D_1、转轮出口直径 D_2/D_1 等。相关几何参数示意如图 6-2 所示。

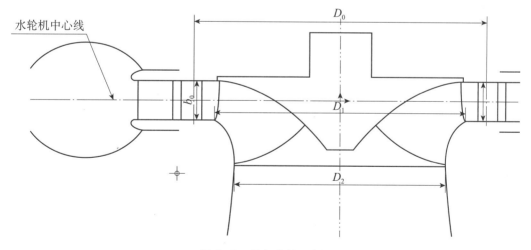

图 6-2　几何参数示意图

6.1.2.2　比转速 n_s 选择

比转速 n_s 是反映机组参数水平和经济性的一项综合参数。合理地选择比转速，对水轮机能量、空化、稳定性以及机组造价等指标有重要意义。随着水轮机技术水平的提高，各水头段的水轮机比转速 n_s 稳步攀升，但如果片面地追求过高的比转速 n_s 值，虽然会降低机组的造价及减小厂房尺寸，但会导致水轮机的空蚀、泥沙磨损及稳定性等性能恶化，最优效率降低，高效率运行工况区变窄，影响提高综合性能的目的。

水轮机比转速的计算公式为

$$n_s = 3.13 n_{11} \sqrt{Q_{11} \eta}$$

从公式可知，提高水轮机比转速的主要途径有：提高单位转速，以及提高水轮机的使用单位流量和效率。而真机比转速的高低除了与模型转轮参数有关外，还与不同的水轮机转轮的选型方式有关。图 6-3 是通过对国内外上百座电站的统计，绘制的大中型混流式水轮机额定水头与比转速关系曲线。

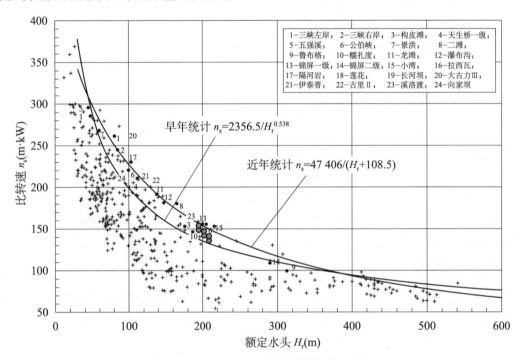

图 6-3 水轮机额定水头与比转速的关系曲线

本书第 2 章表 2-9 列出了国内外已建的与白鹤滩水头相近的大中型水轮机主要水力参数，可以看出，这些水头在 200~250 m 的大型电站，其比转速 n_s 平均值为 148.7 m·kW，比速系数平均 K 值为 2097.8。白鹤滩额定水头定为 202 m，从统计曲线查得比转速应在 145 m·kW 左右。在白鹤滩水电站论证和招标阶段，给出了水轮机同步转速 107.1 r/min 和 111.1 r/min 两种选择。两个方案的比转速和比速系数见表 6-1。

表 6-1 白鹤滩水电站两个方案的比转速和比速系数

方案	水轮机出力（MW）	额定转速（r/min）	额定水头（m）	比转速（m·kW）	比速系数
1	1015	107.1	202	141.7	2013.4
2	1015	111.1	202	147.9	2102.4

白鹤滩水电站上述两个方案的比转速与近年来所建造的构皮滩、小湾、水布垭、五强溪、二滩、李家峡、天生桥 I 级、三峡、糯扎渡、溪洛渡、向家坝等水电站处于同一水

平上，结合世界各著名水轮机制造公司各自的比转速经验公式或统计公式，以及国内外大中型水电站水轮机主要水力参数，对白鹤滩比转速的选择进行综合评定，表中的比转速水平也属较先进水平。从有利于机组整体运行稳定性的角度考虑，哈电选择了方案 1：额定转速 107.1 r/min，额定工况比转速为 141.7 m·kW。东电选择了方案 2：额定转速 111.1 r/min，额定工况比转速为 147.9 m·kW。

6.1.2.3　单位转速 n_{11} 和单位流量 Q_{11} 的选择

根据关系式 $n_s = 3.13 n_{11}\sqrt{Q_{11}\eta}$，同样的 n_s 值，可由不同的单位转速 n_{11} 和单位流量 Q_{11} 以及效率的组合来实现，改变 n_{11}、Q_{11} 中的任何一个，都能起到改变 n_s 的作用。其中，效率的提高是非常有限的，增量不会很大，所以，n_s 的改变主要通过改变 n_{11} 或 Q_{11} 来实现。在水轮机额定转速一定的前提下，提高水轮机的单位转速 n_{11}，就意味着水轮机需要较大的转轮直径和较小的过流能力才能使高水头区域的性能得到保证。反之，提高水轮机的单位流量 Q_{11}，意味着减小水轮机本身的尺寸，降低机组造价，而且可减小厂房尺寸，缩减土建投资。国内外水电站的实际运行经验表明，水轮机的综合性能（效率、空化系数、稳定性）的优劣，与 n_{11}、Q_{11} 及流道的匹配好坏关系极大，只有当 n_{11} 与 Q_{11} 处于最优匹配时，才可能获得最优的水轮机综合性能，单纯地通过改变 n_{11} 或 Q_{11} 来达到某一比转速 n_s，都是不切实际的。统计结果表明，已投运的大型水电站，对应的额定单位参数随着水头的提高明显降低。近几年针对小湾、拉西瓦、锦屏一级、溪洛渡等电站做了大量的研究及模型试验工作，从水力分析及模型试验结果可以看出，只要导叶高度选择合理，针对低参数设计的水轮机，最优单位转速大多集中在 63.5 r/min 左右，最优单位流量可保证在 0.41 ~ 0.42 m³/s。

在选取转轮直径时，63.5 r/min 对应的设计水头为 220 m，其与最高水头的比值为 0.913，与最低水头的比值为 1.397，这一设计水头是合理的。

6.1.2.4　相对导叶高度 b_0/D_1 的选择

水轮机导叶高度选择的原则，首先必须满足导叶和转轮的刚强度要求，其次是具有相对小的水力损失，并希望水轮机在不同导叶开度下均具有较高的水力效率和稳定性。适当地提高导叶高度是改进和提高转轮水力性能的重要途径之一，这样一是可以降低导叶区的水力损失，二是可以在较小活动导叶转角范围内达到调整功率和流量的目的，达到提高转轮最高效率及平均效率的目的。然而在提高导叶高度的同时，也会降低机组和转轮的刚度，这对于高水头大型机组尤为不利。一般来说，水轮机水头越高，b_0/D_1 越小。

图 6-4 给出了导叶高度与最大水头的关系曲线。白鹤滩最大水头 243.1 m，与推荐曲线Ⅳ的交点约为 $b_0 = 0.17D_1$，与强度计算曲线的交点约为 $b_0 = 0.2D_1$。构皮滩、糯扎渡、溪洛渡等巨型电站开发的水轮机的导叶高度均为 $0.183D_1$，通过对国内最大水头并同白鹤滩水电站相近的锦屏一级、溪洛渡等水电站进行计算分析论证后表明，最大水头为 240 m 左右的巨型水轮机，由于水轮机取偏低的参数，因而宜选择较低的 b_0/D_1。较低的 b_0/D_1 对减小转轮内的二次流动和由流道旋涡引起的高频压力脉动均很有效。白鹤滩水头参数与上述电站接近，故白鹤滩水轮机的导叶高度也应接近，最终确定白鹤滩水轮机转

轮 b_0/D_1 在 0.17 ~ 0.18。

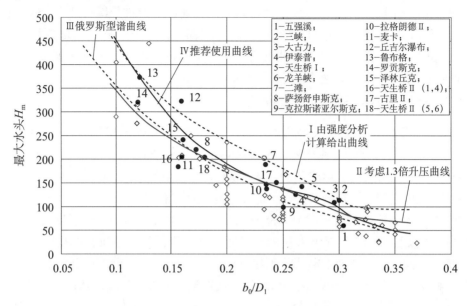

图 6 - 4　导叶高度与最大水头的关系曲线

6.1.2.5　转轮直径的选择

转轮直径的选择将直接决定额定工况点位置，并对运行区域的变化有重要影响。

采用较小的转轮直径会给水轮机带来以下影响：①使水轮机的额定单位流量增大，额定开度加大，额定工况与最优工况的单位流量之比增大，使水轮机额定效率降低，空化变差；②使各水头对应的单位转速降低，最高水头与设计水头的比值加大，影响高水头部分负荷区运行稳定性；③运行区域向大流量及低单位转速方向移动。

而采用较大的直径则正好相反，将使运行区域向小流量及高单位转速方向移动。当运行区域向小流量及高单位转速方向移动时，叶道涡初生线和发展线有可能进入到水轮机正常运行区域，恶化部分负荷下的压力脉动。运行区域越向小流量方向移动，越会使水轮机在小开度范围运行的机会增加，而高水头下水轮机最优及以上开度性能良好的区域可能被移到运行范围之外，这显然是不合理的，同时叶片进口边正面空化初生也可能对水轮机的运行造成一定的影响。图 6 - 5 给出了不同转轮直径所带来运行范围的变化。

直径的选择对额定单位流量/最优单位流量及 H_{max}/H_d（最大水头/设计水头）有重要影响。对于水头变幅较大的水轮机，为了获得良好的运行范围，选择较小的直径，适当提高额定单位流量和最优单位流量的比值有利于使叶道涡移至正常运行范围之外，并可充分利用高水头大负荷稳定运行区，使得高水头满发时的开度增大，减小了高水头小开度下运行的比重，但同时也必须考虑合适的 H_{max}/H_d，使叶片进口背面初生空化线位于正常运行范围之外。因此，水头比 H_{max}/H_d 也是直径选型时重点考虑的因素之一，这一比值将决定水轮机高水头运行的稳定性和经济性。选型时在对低水头性能影响不大的前提下，尽量提高设计水头，对于水头变幅较大的电站尤为重要，合理提高设计水头将会改善水轮机高水头运行的稳定性。

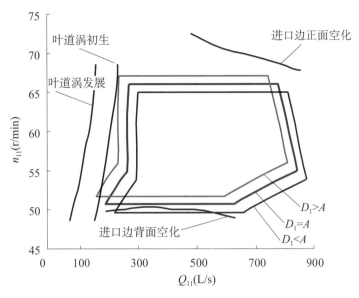

图 6 - 5　不同转轮直径所带来运行范围的变化示意图

白鹤滩转轮直径的选择原则：

（1）在保证水轮机空化性能和稳定性能的前提下，提高低水头的出力能力。

（2）水轮机具有较高的加权平均效率。

（3）叶片进水边正、背面脱流线在运行范围之外。

（4）叶道涡初生线和发展线在运行范围之外。

（5）保证有足够的空化裕度，空化线在运行范围之外。

经过多个方案的综合比较，哈电转轮直径 $D_2 = 7.351$ m，东电转轮直径 $D_2 = 7.123$ m。

6.1.2.6　导叶分布圆直径 D_0

导叶分布圆的大小对机组的尺寸大小将有直接影响，并与无叶区压力脉动性能密切相关。根据电站统计结果，200 m 水头段混流式水轮机导叶分布圆大小绝大多数在 $1.145 \sim 1.18D_1$。通过对导叶分布圆直径为 $1.145D_1$ 和 $1.18D_1$ 两种方案的对比分析，综合考虑白鹤滩不设筒阀的具体情况以及制造成本、水力性能等，初步确定按白鹤滩导叶分布圆直径为 $1.18D_1$ 进行前期开发试验，并根据水力设计优化结果确定最终的导叶相对分布圆。

白鹤滩的哈电导叶分布圆直径 D_0 为 $1.163D_1$，东电导叶分布圆直径 D_0 为 $1.18D_1$。

6.1.2.7　转轮叶片数的选择

转轮 CFD 分析表明，在相同的水力设计参数下，增加转轮叶片数，转轮的空化特性改善，但转轮的水力摩擦损失增加，效率降低；反之，减少转轮叶片数，转轮的空化特性下降，但转轮的水力摩擦损失减小，效率增加。此外，根据经验，增加转轮叶片数，水轮机的效率随水头的变化下降较快，而随负荷的变化下降较慢。反之，减少转轮叶片数，水轮机的效率随水头的变化下降较慢，而随负荷的变化下降较快。另外，大量 CFD 分析和模型试验研究表明，适当增加转轮叶片数，有利于均匀转轮内部流动，减弱转轮内叶片间的二次流，从而改善水轮机的尾水管压力脉动和水力稳定性。

从设计规律来看，转轮叶片数的多少与比转速有关。叶片数越多，比转速越低；反之，叶片数越少，比转速越高。白鹤滩水电站属于 200 m 水头段、中低比转速，转轮叶片数选择 15 片、17 片或长短叶片。增加叶片数会使转轮叶片单位面积上的负荷降低，有利于提高转轮的刚强度，改善空化性能。长、短叶片转轮由于叶栅稠密度大，部分负荷和高水头运行工况的转轮进口流态得到很好的控制，减缓了叶片进口负压面脱流空化和叶道间二次流动的趋势，使得转轮可以在更宽的负荷范围和高于设计水头较大的区域内稳定运行，这是常规叶片转轮很难做到的。

哈电 1000 MW 机组前期研究中 15 叶片和长短叶片两个转轮方案的模型试验结果显示，长短叶片转轮方案在高水头区域的稳定性能有良好的表现。故哈电最终采用长短叶片 15 长 + 15 短的转轮，而东电最终选择了 15 叶片的常规混流式转轮。

6.1.3　水轮机水力设计

早在 2007—2011 年，哈电开展了白鹤滩 1000 MW 水轮机水力及稳定性能研究。针对混流式水轮机开展全流道的三维非定常湍流计算，预测和分析混流式水轮机内部各种不稳定流动现象及特性，在此阶段设计了常规叶片和长短叶片两个转轮。虽然最高效率不低，但是高效率区不够宽广，加权效率不高。压力脉动、叶片进口背面脱流和叶道涡没有达到预期的结果。

为了确保白鹤滩水电站水轮机具有优异的能量性能、空化性能及较高的水力稳定性，哈电从 2012 年开始，对白鹤滩水电站水轮机进行了全流道的优化设计和大量的模型试验工作。在保持前期设计的常规叶片和长短叶片较好的水力性能基础上，重点改善水力稳定性，提高整体效率。水力设计的主要思想为：

（1）通过 CFD 计算优化蜗壳、固定导叶与活动导叶，使其与转轮达到合理匹配，为转轮优化设计提供良好条件。

（2）保证运行区不出现叶片进口背面脱流，避免叶道涡进入运行区，减小部分负荷压力脉动，避免卡门涡等引起的共振。

（3）在保证水力稳定性能的基础上，不断优化能量性能。扩大高效率区范围，提高加权平均效率，使高水头有较高的效率，同时保证低水头有较高的输出功率。

（4）增大空化裕度，保证水轮机无空化运行。

（5）尽量增大额定单位流量与最优单位流量的比值，扩大水轮机稳定运行范围，同时，还着力提高高水头运行区效率，增加低水头输出功率。

（6）水力设计与结构设计和强度分析协同配合，通过优化双列叶栅和转轮叶片翼型等措施，提高转轮的机械性能。

（7）进行常规叶片转轮和长短叶片转轮设计、试验的对比分析，以稳定性优先的原则，确定最终转轮方案。

哈电对相近水头段转轮做了大量的参数对比分析，着重研究了影响稳定性能的参数和变化规律，从中提出设计思路，做了多种方案设计和模型试验，最终优选出长短叶片转轮 A1181a 模型。图 6 - 6 为蜗壳、双列叶栅、转轮和尾水管在最优和额定工况 CFD 的计算结果。

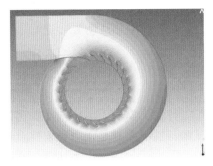

(a) 最优工况蜗壳对称面压力场

(b) 最优工况双列叶栅压力场

(c) 最优工况转轮叶片压力场

(d) 最优工况尾水管流线

(e) 额定工况蜗壳对称面压力场

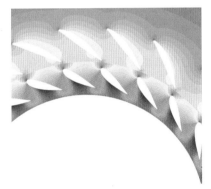

(f) 额定工况双列叶栅压力场

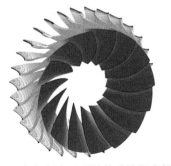

(g) 额定工况转轮叶片压力场

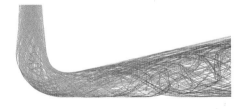

(h) 额定工况尾水管流线

图 6-6　哈电 A1181a 模型转轮 CFD 计算结果图

东电从 2008 年起，在水力开发上以性能优越的溪洛渡 D522 转轮为基础，对水力设计进行优化。先后做了不同蜗壳面积变化规律、不同导叶分布圆以及转轮不同几何参数搭配等设计及 CFD 分析工作，并对蜗壳、固定导叶、转轮和活动导叶进行了耦合流动分析。在对转轮及过流部件进行了大量流动分析和优化后，选择满意的设计分析结果进行模型加工和模型试验。东电先后完成了两个蜗壳、两组双列叶栅、四轮转轮的优化设计，最终获得了满意的优化成果。

东电将主要工况的计算结果与溪洛渡的 D522 转轮模型做了分析对比。但由于计算本身的局限使得计算结果不能 100% 地反映模型试验特性，尤其是水力稳定性及小开度下的水力特性，只有靠模型试验检验。

转轮水力优化设计中，东电主要对以下关键工况点进行了 CFD 流动分析和考核：①最优工况点；②额定工况点；③低水头大负荷运行工况点；④高水头部分负荷；⑤其他水头主要工况。最优工况主要考察设计水头下的冲角是否满足要求；转轮出口速度分布能否达到流量和环量要求；叶片压力分布及流线是否合理；能量损失能否达到要求指标。额定工况主要检查叶片背面空化，内部流场及效率水平。低水头大负荷和高水头部分负荷工况是水轮机稳定运行范围内导叶开度的两个极端，主要检查叶片头部的冲角及脱流情况。由于大冲角工况下的数值计算准确性存在一定偏差，只能做出定性分析；低水头大负荷工况有很大的负冲角，主要观察叶片正面有无严重脱流情况；高水头部分负荷工况叶片进口水流有很大的正冲角，主要观察内部水流状态，使叶道涡尽可能向更小的负荷移动。新开发转轮 D545A 模型计算结果见图 6-7。

此外，由于白鹤滩机组的重要性，在水力设计阶段两家完成了包括蜗壳、固定导叶、导叶、转轮、尾水管的全流道计算。白鹤滩水轮机全流道模型如图 6-8 所示，流速分布和流速及压力分布见图 6-9 和图 6-10。

6.1.4 模型水轮机水力性能

6.1.4.1 水轮机性能要求

1. 水轮机基本参数

白鹤滩水电站水轮发电机组额定功率为 1000 MW，不设置最大功率。

型式为立轴混流式：

额定功率 P_r 1015 MW

最大水头 H_{max} 243.1 m

额定水头 H_r 202 m

最小水头 H_{min} 163.9 m

额定转速 n_r 111.1 r/min 或 107.1 r/min

2. 水轮机稳定运行范围

水轮机应能安全地运行于开机、停机、增减负荷、甩负荷等过渡过程工况。在以下范围内，水轮机应能长期连续安全稳定运行：

（1）水轮机从最小水头至额定水头运行时，相应水头下水轮机输出功率从 60% 至 100% 相应水头下预想功率。

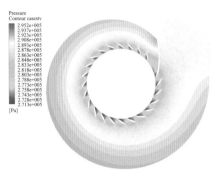
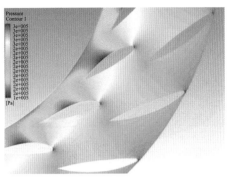

（a）最优工况蜗壳内压力分布　　　　　（b）最优工况双列叶栅压力分布

（c）最高水头额定负荷叶片压力分布　　　（d）最优工况尾水管压力分布

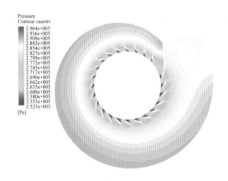

（e）额定工况蜗壳内压力分布　　　　　（f）额定工况双列叶栅压力分布

（g）最高水头70%额定负荷叶片压力分布　　（h）额定工况尾水管压力分布

图 6 - 7　D545A 模型转轮 CFD 计算结果

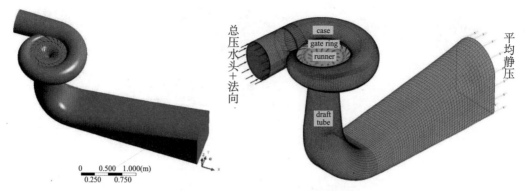

图 6 - 8   白鹤滩水轮机全流道模型

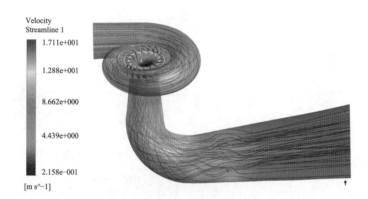

图 6 - 9   流速分布

图 6 - 10   流速及压力分布

（2）水轮机从额定水头至最大水头运行时，水轮机输出功率从 60% ~ 100% 额定功率。

（3）水轮机从最小水头至最大水头的空载运行。

3. 水轮机运行稳定性要求

1）尾水管压力脉动

原型/模型水轮机在各种运行工况下，距转轮出口处 $0.3D_2$（出口直径）的上、下游侧的尾水管测压孔测得的压力脉动混频双振幅值不得超过表 6 - 2 中的限制值。

表6-2　水轮机尾水管压力脉动限制值

水　头（m）	水轮机功率范围	模型/原型压力脉动的双振幅值 $\Delta H/H$（%）
163.9～202	空载至各水头下45%预想功率	5.5
	各水头下45%～60%预想功率	4.5
	各水头下60%～80%预想功率	3.0
	各水头下80%～100%预想功率	2.0
202～243.1	空载至各水头下45%额定功率	5.5
	各水头下45%～60%额定功率	4.0
	各水头下60%～80%额定功率	3.0
	各水头下80%～100%额定功率	2.0

2）导叶后、转轮前区域压力脉动

原型/模型水轮机在各种运行工况下，在水轮机活动导叶后、转轮前测得的压力脉动混频双振幅值 $\Delta H/H$ 分别不得超过表6-3中的限制值。

表6-3　水轮机导叶后、转轮前压力脉动限制值

水　头（m）	水轮机功率范围	模型/原型压力脉动双振幅值 $\Delta H/H$（%）
163.9～175	空载至各水头下45%预想功率	5.0
	各水头下45%～60%预想功率	4.5
	各水头下60%～100%预想功率	3.0
175～202	空载至各水头下45%预想功率	5.0
	各水头下45%～60%预想功率	4.0
	各水头下60%～100%预想功率	3.0
202～243.1	空载至各水头下45%额定功率	5.0
	各水头下45%～60%额定功率	4.0
	各水头下60%～100%额定功率	3.0

3）蜗壳进口压力脉动

水轮机在各种运行工况下，蜗壳进口最大压力脉动混频双振幅值 $\Delta H/H$ 不得超过表6-4中的限制值。

表6-4　水轮机蜗壳进口压力脉动限制值

测点位置	水头	水轮机功率范围	模型/原型压力脉动双振幅值 $\Delta H/H$（%）
蜗壳进口	全水头	60%～100%预想功率或额定功率	3.0
		其余功率范围	3.5

4）高部分负荷压力脉动带

规定的水轮机水头和功率运行范围内，尾水管和/或导叶后、转轮前不允许出现高部分负荷压力脉动带。高部分负荷压力脉动带定义为频率大于或接近机组转频，压力脉动时域峰 – 峰值 $\Delta H/H$ 大于或等于 4%。

4. 叶道涡、卡门涡

水轮机在 163.9 ~ 243.1 m 水头下的 60% ~ 100% 预想功率或额定功率范围内，不允许存在初生叶道涡、叶片出水边可见卡门涡和导叶出水边可见卡门涡。初生叶道涡的定义为在电站空化系数下，随着工况的变化，在转轮进口处同时在三个转轮叶道间开始出现可见的涡流；所有叶道同时出现可见涡流时定义为叶道涡发展。

5. 叶片进口边正、负压面空化

在电站运行水头范围内，叶片进口边负压面初生空化线和正压面初生空化线应控制在规定的稳定运行范围之外。

6. 功率

白鹤滩水头变幅大，汛期时间长且加权平均水头低，应尽量提高低水头段的运行功率，但不考虑加大导叶开度的方式，初步的运行功率要求如下：

水轮机在额定水头、额定转速下运转时，其额定功率不小于 1015 MW。

在以下运行水头条件下，水轮机预想功率不低于表 6 – 5 中数值。

表 6 – 5　白鹤滩水轮机功率要求值

水头（m）	163.9	185	195	202
功率（MW）	≥711	≥850	≥930	1015

7. 空化性能保证

电站空化系数 σ_p 与初生空化系数 σ_i 及临界空化系数 σ_1 之比应满足：$\sigma_p/\sigma_i \geq 1.1$，$\sigma_p/\sigma_1 \geq 1.6$。

8. 水轮机抗磨蚀

水轮机各过流部件应具有良好的抗空蚀磨损性能。

在水轮机设计时，应结合本电站的泥沙资料，充分考虑白鹤滩水电站过机泥沙存在一定的磨蚀危害，重点对水轮机导水机构、转轮及止漏环等过流部件进行优化，使其具有良好的水力型线和抗空蚀磨损能力。选择合理的抗磨板材料，导叶立面和端面密封、转轮止漏环等的结构型式和抗磨蚀措施。

9. 导叶漏水量

在额定水头下，通过全关闭导叶的最大漏水量应不超过如下限制：投入商业运行初期的导叶漏水量不超过 1.0 m³/s，运行 8000 h 后不超过 1.6 m³/s。

10. 效率保证

模型最高效率应不低于 94.5%，模型的加权平均效率应不低于 93.5%。

11. 避免转轮裂纹保证

在质量保证期内，水轮机转轮不得产生裂纹、断裂或有害变形。

12. 水轮机轴向水推力

（1）在最不利运行工况下的水轮机最大轴向水推力应尽可能小。

（2）在最不利运行条件包括紧急停机等过渡工况下，最大反向水推力不得超过机组转动部分重量，不允许产生抬机现象。

（3）在原型水推力负荷分析中，应考虑转轮密封设计间隙变化、转轮轴向窜动、机组甩负荷等动态工况的水推力负荷的变化，合理确定水推力保证值。

13. 飞逸转速

水轮机的最大飞逸转速应结合发电机设计统一考虑，在最大净水头发电机既无负荷又无励磁的情况下，按不超过 202 r/min 控制，水轮机所有部件均应能安全地承受在最大飞逸转速连续运行至少 5 min 所产生的应力、温度、变形、振动和磨损。

14. 导叶力矩

应对导叶型线进行优化，尽量减小导叶水力矩。

6.1.4.2 模型水轮机性能试验

设计过程中，哈电完成了优化后的模型转轮 A1181a 的主要项目的初步试验，验收试验于 2015 年 8—9 月在哈电水力机械模型试验 3 台上进行。东电于 2014 年 3—4 月在中国水利水电科学研究院水力机械实验室 TP1 试验台上，完成了模型转轮 D545A – F15 复核试验，2015 年 9 月完成验收试验；2016 年，东电提出对白鹤滩水转机组固定导叶进行加强方案：保持固定导叶叶型不变，将其按比例放大，对固定导叶安放角略做调整，头部外接圆适当增大，尾部内切圆适当减小。固定导叶加强后局部最大应力降幅约 15%，并通过水力性能 CFD 对比分析，固定导叶加强仅微小增加固定导叶本身的水力损失，对流道内的压力、流速分布影响甚微，对其他部件没有影响，并于 2016 年 7 月再次进行了模型试验验收。两种模型转轮详细验收成果如下。

1. 效率试验

效率试验在水头 $H_m = 30$ m 和电站装置空化系数下进行。电站装置空化系数的参考面高程为导叶中心线高程，效率试验覆盖全部电站运行范围。试验过程中最高水温不超过 35℃，试验用水中不添加任何减阻剂。

2. 功率试验

试验水头不小于 30 m，在电站装置空化系数下进行。试验按水头保持基本恒定，改变转速实现工况点的转换。试验覆盖了原型水轮机运行水头 159 ~ 243.1 m。每次试验时，对最优效率区进行重复校核。各试验结果见表 6 – 6 ~ 表 6 – 13。

表 6 – 6　最优效率点试验结果与合同值比较

项　目	东　电		哈　电	
	合同保证	验收试验	合同保证	验收试验
单位转速 n_{10}（r/min）	53.00	53.39	54.41	54.27
单位流量 Q_{10}（m³/s）	0.579	0.567	0.555	0.5637
模型水轮机最优效率（%）	95.02	95.08	95.02	95.23
原型水轮机最优效率（%）	96.67	96.62	96.68	96.70

续表

项 目	东 电		哈 电	
	合同保证	验收试验	合同保证	验收试验
对应的原型水头（m）	223.10	219.82	209.4	210.78
对应原型功率（MW）	925.43	886.17	859.1	879.9

表6-7 白鹤滩水轮机加权因子表

水头（m）	项目	$60\%P_r$	$70\%P_r$	$80\%P_r$	$90\%P_r$	$100\%P_r$
243.1	Wi	—	0.1	0.1	0.3	0.3
230	Wi	0.2	0.4	1.1	3.0	2.9
220	Wi	1.2	2.1	6.3	16.7	15.5
210	Wi	0.4	0.8	2.3	6.2	5.8
202	Wi	0.1	0.2	0.8	2.0	1.9
195	Wi	0.1	0.5	2.0	10.9	—
185	Wi	0.1	2.0	12.3	—	—
163.9	Wi	0.2	1.2	—	—	—

表6-8 水轮机加权平均效率试验结果与合同值比较

项 目	东 电		哈 电	
	合同保证	验收试验	合同保证	验收试验
水轮机模型加权平均效率（%）	94.16	94.29	94.47	94.52
原型水轮机加权平均效率（%）	95.81	95.92	96.13	96.16

表6-9 东电不同水头、导叶开度下水轮机功率保证值与合同值比较

项 目		水头 H（m）										
		163.9	185		195		202	210	220	230	243.1
合同保证	功率（MW）	713.45	758.70	877.77	932.82	958.00	1015	1015	1015	1015	1015	1015
	导叶开度（%）	100.00	109.59	100.00	109.59	100.00	109.59	100.00	90.84	82.22	74.98	67.28
	流量（m³/s）	472.15	508.30	513.78	550.78	532.71	570.33	545.49	518.65	492.59	467.81	442.28
验收试验	功率（MW）	714.77	759.19	881.00	933.67	960.71	1015.6	1015.29	1015.9	1015.8	1015.4	1015.9
	导叶开度（%）	100.22	110.42	100.22	110.13	100.22	110.13	100.00	91.50	82.13	74.61	66.84
	流量（m³/s）	473.47	508.16	514.09	551.38	553.47	570.72	544.22	519.06	492.28	468.87	442.22

表 6-10　哈电不同水头、导叶开度下水轮机功率保证值与合同值比较

项　目		净水头 H（m）									
		163.9	185		195		202	210	220	230	243.1
合同保证	功率（MW）	705.5	760	876.5	936	957.5	1015	1015	1015	1015	1015	1015
	导叶开度（%）	100	114.3	100	111.8	100	110	100	93.0	84.3	79.1	71.3
	流量（m³/s）	465.5	517.8	507.3	549.3	526.0	564.2	538.8	514.0	490.0	468.5	443.8
验收试验	功率（MW）	709.4	771.5	877.9	956.0	957.3	1034.1	1015	1015	1015.5	1015.5	1017.6
	导叶开度（%）	100.1	112.2	100.4	111.9	100	110.6	100	93.0	85.7	79.2	72.8
	流量（m³/s）	466.1	515.2	508.1	560.8	526.7	574.7	539.1	515.0	490.5	467.4	443.7

表 6-11　水轮机发 1015MW 的最小水头试验结果

项　目	东　电		哈　电	
	合同保证	验收试验	合同保证	验收试验
导叶开度（%）	109.59	110.13	110	111.5
最小水头 H_{min}（m）	195	194.96	195	192.2

表 6-12　东电初期投产时的极限最小水头功率试验结果

项目	水头 H（m）							
	159				162			
导叶开度（%）	80.1	100.0	110.1	115.7	80.1	100.0	110.1	115.7
水轮机功率（MW）	564.05	674.15	714.93	731.30	585.63	697.19	740.18	757.09
流量（m³/s）	383.90	461.90	496.13	513.34	388.87	468.51	502.58	519.36

表 6-13　哈电初期投产时的极限最小水头功率试验结果

项目	净水头 H（m）					
	159			162		
导叶开度（%）	80	100	最大（111.5）	80	100	最大（111.5）
水轮机功率（MW）	517.7	669.5	725.2	539.0	694.7	753.2
流量（m³/s）	356.9	455.6	502.1	363.1	461.6	509.2

验收试验表明：东电和哈电的水轮机能量性能均满足工程设计要求。

3. 空化试验

（1）空化试验过程中，应测量水中空气含量。在标准大气压力下，水温为 20℃ 时水

中空气总含量不低于 0.2% 的水容积。

（2）临界空化系数 σ_c 值采用 σ_1，σ_1 指与无空蚀工况效率相比，效率降低 1% 时的空化系数。

（3）初生空化系数 σ_i 定义为随着吸出水头的减少，即尾水管内真空度的增加，在三个转轮叶片表面开始出现可见气泡时所对应的空化系数。

（4）试验工况点应包括规定的运行范围及考核点，大流量低水头区域适当加密，并在综合特性曲线上画出等临界空化系数曲线和等初生空化系数曲线。

（5）空化试验观测时，利用闪频仪对所有空化现象包括气泡、旋涡的发生及发展进行观测。

模型试验水头 $H = 30$ m。东电、哈电空化试验结果见表 6-14、表 6-15。

表 6-14 东电空化试验结果

工况			项目	电站空化系数 σ_p	初生空化系数 σ_i	临界空化系数 σ_1	水轮机无空化运行所需允许吸出高度（m）	σ_p/σ_i	σ_p/σ_1
水头（m）	功率（MW）	尾水位（m）							
243.1	1015	581.4	合同保证	0.0854	0.057	0.022	-5.9	1.50	3.88
			验收试验	0.0854	0.0532	<0.0136	-4.9	1.61	>6.28
230	1015	582.8	合同保证	0.0963	0.058	0.022	-5.3	1.66	4.38
			验收试验	0.0963	0.0541	0.0135	-4.3	1.78	7.13
220	1015	583.0	合同保证	0.1016	0.063	0.023	-5.9	1.61	4.42
			验收试验	0.1016	0.0568	<0.0163	-4.4	1.79	>6.23
210	1015	583.0	合同保证	0.1065	0.076	0.031	-8.2	1.40	3.43
			验收试验	0.1065	0.0639	0.0315	-5.4	1.67	3.38
202	1015	583.0	合同保证	0.1107	0.088	0.041	-10.2	1.26	2.70
			验收试验	0.1107	0.0789	0.0481	-8.2	1.40	2.30
195	958.0	583.0	合同保证	0.1147	0.088	0.040	-9.5	1.30	2.87
			验收试验	0.1147	0.0872	0.0433	-9.3	1.32	2.65
	1015		合同保证	0.1147	0.101	0.053	-12.3	1.14	2.16
	1010.5		验收试验	0.1147	0.095	0.061	-11.0	1.21	1.88
185	877.77	583.0	合同保证	0.1209	0.088	0.037	-8.5	1.37	3.27
	878.0		验收试验	0.1209	0.0768	0.0365	-6.3	1.57	3.31
	932.85		合同保证	0.1209	0.101	0.050	-11.2	1.20	2.42
	930.7		验收试验	0.1209	0.0935	0.0534	-9.7	1.29	2.26
175	799.30	584.8	合同保证	0.1381	0.088	0.037	-7.6	1.57	3.73
	804.3		验收试验	0.1381	0.0752	0.0295	-5.1	1.84	4.68
	852.04		合同保证	0.1381	0.101	0.050	-10.1	1.37	2.76
	848.8		验收试验	0.1381	0.0893	0.0476	-7.8	1.55	2.90

续表

工　况			项目	电站空化系数 σ_p	初生空化系数 σ_i	临界空化系数 σ_1	水轮机无空化运行所需允许吸出高度（m）	σ_p/σ_i	σ_p/σ_1
水头（m）	功率（MW）	尾水位（m）							
163.9	713.45	599.9	合同保证	0.2395	0.090	0.037	−6.9	2.66	6.47
	712.9		验收试验	0.2395	0.0751	0.0273	−4.2	3.19	8.77
	758.70		合同保证	0.2395	0.103	0.052	−9.2	2.33	4.61
	758.4		验收试验	0.2395	0.0810	0.0428	−5.2	2.96	5.60
159	674.6	600	验收试验	0.2475	0.0699	0.0284	−2.9	3.54	8.71
	712.7		验收试验	0.2475	0.0814	0.0404	−4.9	3.04	6.13

表 6－15　哈电空化试验结果

工　况			项目	电站空化系数 σ_p	初生空化系数 σ_i	临界空化系数 σ_1	水轮机无空化运行所需允许吸出高度（m）	σ_p/σ_i	σ_p/σ_1
水头（m）	功率（MW）	尾水位（m）							
243.1	1015	581.4	合同保证	0.0854	0.038	0.021	−0.79	2.247	4.067
			验收试验	0.0854	0.035	<0.015	0	2.440	>5.67
230	1015	582.8	合同保证	0.0963	0.042	0.020	−1.26	2.294	4.817
			验收试验	0.0963	0.045	<0.014	−2.03	2.140	>6.42
220	1015	583.0	合同保证	0.1016	0.046	0.020	−1.77	2.209	5.082
			验收试验	0.1016	0.049	0.024	−2.50	2.073	4.233
210	1015	583.0	合同保证	0.1065	0.056	0.026	−3.57	1.901	4.095
			验收试验	0.1065	0.059	0.03	−4.27	1.805	3.550
202	1015	583.0	合同保证	0.1107	0.074	0.030	−7.08	1.496	3.690
			验收试验	0.1107	0.069	0.033	−5.97	1.604	3.355
195	957.5	583.0	合同保证	0.1147	0.076	0.031	−6.94	1.509	3.699
			验收试验	0.1147	0.069	0.03	−5.44	1.662	3.823
	1015		合同保证	0.1147	0.095	0.044	−11.01	1.207	2.607
	1034		验收试验	0.1147	0.089	0.05	−9.73	1.289	2.294
185	876.5	583.0	合同保证	0.1209	0.075	0.028	−5.90	1.612	4.317
	877		验收试验	0.1209	0.07	0.036	−4.89	1.727	3.358
	936		合同保证	0.1209	0.099	0.045	−10.78	1.221	2.687
	955		验收试验	0.1209	0.092	0.049	−9.36	1.314	2.467
175	795	584.8	合同保证	0.1381	0.075	0.029	−5.07	1.841	4.761
	799.4		验收试验	0.1381	0.072	0.036	−4.50	1.918	3.836
	854		合同保证	0.1381	0.109	0.045	−11.62	1.267	3.069
	866		验收试验	0.1381	0.089	0.045	−7.77	1.552	3.069

工况			项目	电站空化系数 σ_p	初生空化系数 σ_i	临界空化系数 σ_1	水轮机无空化运行所需允许吸出高度（m）	σ_p/σ_i	σ_p/σ_1
水头（m）	功率（MW）	尾水位（m）							
163.9	705.5	599.9	合同保证	0.2395	0.076	0.029	-4.34	3.152	8.260
	710		验收试验	0.2395	0.076	0.033	-4.34	3.151	7.258
	760		合同保证	0.2395	0.116	0.045	-11.55	2.065	5.322
	770		验收试验	0.2395	0.085	0.039	-5.96	2.818	6.141
159	670	600	验收试验	0.2475	0.079	—	-4.46	3.133	—
	725		验收试验	0.2475	0.084	—	-5.33	2.946	—

水轮机的空化特性如下：

（1）个别工况点的初生空化系数和临界空化系数大于合同保证值。在合同规定的各特征工况点 σ_p/σ_i 均大于1.1，σ_p/σ_1 均大于1.6，水轮机在运行范围内无空化。

（2）叶片进水边正压面和负压面初生空化线在电站运行范围之外。

4. 压力脉动试验

压力脉动试验在试验水头 $H \geqslant 30.0$ m，水轮机全部运行范围内及电站装置空化系数和不补气的条件下进行。测点位置如图6-11所示：蜗壳进口测点2个，蜗壳进口段 $+X$ 方向、$-X$ 方向各1个测点；导叶后、转轮前区域（无叶区）4个测点，$+X$、$-X$ 方向各1个测点，$+Y$、$-Y$ 方向各1个测点；尾水管锥管进口段上、下游侧各1个测点，距转轮出口处 $0.3D_2$ 处；尾水管锥管中段上、下游侧各1个测点，距转轮出口处 $1.0D_2$ 处；尾水管肘管处2个测点，分别设置在肘管上下游侧45°各1个测点。

压力脉动试验数据采集系统的采样频率达到每通道2 kHz以上，其A/D转换器分辨率不小于16位。压力脉动传感器的频率响应范围能覆盖被测信号的全部有用频率，且不低于5 kHz，分辨率小于0.1 kPa（0.01 m水柱）。

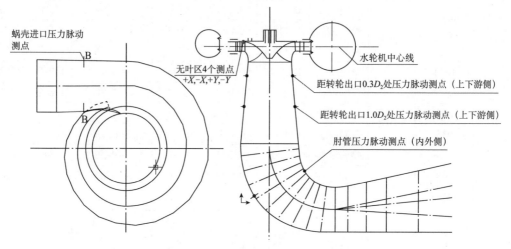

图6-11 压力脉动测点位置示意图

试验结果见表 6－16~表 6－18。

表 6－16　模型水轮机尾水锥管压力脉动混频峰峰值试验结果

水头（m）	水轮机功率范围	东　电			哈　电		
		合同保证	验收试验		合同保证	验收试验	
		$\Delta H/H$（%）	$\Delta H/H$（%）	f_1/f_n	$\Delta H/H$（%）	$\Delta H/H$（%）	f_1/f_n
243.1~202（含）	空载至 45% 额定功率	4.7	4.3	2.6	4.0	3.1	1.48
	45%~60% 额定功率	3.7	3.5	0.3	3.3	3.0	0.24
	60%~70% 额定功率	3.0	2.6	0.4	2.8	2.5	0.19
	70%~100% 额定功率	2.2	1.9	0.4	2.5	2.3	0.21
202~175（含）	空载至各 45% 预想功率	5.3	5.1	2.4	4.1	3.9	2.95
	45%~60% 预想功率	4.3	4.0	0.3	4.2	4.0	0.24
	60%~70% 预想功率	3.0	2.7	0.2	3.0	2.4	0.23
	70%~100% 预想功率	2.2	1.8	0.8	2.5	1.9	0.23
	100% 预想功率至最大保证功率	3.0	1.9	0.7	3.0	1.0	0.47
175~163.9	空载至 45% 预想功率	5.5	5.3	2.8	4.1	4.0	0.08
	45%~60% 预想功率	4.3	4.1	0.2	4.5	4.3	0.23
	60%~70% 预想功率	3.0	2.8	0.2	3.0	2.8	0.23
	70%~100% 预想功率	2.2	1.8	0.2	2.5	2.2	0.22
	100% 预想功率至最大保证功率	3.0	1.9	3.1	3.0	0.7	0.06
159	空载至 45% 预想功率	—	5.3	2.3	—	4.6	2.86
	45%~60% 预想功率	—	4.0	0.2	—	4.3	0.24
	60%~70% 预想功率	—	3.0	0.2	—	2.9	0.23
	70%~100% 预想功率	—	1.8	0.2	—	2.4	0.23
	100% 预想功率至可运行的最大功率	—	1.5	1.0	—	0.7	1.55

表 6－17　模型水轮机导叶后转轮前混频峰峰值试验结果

水头（m）	水轮机功率范围	东　电			哈　电		
		合同保证	验收试验		合同保证	验收试验	
		$\Delta H/H$（%）	$\Delta H/H$（%）	f_1/f_n	$\Delta H/H$（%）	$\Delta H/H$（%）	f_1/f_n
243.1~202（含）	空载至 45% 额定功率	3.5	3.5	15.0	3.9	2.9	0.23
	45%~60% 额定功率	3.6	3.4	15.0	3.6	3.0	0.22
	60%~70% 额定功率	3.0	2.8	15.0	3.0	3.0	0.19
	70%~100% 额定功率	3.0	2.7	15.0	2.5	2.3	0.21

水头（m）	水轮机功率范围	东　电			哈　电		
		合同保证	验收试验		合同保证	验收试验	
		$\Delta H/H$（%）	$\Delta H/H$（%）	f_1/f_n	$\Delta H/H$（%）	$\Delta H/H$（%）	f_1/f_n
202～175（含）	空载至各45%预想功率	3.0	2.5	15.0	3.3	2.7	0.01
	45%～60%预想功率	3.0	2.6	15.0	3.2	3.0	0.23
	60%～70%预想功率	2.5	2.3	15.0	2.7	2.7	0.22
	70%～100%预想功率	3.0	2.3	15.0	2.5	1.9	0.04
	100%预想功率至最大保证功率	3.5	2.6	15.0	3.0	2.6	0.04
175～163.9	空载至45%预想功率	3.5	3.3	15.0	3.3	3.2	15.0
	45%～60%预想功率	3.0	2.6	15.0	3.8	3.6	0.23
	60%～70%预想功率	2.5	1.9	15.0	2.9	2.8	0.23
	70%～100%预想功率	3.0	2.5	15.0	2.5	2.0	0.23
	100%预想功率至最大保证功率	3.5	3.4	15.0	3.8	2.4	0.06
159	空载至45%预想功率	—	3.8	15.0	—	4.3	14.99
	45%～60%预想功率	—	2.6	15.0	—	3.5	0.24
	60%～70%预想功率	—	2.0	15.0	—	3.2	0.23
	70%～100%预想功率	—	2.9	15.0	—	2.3	0.23
	100%预想功率至可运行的最大功率	—	3.9	15.0	—	2.6	29.98

表6-18　模型水轮机蜗壳进口压力脉动混频峰峰值试验结果

水头（m）	水轮机功率范围	东　电			哈　电		
		合同保证	验收试验值		合同保证	验收试验值	
		$\Delta H/H$（%）	$\Delta H/H$（%）	f_1/f_n	$\Delta H/H$（%）	$\Delta H/H$（%）	f_1/f_n
243.1～163.9	60%～100%预想或额定功率	3.0	2.5	0.3	3.0	2.9	0.01
	其余功率范围	3.5	3.5	0.3	3.5	3.5	0.03
159	60%～100%预想或额定功率	—	1.5	0.3	—	3.0	0.06
	其余功率范围	—	3.8	0.3	—	3.5	0.05

其中典型特征水头无叶区和锥管压力脉动试验结果如图6-12～图6-17所示。

水轮机的压力脉动特性如下：

（1）各测点（尾水锥管距转轮出口 $0.3D_2$、导叶后转轮前、蜗壳进口）压力脉动试验值满足设计要求。

（2）试验中未发现高部分负荷高频压力脉动。

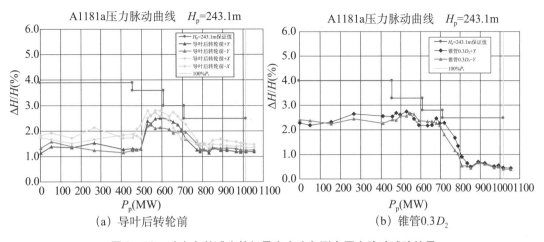

图 6-12　哈电白鹤滩水轮机最大水头各测点压力脉动试验结果

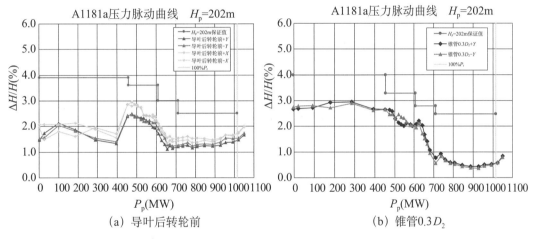

图 6-13　哈电白鹤滩水轮机额定水头各测点压力脉动试验结果

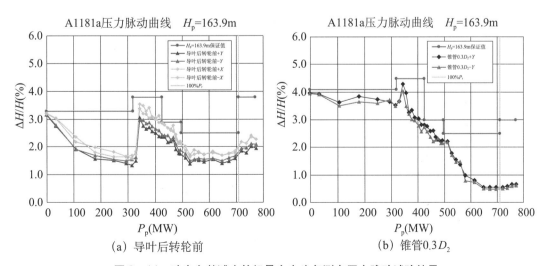

图 6-14　哈电白鹤滩水轮机最小水头各测点压力脉动试验结果

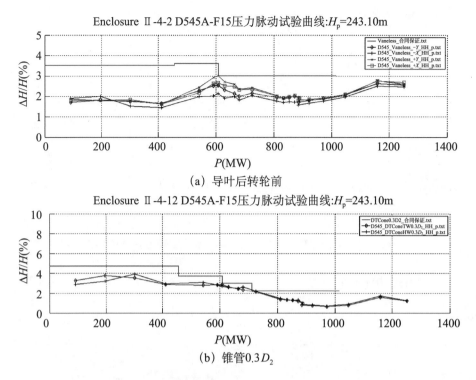

（a）导叶后转轮前

（b）锥管 $0.3D_2$

图 6-15　东电白鹤滩水轮机最大水头各测点压力脉动试验结果

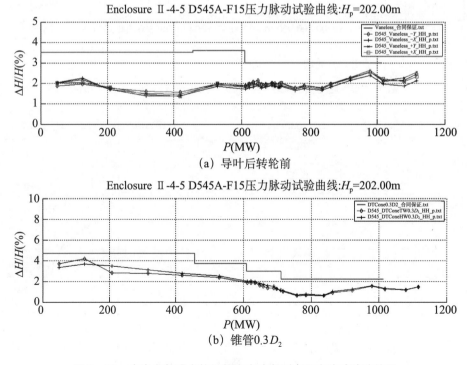

（a）导叶后转轮前

（b）锥管 $0.3D_2$

图 6-16　东电白鹤滩水轮机额定水头各测点压力脉动试验结果

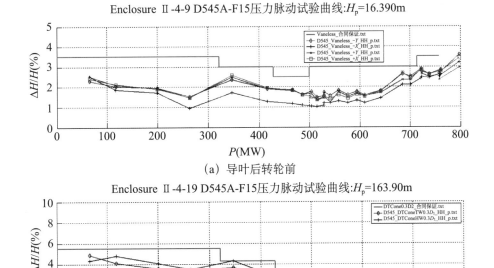

(a) 导叶后转轮前

(b) 锥管$0.3D_2$

图 6-17　东电白鹤滩水轮机最小水头各测点压力脉动试验结果

5. 叶道涡和卡门涡观测

流态观测试验要求：应观测整个运行范围内模型转轮叶片进口边脱流空化及叶道涡、出口卡门涡和尾水管涡带等的产生及其发展程度并做相应拍照记录；在模型综合特性曲线上标明叶道涡初生线、叶道涡发展线、叶片进水边正压面和负压面空化初生线及出水边可见卡门涡线（如有）。

验收试验结果如下：

（1）在水轮机运行范围内转轮出口无可见卡门涡。

（2）东电和哈电转轮的叶道涡初生线及发展线均未进入水轮机长期连续安全稳定运行范围（见图 6-18 和图 6-19）。

6. 轴向水推力试验

轴向水推力试验在运行范围内最不利工况条件下确定原型水轮机的最大轴向水推力。轴向水推力试验是在水轮机运行范围内最大水头、最小水头和额定水头下进行的。

在止漏环设计间隙条件下，东电测试了 3 个水头 243.1 m、202 m 及 163.9 m 下的模型轴向水推力，哈电测试了对应三个原型水头 243.1 m、202 m 及 163.9 m 下的模型轴向水推力（见图 6-20 和图 6-21）。

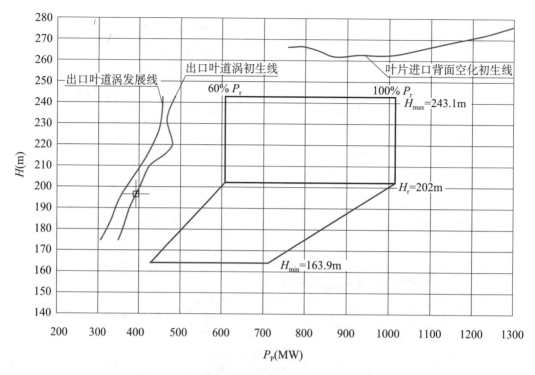

图6-18 哈电白鹤滩水轮机转轮流态观测试验结果

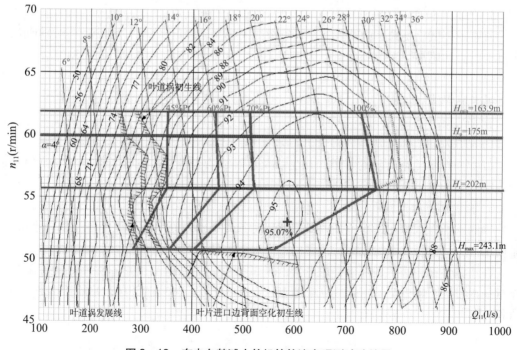

图6-19 东电白鹤滩水轮机转轮流态观测试验结果

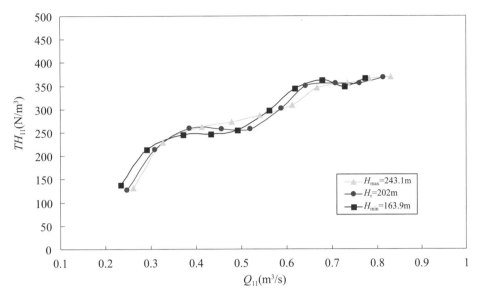

图6-20　哈电白鹤滩水轮机轴向水推力试验结果（单倍间隙）

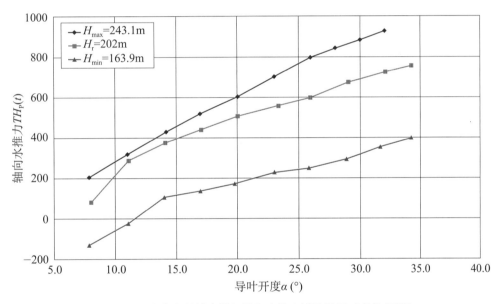

图6-21　东电白鹤滩水轮机轴向水推力试验结果（单倍间隙）

试验表明：止漏环设计间隙时的最大轴向水推力满足设计要求（见表6-19）。

表6-19　轴向水推力试验结果

项　目	东　电		哈　电	
	合同保证值	验收试验值	合同保证值	验收试验值
止漏环设计间隙时最大轴向水推力（kN）	14 260	13 070	13 524	10 792

7. 飞逸特性试验

根据模型飞逸特性试验曲线计算出原型机的预期飞逸转速见表6-20。

表 6 - 20　原型飞逸特性试验结果

水头（m）	东　电			哈　电		
	验收试验		合同保证（r/min）	验收试验		合同保证（r/min）
	导叶开度（°）	原型飞逸转速（r/min）		导叶开度（°）	原型机飞逸转速（r/min）	
243.1	27.65（100%额定开度）	200.15	≤202	27.8（额定开度）	196.0	≤202
	30.4（110%额定开度）	201.38		34	197.9	

试验表明：原型水轮机飞逸转速满足设计要求。

8. 活动导叶水力矩试验

为了确定最大导叶水力矩，在导叶开度从全关到全开（110% 导叶额定开度）范围内（包括水轮机工况区、水轮机制动区以及反水泵区），在模型水轮机上测定导叶转动力矩。至少要在位于蜗壳不同象限内的 4 个导叶上测定导叶同步状态水力矩（见图 6 - 22 和图 6 - 23）。同时，为观测和测量与其他导叶失去同步的导叶引起水力不平衡而造成的水力影响的结果，还需在一个导叶脱离操作机构的情况下，测定该导叶及相邻导叶的水力矩。

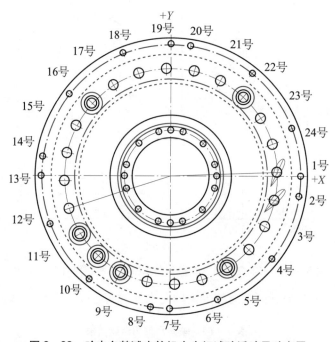

图 6 - 22　哈电白鹤滩水轮机水力矩试验活动导叶布置

哈电模型水力矩试验水头 $H = 30$ m，空化系数为装置空化系数。同步下活动导叶水力矩试验在三个原型特征水头 243.1 m、202 m、163.9 m 下进行，测量位于蜗壳不同象限内的 6 个导叶同步状态下的导叶水力矩，确认导叶水力矩自关闭导叶开度范围。非同步下活动导叶水力矩试验，23 号导叶固定在 14°、20°、28° 共三个非同步导叶角度，分别在两个水头 243.1 m、163.9 m 下进行。东电试验时导叶所处状态为导叶同步和非同步两种状态。

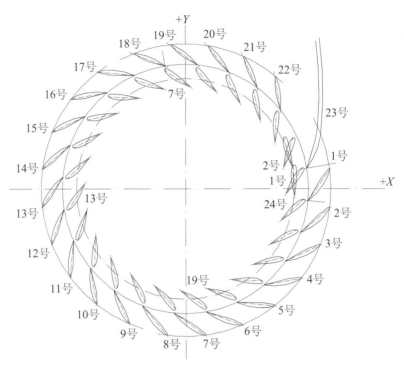

图 6-23　东电白鹤滩水轮机水力矩试验活动导叶布置

导叶同步时对 1 号、2 号、7 号、13 号、19 号、24 号进行试验，导叶非同步时对 1 号、2 号、7 号、13 号、19 号、24 号进行试验，其中 1 号为非同步导叶，分别固定在 28°、20°、12°进行试验。导叶开度 $\alpha = 6° \sim 32°$，原型水头 H 为 243.1 m、220 m、202 m、175 m、163.9 m 及飞逸工况进行导叶水力矩试验。图 6-24 ~ 图 6-27 为导叶水力矩的试验曲线。

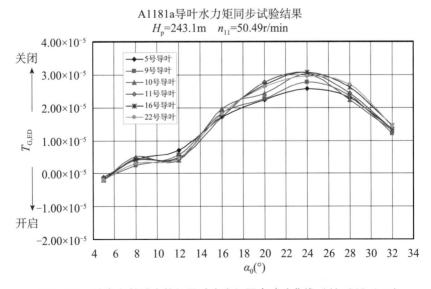

图 6-24　哈电白鹤滩水轮机导叶水力矩同步试验曲线（$H=243.1$ m）

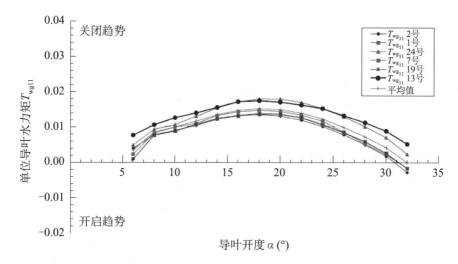

图 6-25　东电白鹤滩水轮机导叶水力矩同步试验曲线 （H=243.1 m）

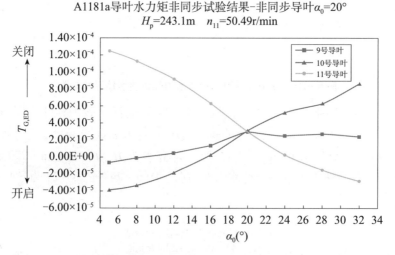

图 6-26　哈电白鹤滩水轮机导叶水力矩非同步试验曲线 （H=243.1 m）

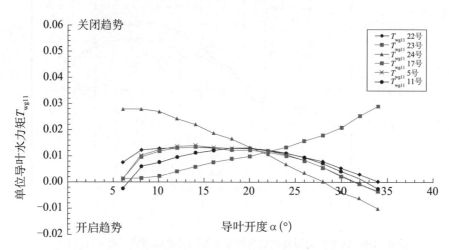

图 6-27　东电白鹤滩水轮机导叶水力矩非同步试验曲线 （H=243.1 m）

试验表明：东电的导叶开度 4°～28°导叶具有自关闭趋势，满足设计要求。哈电的导叶开度 6°及以上均具有自关闭趋势，满足设计要求。

9. 全特性试验

试验要求：①模型水轮机全特性试验仅包括水轮机工况区、水轮机制动区以及反水泵区域。②模型水轮机全特性应包括导叶开度从 1°至最大导叶开度范围，每隔 2°进行试验，并记录试验数据和绘出全特性曲线。每条曲线上应包括足够多的试验点，以保证曲线的可靠性。

全特性试验结果如图 6-28 和图 6-29 所示。

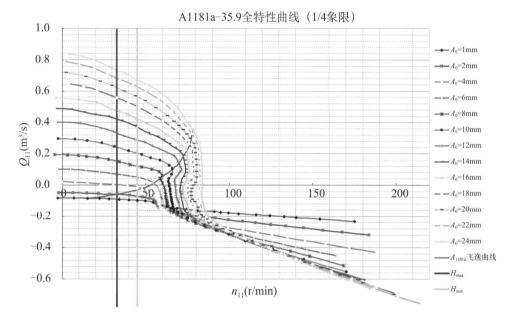

图 6-28　哈电白鹤滩水轮机全特性曲线

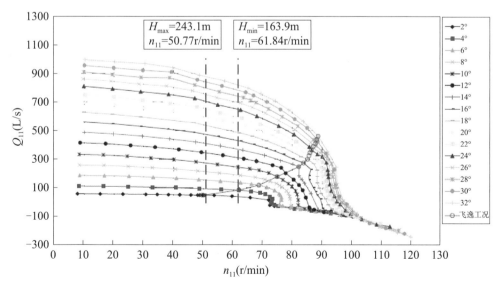

图 6-29　东电白鹤滩水轮机全特性曲线

可见，白鹤滩两个转轮的全特性曲线规律性好，运行区内无"S"区现象及其他异常情况，可以保证机组稳定并网且无异常振动现象。

6.1.4.3 模型水轮机性能评价

2016 年三峡集团组织行业专家和相关单位，对白鹤滩水电站水轮机模型验收试验成果进行了评审。主要结论如下。

1. 性能试验成果

1）效率

东电水轮机最优效率 96.69%，加权平均效率 95.92%；哈电水轮机最优效率 96.70%，加权平均效率 96.16%。

2）功率

哈电、东电两个水轮机模型在各特征水头下的功率均满足设计要求，且在低水头段均有较大的功率裕度。

3）空化性能

哈电、东电两个水轮机模型在全部运行水头范围内均能实现无空化运行，叶片进口边正面及背面初生空化线在电站运行水头范围之外。

4）水力稳定性

（1）压力脉动。哈电、东电两个水轮机模型均未发现高部分负荷高频压力脉动带。哈电、东电两个水轮机模型压力脉动值均满足设计要求。

（2）卡门涡。在水轮机整个运行范围内，两个水轮机模型的转轮出口无可见卡门涡。

（3）叶道涡。综合分析，哈电、东电两个水轮机模型整体稳定性均较优，叶道涡初生线及发展线均未进入水轮机长期连续安全稳定运行范围，总体上满足工程使用要求。对于叶道涡，由于不与叶片接触，对转轮无破坏作用，但会产生噪声，较强的叶道涡会引起压力脉动的增加，对机组运行的影响已由压力脉动值反映，对机组正常运行无影响。

5）其他性能

哈电、东电两个水轮机模型的轴向水推力、导叶水力矩、飞逸转速等均满足设计要求。

2. 总体评价

白鹤滩水电站两个水轮机模型综合水力性能优良，达到了世界领先水平。模型性能满足工程设计要求，模型水轮机及试验数据可以用于原型水轮机的设计和制造。

6.2 水力过渡过程分析

6.2.1 概述

白鹤滩水电站引水发电系统由进水口、引水隧洞、主副厂房洞、主变压器洞、尾水管检修闸门室、尾水调压室、尾水隧洞、尾水洞检修闸门室及地面出线场等组成。地下厂房采用首部开发方案布置，左、右岸各布置8台机组。引水隧洞采用单机单管，左、右岸各布置4条尾水隧洞，两台机组合用一条尾水隧洞，其中左岸3条尾水隧洞结合导流洞布置，右岸两条尾水隧洞结合导流洞布置。两岸地下厂房至地面出线场均采用竖井出线方式。机组上游侧不设置进水阀，在引水隧洞进口处设有一道快速闸门，用作机组及引水系统事故保护设施。在每个尾水管出口后设一扇尾水管检修门，布置在尾水管检修闸门室中。在每条尾水隧洞靠近出口处各设有一道尾水洞检修门槽，结合施工期挡水要求，每孔设一扇检修闸门。

过渡过程计算主要是研究机组突然改变负荷时调节系统过渡过程的特性，计算机组的转速变化和输水系统压力变化，计算调压室的涌波及稳定性，整定调速器参数，选定活动导叶的调节时间和启闭规律，解决输水系统水流惯性、机组惯性力矩和调整特性三者之间的矛盾，使水工建筑物和机组既经济合理，又安全可靠。

水电站的过渡过程是关系到电站安全与运行稳定的关键因素之一，有时甚至对电站的装机规模、工程规模、枢纽布置以及机组主要参数的选择等起着决定性的影响。因此在水电站的设计中，过渡过程计算与研究是一项十分重要的工作。

白鹤滩水电站带有向上翘的长尾水隧洞，当尾水位不能完全淹没尾水洞出口时就形成明满交替的流动状态，即在隧洞中既有明流、又有满流的一种特殊流动，而且在动态过程中，隧洞的某些位置明流流动和满流流动会交替出现。因此，解决好明满流问题对白鹤滩水电站安全运行十分重要。

东电主要对白鹤滩水电站左岸 1 号和 4 号水力单元、哈电对白鹤滩水电站右岸 5 号、6 号、7 号、8 号水力单元分别进行了过渡过程计算。

6.2.2　水力过渡过程保证要求

在各种上、下游水位的组合下，要保证在机组独立的或任何组合的启动、运行、停机或甩负荷等工况下，调节保证计算值及调节保证设计值如下。

1. 调节保证计算值

（1）机组最大转速上升率不大于 50%。

（2）蜗壳末端最大水压（包括压力上升值在内）不超过 328 m。

（3）尾水锥管内的最大真空度不大于 6.0 m。

（4）调压室最高涌浪不超过 645.00 m（1 号水力单元）、649.00 m（4 号水力单元）、641.00 m（5 号水力单元）、635.00 m（6 号水力单元）、638.00 m（7 号水力单元）和 639.50 m（8 号水力单元）高程，最低涌浪不低于 563.00 m 高程。

（5）机组的大、小波动过渡过程呈收敛稳定状态，品质良好。

（6）调压室水位大、小波动过渡过程呈收敛稳定状，品质良好。

（7）明满流尾水洞明流洞段水深大、小波动过渡过程呈收敛稳定状态，品质良好。

2. 调节保证设计值

（1）机组最大转速上升率不小于 52%。

（2）蜗壳末端最大水压（包括压力上升值在内）不小于 354 m。

（3）尾水锥管内的最大真空度不小于 6.9 m。

（4）调压室最高涌浪不低于 645.00 m（1 号水力单元）、649.00 m（4 号水力单元）、641.00 m（5 号水力单元）、635.00 m（6 号水力单元）、638.00 m（7 号水力单元）和 639.50 m（8 号水力单元）高程，最低涌浪不高于 563.00 m 高程。

（5）机组的大、小波动过渡过程呈收敛稳定状态，品质良好。

（6）调压室水位大、小波动过渡过程呈收敛稳定状态，品质良好。

（7）明满流尾水洞明流洞段水深大、小波动过渡过程呈收敛稳定状态，品质良好。

6.2.3　计算原理及方法

白鹤滩水电站过渡过程计算涉及的数学模型有：

（1）单一管道的瞬变计算。

（2）串联管道数学模型。

（3）明满交替流计算数学模型。

（4）节点数学模型，包括管道分叉点、管道汇合点、管道与调压井（闸门井）联结点的描述。

（5）上、下水库端边界计算。

（6）转轮边界计算大开度区特性描述和小开度区的特性处理。

（7）调压井（闸门井）的动态计算。

（8）调速器动态模型。

（9）系统初值计算。

因篇幅限制，上述模型的具体数学物理方程在此均省略。

6.2.4　水力单元管道参数及计算简图

左岸电站计算对象选择1号、4号水力单元。当下游尾水位高于尾水洞顶部高程时，这时整个尾水洞为有压流，需考虑尾水洞闸门井。对于1号水力单元，当尾水位高于592 m时计算模型考虑尾水洞满流，低于592 m时考虑为明满流。对于4号水力单元，当尾水位高于596 m时计算模型考虑尾水洞满流，低于592 m时考虑为明满流。图6-30为左岸1号或者4号水力单元满流计算模型简图，图6-31为左岸1号或者4号水力单元明满流计算模型简图，黑色管线为有压管道，红色管线为有可能出现明满交替流的管道，计算简图各模型含义如表6-21所示。

表6-21　计算简图各模型含义

符号	含义	符号	含义
1　1 1	代表上游水库	2 11　11 1	代表下游水库（明满流模型）
12　12 1	代表下游水库（满流模型）	3 1 T 4 1	代表1号机组
5 1 T 6 2	代表2号机组	7　7 1	代表尾水管闸门井（1号机组）
8　8 2	代表尾水管闸门井（2号机组）	9　9 3	代表尾水管调压井（1号机组）
10　10 3	代表尾水管调压井（2号机组）	11　11 4	代表尾水洞闸门井（模拟模型）

右岸电站计算对象为5号、6号、7号、8号水力单元，经过计算和优化，4个单元的水轮机可选择同样的导叶关闭规律，过渡过程品质完全满足设计要求，因此选择最短和最长的两个水力单元（5号、8号）进行过渡过程分析。因尾水隧洞管路段设置尾水隧洞检修闸门井，需在过渡过程计算中考虑该闸门井的调节作用。但随着下游尾水位的变化，尾水隧洞段在计算过程中或为明满流段或为满流段，考虑到程序计算的要求，此处建立两个计算模型（即明满流模型和完全满流模型），如图6-32和图6-33所示。

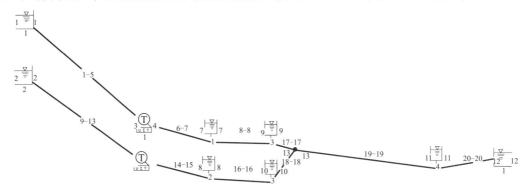

图6-30　左岸1号或4号水力单元满流计算模型简图

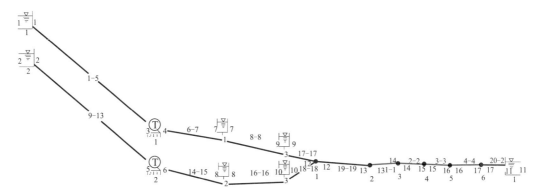

图6-31　左岸1号或4号水力单元明满流计算模型简图

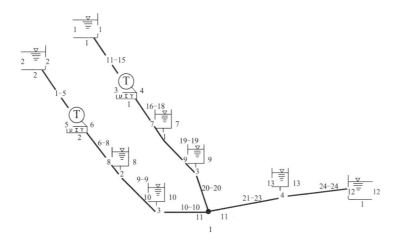

图6-32　右岸5号、8号水力单元明满流计算模型简图

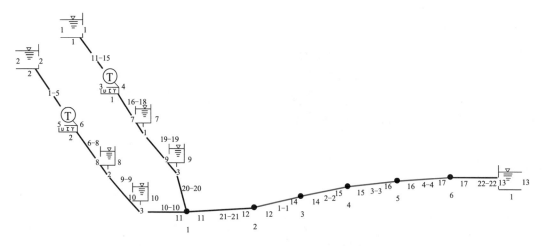

图 6-33　右岸 5 号、8 号水力单元满流计算模型简图

6.2.5　水力过渡过程计算结果

6.2.5.1　白鹤滩左岸电站水力过渡过程计算结果

1. 计算工况

根据设计要求，左岸电站 1 号、4 号水力单元的计算工况见表 6-22～表 6-26。

表 6-22　大波动过渡过程设计工况

计算工况	上游水位（m）	下游水位（m）	负荷变化	水位组合及负荷变化说明	计算目的
D_1	825.21	623.27	2 台→0	上游 0.5% 频率洪水位，下游设计洪水位（$P=0.5\%$），同一水力单元两台机组同时甩全负荷，导叶正常关闭	蜗壳最大压力、尾调最高涌波
D_2	825.21	623.27	1 台→2 台	上游 0.5% 频率洪水位，下游设计洪水位（$P=0.5\%$），一台机正常运行，另一台机由空载增至满出力运行	尾调最高涌波水位
D_3	825.00	595.83	2 台→0	上游正常蓄水位，下游满发水位，同一水力单元两台机同时甩全负荷，导叶正常关闭	蜗壳最大压力、校核尾水管闸门检修平台高度
D_4	825	581.5	2 台→0	上游正常蓄水位，下游两台机发电水位，同一水力单元两台机组同时甩全负荷，导叶正常关闭	蜗壳末端最大压力、尾水管进口最小压力
D_5	825	579.44	1 台→0	上游正常蓄水位，下游一台机发电水位，同一水力单元一台机组正常运行突甩全负荷（其他机组停机）	蜗壳最大压力、尾水管进口最小压力

计算工况	上游水位（m）	下游水位（m）	负荷变化	水位组合及负荷变化说明	计算目的
D_6	—	597.42	2台→0	额定水头下，下游满发水位，额定出力，同一水力单元两台机组同时甩全负荷，导叶正常关闭	机组最大转速上升率
D_7	—	582.14	2台→0	额定水头下，下游满发水位，额定出力，同一水力单元两台机组同时甩全负荷，导叶正常关闭	机组最大转速上升率、尾调最低涌波、尾水管进口最小压力
D_8	—	580	1台→0	额定水头下，下游一台发电水位，一台机组正常运行突甩全负荷（同一单元其他机组停机）	尾调最低涌波、尾水管进口最小压力
D_9	765	581.92	2台→0	上游死水位，下游两台机发电水位，同一水力单元两台机组同时甩负荷，导叶正常关闭	尾调最低涌波、尾水管进口最小压力
D_{10}	765	581.92	1台→2台	上游死水位，下游两台机发电水位，一台正常运行，另一台由空载增至满载运行	引水隧洞上平段末端最低压力
D_{11}	765	579.56	1台→0	上游死水位，下游两台机发电水位，一台机组正常运行突甩全负荷（同一单元其他机组停机）	尾水管进口最小压力

表6-23　大波动过渡过程计算校核工况（单一事件工况）

计算工况	上游水位（m）	下游水位（m）	负荷变化	水位组合及负荷变化说明	计算目的
D_{12}	827.83	625.7	2台→0	上游0.1%频率设计洪水位，下游校核洪水位（$P=0.1\%$），同一水力单元两台机组同时甩全负荷，导叶正常关闭	蜗壳最大压力、尾调最高涌波
D_{13}	827.83	625.7	1台→2台	上游0.1%频率设计洪水位，下游校核洪水位（$P=0.1\%$），一台机正常运行，另一台机由空载增至满出力运行	尾调最高涌波水位
D_{14}	827.83	628.28	2台→0	上游0.1%频率设计洪水位，下游校核洪水位（$P=0.1\%$），同一水力单元两台机组同时甩全负荷，导叶正常关闭	下游河道整治前尾调最高涌波水位
D_{15}	827.83	628.28	1台→2台	上游0.1%频率设计洪水位，下游校核洪水位（$P=0.1\%$），一台机正常运行，另一台机由空载增至满出力运行	下游河道整治前尾调最高涌波水位

表 6-24 校核工况（两次事件组合工况）

计算工况	上游水位（m）	下游水位（m）	负荷变化	水位组合及负荷变化说明	计算目的
Z_1	—	582.14	1台→2台→0	额定水头、额定出力，下游两台机发电水位，同一水力单元一台机运行，增加一台机，在最不利时刻两台机同时甩负荷	蜗壳最大压力、尾调最高涌波、尾水管进口最小压力
Z_2	825.21	623.27	2台→0→1台	上游0.5%频率洪水位，下游设计洪水位（$P=0.5\%$），两台机组同时甩全负荷，在最不利时刻一台机正常启动	蜗壳最大压力、尾调最高涌波
Z_3	827.83	628.28	1台→2台→0	上游0.5%频率洪水位，下游设计洪水位（$P=0.5\%$），一台机正常运行，另一台机正常启动，在最不利时刻两台机同时甩负荷	蜗壳最大压力、尾调最高涌波
Z_4	—	582.14	2台→1台→0	额定水头、额定出力，下游两台机发电水位，两台机正常运行，最不利时刻相继甩负荷	机组最大转速上升率、尾调最高涌波、尾水管进口最小压力
Z_5	825.21	625.92	2台→0→1台	上游0.5%频率洪水位，下游设计洪水位（$P=0.5\%$），两台机同时甩全负荷，在最不利时刻一台机正常启动	下游河道整治前尾调最高涌波水位
Z_6	825.21	625.92	1台→2台→0	上游0.5%频率洪水位，下游设计洪水位（$P=0.5\%$），一台机正常运行，另一台机正常启动，在最不利时刻两台机同时甩负荷	下游河道整治前尾调最高涌波水位、蜗壳最大压力

表 6-25 水力干扰计算工况

计算工况	上游水位（m）	下游水位（m）	负荷变化	水位组合及负荷变化说明	计算目的
GR_1	—	597.42	2台→1台	下库满发水位，额定水头，额定负荷，两台机正常运行，一台机突甩全负荷	对另一台机组负荷的影响
GR_2	—	597.42	1台→2台	下游满发水位，额定水头，额定负荷，一台机正常运行，另一台机正常启动	对另一台机组负荷的影响
GR_3	825	581.5	2台→1台	上游正常水位，下游两台机发电水位，两台机正常运行，一台机突甩全负荷	对另一台机组负荷的影响
GR_4	825	581.5	1台→2台	上游正常水位，下游两台机发电水位，一台机正常运行，另一台机正常启动	对另一台机组负荷的影响
GR_5	765	598	2台→1台	上游死水位，下游满发水位，两台机正常运行，一台机突甩全负荷	对另一台机组负荷的影响
GR_6	765	598	1台→2台	上游死水位，下游满发水位，一台机正常运行，另一台机正常启动	对另一台机组负荷的影响

表 6-26 水力过渡过程计算参考工况（小波动）

计算工况	上游水位（m）	下游水位（m）	初始工况	叠加工况	计算目的
X_1	825	581.5	同一水力单元的两台机组均带额定负荷	两台机组减5%，10%额定负荷	对调压室和机组稳定性的影响
X_2	—	597.42	下游满发水位，同一水力单元的两台机组加权平均水头、均带额定负荷	两台机组减5%，10%额定负荷	对调压室和机组稳定性的影响
X_3	—	597.42	下游满发水位，同一水力单元的两台机组额定水头、均带额定负荷	两台机组减5%，10%额定负荷	对调压室和机组稳定性的影响
X_4	765	598	同一水力单元的两台机组最小水头均带预想负荷	两台机组减5%，10%额定负荷	对调压室和机组稳定性的影响
X_5	—	597.42	下游满发水位，同一水力单元的两台机组均空载运行，额定水头	一台机组增满负荷	对调压室和另一台机组稳定性的影响
X_6	765	593.8	同一水力单元的两台机组均空载运行	一台机组增满负荷	对调压室和另一台机组稳定性的影响
X_7	—	597.42	同一水力单元的一台机组空载运行，另一台带额定负荷，额定水头	一台机组减5%，10%额定负荷	对调压室和另一台机组稳定性的影响
X_8	765	594.62	同一水力单元的一台机组空载运行，另一台带预想负荷，接近最小水头	一台机组减5%，10%额定负荷	对调压室和另一台机组稳定性的影响
X_9	—	597.42	同一水力单元的两台机组带额定负荷，额定水头	两台机组同时甩负荷至空载	对调压室和机组稳定性的影响
X_{10}	765	598	同一水力单元的两台机组带预想负荷，最小水头	两台机组同时甩负荷至空载	对调压室和机组稳定性的影响
X_{11}	—	597.42	同一水力单元的一台机组额定水头，额定负荷，另一台机组带5%额定负荷	带5%额定负荷机组甩到空载	对调压室和机组稳定性的影响
X_{12}	—	597.42	同一水力单元的一台机组额定水头，额定负荷，另一台机组空载	空载机组突增5%额定负荷	对调压室和机组稳定性的影响
X_{13}	765	602.15	同一水力单元的两台机组带预想负荷，最小水头	两台机组减5%，10%额定负荷	对调压室和机组稳定性的影响

2. 导叶关闭规律

经过优化，选取图6-34所示的一段直线关闭规律：从100%开度关至全关，时间为16 s。考虑接力器迟滞时间为0.2 s，总关闭时间为16.2 s。

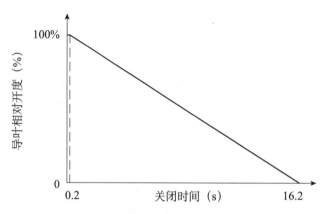

图6-34　白鹤滩左岸电站导叶关闭规律

3. 白鹤滩左岸电站过渡过程计算结果及主要结论

采用图6-34所示的导叶直线关闭规律，选取左岸1号、4号水力单元对21个大波动工况、6个水力干扰工况及13个小波动工况进行了计算，各参数均能满足工程设计及相关规范要求，极值结果汇总见表6-27。

表6-27　极值结果汇总

项目	左岸1号水力单元		左岸4号水力单元	
	极值	发生工况	极值	发生工况
蜗壳末端最大压力（mWC）	295.75	Z_3	292.781	D_5
蜗壳末端最大压力修正值（mWC）	299.71		297.58	
尾水管进口最小压力（mWC）	−5.798	Z_4	−5.826	Z_4
机组最高转速（%）	50	Z_1	48.24	Z_1
尾水调压室最高涌浪（m）	637.53	Z_5	635.56	D_{15}
尾水调压室最低涌浪（m）	569.62	Z_4	575.008	D_4

注：蜗壳压力修正值按照相应水头的2%进行修正。

结论如下：

（1）蜗壳末端最高压力不超过328 mWC，尾水管最小压力不低于−6 mWC，机组转速上升率不超过50%，满足调节保证计算要求。

（2）水力干扰工况，一台机组甩负荷时引起同一水力单元正常运行机组最大超出力约为13.7%，调节品质较好。

（3）小波动过渡过程中，机组转速最大偏差小于6%，超调量小于0.1，衰减度大于0.92，且在60s就进入了0.4%带宽，小波动调节品质较好。

（4）左岸1号水力单元尾水调压室最高涌浪640 m，最低涌浪570.2 m，4号水力单元尾水调压室最高涌浪 636.5 m，最低涌浪 574.9 m。最高涌浪都小于 645 m，最低涌浪都大于 563 m，均能满足工程设计要求。

6.2.5.2　白鹤滩右岸电站水力过渡过程计算结果

1. 计算工况

根据设计要求，右岸电站选取 5 号、8 号水力单元进行过渡过程计算，计算工况与左岸1 号、4 号水力单元的计算工况一致。

2. 导叶关闭规律

经对多种导叶开启和关闭规律比较计算后，优化确定的导叶开启规律如下：从全关开启至 1.4 倍空载开度，待转速升至 90% 额定转速时，再从 1.4 倍空载开度开启至并网，负荷从空载增至满负荷，具体开启规律可根据现场实际情况进行调整。

导叶关闭规律如下：导叶采用直线关闭接力器缓冲的方式，直线关闭时间为 16.6 s（含接力器迟滞时间 0.2 s），导叶开口从 100% 关至 9.5%，接力器缓冲时间约为 5.0 ~ 8.0 s，导叶开口从 9.5% 关至全关（见图 6 – 35）。

3. 白鹤滩右岸电站过渡过程计算结果及主要结论

采用图 6 – 35 所示的导叶直线关闭规律，选取右岸 5 号、8 号水力单元进行计算，极值结果汇总见表 6 – 28。

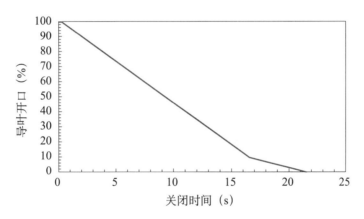

图 6 – 35　白鹤滩右岸电站导叶开口与关闭时间

结论如下：

（1）在各种过渡过程工况下，蜗壳末端、转轮出口处压力值、机组速率上升值、调压室涌浪等均满足设计的要求。

表 6 – 28　极值结果汇总

项目	5 号水力单元		8 号水力单元	
	极值	发生工况	极值	发生工况
蜗壳末端最大压力（mWC）	295.88	D_{12}	294.41	Z_5
蜗壳末端最大压力修正值（mWC）	301.80	D_{12}	300.30	Z_5
尾水管进口最小压力（mWC）	– 2.41	$Z_4 - 8S$	– 2.84	$Z_4 - 6S$

项目	5 号水力单元		8 号水力单元	
	极值	发生工况	极值	发生工况
机组最高转速（％）	149.93	Z_6	149.23	Z_6
尾水调压室最高涌浪（m）	633.57	Z_6	637.1	Z_5
尾水调压室最低涌浪（m）	572.40	$Z_4 - 4S$	567.83	Z_1

注：蜗壳压力修正值按照相应水头的 2% 进行修正。

（2）机组及调压室水位的大小波动过渡过程呈收敛稳定状态，品质良好。

（3）从小波动计算结果可见，两台机组在孤网运行减 5%、10% 负荷时，动态过程略差。

（4）本电站尾水明流洞内在过渡过程中可能发生明满交替流。在下游水位高于尾水洞顶高程 596 m（5 号水力单元）或 592 m（8 号水力单元）时，尾水明流洞内为有压流；在下游水位在 596 m（5 号水力单元）或 592 m（8 号水力单元）以下时，在过渡过程中发生明满交替流。

6.3 蜗壳

6.3.1 设计要求

蜗壳是水轮机的重要引水部件，蜗壳断面从进口到尾部逐渐减小，以使水流形成环量并沿整个圆周均匀流入座环，进而流入导水机构。当水头超过 40 m 时，水轮机蜗壳通常采用金属蜗壳。白鹤滩水轮机蜗壳设计应符合以下要求：

（1）根据电站水轮机控制尺寸，最大限度利用其空间设计出水力性能优异的蜗壳。蜗壳通常按单独承受水压力的明蜗壳进行设计。蜗壳的设计和制造需要符合压力容器的相关标准。

（2）蜗壳埋设采用铺设弹性垫层方式浇筑混凝土。蜗壳充水受压后出现膨胀变形，需要采取合适措施保证蜗壳上部混凝土不出现结构性裂纹，发电机基础抬升量不超过合理水平，下机架基础板不平衡抬升量控制在 1.0 mm 以内。

（3）蜗壳进人门采用内开式结构，更为安全可靠。

（4）蜗壳采用钢板焊接结构，采用抗拉强度不低于 600 MPa 级的可焊性好的高强度低焊接裂纹敏感性钢板，白鹤滩蜗壳采用的钢板已达到 800 MPa 级。

（5）蜗壳厚度由应力确定，白鹤滩蜗壳的设计压力为 354 mWC。要求在设计正常工况下应力不超过 1/3Rel。钢板厚度还需包含不少于 3 mm 的腐蚀余量。

（6）作为压力容器，蜗壳的焊缝应尽可能少，蜗壳的单节纵缝不设置在蜗壳 C 型节横断面的水平轴线和铅垂轴线上，焊缝与上述轴向圆心夹角大于 10° 且相应弧线距离大于 300 mm 及 10 倍蜗壳壁厚。

（7）相邻蜗壳单节的纵缝距离大于 5 倍板厚并不小于 300 mm，同一单节上，相邻纵缝间距大于 500 mm，蜗壳尾部等结构尺寸较小的部位不小于 300 mm。十字交叉焊缝需错开 300 mm 以上。

（8）焊缝的坡口采用不对称 X 型，焊缝坡口的形式应尽量减少仰焊，以保证焊接质量，降低劳动强度。

（9）蜗壳单节受力最大的方向是沿半径的切线方向，因此管节卷板方向应与钢板的压延方向一致，以最大限度利用钢板在纵向方向的力学性能。

（10）蜗壳的制造应严格按压力容器的要求进行。蜗壳所有焊缝均按相关标准进行超声波和磁粉探伤。所有纵向焊缝、蜗壳与压力钢管连接环缝、T 型焊缝（纵环缝相交 300 mm 范围内）还需进行 TOFD 探伤检查。

（11）为避免结构应力集中，还对蜗壳焊缝错牙及焊缝余高有严格的要求。过流面环缝错牙不超过 3 mm，过流面纵缝错牙不超过 2 mm。过流面焊缝余高不超过 1.5 mm。不同板厚相接时，应焊接斜度或削薄厚板进行过渡。

6.3.2　结构型式

白鹤滩采用全圆断面钢板焊接金属蜗壳，考虑到焊接、运输、水力等综合因素，钢板焊接结构的蜗壳通常分成若干个锥形环节。蜗壳每一节由钢板用卷板机等成型设备滚压成型。考虑制造难度，蜗壳分节最大钢板宽度控制在 3000 mm 以内。根据蜗壳的应力分布，蜗壳采用变厚度设计。节与节之间及同一环节内的不同厚度钢板的连接，以过流面平齐设计。白鹤滩水电站蜗壳参数见表 6-29，单线图见图 6-36，三维图见图 6-37。

表 6-29　白鹤滩水电站蜗壳参数

蜗　壳	单位	左岸（东电）	右岸（哈电）
材料		SX780CF	SX780CF
蜗壳埋设方式		弹性垫层	弹性垫层
蜗壳延伸段进口直径	mm	8600	8600
蜗壳进口中心线到机组 $Y-Y$ 轴线距离	mm	10 300	10 300
机组中心至 $+X$ 方向距离	mm	14 668	14 505
机组中心至 $-Y$ 方向距离	mm	13 980	14 153
机组中心至 $-X$ 方向距离	mm	12 476	12 693
机组中心至 $+Y$ 方向距离	mm	10 332	10 662
进口处钢板厚度	mm	72	70
末端钢板厚度	mm	38	43
最厚钢板厚度	mm	83	97
进口断面流速	m/s	9.85	9.28
设计压力	MPa	3.468	3.468

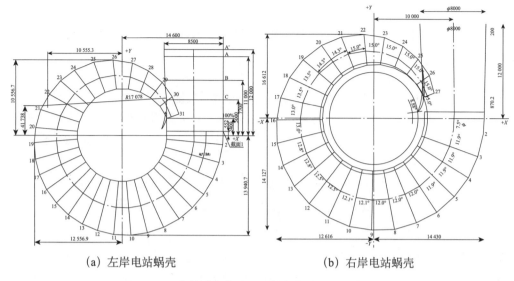

(a) 左岸电站蜗壳   (b) 右岸电站蜗壳

图 6 – 36 白鹤滩水电站机组蜗壳单线图（单位：mm）

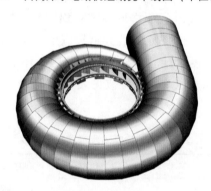

图 6 – 37 白鹤滩水电站机组蜗壳座环三维图

6.3.3 材料与许用应力

相对 700 MW 级水轮发电机组，白鹤滩 1000 MW 机组对材料厚度和性能的要求更高。若继续采用 600 MPa 级材料制造，其钢板厚度需进一步增加，成型和焊接难度大幅提高，运输和安装也更加困难。计算和对比了相同结构强度下，抗拉强度 S550（600 MPa 级材料）和 S690（800 MPa 级材料）所需材料量和焊接量，如图 6 – 38 所示。

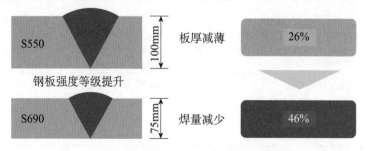

图 6 – 38 600 MPa 级与 800 MPa 级钢板的应用对比

800 MPa 级别的钢板在国内的呼和浩特、宝泉、十三陵等抽水蓄能机组的压力管道和绩溪、乌东德水电站的蜗壳制造中都有应用先例。国外机组中，日本的抽水蓄能电站和其他电站从 20 世纪 70 年代起，就普遍采用了 800 MPa 甚至 1000 MPa 的高强钢，主要应用于压力管道和蜗壳。鉴于上述成功的工程实践，且该等级材料研制具备了大规模应用的条件，白鹤滩蜗壳材料选用了 SX780CF 标准的高强度低焊接裂纹敏感性钢板。该种钢板采用低碳高镍成分体系，具有很高的淬透性，能获得低碳马氏体和板条贝氏体组织，材料屈服强度超过了 690 MPa。高强度材料的应用，大大降低了蜗壳的板厚和重量，蜗壳制造难度降低，焊接工作量也大幅度减小。

根据强度计算，蜗壳进口段钢板厚度达 70 ~ 72 mm（含 3 mm 腐蚀余量）。哈电蜗壳与座环连接过渡段采用 B610CF 钢板，东电蜗壳与座环连接过渡段采用 SX780CF 钢板，蜗壳尾部在工厂内焊接在座环上，并与座环一起退火。蜗壳开孔位置的补强均采用整体补强，补强板最大厚度为 125 mm。表 6 - 30 为钢板性能对照表。

表 6 - 30　SX780CF 钢板与类似成熟机组 B610CF 钢板性能对照表

牌号	力学性能			
	屈服强度 $R_{p0.2}$ （MPa）	抗拉强度 R_m （MPa）	断后伸长率 A （%）	冲击吸收能量 KV_2 （-20℃）（J）
B610CF	≥490	≥610	≥17	≥47
SX780CF	≥690	≥770	≥15	≥47

蜗壳按单独承受最大内水压力（354 mWC）设计，并考虑留有不少于 3 mm 的腐蚀裕量。白鹤滩蜗壳采用 SX780CF 高强度钢板制造，根据强度计算确定蜗壳板厚，要求计算的蜗壳环向应力不大于屈服极限的 1/3，按第 4 强度理论计算的综合应力不应超过许用应力。为合理利用材料并减少工地焊接量，蜗壳按变厚度设计，除每节蜗壳的厚度不同外，同一节内蜗壳厚度也不一样，根据白鹤滩蜗壳尺寸，每节最多按三个板厚规格进行设计。

蜗壳计算的总原则是，在保证蜗壳刚强度性能的前提下，满足工程设计要求和 ASME 规范的要求，使得蜗壳设计的结构合理、经济实用。

蜗壳采用解析法和有限元法两种方法进行计算。采用解析法计算时，选用平均应力为考核依据，分别对每一节蜗壳进行板厚选取计算，由于蜗壳断面直径较大，单节蜗壳采用了不同厚度的板厚；而采用有限元法进行分析，将得到局部应力和应力分布，国际上通行的许用应力选择方法是 ASME 的分析应力准则。ASME 标准第 8 卷第 2 册给出了一些有限元计算的限制应力，并将应力分类。

P_m：一次总体薄膜应力。

P_i：一次局部薄膜应力（不连续但没有应力集中）。

P_b：一次弯曲应力。

Q：二次应力（二次薄膜应力 + 不连续的弯曲应力）。

对于设计压力的参考应力为：$S_m = Min(UTS/3, 2Rel/3)$。

不同应力的许用应力定义为：$P_m < S_m$，$P_i + P_b < 1.5S_m$，$P_i + P_b + Q < 3S_m$。

根据工程设计规范要求，对于地震这种极端载荷下的许用应力，相应放大 1.33 倍。

环向应力：$\sigma_c = R_h P (R_{enb} + R_i) / (2tR_i)$。

轴向应力：$\sigma_L = R_h P / 2t$（式中，P 为设计压力，t 为各断面蜗壳板厚）。

综合 Mises 应力：$\sigma_V = \sqrt{\sigma_c^2 + \sigma_L^2 - \sigma_c \sigma_L}$。

白鹤滩左右岸电站蜗壳和座环的材料选择见表 6 - 31 和表 6 - 32。

表 6 - 31　白鹤滩左岸电站蜗壳座环材料参数

部位	材料名称	材料性能			按 ASME 标准确定许用应力		
		屈服极限 σ_s	强度极限 σ_b	S_m	$P_1 + P_b < 1.5 S_m$	$P_1 + P_b + Q < 3.0 S_m$	
蜗壳	SX780CF	670	750	250	375	750	
固定导叶	SXQ550D	470	590	196.7	295	590	
座环环板	SXQ500Q - Z35	420	540	180	270	540	

表 6 - 32　白鹤滩右岸电站蜗壳座环材料参数

部件	材料	厚度（mm）	ASME section VIII division 2			标书规定平均应力	
			S_m	$P_L + P_b$	$P_L + P_b + Q$	准则	数值
			Min（UTS/3，2Rel/3）	1.5 S_m	3.0 S_m		
固定导叶	锻钢 A668 - E	—	200	300	600	UTS/5（UTS/4）	120（150）
座环环板	SXQ500D - Z35	> 150 ~ 265	180	270	540	Rel/3	146.6
过渡段	B610CF	< 80	203	305	610	Rel/3	163.3
		80 - 120	196	295	590		156.7
蜗壳	SX780CF	80	256	385	770	Rel/3	230.0
		80 - 120	250	375	750		223.3

根据设计规范要求，对于地震这种极端载荷下的许用应力，考核标准相应放大 1.33 倍。平均应力允许值按设计规范给出，局部应力允许值按 2Rel/3 给出。表 6 - 33 为机型对照表。

表 6 - 33　白鹤滩水轮机蜗壳与类似成熟机型对照表

项目	三峡右岸（东电）	三峡地下（哈电）	向家坝（哈电）	溪洛渡（哈电）	乌东德	白鹤滩左（东电）	白鹤滩右（哈电）
机组容量（MW）	710	710	800	770	850	1000	1000
最大水头（m）	113	113	114.2	229.4	163.4	243.1	243.1
额定水头（m）	85	85	95	197	137	202	202
进口直径（mm）	12 400	12 400	12 200	7270	11 500	8600	8600
蜗壳钢板材料	B610CF	B610CF	B610CF	B610CF	SX780CF	SX780CF	SX780CF

续表

项目	三峡右岸（东电）	三峡地下（哈电）	向家坝（哈电）	溪洛渡（哈电）	乌东德	白鹤滩左（东电）	白鹤滩右（哈电）
进口段厚度（mm）	54	54	54	68	66~68	72	70
蜗壳钢板最厚（mm）	67	67	65	90	68	83/125	97
埋入方式	保压/弹性层	弹性层	弹性层	弹性层	弹性层	弹性层	弹性层
进人门型式	外开	外开	外开	内开	内开	内开	内开
重量（t）	689	665	665	504	736~741	662	692

6.3.4　蜗壳座环刚强度计算

6.3.4.1　计算目的及方法

采用 ANSYS、ABAQUAS 等分析软件对蜗壳的应力和变形进行有限元计算，可以得到各计算工况下的应力和变形状态分布，全面地掌握结构应力分布的最大位置和区域、变形分布的最大位置和区域，对于结构的应力状态分析和判断具有直接的指导意义。

蜗壳的应力分析涉及明蜗壳分析和垫层蜗壳分析。其中明蜗壳仅为蜗壳单独受力，垫层蜗壳的受力分析为结构－垫层－混凝土联合受力分析。

6.3.4.2　计算模型

蜗壳座环模型在进行有限元网格划分时，左岸电站的计算将结构整体作为分析对象，根据结构各部分的具体形状和位置，选择了三维实体单元和三维板壳单元对结构进行离散处理。对右岸电站的计算，认为蜗壳进口段（第 1 断面）的应力最大，以该扇形区域作为计算对象，不考虑混凝土联合受力的影响，选取包含具有一个完整固定导叶在内的 360°/24 扇形区域为一个分析模型，全部采用块体单元划分网格。有限元网格分析模型如图 6-39 所示。

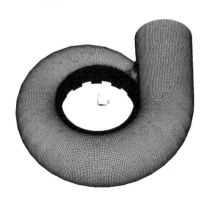

（a）左岸电站蜗壳座环计算模型　　　　（b）右岸电站蜗壳座环计算模型

图 6-39　白鹤滩水电站蜗壳座环有限元计算模型

6.3.4.3 计算工况

对白鹤滩蜗壳座环在正常工况、地震工况、停机工况和紧急关机工况下的应力和位移进行计算，主要载荷见表6-34和表6-35。

表6-34 白鹤滩左岸电站计算工况及载荷

工况	水压力（MPa）	地震载荷	顶盖对座环作用力（N）	底环对座环作用力（N）
正常工况	2.592	No	122 854 951	66 098 083
地震工况	2.592	Yes	122 854 951	66 098 083
停机工况	2.592	No	54 011 524	27 217 965
紧急关机工况	3.473	No	71 356 477	36 454 373

表6-35 白鹤滩右岸电站计算工况及载荷

工况	蜗壳与导叶之间水压力（MPa）	顶盖传给座环的拉力（kN）	地震加速度（g）
正常运行工况	2.524	139 700	—
升压工况	3.465	105 300	—
地震载荷工况1	2.524	139 700	0.125（垂直）
地震载荷工况2	2.524	139 700	0.25（水平）

注：以上工况均未考虑蜗壳外混凝土层对计算模型的影响，其计算结果偏于安全。

6.3.4.4 计算结果

白鹤滩左岸蜗壳座环有限元计算结果如表6-36、表6-37和图6-40所示。

表6-36 白鹤滩左岸蜗壳计算应力与许用应力对比表　　　　单位：MPa

工况	P_m			$P_1 + P_b$		$P_1 + P_b + Q$		是否满足要求
	计算膜应力 P_m	合同要求 $\sigma_s/3$	ASME标准 S_m	计算应力 $P_1 + P_b$	ASME标准 $1.5S_m$	计算应力 $P_1 + P_b + Q$	ASME标准 $3.0S_m$	
正常工况	119.8	223.3	250	149.0	375	154.75	750	满足要求
地震工况	119.8	223.3	250	149.0	375	154.78	750	
停机工况	119.9	223.3	250	148.1	375	154.37	750	
紧急关机工况	164.6	223.3	250	204.4	375	211.98	750	

表6-37 白鹤滩左岸蜗壳位移计算结果　　　　单位：mm

工况	最大综合位移	最大径向位移	最大Z向位移
正常工况	4.884	4.171	4.749
地震工况	4.848	4.119	4.708
停机工况	4.715	4.177	4.564
紧急关机工况	6.467	5.736	6.258

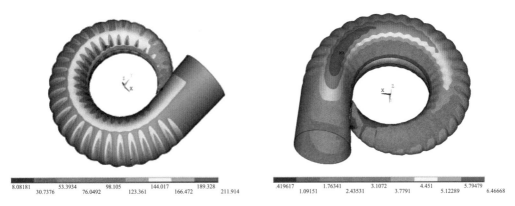

图 6 – 40　白鹤滩左岸电站蜗壳有限元计算结果

白鹤滩右岸蜗壳座环有限元计算结果见表 6 – 38 和图 6 – 41 所示。

表 6 – 38　白鹤滩右岸蜗壳座环计算结果

工况	位移（mm）	整体（MPa）	环板（MPa）		应力（MPa）				导叶中间截面积（mm²）	
					过渡段		蜗壳			
			局部应力	平均应力	局部应力	平均应力	局部应力	平均应力	膜应力	膜应力 + 弯曲
正常运行工况	6.107	270.6	270.6	80	221.0	133	176.9	127	92	119.2
升压工况	7.708	265.8	265.8	75	300.2	152	243.0	175	99	125.6
许用值	—	—	280.0	146.6	313.3	156.7	446.7	223.3	120.0	150.0
地震载荷工况 1	5.778	270.4	270.4	80	221.1	136	176.8	128	91	118.8
地震载荷工况 2	6.115	270.5	270.5	80	221.0	136	176.9	128	96	119.3
极限载荷许用值	—	—	—	194.9	—	208.4	—	296.9	159.6	199.5

上述结果满足许用应力要求。

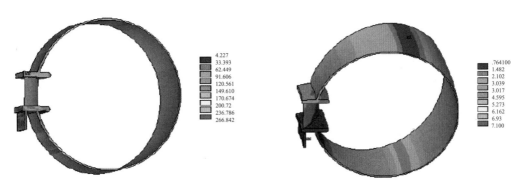

图 6 – 41　白鹤滩右岸电站蜗壳有限元计算结果

6.3.5 蜗壳埋设方式计算

6.3.5.1 蜗壳埋设方式

目前国内外的蜗壳埋设方式主要有三种：①蜗壳外铺设弹性垫层后浇筑外围混凝土；②蜗壳在充水加压的状态下浇筑外围混凝土（简称保压浇筑）；③蜗壳外不设弹性垫层、内部不充水加压，直接浇筑混凝土（简称直埋蜗壳）。

1. 弹性垫层埋设方式

在蜗壳外围上部铺设弹性垫层，将蜗壳上部与混凝土隔开，蜗壳下半部直接埋在混凝土中，在结构自重、设备载荷和水压力作用下，蜗壳下半圆与混凝土的摩擦力能够减少蜗壳及座环的扭转变形。蜗壳上半部分在水压力作用下自由膨胀，弹性垫层被压缩；垫层就将此压缩量对应的应力传递给混凝土。我国大中型水电站的蜗壳，大都采用这种埋设方式。

2. 保压浇筑埋设方式

在座环及蜗壳安装、焊接探伤完毕后，对蜗壳进行水压试验，然后在充水保压状态下进行外围混凝土的浇筑，当混凝土达到一定强度后泄去蜗壳内水压力。由于蜗壳的收缩，在蜗壳和混凝土间人为形成了一个初始间隙，从而调节了蜗壳与混凝土的受力。运行时，当内水压力超过预压荷载时，超过部分由蜗壳和外围混凝土联合承担。保压浇筑设计的关键是确定恰当的保压压力，过大或过小的压力都不利于结构稳定性和安全性。保压浇筑需要封水闷头、封水环，以及拆卸保压封水设备的场地等。

3. 直埋蜗壳埋设方式

直埋蜗壳不设弹性垫层，也不充水保压而直接在外围浇筑混凝土。充水后蜗壳和混凝土进行联合承载。完全联合承载的蜗壳具有很大的刚度和很高的强度安全性，对机组运行有利，但对混凝土和外围钢筋网的要求极高。

上述三种蜗壳埋设方式各有优缺点，都有不少工程应用实例。方案选择的最终目的在于尽可能地节约工程建设成本，缩短建设周期。从技术要求来说，在确保机组安全稳定的基础上，尽可能地减少混凝土承担内水压力的比例。从分析比较的结果看，垫层方式具有一定的优势。这种形式的优点在于，可以减少钢蜗壳向外围钢筋混凝土结构传递的内水压力，提高其抗裂安全度，并且施工速度快，不影响安装进度。同时从设备设计制作难度上分析，垫层方案的蜗壳和座环各部位的受力更均匀、合理，设计制造难度相对有所降低。经过详细的对比分析论证，白鹤滩蜗壳采用弹性垫层埋设方式。

6.3.5.2 蜗壳弹性垫层敷设方案

根据乌东德、白鹤滩水电站蜗壳埋设方式的研究成果，白鹤滩水电站蜗壳弹性垫层敷设方案最终确定为：蜗壳垫层平面布置范围为从蜗壳延伸段进口至蜗壳280°；竖直断面铺设范围起点取内侧距机坑里衬2000 mm处，靠蜗壳尾部渐变至1600 mm处；外侧至蜗壳腰线，并覆盖住位于腰线的排水盒。垫层厚度从蜗壳延伸段进口至蜗壳180°为30 mm，从蜗壳180°~280°为20 mm，边缘渐变至10 mm。采用聚氨酯软木作为钢蜗壳外包的垫层材料，钢蜗壳垫层材料在承受不大于1 MPa的应力时，弹性模量保持为2 MPa，且满足耐久性要求。弹性垫层铺设情况见图 6-42，材料特性见表 6-39。

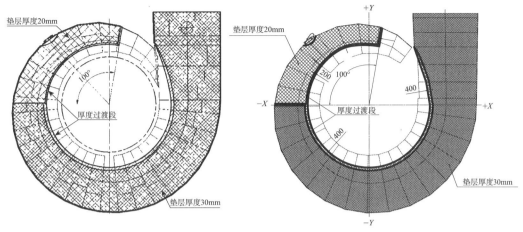

(a) 左岸电站弹性垫层　　　　　(b) 右岸电站弹性垫层

图 6-42　白鹤滩机组蜗壳弹性垫层铺设范围示意图

表 6-39　白鹤滩蜗壳座环、弹性垫层、混凝土材料特性

部件	弹性模量（MPa）	泊松比	密度（kg/m³）
蜗壳座环	2.068E5	0.3	7850
弹性垫层	2.0	0.05	140
混凝土	2.8E4	0.2	2500

6.3.5.3　蜗壳弹性垫层埋设计算

1. 建模

蜗壳弹性垫层分析计算时选取整个蜗壳座环以及蜗壳外侧混凝土为分析计算模型，有限元模型及网格剖分如图 6-43 所示。

(a) 左岸电站蜗壳弹性垫层计算模型　　　(b) 右岸电站蜗壳弹性垫层计算模型

图 6-43　白鹤滩水电站蜗壳弹性垫层计算模型

左岸电站蜗壳弹性垫层计算时，根据水轮机座环蜗壳的结构特点，座环的固定导叶和座环上下环板、混凝土采用了 ANSYS 有限元结构分析程序中的三维六面体实体单元；座环的过渡板和整个蜗壳采用 ANSYS 有限元结构分析程序中的四边形和三角形板壳单元；蜗壳与混凝土的接触面采用接触单元。

右岸电站蜗壳弹性垫层分析时，为防止产生刚体位移，约束下环板与基础把合螺栓分布圆半径所有节点自由度，同时约束选取的混凝土底面所有节点自由度。采用有限元 ANSYS 分析软件，分别选取三维块体单元和板壳单元（蜗壳采用板壳单元）。在蜗壳与弹性垫层、弹性垫层与混凝土之间以及混凝土和蜗壳之间，采用接触单元进行模拟。

2. 计算工况及载荷

左岸电站计算分析时工况包括：①工况 1，最小水头工况 $H = 163.9$ m（$P = 1.639$ MPa）；②工况 2，额定水头工况 $H = 202$ m（$P = 2.02$ MPa）；③工况 3，最大水头工况 $H = 262.43$ m（$P = 2.6243$ MPa）；④工况 4，升压水头工况 $H = 354.0$ m（$P = 3.54$ MPa）。载荷主要考虑：蜗壳内部承受的水压力载荷；顶盖对座环的作用力；机组作用于混凝土层的重量等。右岸电站计算分析时主要考虑正常运行及升压两种工况，分析时考虑蜗壳内部承受的水压力、顶盖向上拉力及下机架作用在混凝土上的力，重点关注下机架与混凝土接触位置处的轴向变形。

3. 计算结果

左岸电站计算结果见表 6-40、表 6-41 和图 6-44。

表 6-40　白鹤滩左岸电站蜗壳应力和位移计算结果

工　况		蜗壳最大综合位移（mm）	蜗壳最大径向位移（mm）	蜗壳最大 Z 向位移（mm）	蜗壳最大等效应力（MPa）
1	最小水头工况 $H = 163.9$ m	5.318	3.524	4.414	95.23
2	额定水头工况 $H = 202$ m	6.147	4.160	5.279	113.17
3	最大水头工况 $H = 262.43$ m	7.858	5.185	6.658	136.38
4	升压水头工况 $H = 354.0$ m	10.593	6.792	8.771	184.21

表 6-41　白鹤滩左岸电站混凝土基础层 Z 向抬升量计算结果　　　　单位：mm

工　况		第一组支腿	第二组支腿	第三组支腿	第四组支腿	第五组支腿	第六组支腿
		1 号、7 号	2 号、8 号	3 号、9 号	4 号、10 号	5 号、11 号	6 号、12 号
1	最小水头工况 $H = 163.9$ m	0.572	0.266	0.220	0.506	0.653	0.654
2	额定水头工况 $H = 202$ m	0.605	0.319	0.261	0.531	0.698	0.702
3	最大水头工况 $H = 262.43$ m	0.743	0.427	0.308	0.685	0.796	0.801
4	升压水头工况 $H = 354.0$ m	0.816	0.501	0.351	0.751	0.852	0.870

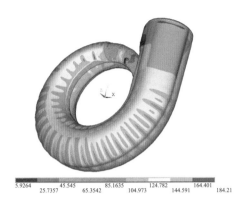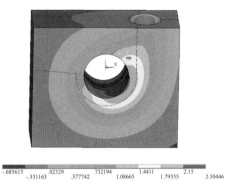

5.9264　45.545　85.1635　124.782　164.401　184.21
　　25.7357　65.3542　104.973　144.591

-.685615　.02329　.732194　1.4411　2.15　2.50446
　　-.331163　.377742　1.08665　1.79555

图 6 - 44　白鹤滩左岸电站蜗壳弹性垫层计算结果

右岸电站计算结果如表 6 - 42 和图 6 - 45 所示。

表 6 - 42　　白鹤滩右岸电站蜗壳应力和位移计算结果　　　　　单位：mm

弹性垫层厚度	正常运行工况		升压工况	
	混凝土上表面最大轴向变形	混凝土上表面与下机架接触位置轴向变形差	混凝土上表面最大轴向变形	混凝土上表面与下机架接触位置轴向变形差
30 ~ 20 渐变厚度（二联会方案）	1.188	0.709	1.555	0.921

图 6 - 45　白鹤滩右岸电站蜗壳弹性层计算结果

计算结论：

（1）在各计算工况下，蜗壳最大等效应力水平均较低。

（2）蜗壳整体变形连续均匀，随水头增加，蜗壳综合位移和各位移分量均有增大，基础层下机架支腿处混凝土 Z 向抬升量亦随之呈增大趋势，最大 Z 向抬升量出现在升压水头工况，所有工况的混凝土 Z 向抬升量差值均保持在 1 mm 以内，满足要求。

（3）考虑到数值模拟中未计入钢筋等支撑结构的作用，机组实际运行中下机架支腿

处混凝土的 Z 向抬升量将会低于计算值，因此从应力和位移计算结果分析，该弹性垫层埋设方案既能满足蜗壳刚强度要求，同时也不会引起混凝土层过大抬升。

6.4　座环

6.4.1　设计要求

座环是水轮机的主要基础部件，蜗壳、顶盖等部件与它直接连接，在竖直方向上，需要承受座环以上机组段混凝土的重量、顶盖的作用力、蜗壳内水压力传递给座环的作用力等全部作用力。在水平方向上，水轮机蜗壳进水的巨大推力，除由蜗壳上游的压力钢管锥段承载以外，部分还将随着压力钢管和蜗壳的形变将力传递至座环。水流在蜗壳中形成环量，并对蜗壳产生反作用力，该力除由蜗壳与混凝土的摩擦力承载外，部分也将传递至座环。同时，在水轮机整个装配中，它又是一个最重要的基准件。因此，在设计中除了满足强度要求和足够的刚度外，还有加工精度要求和安装精度要求。座环处在蜗壳和活动导叶之间，还是重要的过流部件，所以过流面（固定导叶）具有流线形外形，以满足水力损失最小等水力性能的要求。具体要求如下。

（1）固定导叶作为水力流道的一部分，直接影响水流形态，因此座环各尺寸偏差需满足水轮机通流部件的相关标准要求。

（2）座环的设计要兼顾强度和刚度，强度需要重点关注应力高点，包括固定导叶、固定导叶尾部与环板交接处、舌板与环板交接处等。刚度是座环设计中另一个重点，刚度对强度有较大影响，提高刚度对改善座环的受力状况有较大的好处。

（3）环板同时受到流道的水压力、顶盖传来的拉力、蜗壳拉力、固定导叶的拉力，其受力后呈轻微波浪状，会使得固定导叶与环板相接部位的弯曲应力增大，也使得该部位集中应力较高。采用有限元方法计算时，环板和固定导叶在强度方面的考核要求如表 6-43 所示。

表 6-43　白鹤滩座环环板和固定导叶强度考核要求

工况	座环平均应力	固定导叶平均应力	固定导叶中间横断面平均应力
任何工况下的应力	$\leqslant \sigma_s/3$	$\leqslant \sigma_s/3$	$\leqslant \sigma_b/5$

（4）一般情况下，环板的应力水平不高，强度容易满足，主要是需合理考虑其刚性。提高环板的刚性可以减少环板变形，从而降低固定导叶与环板相接部位综合应力，还可以确保安装其上的顶盖和底环不发生过度的有害位移。任何情况下，座环轴向位移变形应尽量均匀。正常工况运行时，上环板的顶盖把合面向上位移值不超过 1 mm；为保证活动导叶端面的密封性，停机工况时该处向上位移不超过 0.5 mm。

（5）座环周向位移对机组的影响主要体现在：如果上下环板周向位移不一致，对顶盖底环导叶轴孔同轴度影响较大，必须控制。

（6）作为水下的通流部件，固定导叶需要精确设计和计算其固有频率，并与各激振频率避开至少 10%。

（7）座环连同基础环作为安装顶盖底环的基础，同时是机组旋转中心的基准，其开档值偏差控制、安装面水平度控制、上下环板内径尺寸偏差控制均有较高的要求。特别是开档值偏差不能超过 0.2 mm，以确保活动导叶间隙尺寸链符合要求。为便于安装时调整顶盖底环同心，座环上下环板内径与顶盖底环之间需有一个间隙，同时要保证流道的连续性仅允许很小的间隙。

（8）座环各主要焊缝焊接后，均需要进行退火处理，以消除焊接内应力，保证后续机械加工尺寸的稳定性。退火温度需进行严格控制，不允许超过高强钢材料出厂热处理的最终温度，且应留有至少 20℃ 的裕量。座环的主要焊缝还需根据受力情况和材料的特性进行合适的无损探伤。

（9）座环需要有足够的加工和安装精度以满足机电安装精度的要求。

6.4.2　结构型式

6.4.2.1　整体结构

大型立式混流式水轮机带金属蜗壳的座环多采用平行环板式全焊接结构。白鹤滩水轮机座环即采用此结构。座环本体主要分为上环板、下环板、固定导叶三部分。固定导叶不穿过上、下环板，与环板间采用清根焊透的焊缝连接。水压力对座环的作用力表现为内力并由固定导叶承担，受力条件好。环板和固定导叶均可以采用锻件或者钢板单件制造，高强度材料的运用不再受到制约。环板和固定导叶单件经过粗加工，尺寸精度高，为保证座环整体的尺寸精度打下了极好的基础。

白鹤滩左岸座环（含基础环）整体高度超过 5 m，焊接后总重量超过 550 t，因此结构上分为座环本体和基础环两部分，两者采用 96 件 M80×6 螺栓进行把合，并在工地对结合面进行焊接，基础环用于安装底环和副底环。

白鹤滩右岸座环（不含基础环）整体高度 4 m，焊接后总重量超过 500 t，座环本体和基础环在工地采用焊接方式连接，基础环用于安装下固定止漏环和放置转轮。

座环本体结构上分为 4 瓣，分瓣面不通过固定导叶。上下环板的分瓣面在工地进行焊接，工地焊缝采用大钝边结构，可以减小环板焊接时的收缩变形，确保结构尺寸稳定。基础环分两瓣，分瓣面的组合依靠螺栓把合，工地仅对过流面进行封焊。

根据座环和基础环的受力分析，座环下部设置有用地脚螺栓把合的平衡座环外力的支腿。左岸座环共 12 个座环支腿，采用 24 件高强度 M120×6 地脚螺栓把合。右岸座环共设置 16 个座环支腿，采用 32 件高强度 M90×6 地脚螺栓把合。

6.4.2.2　过渡板结构

座环环板与蜗壳间的连接，通常并不直接进行焊接连接，而是在两者间设置过渡板，尤其是蜗壳断面尺寸比较大的截面。常见的过渡板结构有弧形过渡板和直过渡板。弧形过渡板的过流面侧尺寸与蜗壳断面尺寸相同，能完全模拟水力模型的流道尺寸，但缺点是制造工艺复杂，直过渡板与弧形过渡板特点则相反。

白鹤滩左岸座环过渡板采用了直过渡板结构。该结构对流道尺寸模拟的偏差最大约 18~32 mm，与流道尺寸比值约 0.5%~1.6%，偏差值不超过 ±2%，符合通流部件标准的相关要求。白鹤滩左岸座环过渡板显著的特点就是：采用 SX780CF 高强钢制造，厚度特别大，钢板最厚的达到了 120 mm。直过渡板结构无需钢板压型，简化了制造工艺，避免了高强度厚钢板压型可能存在的压痕削弱结构强度的问题。为了减少过渡板与环板连接位置的应力集中，白鹤滩过渡板与环板间焊缝采用了 $R130 \sim R200$ 不等的渐变大焊接圆角过渡，最大限度消除了两种不同强度等级材料对接时的应力问题。

白鹤滩右岸座环过渡板为弧形过渡板，采用 SX610CF 高强钢制造，钢板最大厚度可达到 120 mm。

过渡板与蜗壳焊接的纵向焊缝需要在工地焊接，是一条极其重要的受力焊缝。该焊缝需采用 TOFD、超声、磁粉等多种手段进行探伤检查。因此过渡板的高度不能太低，焊缝两侧各留出至少 200 mm 的自由空间供探伤设备探头检查。

6.4.2.3　舌板结构

蜗壳进口与尾端相交处采用舌板焊接在座环环板和固定导叶上，该部位结构复杂，有多个部件在此相交焊接，包括上下环板、固定导叶、舌板、过渡板、导流板、舌板过渡段（见图 6 - 46）。

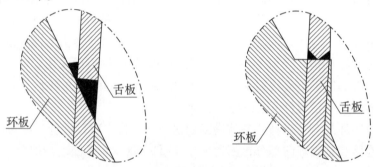

图 6 - 46　左岸座环舌板坡口焊接

过去一些机组大量采用的结构中没有舌板过渡段，舌板与过渡板不平齐，蜗壳与舌板对接焊接后，侧面还需与过渡板焊接，最终导致蜗壳与舌板及过渡板的焊缝成 "Z" 字形，存在局部高拘束度的高焊接残余应力问题。

白鹤滩舌板位置对该结构进行了改进，设置了与过渡板顶部对齐的舌板过渡段，过渡段焊接工作在厂内完成并经过退火。工地蜗壳与过渡板焊接只存在 "一" 字形的对接焊缝，拘束度小，焊缝残余应力小。白鹤滩舌板过渡段的设置极大地简化了工地蜗壳与座环的焊接工作，提高了焊缝的可靠性。

舌板与环板的焊接是另外一个难题。由于舌板厚度达 150 mm，环板厚度达 245 mm，并且舌板与环板外圆切线夹角只有约 30°，如果舌板与环板外圆直接焊接，将需要大量的熔敷金属。为了解决这个问题，左岸座环在环板外圆对应舌板的位置设置了与舌板垂直的三角凸台，只需要在舌板上开设较小的焊接坡口就可以实现舌板与环板的对接焊接。大大减小了该处的焊接量，焊接质量更容易保证。图 6 - 47 为白鹤滩水电站座环结构。

6.4.2.4　工地加工

座环作为基础埋件，需要在工地安装并挂装蜗壳后浇筑混凝土。为了将混凝土填实，在座环基础环等各件上均开设灌浆孔用于灌浆。灌浆压力为 0.2 ~ 0.3 MPa。该压力作用

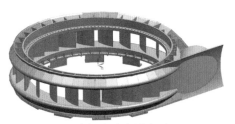

(a) 左岸电站座环

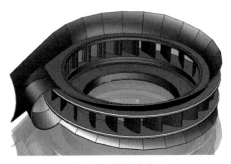

(b) 右岸电站座环

图 6 - 47　白鹤滩水电站座环结构

在座环和基础环上的力达 17 000 kN（实际不会同时灌浆，作用力远小于该值），会产生基础环和座环的局部移位、局部变形等不可预知的不利影响，最终影响座环的水平度、基础环安装面的平面度等。考虑上述可能的影响，白鹤滩座环基础埋件在座环和基础环下部设置了大量的拉紧器，可以提供最大约 10 000 kN 的拉紧力，配合部件自身重力，理论上完全可以保证不产生局部移位。但根据过去大量的机组安装实际经验，部件局部变形是不可避免的，也可能因为实际操作的拉紧力不均匀而存在局部移位。另一方面，如前所述，座环是顶盖底环安装的基础，是机组旋转中心的基准，其开档值偏差、安装面水平度、上下环板内径尺寸偏差等均有较高的要求，局部变形和局部移位造成的尺寸偏差都是后期的机电安装不可接受的，因此座环需要在工地加工。

座环所有可能出现尺寸偏差的位置均预留了工地加工量，在座环安装完成、混凝土浇筑完成并保养合格后进行座环工地加工。左岸座环工地加工具体包括：座环上环板的顶盖安装平面和内圆圆面、下环板内圆圆面、基础环的底环安装平面、副底环的安装平面，座环与顶盖把合孔。上述各平面的工地加工余量为 5 mm，内圆圆面加工余量为单边 2.5 mm。加工后各平面要求达到：平面度小于 0.1 mm，顶盖底环安装面平行度小于 0.1 mm，座环水平度小于 0.3 mm。座环与顶盖把合孔规格为 M120 × 6，把合底孔在厂内预钻 ϕ80 mm，待工地平面加工后再加工螺孔，确保螺孔与平面的垂直度不超过 0.1 mm。高精度的螺孔垂直度能有效改善螺纹的受力，提高把合螺栓疲劳寿命，确保顶盖把合的可靠性。右岸座环工地加工具体包括：座环上环板的顶盖安装平面和密封槽及内圆圆面、下环板内圆圆面、底环安装平面、基础环内圆（与下固定止漏环配合圆）、基础环平面（放置转轮的平面）、下固定止漏环内圆。

为了可靠固定座环加工设备，在座环上部的机坑里衬和下部的锥管外壁分别设置了 8 处用拉锚加强的加工设备基础安装加强区，确保加工设备固定稳固，并且确保设备不会对锥管和机坑里衬造成某些不可预知的不利影响。

6.4.3 材料

座环作为水轮机最重要的基础部件,受力复杂、内应力高。固定导叶受力属于交变载荷。正常运行时受内水压力荷载,受力表现为拉力;停机无内压力时,固定导叶受机组部件重量及混凝土重量的重力荷载,受力表现为压力。座环环板工作时受到的拉力荷载垂直于钢板厚度方向,需采用抗层状撕裂的钢板。

白鹤滩左岸座环固定导叶中间断面平均应力为 67 MPa,最大局部不连续应力($P_1 + P_b + Q$)为 273 MPa(ANSYS 计算结果),根据经验可以采用的材料有锻件和钢板。设计采用锻钢 ASTM A668E(性能与上下环板相当)或 SXQ550D 钢板。按三峡标准 QJ/CTG 25《大型水轮发电机组高强度厚钢板技术条件》生产的 SXQ550D 钢板已经非常成熟,东电在高水头大容量水电机组固定导叶上一直采用钢板制造,制作工艺成熟,左岸固定导叶采用 SXQ550D 钢板。白鹤滩右岸座环上、下环板采用 S500Q – Z35 的优质抗撕裂钢板焊接制成,固定导叶采用 ASTM A668E 锻件加工而成。过渡连接板的材料采用 600 MPa 级高强钢板,过渡段在工地与 800 MPa 级蜗壳钢板焊接。

以前,座环用 500、550 级高强度厚钢板只能采用进口钢板,主要的供应商是德国的迪林根,执行的标准是 EN10025 – 6。该标准厚度覆盖的最大厚度为 150 mm,但超过 200 mm 的钢板也可以参照该标准订货。随着国内大水电的兴起,三峡集团组织国内的钢铁企业开始研发 500、550 级高强度厚钢板以代替进口钢板。采用钢水精炼、水冷钢锭、电渣重熔钢锭、大压缩比等先进工艺,舞钢、汉冶特钢和兴澄特钢等企业研发成功了 500、550 级高强度厚钢板并陆续用于绩溪、敦化、长龙山、白鹤滩等水电项目。按三峡集团的企业标准 QJ/CTG25(见表 6 – 44),这些钢板牌号命名为 SXQ500D 和 SXQ550D。相比进口钢板,国产 500、550 级高强度厚钢板的整体性能完全优于进口钢板,主要体现在:强度和韧性方面不低于进口钢板,但国产钢板的碳当量明显优于进口钢板,这提高了钢板在施工现场的焊接性能,具有重要的工程意义。白鹤滩左岸座环上下环板采用 255 mm 厚度的 SXQ500D – Z35 级别的高强度抗层状撕裂调质钢板,最终精加工后厚度为 245 mm。固定导叶采用 SXQ550D 钢板制造,精加工后厚度在 251 ~ 230 mm 之间。右岸座环上下环板采用加工后 260 mm 厚度的 SXQ500D – Z35 级别的高强度抗层状撕裂调质钢板,固定导叶采用 ASTM A668E 锻件制造,精加工后厚度在 200 ~ 270 mm 之间。

表 6 – 44 座环环板和固定导叶钢板材料三峡标准 QJ/CTG 25

牌号	厚度(mm)	化学成分 max.(%)										
		C	Si	Mn	P	S	N	B	Cr	Ni	Zr	CEV
S500Q	>100	0.20	0.80	1.70	0.025	0.015	0.015	0.005	1.50	2.0	0.15	0.70
S550Q	≤150	0.20	0.80	1.70	0.025	0.015	0.015	0.005	1.50	2.0	0.15	0.83

化学成分　max.（%）											
牌号	厚度（mm）	C	Si	Mn	P	S	N	B	Cr	Ni	Zr	CEV
SXQ500D	100~170	0.17	0.60	1.80	0.020	0.008	—	0.004	1.50	2.0	—	0.58
	>170~240											0.60
	>240~300											0.62
SXQ550D	100~170	0.17	0.60	1.80	0.020	0.008	—	0.004	1.50	2.0	—	0.60
	>170~240											0.62
	>240~300											0.64

注：其他元素 Cu≤0.50，Mo≤0.70，Nb≤0.06，Ti≤0.05，V≤0.12

力学性能					
牌号	厚度（mm）	屈服强度（MPa）	抗拉强度（MPa）	断后伸长率（%）	冲击试验 KV_2 $-20℃$（J）
S500Q	>100 ≤150	≥440	540~720	≥17	≥40
S550Q	>100 ≤150	≥490	590~770	≥16	≥40
SXQ500D	100~170	≥440	540~720	≥17	≥47
	>170~240	≥430			≥34
	>240~300	≥420			
SXQ550D	100~170	≥490	590~770	≥16	≥47
	>170~240	≥480			≥34
	>240~300	≥470			

ASTM A668 class E 固定导叶化学成分（%）					
牌号	化学元素	C	Mn	P	S
ASTM A668 class E	含量	≤0.22	≤1.45	≤0.020	≤0.010

注：对 Cr、Ni、Mo、V 元素含量无要求，但应保证锻件的碳当量（Ceq）在 0.62% 以内。碳当量的计算公式为：Ceq ＝ C + Mn/6 +（Cr + Mo + V）/5 +（Ni + Cu）/15（%）。

ASTM A668 class E 固定导叶力学性能					
$R_{p0.2}$（MPa）	R_m（MPa）	A（%）	Z（%）	冲击功 KV_2（J） 0℃	冷弯 $D = 60$ mm $\alpha = 180°$
≥440	≥600	≥17	≥35	≥27	无裂纹

注：D 为压头直径，α 为弯曲角度

白鹤滩水轮机座环与类似成熟机型对照见表 6–45。

表6-45 白鹤滩水轮机座环与类似成熟机型对照表

项目	三峡右岸	三峡地下（哈电）	向家坝（哈电）	溪洛渡（哈电）	乌东德	白鹤滩左（东电）	白鹤滩右（哈电）
机组容量（MW）	700	700	800	750	850	1000	1000
结构型式	双平板有导流弧	双平板有导流弧	双平板有导流弧	双平板有导流弧	双平板有导流弧	双平板有导流弧	双平板无导流弧
环板材料	TSTE355-Z35	TSTE355-Z35	P355NL-Z35	S355J2G3-Z35	S355J2N+Z35	SXQ500D-Z35	SXQ500D-Z35
环板厚度（mm）	230	230	230	270	240	245	260
固定导叶材料	锻20SiMn	锻20SiMn	锻20SiMn	锻A668E	SXQ550D	SXQ550D	锻A668E
导叶高度（mm）	3000	3000	2910	1400	2210	1468	1578
重量（t）	395	411	446.7	393.5	450	550	505
制造分瓣数量	6	6	6	4	4	4	4

6.4.4 设计计算

6.4.4.1 刚强度技术

在实际的工程座环刚强度计算中，座环与蜗壳通常是整体建模，并进行有限元分析。白鹤滩左、右岸电站座环-蜗壳的有限元计算结果见图6-48和图6-49，蜗壳部分详见本章蜗壳设计部分的有限元计算结果。

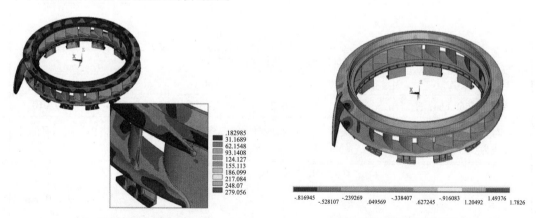

（a）紧急关机工况座环应力　　　　（b）紧急关机工况座环位移

图6-48 白鹤滩左岸电站电站座环有限元计算结果

6.4.4.2 固定导叶动态特性计算

此外，在座环的分析中也要关注座环的固定导叶的动力特性，防止出现因卡门涡引

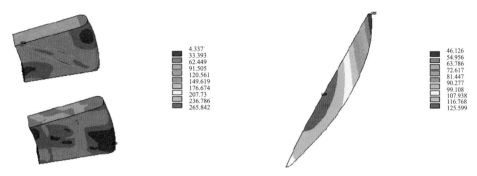

（a）升压工况座环环板应力　　　　　（b）升压工况座环固定导叶中间截面应力

图 6 - 49　白鹤滩右岸电站电站座环有限元计算结果

起水力激振。左岸电站座环固定导叶计算中采用固定导叶整体结构作为计算模型，对固定导叶在空气及水下进行动力特性计算分析，结果如表 6 - 46、表 6 - 47 所示。

表 6 - 46　白鹤滩左岸电站固定导叶固有振动频率计算结果

组别	阶数	空气中（Hz）	水中（Hz）	系数
第一组 （1 号 ~ 5 号固定导叶）	1	214.442	186.586	0.870
	2	334.62	288.316	0.862
第二组 （6 号 ~ 13 号固定导叶）	1	211.114	179.358	0.850
	2	339.583	288.482	0.850
第三组 （14 号 ~ 22 号固定导叶）	1	195.602	163.196	0.834
	2	331.648	275.882	0.832

表 6 - 47　白鹤滩左岸机组可能的激振源频率

激励力名称	激励力频率（Hz）
机组转动频率	1.8517
导叶通过频率	44.44
2 倍导叶通过频率	88.88
转轮叶片通过频率	27.775
3 倍转轮叶片通过频率	83.325
固定导叶出口卡门涡频率	687.62 ~ 794.32
涡带（Rope）频率（0.2 ~ 0.4 倍转频）	0.3703 ~ 0.7407

从表 6 - 47 中可以看出，白鹤滩三组固定导叶均避开了所有可能的激励频率，具有良好的动力特性，不会产生共振。

白鹤滩右岸电站水轮机有限元分析计算得出固定导叶水中固有频率见表 6 - 48。

表 6 −48　白鹤滩右岸电站固定导叶固有频率计算结果　　　单位：Hz

固定导叶翼型			振型
1 号 ~ 9 号	10 号 ~ 20 号	21 号 ~ 22 号	
289. 4	250. 9	241. 5	1 阶弯曲
340. 2	312. 4	292. 5	1 阶扭转

对固定导叶卡门涡频率估算结果如表 6 −49 所示。

表 6 −49　白鹤滩右岸电站固定导叶卡门涡频率估算结果

翼型	导叶出口角（°）	导叶脱流厚度（mm）	卡门涡频率（Hz）
1 号 ~ 9 号	30. 4	28. 43	100. 2 ~ 151. 4
10 号 ~ 20 号	38. 1	28. 53	82. 2 ~ 124. 1
21 号 ~ 22 号	40. 6	28. 26	77. 9 ~ 117. 7

从计算结果可看出，导叶的一阶扭转和一阶弯曲固有频率有效地避开了其卡门涡频率。

分析计算表明，白鹤滩座环在各运行工况下的计算应力均小于相应的许可应力，结构强度满足设计要求。座环上下环板相对位移、结构刚度满足设计要求。座环固定导叶动力特性满足错频要求。

6.5　导水机构

6.5.1　设计要求

导水机构是将水流引入水轮机转轮室的流道设施及其操作机构，自下而上主要由底环、活动导叶、顶盖、连杆传动机构（连杆、连接板、导叶臂、连杆销等主要传动部件）、控制环、推拉杆、接力器等部件组成。其作用是通过操作机构驱动活动导叶在全关至全开范围内旋转，通过调整导叶开度和进入转轮的入流角度，实现控制水轮机水流流量、继而控制机组转速或出力的功能。导水机构总体设计具体要求如下：

（1）导叶操作机构（包括自润滑轴承、销、拐臂、连杆、连接板、控制环和推拉杆、接力器等）的部件具有足够的强度及刚度，能够承受加于其上的最大荷载。

（2）活动导叶接力器全行程应包含一定裕量的压紧行程，保证导叶全关时尾部密合面压紧和导叶达到设计的最大开度值。

（3）设置剪断销保护装置，导叶被异物卡阻时，当传到导叶臂上的转动力矩大于安全值时，剪断销剪断并发出报警信号，切断传动机构和接力器驱动关系，以保护传动部件。

（4）结构上考虑导叶保护措施，剪断销剪断后，导叶处于自由旋转状态，为避免相邻导叶发生碰撞，在顶盖上设置导叶限位块及在导叶臂上套装摩擦环。

（5）在活动导叶上、中、下轴颈处和传动机构的连杆销处使用自润滑轴承；控制环底面和立面安装自润滑抗磨板，以保证导水操作机构动作灵活。

（6）导叶全关闭时应保证导叶上下端面及立面密封良好，有效控制活动导叶密封漏水量，利于机组停机。结构上便于调整活动导叶端面间隙。

（7）导叶臂、连接板及连杆三者的长度应与控制环小耳位置协调布置，确保导叶在全开和全关范围内，相邻导叶臂、连接板、连杆间及连杆与控制环小耳间运动互不干涉，且传动机构受力最优。

（8）连接板与导叶臂之间设摩擦装置，摩擦装置为铜套夹紧式，摩擦装置的摩擦力矩应大于导叶水力矩，其作用是当剪断销剪断后，导叶在水流中不会往复摆动，不影响其他导叶的关闭。

（9）导水机构过流面材质应具有良好的抗空蚀和磨损性能。

（10）接力器在事故低油压下操作容量应满足最大水头下导叶在可能开口范围（接力器全行程范围）内的操作要求。

（11）在两个接力器上设置锁锭装置。其中一个在导叶全关位置设液压自动锁锭，另一个在导叶全开位置设手动操作锁锭。

6.5.2　导水机构主要结构

导水机构（见图 6-50）主要部件分为活动导叶、顶盖、底环、控制环及传动机构等，本节对活动导叶、顶盖、底环等导水机构主要部件的设计及计算结果不再详述，分别见其他对应的章节，本节着重描述导水机构的传动机构。

活动导叶传动机构包括导叶臂、连接板、剪断销、连杆销/偏心销、连杆等主要零件。连杆常见有夹板结构（即双平板结构）和叉头结构。夹板结构型式简单，易于制造，靠偏心销调节连杆长度，调节范围小；叉头结构型式复杂，制造难度高，但易于调节。

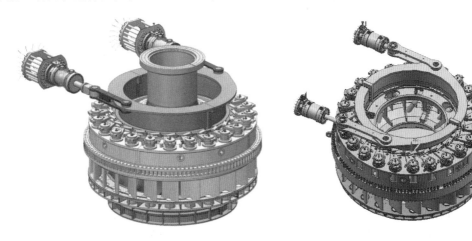

(a) 左岸电站导水机构模型　　　　　　(b) 右岸电站导水机构模型

图 6-50　白鹤滩水电站导水机构图

6.5.2.1　导叶保护装置

白鹤滩水轮机的活动导叶保护装置由剪断销和摩擦制动联合构成，其结构型式如图 6-51 所示。

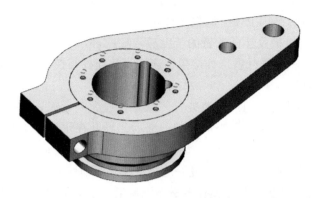

图 6 - 51　活动导叶保护装置

导叶臂与活动导叶用销套连为一体；导叶臂和带有开口的连接板之间装有铜套，通过对连接板开口处的拉紧螺栓施加预紧力的方式，使连接板的内径与青铜套的外径压紧产生所需要的摩擦力矩；连接板和导叶臂之间装有剪断销。正常运行时，活动导叶、导叶臂、连接板与导叶臂可同步转动，导水机构在任意开度下，作用在导叶与传动机构上的总阻力矩均远小于保护装置所能承受的操作力矩。机组运行时，若异物进入并卡在导叶间或导叶与固定导叶间，关闭时此处导叶受阻，作用在该导叶上的操作力矩将大于该导叶摩擦装置和剪断销承受的最大力矩，使得该导叶的剪断销断裂，从而保护导叶不受大的损伤及连杆机构零件的安全，同时不会影响到其余的导叶正常操作。

保护装置设计时充分考虑了剪断销的安全裕度，确保剪断销不受疲劳破坏。摩擦装置的摩擦力矩大于导水机构正常操作力矩，剪断销受力较小或不受力；剪断销纯剪断力矩设计不小于 1.2 倍平均作用在单个导叶上的接力器额定油压操作力矩；保护装置破坏力矩不小于 1.5 倍的接力器额定操作力矩。

6.5.2.2　导叶轴颈密封的结构型式

白鹤滩水轮机最高水头 243 m，在巨型机组中水头最高，且未设置进水阀门。导叶轴颈密封通常设计为：中轴颈设置 V 组和 U 型圈密封，V 组为主密封，U 型圈的作用是防止泥沙进入轴瓦；下轴颈设置一道 U 型密封作为主密封。因导叶轴肩部位设置 U 型圈密封不能阻挡水流从导叶高压侧进入轴肩，沿轴肩端面与套筒的间隙通过，再从导叶低压侧流出（见图 6 - 52）。根据一些电站的运行情况及计算分析，导叶关闭后，对水头较高的电站，通过此部位的窜漏水量较大，会造成停机困难和对导叶枢轴的磨蚀损坏，故在白鹤滩导叶密封结构设计中进行了改进，在轴颈漏水的通道上增设了密封。增强措施有两种，一种是在轴肩外圆面设置径向密封，另一种是在轴肩端面设置轴向密封，径向密封效果较好，但径向密封将增加顶盖安装难度，白鹤滩右岸机组同时采用了两种增强措施。

导叶中轴颈是导叶通过顶盖的轴颈，设置 V 组和高分子块密封，V 组为轴颈主密封，为防止泥沙进入轴瓦，在轴瓦近水端设置挡沙 O 型圈，并为 O 型圈设置旁通平压孔来提高 O 型圈使用寿命；高分子块的作用是减少导叶轴肩端面的绕流漏水，以降低导叶漏水量和减轻高压窜流对部件的冲刷、空蚀和磨损。

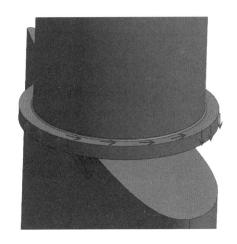

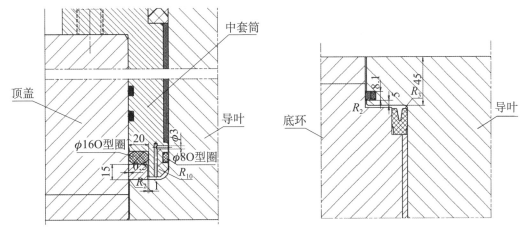

图 6-52　导叶轴肩漏水示意图及轴向、径向密封结构

　　导叶下轴颈是导叶通过底环的轴颈，设置一道 U 型密封作为轴颈主密封，为了减少导叶轴肩的绕流漏水，降低导叶漏水量和减轻高压窜流对部件的冲刷、空蚀和磨损，在导叶下轴肩外圆面设置一道格莱圈结构的密封。

6.5.2.3　导叶端面密封的结构型式

　　水轮机活动导叶全关至停机后，为防止活动导叶上、下端面漏水量大导致机组转动部分发生蠕动等危害，设置导叶端面密封。

　　导叶端面密封采用弹性补偿金属型端面密封结构，布置在与活动导叶上、下端面对应的顶盖和底环基体上，分段压板式的可压移的铜条密封，铜条下面设有中硬橡胶弹性块，如图 6-53 所示。活动导叶非关闭位置时，金属密封环凸入过水通道，通过压板限位固定，弹性补偿环为压缩状态；导叶在关闭位置时，导叶端面对金属密封环凸出过水通道部分进行挤压，形成接触密封，弹性补偿环被进一步压缩，形成弹性补偿。该密封结构简单，适应性好，便于安装。采用分段压板结构，可以在不拆其他部件的情况下更换密封。

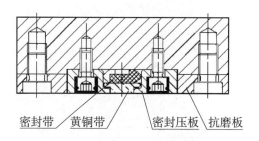

密封带　黄铜带　密封压板　抗磨板

图6-53　导叶端面密封结构

6.5.2.4　连杆机构的结构型式

连杆为双连板结构。自润滑轴瓦分别设在连接板和控制环小耳上，偏心销、连杆销与上下连杆为小间隙配合，采用上、下盖板压紧，防止偏心销、连杆销与上、下连杆之间相对转动，导水机构预装时配垫片，使连接板侧和控制环侧达到水平。偏心销调整偏心量后，由偏心销扳手锁紧，如图6-54所示。

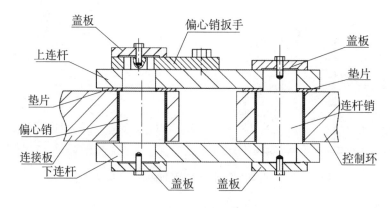

盖板　　偏心销扳手　　盖板
上连杆　　　　　　　　　　　垫片
垫片　　　　　　　　　　　　连杆销
偏心销
连接板　　　　　　　　　　　控制环
下连杆
盖板　　盖板

图6-54　双连板结构

6.5.2.5　导叶接力器

1. 结构型式

接力器采用带平衡杆结构，即接力器活塞后部带有与推拉杆直径相当的支撑杆（平衡杆），以避免活塞杆不平衡力产生的倾覆力矩引起控制环跳动。接力器前后缸盖设置活塞杆导轴承，使活塞不承受侧向力。接力器采用后置锁锭结构。

接力器活塞采用铸钢，设有活塞导向带，活塞与缸体之间的密封采用高分子材料组合密封。活塞杆选用锻钢06Cr13Ni5Mo材料制造。接力器的结构如图6-55所示。

2. 接力器容量选择计算

白鹤滩导叶接力器额定操作油压为6.3 MPa。接力器的容量留有足够的裕量，以保证调速系统油压装置在正常工作油压下限至事故低油压范围内，减去管路损失所形成的接力器缸内有效油压情况下，接力器操作功能充裕地在任何水头、功率和暂态条件下，操作和控制导叶接力器以设定的时间完成全开或全关行程。并保证在油压装置事故低油压

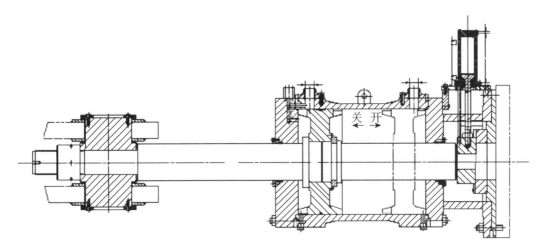

图 6 - 55　大型平衡杆式接力器结构图

下，能以设定的时间，从导叶全开位置关闭导叶至全关位置，并有足够的油压压紧导叶，投入锁锭装置。接力器最小操作压力要求按不高于 4.5 MPa 设计。

白鹤滩、乌东德水电站接力器设计参数见表 6 - 50，这些参数是调速系统设计的输入条件。

表 6 - 50　白鹤滩、乌东德水电站接力器参数

序号	项　目	单位	白鹤滩		乌东德	
			左岸	右岸	左岸	右岸
1	额定油压	MPa	6.3	6.3	6.3	6.3
2	导叶接力器最低操作油压	MPa	4.5	4.5	4.4	4.5
3	导叶接力器活塞直径	mm	1000	1000	850	900
4	导叶接力器活塞杆直径	mm	360	350	280	330
5	导叶接力器行程	mm	680	743.1	575	569
6	导叶接力器操作总容积	m^3	0.93	1.025	0.68	0.617

白鹤滩左右岸电站接力器容量计算中，计算水头采用最高水头，计算输入的水力矩曲线根据模型试验结果给定，计算结果如下。

白鹤滩左岸电站：导叶接力器的活塞直径为 1000 mm，活塞杆直径为 360 mm，在全导叶开度范围内，操作接力器需要的最大油压不高于 4.45 MPa；剪断销剪断需要的最大操作油压为 3.9 MPa。

白鹤滩右岸电站：工作油压 6.3 MPa，最小操作油压 4.5 MPa，设计的导叶接力器的活塞直径为 1000 mm，活塞杆直径为 350 mm，行程 743 mm；在最低油压 4.5 MPa 时，在全关位置安全余量最小，为 60%；在最低油压 4.5 MPa 时，单个剪断销剪断时操作余量为 49%。

6.6　顶盖

6.6.1　设计要求

顶盖是水轮机导水部件中重要的支撑和过流部件，也是水轮机有水与无水部分的隔离部件，宛如水轮机顶部的盖子，盖在水轮机座环上。其刚强度是设计的重点。顶盖设计的主要要求有：

（1）为保证有足够的刚强度，顶盖应设计成箱形结构。整体顶盖具有足够的强度和纵、径向刚度，能安全可靠地承受最大水压力（包括水锤压力）、径向推力、最大水压脉动和所有其他作用在它上面的力，包括导水机构、导轴承、主轴密封等部件的支撑力，并不产生过大的振动力和有害变形。

（2）顶盖应具有良好的动态性能。过流部件在水中的固有频率要与它相关的各种水力激振频率避开（不小于10%）。在全部运行水头范围内，60%预想功率至最大保证功率或额定功率时，顶盖垂直振动不大于0.08 mm，水平振动不大于0.06 mm；60%预想功率或额定功率以下（含空载）时，顶盖垂直振动不大于0.09 mm，水平振动不大于0.07 mm。

（3）顶盖设计要便于制造、运输、安装。可根据运输条件分最少瓣数，并且应设计成能利用主厂房起重机整体吊入或吊出水轮机坑。顶盖与座环法兰把合面采用全面接触的结构，设置足够数量和大小的把合螺栓。顶盖与座环把合螺栓预紧力不小于3.0倍顶盖最大向上水推力。预紧应力不超过螺栓材料屈服极限的50%。把合螺栓及座环上螺纹孔应进行疲劳强度分析计算，满足长期安全运行要求。

（4）顶盖过流面应光滑平顺，尽量减小水力摩阻。顶盖上设置减压管以减小机组轴向水推力和主轴密封前的水压，减压管的过流面积宜不小于止漏环缝隙最大面积的8倍。分瓣的组合面应进行精加工，配有定位销，并设置有密封槽和橡皮密封件或其他更好的密封型式。

（5）顶盖上应设置排水措施，设置电动机驱动的排水泵及其控制箱，以便在空心固定导叶排水受阻时排除顶盖内的积水，其中一台工作，另一台备用。排水泵的排水量应能确保排除顶盖内的积水。

6.6.2　结构型式

6.6.2.1　整体结构

顶盖设计成钢板焊接箱形结构，主要由上下圆盘、筋板等部分组成。根据机组参数（水头、流量等）、流道尺寸，在考虑导叶、导叶传动机构尺寸和轴承、密封装拆空间的基础上，确定顶盖高度和内外径尺寸。根据运输条件，选择采用整体顶盖或分瓣顶盖，白鹤滩顶盖分为4瓣。

顶盖的结构复杂，其上设有支撑导叶的上轴套和中轴套，并且要求与底环上的导叶下轴孔同心。在过流面上与导叶端面相对应处铺设不锈钢抗磨板，在顶盖与转轮止漏环相对应处设有固定止漏环，顶盖内缘还设有固定水导轴承和主轴密封的支撑法兰。为保证顶盖有足够的刚强度，顶盖内部采用足够数量和厚度的支撑肋板。顶盖外侧立圈可设计成圆周分段式或上部非封闭式结构，便于分瓣面的把合及各种管路的布置。

在顶盖内圆相对转轮上冠的部位设置数根平压管，通过平压管的引流来降低转轮上腔的水压力，减小机组的轴向水推力。平压管的截面积不小于转轮上冠止漏环间隙面积的 8 倍，平压管设置在止漏环内侧，尽量靠近转轮上冠外缘处，且朝向水流转动方向。顶盖至机坑里衬的平压管采用伸缩节结构。

为了减小导叶在关闭时与顶盖间的漏水量，在导叶关闭点分布圆对应的顶盖相应部位，设置导叶端面密封。该密封由青铜密封条和其背部的成型橡胶条组成，依靠成型橡胶条的弹性和渗入橡胶条空腔的水压达到密封的目的。橡胶条的空腔应设在导叶外侧，即座环侧。密封条和成型橡胶条靠不锈钢密封压板安装在顶盖上。密封条的压紧量随导叶端面间隙而定。

在顶盖内上环板的上部，与控制环接触的部位设滑动式导轨面。对于白鹤滩等大型机组的顶盖，顶盖的导轨面应铺设不锈钢层，铺焊范围为控制环转动区域。

6.6.2.2　顶盖与座环的把合法兰与密封

顶盖与座环采用下法兰螺栓把合。顶盖的外缘法兰有单层和双层两种型式，目前的顶盖多为单法兰型式（见图 6 – 56）。

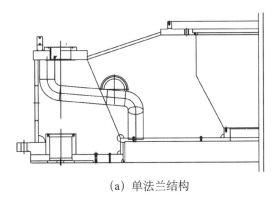

（a）单法兰结构　　　　　　　　　（b）双法兰结构

图 6 – 56　顶盖单、双法兰结构示意图

白鹤滩机组为防止运行时由于水压波动而造成螺栓疲劳破坏，需要顶盖和座环的连接螺栓的预紧力与工作载荷之比达到较高水平，为达到此预紧力，需确保螺栓的数量和直径满足设计要求。为提高螺栓的抗疲劳性能，螺栓需有一定长度，因此采用双法兰结构，并在两层法兰之间加肋板支撑。白鹤滩的顶盖和座环把合面的密封采用了两种方式，左岸机组为在顶盖外法兰的下平面开设密封槽的方式（见图 6 – 57），右岸机组为在座环法兰面上加工密封槽设置 O 型密封圈。

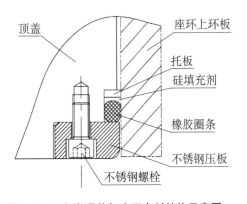

图 6 – 57　左岸顶盖与座环密封结构示意图

6.6.2.3　顶盖止漏环与抗磨板

在顶盖内缘相对转轮止漏环的方位采用螺栓把合或焊接的方式设置固定止漏环，固定止漏环的材料为不锈钢，硬度低于转轮止漏环。

按设计水头的不同，止漏环分为间隙式、迷宫式、梳齿式和阶梯式。间隙式止漏环一般应用于水头小于 200 m 且水质较差的电站，其特点是与转轮的同心度高，制造简单，安装、测量较方便。迷宫式止漏环一般应用于水头小于 200 m 且水质较好的电站，其特点是止漏效果较好，制造简单，安装、测量较方便；梳齿式止漏环一般用于大于 200 m 的中高水头电站，其特点是止漏效果好，但止漏环本身刚度较差，与转轮的同心度难以保证，转动与静止两部分易产生摩擦，间隙不易测量；阶梯式止漏环的特点是兼有迷宫式与梳齿式的作用，止漏效果好，并且止漏环的刚度高，与转轮的同心度易保证，安装、测量均较为方便，适合用于大于 200 m 的中高水头电站的水轮机。白鹤滩水轮机采用的是阶梯式止漏环（见图 6 - 58）。

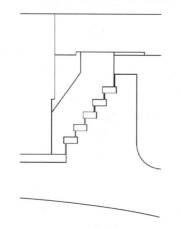

图 6 - 58　白鹤滩顶盖止漏环结构

在顶盖过流面上，导叶活动区域设置不锈钢抗磨板，抗磨板的数量为导叶数减去顶盖分瓣数。抗磨板的铺设型式分为把合式和塞焊式。把合式抗磨板的结构：在抗磨板上设把合式沉孔，用不锈钢螺钉将抗磨板固定在顶盖过流面上，而后随顶盖一起加工而成。塞焊式抗磨板的结构：在抗磨板上设塞焊孔，在抗磨板的四周开焊接坡口，利用焊接将抗磨板固定在顶盖过流面上，而后随顶盖一起加工而成。白鹤滩顶盖抗磨板采用塞焊式结构。

6.6.3　材料

顶盖作为水轮机重要的结构部件，不仅承受机组各种运行工况的水压力和水压力脉动，还是导叶、水导轴承、主轴密封的支撑部件，它的刚强度直接影响机组运行的稳定性。顶盖钢板采用碳素结构钢。对于中高水头机组，顶盖与座环把合的外缘法兰应选用抗层状撕裂的高强度钢板。白鹤滩顶盖和座环把合的双法兰以及下环板均采用抗层状撕裂的 Q345C - Z35 钢板，其余部分采用 Q345B 钢板。由于顶盖平压管长期与水接触，且管内流态变化复杂，为防止空蚀，平压管采用不锈钢钢管，并且在长筋板与平压管接触的区域采取堆焊不锈钢的方法。顶盖对照表见表 6 - 51。

表 6 - 51　白鹤滩顶盖与类似成熟机型对照表

项目	三峡左岸	向家坝	溪洛渡	乌东德	白鹤滩左岸	白鹤滩右岸
机组容量（MW）	700	800	750	850	1000	1000

续表

项目	三峡左岸	向家坝	溪洛渡	乌东德	白鹤滩左岸	白鹤滩右岸
结构型式	下单法兰、顶面拱型	下单法兰、顶面拱型	上单法兰、顶面平型	下单法兰、顶面拱型	下双法兰、顶面平型	下双法兰、顶面平型
法兰材料	S355J2G3 – Z35	锻钢 A668 ClassE	S355J2G3 – Z35	SXQ345C – Z35	SXQ345C – Z35	SXQ500D – Z35
材料	SM400B	SM400B + Q235C	S355J0	SXQ345B	Q345B	Q345
尺寸（mm）	ϕ13 670	ϕ12 950	ϕ10 950	ϕ12 630	ϕ11 660	ϕ11 970
止漏环形状	直缝式	直缝式	梳齿式	阶梯式	阶梯式	阶梯式
重量（t）	304	314	310	320	370	380
制造分瓣数量	4	4	4	4	4	4
减压管规格	6 – DN450	8 – DN350	8 – DN300	7 – DN300	8 – DN300	8 – DN350

6.6.4　顶盖计算

6.6.4.1　刚强度计算

1. 有限元分析模型

根据顶盖的结构和载荷的周期对称性，左岸电站建立的有限元模型包括整个顶盖的 1/12，右岸电站建立的有限元模型为整个结构的 1/4，包含 6 个导叶孔，长短筋板各 3 个。为保证计算精度采用块体单元 solid187 划分网格，白鹤滩有限元计算模型如图 6 - 59 所示。

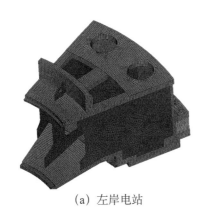
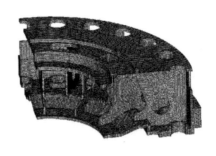

（a）左岸电站　　　　　　　　　　　　　（b）右岸电站

图 6 - 59　白鹤滩水电站顶盖有限元计算模型

2. 计算载荷和工况

顶盖主要承受载荷包括：①水压力；②由于活动导叶承受水压力传到顶盖导叶孔处的作用力。运用计算程序得出顶盖在各个运行工况的水压力载荷，运用有限元计算得到活动导叶轴承支撑处的支反力。白鹤滩有限元计算载荷如图 6 - 60 所示。

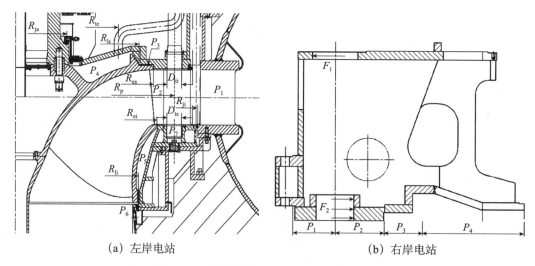

（a）左岸电站　　　　　　　　　　　　　　（b）右岸电站

图 6 - 60　白鹤滩水电站顶盖有限元计算载荷

白鹤滩左岸电站对顶盖进行刚强度分析主要考虑以下几种工况（见表 6 - 52）：①正常工况；②地震工况；③正常停机工况；④紧急关机工况。

表 6 - 52　白鹤滩左岸电站顶盖计算工况及载荷

工况	P_1（MPa）	P_2（MPa）	P_3（MPa）	P_4（MPa）	地震载荷	轴承和控制环重量、轴承径向力	支反力（N）	
							上轴承	中轴承
正常工况	2.592	2.082	2.058	0.36	否	是	—	—
地震工况	2.592	2.082	2.058	0.36	是	是	—	—
正常停机工况	2.592	0.112	0.112	0.112	否	是	-143 800	2 339 000
紧急关机工况	3.473	0.112	0.112	0.112	否	是	-209 500	3 408 000

白鹤滩右岸电站计算考虑了水轮机正常运行、静水关闭、升压工况、自重以及地震工况（正常运行时）5 种工况（见表 6 - 53）。

表 6 - 53　白鹤滩右岸电站顶盖计算工况及载荷

载 荷	工 况			
	正常运行	升压水头	静水关闭	地震工况
顶盖与座环密封与导叶分布圆之间的水压力 P_1（MPa）	2.524	3.465	2.524	2.524
导叶分布圆与转轮进水半径之间的水压力 P_2（MPa）	2.003	0.521	0.521	2.003
转轮进水半径与上止漏环之间的水压力 P_3（MPa）	1.968	0.521	0.521	1.968
转轮上密封与主轴密封之间的水压力 P_4（MPa）	0.584	0.521	0.521	0.584
导叶上导轴承力 F_1 上导叶孔（N）	—	1 365 700	946 970	—
导叶中导轴承力 F_2 下导叶孔（N）	—	4 256 500	2 951 400	—
地震水平加速度	—	—	—	0.25g
地震垂直加速度	—	—	—	1.125g

3. 计算结果

采用有限元分析方法，对顶盖在正常工况、地震工况、正常停机工况和紧急关机工况分别进行计算，得到顶盖应力计算结果和顶盖变形计算结果见表 6－54～表 6－56 及图 6－61、图 6－62。

表 6－54　左岸电站顶盖应力计算结果

工况	P_m（MPa）	$P_l + P_b$（MPa）	$P_l + P_b + Q$（MPa）
正常工况	45.01	68.31	76.26
地震工况	47.15	68.41	76.73
正常停机工况	32.00	49.08	59.36
紧急关机工况	49.36	71.37	85.90

表 6－55　左岸电站顶盖变形计算结果

工况	最大综合位移（mm）	最大轴向位移（mm）	导叶密封处最大轴向位移（mm）	水导轴承处最大轴向位移（mm）	主轴密封处最大轴向位移（mm）
正常工况	1.385	1.380	0.5543	1.0485	1.3199
地震工况	1.389	1.383	0.5702	1.0511	1.3231
停机工况	0.386	0.381	0.1438	0.2976	0.3673
紧急关机	0.479	0.474	0.1901	0.3931	0.4618

表 6－56　右岸电站顶盖刚强度计算结果

项目	正常运行	升压工况	静水关闭	自身重力	地震工况
局部最大应力（MPa）	132.1	135.5	112.5	—	132.4
平均应力（MPa）	55	60	50	—	56
最大变形（mm）	2.713	3.489	2.740	−0.180	2.720
顶盖转角（rad）（主轴密封处）	6.85E−4	7.54E−4	6.34E−4	−0.37E−5	6.86E−4
最大应力发生部位	筋板圆角处	筋板圆角处	筋板圆角处	—	筋板圆角处
最大变形发生部位	水导轴承法兰内缘	水导轴承法兰内缘	水导轴承法兰内缘	水导轴承法兰内缘	水导轴承法兰内缘
下导叶孔径向变形（mm）	−0.62～0.57	−1.27～1.27	−0.94～0.094	−0.03～0.03	−0.62～0.57
下导叶孔轴向变形（mm）	0.822	0.879	0.687	−0.034	0.823
导轴承径向变形（mm）	−0.08～0.11	−0.10～0.13	−0.08～0.105	−0.006～0.008	−0.08～0.11
导轴承轴向变形（mm）	2.712	3.487	2.739	−0.180	2.715
止漏环径向变形（mm）	−0.275	−0.704	−0.520	0.014	−0.277
止漏环轴向变形（mm）	1.805	2.205	1.732	−0.088	1.806

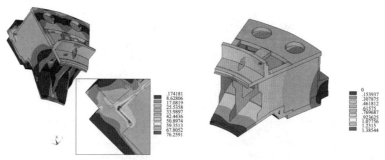

(a) 正常工况顶盖应力分布　　　(b) 正常工况顶盖位移分布

图 6-61　白鹤滩左岸电站顶盖有限元计算结果

(a) 正常工况顶盖应力分布　　　(b) 正常工况顶盖位移分布

图 6-62　白鹤滩右岸电站顶盖有限元计算结果

6.6.4.2　动态特性分析

1. 左岸电站

左岸机组顶盖计算模型主要由上下圆盘、筋板等部分组成。根据结构实际的尺寸建立有限元模型时，采用三维实体单元和板壳单元对结构进行离散划分。将顶盖外法兰与座环连接螺栓处进行约束，对顶盖整体结构在空气和水介质中的固有振动频率进行计算，其中在水介质中的计算采用流固耦合分析技术。计算结果如表 6-57 所示。

表 6-57　左岸电站顶盖固有频率计算结果　　　　　　　单位：Hz

节径数	$R=0$	$R=1$	$R=2$	$R=3$
水介质下自振频率	80.80	51.50	63.88	105.40

考虑机组可能的激振频率如表 6-58 所示。

表 6-58　顶盖激励力频率表　　　　　　　单位：Hz

激励力名称	激励力频率
机组转动频率	1.85
导叶通过频率	44.44
2 倍导叶通过频率	88.88

续表

激励力名称	激励力频率
转轮叶片通过频率	27.78
3倍转轮叶片通过频率	83.33
涡带（Rope）频率（0.2~0.4倍转频）	0.37~0.741

水轮机动静干涉是机组产生振动的主要原因，根据机组设计参数，由动静干涉计算分析公式可以得出影响顶盖的最大激励频率。该激励频率产生共振，不仅仅与顶盖对应的频率有关，还与其对应的模态有关，只有在顶盖在相应的模态及接近的频率下，结构才可能会产生共振，而与顶盖其他模态对应的频率虽然接近，但由于与其相应激励模态不同，是不会产生共振的。

水轮机转轮叶片和导叶之间水力干涉诱发的水力激振频率，与导叶、顶盖及转轮振动的优势频率密切相关，可用下式表示：

$$nZ_s f_0 \pm K f_0 = m Z_r f_0$$

式中：Z_s 为活动导叶个数；K 为转动的径向节点个数；m，$n = 0$，1，2，$\cdots$；Z_r 为叶片个数；f_0 为转频。

通过计算，可知 $n = 2$，$m = 3$，$K = 3$。

顶盖受到的最大激励频率为 3 倍叶片通过频率（即 83.33）Hz 和 2 倍导叶通过频率（即 88.8Hz），顶盖节径数为 3 的固有频率 113.27 Hz（空气）/105.40Hz（水中），远离前述主要激励频率（见图 6-63）。

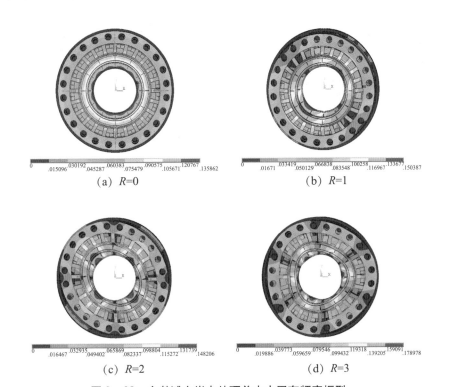

(a) $R=0$　　　　　　　　(b) $R=1$

(c) $R=2$　　　　　　　　(d) $R=3$

图 6-63　白鹤滩左岸电站顶盖水中固有频率振型

2. 右岸电站

右岸电站计算顶盖自振频率时，选取整个顶盖作为计算模型，考虑包括水导轴承、控制环、主轴密封、活动导叶重量对顶盖自振频率的影响（其中由于导叶受到尾水压力的推动，只有 0.762 t 的重量作用于顶盖）。计算采用 Lanczoa 法求解自振频率，不考虑水的附加质量对顶盖振动的影响。

顶盖固有频率计算主要关注轴向振型和节径数为 K 的振型频率。轴向振型应避开的激振频率为转频×叶片个数 $= 53.55 \text{Hz}$；节径数为 K 时的振型应避开的激振频率为转轮和导叶之间的干扰频率，即由公式：$nZ_s f_0 \pm Kf_0 = mZ_r f_0$ 确定，由 $Z_s = 24$，$Z_r = 30$ 可推出 $n=1$，$m=1$，$K=6$，即顶盖节径为 $K=6$ 的振型的固有频率应避开：转频×叶片个数× $m = 53.55 \text{Hz}$，此时顶盖就不会产生共振。表 6-59 为右岸电站顶盖固有频率计算结果。

表 6-59　右岸电站顶盖固有频率计算结果

节径	频率（Hz）
0	60.4
1	31.1

以上数据表明：顶盖的固有频率有效避开激振频率，不会引起机组共振现象。图 6-64 为右岸电站顶盖固有频率振型。

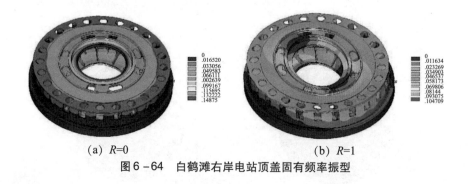

(a) $R=0$　　　　　　　　　　(b) $R=1$

图 6-64　白鹤滩右岸电站顶盖固有频率振型

6.7　底环

6.7.1　设计要求

底环是一个扁平的环形部件，固定在座环下环板上，其上装有导叶轴套，对导叶起支撑作用，为保证导叶转动灵活，其轴套应与顶盖上的轴套孔同心。

底环不仅要承受机组各种运行工况的水压力和水压力脉动，它还是导叶的支撑部件，因此需要足够的刚强度；同时，底环和导叶、基础环和座环精密配合，因此底环必须具有足够的加工精度和安装精度。

底环采用铸焊结构，并对主要受力焊缝进行无损探伤检查，为避免应力集中，焊缝表面应打磨光滑，且有圆角过渡。各组焊件在消除内应力后方能进行最后机械加工。

底环设置固定止漏环、抗磨板，还装有用于导叶轴的自润滑轴承和密封，设有导叶轴承孔，顶盖上的导叶轴承孔应与底环上的轴承孔一起同轴镗削。为了减少关机时的漏水，可在底环与导叶配合面设置密封垫进行密封。在导叶前端的适当位置，导叶轴孔处需预留设置一个强迫补气孔，在补气孔进口端，不补气时用丝堵堵上，需要补气时换上补气喷嘴。在补气孔处，底环与座环之间的垫板，应增加密封圈，避免补气时漏气。图6-65为白鹤滩水电站底环结构图。

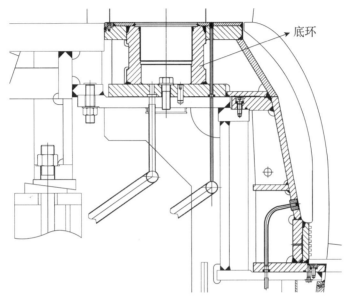

（a）左岸电站底环结构

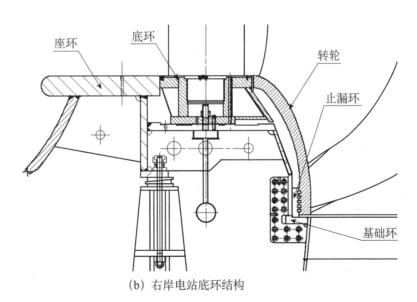

（b）右岸电站底环结构

图6-65 白鹤滩水电站底环结构

为校正由于座环在现场组装、焊接和浇筑混凝土后产生的变形，保证底环与导叶的端面间隙满足设计要求，底环与座环接触面采取现场加工座环接触面的方式校正水平。

6.7.2　结构型式

底环主要由上下环、筋板和轴承座等部分组成。底环采用铸焊结构，根据运输条件，左岸分为两瓣，右岸分为四瓣。底环的上下环板、分瓣面、筋板为可焊性好的低碳钢板，导叶轴座为铸钢材料，上下环板是厚钢板，依靠 24 个导叶轴座、22 块筋板焊接在一起。底环分瓣面螺栓用液压工具进行紧固。为了把合分瓣面螺栓，在下环板下料时，在下环板靠分瓣面两侧，各割出两个腰形孔。分瓣面用偏心销套定位，偏心销套的偏心量为 5 mm。每对分瓣面用两个偏心销套。

底环与座环用螺栓把合，圆柱销定位。把合螺栓和销设置在导叶轴孔内，其中部分把合孔加工螺纹兼做起吊底环使用。每个轴孔均设置排水孔。在导叶出口的适当位置，设置预留强迫补气孔，在补气孔进口端，用丝堵堵上，根据机组运行情况，需要补气时换上补气喷嘴。

底环共设置 24 块抗磨板，底环上环板上平面粗加工后再安装抗磨板。左岸抗磨板与底环采用塞焊连接，每块抗磨板上加工多个塞焊孔抗磨板焊后退火。右岸抗磨板与底环采用螺钉把合连接，并在抗磨板内外圆处增加焊接固定。

白鹤滩左岸电站设置副底环，副底环通过螺栓把合的方式直接固定在基础环上。副底环分两瓣，为焊接结构，在下环板的过流面堆焊不锈钢层。底环止漏环设置在副底环上，方便止漏环的安装、检修和更换。白鹤滩右岸下固定止漏环通过焊接固定在基础环上。

6.7.3　材料

底环普遍采用铸焊结构，轴孔座为铸钢件，过流面及筋板为钢板。白鹤滩水电站底环主要部件材料见表 6-60。

表 6-60　白鹤滩水电站底环材料

项目	左岸材料牌号	右岸材料牌号
抗磨板	钢板 04Cr13Ni5Mo	钢板 0Cr13Ni5Mo
止漏环	钢板 06Cr19Ni10	钢板 0Cr13Ni5Mo（基础环上）
下轴座	铸钢 20SiMn	铸钢 20SiMn
导叶端面密封	铸铝青铜 ZCuAl10Fe3	黄铜板 H62R
底环过流面	钢板 06Cr19Ni10	钢板 0Cr13Ni5Mo
底环其他结构部件	钢板 Q235B	钢板 Q345B

白鹤滩水电站底环结构与类似成熟机组对照表见表 6-61。

表 6-61　白鹤滩水电站底环结构与类似成熟机组对照表

项目	白鹤滩左岸	白鹤滩右岸	三峡右岸	溪洛渡右岸
底环最大外径（mm）	11 096	11 352	12 230	9716

项目	白鹤滩左岸	白鹤滩右岸	三峡右岸	溪洛渡右岸
底环分瓣数	2	4	2	2
底环装配重量（kg）	153 350（含副底环）	96 000	87 350	98 400
抗磨板铺设型式	塞焊式	把合式	把合式	塞焊式
抗磨板材料	钢板 04Cr13Ni5Mo	钢板 0Cr13Ni5Mo	钢板 1Cr18Ni9Ti	钢板 04Cr13Ni5Mo
止漏环型式	梳齿式	迷宫式	间隙式	梳齿式
止漏环材料	钢板 06Cr19Ni10	钢板 0Cr13Ni5Mo	钢板 ASTM A240	钢板 0Cr18Ni9
结构特点	铸焊结构，设置副底环，设置导叶端面密封、径向密封。工地加工座环调平	铸焊结构，设置导叶端面密封和径向密封。工地加工座环调平	铸焊结构，设置导叶端面密封和径向密封，加垫调平	铸焊结构，设置副底环，机组有筒形阀，设置导叶端面密封、径向密封和筒形阀密封。工地加工座环调平

6.7.4　底环刚强度计算

6.7.4.1　有限元分析模型

　　白鹤滩左岸电站根据结构对称性，建立了底环结构的 1/24 作为计算模型，副底环取完整模型；白鹤滩右岸电站取一个包含 24 个导叶孔的完整的底环作为计算模型，如图 6 - 66 所示。

（a）左岸计算模型　　　　　　　　　　　（b）右岸计算模型

图 6 - 66　白鹤滩水电站底环计算模型

6.7.4.2　底环载荷工况

　　左岸底环主要承受以下载荷：①水压力；②活动导叶轴承支撑处的支反力。运用计算程序得出底环在各个运行工况的水压力载荷，运用有限元计算得到活动导叶轴承支撑处的支反力。计算载荷见表 6 - 62。

表 6-62　白鹤滩左岸电站底环计算载荷

工况	载荷值	
	水头（m）	导叶支反力（kN）
最大水头正常运行工况	243.1	1824
升压水头紧急关机工况	354	2667

右岸电站计算考虑了水轮机正常运行工况、静水关闭工况、升压工况和地震工况。底环在各工况下受到的水压力载荷以及枢轴孔传来的载荷见表 6-63 所示。

表 6-63　白鹤滩右岸电站底环计算载荷

载荷	工况			
	正常运行工况	静水关闭工况	升压工况	地震工况
座环与活动导叶之间的压力 P_1（MPa）	2.524	2.524	3.465	3.465
活动导叶与转轮进水边之间的压力 P_2（MPa）	2.003	0.521	0.521	0.521
转轮进水边与下止漏环之间的压力 P_5（MPa）	1.964	0.521	0.521	0.521
活动导叶下枢轴传来的力 F（N）	—	2 139 743	3 111 015	3 111 015
地震加速度载荷 g	—	—	—	水平：0.25 垂直：0.125

6.7.4.3　计算结果

白鹤滩左岸电站底环应力计算结果如表 6-64 ~ 表 6-66 所示。

表 6-64　白鹤滩左岸电站底环应力及位移计算结果

工况	最大综合位移（mm）	最大等效应力（MPa）
最大水头正常运行工况	0.1051	83.27
升压水头紧急关机工况	0.1431	121.68

表 6-65　白鹤滩左岸电站底环计算应力考核要求

工况	计算断面平均应力 P_m	合同要求	有限元计算最大应力	是否满足合同要求
最大水头正常运行工况	30.92	120	83.27	满足
升压水头紧急关机工况	45.09	120	121.68	满足

表 6-66　白鹤滩左岸电站底环计算应力 ASME 考核

工况	计算断面平均应力 P_m	ASME 许用应力 P_m	有限元计算最大应力 $P_l + P_b + Q$	ASME 许用应力 $P_l + P_b + Q$	是否满足 ASME 标准
最大水头正常运行工况	30.92	160	83.27	480	满足
升压水头紧急关机工况	45.09	160	121.68	480	满足

白鹤滩右岸电站底环计算结果如表 6 - 67 及图 6 - 67 ~ 图 6 - 69 所示。

表 6 - 67　白鹤滩右岸电站底环计算结果

项　目	工　况			
	正常运行工况	静水关闭工况	升压工况	地震工况
平均应力（MPa）	8.8	26.4	36.4	36.5
最大应力（MPa）	15.7	47.4	65.9	65.6
最大应力位置	导叶孔处	导叶孔处	导叶孔处	导叶孔处
导叶孔处径向变形（mm）	- 0.148/0.134	- 0.507/0.603	- 0.680/0.818	- 0.684/0.822
导叶孔处轴向变形（mm）	- 0.087/0.086	- 0.348/0.258	- 0.473/0.340	- 0.475/0.343
最大变形（mm）	0.227	0.869	1.177	1.182
最大变形位置	上盖板外侧（向下）	导流板底部（向下）	导流板底部（向下）	导流板底部（向下）

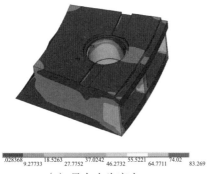

.028368　　18.5263　　37.0242　　55.5221　　74.02
　9.27733　　27.7752　　46.2732　　64.7711　　83.269

（a）最大水头应力

0　　.023355　.046709　.070064　.093418
　.011677　.035032　.058386　.081741　.105095

（b）最大水头位移

图 6 - 67　白鹤滩左岸底环计算结果

117.42Max
104.37
91.332
78.291
65.249
52.207
39.165
26.123
13.081
0.039597Min

（a）最大水头应力

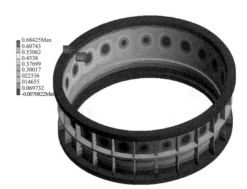

0.68425Max
0.60743
0.53062
0.4538
0.37699
0.30017
0.22336
0.14655
0.069732
-0.0070822Min

（b）最大水头径向位移

图 6 - 68　白鹤滩左岸副底环计算结果

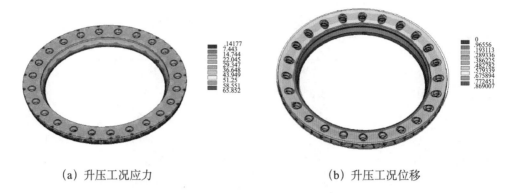

（a）升压工况应力	（b）升压工况位移

图 6 -69　白鹤滩右岸底环计算结果

6.8　活动导叶

6.8.1　设计要求

活动导叶在座环内侧径向圆周均布布置，在其转角范围内调节水轮机过机流量。主要设计要求为：

（1）导叶的型线、尺寸、数量和位置与模型水轮机相似，保证水轮机工作时流态稳定，不致发生水流诱发共振，导叶尾部形状能避免出现卡门涡共振。

（2）导叶结构与选材应保证其具有足够的强度和刚度，在各种工况下不发生断裂、超标变形、磨蚀。

（3）根据机组不同运行条件和要求，在结构上考虑导叶全关时相邻导叶立面接触线无间隙，导叶漏水量最小。

（4）瓣体高度尺寸公差链满足导叶上下端面间隙要求。

6.8.2　结构型式

活动导叶常用的有对称型和非对称型两种翼型，通常采用不锈钢整铸成型结构。导叶采用 3 个自润滑导轴承支承，一个在底环中，另 2 个在顶盖中。导叶轴上部设置 1 个可调整的自润滑推力轴承以承受导叶的重量和阻止任何作用在导叶上向上或向下的水推力。导叶轴顶端设有 1 个调整螺栓以便调整和保持每个导叶在顶盖和底环的间隙值。导叶下轴颈的漏水直接排至机组尾水管。导叶轴上端部设有起吊螺孔，并配备导叶起吊工具。导叶上、下两端轴颈处设有可靠的导叶轴密封，以阻止水流进入导叶轴承而引起轴颈偏磨。每个导叶均设置有足够强度的导叶限位块。导叶限位块按在最不利的工作条件下，根据可能施加到导叶上的水力矩所产生的对导叶限位块的最大冲击力设计。限位块设在顶盖上，通过限制拐臂的转动角以限制导叶运动角度，在保护装置动作、限位装置失灵的情况下，防止失控的导叶与转轮及相邻的导叶相碰。限位块用减震垫保护，典型结构如图 6 -70 所示。

6.8.3　材料

白鹤滩活动导叶采用抗空蚀能力较强的马氏体不锈钢 ZG04Cr13Ni4Mo（左岸）和 ZG04Cr13Ni5Mo（右岸）材料，满足 Q/CTG2—2013《大型水轮机电渣熔铸马氏体不锈钢导叶铸件技术条件》的规定。采用先进的电渣熔铸工艺，铸件的致密性和纯净度优于传统的砂型铸造。为进一步提高材料的抗腐蚀、抗磨损能力，白鹤滩

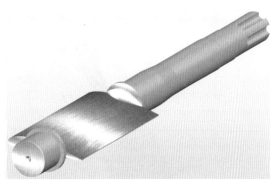

图 6-70　典型活动导叶结构

活动导叶对 ZG04Cr13Ni4Mo 做了成分和性能优化，将 Cr 含量下限由 11.5% 提高到 12.5%，这有利于提高铸件的抗腐蚀能力；将材料的屈服和抗拉强度分别提高到 600 MPa 和 800 MPa，有利于提高材料的抗磨损能力。白鹤滩活动导叶材料要求见表 6-68。

表 6-68　白鹤滩活动导叶材料要求

化学成分　max.（%）									
牌　号	C	Si	Mn	P	S	Cr	Ni	Mo	Nieq/Creq
标准的 ZG04Cr13Ni4Mo	0.04	0.80	1.50	0.030	0.010	11.5～13.5	3.5～5.0	0.40～1.00	—
白鹤滩 ZG04Cr13Ni4Mo	0.04	0.60	1.00	0.028	0.008	12.5～13.5	3.8～5.0	0.40～1.00	0.42
力学性能									
牌　号	屈服强度（MPa）		抗拉强度（MPa）		断后伸长率（%）		断面收缩率（%）		冲击试验 KV_2 0℃（J）
标准的 ZG04Cr13Ni4Mo	≥580		780		≥18		≥50		≥80
白鹤滩 ZG04Cr13Ni4Mo	≥600		≥800		≥18		≥55		≥100

注：标准的 ZG04Cr13Ni4Mo 要求见 GB/T 6967—2009《工程结构用中、高强度不锈钢》。

6.8.4　活动导叶计算

6.8.4.1　导叶刚强度计算

1. 有限元分析模型

选取一个完整的活动导叶作为有限元计算模型，左岸电站活动导叶的结构刚强度计算选用 ANSYS 程序中的六面体单元作为结构刚强度计算的主要单元［见图 6-71（a）］，右岸电站活动导叶采用 SOLID95、SOLID92 块体单元划分网格［见图 6-71（b）］。

2. 计算工况及载荷

（1）左岸活动导叶计算工况和载荷。

正常停机：考虑活动导叶承受最大水头产生的水压力及导叶操作力矩。

紧急停机：考虑活动导叶承受紧急停机时升压水头产生的水压力及导叶操作力矩。

(a) 左岸计算模型

(b) 右岸计算模型

图 6-71　白鹤滩活动导叶计算模型

异物卡阻 A：考虑活动导叶在 A 处产生卡阻。

异物卡阻 B：考虑活动导叶在 B 处产生卡阻。

地震工况：考虑活动导叶承受最大水头产生的水压力、导叶操作力矩及地震载荷。

剪断销剪断工况：考虑活动导叶承受剪断销剪断时导叶操作力矩。

（2）右岸活动导叶计算考虑了静水关闭和升压两种工况，各工况的水压力载荷如下。

静水关闭工况：导叶正面水压力 $P_1 = 2.524$ MPa，导叶背面水压力 $P_2 = 0.112$ MPa。

升压工况：导叶正面水压力 $P_1 = 3.465$ MPa，导叶背面水压力 $P_2 = 0.068$ MPa。

3. 计算结果

（1）左岸活动导叶计算结果如表 6-69 ~ 表 6-71 和图 6-72 所示。

表 6-69　白鹤滩左岸电站活动导叶应力计算结果　　　　单位：MPa

工　况	计算断面平均应力 P_m	合同要求许用应力	是否满足合同要求
正常停机	50.0	183.3	满足
紧急停机	67.5	183.3	满足
异物卡阻 A	91.2	366.7	满足
异物卡阻 B	98.6	366.7	满足
地震工况	50.0	243.8	满足
剪断销剪断	93.5	366.7	满足

表 6-70　按 ASME 标准白鹤滩左岸电站活动导叶许用应力　　　　单位：MPa

工　况	计算断面平均应力 P_m	ASME许用应力 P_m	计算结果 $P_i + P_b$	ASME许用应力 $P_i + P_b$	计算结果 $P_i + P_b + Q$	ASME许用应力 $P_i + P_b + Q$	是否满足ASME标准
正常停机	50.0	250	95.2	375	175.6	750	满足

续表

工况	计算断面平均应力 P_m	ASME许用应力 P_m	计算结果 $P_i + P_b$	ASME许用应力 $P_i + P_b$	计算结果 $P_i + P_b + Q$	ASME许用应力 $P_i + P_b + Q$	是否满足ASME 标准
紧急停机	67.5	250	123.0	375	228.2	750	满足
异物卡阻 A	91.2	250	223.6	375	379.7	750	满足
异物卡阻 B	98.6	250	196.1	375	355.4	750	满足
地震工况	50.0	250	95.3	375	175.8	750	满足
剪断销剪断	93.5	250	147.0	375	180.1	750	满足

表 6 - 71　白鹤滩左岸电站活动导叶剪切许用应力　　　　　　单位: MPa

工况	最大剪切应力	合同要求许用应力	是否满足合同要求
正常停机	79.0	91.7	满足
紧急停机	79.2	91.7	满足
地震工况	78.9	91.7	满足
剪断销剪断	100.5	183.3	满足

（a）紧急停机时活动导叶等效应力分布　　　　　（b）紧急停机时活动导叶综合位移分布

图 6 - 72　白鹤滩左岸活动导叶计算结果

（2）白鹤滩水电站右岸活动导叶计算结果如表 6 - 72 和图 6 - 73 所示。

表 6 - 72　白鹤滩右岸电站活动导叶刚强度计算结果

项目		升压工况	静水关闭工况	许用应力
瓣体	最大局部应力（MPa）	227.3	156.6	240
	中间截面应力（MPa）	155.9	107.3	160
	最大局部应力（MPa）	178.8	123.0	240
枢轴	平均应力（MPa）	79.6	54.8	160
	最大扭曲剪应力（MPa）	-33.8/58.4	-23.2/40.2	80
	导叶的最大变形（mm）	4.559	3.136	—

（a）升压工况活动导叶等效应力分布　　　　（b）升压工况时活动导叶综合位移分布

图6-73　白鹤滩右岸活动导叶计算结果

6.8.4.2　活动导叶动态特性计算

1. 活动导叶卡门涡频率

卡门涡频率计算公式如下：

$$F_{k} = S_{t} \frac{W}{T}$$

式中：T为导叶出水边的脱流厚度；W为出水边的相对流速；S_{t}为斯特鲁哈数，通常取0.20~0.22。活动导叶频率分布如图6-74所示。

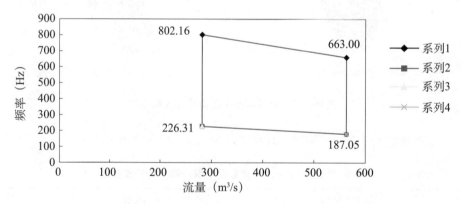

图6-74　右岸活动导叶卡门涡频率分布

2. 白鹤滩活动导叶动态特性计算结果

对活动导叶在空气及水介质中的固有振动频率进行计算分析，结果如表6-73和表6-74所示。

表 6 - 73　白鹤滩左岸活动导叶固有振动频率计算结果　　　单位：Hz

阶数	空气介质下自振频率	水介质下自振频率	下降系数
1	277.9	273.4	0.984
2	356.3	339.6	0.953
3	586.9	586.2	0.999
4	598.4	592.0	0.989
5	616.7	616.5	1.000

表 6 - 74　白鹤滩右岸活动导叶固有振动频率计算结果　　　单位：Hz

频率（Hz）		振型
空气中	水中	
72.6	61.7	扭转
167.3	125.5	弯曲

　　活动导叶工作时的主要激振频率有两个：一个是转频与叶片数的乘积及其倍频，另一个是卡门涡频率。活动导叶在水中的弯曲和扭转固有频率都应避开上述激振频率（见表 6 - 75）。

表 6 - 75　白鹤滩活动导叶激励振源　　　单位：Hz

激励振源	频率值（左岸/右岸）
转频	1.852/1.785
叶片通过频率	27.775/53.55
活动导叶出口卡门涡频率	465.94～685.79 /187～802

　　对比结果可看出，活动导叶 1 阶和 2 阶固有频率均避开了表中的激振频率，活动导叶卡门涡频率为一个频带，3 阶频率虽然频率在卡门涡频率范围内，但其模态为导叶轴的振动，不会产生共振，而 4 阶、5 阶频率已经为高阶频率，其能量很小，不足以产生足够大的共振。根据计算，活动导叶结构不会对机组振动产生影响。

6.9　控制环

6.9.1　设计要求

　　控制环是导水机构操作系统的驱动部件，控制环与活动导叶接力器、连杆（连杆装配）、连接板—导叶臂—导叶装配体构成完整的四连杆机构，其主要作用是将接力器直线移动转换为圆周旋转运动，再通过连杆机构带动活动导叶旋转，实现活动导叶全开至全关或全关至全开的双向运动，控制水轮机的流量。

　　控制环的结构设计应满足在接力器全油压（操作油压 6.3 MPa）工况下，控制环整体具有良好的刚强度。具体要求如下：

　　（1）控制环大、小耳孔处平均应力和最大应力应小于设计规定的许用应力，同时最大应力不大于轴套许用静载荷应力（轴套承受的径向压力）。

（2）连杆销将最大操作力作用在轴套上时，轴套层面应力（周向应力，即将轴套撕裂的应力）不大于轴套许用动载荷应力（周向，轴套层面应力）。

（3）控制环立圈有足够刚度，不发生较大扭转变形。

（4）控制环整体具有足够的刚度，大耳和小耳处不发生有害变形，避免接力器活塞和连杆在动作过程中发卡。

（5）控制环分瓣面把合螺栓具有足够强度，且螺栓预紧应力不低于两倍的螺栓工作应力，保证在机组运行过程中，控制环分瓣面紧密贴合。

6.9.2　结构型式

控制环主体结构由上环板、立圈、下环板、分瓣法兰、吊耳组焊而成，为保证导水操作机构灵活动作，在控制环大耳孔和小耳孔内均需压入自润滑轴套（重锤压入或冷冻压入），同时在控制环下环板内圈上和底部分别设置具有自润滑功能的立抗磨板和底抗磨板，或者在下环板底部焊接不锈钢滑块，将底抗磨板把合安装在顶盖上。

由于受到运输条件限制，与其他大机组一样，白鹤滩控制环分为两瓣把合结构。分瓣面位置位于控制环应力和综合位移（应变）最小处。控制环典型结构如图 6 - 75 所示。

图 6 - 75　典型控制环结构

6.9.3　材料

表 6 - 76 统计并对比了三个巨型机组控制环和轴套 - 抗磨板的选材方案。

表 6 - 76　控制环钢板、轴套 - 抗磨板选材方案对比

零部件	电站名称			
	白鹤滩左岸	白鹤滩右岸	三峡右岸	溪洛渡右岸
上环板	钢板 Q235B	钢板 Q235B	钢板 ASTM A36	钢板 Q235B
立圈	钢板 Q235B	钢板 Q235B	钢板 Q235B	钢板 Q235B
下环板	钢板 Q235B	钢板 Q235B	钢板 ASTM A36	钢板 Q235B
大耳孔轴套（mm）	ϕ400 钢背自润滑轴套	ϕ420 钢背自润滑轴套	ϕ400 钢背自润滑轴套	ϕ380 钢背自润滑轴套

续表

零部件	电站名称			
	白鹤滩左岸	白鹤滩右岸	三峡右岸	溪洛渡右岸
小耳孔轴套（mm）	$\phi140$ 非金属自润滑轴套	$\phi150$ 非金属自润滑轴套	$\phi135$ 钢背自润滑轴套	$\phi135$ 非金属自润滑轴套
立抗磨板	钢背自润滑抗磨板	钢背自润滑抗磨板	钢背自润滑抗磨板	钢背自润滑抗磨板
底抗磨板	钢背自润滑抗磨板	钢背自润滑抗磨板	钢背自润滑抗磨板	钢背自润滑抗磨板

6.9.4　刚强度计算

6.9.4.1　计算模型

运用 ANSYS 大型有限元分析软件进行刚强度计算。取整个控制环为计算模型，控制环用实体单元划分网格（见图 6-76）。

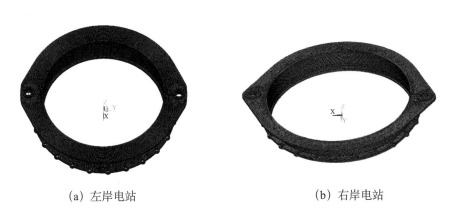

(a) 左岸电站　　　　　　　(b) 右岸电站

图 6-76　白鹤滩控制环计算模型

6.9.4.2　计算工况与载荷

左岸控制环计算工况为活动导叶全关状态，接力器载荷为 4307kN。在活动导叶全关闭状态下，控制环大耳孔处承受来自接力器全油压（6.3 MPa）状况下的操作力；小耳孔承受来自连杆的周圈反作用力，将连杆另一端连杆销上添加固定约束，连杆与连杆销之间添加接触约束；底抗磨板或滑块与顶盖接触，接触面作为控制环的接触约束，顶盖支撑控制环重量。控制环受力简图如图 6-77 所示。

右岸电站计算工况包括：

（1）正常操作工况；作用油压为工作油压。

（2）控制环一个接力器卡住，另一个接力器作用最大油压。

（3）计算控制环的切向刚度。为了计算切向刚度，在两个耳环沿切向施加单位力 $P = 1 \times 10^6$ N。求得控制环的切向变形 θ，则切向刚度为 $K = 2P/\theta$（N/mm）。

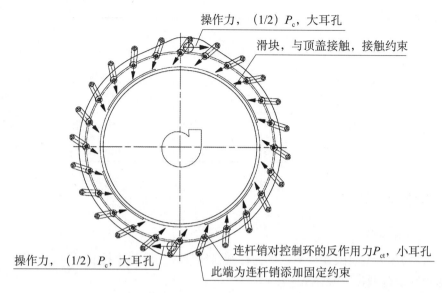

图 6 - 77　白鹤滩控制环受力图

6.9.4.3　计算结果

白鹤滩左岸电站计算结果如表 6 - 77、表 6 - 78 和图 6 - 78 所示。

表 6 - 77　白鹤滩左岸控制环计算应力设计考核　　　　　　单位：MPa

工　况	计算断面平均应力 P_m	合同要求	有限元计算最大综合应力	是否满足合同要求
活动导叶全关状态	46.82	93.75	68.68	满足

表 6 - 78　白鹤滩左岸控制环计算应力 ASME 考核　　　　　　单位：MPa

工　况	计算断面平均应力 P_m	ASME 许用应力 P_m	有限元计算最大综合应力 $P_1 + P_b + Q$	是否满足 ASME 标准
活动导叶全关状态	46.82	125	68.68	满足

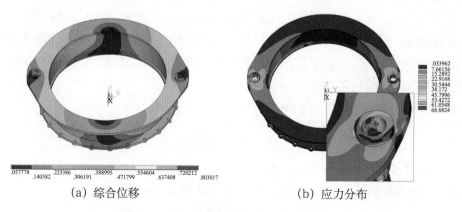

（a）综合位移　　　　　　　　　　（b）应力分布

图 6 - 78　白鹤滩左岸控制环计算结果

右岸电站计算结果如表 6 - 79 和图 6 - 79 所示。

表 6 - 79 白鹤滩右岸控制环计算结果

工况	最大变形（mm）	局部应力（MPa）	平均应力（MPa）	最大应力位置
1	1.121	77.6	51.7	大耳环处
2	0.981	72.3	48.2	大耳环处

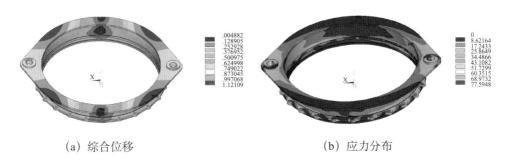

（a）综合位移　　　　　　　　　　　　（b）应力分布

图 6 - 79 白鹤滩右岸控制环计算结果

控制环切向刚度：在单位力作用下 $P = 1 \times 10^6$ N，大耳环在力作用处的平均切向位移 0.089 mm。控制环的切向刚度为：$K = 2P/\theta = 22.5 \times 10^6$（N/mm）。

控制环的切向刚度满足控制环刚强度计算规范 $K \geqslant 2.0 \times 10^6$（N/mm）的要求。

有限元计算结果表明，控制环在导叶全关、最大操作力作用下的强度性能满足材料的许用要求，控制环的切向刚度满足材料刚度要求。

6.10 转轮

6.10.1 设计要求

转轮是混流式水轮机的核心部件（见图 6 - 80），它的作用是将水流的势能和动能转换为旋转的机械能，转轮的性能关系到整个机组的发电能力及安全可靠性，因此转轮不仅需要具有良好的水力性能，同时还应具有足够的刚强度和良好的动态特性。转轮多为组焊结构，在结构设计上要求如下：

（1）真机转轮过流部分的型线与尺寸应与通过模型验收试验的模型转轮相似。

（2）转轮为铸焊结构，转轮叶片、上冠和下环采用不锈钢铸钢件，材质为 ZG04Cr13Ni4Mo 或 ZG04Cr13Ni5Mo，铸件满足标准 Q/CTG 1—2017《大型混流式水轮机转轮马氏体不锈钢铸件技术条件》的规定。

（3）为保证水轮机安全稳定运行，确保转轮叶片不出现裂纹，转轮具有足够的刚度和强度，使其能够长期承受任何可能产生的作用在转轮上的最大水压力、动应力、离心力和压力脉动，在生命周期内不发生任何裂纹、断裂或有害变形。

（4）转轮的焊接采用与母材相同材质的马氏体不锈钢焊条焊接。转轮的所有焊缝均应进行无损探伤检测，整体转轮进行消除应力处理。

（5）转轮带泄水锥设计，泄水锥连接在转轮上冠底部，采用 ZG04Cr13Ni4Mo 或 0Cr13Ni5Mo 不锈钢板材料制造。

（6）分别在转轮上冠和下环设止漏环，减少漏水量和降低轴向水推力。上止漏环为台阶式（阶梯迷宫式），下止漏环为迷宫式。止漏环的结构型式和位置能够避免产生水压脉动和振动。

（7）转轮精加工完成后应进行静平衡试验，静平衡符合并优于 ISO19401 G6.3 的要求。

6.10.2 结构型式

6.10.2.1 总体结构

白鹤滩转轮采用不锈钢铸焊结构：转轮的上冠、叶片、下环单独铸造，然后使用数控机床将叶片表面和上冠、下环的过流面加工到符合设计要求，最后焊接成型。

上冠与下环构成转轮的过流通道，同时具有支撑叶片的作用。上冠形似圆锥体，其上部中心为上冠法兰，该法兰与主轴相连；综合考虑转轮的制造、安装特点，可以将泄水锥和上冠铸造成一个整体，也可以单独制作后采用把合或焊接的方式与上冠下部相连。白鹤滩左岸采用把合后焊接，右岸则直接焊接。左岸电站水轮机转轮有 15 个叶片；右岸电站水轮机转轮采用长短叶片结构，15 个长叶片和 15 个短叶片周向交替排列。

（a）左岸电站　　　　　　　（b）右岸电站

图 6-80　白鹤滩水电站水轮机转轮

6.10.2.2 上冠下环

左岸电站水轮机转轮采用上冠分大小瓣、下环对称分瓣的结构型式，分瓣面采用全焊透 U 型焊缝，上冠临时把合法兰数量为 4 个，过流面上设置 2 个，另外 2 个布置在上冠上腔。右岸电站水轮机转轮上冠分 3 瓣，下环分 4 瓣，分瓣面端部采用全焊透 U 型焊缝，中间部位采用部分焊透 U 型焊缝，上冠、下环和叶片散件运输至工地，在工地转轮制造厂房内先将上冠、下环分别组焊成整体，再将长、短叶片周向交替排列后与上冠、下环组焊成转轮整体。

上冠、下环加工后装焊临时法兰。为防止碳污染，临时法兰材质与上冠材质一致，采用与之匹配的焊材。把合法兰上设置销套和螺栓，以保证上冠在工地的组圆定位和焊接。

转轮在工地厂房完成组焊、退火、加工及静平衡等制造过程，转轮依照专用技术规范进行焊接和热处理，按照 ASME 标准无损探伤合格。

6.10.2.3　止漏环结构型式

止漏环的作用是减少机组的容积损失，减小转轮上腔的水压力，从而减小机组的轴向水推力。目前大型混流式机组常用的止漏环型式有缝隙式、迷宫式、梳齿式和台阶式 4 种。

设计水头低于 180 m，水中泥沙含量较多时，可采用缝隙式止漏结构，其抗磨性能好，但止漏效果差。设计水头低于 180 m，水质较清洁时，可采用迷宫式止漏结构，其止漏效果好，但抗磨性能差。设计水头大于 180 m，水质较清洁时，可采用梳齿式止漏结构，常与缝隙式配合使用，其止漏效果好，但抗磨性能差，同心度不易保证，间隙不易测量，安装不方便。设计水头大于 180 m 时，可采用台阶式止漏结构，或上冠处设台阶式止漏结构，下环处设迷宫式止漏结构，具有迷宫式和梳齿式的优点，其止漏效果好，安装测量比较方便。目前，由于转轮均采用性能优异的不锈钢材料，各种型式的止漏结构均在上冠、下环的相应部位直接加工形成，不需另行套装止漏环。

白鹤滩左、右岸电站水轮机转轮上止漏环采用台阶式结构，设置在上冠上端面偏外侧位置，下止漏环采用迷宫式结构，设置在转轮下环出口处，上、下止漏环均在转轮本体上加工形成。左岸机组将上止漏环相对下止漏环设置位置适当靠前，一定程度减小了转轮向下的轴向推力，有利于减小推力轴承负荷。右岸机组上、下止漏环密封位置在同一直径处，布置位置基本对称，有利于止漏环外侧转轮上下两腔压力平衡。白鹤滩左右岸转轮上、下止漏环的最大间隙值均不大于按模型比例换算的上止漏环间隙值，可以保证间隙漏水量较小，同时止漏环最小间隙值均可以保证机组运行中出现极端状况时固定止漏环与转轮止漏环之间仍然具有足够的安全距离，不会发生固定止漏环与转动止漏环擦碰（见表 6-80）。

表 6-80　止漏环型式及间隙

项目	白鹤滩左岸	白鹤滩右岸	溪洛渡右岸	三峡右岸	乌东德水电站	向家坝左岸
额定水头 H（m）	202	202	197	85	137	100
转轮直径（m）	8470	8723	7400	9880	9705	9955
上冠止漏环型式	台阶式	台阶式	台阶式	间隙式	台阶式	直缝式
下环止漏环型式	梳齿式	迷宫式	迷宫式	间隙式	台阶式	直缝式
上冠止漏环间隙（mm）	2.75~3.25	3.5~4	2.5~3.0	2.5~3.3	3.25	4.5~5.1
下环止漏环间隙（mm）	3.5~4.0	4.0~4.5	3~3.5	4.5~5.4	4.75	4.93~5.67

6.10.2.4　转轮防裂纹措施设计

1. 裂纹原因

工程上根据水轮机运行状态的正常与否，将叶片裂纹大致归为两类：一类是叶片运行很短时间（几小时到几十小时）发生裂纹，是非预期的异常损伤裂纹，这类裂纹为快速共振裂纹；另一类是叶片在正常工况下运行较长时间发生的裂纹，是预期寿命内产生的裂纹，这类裂纹为疲劳累积损伤裂纹。电站实际运行统计结果表明，混流式转轮叶片疲劳裂纹主要出现在两个部位：叶片出水边与上冠的连接处，或叶片出水边与下环的连接处。

水轮机转轮发生裂纹的原因是综合性的，与转轮的水力设计、结构设计、材料、制造、安装和运行等因素相关。转轮叶片的铸造缺陷、转轮焊接的工艺过程、焊接材料的选择、探伤及热处理工艺、部分负荷运行时较大的水压脉动等，都是转轮叶片产生裂纹的潜在因素。

水轮机转轮裂纹实例分析表明，绝大多数的叶片裂纹是呈贝壳纹状的疲劳裂纹。叶片疲劳来源于作用其上的交变载荷，而交变载荷又由转轮的水力自激振动引发，因而水力激振是引起叶片疲劳破坏的最基本原因。

2. 防裂纹措施

1）残余应力的释放

水轮机转轮采用焊接结构，转轮焊接后有较大的焊后残余应力，转轮残余应力主要影响转轮的低周疲劳寿命。过大的残余应力会导致叶片裂纹的产生和扩展。焊接过程是造成转轮残余应力的最主要的原因，转轮叶片与上冠、下环组焊后，焊接处的残余应力相当大，甚至可以达到或超过母材的屈服强度，因此在转轮焊接后对焊接应力进行释放很有必要。采用退火炉进行整体高温回火，可大幅降低转轮的残余应力。

在转轮投运初期，仍会有一定的残余应力，但在动应力作用下，随着运行时间的延长，残余应力将逐渐释放。

2）三角块补强设计及出水边修型

叶片出水边与上冠、下环交点区域是转轮的静应力的高点位置，也是转轮裂纹的常发区域，控制转轮裂纹最重要的就是控制该区域的裂纹发生。以往电站在该区域出现转轮裂纹后，一般采用装焊三角块的方式进行处理，具有较好的效果。白鹤滩左、右岸转轮均采用三角块的设计，三角块与叶片一体成型，参与水力特性计算和测试，同时三角区还采取了局部加厚加强措施，大幅降低了三角区的应力水平，抗裂纹能力极大提升。

同时，白鹤滩转轮叶片出水边对卡门涡叶片出口形状进行修型、打磨，尽量降低卡门涡的涡强，避免发生卡门涡引起的激振。

6.10.2.5 泄水锥

泄水锥的作用是引导经叶片流道流出的水流顺畅地向下宣泄，防止水流相互撞击，减少水力损失，提高水轮机效率。

左岸电站转轮采用特殊加长泄水锥（见图 6-81）。在溪洛渡等项目上采用类似长泄水锥设计，在减小尾水压力脉动方面均取得较好的效果。为了防止发生泄水锥脱落事故，泄水锥的连接方式设计为螺栓把合和焊接加固的方式，采用 24 颗 M56 螺栓连接上冠和泄水锥，焊接接头开外 U 形坡口，对焊缝按 ASME 标准进行 100% 超声波探伤和磁粉探伤，保证焊接强度。与此同时，为了进一步削弱涡带，在泄水锥下端设计 5 组共 40 个通孔，增强补气效果，减小尾水压力脉动，进而降低叶片出口与上冠连接处出现裂纹的风险。

右岸电站转轮泄水锥作为引导水流的延伸部分连接在转轮的上冠底部，与上冠为焊接结构。泄水锥采用 0Cr13Ni5Mo 钢板制作，泄水锥上设有排水孔，排水孔总面积与上冠泄水孔面积基本相当。

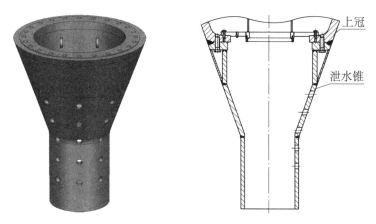

图 6-81　白鹤滩左岸电站转轮泄水锥及连接型式

6.10.3　材料

转轮材料选择的原则：确保转轮具有足够的刚强度，优良的抗空化、抗磨蚀性能，良好的焊接性能。材料还应该有较高的水下疲劳强度、良好的塑性和可焊性，并采用塑性高、焊接性能好的焊接材料，以避免材料在焊接区出现裂纹或类似裂纹的其他缺陷。白鹤滩左岸转轮选用优质的 ZG04Cr13Ni4Mo 不锈钢材料，采用 VOD 精炼铸造成型；白鹤滩右岸电站转轮采用低碳优质不锈钢 ZG04Cr13Ni5Mo 材料经 VOD 或 AOD 精炼制造。该材料具有较高的水下疲劳强度、良好的塑性和可焊性，在机坑内能够在常温条件下补焊并不需要做焊接前后预热和保温处理，转轮叶片、上冠和下环材料的技术要求、铸件订货、制造要求及应力设计标准均满足 QJ/CTG 1—2017《大型混流式水轮机转轮马氏体不锈钢铸件技术条件》的规定。表 6-81 为转轮结构型式比较。

表 6-81　转轮结构型式比较

项目	三峡左岸	向家坝	溪洛渡	乌东德	白鹤滩左岸（东电）	白鹤滩右岸（哈电）
机组容量（MW）	700	800	750	850	1000	1000
转轮直径（m）	10.4276	9.96	7.687	9.705	8.472	8.723
结构型式	悬式法兰	悬式法兰	悬式法兰	悬式法兰	悬式法兰	悬式法兰

项目	三峡左岸	向家坝	溪洛渡	乌东德	白鹤滩左岸（东电）	白鹤滩右岸（哈电）
泄荷孔（mm）	$15 \times \phi196$ 旋转方向无倾斜	无	$10 \times \phi150$ 不倾斜	无	无	$12 \times \phi140$ 旋转方向倾斜
止漏环	上直缝式，下设一道迷宫槽，止漏环热套	上、下直缝式，转轮本体加工	上梳齿，下迷宫，转轮本体加工	上台阶、下台阶，转轮本体加工	上台阶，下梳齿式，转轮本体加工	上台阶，下迷宫式，转轮本体加工
叶片数量（片）	15	15	17	15	15	15 长 + 15 短
材料	ZG06Cr13Ni4Mo	ZG00Cr13Ni4Mo	ZG00Cr13Ni4Mo	ZG00Cr13Ni4Mo	ZG04Cr13Ni4Mo	ZG04Cr13Ni5Mo
尺寸（mm × mm）	$\phi10\,600 \times 5060$	$\phi10\,126 \times 5045$	$\phi7830 \times 3104$	$\phi9900 \times 4965$	$\phi8620 \times 3920$	$\phi8870 \times 3795$
重量（t）	449.0	371.3	208.4	422	352（含泄水锥）	338.2
制造分瓣数量	厂内制造，整体运输	厂内制造，整体运输	工地焊接加工，整体结构	工地焊接加工，整体结构	工地焊接加工，整体结构	工地焊接加工，整体结构
允许不平衡重量（kg·m）	340	150	85.6	—	187	100

白鹤滩右岸有 4 台转轮的叶片采用了"电渣熔铸 + 热模压"工艺方法进行制造。此叶片制造工艺方法是首次在大型转轮叶片上运用。

6.10.4 转轮计算

6.10.4.1 刚强度计算

1. 计算模型

左岸电站转轮强度分析计算采用整体转轮结构作为计算模型。有限元分析中，采用 Ansys-workbench 三维体单元进行离散，通过接口程序建立由水力设计提供的水压力数据；右岸转轮强度的分析计算，根据有限元周期对称边界条件，仅选取包含一个完整叶片在内的 $2\pi/15$（15 为长短叶片的对数）扇形区域的上冠、下环为一个分析模型。在转轮上冠、下环切开断面，为保证位移协调一致，采用周期对称边界条件（见图 6 - 82）。

2. 计算工况

左岸电站转轮计算时对转轮飞逸、$H_r - 1000$ MW、$H_r - 750$ MW、$H_r - 570$ MW、$H_r -$

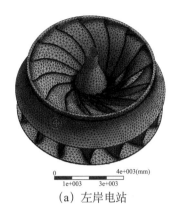

0　　　　　4e+003(mm)
1e+003　　3e+003

（a）左岸电站　　　　　　　　　　　（b）右岸电站

图 6-82　白鹤滩水电站水轮机转轮计算模型

330 MW、H_r-170 MW、H_{max}-460 MW、H_{min}-309 MW、H_{max}-1045 MW、H_{min}-737 MW、H_{max}=243 m，1 1132 MW、H=211 m，1117 MW 等多个工况点进行计算分析。工况及载荷情况见表 6-82。

表 6-82　左岸电站转轮有限元分析工况、载荷条件（计入地震工况）

工况	转速（r/min）	离心载荷	重力载荷	压力载荷	地震加速度
飞逸	210	是	是	—	是
H_r-1000 MW	111.1	是	是	是	是
H_{max}-460 MW	111.1	是	是	是	是
H_{min}-309 MW	111.1	是	是	是	是
H_{max}-1045 MW	111.1	是	是	是	是
H_{min}-737 MW	111.1	是	是	是	是
H_{max}=243 m，1 1132 MW	111.1	是	是	是	是
H=211 m，1117 MW	111.1	是	是	是	是

右岸电站转轮计算采取的工况及载荷如表 6-83 所示。

表 6-83　右岸电站转轮有限元分析工况、载荷条件

工况		水压力	重　力		离心力
			水平方向	垂直方向	
不考虑地震工况	1. 额定水头额定出力工况	考虑	不考虑	考虑	考虑
	2. 最大水头额定出力工况	考虑	不考虑	考虑	考虑
	3. 最大水头最大出力工况	考虑	不考虑	考虑	考虑
	4. 195 m 水头额定出力工况	考虑	不考虑	考虑	考虑
	5. 飞逸工况	不考虑	不考虑	考虑	考虑

续表

工 况		水压力	重 力		离心力
			水平方向	垂直方向	
考虑地震工况	6. 额定水头额定出力工况	考虑	考虑	考虑	考虑
	7. 最大水头额定出力工况	考虑	考虑	考虑	考虑
	8. 最大水头最大出力工况	考虑	考虑	考虑	考虑
	9. 195 m 水头额定出力工况	考虑	考虑	考虑	考虑
	10. 飞逸工况	不考虑	考虑	考虑	考虑

3. 计算结果

左岸电站转轮计算结果如表 6-84 和图 6-83 所示。

表 6-84 左岸电站计入地震加速度后，各工况下转轮应力及位移计算结果

工 况	最大等效应力 （MPa）	最大径向位移 （mm）	最大综合位移 （mm）
飞逸	205.39	2.0587	3.5988
$H_r - 1000$ MW	105.39	0.46017	1.8867
$H_{max} - 460$ MW	55.646	0.48334	0.68823
$H_{min} - 309$ MW	55.988	0.52156	0.82789
$H_{max} - 1045$ MW	76.769	0.43452	1.2083
$H_{min} - 737$ MW	98.342	0.48785	1.4369
$H_{max} = 243.1$ m, $P = 1132$ MW	86.066	0.43336	1.4627
$H = 211$ m, $P = 1117$ MW	108.73	0.45539	2.007

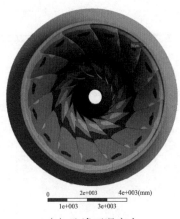

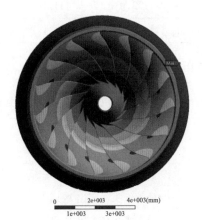

（a）飞逸工况应力 　　　　　　　　　　　（b）飞逸工况位移

图 6-83 白鹤滩左岸电站水轮机转轮计算结果

右岸电站转轮计算结果如表 6-85 和图 6-84 所示。

表6-85　右岸电站转轮有限元分析结果

最大应力及位置		
工　况	最大应力（MPa）	最大应力位置
不考虑地震工况　1. 额定水头额定出力工况	79.86	长叶片出水边与下环相交处
2. 最大水头额定出力工况	57.78	长叶片出水边与下环相交处
3. 最大水头最大出力工况	69.50	长叶片出水边与下环相交处
4. 195m水头额定出力工况	85.17	长叶片出水边与下环相交处
5. 飞逸工况	154.19	长叶片与下环相交处靠近进水边
考虑地震工况　6. 额定水头额定出力工况	78.31	长叶片出水边与下环相交处
7. 最大水头额定出力工况	60.37	长叶片出水边与下环相交处
8. 最大水头最大出力工况	68.65	长叶片出水边与下环相交处
9. 195m水头额定出力工况	83.66	长叶片出水边与下环相交处
10. 飞逸工况	159.18	长叶片与下环相交处靠近进水边

上、下止漏环位移				
工　况	上止漏环（mm）		下止漏环（mm）	
	R方向	Z方向	R方向	Z方向
不考虑地震工况　1. 额定水头额定出力工况	-0.028~0.019	0.099~0.143	-0.053~0.223	0.085~0.126
2. 最大水头额定出力工况	0~0.039	0.121~0.158	0.051~0.25	0.113~0.144
3. 最大水头最大出力工况	-0.026~0.019	0.127~0.170	0.003~0.230	0.107~0.142
4. 195m水头额定出力工况	-0.034~0.015	0.092~0.138	-0.077~0.216	0.077~0.126
5. 飞逸工况	0.27~0.325	0.622~0.657	1.016~1.44	0.575~0.666
考虑地震工况　6. 额定水头额定出力工况	-0.037~0.019	0.259~0.410	-0.119~0.27	0.238~0.390
7. 最大水头额定出力工况	-0.008~0.039	0.244~0.388	-0.016~0.306	0.228~0.372
8. 最大水头最大出力工况	-0.035~0.019	0.27~0.421	-0.063~0.283	0.243~0.39
9. 195m水头额定出力工况	-0.044~0.015	0.261~0.414	-0.143~0.261	0.238~0.394
10. 飞逸工况	0.617~0.659	0.32~0.486	0.945~1.47	0.626~0.826

叶片与上冠下环过渡圆角优化后有限元分析结果						
序号	工　况	最大应力（MPa）	最大应力位置	上止漏环位移（mm）		下止漏环位移（mm）	
				R方向	Z方向	R方向	Z方向
1	额定水头额定出力工况	79.78	长叶片出水边与下环相交处	-0.025~0.021	0.124~0.155	-0.056~0.188	0.103~0.214
2	最大水头额定出力工况	57.52	长叶片出水边与下环相交处	0~0.383	0.140~0.166	0.047~0.225	0.126~0.208
3	最大水头最大出力工况	69.42	长叶片出水边与下环相交处	-0.023~0.021	0.150~0.181	-0.001~0.202	0.123~0.216
4	195m水头额定出力工况	85.09	长叶片出水边与下环相交处	-0.031~0.018	0.118~0.151	-0.08~0.179	0.095~0.213
5	飞逸工况	156.66	长叶片与下环相交处靠近进水边	0.563~0.589	0.239~0.293	1.022~1.40	0.545~0.722

注：为了进一步减少叶片与上冠（或下环）之间的高应力局部应力，对两者相交处的过渡圆角进行了优化比较，最终选择两者间的过渡圆角为R50（长叶片），R45。

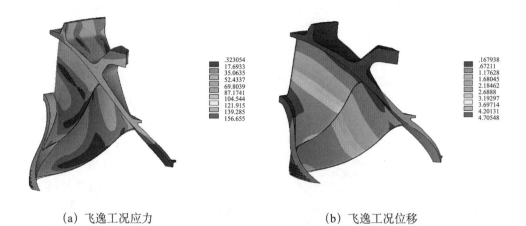

(a) 飞逸工况应力　　　　　　　　　　　　(b) 飞逸工况位移

图 6 - 84　白鹤滩右岸电站水轮机转轮计算结果

两个转轮均满足设计要求的许用应力：飞逸工况小于 220 MPa；其他工况小于 110 MPa。

6.10.4.2　动力特性分析

1. 计算模型

一般以完整的转轮作为分析计算模型，由于转轮工作在水中，通常情况下，先求解转轮在空气中的固有频率，然后根据转轮的振型采用不同的下降系数，获得转轮在水中的固有频率值。但由于转轮叶片形状复杂，严格意义上讲，修正系数由于模态振型、叶片翼型的不同而差异较大，因此计算产生的误差较大。白鹤滩转轮整体在水中的固有频率采用了流固耦合方法直接算出了转轮在水中的固有频率。计算模型如图 6 - 85 所示。

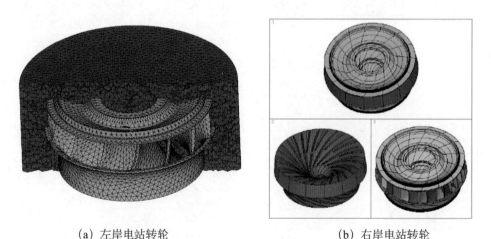

(a) 左岸电站转轮　　　　　　　　　　　　(b) 右岸电站转轮

图 6 - 85　白鹤滩水电站水轮机动力特性分析模型

2. 计算结果

白鹤滩左岸电站计算结果如表 6 - 86、表 8 - 87 所示。

表 6－86　左岸电站转轮固有振动频率计算结果　　　　　单位：Hz

节径数	空气中	水介质	比例系数
0	53.53	48.14	0.90
1	41.86	36.70	0.88
2	61.28	48.41	0.79
3	167.26	123.20	0.74

表 6－87　左岸电站转轮叶片固有振动频率计算结果　　　　单位：Hz

阶次	空气中	水介质	比例系数
1	131.35	73.74	0.56
2	162.75	112.98	0.69
3	209.15	125.51	0.60

转轮可能的激振频率见表 6－88。

表 6－88　左岸电站转轮可能的激振频率　　　　　单位：Hz

激振名称	激振频率
机组转动频率	1.85
导叶通过频率	44.44
2 倍导叶通过频率	88.88
转轮叶片通过频率	27.78
3 倍转轮叶片通过频率	83.34
转轮叶片出口卡门涡	506.48～1293.45
涡带（Rope）频率（0.20～0.4 倍转频）	0.371～0.741

　　水轮机动静干涉是机组产生振动的主要原因，根据机组设计参数，由动静干涉计算分析公式可以得出影响转轮及顶盖的最大激励频率，该激励频率产生共振，不仅仅与转轮及顶盖对应的频率有关，还与其对应的模态有关，只有在转轮及顶盖在相应的模态及接近的频率下，结构才可能会产生共振，而与转轮及顶盖其他模态对应的频率虽然接近，但由于与其相应激励模态不同，是不会产生共振的。

　　混流式水轮机转轮叶片和导叶之间水力干涉诱发的水力激振频率，与导叶、顶盖及转轮振动的优势频率密切相关，可用下式表示：

$$nZ_s f_0 \pm K f_0 = m Z_r f_0$$

式中：Z_s 为活动导叶个数；K 为转动的径向节点个数；m，$n = 0$，1，2，$\cdots$；Z_r 为叶片个数；f_0 为转频。

　　对于白鹤滩左岸电站机组，$Z_s = 24$，$Z_r = 15$，$f_0 = 1.67$，通过计算，可知 $n = 2$，$m =$

3，$K=3$。

作用于转轮的最大激励频率 $f_r = nZ_s f_0 = 88.88$ Hz，对应的转轮为三节径振型，通过计算，转轮 $R=3$ 的频率为 123.201 Hz，其值远离该激振频率。由上述动静干涉分析可以看出，影响转轮的最大激励频率是 88.88 Hz，而转轮三节径的固有频率为 123.201 Hz，具有较大的避开裕度，不会产生共振。

白鹤滩右岸电站机组计算结果如表 6-89 和表 6-90 所示。

表 6-89　右岸转轮动态特性分析计算结果　　　单位：Hz

节径数	空气中	水中	机组的激振频率
$R=0$（扭转振动）	41.2	33.73	
$R=1$（摆动）	29.44	24.46	42.84
$R=2$（四瓣振动）	45.5	35.48	

表 6-90　右岸转轮叶片固有频率计算结果　　　单位：Hz

阶次	空气中	水中	振型	阶次	空气中	水中	振型
1	108.11	75.68	长叶片为主	6	188.82	132.17	长叶片为主
2	122.07	85.45		7	208.81	146.17	长短叶片均有
3	143.56	100.49		8	220.16	154.11	
4	155.81	109.07	短叶片为主	9	234.37	164.06	
5	164.22	114.95		10	239.12	167.38	

对于白鹤滩右岸电站机组：$Z_s=24$，$Z_r=30$，可能的激振频率如下。

机组转动频率：1.785 Hz。

导叶通过频率：42.84（导叶数 24 个）。

2 倍导叶通过频率：85.68。

转轮叶片通过频率：53.55 Hz。

3 倍转轮叶片通过频率：160.65 Hz。

卡门涡频率关系式如下：

$$f = S\frac{v}{t}$$

式中：t 为叶片出水边的脱流厚度；v 为出水边的相对流速；S 为斯特鲁哈数，通常取 0.20~0.23。

转轮叶片出水边的流速是由叶片水力部门提供的。水力设计根据叶片的翼型，运用 Tasc-Flow 软件，分别计算出了不同工况下的叶片出水边不同位置的脱流速度。

根据水轮机相似理论：$n'_1 = nD_1/\sqrt{H}$；$Q'_1 = Q/D_1^2\sqrt{H}$；$v = v_m\sqrt{H_2/H_m}$

将上述数据转换成真机的数据，得到表 6-91 的计算结果。

表6-91　右岸转轮叶片卡门涡频率计算结果　　　　单位：Hz

工况点	模型数据			真机数据		卡门涡频率（Hz）
	单位转速（r/min）	单位流量（L/s）	脱流速度（m/s）	流量（m³/s）	脱流速度（m/s）	
额定水头额定出力	65.73	701	7.37~11.76	538.23	19.17~30.57	262.44~1988.38
最大水头额定出力	59.92	527	4.65~9.25	443.89	13.30~26.44	179.41~1719.85
最大水头最大出力	59.92	745	5.64~9.82	627.51	16.07~27.97	218.99~1819.28
195 m水头额定出力	66.9	585	7.96~12.23	441.31	20.34~31.24	279.16~2032.43

由上述计算结果可知，白鹤滩转轮在水中的固有频率有效地避开了机组的激振频率，转轮具有良好的动态特性，叶片在水中的固有频率避开了出水边卡门涡频率（见图6-86、图6-87）。

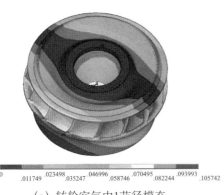
（a）转轮空气中1节径模态

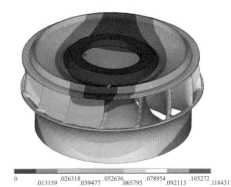
（b）转轮水下1节径模态

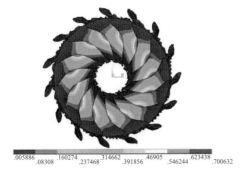
（c）空气中转轮叶片1阶模态

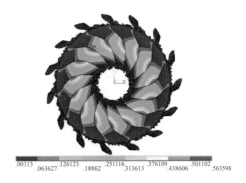
（d）水中转轮叶片1阶模态

图6-86　白鹤滩左岸电站水轮机动力特性分析结果

6.10.4.3　转轮动应力分析

1. 左岸电站动应力分析

左岸电站机组转轮针对1000 MW、750 MW、570 MW、330 MW、170 MW以及H_{max}、

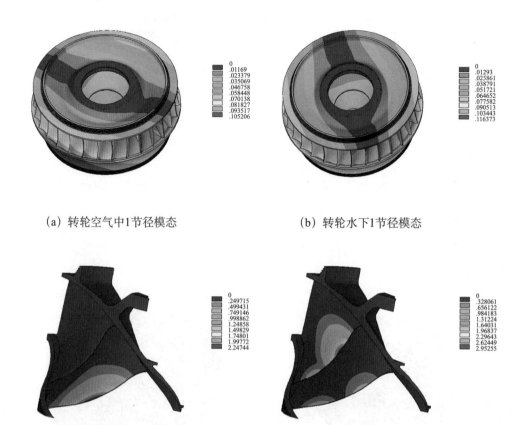

（a）转轮空气中1节径模态 　　　　　（b）转轮水下1节径模态

（c）转轮叶片1阶模态 　　　　　（d）转轮叶片4阶模态

图6-87　白鹤滩右岸电站水轮机动力特性分析结果

H_{min}共7个工况进行分析计算，全面衡量和评估转轮的各运行工况下的动应力水平。建立计算模型时，采用整体转轮结构，与刚强度静应力计算时建模类似。有限元分析中，采用 Ansys-workbench 三维体单元进行离散处理，通过接口程序建立由水力设计提供的水压力数据。

左岸转轮动应力计算工况及载荷情况见表6-92。

表6-92　左岸转轮动应力计算工况及载荷情况

工况	转速（r/min）	离心载荷	重力载荷	压力载荷
额定水头额定出力 1000 MW	111.1	Yes	Yes	Yes
额定水头-750 MW	111.1	Yes	Yes	Yes
额定水头-570 MW	111.1	Yes	Yes	Yes
额定水头-330 MW	111.1	Yes	Yes	Yes
额定水头-170 MW	111.1	Yes	Yes	Yes
最大水头 H_{max}	111.1	Yes	Yes	Yes
最小水头 H_{min}	111.1	Yes	Yes	Yes

对左岸转轮瞬态某时刻静应力及变形分析（瞬态分析）结果如表 6 - 93 和图 6 - 88 所示。

表 6 - 93　左岸转轮静应力及位移计算结果（瞬态分析）

工况	最小加载压力 P_{min}（MPa）	最大加载压力 P_{max}（MPa）	最大等效应力（MPa）	最大综合位移（mm）	最小径向位移（mm）	最大径向位移（mm）
额定水头 1000 MW	- 0. 305 776	1. 519 46	123. 507	2. 262 59	- 1. 482 34	0. 348 988
额定水头 - 750 MW	- 0. 163 194	1. 264 65	83. 093 8	1. 107 41	- 0. 673 546	0. 348 988
额定水头 - 570 MW	- 0. 063 232	1. 145 3	64. 640 8	0. 460 128	- 0. 222 627	0. 357 728
额定水头 - 330 MW	- 0. 178 839	1. 041 86	58. 142 7	0. 612 645	0	0. 404 49
额定水头 - 170 MW	- 0. 285 709	0. 977 244	58. 532 8	1. 042 11	0	0. 771 427
最大水头 H_{max}	- 0. 492 63	0. 955 708	62. 258	0. 549 133	0	0. 413 38
最小水头 H_{min}	- 0. 132 935	1. 047 23	64. 238 4	0. 626 242	0	0. 406 032

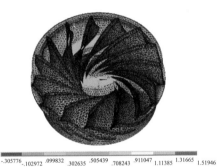

（a）1000MW工况计算边界

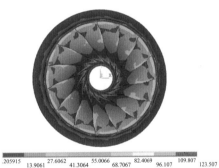

（b）1000MW工况等效应力分布

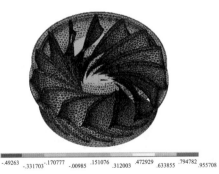

（c）H_{max}工况计算边界

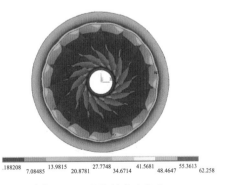

（d）H_{max}工况等效应力分布

图 6 - 88　白鹤滩左岸电站转轮动应力分析结果

　　转轮动应力计算完成后，为方便查看计算结果，在转轮叶片出水边靠近下环位置，沿圆周 360°方向，依次选取 15 个叶片位置进行动应力分析计算，如图 6 – 89 所示，计算各点的应力均值和幅值，如图 6 – 90 及表 6 – 94、表 6 – 95 所示。

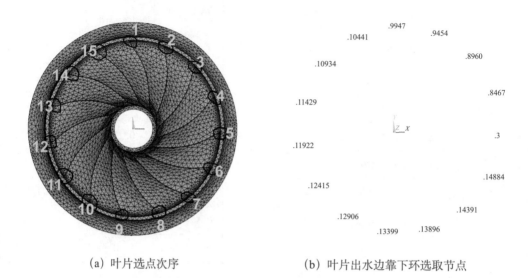

（a）叶片选点次序　　　　　　　　　　（b）叶片出水边靠下环选取节点

图 6 – 89　白鹤滩左岸电站转轮动应力分析节点选取

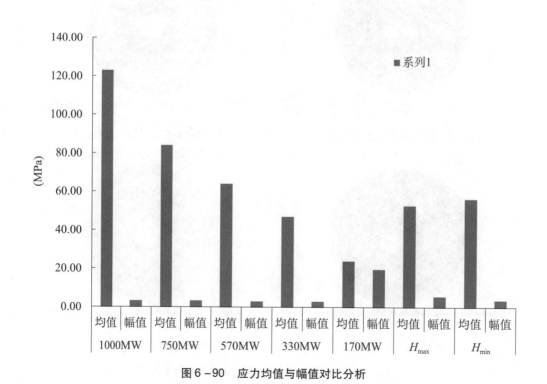

图 6 – 90　应力均值与幅值对比分析

表 6-94　左岸转轮计算静动应力均值及幅值统计

单位：MPa

工况		叶片位置														
		1号	2号	3号	4号	5号	6号	7号	8号	9号	10号	11号	12号	13号	14号	15号
1000 MW	均值	116.56	118.57	112.43	111.50	122.40	115.11	119.35	115.31	115.68	109.28	113.62	114.62	123.16	116.02	101.13
	幅值	3.07	3.11	3.12	3.38	3.09	3.15	3.41	3.33	3.18	3.05	2.87	3.37	3.47	3.23	2.57
750 MW	均值	77.27	79.93	74.47	75.62	82.19	76.72	80.18	77.69	79.04	73.71	76.22	76.48	84.25	77.02	69.80
	幅值	3.12	3.23	2.72	3.03	3.56	3.12	3.37	3.10	2.98	3.27	3.13	3.12	3.46	3.17	3.03
570 MW	均值	56.58	59.91	54.94	57.37	60.93	57.62	60.11	58.76	60.88	55.01	57.55	57.62	64.20	57.28	54.49
	幅值	2.56	2.87	2.66	2.71	2.79	2.77	2.78	2.76	3.18	2.50	2.87	2.75	2.59	3.15	2.53
330 MW	均值	40.00	44.09	38.40	42.30	43.72	41.09	43.58	44.19	45.64	40.18	42.25	41.36	47.21	41.23	42.11
	幅值	2.60	3.14	2.55	3.07	2.93	2.86	2.88	2.80	2.98	2.85	2.97	2.96	2.83	2.94	2.56
170 MW	均值	15.88	15.78	15.13	19.53	20.46	18.09	20.15	18.53	19.88	17.24	18.46	18.84	24.07	16.03	18.69
	幅值	17.33	16.25	14.49	18.65	15.06	19.79	16.96	18.80	19.26	18.41	19.61	18.63	13.63	17.18	15.31
H_{max}	均值	38.56	42.17	35.46	48.66	42.97	40.31	41.52	53.02	41.29	38.91	41.35	40.73	41.48	38.84	41.32
	幅值	3.51	3.53	3.32	5.79	3.83	3.54	3.82	3.55	4.42	3.79	3.74	3.77	3.37	3.79	3.41
H_{min}	均值	48.85	52.52	46.68	50.53	53.12	49.66	52.45	52.02	53.76	48.23	50.51	50.16	56.50	49.87	49.10
	幅值	3.81	3.85	3.72	3.40	3.21	3.24	3.17	3.33	3.69	3.09	3.60	3.53	3.85	3.51	3.20

表 6-95　左岸转轮计算静动应力各工况应力均值与幅值对比

单位：MPa

1000 MW		750 MW		570 MW		330 MW		170 MW		H_{max}		H_{min}	
均值	幅值	均值	幅值	均值	幅值	均值	幅值	均值	幅值	均值	幅值	均值	幅值
123.16	3.47	84.25	3.56	64.20	5.79	47.21	3.18	24.07	3.14	53.02	19.79	56.50	3.85

转轮动应力时域与频谱对比分析如图6-91所示。

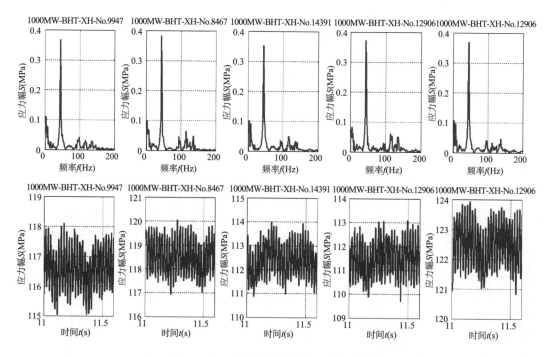

（a）1000MW工况转轮动应力时域及频谱图

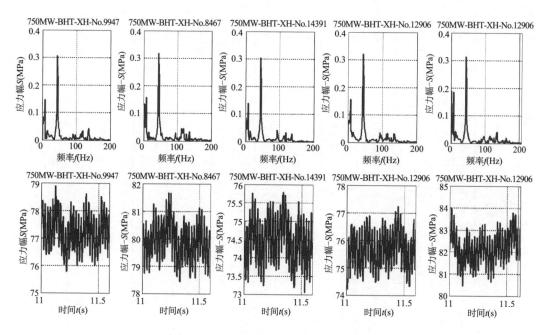

（b）750MW工况转轮动应力时域及频谱图

图6-91　白鹤滩左岸电站转轮动应力分析频谱（一）

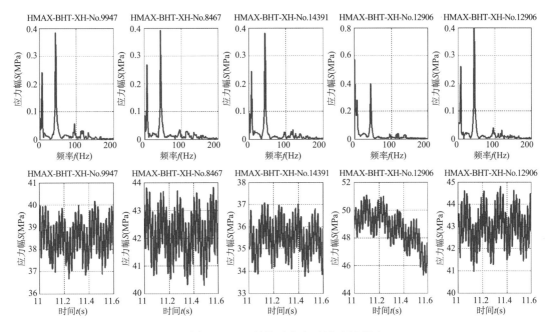

（c）H_{max} 工况转轮动应力时域及频谱图

图 6 - 91　白鹤滩左岸电站转轮动应力分析频谱（二）

2. 右岸电站动应力分析

右岸电站计算转轮疲劳时，应力幅值取值是正常运行工况最大应力的 10% 作为峰值，比较保守；转轮动应力分析计算出来的转轮动应力都比较小，因此不考虑这方面内容。

6.10.4.4　疲劳寿命分析

转轮的疲劳性能直接影响机组长期安全稳定运行。为此，考虑机组各种可能运行的工况，如正常运行，部分负荷运行、启停机、飞逸等工况，对转轮进行疲劳分析计算。

1. 左岸电站转轮疲劳寿命分析

左岸电站机组转轮已经进行了几种典型的负荷下的应力分析计算，基于转轮动应力的分析结果，将进行转轮动应力疲劳的分析计算。其余工况，启停机、飞逸等采用有限元分析结合 FE - SAFE 疲劳分析软件，进行转轮整个表面的疲劳损伤分析。

1）计算方法

根据转轮应力计算结果，采用 Safe - technology 公司的结构疲劳分析软件 FE - SAFE，对整体转轮进行了全寿命疲劳损伤分析计算。

疲劳损伤计算原理如下。在 FEA 软件中导入 3D 模型，经过前处理之后，就模型计算单位载荷作用下的节点应力结果，以计算之后的单个节点的应力状态为例，每个节点具备 6 个应力状态，即 SX、SY、SZ、SXY、SXZ、SYZ，对应力分量进行合成即可得到单个节点的最大主应力 S_1，与载荷谱相乘，最终得到 S_1 的应力时间历程。对此应力谱进行雨流计数统计。同时参照材料的 $S - N$ 曲线，结合采用 Miner 线性累积损伤理论以及相应的修正方法，最终得到所考察部位的疲劳损伤值。所有节点的损伤均可参照上述方法进行。

整个计算流程见图 6－92，疲劳载荷的基本参数定义见图 6－93，主要疲劳计算方法如下。

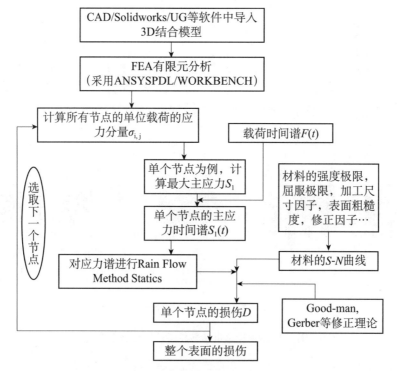

图 6－92　疲劳分析计算流程框图

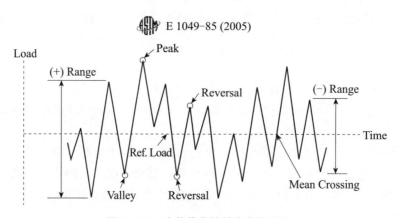

图 6－93　疲劳载荷的基本参数定义

（1）雨流计数法［1］（rain flow method）。简单雨流计数示例见图 6－94。

（2）平均应力修正。Goodman 修正曲线为线性关系（见图 6－95）。Goodman 平均应力修正公式如下：

$$\frac{S_a}{S_{ao}} + \frac{S_m}{f_t} = 1.0$$

式中：S_a 为应力幅值；S_m 为平均应力；S_{ao} 为平均应力为 0 时的材料的持久应力幅值，f_t 为材料的极限强度。

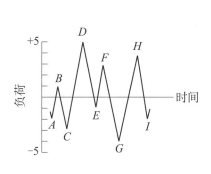

负载范围	循环次数	事件
10	0	
9	0	
8	1.0	C-D,G-H
7	0.5	F-G
6	1.0	D-E,H-I
5	0	
4	1.0	B-C,E-F
3	0.5	A-B
2	0	
1	0	

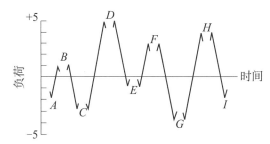

图 6-94　简单雨流计数示例

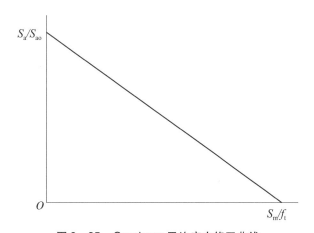

图 6-95　Goodman 平均应力修正曲线

（3）累积损伤理论。计算疲劳损伤时，每个状态的应力幅值 $\Delta\sigma_i$ 均对应一个应力循环次数 n_i。通过与材料的 $S-N$ 进行比对计算，即可得到单个状态下的损伤值。采用 Palmgren/Miner 线性累积损伤假定，即可得到结构整个寿命周期内的累积损伤。

$$D = \sum_i n_i / N_i \leq 1$$

式中：n_i 为单个状态的应力实际循环次数；N_i 为单个状态的应力理论计算循环次数。

（4）疲劳损伤判别标准：累积损伤值需满足以下公式，结构疲劳强度方可满足要求：

$$D \leq 1$$

2）材料

疲劳分析中，材料 $S-N$ 是个关键环节。材料的 $S-N$ 影响因素众多，涉及材料的屈服强度、极限强度、结构尺寸、缺口应力集中系数、受载类型、应力比、表面粗糙度、工艺成型方法等因素。德国疲劳强度设计手册中对于材料的 $S-N$ 设置有详细描述，且被广泛采用和认可（见表 6-96、表 6-97 和图 6-96）。

表 6-96　左岸转轮 $S-N$ 计算输入参数表

Cast iron type	转轮材料	[－]
Thickness choice	200	[mm]
Ultimate strength Rmmin	750	[MPa]
Yield strength $R_p0.2$ min	550	[MPa]
Tension compression/Bending/Torsion	TC	[TC/B/T]
Stress concentration factor αK	1	[－]
Diameter ≥ 100 mm	Y	[Y/N]
Surface factor, R_a	25	[μm]
Surface factor, R_z ($=5 \times R_a$)	125	[μm]
Stress ratio, R	－1	[－]
Quality class of componnent, j	2	[1/2/3]
Material and testing constant, j_o	1	[0/1]
Material safety factor, γ_M	1.265	[－]

表 6-97　左岸转轮 $S-N$ 数据

Number of stress cycles	Design $S-N$ curve Stress amplitude (MPa)
1	356.124 683 8
10	356.124 683 8
1000	219.853 655 2
10 000	166.380 697 8
100 000	125.913 469 8
1 000 000	95.288 7089 5
2 313 605.472	86.089 708 15
10 000 000	78.343 499 06
100 000 000	67.544 437 69
1 000 000 000	58.233 945 6
10 000 000 000	50.206 834 73

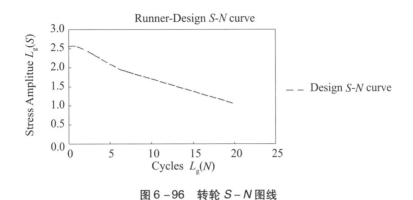

图 6 − 96　转轮 *S* − *N* 图线

3）转轮疲劳计算工况

转轮疲劳分析的负荷周期如表 6 − 98 所示。

表 6 − 98　疲劳分析的负荷周期

负荷周期	工况条件	循环周期数
1	启机→正常运行→停机	60（年）×1000（次/年）
2	正常运行（60% ~ 100% 负荷）	60（年）×300（天）×24（时）×3600（秒）×f_n
3	部分负荷运行（小于 60% 负荷）	60（年）×65（天）×24（时）×3600（秒）×f_n
4	启机→正常运行→飞逸→停机	10（次/60 年）
5	启机→正常运行→甩负荷→停机	60（年）×12（月）×4（次）

4）基于静应力的疲劳计算结果

根据转轮静应力计算结果，采用英国 Safe – technology 公司的结构疲劳分析软件 FE – SAFE，对整体转轮进行了全寿命疲劳损伤分析计算。

（1）计算得到转轮的最小对数寿命为 1.622 93 ［计算寿命 $10^{1.622\,93} \times 60$（年）］，结果见图 6 − 97（a），所以算得转轮的损伤因子 $D = 0.0238 < 1$。

（2）疲劳安全系数为 3.4688 > 1，结果见图 6 − 97（b）。

综上分析，白鹤滩转轮结构具有足够的疲劳安全裕量。

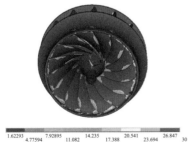

（a）转轮疲劳对数寿命分布图　　　　（b）转轮疲劳安全系数分布图

图 6 − 97　白鹤滩左岸转轮基于静应力疲劳计算结果

5）基于转轮动应力的疲劳分析

在转轮疲劳分析中，分别选取了两个具有代表性的位置进行疲劳分析：①转轮叶片出水边靠下环位置，代表节点编号为54568；②转轮叶片出水边靠上冠位置，代表节点编号为45096。其中叶片出水边靠上冠位置损伤值较大，如表6-99所示。对各工况的疲劳损伤值进行了对比分析，确定对于疲劳损伤影响较大的工况，见表6-100。

（1）各工况连续运行10 000 h 的疲劳损伤。

表6-99　左岸转轮每运行10 000 h 各工况连续运行疲劳损伤值

叶片	1000 MW	750 MW	570 MW	330 MW	170 MW	H_{max}	H_{min}
1 号	1.93E-05	1.12E-05	6.77E-06	9.97E-06	0.169 619	4.72E-05	1.54E-05
2 号	2.46E-05	1.61E-05	1.26E-05	1.05E-05	0.079 209	5.04E-05	1.72E-05
3 号	1.89E-05	1.03E-05	6.22E-06	7.87E-06	0.057 171	2.85E-05	1.6E-05
4 号	2.76E-05	1.43E-05	9.03E-06	1.23E-05	0.288 016	0.000416	1.24E-05
5 号	1.95E-05	2.16E-05	9.22E-06	9.24E-06	0.036 696	4.42E-05	1.69E-05
6 号	2.51E-05	1.83E-05	1.02E-05	1.17E-05	0.211 935	3.19E-05	1.38E-05
7 号	2.76E-05	1.54E-05	1.1E-05	7.76E-06	0.102 734	4.77E-05	9.9E-06
8 号	2.18E-05	1.35E-05	1.1E-05	1.33E-05	0.107 833	3E-05	1.57E-05
9 号	2.05E-05	1.5E-05	1.1E-05	1.94E-05	0.296 366	6.96E-05	3.27E-05
10 号	1.83E-05	1.44E-05	4.56E-06	6.4E-06	0.156 848	4.95E-05	1.07E-05
11 号	1.84E-05	1.03E-05	9.55E-06	1.45E-05	0.364 002	4.56E-05	1.44E-05
12 号	1.62E-05	1.37E-05	6.69E-06	1.02E-05	0.317 366	4.59E-05	1.89E-05
13 号	3.85E-05	1.86E-05	8.04E-06	1.03E-05	0.042 006	3.09E-05	2.49E-05
14 号	2.42E-05	2.26E-05	1.01E-05	1.53E-05	0.102 56	4.02E-05	1.64E-05
15 号	1.35E-05	7.88E-06	4.33E-06	8.02E-06	0.048 707	2.36E-05	1.57E-05

表6-100　各工况最大疲劳损伤

工况	疲劳损伤值
1000 MW	3.85E-05
750 MW	2.26E-05
570 MW	1.26E-05
330 MW	1.94E-05
170 MW	0.364 002
H_{max}	0.000 416
H_{min}	3.27E-05

（2）转轮各工况疲劳对比结论。基于转轮各典型负荷下的转轮动应力计算水平，以及单位时间的疲劳损伤值，计算各典型负荷运行的疲劳损伤。最大损伤位置均出现在叶片出水边靠下环位置。

在同等运行小时数（10 000 h）下的疲劳损伤对比分析显示，转轮在 1000 MW 负荷下的疲劳损伤值较 750 MW、570 MW 略大，但损伤数值为较小量级。转轮在 330 MW 负荷下的疲劳损伤值较 570 MW 时略大。在低负荷 170 MW 时，转轮的疲劳损伤值有较大幅度的增加。

（3）各典型负荷疲劳损伤结果。基于上述分析结论，在小负荷工况下转轮的疲劳损伤较大，于是进一步补充考察 330～170 MW 的疲劳损伤的计算结果。采用插值理论以及疲劳累积损伤理论，依次获得 170～330 MW 负荷区间的动应力幅值以及疲劳损伤值（见表 6－101、图 6－98、图 6－99）。

表 6－101　170～330 MW 动应力以及疲劳损伤对比分析结果

项目	170 MW	200 MW	230 MW	250 MW	280 MW	300 MW	330 MW
动应力幅值	19.79	16.67	13.55	11.47	8.34	6.26	3.14
疲劳损伤值	3.64E－01	1.47E－01	4.88E－02	2.02E－02	3.74E－03	8.17E－04	1.94E－05

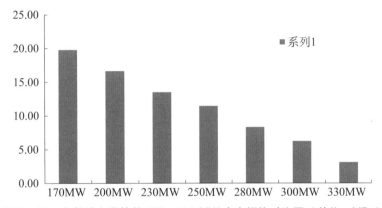

图 6－98　白鹤滩左岸转轮 170～330 MW 应力幅值对比图（单位：MPa）

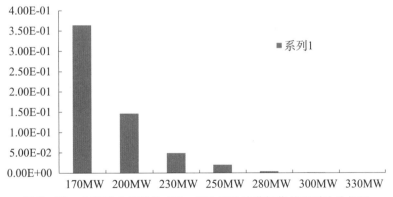

图 6－99　白鹤滩左岸转轮 170～330 MW 疲劳损伤结果对比分析图

通过动应力分析，170 MW 的动应力幅值为 19.79 MPa，330 MW 的动应力幅值为 3.14 MPa。在单位运行小时数（10 000 h）下通过疲劳损伤分析可知，随着负荷减小，应力幅值逐渐增加，疲劳损伤亦逐渐增大。170 MW 的疲劳损伤值为 0.364 002，330 MW 的疲劳损伤值为 1.94E－05。因此建议机组不要在 300 MW 以下长期运行。

2. 右岸电站转轮疲劳寿命分析

在用有限元法对右岸机组转轮进行刚强度分析的基础上，根据 ASME 标准，对白鹤滩水电站的高应力区域进行疲劳分析计算。

1）转轮叶片动应力幅值的确定

根据 ASME 标准，分析转轮的应力幅值。通过下面的运算可以求出转轮叶片应力变化幅值。

假设张量 $T(p, k)$ 表示第 k 个叶片在 p 点的各个应力分量，即

$$T(p,k) = \begin{bmatrix} \sigma_x & t_{xy} & t_{xz} \\ t_{xy} & \sigma_y & t_{yz} \\ t_{xz} & t_{yz} & \sigma_z \end{bmatrix}$$

那么，可以得到对于不同叶片上相同节点上的张量差，即

$$T'(p,l)_{l=1,k}^2 = T(p,i)_{i=1,k} - T(p,j)_{j=1,k}$$

根据上述的张量差，可以得到下列应力值。

——主应力：　　　　　$\sigma'_1(p, l)$；$\sigma'_2(p, l)$；$\sigma'_3(p, l)$

——主应力的差值：　　$S'_{12} = \sigma'_1(p, l) - \sigma'_2(p, l)$

　　　　　　　　　　　$S'_{13} = \sigma'_1(p, l) - \sigma'_3(p, l)$

　　　　　　　　　　　$S'_{23} = \sigma'_2(p, l) - \sigma'_3(p, l)$

——等效应力幅值：　　$\Delta\sigma = \text{Max} \{|S'_{12}|; |S'_{13}|; |S'_{23}|\}$

构件的疲劳寿命预估以及材料的疲劳极限确定，按 ASME 标准规定选取。在大多数场合中，循环次数是容易确定的。每一次循环由启动、正常运行和停机三个阶段组成，如图 6-100 所示。比较复杂的循环通常发生在应力方向改变的场合，有时会有更复杂的循环发生。对每一循环都要确定最大应力范围，即在一次循环中应力强度的最大值与最小值的代数差，从而求得交变应力幅值，即最大应力范围的一半。根据交变应力幅值，可以从疲劳曲线图中求出每一应力范围对应的许用载荷循环次数。载荷循环引起的应力幅值不同时，应采用线性累积法进行疲劳分析。

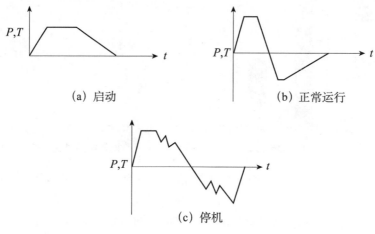

(a) 启动　　　　　　　　　　　　　(b) 正常运行

(c) 停机

图 6-100　疲劳循环

线性疲劳累计损伤理论是指在循环载荷下，疲劳损伤是可以线性累加的，各个应力之间相互独立且互不相关，当累加的损伤达到某一数值时，构件就发生疲劳破坏。线性累积损伤理论中典型的是 Miner 理论。Miner 理论对于三个问题的回答如下。

一个循环造成的损伤：

$$D = \frac{1}{N}$$

式中，N 为对应于当前载荷水平 S 的疲劳寿命。

等幅载荷下，n 个循环造成的损伤：

$$D = \frac{n}{N}$$

变幅载荷下，n 个循环造成的损伤：

$$D = \sum_{i=1}^{n} \frac{1}{N_i}$$

式中，N_i 为对应于当前载荷水平 S_i 的疲劳寿命。

临界疲劳损伤 D_{CR}：若是变幅疲劳载荷，显然当循环载荷的次数 n 等于其疲劳寿命 N 时，疲劳破坏发生，即 $n = N$，由上式得到

$$D_{CR} = 1$$

Miner 理论是一个线性疲劳累积损伤理论，它没有考虑载荷次序的影响，对于随机载荷，试验件破坏时的临界损伤值 D_{CR} 在 1 附近，这也是目前工程上广泛采用 Miner 理论的原因。

2）计算结果

运用 ASME 标准对水轮机转轮进行疲劳分析，首先应知道下述三种情况下的应力变化幅值。

第一种情况：
- 机组停机→额定转速没有水压力
- 机组停机→正常运行工况
- 额定转速没有水压力→正常运行工况

第二种情况：正常运行

第三种情况：
- 机组停机→飞逸工况
- 机组停机→正常运行工况
- 飞逸工况→正常运行工况

然后分别求出上述应力变化幅值情况下的疲劳循环次数；再求出转轮一年内累计损伤数，预估转轮的疲劳使用寿命。

本次分析采用 99.9% 的置信度，0.1% 的失效概率的疲劳寿命曲线，如图 6 - 101 所示。

根据转轮应力分析结果可知，在额定水头额定出力工况下，叶片与下环相交出水边处的应力变化幅值最大，因此，本次主要对叶片与下环相交出水边处进行疲劳分析。假设机组每天开机/关机次数为三次，则机组一年停机的次数为 1095 次（工程设计规定不得大于 1000 次/年）；每月出现飞逸次数为一次。因此，一年内机组的循环次数为：cycle1 $= 107.1 \times 365 \times 24 \times 60 = 5.63 \times 10^7$ 次；一年内出现飞逸的次数为 12 次。

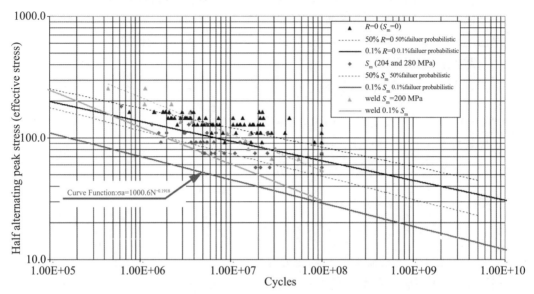

图 6－101　右岸 ZG04Cr13Ni5Mo 转轮材料水中疲劳寿命曲线

白鹤滩水电站转轮叶片与上冠（或下环）各种情况下疲劳寿命汇总见表 6－102。

表 6－102　右岸转轮叶片与上冠（或下环）各种情况下疲劳寿命

子模型过渡圆角（长叶片短叶片）	额定水头额定出力		额定水头最大出力		最大水头最大出力		195 m 水头额定出力		单位
	叶片与上冠出水边	叶片与下环出水边	叶片与上冠出水边	叶片与下环出水边	叶片与上冠出水边	叶片与下环出水边	叶片与上冠出水边	叶片与下环出水边	
$R_{50}R_{45}$	2980	959	3061	2598	2109	1493	4235	1124	年
$R_{55}R_{50}$	3457	849	3625	2413	2477	1297	4809	988	年
$R_{60}R_{55}$	3712	785	3807	2321	2594	1181	5027	1139	年
$R_{65}R_{60}$	3827	740	4036	2111	2735	1072	4968	977	年
$R_{70}R_{65}$	3898	602	4107	1768	2779	932	4872	884	年

根据不同条件的应力变化幅值，疲劳分析计算的结果可知：当叶片与下环的焊接出水边处过渡圆角取 $R_{55}R_{50}$（根据出水边处叶片厚度最终确定的设计值）时，转轮下环最短的疲劳寿命为 849 年。白鹤滩水电站转轮具有足够长的疲劳寿命，满足长期安全运行的要求（见图 6－102 和图 6－103）。

6.11　尾水管

6.11.1　设计要求

尾水管是混流式水轮机的最后一个过流部件。尾水管的主要作用是将转轮出口水流引向下游；利用下游水位至转轮处的吸出高度，形成在转轮出口处的静力真空，从而利用

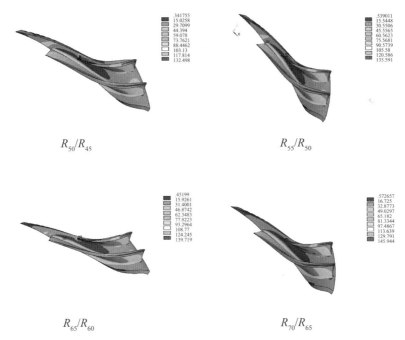

R_{50}/R_{45} $\qquad$ R_{55}/R_{50}

R_{65}/R_{60} $\qquad$ R_{70}/R_{65}

图 6 - 102　白鹤滩右岸转轮从额定转速没有水压力工况叶片与下环相交应力变化

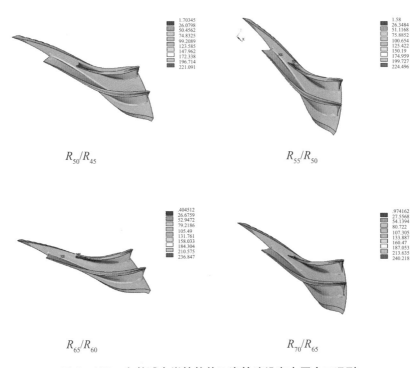

R_{50}/R_{45} $\qquad$ R_{55}/R_{50}

R_{65}/R_{60} $\qquad$ R_{70}/R_{65}

图 6 - 103　白鹤滩右岸转轮从飞逸转速没有水压力工况到
额定水头额定出力叶片与下环相交应力变化

转轮出口的水流动能，将其转换为转轮出口处的附加动力真空，使动能恢复并加以利用。尾水管对转轮出口的动能回收及水轮机的整机效率有重要的影响。

水流通过尾水管时具有一定的流速，防止水流冲刷混凝土造成破坏也是尾水管的主要作用。

水轮机尾水管里衬设计应符合以下要求：

（1）尾水管里衬按疲劳强度设计，确保里衬钢板、加强筋及进人门和锚固件能承受最高尾水位时的内外水压力，以及承受任何可能的正压（含涌浪）和负压。

（2）尾水管里衬采用分段管节交货，按运输和装卸限制以最少数目分段。

（3）尾水管里衬上有足够数量和长度的锚固件，并有足够的措施来保证浇筑混凝土期间尾水管保持在正确位置和保证在水轮机寿命期内里衬牢固地锚固在混凝土中。

（4）在尾水管里衬上设有不锈钢段，保证转轮出口段具有抗空蚀和抗磨损能力。

（5）在尾水管锥管段设置两个密封进人门；在尾水管肘管末端顶部设置一个铰接式密封进人门。

（6）在每台尾水管最低点设置两套盘型排水阀。

（7）为便于从尾水管检查和维修转轮而不必拆卸水轮机，设置一套转轮检修平台。转轮检修平台应可以很容易地通过人行通道和尾水管进人门搬运、组装和分解。

6.11.2 结构型式

尾水管型式为弯肘窄高型，与模型水轮机尾水管相似。主要由进口锥管、弯形肘管和出口扩散段组成。

6.11.2.1 锥管

1. 锥管的主要结构

锥管的流道进口断面直径为 7166 mm（左岸）/7455 mm（右岸，尾水管进口节在基础环上，进口直径为 7356 mm），出口断面直径为 9400 mm（左岸）/9750 mm（右岸），总高为 12 190 mm（左岸）/12 780 mm（右岸，含尾水管进口节为 13 330 mm）。由于锥管整体尺寸较大，锥管采用分段、分瓣式设计，按最大运输限制尺寸由上至下分为 5 段，在工地按由下而上的顺序安装。锥管外侧焊有加强环筋来提高锥管的刚强度，避免锥管在运输过程中和浇筑混凝土时产生变形或塌陷。环筋上布置有足够数量的锚钩，在埋设锥管时锚钩与土建钢筋和拉锚相连并搭焊，将锥管牢靠地锚固在混凝土中。加强环筋上每隔一定的距离设置了腰形孔，在锥管浇筑混凝土时起到排出空气的作用，防止锥管与混凝土之间产生脱空现象。在加强环筋上共设置了 9 层共 72 个拉紧器将锥管锚固在一期混凝土中埋设的拉锚上。

锥管的瓦块采用钢板卷制成型，钢板厚度为 30 mm，在厂内配割好焊接坡口，方便锥管在工地的组装和焊接。锥管最上部的锥管第 1 段分为 4 瓣，留有 100 mm 配割余量，在工地与基础环配割焊接。其余段均分为两瓣，每瓣上设置 4 个吊耳，焊接在每段相邻环形筋板之间，用于锥管瓦片的起吊和最终管节的整体吊装。每段锥管的分瓣焊缝相互错开以避免出现十字焊缝。由于尾水管内的水流随着工况的变化，存在不同程度的振动，靠近转轮出口处的锥管进口第 1 段、第 2 段设置为不锈钢段，以减少水流对锥管金属里衬的磨损。在锥管第一节靠近转轮出口的部位设置一个观察孔,通过此观察孔可以方便地测量转轮下止漏环和副底环止漏环之间的间隙。由于工地座环加工设备基础平台设置在锥管段,故在锥管第 2 段上均匀设置 8 处锚钩加强区域,并在内侧过流面用油漆进行标示,作为座环加工设备基础加强区。

2. 锥管进人门

在锥管上对称设置了两个尺寸为 800 mm × 1000 mm 的铰链式进人门,分别位于机组坐标 +X、−X 方位。进人门附近区域采用厚钢板进行补强,四周设置了筋板焊接在锥管本体上以增加进人门的刚强度。锥管进人门打开方式为外开式,在进人门的一侧设置两个铰链机构使进人门方便开启和关闭。在进人门上设置了 36 个 M30 的螺栓,用于在进人门关闭后将进人门牢固把合在关闭状态,并设置了两个安全栓,当遇到紧急情况导致把合螺栓失效时,通过安全栓和进人门铰链的作用,仍能使锥管进人门处于关闭状态。同时,在进人门正面和底面设置了顶起螺栓,使进人门的开启和关闭更加省力、方便。在每个进人门的下部设置了一个压力真空表以检测进人门附近压力真空,并设置了不锈钢试水阀,用于检测锥管内是否有水。

在锥管进人门的下方对称设置了两个小门,用于检修平台主梁的搭设,小门的内部净空为 380 mm × 280 mm。

6.11.2.2　肘管

1. 肘管的主要结构

水轮机尾水管肘管采用弯肘型,其进水断面为圆形,与锥管的出水断面一致;出水断面为长圆形,与尾水管扩散段相连。肘管上共包含 15 个断面,相邻断面形成一个管节,并最终以管节的型式交货。每个管节按两个圆弧段和两个直线段的方式下料,然后焊接成整体。

肘管的每个管节上都焊有加强环筋来提高肘管的刚强度,避免肘管管节在运输过程中和浇筑混凝土时产生变形。环筋上布置有足够数量的锚钩,在埋设肘管时锚钩与土建钢筋和拉锚相连,将肘管管节牢靠地锚固在混凝土中。加强环筋上每隔一定的距离设置腰形孔,在肘管浇筑混凝土时起到排出空气的作用。

为了保证肘管每个管节在运输、浇筑混凝土时不发生变形、塌陷,每个肘管管节的进、出口均设置了辐射状内部钢支撑,肘管支撑有足够的辐射网密度。

为了便于排水管路在工地的定位和安装,在肘管进口处和肘管出口处各设置了一段钢管,分别用于蜗壳排水阀、排水管在工地与肘管的连接和顶盖平压管总管在工地与肘管的连接。肘管出口管节两侧分别对称设置了一个排水箱,用于尾水管排水阀、排水管的安装。

2. 肘管在工地的安装

在肘管装配的底部设置了肘管支腿,在埋设肘管时,用支腿和钢支撑之间的楔子板调节肘管的高度。肘管设置数量足够的底部拉锚、岩层直拉锚和岩层斜拉锚,将肘管牢靠地锚固在安装位置,方便肘管混凝土的浇筑。肘管混凝土养护完成后,肘管底部可能存在不同程度的脱空现象。由于肘管位置水流流态复杂,肘管存在脱空问题将增加肘管钢衬撕裂的风险。为保证肘管脱空面积在设计和相关规范要求范围内,在靠近肘管出口的 5 个管节的底部设置了多个直径为 150 mm 的压力灌浆排气孔,用于在压力灌浆时排出肘管底部的空气，防止肘管钢衬与混凝土之间发生脱空现象。在压力灌浆后将排气孔用堵板和螺塞封堵焊死，并磨去突出部分，使之与肘管里衬平齐。

肘管每个管节的进、出口均在厂内设置了焊接坡口，用于工地肘管管节的拼接和组焊。肘管按由下游至上游顺序安装，定位节位于尾水肘管的最下游端，在安装前调整定位节的位置，预紧基础螺栓，将楔子板、定位节和钢支撑上的基础垫板点焊固定。肘管定位节侧面和底部用槽钢、圆钢和拉紧器进行对称整体加固和锚固。肘管自定位节起依次向上游安装，完成前一个肘管环缝的焊接并探伤后，再进行下一个管节的安装和调整。肘管进水端的进水断面为水平管口，其中心与机组中心重合，该节将作为锥管安装高程、水平的控制基准节。

6.11.3 材料

白鹤滩尾水管与类似成熟机型主要材料对照见表 6－103。

表 6－103　白鹤滩尾水管与类似成熟机型主要材料对照表

项目	白鹤滩左岸	白鹤滩右岸	溪洛渡右岸	三峡右岸	向家坝
锥管进口不锈钢	30 钢板 0Cr18Ni9	30 钢板 0Cr13Ni5Mo	30 钢板 0Cr18Ni9	25 钢板 0Cr18Ni9	25 钢板 0Cr18Ni9
锥管本体	30 钢板 Q235B	30 钢板 Q345B	30 钢板 Q235B	25 钢板 Q235B	25 钢板 Q235B
锥管筋板	20 钢板 Q235B	20 钢板 Q345B	20 钢板 Q235B	16 钢板 Q235B	16 钢板 Q235B
锥管进人门补强板	55 钢板 Q345C	60 钢板 Q345B	45 钢板 Q345C	40 钢板 Q345C	45 钢板 Q235B
肘管本体	20 钢板 Q235B	25 钢板 Q345B	25 钢板 Q235B	25 钢板 Q235B	25 钢板 Q235B
肘管筋板	20 钢板 Q235B	20 钢板 Q345B	20 钢板 Q235B	16 钢板 Q235B	16 钢板 Q235B

白鹤滩尾水管与类似成熟机型主要参数对照见表 6－104。

表 6－104　白鹤滩尾水管与类似成熟机型主要参数对照表

项目	白鹤滩左岸	白鹤滩右岸	溪洛渡右岸	三峡右岸	向家坝
锥管尺寸（进口×高度）（mm×mm）	7166×12 190	7356×13 330	6237.3×10 822	9452×9896	7510×7290
锥管重量（kg）	124 706	152 000	92 289	116 115	67 906
肘管尺寸（进口×高度）（mm×mm）	9400×15 500	9750×14 630	8134.4×13 392	11 910×16 500	9200×12 380
肘管重量（kg）	265 297	271 833	121 980	369 500	201 310
进人门尺寸（mm×mm）	800×1000	800×1000	800×1000	800×1000	800×1000

6.11.4　尾水管计算

6.11.4.1　左岸电站尾水管计算

采用有限元法对锥管结构的应力及变形进行计算分析。同时为了确保锥管在极限状态下良好的屈曲稳定性，对屈曲安全因子进行计算分析。

1. 计算参数

1）载荷参数

在锥管最大内压工况下承受内压：0.55 MPa（上端），0.67 MPa（下端）。

在混凝土渗水工况下承受外压：0.55 MPa（上端），0.67 MPa（下端）。

地震参数：0.25 g（水平），0.125 g（垂直）。

2）材料参数

锥管材料参数见表 6-105。

表 6-105　白鹤滩左岸锥管材料参数

项目	材料	弹性模量（MPa）	密度（kg/mm³）	泊松比	屈服极限（MPa）	强度极限（MPa）
锥管本体	Q235B	2.1E5	7.85E-6	0.3	215	375
进人门加强板处	Q345C	2.1E5	7.85E-6	0.3	305	490
进人门	Q345C	2.1E5	7.85E-6	0.3	325	490
混凝土	混凝土	2.8E4	2.548E-6	0.16	—	—

3）计算过程处理

采用结构分析软件 ANSYS 进行计算。在计算中，将混凝土与锥管结构运用三维实体单元及壳单元进行有限元网格划分。在混凝土处进行边界条件约束。

2. 计算工况

工况一：锥管最大内压工况，锥管上端承受 0.55 MPa 内压，下端承受 0.67 MPa 内压。

工况二：混凝土渗水工况，锥管上端承受 0.55 MPa 外压，下端承受 0.67 MPa 外压。

工况三：地震工况，在锥管最大内压工况下，锥管上端承受 0.55 MPa 内压，下端承受 0.67 MPa 内压及地震载荷。

工况四：在锥管承受 0.55 ~ 0.67 MPa 外压时进行屈曲分析。

3. 计算结果

工况一：在最大内压工况下，锥管本体最大等效应力为 214.1 MPa，位于锥管加强板处，锥管进人门最大等效应力为 206.7 MPa，锥管最大综合位移为 2.162 mm，位于进人门附近。

工况二：在混凝土渗水工况下，锥管本体最大等效应力为 222.2 MPa，位于锥管加强板处，锥管进人门最大等效应力为 114.7 MPa，锥管最大综合位移为 1.916 mm，位于锥管底部。

工况三：在地震工况下，锥管本体最大等效应力为 214.1 MPa，位于锥管加强板处，锥管进人门最大等效应力为 206.8 MPa，锥管最大综合位移为 2.162 mm，位于进人门附近。

工况四：在锥管承受外压时，对锥管进行了屈曲分析，计算出一阶屈曲因子为1.812，结果见图6-104。

（a）锥管实体模型图

.002326　.242239　.482152　.722065　.961977　1.20189　1.4418　1.68172　1.92163　2.16154

（b）锥管承受内压时等效应力分布

.005649　47.5748　95.1439　142.713　190.282
　23.7902　71.3593　118.928　166.498　214.067

（c）锥管承受内压时综合位移分布

0　.279E-03　.556E-03　.837E-03　.001116　.001395　.001674　.001953　.002232　.002511

（d）锥管一阶屈曲模态

图6-104　白鹤滩左岸尾水锥管刚强度计算

白鹤滩左岸锥管应力结果见表6-106和表6-107。

表6-106　白鹤滩左岸锥管应力计算结果　　　　　单位：MPa

工　况		计算断面平均应力 P_m	合同要求许用应力	是否满足合同要求
工况一	锥管本体	91.9	101.7	满足
	进人门	66.7	108.3	满足
工况二	锥管本体	78.1	101.7	满足
	进人门	41.3	108.3	满足
工况三	锥管本体	91.8	135.3	满足
	进人门	66.5	144.0	满足

表6-107　白鹤滩左岸锥管按 ASME 标准确定许用应力　　　　　单位：MPa

工　况		计算断面平均应力 P_m	ASME许用应力 P_m	计算结果 $P_1 + P_b$	ASME许用应力 $P_1 + P_b$	计算结果 $P_1 + P_b + Q$	ASME许用应力 $P_1 + P_b + Q$	是否满足ASME标准
工况一	锥管本体	91.9	163.3	141.4	245	214.1	490	满足
	进人门	66.7	163.3	189.5	245	206.7	490	满足

续表

工　况		计算断面平均应力 P_m	ASME许用应力 P_m	计算结果 $P_l + P_b$	ASME许用应力 $P_l + P_b$	计算结果 $P_l + P_b + Q$	ASME许用应力 $P_l + P_b + Q$	是否满足ASME标准
工况二	锥管本体	78.1	163.3	172.6	245	222.2	490	满足
	进人门	41.3	163.3	76.7	245	114.7	490	满足
工况三	锥管本体	91.8	163.3	144.1	245	214.1	490	满足
	进人门	66.5	163.3	189.6	245	206.8	490	满足

6.11.4.2　右岸电站尾水管计算

右岸电站尾水管各部件材料参数见表6-108。

表6-108　白鹤滩右岸尾水管材料参数　　　　单位：MPa

板件	材料	屈服极限 σ_s	强度极限 σ_b
锥管	Q345B	335	470~630
肘管	Q345B	335	470~630
筋板	Q345B	335	470~630

1. 锥管的计算（解析法）

制造尾水管锥管的主要材料为Q345B，由解析计算得到平均应力的最大允许值取为

$$\sigma_l \leqslant \frac{\sigma_b}{4}$$

式中，σ_b 为材料的拉伸强度极限。

1）计算工况

尾水管在混凝土浇筑时，混凝土对尾水管会产生浇筑压力，在浇筑压力作用下，尾水管钢板里衬以及加强筋板会产生应力及变形。尾水管在检修时，由于尾水渗透作用同样会对尾水管产生压力，这时尾水管和锚钩会产生较高的应力。所以主要考虑浇筑混凝土时和尾水管检修时两种工况。

2）载荷条件

混凝土浇筑时对尾水管里衬产生压力，混凝土每一层的浇筑厚度为 $I_{(m)b}$，最大压强为

$$P = 2.5 \times 10^{-2} \times I_b = 0.025 \text{ MPa}$$

计算时，按1m的浇筑厚度考虑。尾水管排水后检修时，外部对钢板里衬的渗漏压力为

$$P_n = N_{nd} - N_1 = 0.451 \text{ MPa}$$

式中：P_n 为尾水管渗漏压力；N_{nd} 为最高下游水位；N_1 为尾水管锥管底部高程。

3）锥管部分解析计算及结果分析

尾水管锥管部分由于壁厚和锥体直径相比较小，可以近似为薄壳结构，根据薄壳的应力计算，分别考虑尾水管锥管的进口部分和出口部分的应力状态，并针对不同的工况进行应力计算。

将尾水管锥管部分的进水口处和出水口处的两种工况进行解析计算如下。

进水口处：

混凝土浇筑工况下最大弯曲应力为

$$\sigma_t = \frac{pR}{h} = \frac{0.025 \times 3731.35}{30} MPa = 3.11 \ MPa$$

尾水管检修工况下的最大弯曲应力为

$$\sigma_t = \frac{pR}{h} = \frac{0.451 \times 3731.35}{30} MPa = 56.1 \ MPa$$

出水口处：

混凝土浇筑工况下的最大弯曲应力为

$$\sigma_t = \frac{pR}{h} = \frac{0.025 \times 4875}{30} MPa = 4.06 \ MPa$$

尾水管检修工况下的最大弯曲应力为

$$\sigma_t = \frac{pR}{h} = \frac{0.451 \times 4875}{30} MPa = 73.3 \ MPa$$

表6-109为解析法计算的应力，结果满足要求。

表6-109 尾水管锥管 Mises 应力计算结果　　　　　单位：MPa

工况	最大应力		设计准则	
	进水口	出水口		
1	3.11	4.06	$\sigma_b/4$	117.5
2	56.1	73.3	$\sigma_b/4$	117.5

2. 肘管计算（有限元法）

采用有限元分析软件 ANSYS 进行计算。

有限元模型：在建模时取肘管的1/2区域作为分析模型，其中包括管段部分和筋板。计算模型采取板壳单元对其进行有限元网格划分。

计算工况如下：

（1）尾水管安装时，浇筑混凝土工况。

（2）尾水管检修工况。

（3）尾水管安装时，浇筑混凝土工况（承受地震加速度载荷）。

（4）尾水管检修工况（承受地震加速度载荷）。

计算结果见表6-110。

表6-110 尾水管肘管应力计算结果

工况	平均应力（MPa）	最大应力（MPa）	最大变形（mm）	许用应力			
				平均应力（MPa）	数值	最大应力（MPa）	数值
1	5.6	8.4	0.103	$\sigma_b/4$	117.5	$1.5\sigma_b/4$	176.25
2	116.9	175	2.458	$\sigma_b/4$	117.5	$1.5\sigma_b/4$	176.25

续表

工况	平均应力（MPa）	最大应力（MPa）	最大变形（mm）	许用应力			
				平均应力（MPa）	数值	最大应力（MPa）	数值
3	5.8	8.7	0.108	$133\%\sigma_b/4$	156.2	$133\%\times1.5\sigma_b/4$	234.4
4	111.1	199.4	2.463	$133\%\sigma_b/4$	156.2	$133\%\times1.5\sigma_b/4$	234.4

在地震情况下，应承受水平方向 $0.25\ g$，垂直方向 $0.125\ g$ 地震加速度载荷，在地震加速度载荷的作用下，非转动部件的应力不得超过许用应力的 133%。图 6-105 为白鹤滩右岸尾水管肘管刚强度计算。

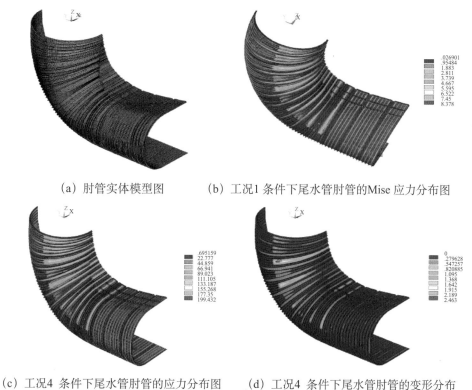

(a) 肘管实体模型图　　(b) 工况1 条件下尾水管肘管的Mise 应力分布图

(c) 工况4 条件下尾水管肘管的应力分布图　　(d) 工况4 条件下尾水管肘管的变形分布

图 6-105　白鹤滩右岸尾水管肘管刚强度计算

6.12　水轮机主轴

6.12.1　设计要求

水轮机主轴是水轮机与发电机的连接部件，主轴上部与发电机轴连接，下部与水轮机转轮连接。机组运行时，主轴在传递水力扭转力矩的同时，也承受着轴向水推力和转动部件的重力，以及作用在转轮上的径向水力不平衡力。发电机转子、发电机主轴、上导轴承、下导及推力轴承、水轮机主轴、水导轴承和水轮机转轮构成混流式水轮发电机组轴系，而轴系稳定性直接关系到机组运行安全稳定性。因此主轴需要具有足够的刚强度，同时轴系还应具有良好的稳定性。

白鹤滩水轮机主轴设计应符合以下要求：

（1）水轮机主轴应具有足够的直线度和刚强度，保证机组在任何转速直至最大飞逸转速范围内均能安全可靠运转且无有害的振动和变形；具备优异的轴系稳定性。

（2）水轮机主轴采用锻钢 25MnSX，其化学成分、力学性能和无损探伤要求满足 Q/CTG 3—2013《大型水轮发电机组主轴锻件技术条件》的规定。

（3）水轮机主轴采用中空带轴领结构，上端与发电机轴采用螺栓、销套或销子螺栓连接并传递扭矩；下端与水轮机转轮法兰连接，采用螺栓、销套连接并传递扭矩。

（4）水轮机主轴与转轮连接的法兰螺栓孔应满足转轮的互换性要求，采用镗模加工以保证联轴螺孔的形位公差精度。

6.12.2 结构型式

主轴可以整锻、分段锻造和窄间隙焊接而成，也可用钢板卷焊轴身与锻造法兰拼焊而成。白鹤滩水轮机主轴将主轴分为两个法兰段和一个轴身段，各段之间采用止口定位、窄间隙焊接成型的结构方式。

6.12.2.1 主轴标准型式

主轴尺寸已逐步标准化（见表 6-111），目前设计中采用的有两种标准系列：一种为轴身壁厚大于连接法兰厚度的厚壁轴标准；另一种为轴身壁厚小于连接法兰厚度的薄壁轴标准。新设计的大型混流式机组多采用薄壁轴标准。白鹤滩主轴结构见图 6-106。

表 6-111　主轴尺寸参数

项目	白鹤滩左岸	白鹤滩右岸	三峡右岸	溪洛渡右岸
机组出力（MW）	1000	1000	710	784
轴身外径（mm）	3250	3100	3800	2350
轴身内径（mm）	2920	2700	3520	1700
滑转子外径（mm）	3700	3700	4100	2750
上法兰外径（mm）	4260	3980	—	3330
上法兰厚度（mm）	380	400	340	400
下法兰外径（mm）	3610	3760	4160	2810
下法兰厚度（mm）	530	480	550	480

6.12.2.2 主轴法兰结构

根据已选取的轴身尺寸，综合考虑水轮机整体结构的紧凑型、主轴安装方便性、制造加工能力和经济性，发电机端法兰有外法兰和内法兰两种结构型式，水轮机端法兰有外法兰和中法兰两种结构型式。白鹤滩左岸水轮机主轴发电机端法兰采用外法兰结构，水轮机端法兰采用中法兰结构。右岸水轮机主轴上、下法兰均采用中法兰结构。

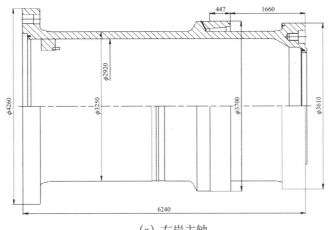

（a）左岸主轴

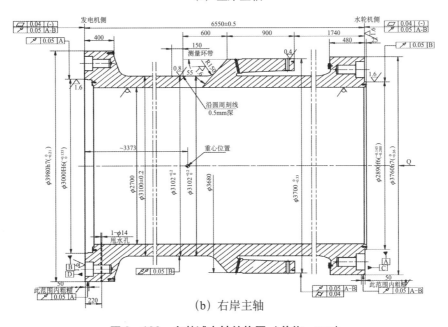

（b）右岸主轴

图 6-106　白鹤滩主轴结构图（单位：mm）

6.12.2.3　滑转子（轴领）结构型式

滑转子的结构型式与轴承结构型式有关，对于主轴直径大于1 m的机组，通常采用稀油润滑油浸式分块瓦水导轴承，选用该结构轴承时，需在主轴上设置轴领，轴领的结构尺寸和高程与水导轴承的设计相关。为保证轴领和轴瓦之间形成稳定的油膜，轴领工作表面需保证足够的表面光洁度和几何精度，对轴领表面进行抛光处理，其表面粗糙度要求为 $Ra=0.4$，同轴度要求为0.04。根据轴承冷却方式不同，对于内循环结构，在轴领下部开设一定数量和大小的径向孔或与径向成一定角度的孔，主轴旋转时孔起油泵的作用促使油循环，锦屏一级电站即为该结构；对于外循环结构则不需要开设径向孔。

为防止轴承油箱内油雾外溢，轴领上部开设斜向孔以平衡轴领内外腔压力，同时配备螺堵，在工地根据实际调试情况对部分斜向孔进行封堵，配合轴承的其他防油雾措施起到防油雾作用。

6.12.2.4 主轴连接方式

左岸水轮机主轴与发电机轴采用 30×M190×6 销子螺栓连接并传递扭矩，主轴与转轮采用 26×M160×6 螺杆连接，26×ϕ280/ϕ165 mm 销套传递扭矩，水轮机主轴与发电机主轴及转轮的联轴销孔在厂内采用镗模加工。

右岸水轮机主轴与发电机轴采用 30×M150×6 螺杆连接，30×ϕ250/ϕ154 mm 销套传递扭矩，主轴与转轮采用 24×M160×6 螺杆连接，24×ϕ280/ϕ164 mm 销套传递扭矩，水轮机主轴与发电机主轴及转轮的联轴销孔在厂内采用镗模加工。

6.12.2.5 联轴螺栓

上联轴螺栓连接发电机轴和水轮机轴，螺栓（或螺栓+销套）主要承受转轮重力、主轴重力、水推力和传递扭矩。螺栓的销子段或销套根据主轴销孔实际加工尺寸配车，双边总间隙为 0.05~0.08 mm，配车后按主轴销孔编号打标记，以保证销子螺栓可靠传递扭矩。使用专用液压拉伸器拉伸螺栓，有利于安装中将螺栓拉伸到设计拉伸值时起到保护工作螺纹的作用。

下联轴螺栓连接水轮机轴和转轮，螺栓主要承受转轮重力、水推力和传递扭矩。与上连接螺栓相似，使用专用液压拉伸器拉伸。

为有效保证螺栓的疲劳寿命，要求工作螺纹要进行研磨处理；螺纹与光杆段/销子段设计过渡结构，过渡结构处进行抛光处理。

根据螺栓的受力情况选取螺栓和销套材料，螺母材料和螺栓材料一致（见表 6-112）。常用的螺栓和销套材料有 35CrMo、42CrMo、34Cr2Ni2Mo（34CrNiMo）。

表6-112 联轴螺栓及销套尺寸参数

名 称		白鹤滩左岸	白鹤滩右岸	三峡右岸（东电）	溪洛渡右岸
上联轴螺栓	材料	34Cr2Ni2Mo	35CrMo	34Cr2Ni2Mo	34Cr2Ni2Mo
	规格/长度	M190×6/1360	M150×6/1115	M245×6/1370	M200×6/1455
	数量	30	30	20	24
	螺栓伸长值	1.40	1.02	1.09	1.20
下联轴螺栓	材料	34Cr2Ni2Mo	35CrMo	34Cr2Ni2Mo	34Cr2Ni2Mo
	规格/长度	M160×6/1058	M160×6/1050	M160×6/1020	M160×6/950
	数量	26	24	28	20
	螺栓伸长值	1.05	1.01	1.81	0.81
销套	材料	34Cr2Ni2Mo	35CrMo	34Cr2Ni2Mo	34Cr2Ni2Mo
	外径/内径（mm）	ϕ280/ϕ165	ϕ250/ϕ154（上） ϕ280/ϕ164（下）	ϕ280/ϕ165	ϕ280/ϕ165
	高度（mm）	300	225/238	307.5	307.5

6.12.3　材料

主轴通常采用锻钢 20SiMn、ASTMA668GrD、ASTMA668GrE 等。白鹤滩水轮机主轴采用锻钢 25MnSX，锻件材质及制造须满足 QJ/CTG—2013《大型水轮发电机组主轴锻件技术条件》规定。主轴材料要求见表 6－113。

表 6－113　主轴材料要求

化学成分 max.　（%）											
牌号	C	Si	Mn	P	S	Cr	Ni	Mo	V	Cu	Ceq
20SiMn	0.16 ~ 0.22	0.60 ~ 0.80	1.00 ~ 1.30	0.012	0.010	—	—	—	—	—	—
A668D	—	—	1.35	0.050	0.050	—	—	—	—	—	—
25MnSX	0.25	0.25	1.25	0.025	0.01	0.40	1.00	0.20	0.10	0.05	0.55
力学性能											
牌号	屈服强度（MPa）		抗拉强度（MPa）		断后伸长率（%）		断面收缩率（%）				
20SiMn	≥255		≥470		≥16		≥30				
A668D	≥260		≥515		≥22		≥35				
25MnSX	≥310		≥565		≥20		≥35				

6.12.4　主轴计算

6.12.4.1　刚强度计算

1. 左岸电站主轴刚强度计算

利用 ANSYS 软件对主轴结构刚强度进行分析。计算模型根据水轮机主轴结构特点，用体单元模拟结构实体。

边界条件：将水轮机轴与发电机轴连接的法兰处做边界处理。

计算工况及载荷：计算工况包括额定出力、最大出力工况及地震工况。考虑的载荷包括：机组运行时的扭矩、轴向水推力、转轮重量、水轮机部件运行产生的偏心力以及地震载荷等。

计算结果：结构刚强度计算结果见表 6－114、表 6－115 和图 6－107。

表 6－114　左岸水轮机主轴等效应力计算结果　　　　单位：MPa

工况	应力集中处最大等效应力	合同要求	轴身处最大等效应力	合同要求
额定出力工况	105.3	132	68.7	82.5
最大出力工况	116.0	132	75.7	82.5
地震工况	117.4	132	76.2	82.5

表 6 – 115　左岸水轮机主轴剪切应力计算结果　　　　　　单位：MPa

工况	轴身处最大剪切应力	合同要求
额定出力工况	38.9	55
最大出力工况	43.1	55
地震工况	43.4	55

（a）主轴实体模型图

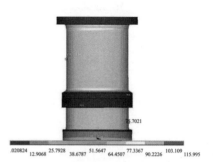

（b）最大出力工况主轴等效应力分布

（c）最大出力工况主轴综合位移分布

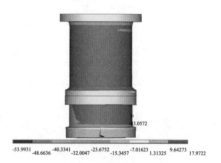

（d）最大出力工况主轴剪切应力分布

图 6 – 107　白鹤滩左岸主轴刚强度计算

2. 右岸电站主轴刚强度计算

右岸主轴采用经典解析法（见表 6 – 116）和有限元法（见表 6 – 117）相结合进行强度计算分析。主轴最大复合应力 σ_{emax} 为水轮机最大出力时的扭转剪切应力 τ_{max}，由水力动载荷和静载荷（包括自重）引起的轴向拉应力 σ_{max} 和弯曲应力 σ_w 的总和，最大剪应力 τ_{max}、截面最大复合应力 σ_{emax} 及最大复合应力计入适当的应力集中后出现的最大应力均分别小于设计要求的许用应力。

表 6 – 116　右岸主轴解析法应力计算结果　　　　　　单位：MPa

工况	部位	最大剪切应力	最大拉伸应力	弯曲应力	最大复合应力
额定出力	轴身（B – B）	38.0	11.6	4.4	67.8
最大出力		42.2	11.6	4.4	74.9
许用标准		51.7	——	——	77.5

表 6 –117　右岸主轴有限元计算结果　　　　　　　　单位：MPa

工况	应力	纯拉	纯扭	拉 – 扭	设计准则	
					许用应力	数值
额定出力	轴身最大应力	11.6	38.0	66.9	$\sigma_s/4$	77.5
最大出力		11.6	42.2	74.1		
额定出力	轴身最大剪切应力	0	38.0	38.0	$\sigma_s/6$	51.7
最大出力		0	42.2	42.2		
额定出力	上法兰根部最大应力	29.6	46.4	86.2	$2\sigma_s/5$	124
最大出力		29.6	51.5	95.2		
额定出力	下法兰根部最大应力	19.3	43.1	77.0	$2\sigma_s/5$	124
最大出力		19.3	47.9	85.2		
额定出力	轴领处最大应力	19.6	54.8	102.3	$2\sigma_s/5$	124
最大出力		19.6	60.9	113.4		
额定出力	轴身凹槽处（$D-D$）	12.1	39.4	69.4	$2\sigma_s/5$	124
最大出力		12.1	43.8	76.9		

6.12.4.2　主轴疲劳寿命计算

考虑机组各种可能运行的工况，如正常运行、启停机、飞逸等工况，对主轴进行疲劳分析计算。

左岸电站主轴疲劳计算结果见表 6 –118。

表 6 –118　白鹤滩左岸电站主轴疲劳计算结果

负荷周期	工况条件	循环周期数
1	启机→正常运行→停机	60（年）×1000（次）
2	启机→正常运行→飞逸→停机	10（次/60 年）

白鹤滩右岸主轴刚强度计算见图 6 –108。

（a）最大出力工况主轴　　　（b）最大出力工况主轴轴身　　（c）最大出力工况主轴轴身
　　应力分布　　　　　　　　　　应力分布　　　　　　　　　　剪切应力

（d）最大出力工况主轴　　　（e）最大出力工况主轴　　　（f）最大出力工况凹槽处
　　上法兰应力　　　　　　　　下法兰应力　　　　　　　　　应力分布

图 6 –108　白鹤滩右岸主轴刚强度计算

根据主轴应力计算结果，采用英国 Safe – technology 公司的结构疲劳分析软件 FE – SAFE，对整体主轴进行了全寿命疲劳损伤分析计算。

（1）计算得到主轴的最小对数寿命为 4.836 28，所以算得主轴的损伤因子 $D = 1.46E - 5 < 1$。

（2）疲劳安全系数为 1.9922 > 1。

综上分析，白鹤滩左岸主轴结构具有足够的疲劳安全裕量（见图 6 – 109）。

（a）主轴疲劳对数寿命值分布图　　　　（b）主轴疲劳安全因子分布

图 6 –109　白鹤滩左岸主轴疲劳计算

同理，右岸主轴疲劳强度计算结果见表 6 – 119。

表 6 –119　右岸电站主轴疲劳强度计算结果

项目	工况		计算结果
参数	机组额定转速		107. 1 r/min
	机组每天开关机次数		3 次/天
	一年内开关机机次		1095 次
	一年内机组循环次数		56 291 760 次
应力变化幅值	第一种工况	机组停机——额定水头额定出力工况（考虑拉扭应力）	88. 7 MPa
	第二种工况	正常运行工况（考虑弯曲应力）	3. 2 MPa
疲劳循环次数	第一种工况		1. 336E + 07 次
	第二种工况		1. 173E + 12 次
损伤系数	第一种工况		8. 196E - 05 次
	第二种工况		4. 800E - 05 次
该机可运行年限			7695 年

6.12.4.3　联轴螺栓强度计算

1. 左岸电站联轴螺栓强度

对联轴螺栓进行有限元计算，计算工况为开机、停机工况。边界定义：将水轮机轴上面做全约束，转轮上冠到转轮中心做一个载荷伞，模型的载荷施加在载荷中心。计算结果见表 6 - 120、表 6 - 121、图 6 - 110。

表 6 - 120　白鹤滩左岸电站主轴联轴螺栓计算结果

工况	部　件	最大综合位移（mm）	最大等效应力（MPa）
启停机	上联轴螺栓	2.0084	301.00
	下联轴螺栓	2.3908	505.11

表 6 - 121　白鹤滩左岸电站主轴联轴螺栓安全余量

工况	部　件	总应力（MPa）	屈服极限 $R_{p0.2min}$（MPa）	安全余量 S_F（%）
启停机	上联轴螺栓	353.64	700	49.5
	下联轴螺栓	334.72	600	41.1

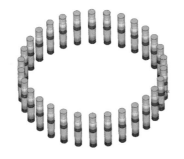

.633891 .78661 .939329 1.09205 1.24477 1.39749 1.55021 1.70292 1.85564 2.00836

222.149 230.911 239.672 248.434 257.195 265.957 274.719 283.48 292.242 301.003

（a）启停机工况上联轴螺栓最大综合位移　　　（b）启停机工况上联轴螺栓最大等效应力

图 6 - 110　白鹤滩左岸主轴联轴螺栓强度计算结果

2. 右岸电站联轴螺栓强度

右岸电站主轴联轴螺栓在最大水头和最大出力工况下的许用应力如下。

连接螺栓：根据工程设计要求及哈电水轮机设计导则，螺栓预紧力应不大于螺栓材料屈服强度的 60%，即 $620 \times 0.6 = 372$ MPa。螺栓预紧力应不小于工作载荷的 5 倍。

销套：剪切应力不超过许用拉应力 60%，许用剪切应力为 $0.6 \times (810/5) = 97.2$ MPa。许用挤压应力应小于主轴材料屈服强度的 1/3，即 $310/3 = 103.3$ MPa

内螺纹：内螺纹剪切应力应小于主轴材料屈服强度的 $80\% \times 60\%$，即 $310 \times 0.8 \times 0.6 = 148.8$ MPa，内螺纹弯曲应力应小于主轴材料屈服强度的 80%，即 $310 \times 0.8 = 248$ MPa。

右岸电站主轴联轴螺栓强度计算使用标准的主轴联轴螺栓和剪切销套的应力计算程序。

计算结果见表 6 - 122。

表6-122   白鹤滩右岸电站主轴联轴螺栓计算结果

连接螺栓预紧力		
名　称	螺栓预应力（MPa）	被连接件预紧力与工作载荷比值
发电机侧连接螺栓	620×0.5＝310（＜372）	5.04（＞5）
转轮侧连接螺栓	620×0.5＝310（＜372）	5.10（＞5）
销套的剪切应力和挤压应力		
名　称	剪切应力（MPa）	挤压应力（MPa）
发电机侧销套	62.54（＜97.2）	77.13（＜103.3）
转轮侧销套	65.8（＜97.2）	86.62（＜103.3）
内螺纹剪切应力和弯曲应力		
名　称	剪切应力（MPa）	弯曲应力（MPa）
发电机侧大轴内螺纹	88.48（＜148.8）	165.14（＜248）
转轮侧大轴内螺纹	90.69（＜148.8）	169.27（＜248）

6.13　主轴密封

6.13.1　设计要求

混流式水轮机主轴密封是水轮机轴与顶盖之间的封水装置，其作用是在机组发电和停机工况时，阻止水从转轮室经主轴与顶盖间隙上溢，以防止水导轴承及顶盖被淹。主轴密封分为工作密封和检修密封，工作密封布置于水导轴承下方，为动态恒压轴向自动补偿型主轴工作密封；检修密封位于工作密封下方，采用压缩空气充气的橡胶密封装置。主轴密封应具有良好的止漏功能和耐磨性能，保证在规定的漏水量下运行至少一个检修周期。工作密封要求如下：

（1）密封元件须为耐磨性好、摩擦系数低、耐腐蚀、抗风化、抗老化的高分子材料，且应保证至少运行40 000 h而不用更换。

（2）密封元件在运行中的磨损具有自补偿性，且其磨损量须可测。

（3）工作密封应有较大的结构刚度，以适应各种复杂工况变化时的冲击压力。

（4）密封副接触面要求通清洁润滑水，满足封水压力较高的要求。主轴密封的供水管在机坑内均采用法兰连接的金属软管。

（5）密封用的压板、螺栓、螺母等均采用不锈钢材料。

6.13.2　结构型式

白鹤滩主轴密封采用静压自平衡式轴向密封结构，这种结构型式在三峡、溪洛渡、向家坝、瀑布沟、小湾、金安桥、鲁地拉等一系列大型混流式水轮机上普遍采用。

左岸水轮机主轴密封主要由集水箱、浮动环、弹簧、主密封环、集电环、密封座、检修密封、检修密封座等组成，如图 6 - 111 所示。其中集电环为不锈钢材质，安装于水轮机主轴上随轴转动，它与主密封圈之间形成一层约 0.04 ~ 0.08 mm 厚的水膜，这层水膜对主密封圈与集电环形成的密封副起密封、润滑、冷却作用。工作密封的冷却水由机组技术供水系统提供，其水压为 0.8 ~ 1.2 MPa，流量为 450 L/min。浮动环上部均匀装配 40 个压紧弹簧及 8 根主轴密封供水管，并用压紧螺栓压紧，使其保持一定的压缩量，并调节集电环与主密封环水膜厚度，此结构允许主密封环在轴向一定范围内运动。集水箱上安装 8 根供水管路及一根 DN125 的密封排水管，集水箱中的密封漏水将从机坑里衬预埋管直接排往排水总管。

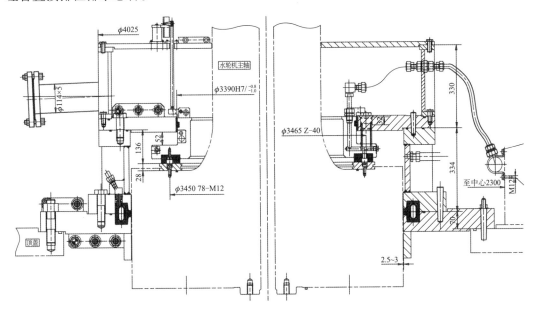

图 6 - 111　白鹤滩主轴密封结构示意图（单位：mm）

右岸水轮机主轴密封副由转动部件与固定部件组成。转动部件耐磨环利用螺栓固定安装于主轴下法兰上平面，耐磨环随主轴旋转，与工作密封环（以下简称密封环）贴合的密封面与旋转轴线垂直。固定部件主要包括密封环、浮动环、弹簧、压紧螺栓、导向环、密封水箱、密封环磨损指示装置、供水、排水管路及附件等。密封环上开有环形密封水腔，用螺栓固定于浮动环下方。浮动环上部与导向环之间装有 40 个弹簧，利用导向环上的压紧螺母将弹簧压在密封环上，浮动环带着密封环依靠自重及弹簧的压力与耐磨环的密封面贴紧，起到密封作用。在浮动环和密封环上钻有 10 个 $\phi15$ mm 通水孔，将清洁水引入密封环与耐磨环之间，主轴旋转后形成润滑水膜，使密封环与耐磨环在转动时不会发生物理接触，清洁水在磨擦面间流动可以将磨擦引起的热量带走，对密封环起到润滑与冷却的作用。密封水箱分为与转轮上腔相通的浑水腔和密封漏水的清洁水腔，在导向环和浮动环相接处设有密封条，用以隔断浑水腔和清洁水腔。

水轮机运行时，转轮上冠内的压力浑水经过水轮机主轴与顶盖之间的间隙进入水箱浑水腔内，厂房清洁水通过滤水器和节流孔板后经过浮动环内孔进入密封环与耐磨环所形成的空腔内，一部分经过密封环与耐磨环之间外侧的间隙流到浑水腔，由于密封清洁水压力大于浑水腔内浑水的压力,因此浑水不会进入摩擦面。而另一部分清洁水则经过密封环与耐磨环之间内侧间隙形成密封漏水进入到水箱清洁水腔,此水箱设有排水管,将密封漏水接至厂房排水总管。进入到顶盖内的密封漏水则会由座环固定导叶排水孔和顶盖内排水泵及时排出,以免顶盖内水位上升侵入上部轴承。

6.13.3 材料

白鹤滩主轴密封工作密封环采用进口 CESTIDUR 材料,CESTIDUR 材料为合成树脂和合成橡胶技术的混合物,属于一种非金属高分子化合材料,这种材料具有摩擦系数低、耐磨损、寿命长和高承压、抗冲击能力强、加工简单、无污染等特点。耐磨环采用高硬度、耐磨、耐腐蚀 0Cr13Ni5Mo 不锈钢板制成。主轴密封与类似成熟机型对照表见表 6 – 123。

表 6 – 123　白鹤滩主轴密封与类似成熟机型对照表

项目	三峡左岸	向家坝	溪洛渡	白鹤滩左（东电)	白鹤滩右（哈电)
机组容量（MW)	700	800	750	1000	1000
结构型式	静压自调节端面水压密封	静压自调节端面水压密封	静压自调节端面水压密封	静压自调节端面水压密封	静压自调节端面水压密封
密封中直径（mm)	ϕ4205	ϕ4205	ϕ2910	ϕ3490	ϕ3450
密封环线速度（m/s)	16.51	16.51	19.046	20.3	19.35
密封环材料	CESTIDUR	CESTIDUR	CESTIDUR	CESTIDUR	CESTIDUR
耐磨环材料	50 钢板 0Cr13Ni5Mo	50 钢板 0Cr13Ni5Mo	40 钢板 0Cr13Ni5Mo	40 钢板 04Cr13Ni5Mo	40 钢板 0Cr13Ni5Mo
耐磨环表面硬度	HB320 ± 20	HB320 ± 20	HB320 ± 20	HB280	≥HB280
弹簧数量（个)	24	24	40	40	40
浮动环重量（t)	2.175	2.175	0.8	1.38	1.03
检修密封直径（mm)	ϕ4370	ϕ4370	ϕ3035	ϕ3610	ϕ3760
检修密封结构	方截面空气围带	方截面空气围带	带铜板组合结构	方截面空气围带	方截面空气围带
重量（t)	20.36	20.1	6.38	10.7	9.87

6.13.4　主轴密封供水系统

主轴密封水供水系统是保证主轴密封正常运行的重要辅助系统。它承担着向主轴密封提供密封、润滑、冷却介质的作用。

白鹤滩主轴密封供水有两路水源：主用水源取自尾水的机组技术供水系统，水压为尾水压力与技术供水泵扬程（38 m）之和（需扣除管路损失 15 m）；备用水源为生产供水系统，设置有中间水池，末端供水水压约 1.1 MPa。

主轴密封采用动态衡压轴向自补偿性密封，该密封正常运行需要满足下述条件：

（1）密封环和弹簧作用在密封块总的向下作用力，与主轴密封水在密封块位置形成的水膜向上的作用力平衡，并形成厚度不小于 0.05 mm 的水膜。

（2）密封块位置形成的水膜压力比被密封尾水压力高 0.1～0.2 MPa。

（3）经密封块内侧的排水不超过密封排水设计流量。

（4）因密封副冷却需要，密封间隙内应始终保持一个最低泄漏量，以带走摩擦损耗产生的热量。

白鹤滩左岸主轴密封主用水取自尾水，经电站技术供水泵增压（扣除管路损失和高差后的有效增压为 23 m）后，供应主轴密封用水。根据实际的供水压力，在密封供水管路设置增压泵，扬程 50 m。增压后，工作密封水压分别为 1.223 MPa（最高尾水时）和 0.813 MPa（最低尾水时）。增压后的压力与备用水源压力相当，能够较好地使用同一管路系统。密封水管路系统在过滤器前设计了清水旁路，使备用水源提供的清洁水不经过过滤器直接使用。减压阀的进出口也设置了旁路通道，作为不需减压时的备用。密封水系统过滤器的过滤精度分别为粗过滤 200 μm 和精过滤 100 μm。在密封水系统末端设置节流片调节水流量，节流片的直径初定为 20 mm，最终根据现场漏水量大小调整。

白鹤滩右岸主轴密封主、备用水源与左岸相同。技术供水水泵布置在 564.9 m 高程，水泵出口水压为 0.4～1.1 MPa，滤水器过滤精度为 4 mm，水温不超过 25℃。主轴密封主用水源取自技术供水系统，从尾水取水口至主密封取水口的管路损失不大于 15 m，管路设置增压泵、安全阀、过滤器等（见图 6-112 和图 6-113）。备用水源直接取自生产供水，生产供水系统设有中间水池，至主轴密封取水口处的净压为 1.1 MPa。

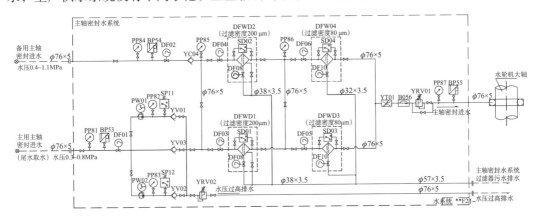

图 6-112　白鹤滩左岸主轴密封供水系统图

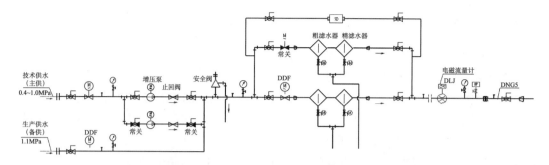

图 6 - 113   白鹤滩右岸主轴密封供水系统图

6.13.5   设计计算

6.13.5.1   压力分布

白鹤滩主轴密封压力分布示意如图 6 - 144 所示。

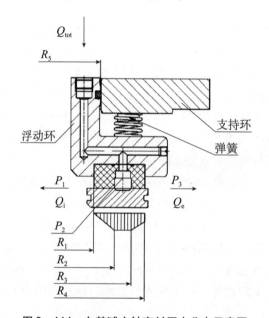

图 6 - 114   白鹤滩主轴密封压力分布示意图

密封压力是指扇形块应获得的用于克服其与轴径间的漏水压力而实现密封作用的径向力。密封压力由弹簧力和密封冷却水压力的合力提供。图中 P_3 为密封腔压力（通常取尾水压力），P_2 为密封冷却水压力，设 P_3 与 P_2 压力差值为 ΔP，密封间隙值即密封面水膜的厚度为 h，当密封冷却水压力值 P_2 一定时，若密封腔压力 P_3 增大，ΔP 增加，在弹簧力作用下 h 减小，h 减小又导致 P_2 增大，ΔP 减小，从而密封装置具有自平衡能力。

在相同的密封水压力值 P_3 下，压差值 ΔP 较大时的 h 值较小，密封冷却水压力值 P_2 的变化直接受 h 值控制。

密封总流量 Q_{tot} 也受弹簧力设置的影响，对于特定的弹簧力，使 Q_{tot} 值处于中部的密封间隙取值最有利。此时密封总流量不大，运行经济，密封作用好，且能有效防止密封副磨损过快。

6.13.5.2　主要设计原则

（1）为保持 ΔP 值恒定（不随 P_3 值变化而变化），R_5 值应满足如下条件：

$$R_5 = \frac{R_1 + R_2}{2}$$

（2）主密封环截面尺寸应满足 $B_2 > B_3$，B_1、B_2、B_3 关系需满足如下比例：

$$B_3 = (0.9 \sim 1)\, B_1$$
$$B_2 = (1.2 \sim 1.4)\, B_3$$

式中，$B_1 = R_3 - R_2$，$B_2 = R_2 - R_1$，$B_3 = R_4 - R_3$。

（3）在 P_3 取值范围内，应保证有 $h_{min} \geq 0.04$ mm，h 值的最优范围为

$$0.04 \leq h \leq 0.09 \text{ mm}$$

式中，$h = 0.05$ m 为最佳值。

（4）ΔP 取值范围应在 $0.02 \sim 0.05$ MPa，其取值由尾水压 P_3 确定，P_3 值较高则取大值，较低则取小值。

（5）流量系数由节流片设计确定，一般的取值范围为 $4.5 \times 10^{10} \leq K \leq 6.5 \times 10^{10}$。

流量系数的选取须以流量的合理性来校验，即需结合分析实验结论及相近机组运行经验。

（6）弹簧力值应能克服浮动环与 O 型密封圈之间的摩擦力。

6.13.5.3　主要参数计算

为在运行工况中使 ΔP 恒定，结构应满足如下条件：

$$R_5 = \frac{R_1 + R_2}{2}$$

弹簧力 F_r 确定：

$$\Delta P = \frac{F_r}{\dfrac{S_1}{2} + S_2 + \dfrac{S_3}{2}}$$

$$\Delta P = P_2 - P_3$$

密封间隙内总流量确定：

$$Q_{tot} = Q_i + Q_e$$

式中：Q_i 为密封冷却供水流入密封环内侧的流量；Q_e 为密封冷却供水流入密封环外侧的流量。

$$Q_i = K_{qi} h^3 \left[P_2 - P_1 - 3\rho\, \omega^2\, (R_2^2 - R_1^2) \,/20 \right]$$
$$Q_e = K_{qe} h^3 \left[P_2 - P_3 - 3\rho\, \omega^2\, (R_2^2 - R_1^2) \,/20 \right]$$

其中

$$K_{qi} = \frac{\pi}{6\mu \ln (R_2/R_1)}$$

$$K_{qe} = \frac{\pi}{6\mu \ln (R_4/R_3)}$$

密封间隙的水膜厚度：

$$h = \sqrt[3]{\dfrac{Q_{tot}}{K_{qi}\left[P_2 - P_1 - \dfrac{3\rho\,\omega^2(R_2^2 - R_1^2)}{20}\right] + K_{qe}\left[P_2 - P_3 - 3\rho\,\omega^2(R_2^2 - R_1^2)/20\right]}}$$

白鹤滩左岸电站主轴密封计算结果见表6-124。

表6-124　白鹤滩左岸电站主轴密封计算结果

压　力			水膜厚度	漏水量		
P_3 （MPa）	P_2 （MPa）	$P_2 - P_3$ （MPa）	h （mm）	Q_i （L/s）	Q_e （L/s）	Q_{tot} （L/s）
0.130	0.161	0.031	0.090	3.461	1.097	4.558
0.151	0.184	0.033	0.086	3.481	1.025	4.507
0.172	0.208	0.035	0.083	3.488	0.967	4.455
0.193	0.231	0.038	0.080	3.485	0.918	4.403
0.214	0.254	0.040	0.077	3.475	0.875	4.350
0.235	0.277	0.042	0.075	3.458	0.839	4.296
0.256	0.300	0.044	0.073	3.436	0.806	4.242
0.277	0.323	0.046	0.071	3.411	0.777	4.187
0.298	0.346	0.048	0.069	3.381	0.750	4.132
0.319	0.370	0.050	0.067	3.349	0.726	4.075
0.341	0.393	0.052	0.066	3.315	0.703	4.018
0.362	0.416	0.054	0.064	3.278	0.682	3.960
0.383	0.439	0.056	0.063	3.239	0.662	3.901
0.404	0.462	0.059	0.061	3.198	0.644	3.841
0.425	0.485	0.061	0.060	3.155	0.626	3.780
0.446	0.509	0.063	0.059	3.110	0.609	3.719
0.467	0.532	0.065	0.058	3.064	0.592	3.656
0.488	0.555	0.067	0.057	3.016	0.576	3.592
0.509	0.578	0.069	0.056	2.966	0.561	3.527
0.530	0.601	0.071	0.055	2.915	0.545	3.461

白鹤滩右岸电站主轴密封计算结果见表6-125。

表6-125　白鹤滩右岸电站主轴密封计算结果（供水压力0.7 MPa）

初期正常运行工况			
水膜厚度（mm）	$P_2 - P_3$（MPa）	供水量（L/s）	漏水量（L/s）
0.082	0.063	2.63	1.00
0.078	0.063	2.58	1.19
0.074	0.063	2.53	1.32
0.071	0.063	2.48	1.41

初期正常运行工况			
水膜厚度（mm）	$P_2 - P_3$（MPa）	供水量（L/s）	漏水量（L/s）
0.068	0.063	2.43	1.48
0.066	0.063	2.37	1.53
0.064	0.063	2.32	1.56
0.062	0.063	2.26	1.57
0.060	0.063	2.20	1.58
0.058	0.063	2.14	1.57
0.056	0.063	2.08	1.56
0.054	0.063	2.02	1.54
0.053	0.063	1.96	1.52
0.051	0.063	1.89	1.49
0.050	0.063	1.82	1.45
0.049	0.063	1.75	1.41
0.047	0.063	1.67	1.36
0.046	0.063	1.59	1.31
0.044	0.063	1.51	1.25
0.043	0.063	1.42	1.19
末期正常运行工况			
水膜厚度（mm）	$P_2 - P_3$（MPa）	供水量（L/s）	漏水量（L/s）
0.087	0.054	2.65	1.00
0.082	0.054	2.60	1.22
0.077	0.054	2.55	1.37
0.074	0.054	2.50	1.47
0.071	0.054	2.44	1.54
0.068	0.054	2.39	1.59
0.066	0.054	2.34	1.62
0.063	0.054	2.28	1.64
0.061	0.054	2.22	1.64
0.059	0.054	2.17	1.64
0.057	0.054	2.11	1.62
0.056	0.055	2.04	1.60
0.054	0.055	1.98	1.58
0.052	0.055	1.91	1.54
0.051	0.055	1.84	1.51
0.049	0.055	1.77	1.46
0.048	0.055	1.70	1.42
0.047	0.055	1.62	1.36
0.045	0.055	1.54	1.31
0.044	0.055	1.46	1.24

上述计算结果表明，白鹤滩机组运行时，主轴密封在各种供水压力下，其水膜厚度及漏水量等数据均满足工程设计及规范要求，机组可以安全可靠运行。

6.14 水导轴承

6.14.1 设计要求

水轮机导轴承的主要作用是承受机组在各运行工况下由水轮机主轴传来的不平衡径向力，维持已调整好的机组轴线位置，防止机组在运行时产生过大的摆度和振动。水导轴承与发电机导轴承、推力轴承联合作用维持机组轴系平稳运行。

6.14.1.1 总体要求

水轮机导轴承为稀油润滑、具有巴氏合金表面的分块瓦轴承。导轴承由分块的轴瓦、轴瓦支撑、带油槽的轴承箱、箱盖和附件组成。导轴承采用带轴领结构。导轴承应便于安装、调整、检查和拆卸；留有足够的工作密封检修空间，能在不拆导轴承的情况下检修工作密封；允许转轮和主轴的轴向移动，以满足拆卸和调整发电机推力轴承或清扫主轴连接法兰止口的需要。

导轴承的布置与顶盖结构相配，应具有良好的刚性。导轴承能支撑包括飞逸转速工况的任何工况下的径向负载，并能承受从最大飞逸转速惯性以怠速直至停机（不加制动）的全部过程；导轴承能承受在最大飞逸转速的极端工况下运行5 min所产生的应力、温度、变形、振动和磨损，不产生有害变形。导轴承能在冷却水中断的情况下，运行30 min而不损坏轴瓦。

轴承油循环可以采用外加油泵的强迫外循环方式，也可以通过主轴旋转作用采用轴领泵的自泵循环方式。为提高可靠性，在机组转速和结构布置能够满足自泵循环要求的前提下，优先采用自泵循环方式。

水导轴承在轴系上的布置位置、径向支撑刚度、轴瓦间隙等应考虑与机组轴系及止漏环径向间隙的匹配性。水导轴承的结构设计和布置对比数据见表6-126。

表6-126 水导轴承的结构设计和布置对比

项目	白鹤滩左岸	白鹤滩右岸	三峡右岸	溪洛渡右岸
轴瓦型式	分块瓦	分块瓦	分块瓦	分块瓦
轴瓦单边间隙设计值（mm）	0.46~0.48	0.25~0.3	0.25~0.3	0.3~0.35
轴瓦位置参数 K_1	0.3365	0.3439	0.3016	0.3182
上/下止漏环型式	阶梯/梳齿	阶梯/迷宫	缝隙/缝隙	迷宫/迷宫
上止漏环单边间隙（mm）	2.75~3.25	3.5~4.0	2.5~3.3	2.5~3.0
下止漏环单边间隙（mm）	3.5~4.0	4.0~4.5	4.5~5.4	3.0~3.5

注：$K_1 = H/D_1$，其中 H 为轴瓦中心线至机组导水机构中心线的高程，D_1 为转轮直径。

6.14.1.2 轴承箱

（1）轴承箱应具有足够的刚性支撑元件，能承受机组运行的最大侧向力并将负载传递至水轮机顶盖。

（2）轴承支座采用钢板焊接、整体或竖向分成两半的结构，用螺栓把合到顶盖。

（3）轴承箱应设置油箱盖以防止油从轴承箱泄漏、向上轴向爬油或尘埃等杂物进入油箱，油箱盖上应设置有配透明盖的检查孔。

（4）为安装和拆卸轴承部件，应设计有合适的吊耳和吊装螺孔。

6.14.1.3 轴瓦

（1）轴瓦表面浇铸有高性能的轴承用巴氏合金，并牢固地附在瓦基上。对轴瓦进行100%超声波探伤检查以确保巴氏合金与瓦基牢固且全面黏合；对轴瓦表面进行着色探伤。

（2）轴瓦在工厂研刮、装配，不在安装现场进行研刮。

（3）轴瓦应具有互换性。

6.14.1.4 振动分析

对额定转速运行、启动和甩负荷、飞逸转速三种工况进行导轴承外壳轴向和径向的振动分析，包括对可能的局部振动分析。

6.14.1.5 轴承的润滑

（1）润滑系统应为完整和独立的系统，润滑油能在主轴旋转的作用下或通过油泵做强迫外循环，轴承油箱应有足够大的容量以满足轴承润滑系统的需求。润滑油系统具有消除从轴承逸出油气和甩油的措施。

（2）轴承油箱上有合适的供、排油接口，以便在检修时排出和装入润滑油。

（3）在油箱最低处合适部位设置取油样的放油接口和手阀。

（4）在油箱上设置有呼吸器，能够消除从轴承逸出油气。

（5）润滑油牌号为46号透平油。

（6）水轮机在各种工况连续运行时，轴瓦最高温度不超过70℃，油的最高温度不超过65℃。

（7）导轴承能在冷却水中断的情况下，运行30 min而不损坏轴瓦。

6.14.2 结构型式

左岸水导轴承为稀油润滑导轴承，采用非同心分块瓦式布置，油冷却方式为强迫外循环方式，可以方便地从上部对导轴承进行检查、调整和更换一部分导轴承的零件。水导轴承由油箱体、支撑环、轴瓦、支撑块、键、止推块、挡油环、供油管路、呼吸器、测温电阻和轴承盖等组成。导轴承油箱体通过84 - M64×6双头螺柱和28 - φ50 mm圆柱销与水轮机顶盖实现可靠连接，在油箱体环板上开有24 - φ170 mm通孔为油循环通道。24块轴瓦均匀分布在支撑环上。支撑块通过内六角螺钉固定在油箱体环板内侧，支撑块内侧开有键槽。键、止推块、支撑块和调整套等共同实现分块轴瓦的间隙调整。机组运行时，轴瓦承载的径向力通过上述结构最终传递到水轮机顶盖，顶盖良好的径向刚度对水导轴承的性能提供了保证。

右岸水轮机导轴承采用稀油润滑自泵外循环分块瓦轴承结构。水导轴承本体主要由轴承体、16 块轴瓦、瓦座、集油箱、稳流板、油箱盖、上油箱、下油箱、内油箱、稳流板及油箱盖密封装置等部件组成。导轴承油箱体通过 60 × M56 双头螺柱和 20 × φ50 mm 圆锥销与水轮机顶盖实现可靠连接。轴瓦间隙采用限位套管固定的斜楔调整。设置 4 个管式冷却器，均匀布置在顶盖内轴承油箱外侧。油循环动力由轴领旋转产生。

图 6 - 115 为白鹤滩水导轴承剖面图。

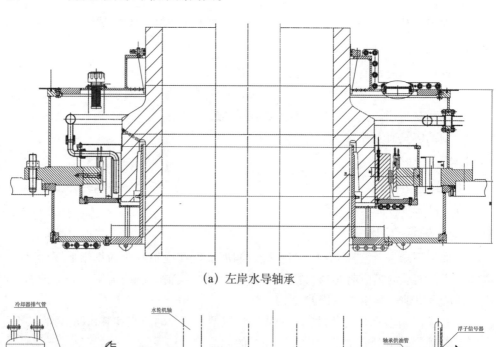

(a) 左岸水导轴承

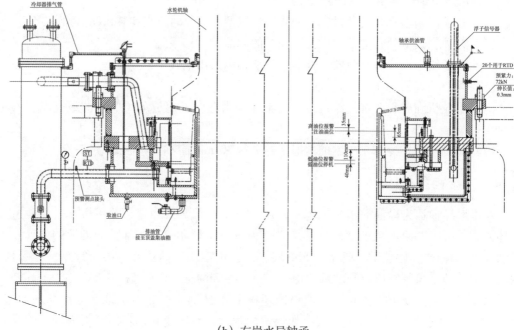

(b) 右岸水导轴承

图 6 - 115 白鹤滩水导轴承剖面图

6.14.3 材料

白鹤滩水导轴承轴瓦采用巴氏合金 ZSnSb11Cu6，这种材料熔点较高，可以承受较大的载荷，材料的稳定性、耐磨性、耐久性较好。水导轴承参数对比见表 6－127。

表 6－127 水导轴承参数对比

项目	三峡左岸	向家坝	溪洛渡	白鹤滩左岸	白鹤滩右岸
机组容量（MW）	700	800	750	1000	1000
轴承直径（mm）	$\phi4000$	$\phi4000$	$\phi3100$	$\phi3700$	$\phi3700$
轴承线速度（m/s）	15.71	15.71	20.29	21.5	20.75
轴承单边（mm）	0.3	0.3	0.25~0.3	0.46~0.48	0.25~0.3
结构型式	外泵外循环分块瓦轴承	外泵外循环分块瓦轴承	自泵外循环分块瓦轴承	外泵外循环分块瓦轴承	自泵外循环分块瓦轴承
轴瓦数量（块）	12	12	12	24	16
轴瓦尺寸（mm×mm）	430×430	430×430	400×420	360×400	400×400
冷却器设置	冷却器布置于油箱外，两主一备	冷却器布置于油箱外，两主一备	冷却器布置于油箱外，两主一备	冷却器布置于油箱外，三主一备	冷却器布置于油箱外，三主一备
轴瓦材料	轴承合金 ZSnSb11Cu6	轴承合金 ZSnSb11Cu6	轴承合金 ZSnSb11Cu6	轴承合金 ZSnSb11Cu6	轴承合金 ZSnSb11Cu6
充油量（L）	1470	1470	3400	5100	5100
重量（t）	28	28.15	14.6	31.6	38.6
轴承体分瓣数量	1	1	1	1	1

6.14.4 水导轴承冷却系统

水导轴承冷却系统是保证轴承正常运行的最重要辅助系统。轴瓦摩擦功产生的热量被油吸收，热油最终经由冷却器被冷却并回到轴瓦瓦面起到润滑冷却作用。常用冷却器布置形式有内置和外置两种。内置冷却器结构布置简单，可靠性高，但如果需要检修则必须停机。外置冷却器系统相对复杂，但可以实现不停机检修冷却器。白鹤滩水轮机采用外置式冷却器（见图 6－116）。

左岸水导轴承摩擦功耗经计算为 240 kW。系统布置了 4 台额定冷却容量为 100 kW 的管壳式冷却器。油路系统设计循环油量为 50 m³/h；水路系统设计水流量为 120 m³/h。

油循环采用螺杆泵。螺杆泵流量稳定，流量不随输送介质黏度和压力的变化而变化；轴流速低，运转平稳，振动小，噪声低，寿命长，非常适合作为冷却系统油循环泵。螺杆泵出口自带安全阀，当压力超过设计压力时能自动泄压，确保设备安全。

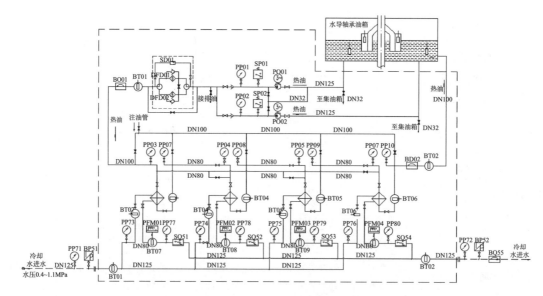

图 6 - 116　白鹤滩左岸水导外循环冷却系统图

管壳式冷却器油路和水路均采用并联设计，冷却器竖直安装。单台额定冷却容量 100 kW 并另有约 10% 的冷却裕度。冷却器油路和水路设计压力均为 1.1 MPa。为提高可靠性，防止泥沙磨损或堵塞，冷却管采用壁厚 1.5 mm、内径 20 mm 的紫铜管。冷却器可满足冷却水正反向运行并不降低冷却效果的要求。冷却器顶部设置排气装置作为整个冷却管路系统排气出口。

6.14.5　设计计算

6.14.5.1　计算条件

根据工程设计要求，计算水导轴承冷却循环系统油泵停泵 15 min 及冷却水中断 30 min 情况下的轴承温升情况。

不考虑机组飞逸时发生前述冷却系统异常情况。

油泵停泵，即油循环终止，油只能在轴承内油箱循环，内油箱内外部油的热交换将非常不充分，如图 6 - 117 所示。水导轴承摩擦产生的全部热量分为三个部分消耗：①由内油箱本体金属、主轴滑转子金属以及润滑油三者吸收；②通过热传导，由轴承油箱油位以外的滑转子金属吸收；③少部分通过内外油箱热传导被外油箱吸收。

冷却水中断时，因油循环在继续，整个系统的油温能够基本保持一致。如图 6 - 118 所示。轴承摩擦产生的全部热量分为 5 个部分消耗：①由轴承油位以下本体金属、主轴滑转子金属以及润滑油三者温度升高吸收；②通过油位以上滑转子金属热传导吸收；③通过轴承本体及油循环管路（含冷却器）周围空气的自然对流散热带走；④通过轴承本体及油循环管路的热辐射带走；⑤冷却器中存量冷却水吸热消耗。

根据溪洛渡机组的运行统计情况，假定水导轴承正常稳定运行的热油温为 42℃；轴瓦温度比油温高 7℃。

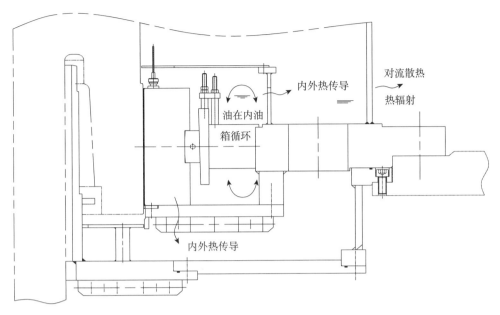

图 6-117 油泵停泵 15 min 油的循环

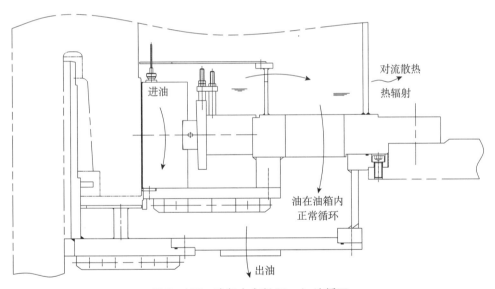

图 6-118 冷却水中断 30 min 油循环

6.14.5.2 左岸电站计算结果

通过计算，油泵停泵情况下运行 15 min，轴承最大可能温升不超过 23.5℃；冷却水中断情况下运行 30 min，轴承最大可能温升不超过 15.7℃。

对上述最大可能温升有以下因素需综合考虑：

（1）计算中轴承摩擦功耗按 240 kW 取值。但该设计值包含 50% 设计余量，该余量统筹考虑了设计中的计算误差。故轴承实际功耗比该值小，实际温升也比该值小。

（2）通过系统对流换热、热传导散失的热量，占比很小，散热功率最大仅分别为 12.4 kW 和 20.7 kW。实际散热值比计算值会更小一些。

（3）轴承油箱内的油搅动混合的均匀程度对温度的影响较大。尤其是断水 30 min 运行，油箱内轴瓦处的油温和油箱边角处的油温必然存在较大温度梯度的。因此实际的轴瓦处油温升高值比计算值会更大一些。

若水导轴承正常稳定运行状态的油温控制在 42℃ 以下，则前述两种外循环冷却系统异常工况分别发生时，油温分别能控制在 65.5℃ 和 57.7℃ 以下。综合上述三点因素，可以认为油温能够控制在 65℃ 以下，瓦温也能够基本控制在 70℃ 以内。轴承系统设计能够确保机组安全稳定运行。

同时，从上述计算结果可以看出，系统的安全余量是有限的，需要严格控制系统出现断水、停泵异常情况发生，尤其是油泵停止运行的情况温升最快，对系统可能造成的破坏的风险最大，更需要严格控制。

6.14.5.3　右岸电站计算结果

右岸水导轴承各工况下轴承性能计算结果见表 6-128。

表 6-128　白鹤滩右岸水导轴承各工况下轴承性能计算结果

工况	项目	单位	数值	合格标准
额定工况运行	轴承载荷	kN	1194	最小油膜厚度大于或等于 40 μm 轴瓦温度小于或等于 80℃
	冷油温度	℃	40	
	运行间隙	mm	0.25	
	瓦温	℃	52.5	
	最小油膜厚度	μm	47.8	
	轴承损耗	kW	181.9	
额定工况下断水 30 min 时运行	轴承载荷	kN	1194	最小油膜厚度大于或等于 20 μm 轴瓦温度小于或等于 100℃
	断水起始油温	℃	45	
	断水起始瓦温	℃	57.3	
	断水终止油温	℃	62.5	
	运行间隙	mm	0.25	
	瓦监测温度	℃	70	
	最小油膜厚度	μm	26.5	
	损耗	kW	122.7	
飞逸工况运行	轴承载荷	kN	1194	最小油膜厚度大于或等于 20 μm 轴瓦温度小于或等于 100℃
	飞逸转速	r/min	198	
	冷油温度	℃	40	
	运行间隙	mm	0.25	
	瓦的监测温度	℃	56.6	
	最小油膜厚度	μm	65	
	轴承损耗	kW	621	

由于白鹤滩右岸水导轴承冷却系统采用自泵循环，不存在停泵故障工况，计算工况只计算了额定运行工况、额定工况下断水 30 min 运行、飞逸工况运行三种工况。计算结果表明，其最小油膜厚度及瓦温等主要数据均符合设计规范，水导轴承可以正常工作。

6.15　其他系统

6.15.1　技术供水系统

水电站技术供水系统（见图 6 – 119）主要用于水轮发电机组和变压器冷却，并同时考虑了全厂其他公用设备用水。白鹤滩水电站水头高（最大水头为 243.1 m），水头变幅大（水头变幅约为 79.2 m），电站汛期平均过机泥沙含量为 0.276 kg/m³，且装机台数多（左、右岸共 16 台），单机容量巨大。巨型机组的技术供水在水质、水量、水压及运行可靠性等方面要求较高。根据规范 NB/T 35035—2014《水力发电厂水力机械辅助设备系统设计技术规定》，参考与本电站水头相近的小湾、溪洛渡、拉西瓦、锦屏一级等电站机组供水方式，白鹤滩机组技术供水采用从尾水管取水、水泵加压方式。

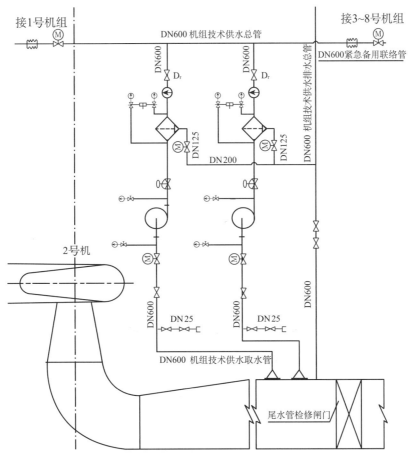

图 6 – 119　白鹤滩水电站机组技术供水示意图

技术供水系统的供水对象为水轮发电机组（包括发电机空气冷却器、发电机上导轴承冷却器、发电机推力/下导轴承冷却器、水轮机导轴承冷却器、水轮机主轴密封润滑冷却器等）和主变压器，采用单元供水方式，即每套水轮发电机组－主变压器为一个供水单元，设置一套技术供水系统。每套技术供水系统均设置供水总管、两台水泵和滤水器（一台工作，一台备用）。每相邻两台机组间的技术供水总管通过紧急备用联络阀相连，当某台机组技术供水系统故障时，其他机组的技术供水系统可向该机组供水，起到相互补充、互为备用的作用。机组技术供水泵等设备布置在564.9 m高程蜗壳下层各机组右侧的专用供水泵室。机组供水、排水总管管径为DN600 mm，取水总管设置有两根，以满足单台机组的两台供水泵分别向不同的机组供水时的扬程和水量要求，取水口和排水口设在尾水管至尾水管检修闸门间的尾水隧洞侧壁上。机组技术供水系统设置四通换向阀，能够使机组供水实现正反向运行，以防止泥沙堵塞和藻类生长。

本电站尾水位变幅较大，同时考虑过渡过程中尾水调压室的涌浪影响，规定冷却器的设计压力不小于1.0 MPa，水泵、管路和阀门等设计压力不小于1.6 MPa，以保证地下厂房的安全。在管路系统中设置有电动阀门和测温、测压、测流等自动化元件。单元供水系统配置两套独立的PLC控制系统，其中机组单元供水系统一套，主变供水系统一套。除设有技术供水的自动控制PLC外，现场控制柜上保留适当的操作开关或按钮，供操作人员现场手动操作。"自动/手动"控制方式可通过设在现场控制柜上的切换开关来选择。主变压器冷却设有有载技术供水泵和主变压器空载技术供水泵，根据主变压器空载和有载工况进行切换。

6.15.2　压缩空气系统

左、右岸厂房均设置压缩空气系统，压缩空气系统包括中压压缩空气系统、低压压缩空气系统及水轮机强迫补气系统等部分。本节主要介绍与机组有关的强迫补气系统。

当混流式水轮机偏离最优工况运行时，由于水流扰动，不同程度地存在压力脉动，一般在40%~70%额定出力时，尾水管内出现涡带，由于涡带强烈扰动，或其频率与机组固有频率重合而产生共振，将引起机组振动或负荷摆动。水轮机强迫补气系统主要为在发生由于水力因素引起的机组振动或负荷摆动时，作为临时措施，向水轮机流道内充入压缩空气提供气源。考虑预防措施，现阶段设计预留了水轮机强迫补气系统，待机组启动调试后确定是否装设。

左、右岸水轮机强迫补气量及补气压力如表6-129所示。

表6-129　白鹤滩水电站强迫补气量

电站	主机厂家	强迫补气量（m^3/min，自由空气）	补气压力（MPa）
左岸	DEC	77.88	2.5
右岸	HEC	25.8	2.2

设备选择按三台空压机连续工作满足一台机组补气量的要求确定空压机排气量。储气罐按满足一台机组开机过程中的强迫补气量（开机时间暂按1.5 min）后罐内气压能保

持在最低补气压力之内（补气前后压力降控制在 0.2 MPa 之内）的要求确定。选择三台排气量为 30.5 m^3/min、3.0 MPa 的空压机作为强迫补气空压机，两只容量为 15 m^3、3.0 MPa 的强迫补气储气罐。

由于强迫补气用空压机排气量大，压力较高，运行时振动较大，为保证设备的稳定性和可靠性，并便于设备搬运，强迫补气系统设备布置在发电机层 590.4 m 高程上游侧运输廊道内的强迫补气空压机室内。

第7章 白鹤滩水电站1000 MW 水轮发电机设计计算

白鹤滩水电站水轮发电机组额定容量为1111.1 MVA，额定电压为24 kV，采用全空冷通风冷却方式。总体布置采用半伞式结构，转子上方装设上导轴承，转子下方装设下导轴承和推力轴承，推力轴承和下导轴承布置在下机架上，采用组合轴承油槽。

7.1 发电机定子设计

7.1.1 定子机座

7.1.1.1 设计要求

定子机座是水轮发电机实现机电能量转换以及在各种运行工况下传递电磁力的主要支撑结构部件，用于支撑及固定定子铁心、定子绕组、上机架及上导轴承，并挂装空气冷却器等辅助部件。定子机座的设计要求如下：

（1）具有足够的强度和刚度，不但能承受由定子绕组短路引起的切向力和由半数磁极短路引起的单边磁拉力，还要能承受各种运行工况下的热膨胀力与收缩力以避免定子铁心产生翘曲变形，能承受通过定位筋传导的100 Hz交变电磁力。

（2）采用分瓣式结构的机组，分瓣机座的外形尺寸和重量须满足大部件运输条件要求，在贮存、运输、起吊及安装过程中，定子不会因应力而产生有害变形。

（3）定子分瓣在工地进行组圆焊接时，须按照专用焊接规范将机座环板的焊接变形严格控制在允许范围内，并采用无损探伤方式对焊缝进行检查。

7.1.1.2 结构型式

右岸电站哈电机组定子机座的外径19.16 m，高度6.895 m，重量220 t，分成5瓣；左岸电站东电机组定子机座的外径19.3 m，高度7.295 m，重量213 t，分成9瓣。

定子机座采用斜立筋多边形结构，由轧制钢板组焊而成，为后倾式斜元件支撑结构，如图7-1所示。定子机座由环形钢板、铁心支撑环、若干个垂直的斜元件（哈电为20个，东电为18个）、垂直筋板及机座外壁组成，通过斜元件下端支撑在基础板上，并采用轴向销钉和螺栓与基础板刚性连接。这种结构的机座具有足够的刚度和强度，能够允许铁心同心膨胀，以避免其在运行期间产生椭圆变形、翘曲和振动，也能够承受定子绕组短路产生的切向力、半数磁极短路引起的单边磁拉力以及各种运行工况下所受的热膨胀力、切向力和通过定位筋传来的 100 Hz 交变力等。

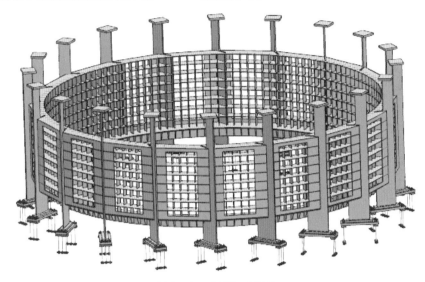

图 7 -1　定子机座结构

斜元件由优质热轧钢板制成，通过在圆周上以一定角度等距布置，穿过支撑环焊接固定在各环板间，形成稳定的刚性结构。定子机座下环板与定子铁心的连接采用大齿板结构，不仅便于在现场进行安装和调整，而且能保证铁心具有良好的叠装质量。定子机座下环板的尺寸、刚强度使其不但能承受定子铁心和绕组的重量，还能将电磁作用力通过斜元件传递到定子基础板上。主引出线和中性点引出线周围金属部件（包括定子机座上环板）在结构设计及材料选择方面采取了相应措施，以应对巨型水轮发电机大电流产生的交变磁场引起的部件过热。定子机座基础板与混凝土结合部位还设置楔子板、调平螺杆、螺栓及灌浆孔。

已经成功投运的三峡、溪洛渡、向家坝等电站的大容量水轮发电机，其定子机座大多采用了这种分瓣式、斜立筋多边形结构型式。

7.1.1.3　材料选取

定子机座材料的选择主要考虑以下几方面因素：

（1）材料性能须满足机组各种运行工况及事故情况下的刚强度要求。

（2）防止运行过程中产生过热、疲劳等危害。

（3）适合加工制造。

为满足上述要求，哈电定子机座斜立筋材料采用具有一定抗撕裂能力的国产材料 S355J2，下环板采用 Q345B，引出线位置的上环板、支架和顶板使用低磁导率的 0Cr18Ni12，其余均采用 Q235B；东电定子机座斜立筋与环板等主要受力部件采用 Q345B 材料，引出线处的机座上环板采用不锈钢材料 06Cr19Ni10 以防止机座过热，其余结构件选用 Q235B 材料，具体材料参数详见表 7 -1。

表7-1　白鹤滩定子机座与类似成熟机型参数表

参数名称	白鹤滩右岸（哈电）	白鹤滩左岸（东电）	三峡右岸（哈电）	向家坝左岸（哈电）	溪洛渡左岸（哈电）
机组容量（MW）	1000	1000	700	800	770
机座型式	斜立筋	斜立筋	斜立筋	斜立筋	斜立筋
基础分布直径（mm）	19 110	18 870	20 800	21 500	16 560
机座重量（t）	220	213	209	218	160
基础数量	20	18	20	20	16
斜立筋角度	后倾40°	后倾45°	后倾40°	后倾40°	后倾40°
斜立筋尺寸（高×宽×厚）（mm×mm×mm）	6895×1100×60	7145×980×70	5795×930×60	5885×930×60	6550×1100×60
分瓣数量	5	9	5	5	6
材　料	S355J2、0Cr18Ni12、Q345B、Q235B	Q235B、Q345B、06Cr19Ni10	S355J2、1Cr18Ni9Ti、S235JRG2、Q235B	S355J2、1Cr18Ni9Ti、Q345B、Q235B	S355J2、1Cr18Ni9Ti、Q235B、Q345B

7.1.1.4　刚强度计算

结构设计中，采用 ANSYS 有限元分析软件对定子机座进行建模，计算在额定工况、半数磁极短路工况、两相短路工况、误同期工况和地震等工况下定子机座的综合应力和总变形量，得到应力最大点及变形最大区域的位置，从而优化其结构，确保应力水平和变形量满足安全稳定运行的需要。表7-2中列示了白鹤滩左、右岸机组在不同工况下定子机座应力和变形情况结果。

表7-2　白鹤滩左、右岸机组定子机座应力及变形数据表

参数名称	白鹤滩右岸哈电机组	白鹤滩左岸东电机组
额定工况最大综合应力（MPa）	214	156.26
半数磁极短路工况最大综合应力（MPa）	262	209.38
两相短路工况最大综合应力（MPa）	277	267.56
120°误同期工况最大综合应力（MPa）	299	367.68
地震工况最大综合应力（MPa）	227	191.66
额定工况总变形（mm）	6.54	5.513
半数磁极短路工况总变形（mm）	6.97	5.935
两相短路工况总变形（mm）	7.46	7.518
120°误同期工况总变形（mm）	7.75	8.54
地震工况总变形（mm）	6.69	5.86

7.1.2　定子铁心

7.1.2.1　设计要求

定子铁心是发电机主磁路的重要组成部分，在运行中受到机械力、热应力及电磁力的综合作用。

定子铁心由定子冲片、通风槽片、定位筋、齿压板、拉紧螺杆及托块等零件组成。定位筋通过托块固定在定子机座环板上，定子冲片、通风槽片叠装在定位筋的鸽尾上，并通过上、下齿压板及拉紧螺杆压紧成整体。定子铁心的设计要求如下：

（1）定子铁心应采用高磁导率、低损耗、无时效、优质冷轧薄硅钢片叠压而成，硅钢片的损耗值须满足设计要求。

（2）定子铁心与定子机座之间须选择合适型式及数量的定位筋，能够使定子铁心与定子机座可靠连接，并能适应机组在各种工况运行期间产生的热膨胀与收缩，不产生翘曲变形。

（3）定位筋、托块及托块与机座环板间的焊缝应能承受发电机突然短路产生的切向力与磁拉力产生的径向力同时作用所形成的剪应力。

（4）定子铁心的通风槽布置应能使空气流动顺畅，铁心及线棒冷却均匀、高效、充分，并使风阻损耗最小。

（5）铁心上、下两端边段须可靠黏结并选择合适的防窜片结构，确保机组在各种运行工况下不会发生窜片现象。

（6）铁心压指、通风槽钢等应使用非磁性或低磁性材料制造，拉紧螺杆应采用高强度合金钢制成。

（7）拉紧螺杆端部应采用可靠的预紧结构，确保定子铁心长期在各种工况下始终满足设计要求的压紧值。拉紧螺杆与定子铁心之间应可靠绝缘。

7.1.2.2　结构型式

定子铁心选择穿心拉杆结构型式，如图 7 - 2 所示。在工地先使用工具螺杆将定子铁心分段压紧，然后进行整体压紧，以满足设计所要求的片间压力。由于拉紧螺杆设置在冲片轭部接近重心位置，预紧力施加范围在铁心内部，力传递效果更好，因此选择穿心拉杆结构的铁心具有更好的压紧效果。采用该结构时须保证拉杆有较高的直线度，并在冲片轭部冲制拉杆孔，同时确保拉杆与冲片之间的绝缘，因此对制造和安装工艺要求较高。

定子铁心设计具有以下特点：

（1）铁心应采用高磁导率、低损耗、无时效、机械性能优良的优质冷轧薄硅钢扇形冲片叠压而成。在磁通密度为 $B = 1$ T 时，硅钢片的单位损耗不大于 1.05 W/kg（$B = 1.5$ T时，硅钢片的单位损耗不大于 2.5 W/kg）。冲制成型的扇形片应严格去毛刺、磨光，并双面涂刷 C6 环保型硅钢片绝缘漆，形成完整的高性能漆膜，以减少涡流损耗。

（2）为使定位筋和铁心之间结合良好，减小铁心热胀翘曲变形并保证铁心的圆度和同心度，定子铁心采用双鸽尾形定位筋固定在机座上。定位筋和铁心之间的结合型式、定子机座斜立筋的结构设计充分考虑到所允许的定子铁心径向热膨胀，以尽量减少定子

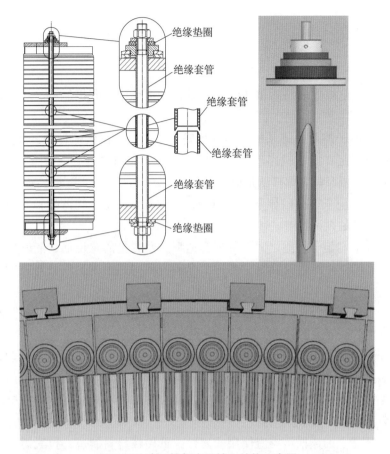

图 7 - 2　穿心拉杆定子铁心结构示意图

铁心的翘曲变形和应力，保证铁心的圆度和同心度。

（3）应采取防止定位筋在运输过程中变形的措施，以减少工地校直的工作量。结构设计和焊接质量应保证定位筋、托块以及托块与机座环板间的焊缝能够承受突然短路切向力与半数磁极短路径向力同时作用所产生的剪应力。

（4）冲片采用每层交错叠片方式，以形成一个整体连续的铁心。为保证铁心良好叠装，铁心压紧系统应采用具有优质高强度性能的穿心螺杆和防止铁心长期运行后松动的进口碟型弹簧压紧结构，铁心与螺杆之间采用全绝缘套管结构。铁心压紧螺杆的把紧应采用液压拉伸方式，以保证铁心压紧的均匀度。对于铁心单位面积压力，哈电机组按不小于 1.7 MPa 设计，东电机组按不小于 1.8 MPa 设计，以保证铁心在运行期间不致松动且不伤及漆膜。采用分段冷压及整体热压工艺（按铁心叠装实际需要，提供不同规格的补偿片）。铁心上、下两段阶梯在制造厂内采用 F 级环氧硅钢片黏结胶粘成整体，以增强铁心刚度，减小铁心振动，并降低端部附加损耗。

（5）定子穿心螺杆绝缘须采用整体绝缘套管方案。整体绝缘套管为 F 级环氧浸渍玻璃坯布模压管，每根穿心螺杆由多段绝缘管组成，在工地安装时组装成整体绝缘套管。

（6）铁心压指、汇流母线支撑等均应采用无磁性材质，以防因漏磁引起这些部件过热。铁心通风槽钢应具有空气流动顺畅、铁心冷却均匀、高效、充分以及风阻损耗最小的合理布置，并采用无磁性材质。

（7）定子铁心的结构设计须保证发电机下机架及水轮机可拆部件能从定子铁心内径顺畅吊出。

（8）结构设计应完全满足不吊出转子和不拆除上机架即可更换定子线棒和转子磁极，以及对定子绕组端部和定子铁心进行预防性检查的要求。

已经成功投运的三峡、溪洛渡、向家坝等水电站的大容量水轮发电机的定子铁心均采用穿心拉杆结构。十几年的运行实践表明，定子铁心采用穿心拉杆结构可以有效防止铁心松动及翘曲，确保机组安全可靠运行。

7.1.2.3　材料选取

定子铁心扇形片应采用 0.5 mm 厚的高导磁、低损耗、无时效、优质冷轧硅钢片 50W250，各项性能能够满足 T/CEEIA 239—2016《大型水轮发电机无取向电工钢带技术条件》标准要求。

铁心上、下端部压指材料的选择，既要考虑材料强度要求，又要考虑端部磁场所引起的发热问题。哈电机组压指材料采用非磁性材料 40Mn18Cr3，东电机组压指材料采用非磁性材料 40Mn18Cr4V。

拉紧螺杆材料应重点关注材料的强度和是否便于加工制造，因此采用国产优质银亮圆钢 42CrMo。

白鹤滩发电机定子铁心主要材料见表 7－3。

表 7－3　白鹤滩发电机定子铁心主要材料表

部　件	材　　料	
	哈　电	东　电
定子冲片	0.5 mm 硅钢片 50W250	0.5 mm 硅钢片 50W250
通风槽片	0.65 mm 硅钢片 65W600	0.65 mm 硅钢片 65W530
通风槽钢	X2CrNi19－11	06Cr19Ni10
鸽尾筋	Q345B	Q345B
穿心螺杆	42CrMo	42CrMo
上齿压板	Q235B	06Cr19Ni10
压指	40Mn18Cr3	40Mn18Cr4V

7.1.2.4　设计计算

1. 哈电机组

1）穿心螺杆损耗及温升计算

穿心螺杆材料采用 42CrMo，外有绝缘套管，可避免与铁心发生短路。

每极每相槽数为 4＋1/7，每 2 槽使用一根穿心螺杆，所建模型如图 7－3 所示，计算结果见表 7－4。

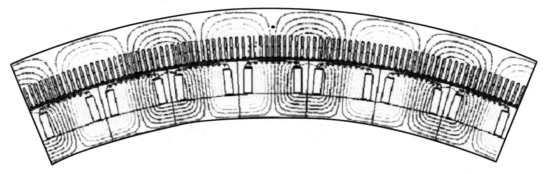

图 7-3　哈电单元电机模型

表 7-4　哈电主要计算结果

计算工况	螺杆电动势（V）	单根螺杆损耗（W）
空载	—	—
额定负载	149	0.01
短路	149	3930

计算结果表明：

（1）螺杆中的涡流都很小，损耗及电磁力均可忽略。

（2）正常工况下，螺杆涡流损耗非常小，可认为长期运行后，螺杆与定子铁心是一个等温体，即铁心温度可代表螺杆温度。

（3）螺杆短路最严重情况下损耗可达到 3.93 kW，因此螺杆必须采用最安全的全绝缘结构以避免短路。

2）铁心翘曲计算

定子铁心设计时须考虑因机械力和发热产生的翘曲变形。根据计算，哈电机组的热膨胀力在铁心中产生的最大应力为 11.358 MPa，定子铁心翘曲变形临界应力为 66.59 MPa，定子铁心翘曲变形安全系数为 5.863，满足安全系数大于 5 的翘曲稳定性安全条件。

2. 东电机组

1）定子铁心压紧力计算

穿心螺杆材料采用 42CrMo（调质），屈服强度不小于 800 MPa，许用应力不大于 533 MPa。按照设计要求，铁心叠片压紧的单位面积压力应不小于 1.8 MPa，穿心螺杆预紧力不小于 147 400 N。

2）穿心螺杆动特性分析

采用有限元方法计算穿心螺杆在两种预紧力作用下的动力特性，穿心螺杆自由振动频率计算结果见表 7-5，其振型如图 7-4~图 7-7 所示。

表 7－5　穿心螺杆两端支撑情况下自由振动频率　　　　　　　　单位：Hz

阶数	频率（Hz）	振型图示
1	27.33	图 7－4
2	56.00	图 7－5
3	87.27	图 7－6
4	122.29	图 7－7

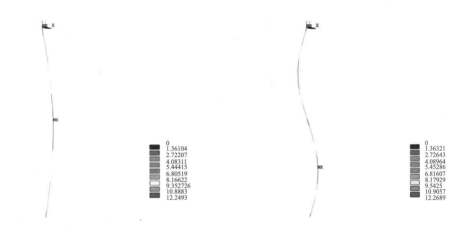

图 7－4　频率为 27.33 Hz 的振型图示　　　　图 7－5　频率为 56.00 Hz 的振型图示

图 7－6　频率为 87.27 Hz 的振型图示　　　　图 7－7　频率为 122.29 Hz 的振型图示

由计算结果和振型图可知，穿心螺杆在预紧力作用下的固有频率避开了 100 Hz。

3）穿心螺杆损耗及温升计算

穿心螺杆外有绝缘套管，避免与铁心发生短路。每极每相槽数为 5，每 2.5 槽有一根穿心螺杆，所建模型及剖分如图 7－8 所示，计算结果见表 7－6。

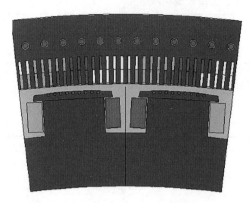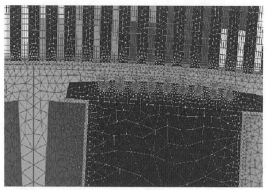

图 7 -8　单元电机模型及剖分

表 7 -6　主要计算结果

计算工况	螺杆电动势（V）	单根螺杆损耗（W）
空载	161	0.039
额定负载	159	0.036

计算结果表明：

（1）螺杆中的涡流都很小，损耗及电磁力均可忽略。

（2）螺杆感应电动势在空载和负载工况下均约为 160 V。

（3）机组在空载或额定负载工况下螺杆涡流损耗非常低，可认为长期运行后，螺杆与定子铁心是一个等温体，即铁心温度可代表螺杆温度。

4）铁心翘曲计算

定子铁心在设计时须考虑由于机械力和发热产生的翘曲变形。根据计算，热膨胀力在铁心中产生的最大应力为 17.133 MPa，定子铁心翘曲变形临界应力为 104 MPa。定子铁心翘曲变形安全系数为 6.07，满足安全系数大于 5 的翘曲稳定性安全条件。

7.1.2.5　振动计算

1. 哈电机组

定子铁心振动对发电机危害很大，特别是次谐波振动，不仅会产生较大的噪声，还会影响铁心、线棒的使用寿命，因此，需针对次谐波振动进行分析计算，以免发生此类振动。另外，哈电还针对 0 节点、100 Hz 的定子铁心振动以及高次谐波引起的电磁振动进行分析和计算。由于白鹤滩哈电水轮发电机为分数槽绕组，分数槽绕组的齿谐波次数较高，其对应的磁密幅值及其电磁力幅值较小而不会引发振动，因此无需进行齿谐波及其引起振动的计算。

1）次谐波振动计算

定子槽数为 696 槽，每极每相槽数 $q = 4 + 1/7$，存在次谐波电磁振动的可能。采用解析法进行计算，分别计算了定子铁心冷态和热态时单边径向振动幅值，计算结果见表 7 - 7。

表 7 - 7　次谐波振动计算结果

参数	机座断面惯性矩 757 384 cm⁴/1 172 686 cm⁴				
	$v=5$	$v=11$	$v=17$	$v=23$	$v=29$
F_v	0.044	0.015	0.003	0.011	0.007
K_{dpv}	0.019	0.014	0.004	0.021	0.016
f_{cv1}	41.512	169.003	1061.485	2718.956	5141.413
A_{v1}	2.959	0.467	0.002	0	0
ΣA_{v1}	3.429				
f_{cv2}	51.129/ 57.305	208.154/ 233.3	1307.386/ 1465.327	3348.821/ 3753.381	6332.457/ 7097.46
A_{v2}	2.68/2.947	0.21/0.158	0	0	0
ΣA_{v2}	2.892/3.106				

注：v—谐波次数；

　　F_v—谐波磁场与气隙主磁场叠加，在气隙单位面积上产生的径向力，kgf/cm^2；

　　K_{dpv}—v 次谐波绕组系数；

　　f_{cv1}—v 次谐波对应的定子铁心冷态固有振动频率，Hz；

　　f_{cv2}—v 次谐波对应的定子铁心热态固有振动频率，Hz；

　　A_{v1}—v 次谐波对应的定子铁心冷态径向振动幅值，μm；

　　A_{v2}—v 次谐波对应的定子铁心热态径向振动幅值，μm；

　　ΣA_{v1}—冷态总径向振动幅值，μm；

　　ΣA_{v2}—热态总径向振动幅值，μm。

由于定子机座采用斜元件结构，机座的截面不同，因此分别对铁心热态电磁振动按机座的最大和最小惯性矩进行计算。

国标规定定子铁心 100 Hz 双振幅值不超过 30 μm。计算结果显示，发电机冷态和热态时，次谐波引起的总电磁振动幅值均小于标准允许值，并有较大余量。

2）0 节点振动的分析计算

为预防现场铁损试验时定子铁心可能发生的"呼吸式"振动，需在设计阶段对定子铁心 0 节点振动情况进行分析计算。

利用 ANSYS 软件建模计算，径向 0 节点 100 Hz 振动有两个，振型计算结果见表 7 - 8。

表 7 - 8　振型计算结果

序号	频率（Hz）	振型	图示
1	69.353	轴向 2 节点	图 7 - 9
2	150.343	轴向 3 节点	图 7 - 10

图7-9 轴向2节点径向0节点振型图示

图7-10 轴向3节点径向0节点振型图示

计算结果显示,环向的2个0节点振动频率均避开了100 Hz(1±10%)的频率范围。

3)定子铁心电磁力及定子高阶固有频率计算

哈电计算了额定工况及9%稳态负序电流产生的定子铁心电磁力,电磁激振力幅值及相对应力频率计算结果见表7-9。

表7-9 定子铁心电磁力幅值及相对应力频率计算结果 单位:kN/m²

力波次数	频 率(Hz)										
	100	200	300	400	500	600	700	800	900	1000	1100
0	2.81	—	0.04	—	—	0.01	—	—	0.001	—	—
56	476.2	0.79	—	0.09	0	—	0.004	0.004	—	0	0
112	0.20	34.52	—	0	0.09	—	0.002	0.003	—	0	0

按表7-9计算结果,发电机定子固有频率需主要避开频率为100 Hz、力波次数为0和56,以及频率为200 Hz、力波次数为112的激振力,其次尽量避开所有可能产生激振力的频率。

哈电对定子铁心高阶固有频率进行了计算,具体计算结果见表7-10。

表7-10 定子铁心高阶固有频率计算结果

定子机座及铁心振型	0节点振型	56节点振型	112节点振型
热态计算值(Hz)	65.4	>1633	>1633
需要避开的激振力频率(Hz)	100、300、600、900	100、200、400、500、700、800、1000、1100	100、200、400、500、700、800、1000、1100
是否避开电磁激振力频率	是	是	是

计算结果表明,在热态下,定子机座及铁心高阶固有频率均能避开电磁激振频率范围,能够满足机组振动要求。

2. 东电机组

1）电磁振动激振力计算

水轮发电机定子铁心电磁振动是由电机气隙磁场作用于铁心产生的电磁力（激振力）激发产生的。电机的气隙磁场取决于定、转子磁动势和气隙磁导。当激振力的频率与电机定子铁心、机座的固有频率接近时可能会发生共振，对电机造成损害。

对于整数槽水轮发电机，不存在次谐波引起的 100 Hz 振动，比较危险的是负序磁场引起的 100 Hz、0 节点的电磁激振力。

计算白鹤滩水轮发电机在空载、额定负载、9% 负序状态下，电磁激振力的频率、节点数、旋转方向，计算结果见表 7-11。

表 7-11 不同工况下的电磁激振力波

旋转方向	节点数	力波频率 （Hz）	单位铁心长度力波幅值 （N/m）	工况
（＋）	108	100	68753.6	空 载
（＋）	108	100	73990.1	额定负载
（－）	216	100	277.3	额定负载
（－）	108	200	55.6	额定负载
（○）	0	300	－430.6	额定负载
（－）	324	300	0.9	额定负载
（＋）	108	400	－6	额定负载
（－）	216	400	1	额定负载
（○）	0	100	6770.1	9% 负序磁场引起 的 100 Hz 激振力波

注：＋表示同旋转方向，－表示逆旋转方向，○表示静止。

2）振动特性分析

（1）100 Hz 激励力下的振动。采用 ANSYS 有限元计算软件，对各种工况下上机架机座联合结构在 100 Hz 激励力作用下铁心的振动幅值进行计算。不同工况下定子铁心及定子机座的振动幅值分布如图 7-11 ~ 图 7-16 所示，计算结果见表 7-12。

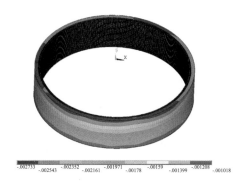

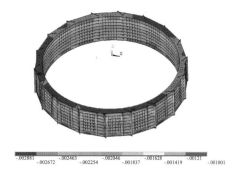

图 7-11 定子铁心空载工况 100 Hz、108 节
点力波振动幅值分布（单位：mm）

图 7-12 定子机座空载工况 100 Hz、108 节
点力波振动幅值分布（单位：mm）

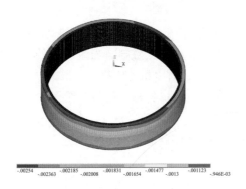

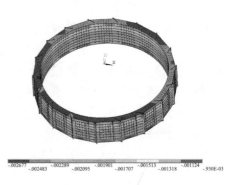

图 7-13　定子铁心额定负载工况 100 Hz、
108 节点力波振动幅值分布（单位：mm）

图 7-14　定子机座额定负载工况 100 Hz、
108 节点力波振动幅值分布（单位：mm）

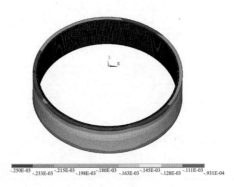

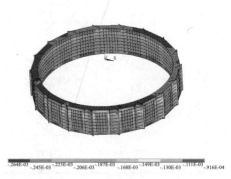

图 7-15　定子铁心 9% 负序工况 100 Hz、
0 节点力波振动幅值分布（单位：mm）

图 7-16　定子机座 9% 负序工况 100 Hz、
0 节点力波振动幅值分布（单位：mm）

表 7-12　定子铁心及定子机座 100 Hz 振动幅值表

定子铁心		定子机座		工况
力波节点数	振动幅值（μm）	力波节点数	振动幅值（μm）	
108	2.733	108	2.881	空载
108	2.54	108	2.677	额定负载
0	0.25	0	0.264	9% 负序磁场

　　由表 7-12 可知，定子铁心在 100 Hz 激励力波作用下最大振动为 2.733 μm，机座振动最大为 2.881 μm，远远低于水轮发电机组安装技术规范中规定的定子铁心振动（100 Hz 双振幅值）小于 30 μm 的要求，以及机座双振幅值小于 80 μm 的要求，铁心不会发生较大振动，机组满足振动设计规范。

　　（2）齿谐波振动。白鹤滩东电发电机极对数为 27，定子 810 槽，每极每相槽数 $Q = 5$。可以确定与齿谐波作用产生的低节点对数力波的励磁磁动势谐波在 30 次左右，因此对 27 次、29 次、31 次、33 次励磁磁动势谐波与齿谐波引起的力波频率和节点对数进行分析，结果见表 7 – 13。

表 7 – 13　白鹤滩发电机齿谐波振动频率和力波节点分析

磁动势谐波次数	$j=27$		$j=29$		$j=31$		$j=33$	
	$j+1$	$j-1$	$j+1$	$j-1$	$j+1$	$j-1$	$j+1$	$j-1$
力波频率（Hz）	1400	1300	1500	1400	1600	1500	1700	1600
力波节点对数	54	108	0	54	54	0	108	54

由表 7 – 13 可知，白鹤滩发电机的设计方案会产生低节点对数（54 对极）的力波，对应频率包括 1400 Hz 和 1600 Hz 两种。

对定子铁心在 54 对节点，对应不同的弹性模量 E_1 的取值，计算得到的固有频率 f_N 计算结果为

$E_1 = 1.1 \times 10^6 \text{ kg/cm}^2$ 时，$f_N = 1855$ Hz

$E_1 = 1.2 \times 10^6 \text{ kg/cm}^2$ 时，$f_N = 1938$ Hz

$E_1 = 1.3 \times 10^6 \text{ kg/cm}^2$ 时，$f_N = 2017$ Hz

$E_1 = 1.4 \times 10^6 \text{ kg/cm}^2$ 时，$f_N = 2093$ Hz

$E_1 = 1.5 \times 10^6 \text{ kg/cm}^2$ 时，$f_N = 2166$ Hz

计算结果表明，白鹤滩东电定子铁心在 54 对节点下的固有频率远离了激振频率 1400 Hz 和 1600 Hz，不会发生由一阶磁导齿谐波与励磁磁动势高次谐波作用引起的高频振动问题。

7.1.3　定子绕组

7.1.3.1　设计要求

定子绕组是发电机主回路的导电体及感应电路的主要组成部分，其主要作用是生成、承载感应电流和向外传输电能。

定子绕组的设计要求如下：

（1）各相绕组的电动势和磁动势应对称，绕组的电阻、电抗应平衡。

（2）绕组结构简单，绕组铜耗小。绝缘可靠，机械强度高，散热条件良好，应便于制造。绕组绝缘需要满足 GB/T 755—2019《旋转电机 定额和性能》或 IEC 60034 – 1：2017《旋转电机 定额和性能》中规定的 F 级绝缘，温升不能超过设计的限值。

（3）采用立式嵌线方式，绕组在定子铁心槽内应与周边配合严密，无间隙。

（4）同类定子线棒要具备互换性。

7.1.3.2　结构型式

定子绕组采用单匝条式结构。根据定子线棒的内部结构计算端部磁场引起的各股线的感生电动势、环流及线棒的环流损耗系数，可确定采用不完全 Roebel（小于 360°）换位方式。该方式下损耗最小，并可有效降低线棒股线的最高温度，减小股线间最大温差。

（1）定子绕组由条式波绕线棒组成，导体材质为退火铜。哈电机组采用 8 支路并联，东电机组为 9 支路并联，均采用 Y 型连接。主引出线与中性点引出线及其终端均为线电

压全绝缘。哈电机组定子槽数为 696 槽，每极每相槽数为 $q = 4 + 1/7$，选择分数槽绕组可有效改善线电压波形，但须分析预防定子铁心次谐波振动；东电机组定子槽数为 810 槽，每极每相槽数 $q = 5$ 为整数，不存在铁心次谐波振动。

（2）定子线棒对地的主绝缘结构。哈电机组采用 F 级桐马环氧粉云母多胶模压体系，线棒采用多胶带连续式绝缘、外包半导体复合物防晕结构，并应用加热模压固化"一次成型"工艺，使绝缘成为稠密均匀的固体，不含气泡且表面光滑无缺陷、绝缘厚度均匀，具有优越的电气性能、机械性能、抗老化耐潮湿性能及不燃或难燃特性。线棒尺寸统一，并具有良好的互换性；东电机组采用 F 级少胶 VPI 绝缘体系及环保型绝缘材料。线棒在主绝缘包扎完成后，通过真空处理去除绝缘层中的空气和挥发物，再加压使树脂进入绝缘层内，完全填充绝缘层内的间隙。

（3）定子线棒槽部采用性能良好的低阻防晕层，整个端部采用全包高阻防晕材料的一次成型结构，从而能保证定子单个线棒在 1.5 倍额定电压下不产生电晕，整机在 1.1 倍额定电压下不产生电晕，实现发电机长期可靠运行和预期寿命的目标。

（4）哈电机组定子线棒槽内固定采用含有半导体硅橡胶的半导体无纺布（三合一结构）将线棒包绕嵌入槽内，使线棒与线槽紧密配合，以降低槽电位，彻底消除电晕对绕组主绝缘的腐蚀。槽电位实测值小于 5 V，达到国内外先进水平；东电机组采用槽衬和高导热的弹性腻子，可使线棒与定子铁心槽壁紧密配合，降低槽电位，同时改善槽部线棒与铁心间的散热。

（5）采用槽口绝缘垫块、成对高强度绝缘斜槽楔、弹性波纹板及适形材料，将线棒在槽口压紧固定，以保证发电机在各种运行工况下均能对绕组施加并保持较大的径向力，避免绕组松动和位移。

（6）定子绕组采用可靠的防晕结构和处理技术，其各项防晕技术指标完全满足 JB 8439—2008《高压电机使用于高海拔地区的防电晕技术要求》标准要求。

已经成功投运的三峡、溪洛渡、向家坝等电站的大容量水轮发电机的定子绕组均采用单匝条式结构，哈电机组采用多胶模压体系，东电机组采用少胶 VPI 绝缘体系。

7.1.3.3 材料选取

定子绕组关键部分的材料选择主要考虑以下因素：

（1）绝缘材料性能须满足 F 级绝缘及耐热要求，防晕材料及结构满足所对应 24 kV 电压等级要求。

（2）适合加工制造。综合电磁参数、换位需要、结构强度和外形尺寸等方面的要求，哈电定子绕组铜股线选择了国产材料漆包单涤玻烧结绕组铜扁线 F1CuC1.61 - DS，主绝缘材料为桐马环氧玻璃粉云母带哈电 5440 - 1S，防晕带为非线性半导体高阻防晕带哈电 51613、哈电 51614、哈电 51615、哈电 51616；东电选用涤玻包烧结铜扁线 DSBEB - 20/155，主绝缘材料为少胶粉云母带东电 J1202，防晕材料为低阻防晕带东电 J1216，高阻防晕带东电 J1219、东电 J1220、东电 J1221。

7.1.3.4 定子线棒换位计算

1. 哈电机组

为降低定子绕组内部股线间的环流损耗影响，同时满足设计和制造要求，哈电进行了定子线棒换位计算，计算结果详见表 7 - 14。

通过对不同换位形式下最大环流系数的对比分析，最终选择最大环流系数的数值最小、换位节距最大的不完全换位角 323.18° 作为白鹤滩机组的最终换位方式，此时最大环流系数为 2.39，平均环流系数仅为 1.09。

表 7 - 14 定子绕组换位方式计算结果

不完全换位角（°）	换位节距（mm）	平均环流系数 K_{ave}	最大环流系数 K_{max}
360	41.48	3.08	12.33
355.91	41.95	2.87	11.56
351.82	42.44	2.49	10.09
347.73	42.94	2.15	8.73
343.64	43.45	1.86	7.48
339.54	43.98	1.62	6.33
335.45	44.51	1.42	5.28
331.36	45.06	1.21	3.92
327.27	45.62	1.13	3.13
323.18	46.20	1.09	2.39

2. 东电机组

经计算，东电水轮发电机采用小于 360° 不完全换位，上层、下层线棒的平均环流系数和最大环流系数曲线如图 7 - 17 ～ 图 7 - 20 所示。

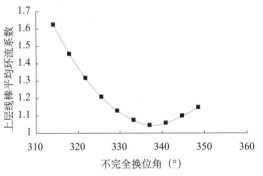

图 7 - 17 上层线棒平均环流系数

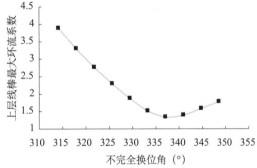

图 7 - 18 上层线棒最大环流系数

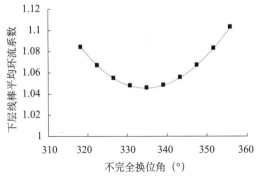

图 7 - 19 下层线棒平均环流系数

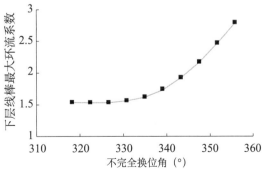

图 7 - 20 下层线棒最大环流系数

如图 7 - 17 和图 7 - 18 所示，上层线棒换位角度为 337°，平均环流系数为 1.0463，最大环流系数为 1.3553。

如图 7 - 19 和图 7 - 20 所示，下层线棒换位角度为 334.9°，平均环流系数为 1.0461，最大环流系数为 1.6357。

7.1.4 汇流环引线

7.1.4.1 设计要求

汇流环的作用是将定子绕组中产生的感应电流汇集至机端主引线侧和中性点侧。在发电机运行时，汇流环引线除承受电磁力作用外，还受到定子绕组引出位置及支架位置的约束力和少量的热胀力。

汇流环引线设计的具体要求如下：

（1）结构简单、合理，支撑结构可靠，各相引出线长度接近，且应尽量使汇流环引线总长度最小；同时要满足极端工况下内部电流引起的动、热稳定要求。

（2）绝缘可靠，机械强度、散热条件好，应便于制造；绝缘需要满足 GB/T 755—2019《旋转电机 定额和性能》或 IEC 60034 - 1：2017《旋转电机 定额和性能》中规定的 F 级绝缘，温升不超过规定的限值。

（3）导体尺寸选择须考虑集肤效应和邻近效应，满足绝缘规范中的绝缘距离要求。

（4）焊接结构及形式成熟可靠，满足设计强度要求，不产生局部过热或虚接情况。

（5）绕组连接方案应当尽量减小端部易起晕部位的电位差，减小起晕风险。

7.1.4.2 结构型式

哈电采用铜管式铜环引线、3 列 8 层的结构布置方案，如图 7 - 21 所示；东电采用空心铜管、3 列 8 层的布置方案。

7.1.4.3 材料选取

汇流环引线的尺寸及材料选择应满足过流情况下电流密度的要求，适合加工制造和焊接。根据上述要求，铜环采用铜管外包 F 级绝缘材料桐马环氧玻璃粉云母带；铜环段间以及铜环和线棒连接等位置均采用银铜焊结构，焊料采用 B-Cu80PAg 材质。

7.2 发电机转子设计

7.2.1 转子支架

7.2.1.1 设计要求

转子支架是连接主轴和磁轭的中间部件，是传递转动扭矩的关键环节。静止状态下，转子支架主要承受自身和磁极磁轭的重力，以及热打键应力。正常运行时，除了重力和残余打键应力之外，转子支架还要承受自身

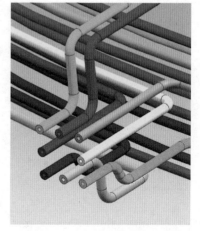

图 7 -21 铜环引线布置图

旋转产生的离心力以及定转子磁场耦合产生的电磁扭矩。

转子支架的设计要求如下：

（1）许用应力要求：额定转速工况下平均应力不大于 min ｛1/3 屈服限，1/5 强度限｝；飞逸转速工况下平均应力不大于 2/3 屈服限；打键工况下平均应力不大于 min ｛1/3 屈服限，1/5 强度限｝；最大应力集中点小于材料屈服限。

（2）变形要求：转子现场组装成整体后，其最大垂直挠度不大于 2.5 mm。

（3）结构固有频率应远离其转动频率和电磁激振频率。

7.2.1.2　结构型式

1. 哈电机组

哈电机组的转子支架采用前倾式斜支臂结构，由优质热轧钢板焊接而成，如图 7-22 所示。转子支架分为 1 个中心体和 7 个外环组件。中心体在制造厂焊接加工为整体，外环组件与中心体在工厂内进行预装，在工地进行组圆焊接。中心体由上法兰、下法兰、中心圆筒、内部径向垂直筋板及外部垂直斜筋板等部件组成。每个外环组件由上环板、下环板和垂直斜筋板等部件组成。

转子支架的斜立筋结构具有保证转子支架的环向稳定性和向心稳定性的作用，在热打键时能吸收一部分能量，减小立筋的刚度对热打键的影响并改善中心体的受力，使热打键时转子支架与转轴配合处变形小。机组运行时，斜立筋对转子产生的热膨胀、离心力也有较好的抵消作用，有利于保证气隙的均匀度。

转子支架须承受自身的重力、磁轭和磁极的重力、热打键紧量引起的配合压力、离心力和电磁扭矩作用产生的切向力等载荷，在事故工况下还须承受半数磁极短路径向力等载荷。通过有限元分析计算证明，转子支架的固有频率避开了外激振动频率，其刚强度性能可以保证机组运行安全、可靠和稳定。

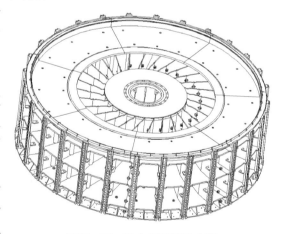

图 7-22　哈电机组转子支架

转子支架同时也是通风元件，起到离心风机的作用。外环组件的上、下环板和中心体上、下法兰之间的空隙作为冷空气的入口，在运行时斜筋板相当于风机的叶片，能够产生一定的风压，将空气吹向磁轭、磁极和定子，进而形成风路循环。

在转子支架下方设置了分块制动环，制动环由钢板加工而成。制动环通过螺栓固定在转子支架下方，径向通过紧靠转子支架定位，轴向在制动环和转子支架间设有调整垫片，可以用来调整制动环的轴向高度和平面度。

已经成功投运的三峡、溪洛渡、向家坝等电站的大容量水轮发电机，哈电机组转子支架采用前倾式斜支臂结构。

2. 东电机组

东电机组的发电机转子支架也采用斜元件结构。该结构从受力角度上看较圆盘式转子支架优势大，已在龙滩、三峡、溪洛渡等电站成功应用。但是在实际应用中，传统的斜元件式转子支架也暴露出以下部分不足：

（1）通风路径较长。传统斜元件式转子支架进风孔靠近转子支架中心体，通风路径较长，风压降大。

（2）风量调节手段有限。传统斜元件式转子支架在进风口设置了风量调节环板，这将影响斜腹板的刚度和变形，以及转子支架受力，同时其自身也会承受很高应力，风险较大。

（3）对油雾形成和扩散不利。传统斜元件式转子支架下端进风孔距离推力轴承油槽密封结构很近。冷却空气在油槽上方形成的负压，对油槽密封和油雾扩散都造成不利影响。

为了保留传统斜元件式转子支架在结构方面的优势，又能解决其暴露出的不足，东电对白鹤滩转子支架进行了全新开发。通过将进风孔移至转子支架外侧，缩短了通风路径，降低了风压降，并弱化了因转子支架进风口负压对油雾的影响。同时，对转子支架通风性能和机械性能进行结构上的分割，将斜腹板与上、下挡风环板脱离开，从而避免了上、下环板对斜腹板柔度的影响，也避免了在调节通风性能时对机械性可能产生的干涉。东电白鹤滩机组新型转子支架三维模型如图 7-23 所示。该结构不但解决了因通风优化带来的结构上的问题，也克服了传统斜元件式转子支架通风调节手段和方式有限的缺点。

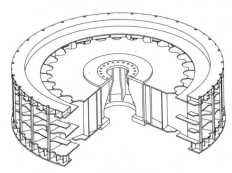

图 7-23　东电白鹤滩机组新型转子支架三维模型

7.2.1.3　材料选取

按照立足国内、优先采用成熟、通用性好、货源充足的原则，同时结合结构计算中各个区域的应力分布情况，白鹤滩发电机转子支架材料及性能要求见表 7-15。

表 7-15　发电机转子支架材料及性能要求　　　　　　　单位：MPa

类型	部位	材料	材料性能	
			屈服强度 σ_s	抗拉强度 σ_b
东电设计方案	中心体上下圆盘	锻钢 20SiMn	255	470
	中环板	B610CF	480	680
	其他	Q345B	325	490
哈电设计方案	中心体上下圆盘	20MnSX	265	515
	板厚 >100 mm	SXQ345B	275	450~600
	50 mm < 板厚 ≤100 mm	Q345B	285	470~630
	35 mm < 板厚 ≤50 mm	Q345B	295	470~630

7.2.1.4　设计计算

1. 哈电机组

（1）热打键紧量及轴向变形。转子支架热打键紧量的计算主要考虑了机组过速后磁轭的残余变形，以及轴向变形机组过速后静止工况时变形，计算结果见表 7-16。

表 7-16　转子支架热打键紧量及轴向变形计算结果　　　　单位：mm

计算项目	数据
磁轭残余变形	1.22
静止（过速前）热打键紧量	5.52
静止（过速后）热打键紧量	4.3
静止（过速后）轴向变形	-1.2

注："-"表示向下变形。

（2）转子支架应力计算。转子支架应力计算主要计算静止工况（过速前、后）、额定工况、飞逸工况及甩负荷工况，计算结果见表 7-17。

表 7-17　转子支架应力计算结果　　　　单位：MPa

计算工况	计算部位	最大综合应力	许用应力	是否满足强度要求
静止（过速前）	上、下圆盘	33.7	$\sigma_s = 265$	满足
	其他部位	219.1	$\sigma_s = 285$	满足
静止（过速后）	上、下圆盘	33.8	$\sigma_s = 265$	满足
	其他部位	176.5	$\sigma_s = 285$	满足
额定工况	上、下圆盘	56.4	$2/3\sigma_s = 176.7$	满足
	其他部位	162.4	$2/3\sigma_s = 190$	满足
飞逸工况	上、下圆盘	44.6	$\sigma_s = 265$	满足
	其他部位	279.5	$\sigma_s = 285$	满足
甩负荷工况	上、下圆盘	35.6	$\sigma_s = 265$	满足
	其他部位	175.1	$\sigma_s = 285$	满足

（3）斜筋倾角计算。转子支架斜筋倾角的设计主要考虑了中心体和上、下环板不同膨胀量引起的弯曲应力、扭矩引起的拉伸或压缩应力以及斜立筋的翘曲安全系数，具体计算结果见表 7-18，转子支架倾角示意如图 7-24 所示。

表 7 - 18　斜筋不同倾角计算结果

倾角角度 （°）	外环连接处弯曲应力 （MPa）	扭矩引起的应力 （MPa）	支臂翘曲安全系数
10	11.38	16.8	1.72
20	16	17.6	2.2
30	22.4	19.1	2.76
40	31.4	21.5	3.35
50	44.6	25.7	3.95
60	65.5	32.9	4.49
70	105.3	48	4.92
80	215.9	93	5.2

　　通过每隔 10°对转子支架应力及翘曲安全系数进行计算，结果显示，随着斜筋角度增大，弯曲应力和扭转应力逐渐增大，应力的安全裕量降低，而翘曲安全系数逐渐增大，翘曲的风险降低。通过对转子支架的应力和翘曲的综合分析，最终选取倾角为 67.2°。

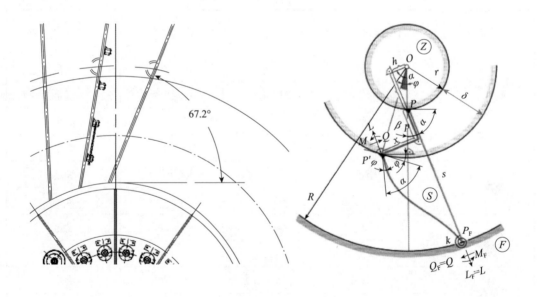

图 7 - 24　转子支架倾角示意图

　　2. 东电机组

　　（1）转子支架斜筋倾角计算。为了确定转子支架的最佳斜度，东电拟订了 18°、22.5°、25°以及 28°的转子支架方案，并分别对分离转速工况、飞逸转速工况、打键工况以及额定运行工况下转子支架的应力进行了全面的对比分析，详见表 7 - 19 和表 7 - 20。东电机组转子支架斜支臂倾角示意图如图 7 - 25 所示。

表 7-19　各斜度打键紧量及最大综合位移对比　　　单位：mm

倾角角度	打键紧量	分离转速	飞逸转速	打键工况	额定运行工况
18°	6.32	24.7052	45.0342	36.7054	3.76011
22.5°	6.28	19.9052	36.2844	29.130 6	2.78713
25°	6.34	18.0783	32.9542	26.644	2.68823
28°	6.37	16.4544	29.8474	24.1505	2.90728

表 7-20　各斜度打键紧量及最大等效应力对比　　　单位：MPa

倾角角度	分离转速	飞逸转速	打键工况	额定运行工况
18°	262.6	478.7	492.8	186.9
22.5°	194.2	354.1	429.0	200.8
25°	202.7	369.5	402.3	184.8
28°	269.7	481.7	500.1	184.7

从计算结果可见，四种工况下的转子支架斜度为 25°时应力值最小，因此东电机组转子支架结构的最佳斜度为 25°。

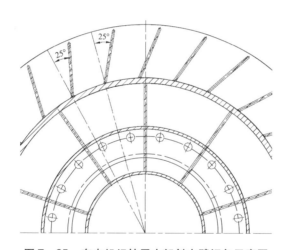

图 7-25　东电机组转子支架斜支臂倾角示意图

（2）转子支架刚强度计算。东电机组采用有限单元法分析软件 ANSYS 对转子支架的刚强度进行计算，转子支架位移和应力计算结果见表 7-21 和表 7-22。

表 7-21　东电机组转子支架位移（最大变形）计算结果　　　单位：mm

工况	综合位移	径向	切向	轴向
分离工况	22.921	3.663	22.686	-0.538
飞逸工况	41.735	6.656	41.305	-0.834
打键工况	28.777	-4.297	-28.543	-0.859
额定工况	3.575	-0.339	3.524	-0.704

注：表中切向的"-"表示顺时针方向，轴向的"-"表示竖直向下。

表 7 -22　东电机组转子支架应力计算结果　　　　　　单位：MPa

部位	中环板（B610CF）				其他部位（Q345B）			
计算应力及许用应力	P_m		$P_1 + P_b$	$P_1 + P_b + Q$	P_m		$P_1 + P_b$	$P_1 + P_b + Q$
	计算值	要求许用应力			计算值	要求许用应力		
分离工况	105.2	160	122.5	187.0	82.2	82.2	125.8	183.3
飞逸工况	192.0	320	223.5	341.1	149.4	149.4	228.7	333.1
打键工况	124.1	160	172.6	214.6	104.3	104.3	205.6	232.7
额定工况	34.0	160	79.7	91.1	60.5	60.5	73.5	95.0
ASME 标准许用应力	226	—	339	680	163	—	245	490
是否满足要求	是		是	是	是		是	是

从计算结果与许用应力对比结果可见，转子支架各计算工况得到 P_m，$P_1 + P_b$，$P_1 + P_b + Q$ 均小于 ASME 标准许用应力，经典公式计算的断面应力均小于规定的许用应力，满足设计强度要求。

（3）转子支架疲劳寿命计算。转子支架疲劳寿命计算采用结合 Miner 线性累积损伤理论的雨流计数统计法，计算程序软件为 FE-safe，计算结果见表 7 -23 和表 7 -24。

表 7 -23　转子支架循环次数

工况	循环次数
停机—运行—停机	1.225×10^5 次
停机—额定—飞逸—停机	8.598×10^3 次

表 7 -24　结构疲劳计算结果

结构	累计损伤因子 D	损伤因子判断标准	强度因子 F_{os}	强度因子判断标准	是否安全
转子支架	0.56	$D < 1$	1.24	$F_{os} > 1$	安全

根据计算结果可知，转子支架的损伤因子 $D < 1$，满足疲劳设计要求。

（4）转子支架动力特性计算。采用 ANSYS 有限单元法分析软件计算，转子支架固有频率见表 7 -25。

表 7 -25　转子支架固有频率　　　　　　单位：Hz

阶次	转子支架频率
1	4.8
2	8.3
3	16.9
4	19.2
5	45.1
6	69.1

机组可能的激振频率见表 7-26，转子支架的频率都避开了机组可能的激振源，满足动力特性设计要求。

表 7-26　机组可能的激振频率　　　　　单位：Hz

激励源	可能的激振频率
转频	1.9
2 倍转频	3.8
叶片通过频率（15 个叶片）	27.8
电磁激励频率	100
涡带（Rope）频率（0.2～0.4 倍转频）	0.37～0.74

3. 计算数据对比

由于哈电机组和东电机组转子支架结构不完全相同，计算项目也有差异，因此只对转子支架变形进行对照，计算结果见表 7-27。

表 7-27　转子支架位移（最大变形）计算结果　　　　　单位：mm

工况	东电机组设计方案				哈电机组设计方案			
	综合位移	径向	切向	轴向	综合位移	径向	切向	轴向
分离工况	22.921	3.663	22.686	-0.538	—	—	—	—
飞逸工况	41.735	6.656	41.305	-0.834	23	4.9	22.7	-2.2
打键工况	28.777	-4.297	-28.543	-0.859	24.5	-4.3	-24.1	-1.2
额定工况	3.575	-0.339	3.524	-0.704	10.5	-0.9	-10.4	-1.6

注：表中切向的"-"表示顺时针方向，轴向的"-"表示竖直向下。

7.2.2　磁轭

7.2.2.1　设计要求

磁轭是固定磁极的结构部件，也是发电机磁路的组成部分，发电机的转动惯量主要由磁轭产生。白鹤滩发电机磁轭为叠片磁轭结构，由扇形片交错叠装并用拉紧螺栓紧固成一体，磁轭通过转子支架与转轴连成一体。

磁轭在离心力作用下产生径向膨胀。为了不使转子重心偏移而产生振动，在磁轭与转子支架之间采用了径向键和切向键楔紧的固定结构。机组正常运行时，磁轭承受扭矩、磁轭本身和磁极离心力产生的切向力，以及热打键引起的配合力。

磁轭的设计要求如下：

（1）应能保证机组的转动惯量满足要求；具有足够的刚强度，保证在各个工况下的

417

应力水平满足要求。

（2）合适的固定结构，打键紧量确保磁轭分离转速大于 1.4 倍的额定转速，同时设置切向键和加强键以保证力矩传递和磁轭整体性；采用液压拉伸方式预紧，且压紧力应确保运行期间不松动。

（3）采用合适的分片和叠片方式以减少磁轭应力，同时确保磁轭风路顺畅、分布合理。

7.2.2.2 结构型式

白鹤滩水电站水轮发电机磁轭由磁轭冲片、磁轭拉紧螺杆、磁轭压板和磁轭键（东电机组还包括导风叶）等零部件组成，磁轭通过热打键与转子支架连接。磁轭轴向分为两段，采用层间交错一个极距的叠片方式，通过拉紧螺杆紧固成一个整体。经通风计算，磁轭冲片之间无需设置环形通风沟，设置径向通风隙即可以满足通风需求。白鹤滩磁轭装配整体结构如图 7-26 所示。

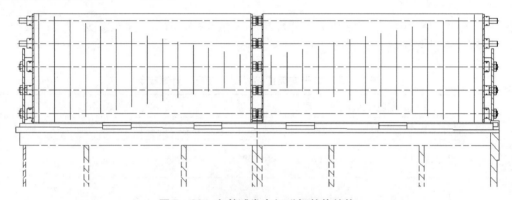

图 7-26　白鹤滩发电机磁轭整体结构

1. 磁轭冲片及叠装

磁轭冲片采用 750 MPa 等级高强度热轧钢板（东电机组磁轭钢板厚 4 mm，哈电机组磁轭钢板厚 3 mm），磁轭冲片宽度的选取既须保证发电机转动惯量的要求（东电机组大于 360 000 t·m^2，哈电机组大于 370 000 t·m^2），也要满足各工况下的刚强度要求，东电机组与哈电机组的磁轭冲片分别如图 7-27 和图 7-28 所示。磁轭冲片外侧设置有固定磁极的 T 尾槽，冲片内侧设置鸽尾槽，用于安装磁轭键。

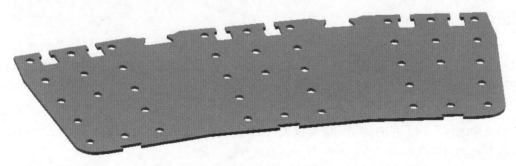

图 7-27　白鹤滩东电机组发电机磁轭冲片

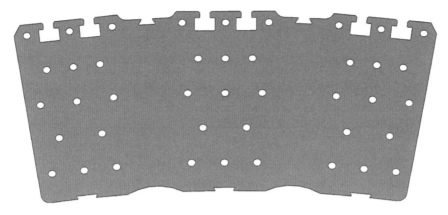

图 7 - 28 白鹤滩哈电机组发电机磁轭冲片

东电机组采用了转子空内冷新技术，为适应磁极通风需求，磁轭叠片分为常规叠片区和撑块、内通风叠片区，磁轭叠片与通风区轴向布置如图 7 - 29 所示。常规叠片区为 3 片一叠，片间隙高度为 12 mm；极间撑块和内通风叠片区统一为 8 片一叠，片间隙高度为 32 mm，每段内通风区的总高度为 96 mm。磁轭轴向共设置 13 个内通风区，同时磁轭、磁极托板与磁极线圈通风区一一对应。

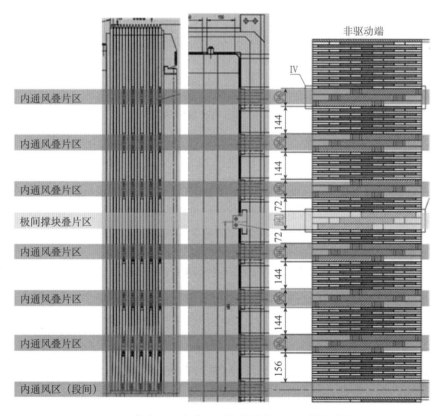

图 7 - 29 东电机组发电机磁轭叠片与通风区轴向布置图

2. 磁轭固定

哈电发电机磁轭固定结构采用径、切向复合键的连接结构，其径向键的预紧力保证机组转速为 1.4 倍额定转速时转子支架与磁轭不发生分离。为保证磁轭整体质量，每段磁轭设置加强键，两段磁轭间设置定位键，加强键与定位键在周向错开。哈电机组发电机磁轭叠片如图 7-30 所示。

东电机组发电机磁轭固定结构与溪洛渡等巨型水轮发电机结构类似，采用径向键、切向键分开布置的方式。打键紧量的设计确保磁轭分离转速大于 1.4 倍的额定转速。在径向主键之间的键槽中，靠近转子支架上、下环板侧布置了切向键，靠近磁轭中心位置设置了磁轭加强键，布置图如图 7-31 所示。

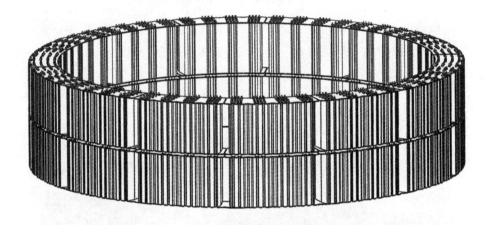

图 7-30 哈电机组发电机磁轭叠片

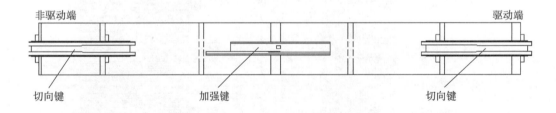

图 7-31 磁轭切向键和加强键布置图

已经成功投运的三峡、溪洛渡、向家坝等电站的大容量水轮发电机的磁轭采用叠片结构。

7.2.2.3 材料选取

白鹤滩磁轭冲片材料按三峡标准 Q/CTG 26—2015《大型水轮发电机高强度热轧磁轭钢板技术条件》选取，材料牌号为 SXRE750，主要力学及工艺性能见表 7-28。

表 7-28　磁轭冲片力学及工艺性能要求

牌号	厚度（mm）	加工方法	力　学　性　能					工艺性能
			屈服强度 $R_{p0.2}$（MPa）	抗拉强度 R_m（MPa）	断后伸长率[1] A（%）	冲击吸收能量[2] KV_2（-20℃）（J）		冷弯 $\alpha=180°$ $D=2\alpha$
			横向、纵向	横向、纵向	横向、纵向	横向	纵向	横向
SXRE650	3.0	冲切	≥650	700~850	≥14	≥40	≥54	外表面无裂纹；外侧面无分层
	3.0~6.0	激光切割	≥650	≥700	≥14	≥40	≥54	
SXRE700	3.0~6.0	激光切割	≥700	≥750	≥14	≥40	≥54	
SXRE750	3.0~6.0	激光切割	≥750	≥800	≥12	≥40	≥54	

注：1. A（δ_5）表示 $L_0=5.65S_0^{0.5}$ 时的断后伸长率，其中 L_0 为原始标距，S_0 为原始横截面积。
　　2. 该项性能指标对应 10 mm 试样，对于其他规格试样，尺寸的换算按 GB/T 229—2007《金属材料 夏比摆锤冲击试验方法》执行。

同时标准还对可能影响磁轭叠片、机组运行的形状尺寸指标进行了规定，见表 7-29。

表 7-29　磁轭冲片形状尺寸要求

牌号	厚度（mm）	加工方法	不平度（mm/m）	同板差（mm）	厚度允许偏差（mm）		长度允许偏差（mm）	
					宽小于 1200	宽不小于 1200	长	宽
SXRE650	3.0	冲切	≤3.0	≤0.10	±0.16	±0.21	0~+25	0~+15
	3.0~4.0	激光切割	≤1.0	≤0.10	±0.16	±0.21	0~+25	0~+15
	>4.0~6.0	激光切割	≤1.0	≤0.10	±0.16	±0.24	0~+25	0~+15
SXRE700	3.0~4.0	激光切割	≤1.0	≤0.10	±0.16	±0.21	0~+25	0~+15
SXRE750	>4.0~6.0	激光切割	≤1.0	≤0.10	±0.16	±0.24	0~+25	0~+15

7.2.2.4　设计计算

1. 哈电机组磁轭应力计算

应力计算针对额定工况和飞逸工况进行。由于飞逸工况下磁轭最大综合应力超过材料屈服极限，须对其进行疲劳核算。结果表明，磁轭满足疲劳寿命要求，具体计算结果见表 7-30，额定工况和飞逸工况的磁轭应力分布分别如图 7-32 和图 7-33 所示。

表 7-30　磁轭应力计算结果　　　　　　单位：MPa

工况	计算项目	数据
额定工况	最大综合应力	219
	许用应力	500
	T 尾路径一平均应力	13
	T 尾路径二平均应力	29

421

续表

工况	计算项目	数据
飞逸工况	最大综合应力	840
	材料屈服极限	750
	T 尾路径一平均应力	52
	T 尾路径二平均应力	111
	按疲劳校核	
	承受次数	4800

1.23532 25.3778 49.5202 73.6627 97.8051 121.948 146.09 170.232 194.375 218.517

4.73598 97.5389 190.342 283.145 375.947 468.75 561.553 654.356 747.159 839.962

图 7 – 32　额定工况磁轭应力分布

注：图中红线位置为磁轭 T 尾平均应力路径一，
　　黄线为平均应力路径二。

图 7 – 33　飞逸工况磁轭应力分布

（注同图 7 – 32）

2. 东电机组磁轭应力计算

利用 ANSYS 有限元分析软件对磁轭冲片的应力及变形进行计算，计算结果与相关标准对比，见表 7 – 31。

表 7 – 31　磁轭应力计算结果　　　　单位：MPa

计算应力及许用应力	P_m		$P_1 + P_b$	$P_1 + P_b + Q$
	计算值	要求许用应力		
额定工况	68.0	250	93.9	230.8
飞逸工况	243.7	500	335.8	788.8
ASME 标准许用应力	266.6	—	400	800
是否满足要求	是		是	是

由对比结果可知，磁轭冲片各计算工况计算得到 P_m，$P_1 + P_b$，$P_1 + P_b + Q$ 均小于 ASME 许用应力标准，经典公式计算的断面应力均小于规定的许用应力，满足强度设计要求。额定工况和飞逸工况的综合位移及等效应力如图 7 – 34 ~ 图 7 – 37 所示。

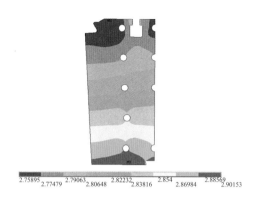

图 7 - 34　额定工况综合位移（单位：mm）

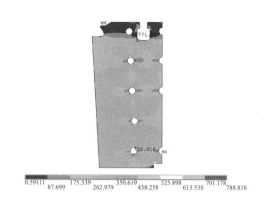

图 7 - 35　飞逸工况等效应力（单位：MPa）

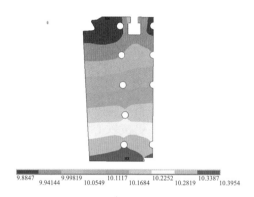

图 7 - 36　飞逸工况综合位移（单位：mm）

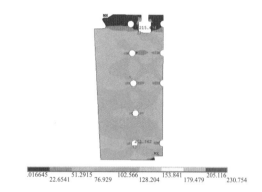

图 7 - 37　额定工况等效应力（单位：MPa）

3. 磁轭压紧力选取

磁轭压紧力的选取主要考虑以下两个原则。

（1）磁轭最小压紧力选取：磁轭冲片的压紧力必须保证磁轭在飞逸转速下不发生片间滑移，即磁轭冲片片间摩擦力能够克服在飞逸转速下磁轭冲片所受到的离心力。

（2）磁轭最大压紧力选取：在保证磁轭的综合应力不超过材料屈服强度 2/3 的情况下，考虑 10% 左右的安全裕度。另外，对于叠片磁轭而言，磁轭片间压力越大，则磁轭的整体性越好。因此，在保证计算应力足够的安全裕度下，磁轭片间压力尽量选取较大值。

白鹤滩东电机组发电机磁轭压紧力选取 7 MPa，此时拉紧螺杆最小截面的综合应力为 431.5 MPa，安全系数为 1.24；磁轭片间滑移的安全系数为 8。

白鹤滩哈电机组发电机磁轭压紧计算由于磁轭叠片采用 4 片一叠结构，拉紧螺杆计算按额定转速时磁轭片间不滑动、飞逸转速时拉紧螺杆承受一定的剪力设计。经过计算，每个螺杆预紧为 400 ~ 415 kN，螺杆拉应力为 498.8 MPa，螺杆剪应力为 201.8 MPa，综合应力为 603.3 MPa，磁轭螺杆材料屈服极限为 735 MPa，安全系数为 1.22，此时磁轭片间压力为 7.4 ~ 7.7 MPa。

7.2.3 磁极

7.2.3.1 设计要求

磁极是进行电磁能量转换的主要部件之一，其为发电机提供激磁磁场。磁极也是发电机主要的发热部件之一，因此其不但要具备一般转动部件所应有的机械性能，还必须具有良好的电磁性能、通风散热性能。磁极主要由磁极铁心、磁极线圈、绝缘结构、阻尼绕组等零部件构成。

磁极的设计要求如下：

（1）作为转子部件的重要组成部分，各组成部件应满足材料的应力要求。

（2）磁极绕组温升不超过理论设计值（东电机组为 58 K，哈电机组为 70 K）。

（3）作为机组能量转换的重要部件，必须保证其绝缘的可靠性。

（4）应便于拆卸和检修。

7.2.3.2 结构型式

1. 哈电机组

哈电机组发电机转子圆周共设 56 个磁极，磁极由磁极冲片、磁极线圈、阻尼条和阻尼环及其他零件组成，如图 7 – 38 所示。磁极铁心两端设磁极压板，高强度薄钢板冲制而成的磁极冲片通过穿过整个磁极铁心的拉紧螺栓沿轴向叠装压紧。磁极通过 T 尾与磁轭上相应的键槽挂接并用磁极键打紧后牢固地固定在磁轭外圆。磁极铁心能保证装配后的扭曲度及直线度满足标准、规范要求，不允许叠加补偿片。已经成功投运的三峡、溪洛渡、向家坝等电站的大容量水轮发电机的磁极采用该结构。

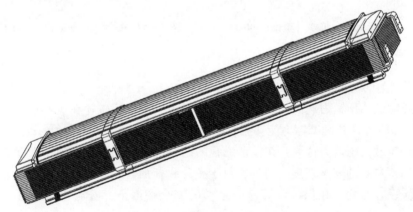

图 7 –38 哈电机组磁极示意图

1）阻尼绕组

磁极上设有交、直轴阻尼绕组，每个磁极有 9 根 $\phi25$ mm 阻尼条，磁极压板内侧设有阻尼环。阻尼条与阻尼环的连接采用银铜焊，这种焊接方式既可以保证连接的机械强度，也可以降低焊缝连接部分的接触电阻值，从而减小阻尼绕组接触部位的发热损耗，进而降低阻尼绕组温升。阻尼绕组及其连接片支撑牢固地固定在磁轭上，可防止因振动、热位移以及飞逸转速下的应力所造成的机械故障，并承受短路和不平衡电流。磁极之间的阻尼环连接片采用

Ω 型弹性结构，能够完全适应在机械力和热应力的作用下所产生的变形。

2）磁极线圈

磁极线圈采用带有散热刺的铜排 TMY2 四角焊接结构，铜排的连接采用银铜焊，绝缘等级为 F 级，并热压成一个整体。磁极线圈匝间的绝缘与相邻匝的铜排完全黏合且略突出，首末匝与极身和托板间设有防爬电的附加角绝缘，能确保磁极线圈的首末匝与极身、极靴及磁轭间的各处爬电距离全部满足标准和规范的要求。铜排的截面形状使其具有较大的散热表面，能够尽可能多地将磁极线圈损耗所产生的热量带走，降低磁极线圈温升。

磁极线圈的上、下部分别设有上、下绝缘托板，绝缘托板为高强度环氧玻璃布整体压制件，绝缘托板的各点支撑良好，线圈及整个磁极的固定能保证在发电机所有运行工况下不发生有害变形或损坏。上、下磁极托板与磁极线圈首末匝的接触面设有滑移层，能够使线圈相对于铁心及绝缘托板实现自由滑动和自由膨胀。

3）极身绝缘

磁极极身绝缘材料为 NOMEX 纸，极身绝缘与磁极线圈之间用环氧玻璃布板外包浸渍涤纶毡塞紧。磁极线圈采用焊接到铁心上的铁托板固定，可以使磁极线圈在发电机运行过程中始终保持适当的压紧力。

2. 东电机组

东电机组水轮发电机转子圆周共设 54 个磁极，采用矩形磁极结构型式。为了提高磁极线圈运行过程中的安全性，在磁极两侧设置了极间撑块。

白鹤滩发电机额定功率高达 1000 MW，磁极绕组损耗相比溪洛渡发电机增加了约33%。如果采用与溪洛渡发电机类似的常规结构型式，需要大幅增加冷却风量和磁极线圈的散热面积，才能满足磁极绕组温升不超过 58 K 的要求。一方面会提高转子尤其是磁轭的机械设计难度；另一方面，风量的大幅增加对电机效率保证也十分不利。对此，东电机组发电机采用了磁极空内冷创新技术，通过在热源本体即磁极铜排上开设通风孔，增大了磁极绕组的散热面积，缩短了传热路径，提高了冷却效率，从而降低了磁极绕组的温升。在总风量为 300 m^3/s 的条件下，磁极温升有限元仿真计算结果见表 7−32。

表 7−32　白鹤滩东电发电机磁极温升有限元仿真计算及对比

参数	溪洛渡	白鹤滩 （无通风孔）	白鹤滩 （有通风孔）
转子铜损 Q_{Cu_2}（kW）	1392	1853	1853
总散热面积（m^2）	394	463.9	616.3
单位面积损耗（kW/m^2）	3.53	4.03	3.04
计算温升（K）	55.9（实测）	76	55

计算结果表明，采用空内冷技术后，东电机组的磁极温升满足要求，设计合理可行。

1）磁极铁心

东电机组采用叠片磁极铁心，将磁极冲片通过压力机压紧并用穿心螺杆将其与磁极压板、阻尼环等紧固把合成一个整体（见图 7 - 39），其中铁心的叠压系数要求不小于 0.98。磁极铁心两侧各设置一对加强键，待磁极铁心压紧完成后装入打紧并焊于磁极压板，以增加磁极铁心的整体刚度。铁心装压完成后还需将铁心两端 T 尾与极靴上的焊槽焊满，以增加 T 尾和极靴的强度和稳定性。

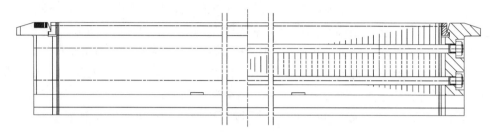

图 7 -39　东电机组的磁极铁心

白鹤滩东电机组发电机磁极冲片采用优质高强度薄钢板 DCL450 冲制而成，磁极冲片在额定状态下受力不超过材料屈服极限的 1/3，飞逸状态下不超过材料屈服极限的 2/3。

磁极压板布置于磁极铁心两端。铁心装压时，用拉紧螺杆借助磁极压板的作用将铁心压紧，在机组运行过程中，磁极压板除了承受自身的离心力之外，还要承受磁极线圈端部的离心力。白鹤滩磁极压板采用优质锻造钢板整体加工而成，可保证压板的力学性能并避免材料可能存在的内部缺陷。

磁极拉紧螺杆作为将磁极铁心、磁极压板固紧为一体的重要零件，采用优质合金钢材料制成，可满足拉紧螺杆的强度需求。

2）磁极绕组

东电机组的磁极绕组采用带散热翅的异形铜排。相比矩形铜排，异形铜排的散热面积更大。同时为了保证磁极绕组的质量与尺寸控制，磁极绕组采用成熟的焊接结构，每层铜排之间垫入匝间绝缘，然后再将匝间绝缘与铜排热压为一体。

磁极"内空冷"就是在磁极绕组上开设一定数量的通风孔（见图 7 - 40），同时设计相应的风路，冷却风量从磁极铁心和绕组之间进入，再从铜排通风孔出来，可有效降低磁极绕组的温升。

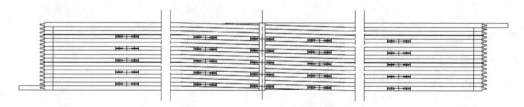

图 7 -40　东电机组磁极绕组

3）极身绝缘

东电机组极身绝缘采用绝缘纸围包结构，可以有效地防止由于铁心与绕组间落入异物或者粉尘堆积而导致的磁极绕组接地，同时也可以增大磁极绕组的散热面积。极身绝缘采用分段塞紧填充，从而构造出内通风风道。

磁极设有内外托板，均为整体托板，并采用优质绝缘材料模压制备而成。托板具有良好的绝缘性能与抗压强度，能承受机组运行过程中磁极绕组的离心力。

4）阻尼绕组

阻尼绕组可以有效抑制转子自由振荡，提高电力系统运行的稳定性。在不对称运行中还能起到削弱负序气隙旋转磁场的作用，提高了发电机的不对称负荷能力，能加速发电机自同期并入系统。

东电机组的阻尼绕组由阻尼条、阻尼环和阻尼环连接片等连接成一个整圆。阻尼条采用纯铜棒制成，阻尼环采用铜板加工而成，阻尼环之间采用软连接结构。

7.2.3.3　材料选取

按照立足国内、优先采用成熟、货源充足的原则，白鹤滩水轮发电机磁极主要零件材料选取见表 7 – 33。

表 7 – 33　白鹤滩机组磁极材料选取

零件名称	东电机组选用材料	哈电机组选用材料
磁极压板	锻钢 40CrNiMo	锻钢 34CrNi1Mo
磁极冲片	冷轧钢板 CA072 DCL450	HD550C
磁极拉紧螺杆	42CrMo 调质	42CrMo
磁极绕组	E-Cu25	铜排 TMY2
磁极阻尼板	铜板 CA022 T2（Y2）35	铜板 T2R
磁极阻尼条	纯铜棒 GB/T 4423—2007《铜及铜合金拉制棒》T2Y ϕ25	铜棒 T2Y
磁极托板	F 级模压成型托板东电机组 J0993	环氧玻璃坯布压制件哈电机组 3242P
磁极加强键	锻钢 35	Q345B

7.2.3.4　设计计算

1. 哈电机组

哈电机组对磁极 T 尾、极间连接线进行了计算，计算结果见表 7 – 34 和表 7 – 35，额定工况和飞逸工况下的应力分布、磁极极间内外侧连接以及应力分布如图 7 – 41 ~ 图 7 – 48 所示。

表 7 – 34　磁极 T 尾应力计算结果　　　　　单位：MPa

工况	计算项目	数据
额定工况	最大综合应力	157
	许用应力	367
	T 尾路径一平均应力	25
	T 尾路径二平均应力	37

续表

工况	计算项目	数据
飞逸工况	最大综合应力	593
	材料屈服极限	550
	T 尾路径一平均应力	97
	T 尾路径二平均应力	142
	按疲劳校核	
	承受次数	18 081

表 7 - 35　磁极连接线应力计算结果　　　　　单位：MPa

工况	部件	A-A 截面平均应力	许用应力	是否满足	磁极连接线弯曲应力	许用应力	是否满足
额定工况	外侧连接	36.5	80	是	83.2	120	是
	内侧连接	34.3		是	74.6		是
飞逸工况	外侧连接	48.2	130	是	92.8	195	是
	内侧连接	47.5		是	81.6		是

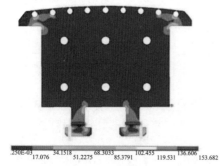
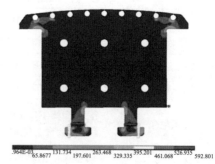

图 7 - 41　额定工况磁极应力分布　　　　　图 7 - 42　飞逸工况磁极应力分布

注：图中红线位置为磁轭 T 尾平均应力路径一，　　　　　（注同图 7 - 41）
　　黄线为平均应力路径二。

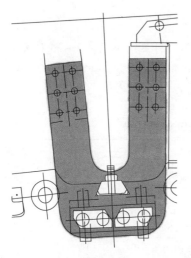
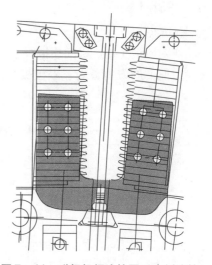

图 7 - 43　磁极极间连接图（外侧连接）　　　图 7 - 44　磁极极间连接图（内侧连接）

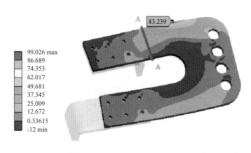

图 7 - 45   额定工况外侧极间连接线应力分布   图 7 - 46   飞逸工况外侧极间连接线应力分布

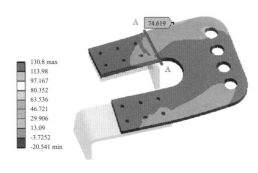
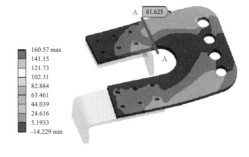

图 7 - 47   额定工况内侧极间连接线应力分布   图 7 - 48   飞逸工况内侧极间连接线应力分布

2. 东电机组

东电机组采用有限元法计算磁极结构的强度和磁极线圈开孔对强度的影响。选取飞逸工况进行磁极计算，计算结果见表 7 - 36，磁极线圈和磁极铁心的等效应力分别如图 7 - 49 和图 7 - 50 所示。

表 7 - 36   磁极应力计算结果   单位：MPa

名称	最大等效应力	要求许用应力	是否满足要求
线圈	133.0	200	是
磁极铁心	324.4	450	是
磁极压板	427.8	650	是
绝缘托板	42.3	400	是

根据计算结果可知，飞逸转速工况下的线圈、绝缘板、磁极和磁极压板的应力均小于材料许用应力，表明磁极的设计合理，结构安全可靠。

3. 白鹤滩发电机组转子结构型式对比

表 7 - 37 列出了白鹤滩发电机组的转子与类似成熟机型主要结构对比。

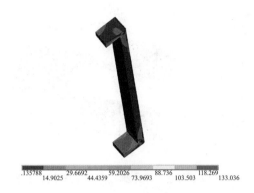

.135788 29.6692 59.2026 88.736 118.269
  14.9025 44.4359 73.9693 103.503 133.036

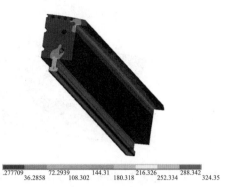

.277709 72.2939 144.31 216.326 288.342
  36.2858 108.302 180.318 252.334 324.35

图7-49　东电机组磁极线圈等效应力　　　图7-50　东电机组磁极铁心等效应力

表7-37　白鹤滩发电机转子主要结构对照表

项目	三峡右岸	溪洛渡左岸	向家坝左岸	白鹤滩左岸	白鹤滩右岸
机组容量（MW）	700	770	800	1000	1000
磁极数量	80	48	80	54	56
额定转速（r/min）	75	125	75	111.1	107.1
飞逸转速（r/min）	150	240	150	210	210
材料	磁极冲片：WDER345 磁轭冲片：Domex650 主轴：锻钢20SiMn	磁极冲片：WDER450 磁轭冲片：Domex700 主轴：锻钢20SiMn	磁极冲片：WDER345 磁轭冲片：Domex700 主轴：锻钢20SiMn	磁极冲片：DCL450 磁轭冲片：SXRE750 主轴：锻钢25MnSX	磁极冲片：HD550C 磁轭冲片：SXRE750 主轴：锻钢20MnSX
转子外径（mm）	φ18 704	φ14 121	φ19 342	φ16 202	φ16 496
转子重量（t）	1902	1468	2016	2068	2368
联轴结构	定位销套和双头螺柱	定位销套和双头螺柱	定位销套和双头螺柱	定位销套和双头螺柱	定位销套和双头螺柱
磁极与磁轭连接结构	鸽尾、链条键	鸽尾、链条键	鸽尾、链条键	T尾、楔形键	T尾、楔形键
磁轭和转子支架连接结构	焊接主立筋结构	焊接主立筋结构	焊接主立筋结构	工地加工主立筋结构	副立筋和工地加工主立筋结构
极间连接结构	拉杆径向拉紧	拉杆径向拉紧	拉杆径向拉紧	拉杆径向拉紧	U型连接
极间支撑结构	长杆绝缘撑块结构	长杆绝缘撑块结构	长杆绝缘撑块结构	长杆绝缘撑块结构	围带支撑结构

7.3　发电机轴系设计

7.3.1　设计要求

发电机轴是扭矩传递的主要部件，也是转动部分的旋转中心。大型发电机的轴一般由主轴、上端轴组成。

发电机轴的设计具体要求如下：

（1）在运行过程中能够承受各种受力不产生变形。轴的受力情况比较复杂，须承受的负荷包括额定转矩、机组转动部分的重量、水推力产生的轴向力、定转子气隙不均匀引起的单边磁拉力、转子机械不平衡力等。

（2）必须具有足够的刚度，避免发电机运行时因轴的挠度过大导致气隙超过允许的偏差。

（3）轴在横轴振荡和扭转振荡中的临界转速必须与电机最大飞逸转速间有足够的余度，临界转速应高于或等于机组飞逸转速的 1.25 倍。

7.3.2　结构型式

白鹤滩水电站水轮发电机采用分段轴结构，如图 7 – 51 所示，主轴与转子支架通过销套和螺栓连接为一体，转子中心体与上端轴通过螺栓把合为一体。

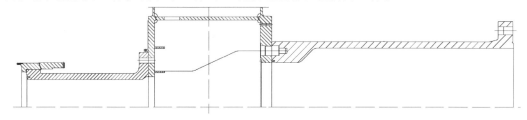

图 7 – 51　白鹤滩水电站水轮发电机轴系

白鹤滩主轴为中空轴。根据结构设计需要，将与转子中心体把合端设计为内法兰结构，与水轮机把合端设计为外法兰结构；上端轴同样采用中空轴结构，上端与滑转子热套为一体，下端通过外法兰与转子支架中心体把合为一体。

白鹤滩主轴与转子中心体采用销套与螺栓把合的连接方式。销套主要用于将水轮机产生的扭矩传递到发电机转动部分，然后用螺栓将转子支架与主轴把合为一体；螺栓主要承受主轴与水轮机转动部分的重力和向下的水推力。

上端轴与转子中心体采用螺栓把紧，上端轴主要承受机组的偏心磁拉力。上端轴外套上导滑转子，为防止轴电流的产生，上端轴和滑转子之间设有集中轴绝缘结构。在工地轴系盘车合格后，上端轴和转子支架需同钻铰销孔，装设定位销，便于后期检修装配。

已经成功投运的三峡、溪洛渡、向家坝等电站的大容量水轮发电机的轴采用分段轴结构，由主轴、上端轴组成。

7.3.3 材料选取

按照立足国内、优先采用成熟、货源充足的原则，白鹤滩水电站发电机轴系主要零件材料选取见表 7 - 38。

表 7 - 38　白鹤滩水电站发电机轴系材料表

零件名称	哈电选用材料	东电选用材料
主轴	锻钢 20MnSX	锻钢 25MnSX
上端轴	锻钢 20MnSX	锻钢 20MnSX
联轴螺栓	圆钢 34CrNi3Mo	锻钢 34Cr2Ni2Mo
联轴螺母	圆钢 34CrNi3Mo	锻钢 42CrMo
销套	圆钢 34CrNi3Mo	锻钢 34Cr2Ni2Mo

7.3.4 主轴刚强度计算

7.3.4.1 哈电机组

哈电机组采用 ANSYS 有限元分析软件，计算了主轴轴身位置最大剪应力、最大综合应力以及主轴法兰位置最大综合应力，计算结果见表 7 - 39，应力分布如图 7 - 52 ～ 图 7 - 54 所示。

表 7 - 39　主轴应力计算结果　　　　　　　单位：MPa

计算项目	应力值	许用应力	是否合格
主轴轴身位置最大剪应力	33.76	42	合格
主轴轴身位置最大综合应力	59.03	66.3	合格
主轴法兰位置最大综合应力	80.39	106	合格

-33.7629　-32.3502　-30.9374　-29.5246　-28.1119　-27.4055
　　-33.0565　　-31.6438　　-30.231　　-28.8183

图 7 - 52　主轴轴身位置剪应力分布

47.954　50.4169　52.8799　55.3429　57.8059
　　49.1855　51.6484　54.1114　56.5744　59.0374

图 7 - 53　主轴轴身位置综合应力分布

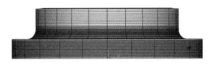

5.54　　13.8577　22.1753　30.493　　38.8107　47.1284　55.446　　63.7637　72.0814　80.3991

图 7 - 54　主轴法兰位置最大综合应力分布

7.3.4.2　东电机组

东电机组采用 ANSYS 有限元分析软件对主轴结构刚强度进行分析,计算工况包括额定出力工况及最大出力工况。考虑的载荷包括机组运行时的扭矩、轴向水推力、主轴重量等。主轴模型及计算应力分布如图 7 - 55 ~ 图 7 - 58 所示。

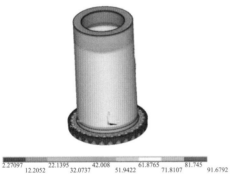

2.27097　12.2052　22.1395　32.0737　42.008　51.9422　61.8765　71.8107　81.745　91.6792

图 7 - 55　额定工况主轴等效应力分布

.005303　.401456　.797608　1.19376　1.58991　1.98607　2.36222　2.77837　3.17452　3.57068

图 7 - 56　额定工况主轴综合位移分布

2.28146　13.0437　23.8058　34.568　45.3302　56.0924　66.8546　77.6168　88.379　99.1411

图 7 - 57　最大出力工况主轴等效应力分布

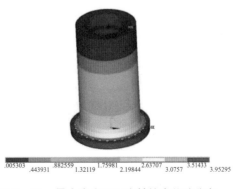

.005303　.443931　.882559　1.32119　1.75981　2.19844　2.63707　3.0757　3.51433　3.95295

图 7 - 58　最大出力工况主轴综合位移分布

根据要求，主轴最大复合应力

$$S_{max} = (S + 3T)\ 1/2$$

式中：S 为由于水力动载荷和静载荷引起的轴向应力和弯曲应力的总和；T 值采用发电机功率为 1128 MW（发电机功率因数为 1.0）时的轴扭转切应力。S_{max} 值不得超过材料屈服强度的 1/4，即 82.5 MPa；在应力集中处最大复合应力 S_{max} 不应超过材料屈服强度的 2/5，即 132 MPa。

计算结果与要求值对比见表 7-40。

表 7-40　主轴应力计算结果与要求值对比　　　　　　单位：MPa

工况	应力集中处最大等效应力	要求值	是否满足要求	轴身处最大等效应力	要求值	是否满足要求
额定出力	91.7	132	是	69.1	82.5	是
最大出力	99.1	132	是	76.5	82.5	是

由表 7-40 可知，在机组运行工况，主轴最大等效应力满足要求，可以安全稳定运行。

7.3.5　轴系稳定性计算

采用转子动力学程序 XLROTOR，可以计算机组轴系在额定运行、飞逸工况下临界转速，并对其扭振特性进行分析。结果表明，白鹤滩机组轴系都具有较好的动力特性和稳定性。

众所周知，完整的转子动力学方程是从理论上研究转子振动的出发点，其运动方程为

$$M\{\ddot{\delta}\} + \Omega\{\dot{\delta}\} + C\{\dot{\delta}\} + K\{\delta\} = \{P(t)\} \tag{7-1}$$

式中：M、K 分别为系统的质量矩阵、刚度矩阵和阻尼阵，为实对称矩阵；J 为系统的回转矩阵，为实反对称矩阵；Ω 为轴旋转角速度；$\{\delta\}$ 为转子结构各节点在任意时刻 t 的振动位移列阵；$\{P(t)\}$ 为荷载列阵。

对机组轴系临界转速（横向自振特性）的计算可转化为对式（7-1）齐次式的特征值的求解。

令 $\{P(t)\} = 0$，则式（7-1）可写成

$$M\{\ddot{\delta}\} + \Omega J\{\dot{\delta}\} + C\{\dot{\delta}\} + K\{\delta\} = 0 \tag{7-2}$$

一般的求解动力学特征值方法并不适用于式（7-2），须用如 QR 法等转子专用算法求解。当给定转子转速 Ω 时，计算出的特征值 ω 为轴系的涡动速度，且一般不等于 Ω。而当 $\Omega = \omega$ 时，ω 便是轴系的临界转速。

7.3.5.1　哈电机组

哈电机组采用有限元计算，在有限元模型中，将整个轴系分成 44 个梁单元（BEAM188）、6 个弹簧元（COMBIN14）、17 个质量元（MASS21），计算模型如图 7-59

所示。

经过计算，机组轴系的一阶临界转速为 364 r/min，振型图如图 7-60 所示，为飞逸转速的 1.73 倍，满足临界转速大于飞逸转速 1.25 倍的要求。轴系的第一阶扭振固有频率为 15.4 Hz，振型图如图 7-61 所示。

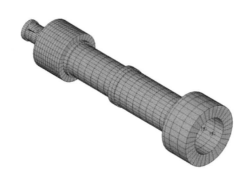

图 7-59　轴系有限元计算模型

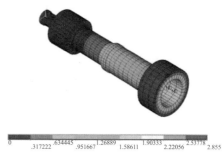

图 7-60　轴系第一阶临界转速的振型　　　　图 7-61　轴系第一阶扭振固有振型

7.3.5.2　东电机组

对机组轴系横向振动相应（摆度）的研究可转化为对式（7-1）的精确求解的研究。白鹤滩东电机组轴系材料见表 7-41，主要参数见表 7-42，总刚度系数见表 7-43。

表 7-41　东电机组轴系材料

材料名称	弹性模量 （N/mm²）	剪切模量 （N/mm²）	质量密度 （kg/mm³）	泊松比
上端轴：锻钢 20MnSX 主轴：锻钢 25MnSX	2.1×10^5	8.1×10^4	7.85×10^{-6}	0.3

表 7 - 42　东电机组发电机参数

发电机基本参数	数值
功率（MW）	1000
额定转速（r/min）	111.1
飞逸转速（r/min）	210
发电机转子重量（包括轴）（t）	2060

表 7 - 43　东电机组轴系总刚度系数

分布位置	上导轴承	下导轴承	水导轴承	电磁刚度
刚度系数 K（N/m）	1.0×10^9	1.25×10^9	1.43×10^9	-5.50652×10^8

在计算白鹤滩水电站机组轴系临界转速时，运用了 XLROTOR 程序中的轴单元、弹簧单元和质量单元，将整个轴系分成 52 个节点，按节点分成 51 个轴单元，发电机转子和水轮机转轮用圆盘单元模拟。计算模型如图 7 - 62 所示，导轴承位置描述见表 7 - 44。

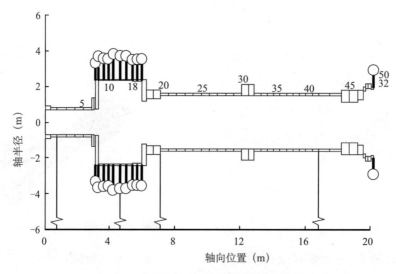

图 7 - 62　东电机组轴系计算用二维计算模型

表 7 - 44　模型中的导轴承位置描述

导轴承	所在的节点编号
上导轴承	3
下导轴承	21
水导轴承	43
电磁负刚度	14

临界转速计算结果见表 7 - 45。

表 7-45　东电机组临界转速计算结果

项目	阶次	临界转速（r/min）	振型描述
额定运行	1	278.7	发电机转子部分变形较大
	2	391.0	转轮部分变形较大
飞逸运行	1	320.9	发电机转子部分变形较大
	2	391.0	转轮部分变形较大

结果表明，该轴系额定运行时，1 阶临界转速是飞逸转速的 1.33 倍，振型图如图 7-63 所示；飞逸工况时，1 阶临界转速是飞逸转速的 1.53 倍，振型图如图 7-64 所示，均满足大于飞逸转速 1.25 倍的要求。

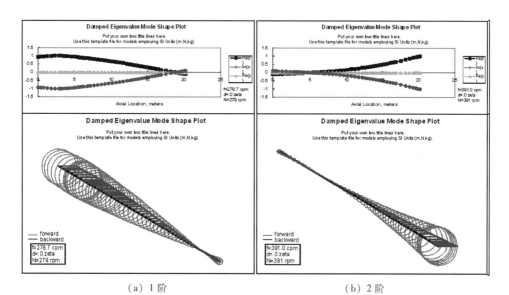

（a）1 阶　　　　　　　　　　（b）2 阶

图 7-63　额定运行时轴系振型的 2D 及 3D 图

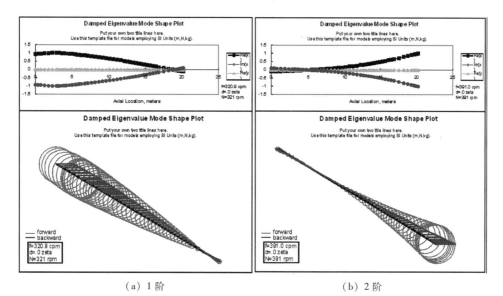

（a）1 阶　　　　　　　　　　（b）2 阶

图 7-64　飞逸运行时轴系振型的 2D 及 3D 图

7.4 上、下机架设计

7.4.1 上机架

7.4.1.1 设计要求

上机架由中心体和斜支臂组成,支臂同时与定子机座和机坑连接。上机架能沿圆周均匀膨胀,保证在事故工况下发电机轴系的稳定性,并使混凝土围墙承受的径向力最小,起到保护机坑的作用。上机架是上导轴承及其润滑油箱的承载基础,可以将轴系产生的负载传递至机坑和定子机座,同时为导轴承提供足够的径向刚度,以保证临界转速在允许的范围内。同时,上机架还是上盖板、集电环支架、外罩以及水轮机补气装置的支撑部件。

上机架的设计要求如下:

(1)必须有足够的刚强度,能够承受来自上导轴承、集电环罩和发电机上盖板等各方面的力。上机架与混凝土之间的连接,能够保证在事故情况下(包括半数磁极短路、发电机出口短路,非同期合闸)的发电机稳定性,并尽可能将径向力转化成切向力。

(2)应能适应定子铁心热膨胀,保证在各种工况下导瓦的同心度,能够吸收不同工况下因机架与周围环境温升不同而产生热膨胀时的应力。上机架自由振动频率应远离激振力频率,以免引发共振。

(3)须考虑轴承装拆与维修的便利性,支臂的设计要便于吊出磁极、空冷器等。

(4)上机架属于焊接结构件,必须重视其焊接工艺性。

7.4.1.2 结构型式

白鹤滩水电站发电机上机架采用斜支臂结构(见图7-65),机架的每个支臂都沿圆周方向偏扭一个角度,使机架支臂具有一定的柔性。支臂倾斜角度经过计算确定,保证柔度与刚度的匹配。

斜支臂上机架对热变形有更高的弹性,可以通过旋转来吸收变形。但在径向,斜支臂依然是刚性的,从而保证同心度。当受对称力作用时,斜支臂是柔性的,但对于不对称力而言是刚性的。当温度升高、中心体和支臂产生热膨胀时,机架会产生微量旋转,如图7-66所示。此时,热应力会被削弱,传递至机坑的力也会明显降低。同时,轴承的间隙与轴系的振动也会得到很好的控制。停机后,温度降低,支臂收缩,机架回归原位。

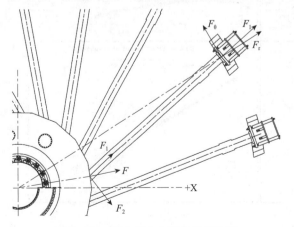

图7-65 斜支臂上机架力的转化图

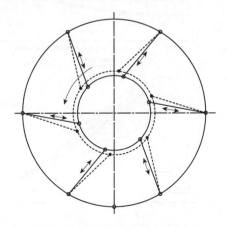

图7-66 斜支臂机架支臂变形

已经成功投运的三峡、溪洛渡、向家坝等水电站的大容量水轮发电机的上机架采用斜支臂结构。

7.4.1.3　设计计算

1. 哈电机组

由于上机架与定子机座通过垫板连接在一起，因此，哈电机组通常将上机架与定子机座一起进行联合刚强度及振动计算。

上机架斜支臂数为 20 个，对应定子机座的 20 个斜立筋。利用 ANSYS 有限元分析软件建立上机架和定子联合有限元模型，如图 7-67 ~ 图 7-70 所示，各种工况下的发电机上机架主要性能计算结果见表 7-46。计算结果显示，各部分应力、振频满足设计要求。

图 7-67　定子机座和上机架联合有限元模型

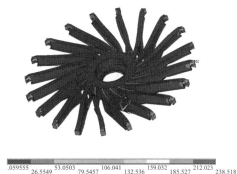

图 7-68　半数磁极短路工况上机架 VON MISES 应力分布

图 7-69　120°误同期工况上机架和
定子机座总体变形分布

图 7-70　上机架轴向振型

表 7 -46 上机架计算结果

工况	最大综合应力（MPa）		许用应力（MPa）		上机架总变形（mm）	上机架振动频率（Hz）
	Q345B	Q235B	Q345B	Q235B		
额定	211	48	216.7	143.3	4.7	15.4
半数磁极短路	239	144	325	215	5.1	
两相短路	217	44	325	215	5.63	
120°误同期	216	45	325	215	5.67	
180°误同期	220	46	325	215	5.11	
临时过载地震	209	47	325	215	4.8	

注：上机架与基础连接部位材料采用 Q345B，其他部位材料采用 Q235B。

2. 东电机组

东电机组上机架如图 7 -71 所示。

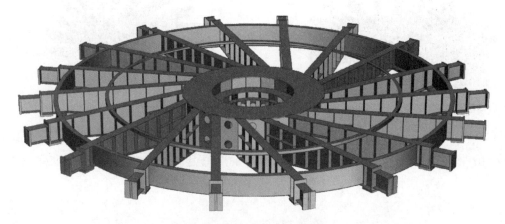

图 7 -71　东电机组上机架

1）刚强度计算

东电采用 ANSYS 有限单元分析软件计算应力，计算结果见表 7 -47，位移计算结果见表 7 -48。

表 7 -47　应力计算结果

工况	正常运行工况（不考虑地震）	正常运行工况（考虑地震）	半数磁极短路工况	两相短路工况	误同期工况
最大等效应力（MPa）	81.849	90.969	165.599	114.091	137.765

注：上机架最大等效应力出现在支臂与基础连接处。

表 7 –48　位移计算结果　　　　　　　　　　　　　单位：mm

工况	正常运行工况（不考虑地震）	正常运行工况（考虑地震）	半数磁极短路工况	两相短路工况	误同期工况
最大综合位移	2.597	2.794	3.220	5.806	6.990
最大径向位移	0.796	0.989	1.590	0.916	1.037
最大切向位移	– 1.998	– 2.252	– 2.154	– 5.665	– 6.858
最大轴向位移	– 2.537	– 2.769	– 2.764	– 2.050	– 1.911

注：切向的"–"表示顺时针方向，轴向的"–"表示垂直向下。

上机架计算应力与 ASME 许用应力对比见表 7 –49 和表 7 –50。从计算结果与许用应力对比结果可见，各工况下上机架的 P_m 与 $P_l + P_b + Q$ 均小于 ASME 标准许用应力，经典公式计算的断面应力均小于规定的许用应力，满足强度设计要求。

表 7 –49　上机架计算应力与 ASME 许用应力对比表　　　　单位：MPa

工况	应力分类	
	P_m	$P_l + P_b + Q$
正常运行工况（不考虑地震）	18.56	81.85
正常运行工况（考虑地震）	21.90	90.97
半数磁极短路工况	54.61	165.60
两相短路工况	35.90	114.09
误同期工况	44.90	137.77
ASME 标准许用应力	163	490
是否满足标准要求	是	是

表 7 –50　上机架经典计算应力与许用应力对比表　　　　单位：MPa

工况	经典计算应力	要求值	是否满足要求
正常运行（不考虑地震）	18.56	122.5	是
正常运行（考虑地震）	21.90	122.5	是
半数磁极短路	54.61	245	是
两相短路	35.90	245	是
误同期	44.90	245	是

白鹤滩水电站与溪洛渡水电站上机架刚强度计算结果对比见表 7 –51、表 7 –52。

表 7 -51　应力计算结果与类似机组对比　　　　　　　单位：MPa

工况	最大等效应力	
	白鹤滩	溪洛渡
正常运行	90.97	104.7
半数磁极短路	165.60	152.9
两相短路	114.09	91.7

表 7 -52　位移计算结果与类似机组对比　　　　　　　单位：mm

工况	最大综合位移		最大径向位移		最大切向位移		最大轴向位移	
	白鹤滩	溪洛渡	白鹤滩	溪洛渡	白鹤滩	溪洛渡	白鹤滩	溪洛渡
正常运行	2.794	3.048	0.989	0.808	-2.252	2.458	-2.769	2.777
半数磁极短路	3.220	3.060	1.590	1.393	-2.154	1.905	-2.764	2.807
两相短路	5.806	6.370	0.916	1.344	-5.665	5.958	-2.050	2.358

2）上机架动力特性计算

除刚强度之外，上机架的动力特性也至关重要。如果产生剧烈振动，可能会导致上机架结构破坏，减少机组寿命，降低机组运行效率及出力。上机架除了要有足够的刚强度之外，上机架的固有频率也应避开机组激励频率。

东电机组发电机上机架需要避开的激励频率主要有机组转频、电磁激励频率、导叶通过频率、涡带频率，各激励频率对应的频率值见表 7 -53。

表 7 -53　激励力频率表　　　　　　　单位：Hz

激励力名称	激励力频率
机组转频	1.85
电磁激励频率	100.0
导叶通过频率	44.44
涡带频率	0.371 ~ 0.741

东电机组发电机上机架自由振动频率计算结果见表 7 -54，振型图如图 7 -72 ~ 图 7 -77 所示。

表 7 -54　上机架自由振动频率　　　　　　　单位：Hz

阶数	频率	振型说明
1	13.148	上机架轴向振动
2	14.475	上机架支臂弯曲振动
3	16.111	上机架绕轴向转动
4	19.884	上机架支臂弯曲振动
5	31.543	上机架支臂弯曲振动
6	34.788	上机架沿水平翻转振动

由表 7 - 53、表 7 - 54 可知,前几阶自由振动频率对应的振型均为机组振动能量较大的主要振型,它们的频率均远离激励频率,不会发生共振,上机架动力特性良好。

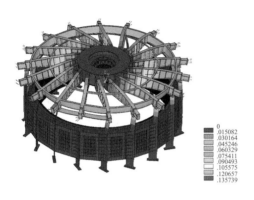

图 7 - 72　频率为 13.148 Hz 的振型

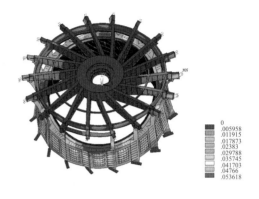

图 7 - 73　频率为 14.475 Hz 的振型

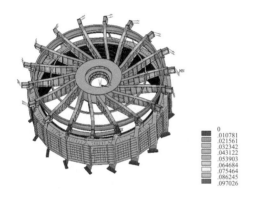

图 7 - 74　频率为 16.111 Hz 的振型

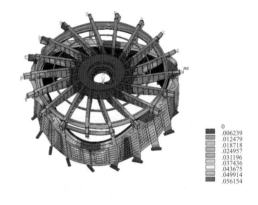

图 7 - 75　频率为 19.884 Hz 的振型

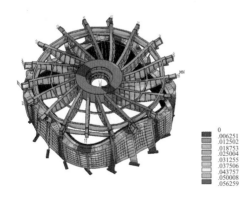

图 7 - 76　频率为 31.543 Hz 的振型

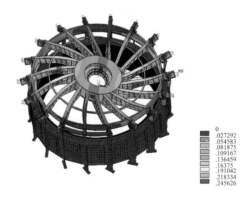

图 7 - 77　频率为 34.788 Hz 的振型

7.4.2　下机架

7.4.2.1　设计要求

下机架是水轮发电机组的主要支承部件，用以支撑推力轴承、下导轴承及制动器等部件，并独立承受机组转动部分重力、水推力，与上导轴承、下导轴承一起联合承受机组水平方向的电磁力及机械不平衡力，是水轮发电机的重要结构部件。

下机架的设计要求如下：

（1）必须满足机组刚强度的要求，能承受水轮发电机组所有转动部分的重量和水轮机最大水推力的组合轴向荷载，并能与上机架一起安全地承受由于绕组短路，包括半数磁极短路引起的不平衡力，承受机组机械部分引起的不平衡力以及作用于水轮机转轮上的不平衡水推力，确保不发生有害变形。轴向挠度不大于 3 mm。

（2）下机架结构件应避免与水轮机的振动频率及它的倍频引起共振。

（3）下机架结构应满足发电机总体布置要求，并方便轴承等部件的装拆和运行维修。

（4）下机架属于焊接构件，选材和结构要保证焊接工艺的可实施性。

7.4.2.2　结构型式

白鹤滩水电站发电机下机架均采用辐射型机架结构，由中心体和 12 条支臂组成，如图 7 - 78、图 7 - 79 所示。中心体和支臂分别制造，并在工地组焊成整体。

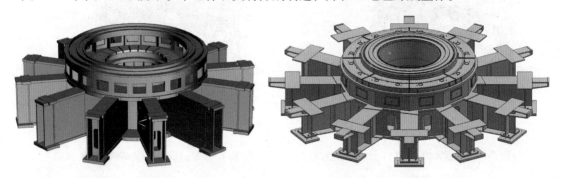

图 7 - 78　东电机组下机架　　　　　图 7 - 79　哈电机组下机架

已经成功投运的三峡、溪洛渡、向家坝等电站的大容量水轮发电机的下机架均采用辐射型机架结构。

7.4.2.3　主要材料

按照立足国内、优先采用成熟、选择性好、货源充足的原则，白鹤滩水电站发电机下机架材料东电机组选用 Q345B，哈电机组选用 Q235B。白鹤滩水电站发电机下机架与类似成熟机型对照见表 7 - 55。

表 7 - 55　白鹤滩水电站发电机下机架与类似成熟机型对照表

参数	三峡左岸	三峡右岸	三峡地电	溪洛渡	白鹤滩左岸	白鹤滩右岸
额定出力（MW）	700	700	700	770	1000	1000
转动部件重量（t）	2417	2417	2600	1975	2685	2530

续表

参数	三峡左岸	三峡右岸	三峡地电	溪洛渡	白鹤滩左岸	白鹤滩右岸
推力负荷（t）	3900	4050	4260	3720	4325	4600
结构型式（支腿数）	6	6	6	12	12	12
材料	ASTM A36	ASTM A36	ASTM A36	Q235B	Q345B	Q235B
尺寸（mm）	16 090	16 090	16 090	12 240	13 670	15 600
重量（t）	297	303	370	247	305	339

7.4.2.4　设计计算

1. 哈电机组

使用 ANSYS 软件建立下机架有限元模型，对下机架轴、径向刚度、应力、轴向变形和固有频率等进行了计算，下机架计算模型如图 7 - 80 所示，各种工况下的应力分布及振型图如图 7 - 81 ~ 图 7 - 88 所示，最大综合应力及轴向变形计算结果见表 7 - 56，下机架固有频率计算结果见表 7 - 57。

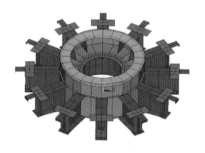

图 7 - 80　哈电机组下机架计算模型

| .941E-03 | 15.5754 | 31.1498 | 46.7243 | 62.2987 | 77.8732 | 93.4476 | 109.022 | 124.597 | 140.171 |

图 7 - 81　额定工况应力分布图

| -2.64739 | -2.31357 | -1.97974 | -1.64592 | -1.3121 | -.978275 | -.644453 | -.31063 | .023193 | .357016 |

图 7 - 82　额定工况轴向变形分布图

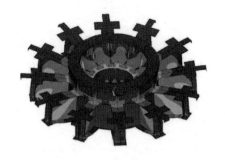

.530E-03 23.4423 46.8841 70.3259 93.7677 117.209 140.651 164.093 187.535 210.977

图 7 -83　地震工况应力分布图

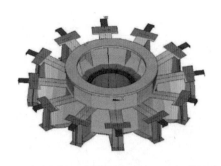

-3.05951 -2.66486 -2.27021 -1.87555 -1.4809 -1.08625 -.691595 -.296942 .09771 .492363

图 7 -84　地震工况轴向变形分布图

.884E-03 22.618 45.2351 67.8522 90.4693 113.086 135.704 158.321 180.938 203.555

图 7 -85　半数磁极短路工况应力分布图

-2.62361 -2.28668 -1.94974 -1.61281 -1.27587 -.938939 -.602006 -.265072 .071862 .408796

图 7 -86　半数磁极短路工况轴向变形分布图

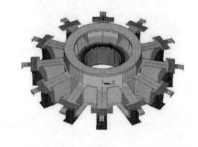

0 .002277 .004554 .006831 .009108 .011384 .013661 .015938 .018215 .020492

图 7 -87　一阶轴向振动振型图

0 .003069 .006137 .009206 .012274 .15343 .018412 .02148 .024549 .027617

图 7 -88　二阶轴向振动振型图

表 7 -56　下机架最大综合应力及轴向变形计算

工况	最大综合应力 （MPa）	许用应力 （MPa）	轴向挠度 （mm）	是否合格
额定	140.2	143.3	2.65	合格
地震	211	215	2.89	合格
半数磁极短路	203.6	215	2.62	合格

表 7 -57　下机架固有频率计算　　　　　　　　　　　单位：Hz

频率	计算数据	需避开的频率	是否合格
一阶轴向振动频率	12.61	32.84 ~ 64.26	合格
二阶轴向振动频率	22.44	32.84 ~ 64.26	合格

2. 东电机组

1）刚强度计算

采用有限元法进行分析计算，计算正常运行工况（无地震）、正常运行工况（遇地震）和半数磁极短路工况下的下机架刚强度，各种工况下的应力和位置分布如图 7 -89 ~ 图 7 -97 所示，计算结果见表 7 -58。将白鹤滩水电站下机架刚强度计算结果与溪洛渡水电站下机架刚强度进行对比，结果见表 7 -59。

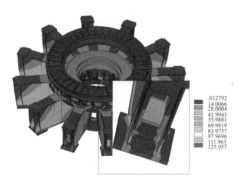

图 7 -89　正常运行工况（无地震）下机架
等效应力分布

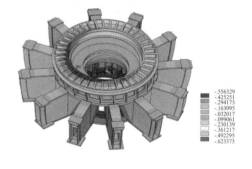

图 7 -90　正常运行工况（无地震）下机架轴
向位移分布

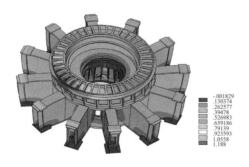

图 7 -91　正常运行工况（无地震）下机架
径向位移分布

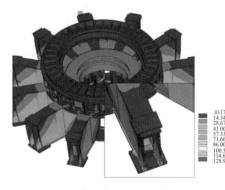

图 7 -92　正常运行工况（遇地震）下机架等
效应力分布

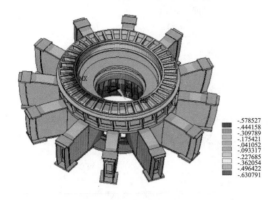

图 7-93　正常运行工况（遇地震）下机架轴
向位移分布

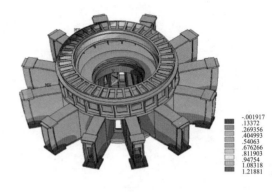

图 7-94　正常运行工况（遇地震）下机架径
向位移分布

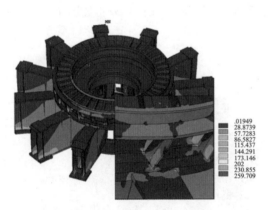

图 7-95　半数磁极短路工况下机架等效应力分布

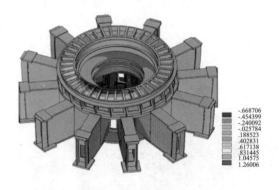

图 7-96　半数磁极短路工况下机架轴向位移分布

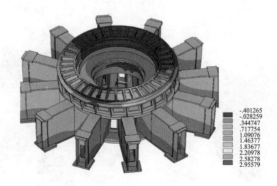

图 7-97　半数磁极短路工况下机架径向位移分布

表 7 - 58 白鹤滩水电站下机架计算应力与 ASME 许用应力对比表 单位：MPa

工况	计算膜应力 P_m	ASME 标准 S_m	计算应力 $P_1 + P_b + Q$	ASME 标准 $3.0 S_m$	是否安全
正常运行工况（无地震）	82.93	163	125.957	490	安全
正常运行工况（遇地震）	85.00	163	128.996	490	安全
半数磁极短路工况	155.5	163	259.709	490	安全

表 7 - 59 下机架刚强度计算结果对比

工况	下机架最大等效应力（MPa）		最大轴向位移（mm）		最大径向位移（mm）	
	白鹤滩	溪洛渡	白鹤滩	溪洛渡	白鹤滩	溪洛渡
正常运行工况（无地震）	125.957	94.2	0.5563	2.0	1.188	0.468
正常运行工况（遇地震）	128.996	111.58	0.5785	2.015	1.2188	0.454
半数磁极短路工况	259.709	139.28	0.6687	2.048	2.9557	2.61

由计算结果可知，下机架在正常运行工况和半数磁极短路工况下的最大等效应力均低于材料的屈服极限，小于许用应力，最大值为半数磁极短路工况下的最大等效应力 259.709 MPa，属于局部集中，下机架结构满足刚强度设计要求。

2）动力特性计算

根据白鹤滩水电站发电机机组的相关参数，东电机组采用有限元法进行计算，得出下机架的前 6 阶自振频率，振型图如图 7 - 98 ~ 图 7 - 103 所示，自由振动频率见表 7 - 60。将计算结果与溪洛渡水电站的计算值对比，激励力频率见表 7 - 61。

图 7 - 98 振型频率为 34.103 Hz

图 7 - 99 振型频率为 68.981 Hz

图 7 - 100 振型频率为 83.588 Hz

图 7 - 101 振型频率为 115.174 Hz

图 7 −102　振型频率为 133.45 Hz　　　　图 7 −103　振型频率为 156.375 Hz

表 7 −60　下机架机座自由振动频率　　　　　　　　单位：Hz

阶数	频率		振型说明
	白鹤滩	溪洛渡	
1	34.103	47.5	绕轴向转动
2	68.981	69.3	轴向振动
3	83.588	74.1	支臂振动
4	115.174	83.7	中心体三节点振动
5	133.45	114.5	中心体转动与支臂翻转组合振动
6	156.375	123.7	中心体四节点振动

表 7 −61　激励力频率表　　　　　　　　单位：Hz

激励力名称	激励力频率	
	白鹤滩	溪洛渡
机组转动频率	1.85	2.083
电磁激励频率	100.0	100.0
导叶通过频率	44.44	31.25
涡带（Rope）频率（0.20 ~ 0.4 倍转频）	0.371 ~ 0.741	0.5208 ~ 0.6943

前几阶自由振动频率对应的振型均为机组振动能量较大的主要振型，由表中数据和振型图可知，它们的频率均远离激励频率，不会发生共振对机组构成危害，机组下机架动力特性良好。

3）不对称抬升量计算

蜗壳充水时，发电机下机架基础将产生较大的不对称上抬量，因此需计算蜗壳充水时推力轴承基础环的倾斜量。额定水头下，蜗壳充水时，发电机下机架基础产生的上抬量见表 7 −62。

表 7－62　发电机下机架支臂基础上抬量　　　　单位：mm

下机架支臂号	1	2	3	4	5	6
支臂水泥墩上抬量	0.929514	0.839183	0.640755	0.380176	0.301411	0.331277
下机架支臂号	7	8	9	10	11	12
支臂水泥墩上抬量	0.4118	0.631523	0.759216	0.819504	0.999543	1.03328

蜗壳充水时推力轴承基础环的倾斜量计算结果见表 7－63、表 7－64。

表 7－63　基础环单边倾斜量　　　　单位：mm

轴承基础环位置	对应 5 号、6 号支腿	对应 11 号、12 号支腿	对应 2 号、3 号支腿	对应 8 号、9 号支腿
基础环外圈	0.28369	0.608677	0.50711	0.44398
基础环内圈	0.414745	0.650843	0.573564	0.527697
单边倾斜量	－0.13106	－0.04217	－0.06645	－0.08372

表 7－64　基础环对边倾斜量　　　　单位：mm

轴承基础环位置	对应 5 号、6 号、11 号、12 号外圈	对应 5 号、6 号、11 号、12 号内圈	对应 2 号、3 号、8 号、9 号外圈	对应 2 号、3 号、8 号、9 号内圈
Z 向位移	0.28369	0.414745	0.50711	0.573564
Z 向位移	0.608677	0.650843	0.44398	0.527697
对边倾斜量	－0.32499	－0.2361	0.06313	0.045867

由基础环轴向位移分布图可知，基础环最大倾斜量为 0.666604 － 0.250109 = 0.416495（mm），如图 7－104 所示。

依据以上计算结果，可通过计算进一步分析蜗壳充水时发电机下机架基础产生的不对称上抬量对推力轴承、上导轴承、下导轴承和水导轴承的影响。

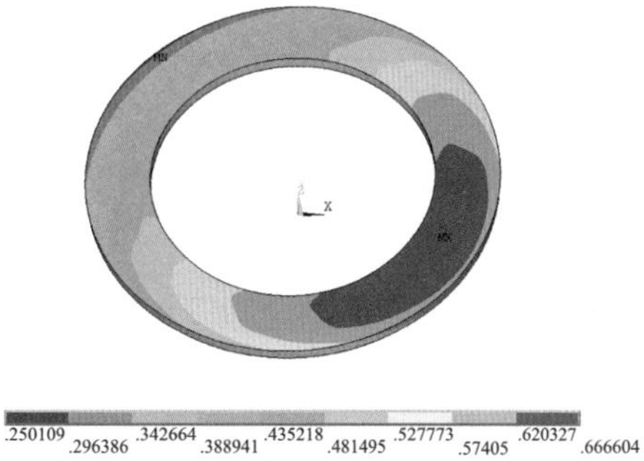

7.5　发电机轴承设计

7.5.1　上导轴承

7.5.1.1　设计要求

上导轴承的主要作用是为上端轴提供支撑，防止轴系产生过大的径向振动、摆动。

.250109　.296386　.342664　.388941　.435218　.481495　.527773　.57405　.620327　.666604

图 7－104　额定水头基础环轴向位移分布

上导轴承需要承受机组转动部分的机械不平衡力和由于定转子间气隙不均匀所引起的不平衡磁拉力，设计要求如下：

（1）导轴承采用自润滑、分块、可调、油浸、巴氏合金型，其结构设计和制造工艺保证不需现场研刮，且能承受机组转动部分径向机械不平衡力和电磁不平衡力。在各种正常运行工况下，且轴承冷却水温在规定值范围内，巴氏合金导轴瓦温度不得超过设计值（哈电机组为 70℃，东电机组为 65℃）。

（2）能够满足断水 15 min 运行要求。

（3）能够满足飞逸工况下运行 5 min 的要求。

（4）设置通水冷却、油循环润滑系统，润滑油的循环动力靠黏滞作用。油冷却器采用紫铜管半环形结构。

（5）设置可靠的绝缘结构，以防轴电流腐蚀导轴承瓦。

7.5.1.2 结构型式

上导轴承装配由上机架、上导轴承瓦、上导挡油管、油冷却器和密封油挡及内轴承盖等组成。

上导轴承瓦数量哈电为 10 块，东电为 18 块，均采用巴氏合金型。上导轴承瓦的支撑为球面支柱＋楔子板支撑结构，球面支柱可以保证上导轴承瓦在机组运行时活动自如，楔子板便于调节导轴承瓦与滑转子的间隙。哈电机组上导轴承瓦轴向自由放置在固定环上，球面支柱嵌入上导瓦背部，采用小间隙配合，球面支柱与楔子板配合，楔子板与垫块配合，垫块固定在上机架的座圈上，楔子板与垫块均设置有凹槽，以保证球面支柱与楔子板的周向限位；东电机组上导瓦背部设置垫块，垫块与球面支柱配合，球面支柱底面与楔子板配合，楔子板可在座圈上加工出的凹槽中上下滑动，并实现周向定位。

上导油槽由上导挡油管和上机架中心体构成。上导挡油管分为两瓣。哈电机组上导挡油管采用反向螺线型密封结构，即用铝板条斜铺在挡油管外圆，从而形成反向螺线，在运行时该结构对润滑油起反压作用，防止油溢出；东电机组上导挡油管与滑转子间设置密封结构，密封环高出液位约 75 mm，同样起防止润滑油溢出的作用。

上导轴承的上部设有上密封油挡，下部设有下密封油挡，上、下密封油挡均为多层密封结构，密封件为随动接触式自润滑材料，下密封油挡与油槽（挡油管）绝缘，绝缘方式为密封齿，采用绝缘型随动接触式自润滑材料。

哈电机组上导轴承瓦几乎全部浸入润滑油，东电机组设计油位位于导瓦中心线。机组运行时润滑油被带入导轴承瓦和滑转子之间，导瓦的活动自如性和非同心结构使得导瓦与滑转子间的间隙为楔形，从而保证油膜形成。

上导轴承的油循环动力来自由泵环和滑转子构成的间隙泵。上导油冷却系统为内循环系统，油冷却器为半环式，安装在上导轴承的油槽内。

已经成功投运的三峡、溪洛渡、向家坝等电站的大容量水轮发电机的上导轴承均采用该结构。

7.5.1.3 材料选取

发电机上导轴承主要部件材料详见表 7-65。

表 7 - 65　上导轴承主要部件材料

序号	部　件		材　料	
			哈电	东电
1	油挡		铸铝 + 自润滑材料 + 铝板	铸铝 + 自润滑材料
2	上导轴承轴瓦	瓦基	Q235B	Q235B
		瓦面	轴承合金：ZSnSb11Cu6	轴承合金：ZSnSb11Cu6
3	轴瓦支撑	楔子板	38CrMoAl	锻钢 35
		球面支柱	锻钢 GCr15	锻钢 40Cr
		垫块	钢板 HD780CF	锻钢 40Cr

7.5.1.4　润滑性能参数

上导轴承采用导瓦自循环润滑冷却方式，上导轴承润滑计算数据见表 7 - 66。

表 7 - 66　上导轴承润滑计算数据

计算项目	单位	参　数	
		哈电	东电
转速	r/min	107.1	111.1
上导负荷	kN	868	782
滑转子直径	mm	2200	2200
计算直径	mm	2203.4	2206
瓦数		10	18
瓦宽（轴向）	mm	330	330
瓦长（周向）	mm	440	400
最小油膜厚度	μm	51	54
测点瓦温	℃	47.7	53.6
安装间隙	mm	0.331	0.25

计算数据表明，上导轴承最小油膜厚度及瓦温等主要数据均符合设计要求。

7.5.2　推力及下导轴承

7.5.2.1　设计要求

推力轴承的主要作用是承载发电机转子和水轮机转动部件的全部重量以及水轮机轴向水推力，并限定转动部件在给定的轴向位置旋转的重要部件，保证发电机组稳定、可靠运行。良好的润滑、冷却是推力轴承正常工作的基础，瓦面油膜的不等温、不等压性和瓦的热弹变形是大型推力轴承的运行特点。推力轴承性能的优劣通过瓦温及瓦间温差体现，选择合理的油膜温度、油膜压力、油膜厚度是推力瓦润滑、冷却设计的基础，而这三个重要参数取决于负荷、转速、瓦面入油温度、油黏度、瓦尺寸大小及几何形状、镜板工作面的平面度、瓦面及镜板面的热弹变形等。

导轴承主要承受转子机械不平衡力和由于定转子间气隙不均匀所引起的磁拉力，其主要作用是防止轴系产生过大的径向振动、摆动。下导轴承及其支撑部件的结构尺寸、支撑刚度对机组轴系稳定性影响很大，必须选择恰当的设计方案。

推力及下导轴承的设计要求如下：

（1）推力轴承能承受水轮发电机组所有转动部分的重量，包括水轮机最大水推力在内的最大荷载。瓦的承载均匀度在 5% 以内。

（2）推力瓦必须控制瓦面的热变形和弹性变形，通过有限元计算的最小油膜厚度确保在合理范围，保证推力轴承在任何工况下都可以安全可靠运行。

（3）瓦面材料牢固地锚结在瓦坯上，经超声波检查保证接触面积大于 96%。瓦面无夹渣、气孔和缩孔，金相组织及硬度均匀，硬度差不大于平均值的 10%。

（4）发电机推力轴承在现场安装时，推力瓦应该不需在现场进行刮瓦、研配，要通过结构设计优化及加工精度保证推力轴承压力分布均匀，运行可靠。镜板和主轴经校直后的精度，能保证将所有推力负荷均匀分配在所有推力瓦上。推力轴承和导轴承瓦全部要求做 100% 超声波检查。

（5）发电机在各种正常运行工况下，且轴承冷却水温在规定值范围内，推力瓦温度不超过设计值（哈电机组不超过 80℃，东电机组不超过 72℃）。

（6）推力瓦配备高压油顶起装置，瓦面设有高压油室，供机组开停机时使用。推力瓦能在下列情况下不投入高压油顶起装置安全运行而无损伤：①在事故情况下能安全停机；②在 50% ~110% 额定转速之间的任何转速下长期运行；③在 110% 额定转速直到规定的最大飞逸转速之间的任何转速连续运行 5 min；④在 10% ~50% 额定转速之间的任何转速下至少连续运行 30 min。

（7）推力轴承和导轴承的结构设计满足在油温不低于 10℃ 时，允许水轮发电机启动。允许机组停止后立即启动的要求和在事故情况下不经制动惰性停机，此时推力轴承和导轴承不发生损伤。

（8）推力轴承采用外循环冷却方式，外循环冷却器布置在机坑内下机架支臂上。油冷却器采用优质高效、防堵塞、防结露圆筒式结构，其工作压力按 0.3 ~1.0 MPa 设计，试验压力为 1.5 MPa，历时 60 min，无渗漏。通过冷却器的压降按小于 0.02 MPa 设计。外循环冷却器冷却水管采用铜管，其他部件采用不锈钢材料。

（9）设计推力轴承及导轴承的油槽容量时，应充分考虑允许推力轴承和导轴承油冷却器在冷却水中断时机组可以在额定转速下带额定负荷运行 15 min。

7.5.2.2 结构型式

1. 哈电机组

白鹤滩水电站哈电机组的推力轴承采用小支柱支撑结构的双层巴氏合金瓦推力轴承，轴承冷却采用导瓦泵外循环冷却方式，外循环油冷却器布置在机坑内下机架支臂上，推力轴承配备高压油顶起系统，其剖面图如图 7 - 105 和图 7 - 106 所示。

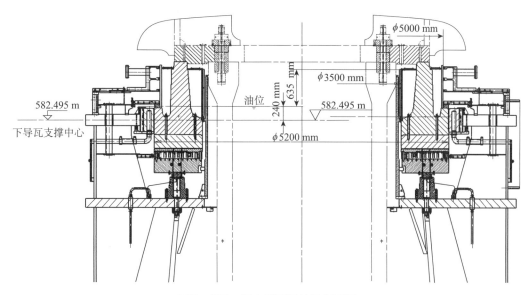

图 7 - 105　推力及下导轴承剖面图

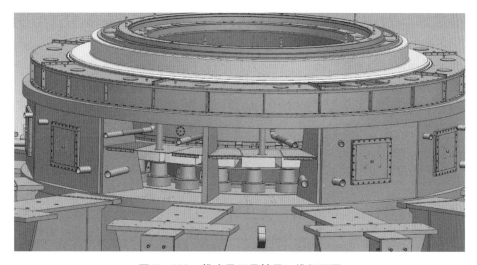

图 7 - 106　推力及下导轴承三维剖面图

1）推力轴承瓦

哈电机组推力轴承瓦共 24 块，上层推力为薄瓦，下层托瓦设计为厚瓦，瓦间由若干个不同直径的弹性柱支撑，如图 7 - 107 所示。通过推力轴承瓦的设计计算，可保证最佳的油膜压力分布，以获得最佳的油膜厚度分布。

薄瓦摩擦面上浇铸一层巴氏轴承合金 ZSnSb11Cu6，经超声波检测保证轴承合金与瓦坯的接触面积大于 96% 。瓦面无夹渣、气孔和缩孔，金相组织和硬度均匀，硬度差不大于平均值的 10% 。推力瓦采用精磨特殊工艺制造，以保证精度和尺寸，且具有互换性，不需现场研刮。

2）推力轴承支撑系统

哈电机组推力轴承支撑系统采用可调支柱螺钉支撑结构，包括托盘、压缩柱及锥形

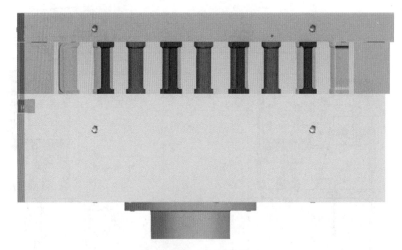

图 7 – 107　推力轴承瓦

支座等部件，本书专题研究部分对这种结构进行了描述，在此不再赘述。

采用可调支柱螺钉支撑结构，支柱螺钉使每块瓦上的负荷可调节（支柱螺钉孔内装有负荷传感器），支柱螺钉的长度能够保证支柱和瓦之间的接触区有相同的压力分布，瓦的承载均匀度不大于 5%，因此这种支撑结构保证了瓦的倾斜支点的最佳位置。可调支柱螺钉的弹性可以补偿不同轴向载荷下负荷分布的差异。

大型机组推力轴承瓦必须控制瓦面的热变形和弹性变形。特殊设计的弹性小支柱安装在推力瓦和托瓦之间，小支柱可使托瓦的温度远低于推力瓦的温度，致使很厚的托瓦几乎没有热变形。尽管很薄的推力瓦有很陡的温度梯度，但刚度大且厚的托瓦可使推力瓦保持为平面，补偿推力瓦弹性变形。通过选择高度相同而直径不同的小支柱，可以只保留推力瓦上温度梯度引起的热变形。进一步优化小支柱的弹性，还可抵消镜板的大部分变形。

在充分总结龙滩、三峡等电站机组推力轴承支撑系统设计经验的基础上，通过对三峡及 1000 MW 机组推力轴承真机瓦的试验研究，哈电机组针对白鹤滩发电机推力轴承采用的小支柱支撑结构进行了优化，完善了设计计算，推力轴承性能得到进一步提高。

3）推力头与镜板

哈电机组推力头设计采用铸钢件，材料为 ZG20SiMn 的整体结构，如图 7 – 108 所示。上面由止口定位通过高强度把合螺栓与转子中心体的下环板连接，下面与镜板采用螺栓刚性连接。推力头与转子支架配合面设有 O 型密封槽。推力头与镜板结合面有较高的配合精度，并且有足够的刚度，其组合后的承载变形与推力瓦的机械和热变形良好匹配，以获得最佳油膜厚度分布，确保推力轴承可靠稳定运行。

镜板设计采用 55 号锻钢件。推力头和镜板在厂内分别加工，镜板厚度为 250 mm，刚度较大（三峡、溪洛渡、向家坝等项目哈电机组机型镜板厚度为 80 mm），推力头与镜板在厂内加工后可以分别包装运输，在现场通过螺栓把合成整体结构，如图 7 – 109 所示。推力头外圆表面同时作为下导滑转子使用，加工后需要满足润滑表面要求。

镜板锻件材料性能满足标准 QJ/CTG 4—2017《大型水轮发电机镜板锻件技术条件》

的要求，镜板具有足够的刚度。镜板和推力头把合连接方式牢固、可靠，并采取措施避免与推力头结合面产生接触性的铁锈或油污腐蚀，使机组轴线偏摆、轴的摆度增大。镜板面精加工后，不得有任何可视的缺陷，经无损渗透探伤（PT）工艺检测，不允许有超过 0.8 mm×0.8 mm（或相应面积）的单个缺陷。镜板表面硬度和加工精度达到下述要求：

镜板硬度（HB）值：　　　　　　　　200～250

镜板面硬度（HB）差值：　　　　　　≤30

镜面表面粗糙度：　　　　　　　　　≤0.4 μm

镜板与推力头结合面粗糙度：　　　　≤1.6 μm

内外圆表面粗糙度：　　　　　　　　≤3.2 μm

镜板平面度：　　　　　　　　　　　≤0.03 mm

两平面平行度：　　　　　　　　　　≤0.03 mm

图 7-108　推力头

图 7-109　镜板

4）下导轴承瓦

哈电下导轴承采用 16 块下导瓦，瓦面材料为巴氏合金。下导轴承瓦为自泵型导瓦，可以实现油的自循环而无需辅助油泵。下导轴承瓦的支撑为键支撑结构，键留有加工余量，导瓦与推力头的间隙值通过测量并配加工键块厚度来保证，如图 7-110 所示，该结构可以保证导瓦与滑转子的间隙值不会因振动等原因而发生变化。下导轴承瓦轴向自由放置在托架（固定于下机架）上，在下导轴承瓦的背面设有轴向键槽，在下机架上环板对应位置焊有夹块，键放置在键槽内，并夹在夹块之间，与下机架上环板局部接触。该结构对导瓦既可以起到周向限位的作用，又可以保证导瓦活动自如。

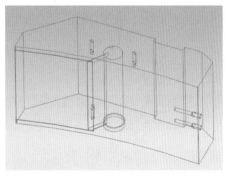

图 7-110　下导轴承瓦

下导轴承与推力轴承合用一个油槽。油槽内设有两层盖板，一个是推力轴承瓦附近的中间盖板，另一个是下导轴承瓦上方的内轴承盖。油槽被分为三个部分，第一部分是推力轴承瓦以下的冷油区域，第二部分是下导轴承瓦附近的热油区域，第三部分是下导轴承瓦上部的溢油区域。冷油区域和溢油区域间用管路连接，这样可以保证由于温升和转动等导致溢出的油流回到冷油区域，并起到平衡各区域油压的作用。

内轴承盖与推力头之间径向为间隙密封，可以防止热油的溢出，间隙可用螺栓调整，其轴向可移动，以满足顶转子要求。

5）推力及下导轴承主要材料

推力及下导轴承主要部件材料选择见表7-67。

表7-67　推力及下导轴承主要部件材料

序号	部件名称		材料及规格
1	托瓦		ZG230-450
2	推力轴承瓦	瓦基	Q235B
		瓦面	轴承合金：ZSnSb11Cu6
3	推力轴承瓦支撑		42CrMo、锻钢34CrNi3Mo
4	镜板		锻钢55号
5	推力头		ZG20SiMn
6	导轴承瓦	瓦基	Q235B
		瓦面	轴承合金：ZSnSb11Cu6

2. 东电机组

白鹤滩水电站东电机组发电机推力轴承与下导轴承合用一个油槽，位于下机架中心体上部。推力头与转子支架中心体把合，并兼做导轴承轴领。推力轴承采用弹簧束支撑结构，外加泵外循环润滑、喷淋式直接供油方式，并设置有高压油顶起系统。外循环系统和高压油顶起装置安装在下机架支臂上。下导轴承采用球头支撑、楔子板调节结构，与上导类似。通过设置副油箱，可以实现运行液位调节至旋转面以下，大幅降低轴承损耗和油雾产生。东电机组推力下导轴承剖面图如图7-111所示。

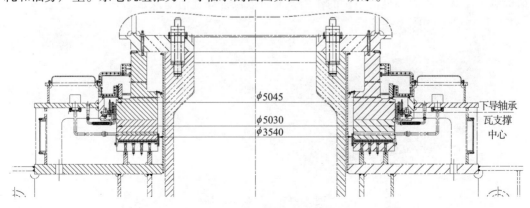

φ5045
φ5030
φ3540

下导轴承
瓦支撑
中心

图7-111　东电机组推力下导轴承剖面图（单位：mm）

1）推力轴承瓦

白鹤滩水电站东电机组发电机推力轴承采用弹簧束支撑的双层巴氏合金瓦结构，共24块，上层推力瓦为薄瓦，下层托瓦设计为厚瓦，托瓦下方由若干个弹簧束支撑，如图7-112 所示。推力瓦的设计能保证最佳的油膜压力分布，获得最佳的油膜厚度分布。按最大推力负荷进行推力轴承的设计，这一设计可满足所有工况下机组安全可靠运行的要求。

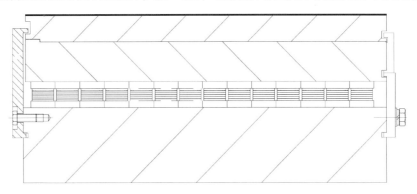

图 7-112　推力轴承结构

白鹤滩水电站东电机组发电机推力轴承采用弹簧束支撑，支承弹簧除承受推力负荷外，还能均衡各块瓦间的负荷和吸收振动，该结构主要特点如下：

（1）轴瓦的变形在一定条件下可使油膜压力产生的机械变形与温差引起的热变形方向相反并相互抵消，从而通过控制轴瓦最终变形来得到最佳瓦面形状，提高轴承润滑性能和承载能力。

（2）推力轴承采用浮动支承，其合力作用点可因负荷、线速度的不同而有所不同。因此，这种支承结构比其他支承结构能适应更广的工况范围。

（3）推力轴承的弹性元件除了承受轴瓦自身的推力负荷外，还能均衡各块瓦之间的负荷，轴承运行时具有吸收振动的能力，有利于推力轴承的安全稳定运行。

（4）弹簧束支承推力轴承结构紧凑，支承元件尺寸小，降低了发电机的高程。

目前，弹簧束支承的推力轴承已在三峡、溪洛渡等电站的大型水轮发电机组上得到应用，运行效果良好。

2）下导轴承瓦

下导轴承设置40块下导瓦，瓦面材料为巴氏合金。下导轴承瓦的支持为楔子板支撑结构，通过调整楔子板位置来保证导瓦与推力头的间隙值不会因振动等原因而发生变化。下导轴承瓦轴向自由放置在下机架中心体的支持环板上，在下导轴承瓦的背面设有活动挡块和球头支撑，球头支撑固定在导轴承支撑座上。该结构既可以对导瓦起到周向限位的作用，也可以保证导瓦活动自如。其结构如图7-113 所示。

7.5.2.3　润滑冷却方式

1. 哈电机组

白鹤滩哈电机组发电机推力轴承和下导轴承采用组合结构，共用同一油槽，采用导瓦泵外循环润滑冷却方式，如图7-114 所示。

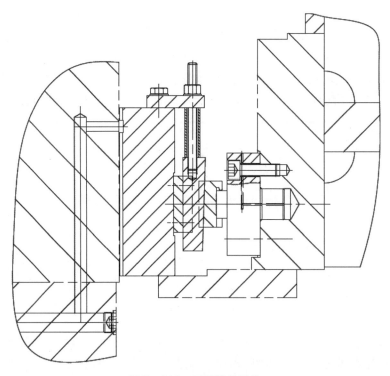

图 7 -113　下导轴承结构

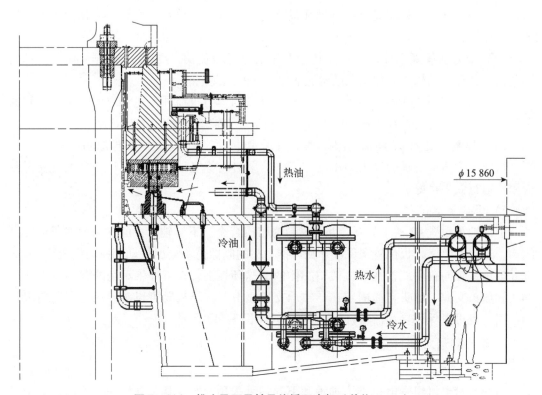

图 7 -114　推力及下导轴承外循环冷却（单位：mm）

1）导瓦泵外循环特性

推力轴承和下导轴承产生的损耗被循环油带出油槽，导瓦泵提供油的循环动力，泵的性能对轴承运行起着重要作用，导瓦泵的参数和性能见表 7 - 68。计算结果表明，推力轴承采用导瓦泵外循环符合设计规范的要求，系统原理如图 7 - 115 所示。

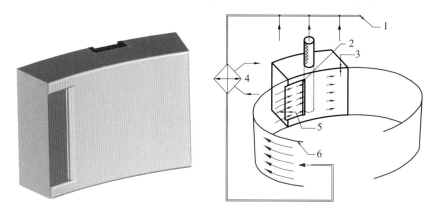

图 7 - 115　自泵瓦结构和导瓦泵外循环系统示意图
1—集油管；2—热油流；3—承载油膜；4—热效换器；5—泵油腔；6—冷油流

推力头外缘为下导轴承滑动摩擦面，在导瓦端面加工有泵油腔，利用推力头外缘旋转时和油的黏滞作用，形成油的循环动力，将油带入导瓦泵油腔，流向集油环管。集油环管将热油排出油槽，经外部冷却器冷却后回到轴承下方的冷油集油环管，将冷油分散向上流向瓦块。该系统结构简单、性能稳定可靠，是理想的外循环动力装置。由于没有其他的密封元件及引起表面摩擦的部件，因此不会产生额外的损耗。即使在极端工况下，如低温稠油的情况下，也能保证稳定的油流。自泵油流随轴承转动表面速度提高而提高，因而在飞逸工况下轴瓦表面有更多的油进行润滑，不致引起油温及瓦温的温升过高。无需外部循环油泵及对应的监控元件，系统简单可靠，即使整个辅助电源故障也能保证机组安全停机。

表 7 - 68　导瓦泵的参数和性能

项目	单位	数值	项目	单位	数值
额定转速	r/min	107.1	运行间隙	mm	0.2
润滑油黏度等级		46	冷油温度	℃	40
瓦块数		16	工作压头	MPa	0.06
泵槽夹角	(°)	7	工作流量	L/min	8474
泵油腔深度	mm	2.5	油温降	℃	6.3
瓦宽（轴向长度）	mm	400	泵功耗	kW	43.7
轴径	mm	5200			

2）油冷却器

12 台油冷却器，分 6 组环绕推力支架中心体均布，固定在支臂上。冷却器和油槽内的冷油和热油区直接相通。油冷却器容量按退出 1 台冷却器仍能使油温维持正常的温度设计。装设有冷却器的两个支臂间留有通道，便于冷却器的检查和维护。

2. 东电机组

白鹤滩东电机组发电机推力轴承和下导轴承润滑冷却采用外加泵外循环润滑、喷淋式直接供油方式，如图 7-116 所示。

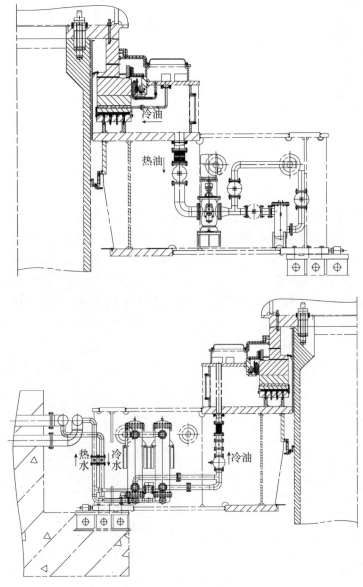

图 7-116　外加泵外循环系统

外加泵外循环冷却系统的油冷却器位于油槽外，热油由置于油槽外的电动油泵打入油槽外的油冷却器进行热交换，由冷却器出来的冷油经油管回到高位油箱，高位油箱中的冷油直接射在推力瓦及导瓦的进油边区域，这种方式可使瓦的进油温度低，还可以根据轴承的实际情况适当调整喷射角度和压力，对降低瓦温有利。白鹤滩推力及下导共 18 台油冷却器，分为 6 组，每组 2 台布置于下机架支腿上。

为进一步提高发电机效率和温升控制水平，推力及下导循环冷却方案设计须在确保推力及下导轴承安全运行的前提下，尽量降低推力及下导的润滑油搅拌损耗。根据经验计算公式，可较准确地计算出带走推力、下导轴承损耗所需的油量。白鹤滩水电站推力下导轴承损耗见表 7-69。

表 7-69　东电机组推力下导外循环系统基本参数

序号	名　　　称	数　　　值
1	推力轴承损耗（kW）	1005
2	下导轴承损耗（kW）	120
3	总损耗（kW）	1125

经分析计算，带走推力轴承损耗所需油量为 308 m^3/h，带走下导轴承损耗所需油量为 37 m^3/h。

东电机组通过推力轴承高速试验台试验，验证了全喷淋冷却方式外循环系统的安全性和可靠性。

作为安全预案，真机调试时，如果喷淋冷却外循环系统性能不能达到设计要求，可以方便地转变为传统的浸泡式外循环冷却方式。

7.5.2.4　推力轴承运行性能分析

1. 哈电机组

白鹤滩水电站哈电机组推力轴承采用小支柱支撑的巴氏合金瓦结构、导瓦泵外循环润滑冷却方式。三峡、溪洛渡、向家坝、拉西瓦、龙滩等水电站的机组推力轴承（小支柱支撑结构）与白鹤滩水电站机组的运行工况及参数基本相近，推力轴承性能对比见表 7-70。因此，白鹤滩水电站发电机推力轴承采用巴氏合金瓦小支柱支撑结构及导瓦泵外循环润滑冷却方式，其设计制造具有坚实可靠的设计参考依据和大量成熟可靠的运行经验。

表 7-70　白鹤滩水电站推力轴承与类似成熟机型对照表

参数	单位	三峡	龙滩	拉西瓦	溪洛渡	向家坝	白鹤滩
装机台数	台	8	7	5	6	4	8
额定容量	MVA	840	777.8	757	855.6	888.9	1111
投运时间	年份	2003	2007	2008	2013	2013	2021
转速	r/min	75	107.1	142.8	125	75	107.1
推力负荷	kN	54 100	35 257	25 600	33 320	51 646	45 080
内直径	mm	3500	2800	2740	2900	3500	3500
外直径	mm	5200	4500	4240	4600	5200	5200
平均速度	m/s	17.1	20.5	26.4	24.9	17.1	24.4

续表

参数	单位	三峡	龙滩	拉西瓦	溪洛渡	向家坝	白鹤滩
瓦数		24	18	18	18	24	24
瓦宽	mm	850	850	750	850	850	850
瓦长（外/内）	mm	564/380	628/391	518/335	624/393	571/384	571/384
瓦面积	cm²	4011	4332	3198	4339	4065	4065
单瓦负荷	kN	2254	1959	1422	1851	2152	1878
比压	MPa	5.62	4.52	4.4	4.26	5.29	4.62

2. 东电机组

白鹤滩水电站东电机组推力轴承额定工况稳态运行时的轴承性能计算结果对比见表 7-71。推力轴承油膜厚度、油膜压力、油膜温度如图 7-117～图 7-122 所示。对比结果表明，白鹤滩水电站推力轴承设计方案计算结果优于溪洛渡水电站设计方案，最小油膜厚度大于 0.040 mm，轴承瓦温小于 80℃，轴承性能满足安全运行要求。

表 7-71　推力轴承性能计算结果

参数	单位	溪洛渡水电站	白鹤滩水电站传统方案	白鹤滩水电站新设计方案
额定推力负荷	t	3700	4250	4325
转速	r/min	125	111.1	111.1
单位压力	MPa	4.78	4.55	4.83
外循环热油温度	℃	40	40	40
最小油膜厚度	μm	40	47	46
主承载区油膜厚度	μm	60	70	64
平均油膜厚度	μm	121	120	124
最大油膜压力	MPa	13.51	11.83	12.41
最高油膜温度	℃	84.6	80.3	78.4
瓦的监测温度 RTD	℃	72	69.8	68.5
损耗	kW	1246	1460	1005

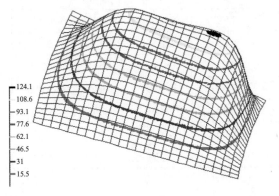

图 7-117　油膜压力分布三维图（单位：×0.1 MPa）

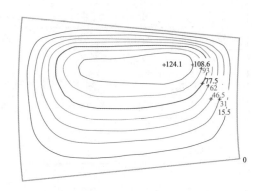

图 7-118　油膜压力分布（单位：×0.1 MPa）

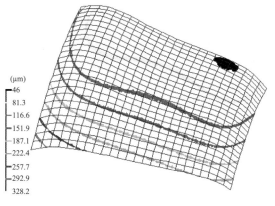

图 7 - 119　油膜厚度分布三维图（单位：μm）

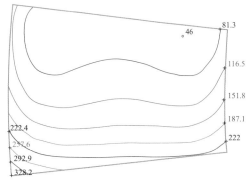

图 7 - 120　油膜厚度分布（单位：μm）

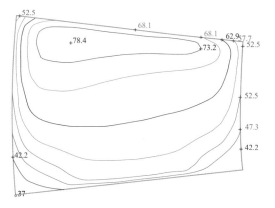

图 7 - 121　油膜温度分布（单位：℃）

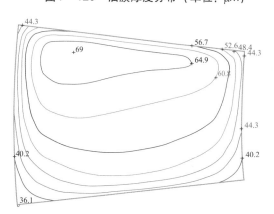

图 7 - 122　测温面的瓦温分布（单位：℃）

7.6　发电机通风冷却系统设计

本书前面的有关章节介绍了 1000 MW 水轮发电机组的通风冷却和全空冷的相关研究成果，对半水内冷、全空冷、定子蒸发冷却三种方式进行了分析比选。三种冷却方式均在 700 MW 及以上大型机组上得到了成功应用，如三峡左岸电站 14 台机组、右岸及地下电站 10 台机组均采用半水内冷方式，三峡右岸地下电站 2 台机组采用了蒸发冷却方式，三峡右岸和地下电站 6 台哈电机组、向家坝水电站 8 台 800 MW 机组、溪洛渡水电站 18 台 770 MW 机组采用了全空冷方式。研究结果表明，1000 MW 水轮发电机组采用全空冷是可行的，因此三种冷却方式均可用于白鹤滩水电站水轮发电机。哈电机组和东电机组均选择了全空冷方式。

7.6.1　设计要求

（1）发电机冷却方式采用全空气冷却系统，包括定子绕组、汇流环、定子铁心和转子绕组均采用自循环空气冷却系统。空气的循环通过发电机转子的旋转作用来实现，气流经转子通风沟、通风隙、气隙、定子铁心和机座导入空气冷却器，经空气冷却器冷却后再返回到转子上下端，转子两端不另设风扇。

（2）发电机在额定电压、额定转速、额定功率因数和额定频率下连续发出额定容量 1111.1 MVA 时（以下简称额定运行工况），当 15% 冷却容量的空气冷却器（不少于 2 台）退出运行，并且空气冷却器出口冷却空气温度不超过 40℃ 时，额定运行工况下的最大温升（或温度）不得超过表 7 - 72 规定的范围。

表 7 - 72　各部位允许温升（或温差）　　　　　　　　　　单位：K

部件名称及测量方式		允许温升（或温差）（哈电机组）	允许温升（或温差）（东电机组）
定子绕组	（检温计法）	67	63
定子绕组所有部位最大温差	（检温计法）	8	8
定子铁心及与定子绕组绝缘接触或相邻的机械部件	（检温计法）	60	58
定子铁心背部所有部位最大温差	（检温计法）	10	10
转子绕组	（电阻法）	70	58
集电环	（温度计法）	78	60
汇流铜排	（检温计法）	70	70

（3）发电机的通风冷却系统设计能保证风路畅通、换热效果良好，保证定子、转子轴向和周向无过大温差，定子线棒上、下端部有足够风量进行冷却。

（4）定子绕组在热状态下应能承受 150% 额定励磁电流历时 2 min 不发生有害变形、机械损伤或其他损害；转子绕组应能安全地承受 2 倍额定励磁电流历时不少于 50 s。

（5）发电机在不对称的电力系统中运行，如果每相电流不超过额定值（在额定容量运行），且负序电流与额定电流（在额定容量运行时）的比值不超过 9% 时，能长期连续运行。发电机在不对称故障时，在额定容量下运行，能承受的负序电流标幺值 I_2 的平方与持续时间 t（s）的乘积 $I_2^2 t$ 不小于 40 s。

7.6.2　哈电机组通风冷却系统

7.6.2.1　通风冷却技术概述

白鹤滩水电站哈电机组水轮发电机采用双路径向无风扇端部回风的通风结构，冷却空气在转子支架、磁轭、磁极旋转产生的风扇作用下进入转子支架入口，流经磁轭风隙、磁极极间、气隙、定子径向风沟，冷却气体携带发电机损耗热经定子铁心背部汇集到冷却器与冷却水热交换散去热量后，重新分上、下两路流经定子线圈端部进入转子支架，构成密闭自循环通风系统，如图 7 - 123 所示。

7.6.2.2　结构设计

（1）转子支架。转子支架入口是冷却空气的主要过流通道，其结构尺寸的选取应在满足转子风扇作用的前提下减小压头损失，避免不必要的通风损耗。发电机转子支架开设 28 个支架入口，转子支架上、下入口对称，内径为 $\phi4.5$ m，外径为 $\phi7.5$ m。

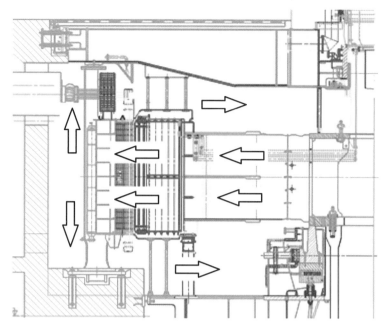

图 7 - 123　通风系统结构示意

（2）磁轭风隙。磁轭风隙是冷却空气过流通道的咽喉，磁轭风隙选择的好坏直接影响电机的冷却效果。该电机每片磁轭冲片的厚度为 3 mm，磁轭叠片方式为 4 片一叠，层间相错一个极距，磁轭圆周 18 片冲片，每片挂 3 极，1 片挂 2 极，磁轭风隙入口宽度为 250 mm，出口宽度为 250 mm，两段磁轭间距离为 84 mm。

（3）磁极阻尼条连接杆。由于磁极阻尼条连接杆的固定端堵住了磁轭风隙相应区域的出风，在计算中要除去相应过风面积，该电机磁极阻尼条连接杆在磁轭轴向两端各占 100 mm。

（4）挡风板位置。气隙轴向两端存在漏风，需采取有效措施提高有效风量，降低通风损耗。电机安装了固定挡风板，挡风板与空气罩之间无间隙，挡风板与旋转部件间的最大间隙小于 15 mm。

磁轭与转子支架之间设计有 7 mm 的缝隙，应在完成磁轭叠片后，对转子支架与磁轭之间的缝隙进行密封，以免漏风。

（5）定子径向风沟。哈电机组发电机定子径向风沟的数量为 92 个，风沟高度为 5 mm。

（6）机座下风道。定子机座水泥基础上开有 2 个 900 mm × 1200 mm 的安装通道，同时也是下部回风通道。

（7）定子端部线圈附近安装挡风板。为加强定子端部线圈的散热效果，在定子上端部线圈旁侧安装挡风板，使更多的空气经过定子上端部线圈，挡风板的位置如图 7 - 123 所示，与定子上端部线圈之间的过风通道高度为 800 mm。定子下端部线圈与基础之间的距离较小，可以不安装挡风板。

7.6.2.3　通风网络计算

根据机组的结构确定计算网络，包括转子支架、磁轭、磁极的压力元件及风阻元件，定子入口、出口风阻元件，冷却器等风阻元件。网络中，在面积不变、损失系数与流体方向无关的情况下，对于等温不可压缩流体，压力/流量方程可写成

$$\Delta P = K\frac{\rho V^2}{2}$$

其中，$V = \dot{m}/\rho A$，即

$$\Delta P = \frac{K\dot{m}^2}{2\rho A^2}$$

根据电机中的风路特点，质量流量与节点压力的关系可写成

$$\dot{m}_1 = \frac{-2\rho A^2}{|\dot{m}_1|K}P_1 + \frac{2\rho A^2}{|\dot{m}_1|K}P_2; \quad \dot{m}_2 = \frac{2\rho A^2}{|\dot{m}_2|K}P_1 + \frac{-2\rho A^2}{|\dot{m}_2|K}P_2$$

在通风网络和每个节点上有若干个元件的网络支路，可给出每个节点的质量流量的和，建立线性方程用于建立矩阵，进行求解。如对于四个线性方程，可在节点上给出公式

$$\begin{bmatrix} a_{21}^1 & a_{22}^1 & 0 & 0 \\ a_{11}^1 & a_{12}^1 + a_{12}^2 + a_{12}^3 & a_{11}^2 & a_{11}^3 \\ 0 & a_{22}^2 & a_{21}^2 & 0 \\ 0 & a_{22}^3 & 0 & a_{21}^3 \end{bmatrix} \begin{bmatrix} P_1 \\ P_2 \\ P_3 \\ P_4 \end{bmatrix} = \begin{bmatrix} \dot{m}_{21} - a_{23}^1 \\ \dot{m}_{12} + \dot{m}_{32} + \dot{m}_{42} - a_{13}^1 - a_{13}^2 - a_{13}^3 \\ \dot{m}_{23} - a_{23}^2 \\ \dot{m}_{24} - a_{23}^3 \end{bmatrix}$$

在通风系统研究中，根据电机的结构，建立通风计算网络图，如图 7 – 124 所示。

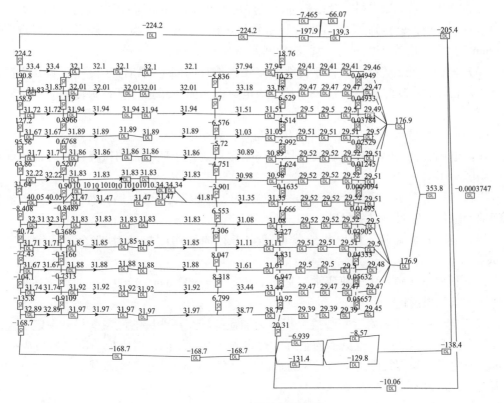

图 7 – 124　通风计算网络图

通过计算得出，总风量为 353.8 m^3/s，上风道风量为 205.4 m^3/s，占总风量的比例为 58%；下风道风量为 148.46 m^3/s，占总风量的比例为 42%。考虑发电机转速、风量及风路结构，计算得出通风损耗为 3556 kW。需冷却器带走的总损耗为 10 115 kW，电机需要风量为 328.4 m^3/s，设计风量有 7.7% 的裕度，通风冷却系统可以满足电机的冷却需求，保证电机长期安全稳定运行。

7.6.2.4　定、转子温升计算

1. 定子温升计算

根据发电机定子结构沿圆周方向对称的特点，取定子的半齿半槽所对应区域为计算域，采用 ANSYS 软件建立三维计算模型。根据通风计算结果确定定子表面散热系数，根据损耗的分布位置计算单位体积损耗，施加在发热部件上，同时考虑冷却空气温度等作为边界条件等。利用三维温度场计算软件进行计算分析，发电机额定工况下定子温度计算结果如图 7-125 所示，定子铁心和绕组温度计算结果如图 7-126 所示，温度场计算结果见表 7-73。

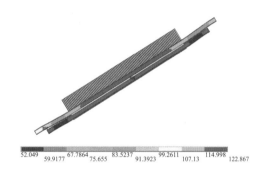

图 7-125　定子温度场计算云图

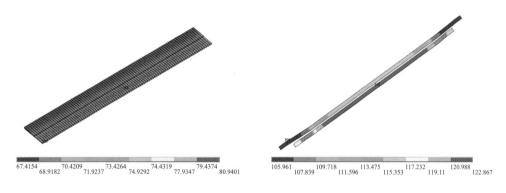

（a）定子铁心温度云图　　　　　　　（b）定子绕组温度云图

图 7-126　温度场计算云图

表 7 - 73   温度场计算结果

最高点温度（℃）	定子绕组	层间绝缘（RTD 位置）	铁心（RTD 位置）
	122.7	100.7	68.6
平均温度（℃）	定子绕组	层间绝缘（RTD 位置）	铁心（RTD 位置）
	117.6	97.1	65.6
温差（K）	层间绝缘（RTD 位置）		定子铁心背部
	6.9		8.1

　　白鹤滩水电站水轮发电机定子端部结构如图 7 - 127 所示，结构件自两端至中心依次为压圈、压指。在压圈、压指表面，均有冷却风流过，和其周围的结构件发生热交换，带走热量。

　　采用 ANSYS 软件对求解部分进行建模，加载了各部分的损耗和各流道冷却介质不同的流动情况，模拟了端部结构件的散热和相互之间的传热，得到在 0.9（进相）工况下端部结构件的温度分布。在该工况下，边段铁心（单侧）损耗为 41.4 kW，压指（单侧）损耗为 42.8 kW，压板（单侧）损耗为 15.6 kW。端部计算网格如图 7 - 128 所示。

图 7 - 127   端部结构件示意图　　　　　图 7 - 128   端部计算网格

　　定子端部结构件温度计算结果如图 7 - 129 所示，压指和压圈温度计算结果如图 7 - 130 所示。计算结果表明，边段铁心平均温度为 83.7℃，压指平均温度为 76.7℃，压圈平均温度为 65.8℃，满足有关标准及机组安全可靠运行要求。

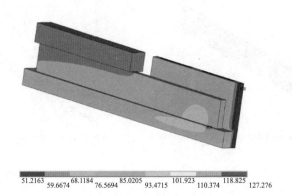

51.2163　59.6674　68.1184　76.5694　85.0205　93.4715　101.923　110.374　118.825　127.276

图 7 - 129   端部结构件温度计算结果

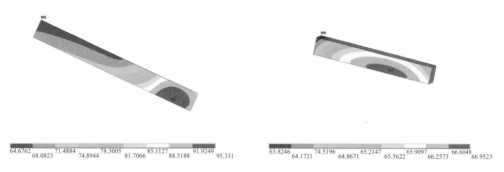

（a）压指温度计算结果　　　　　　　（b）压圈温度计算结果

图 7 – 130　端部温度场计算云图

2. 转子磁极温度计算

转子磁极的计算区域主要依据磁极的结构确定。由于磁极圆周方向对称，所以取一个磁极半轴向为有限元分析的计算区域，根据形成单元所需的剖分点数完成自动剖分。转子整个计算区域的剖分单元如图 7 – 131 所示。冷却器出风温度按 40℃ 考虑，转子计算区域温度分布云图如图 7 – 132 所示，转子励磁线圈温度分布云图如图 7 – 133 所示，线圈温度曲线如图 7 – 134 所示。

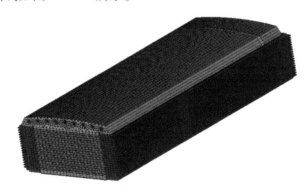

图 7 – 131　转子计算区域整体剖分单元

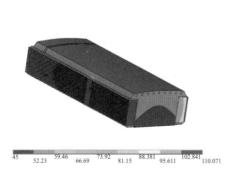

图 7 – 132　转子计算区域温度分布云图

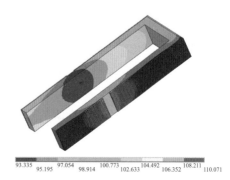

图 7 – 133　转子励磁线圈温度分布云图

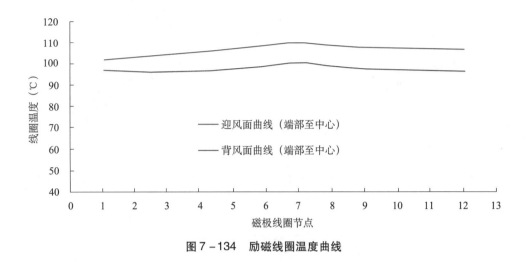

图 7 - 134　励磁线圈温度曲线

结果显示，励磁线圈最高温度为 110.1℃，位于背风面磁极撑块对应励磁线圈中间匝，励磁线圈平均温度为 102.1℃，各部分温度满足设计要求。

7.6.3　东电机组通风冷却系统

7.6.3.1　通风冷却技术概述

东电机组以多年通风冷却技术和结构研究为基础，保留了端部回风的总体通风结构，并采用多项新技术、新结构，大幅提高了冷却空气的利用率，在保证各发热部件温升满足要求的前提下，进一步压缩冷却风量，获得更高的电机效率，主要包括以下方面。

（1）开发全新的转子支架结构，通过将进风口外移、缩短通风路径降低了转子支架及整个通风系统自身通风损耗，同时可以实现冷却风量在 260～380 m^3/s 范围内的方便调节。

（2）应用定子高效散热技术，定子通风沟高度由常规的 6 mm 或 5 mm 改进为 4 mm，以缩短传热路径，增大散热面积。

（3）应用转子空内冷先进技术，磁极采用内外分区冷却的方式，大幅提高散热能力。

通过上述措施，可以在较低风量下将白鹤滩水电站水轮发电机定转子线圈、铁心等发热部件的温升控制在合理水平。

7.6.3.2　结构设计

1. 定子通风沟高度选择

发电机采用径向通风系统，为满足通风和散热要求，将定子在轴向上分成若干段；在选取通风沟数时，考虑定子铁心每段的厚度对每段铁心温升的直接影响。根据经验，大型水轮发电机每段铁心厚度取值在 30～45 mm 较为合理。

CFD 模拟计算表明，空气流经通风沟时，两边仅有较薄的一层空气用于有效冷却铁心，其余厚度的空气为中间带，对铁心的冷却作用很小。

定子铁心径向通风沟是发电机通风系统的主要过流通道，也是定子线圈及定子铁心与空气进行热量交换的主要位置。一段铁心及其在内的线圈热量可沿三个方向传递，一路是线圈损耗产生的热量通过绝缘传递给定子铁心，加上定子铁心损耗，传递至定子通风沟内，这是热量传递的主要路径，占总损耗的 80% 以上；剩余不足 20% 的热量分两路分别流向定子铁心的内外圆，如图 7 – 135 所示。

一般认为，定子线圈温升等于绝缘温升与定子铁心段温升和风沟表面气体温升三者之和（后两者之和即为定子铁心温升）。根据传热学基本理论可知，铁心的温升主要取决于每段铁心厚度、该叠片铁心段上下两边通风沟内的风速以及铁心风沟内与冷却空气的接触面积，而绝缘温升与定子线圈损耗、绝缘厚度、绝缘导热系数有关。因此，在发电机定子轴向长度及铁心有效长度一定的情况下，风沟宽度越小，风沟数量越多；铁心段厚度越薄，铁心散热面积越大，越有利于定子线圈及铁心的散热。

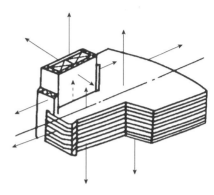

图 7 –135　定子散热路径

目前，大型水轮发电机常用的定子通风沟高度包括 6 mm 或 5 mm，在保证定子总过风面积不变即风速不变的前提下，适当减小通风沟高度，可以减小每段铁心长度，增加定子铁心散热面积，有利于提升定子整体的散热能力。目前，部分火电机组上有 3 mm 高通风沟应用实例，但考虑到水电机组运行环境的影响，通风沟高度过小反而会存在易堵塞、难清理的风险。4 mm 高通风沟方案在二滩和景洪水电站得到应用，如图 7 – 136 所示，景洪水电站运行较长时间后，没有发生定子风沟堵塞的情况，机组运行期间也没有发生因通风沟堵塞或通风不畅造成定子铁心温度持续上升，通风沟清理方式与传统结构相同，清理工作没有额外的负担。因此，综合计算分析工程应用情况，白鹤滩水电站发电机采用 4 mm 高通风沟技术是合理的。

图 7 –136　景洪水电站定子铁心 4 mm 高通风沟

　　白鹤滩水电站东电机组发电机采用 4 mm 高通风沟方案，定子整体的散热能力对比见表 7 – 74。数据表明，尽管白鹤滩水电站东电机组的容量及损耗大大超过其他机组，但采用 4 mm 高通风沟方案后，定子各部件的单位面积损耗值均小于其余机组，整体散热性能更加优良。

表 7 – 74　定子整体散热能力对比

对比项	溪洛渡水电站	龙滩水电站	宜兴水电站	白鹤滩水电站
线棒单位面积损耗	1.18	1.4	1.99	1.1
齿部单位面积损耗	3.11	4.09	5.25	2.74
轭部单位面积损耗	0.3	0.34	0.46	0.22
单位面积总损耗	1.11	1.29	1.47	0.93
实测铁心温升（K）	25.2	23.6	44.16	—
实测绕组温升（K）	39.4	57.2	64.35	—

　　定子各部件温升计算结果见表 7 – 75。结果表明，定子各部件温升满足设计要求，且有较大裕度。在 260 m³/s 的极限风量下，定子线棒温升为 47.1 K，仍然满足设计要求，且有较大裕度。

表 7 – 75　发电机定子各部件温升计算结果（300 m³/s）　　　　单位：K

部位	项目	计算结果	设计要求
定子线棒层间 RTD 测点	温升	49	≤63
	温差	6	≤8
定子铁心齿部	温升	41	≤58
	温差	6	—
定子铁心轭部	温升	36	—
	温差	5	≤10
定子汇流铜环	温升	54	≤70

　　定子采用不同高度通风沟时其主要尺寸变化见表 7 – 76。发电机定子铁心长度及有效铁心长度相同的情况下，4 mm 高通风沟数量及铁心散热面积为 5 mm 高通风沟的 1.244 倍，铁心厚度为 0.804 倍。3 mm 高通风沟数量及铁心散热面积为 5 mm 高通风沟的 1.659 倍，铁心厚度为 0.603 倍。根据上述分析可知，在发电机有效铁心长度及风沟长度不变的前提下，电机定子采用 3 mm 风沟冷却效果最好，4 mm 次之，5 mm 最差。

表 7 – 76　不同风沟高度对应定子尺寸的变化

比较项	5 mm 高通风沟	4 mm 高通风沟	3 mm 高通风沟
定子铁心长度	1	1	1
定子铁心有效铁心长度	1	1	1
风沟数量	1	1.244	1.659
铁心厚度	1	0.804	0.603
铁心散热面积	1	1.244	1.659

根据热路法原理对不同高度通风沟的定子温升情况进行分析，建立计算模型。热路法计算原理如图 7 – 137 所示，图中，Q_j、Q_z、Q_c 分别为轭部、齿部、线棒损耗，即热源；各阻值符号为相应热传导路径的热阻；Δt_j、Δt_z、Δt_c 分别为齿部、轭部、线棒相对于所在位置冷却空气的温升，计算公式为

$$\begin{cases} Q_j = \dfrac{\Delta t_j}{R_j} + \dfrac{\Delta t_j - \Delta t_z}{R_{jz}} \\ Q_z = \dfrac{\Delta t_z - \Delta t_j}{R_{jz}} + \dfrac{\Delta t_z}{R_z} + \dfrac{\Delta t_z - \Delta t_c}{R_{zc}} \\ Q_c = \dfrac{\Delta t_c}{R_c} + \dfrac{\Delta t_c - \Delta t_z}{R_{zc}} \end{cases}$$

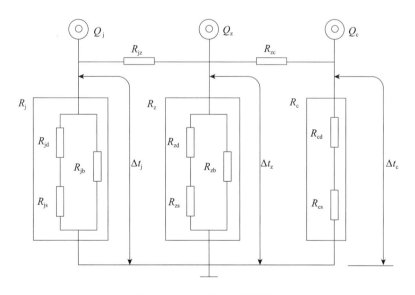

图 7 – 137　热路法计算原理图

在 300 m³/s 风量下，不同通风沟高度方案对应的相关温升数据见表 7 – 77。

表 7 -77　定子线棒温升计算结果对比 （300 m³/s）　　　　单位：K

对比项目	冷却线棒前空气温升	线棒铜线温升（相对齿部空气/相对冷风）	绝缘温降	线圈绝缘表面温升	RTD 测点温升
5 mm 方案	20.3	41.2/61.5	25.2	36.3	48.3
4 mm 方案	20.3	37.8/58.1	25.2	32.9	44.9
3 mm 方案	20.3	34.4/54.7	25.2	29.5	41.5

结果表明，相对于 5 mm 高通风沟方案，4 mm 高通风沟层间的 RTD 温升降低 3.4 K，3 mm 高通风沟层间 RTD 温升降低 6.8 K。三种方案的温升均能满足设计要求，且有较大裕度。

利用 CFD 计算软件，对不同高度通风沟方案的定子温升进行了详细的有限元对比计算，RTD 温升、铁心平均温升与风量关系曲线如图 7 - 138、图 7 - 139 所示。计算结果表明：

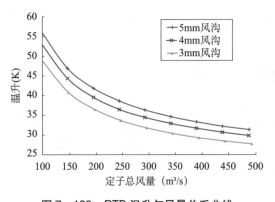

图 7 - 138　RTD 温升与风量关系曲线

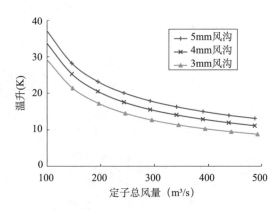

图 7 - 139　铁心平均温升与风量关系曲线

（1）随着风量的增加，线圈 RTD 温升会逐渐减小，但是冷却效果也会趋弱，因而风量不宜过大，避免冷却空冷利用率不高而明显增加通风损耗。

（2）在线圈 RTD 温升相同的情况下，4 mm 风沟较 5 mm 风沟的需求风量可减小 16%，3 mm 风沟较 5 mm 风沟的需求风量可减小 33%。

（3）4 mm 风沟线圈的 RTD 温升比 5 mm 风沟线圈的 RTD 温升低 1.9 K，3 mm 风沟线圈的 RTD 温升比 4 mm 风沟线圈的 RTD 温升低 2.5 K。

（4）与层间 RTD 温升随风量变化类似，随着风量的增加，铁心温升会逐渐降低，但降低幅度明显趋缓，同样显示了合理控制电机风量的必要性。

因此，在风沟及铁心总高度不变的前提下，风沟高度越小，数量越多，越有利于定子线圈及铁心温度的控制，即线圈及铁心温度：3 mm 风沟 <4 mm 风沟 <5 mm 风沟。

综上所述，在同等条件下，降低通风沟高度能够改善定子散热条件，降低定子温升水平。计算表明，4 mm 高通风沟方案已经可以保证定子足够的散热能力，且目前并无 3 mm 高通风沟在水轮发电机实际应用的案例，综合考虑冷却效果和工程应用可靠性，白鹤滩发电机采用 4 mm 高通风沟方案是合理的。

2. 转子高效散热结构

转子散热是大型水轮发电机冷却的技术难点，电机风路设计需要综合权衡温升和通风损耗的关系。风量大、风速高固然对散热有好处，但会导致通风损耗超出合理范围，从而对电机效率产生负面影响。因此设计过程中既要在有限的空间里确保转子有效散热，又要控制电机通风损耗。

空冷电机转子的磁极线圈损耗热量主要依靠表面的对流空气带走，因此励磁线圈对冷风的温升可以近似用下式表示

$$\theta_{\text{rot}} = \frac{\theta_g}{2} + \theta_s = \frac{P_{\text{rot}}}{2c_g\rho_g Q_g} + \frac{P_{\text{rot}}}{A_s\alpha}$$

式中：θ_g 为流过转子的气体温升，K；θ_s 为线圈表面温升，K；P_{rot} 为转子线圈损耗，kW；c_g 为空气比热容，kW/kg/K；ρ_g 为空气密度，kg/m^3；Q_g 为冷却转子的风量，m^3/s；A_s 为转子线圈的散热面积，m^2；α 为线圈表面对流散热系数，kW/m^2。

通常情况下，流过转子的气体温升不高，θ_g 一般为 5 ~ 15 K，而线圈表面温升却要大很多，θ_s 可达 40 ~ 60 K 甚至更高。同时，超出合适的范围后，增大冷却转子的风量 Q_g 会显著增加风摩损耗，这时冷却转子磁极线圈的效果就不会显著。因此降低转子温升的合理途径应当是降低表面温升 θ_s，即从增大线圈的散热面积 A_s 和线圈表面对流散热系数 α 入手。

1）增大线圈的散热面积

常规水轮发电机的转子磁极线圈仅依靠极间表面进行散热，内侧面和横侧面均未被利用。尽管极间表面（外表面）目前开发出了多种形式的散热肋结构以增大散热面积，并在不断优化肋片效率，但磁极散热能力仍显不足。目前抽水蓄能发电机普遍应用的是转子线圈架空的通风结构，也就是通常所说的磁极线圈内外表面散热方式。这种通风结构在线圈的内侧和机身之间留出狭窄的风道，相比单一的外表面散热，这种通风结构能够增加磁极线圈 40% ~ 65% 的散热面积，可有效地降低转子温升。对于更大电密的线圈，还可以采用双层线圈或线圈内部开孔等结构，可获得更大的散热面积，如图 7 - 140 所示。风道的出口可以通过在极靴侧的绝缘托板上开槽实现。线圈架空或双层线圈都能够使散热面积显著增大，但线圈架空后容易发生匝间错位或线圈变形，因此需要考虑设置有效的支撑，例如在极身长度方向装设不锈钢围带等。

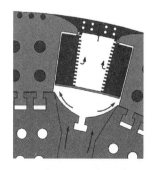
图 7 - 140　线圈内表面架空

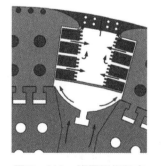
图 7 - 141　线圈匝间架空

此外，磁极线圈匝间架空也是利用匝间横侧面散热的有效措施，可以使线圈的散热表面积增大 200% ~400%，因此能够获得最佳的散热能力，如图 7 – 141 所示。这种结构可以在相邻两匝之间垫以条形垫块，使磁极线圈的匝间形成 2 ~3 mm 高的风道，也可以在铜排横侧面上铣出深 2 mm 的横向槽，当线圈制成以后，就在各匝之间形成了横向风沟。冷却空气由磁轭环状风沟和风隙流出后，进入磁极线圈内侧风道，然后通过开设的横向风沟流至极间，完成对转子线圈的冷却。

实际上，由于磁极的旋转作用，在背风侧线圈的风道出口处往往为负压区，空气能够顺利地穿过线圈匝间的风道到达极间。但对于迎风侧线圈的风道，由于气流的动压作用，将在出口处形成高压区影响风道出风，因此设计时常常在迎风侧设置特殊形状的挡板。

2）增大线圈表面对流散热系数

对于转子线圈表面，其散热系数可以用无量纲数 Nu 表示

$$\alpha = \frac{\lambda}{D_h}Nu = \frac{\lambda}{D_h}CRe^mPr^n$$

上式表明，若不考虑温度对冷却空气热物性参数的影响，要提高表面散热系数 α，应增大空气的流速 v，减小流道的水力直径 D_h，同时增加散热表面的表面粗糙度。

因此，还可以考虑一种表面强迫冷却的结构型式，这种结构在两磁极之间装设一个导风的隔板，如图 7 – 142 所示。当冷却转子的空气从磁轭风沟或环隙进入极间后，由于隔板的作用，迫使空气由紧靠线圈的窄通道高速流过线圈表面，使表面对流散热系数 α 得到显著提高。为了进一步提高表面散热的能力，将转子线圈用七边形铜排绕成，使其散热表面的表面粗糙度值增大。实践证明，采取这些措施后，转子线圈的温度有了一定程度的下降。但是由于增加了极间隔板，发电机风阻增大，系统中径向方向的风量减少，总风量受到影响，因此采用这种措施后对定子冷却性能的影响应当受到重视。

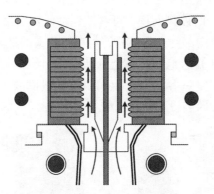

图 7 – 142　极间隔板结构

白鹤滩水电站 1000 MW 巨型空冷水轮发电机转子线圈通风冷却难点主要体现在温升控制、温差控制及通风损耗控制。为有效解决散热难题，提高空气利用率，东电机组在传统励磁绕组冷却结构基础上进行了创新，开展了大量仿真计算分析研究，并结合白鹤滩水电站1:1 转子内外分区结构磁极静止热模型试验，成功研发出励磁绕组内外分区冷却

新技术。该技术在较小的风量下，有效地降低了绕组温升，控制了温差。其主要技术特点包括：

（1）通过磁轭导风带精确导入冷却空气至内部冷却区，减小风阻。

（2）磁极线圈轴向单侧有 13 组 ×5 个通风孔，有效增加散热面积。

（3）磁轭叠片综合考虑，实现内外冷却区精密分割，互相配合。

最终形成的磁极线圈区域空气流动路径如图 7 - 143 所示。

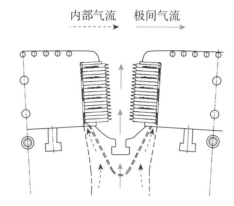

图 7 - 143　白鹤滩水电站东电机组发电机磁极线圈区域空气流动路径

7.6.3.3　通风网络计算

发电机通风网络计算一般有以下两种情况：一是已知电机冷却需求的风量和主要尺寸，通过计算选择合理的通风结构和确定风路的主要尺寸；二是根据以往经验预先设计好电机通风结构，通过计算对其进行验证。

（1）通过计算验算通风结构是否能满足带走内部损耗的要求，即能否达到电磁设计要求的需求风量 Q_0，可以根据电机内需要空气带走的总损耗来计算需求风量：

$$Q_0 = \frac{\sum P}{\rho c_g \theta_{air}}$$

式中：$\sum P$ 为需要空气带走的总发热损耗，kW；c_g 为空气比热容，kW/kg/K；ρ 为空气密度，kg/m^3；θ_{air} 为空气流过发电机后的温升，K；θ_{air} 也是空气冷却器前后的风温差，取决于空气冷却器的换热性能。目前对于发电机采用的优质冷却器，该值一般为 28 ~ 32 K。

由于通风计算的偏差，计算风量需要留有一定裕量，但也不宜取太大，通常取 10% ~ 15%。风量太大会造成通风损耗的迅速增加，同时通风噪声、机组振动也会相应恶化。

（2）适当选择风路结构如风压元件、风阻元件，或确定特定部位的形状、过流面积等，通过控制这些部件的参数来影响发电机的总风量和风量分配。改变转子进风口的大小和位置可以调控电机的总风量，控制机座端部挡风板高度可以调配端部风量的大小。

（3）通风损耗的高低是通风系统性能好坏的重要标志之一，在相同风量的情况下，通风损耗越小对电机效率和温升就越有利。

东电机组采用专用通风"TF"软件对白鹤滩水电站机组进行通风计算。该软件是东电公司专门针对发电机通风计算开发的专用软件，其特点是针对发电机内部各特殊的结构部位均给出了特定的阻力系数或特殊的计算工具程序，经验系数经过了反复的试验对比后选定，整体通风系统（总风量）计算精度可达到 5% 以内，局部通风计算精度可达到 10% 以内，目前已经广泛应用在各种产品的通风分析上，是东电机组水轮发电机通风系统设计的主力软件之一。发电机整体通风计算精度对比见表 7-78，白鹤滩水电站发电机由空冷系统带走的损耗见表 7-79。

表 7-78 发电机整体通风计算精度对比

电站	额定功率 （MW）	计算风量 （m³/s）	实测风量 （m³/s）	误差 （%）
桥巩	57	69	65.8	4.8
广蓄一期	300	141.8	140	1.3
天荒坪	300	124.3	123.1	0.99
紫坪铺	190	99.1	98	1.12
二滩	550	208.0	207.8	0.10
瀑布沟	600	256.5	267.8	-4.2
三峡左岸	700	225.0	229.0	-1.75
三峡右岸	700	235	236.9	-0.8
构皮滩	600	238.9	239.1	-0.1

表 7-79 发电机空冷系统带走损耗　　　　　　　　　　　　　单位：kW

损耗类别	损耗
定子铜耗（95℃）	1914
铁耗	1709
励磁绕组铜耗（95℃）	1853
杂散损耗	1022
通风损耗	2700
$\sum P$	9198

为了有效控制电机通风损耗，同时较大限度地发挥转子励磁绕组内冷孔、定子低风沟高度和多风沟数量的作用，通风系统的冷热风温差按 32 K 设计。根据白鹤滩水电站发电机总损耗，可以确定白鹤滩水电站发电机空冷系统所需要的总风量 Q 不小于 261.3 m³/s。

通风网络计算模型如图 7-144 所示。

总风量的设计原则是在所需要风量的基础上增加一定的设计裕度。计算结果表明，通过在转子支架位置增设不同尺寸的盖板，可以实现对电机风量从 260～380 m³/s 的调节。在确保满足电机冷却需要的前提下，选择通风损耗较小的总风量。最终电机设计工作点确定为 301 m³/s，此时对应转子支架进风孔外径为 10 m，上进风孔内径为 9.5 m，下进风孔内径为 9.7 m。计算在电机总风量为 301 m³/s 时对应的各部位风速、风量见表 7-80。电机内部各位置的风量、风速分布如图 7-145 和图 7-146 所示。

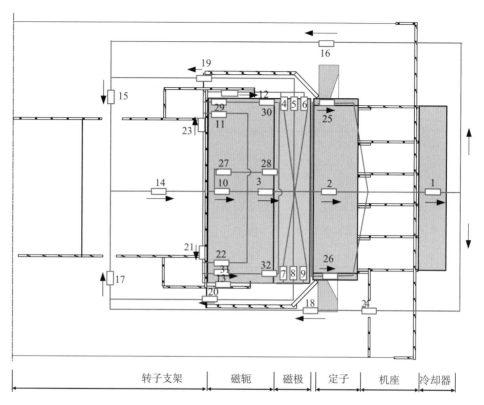

图 7 - 144　通风网络计算模型

表 7 - 80　通风网络计算

支路号	支路位置	风量（m³/s）	风速（m/s）	占总风量的百分比（%）
	有效总风量	301.07		
1	冷却器	301.07	3.07	100
2	定子风沟	283.5	29.03	94.16
3	极间根部	247.15	15.02	82.09
4	上端磁极身部间轴向通风	28.56	17.66	9.49
5	上端极靴间轴向通风	-2.73	-5.12	-0.91
6	上端气隙轴向通风	-19.36	-7.74	-6.43
7	下端磁极身部间轴向通风	28.81	17.81	9.57
8	下端极靴间轴向通风	-2.43	-4.55	-0.81
9	下端气隙轴向通风	-18.76	-7.51	-6.23
10	中部环隙	194.42	27.36	64.58
11	下环隙	24.24	24.83	8.05
12	上端径向叶片	18.39	7.05	6.11
13	下端径向叶片	20.44	7.84	6.79

续表

支路号	支路位置	风量（m³/s）	风速（m/s）	占总风量的百分比（%）
14	转子支架	325.81	3.93	108.22
15	上转子进风孔	181.31	24.48	60.22
16	上端部	169.39	1.98	56.26
17	下转子进风孔	144.49	24.2	47.99
18	下端部	131.68	5.37	43.74
19	上挡风板漏风	11.92	19.3	3.96
20	下挡风板漏风	12.81	19.89	4.26
21	转子支架进入下游腔	44.68	13.08	14.84
22	上环隙	28.41	24.57	9.44
23	转子支架进上游腔	46.8	13.71	15.55
24	下端部线圈处挡板孔位置	131.68	3.1	43.74
25	上压指	8.79	21.15	2.92
26	下压指	8.79	21.15	2.92
27	进风孔环隙	39.82	10.98	13.23
28	磁极背部风孔	39.82	16.79	13.23

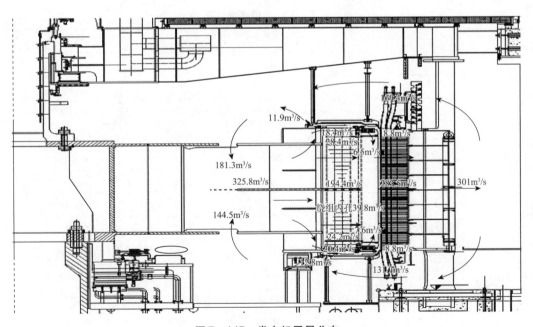

图7-145 发电机风量分布

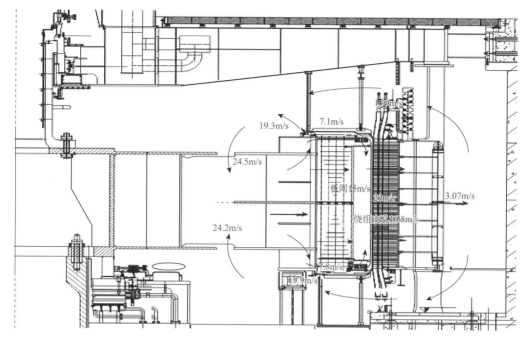

图 7-146　发电机风速分布

计算结果表明，当电机总风量控制为 301 m³/s 时，定子风沟入口速度接近 30 m/s，磁极线圈极间和背部风孔内的平均速度不低于 15 m/s，端部线圈附近的风速为 2~5 m/s，风速大小位于合理区间。定子上、下端部风量分配为上端 56.3%，下端 43.7%，能满足上下端部线圈和铜环的冷却需要。

7.6.3.4　温度场计算

通风冷却系统的任务是将电磁及机械等原因产生的损耗热量的一部分带走，以保证电机在允许的温升下正常运行。与电机冷却有关的损耗包括：

（1）基本铁耗 P_{Fe}；

（2）基本铜耗 P_{Cu1}；

（3）励磁损耗 P_{rot}；

（4）极靴表面损耗 P_{P0}；

（5）定子边端铁心及端部结构件的损耗 P_{ZKP}；

（6）定子绕组中的附加铜耗 P_{Cuf}；

（7）三次谐波在定子齿中的损耗 P_t；

（8）高次谐波在磁极表面和阻尼绕组中的损耗 P_{Ph}；

（9）定子齿磁场在极靴表面产生的损耗 P_{Pz}；

（10）定子磁场漏磁通在端部结构件中产生的损耗 P_{ed}；

（11）通风损耗 P_V。

除考虑电机损耗热的大小，还要考虑损耗热的分布。东电机组采用 CFD 软件对多个工程发电机进行计算，计算精度满足工程需求。表 7-81 为部分传热计算与真机实测值对比。

表 7 –81   部分传热计算与真机实测值对比

电站名称	额定功率（MW）	定子绕组温升（K）			励磁绕组温升（K）		
		计算值	实测值	误差（%）	计算值	实测值	误差（%）
紫坪铺	190	51.4	49.8	3.2	60.6	57.2	5.9
三峡左岸	700	（定子绕组水冷）			51.3	49.6	3.4
二滩	550	61.2	58.8	4.1	69.8	68.3	2.2
高坝洲	84	54.6	52.8	3.4	43.1	41.2	4.6
天荒坪	300	59.6	56.9	4.7	49.3	46.9	5.1
东风	170	65.3	68.8	−5.1	60.4	58.2	3.8

1．定子温度场

定子部分温度场计算主要包括定子线圈、定子铁心、压指压板等结构件、汇流环、引出线、机座等部件。定子本体及定子端部计算模型如图 7 –147、图 7 –148 所示。

定子温度场的计算边界给定如下：

（1）发电机有效总风量设为 300 m³/s，冷风温度设为 40℃。

（2）发热源按电磁设计给定。

温度场计算结果如图 7 –149 ~ 图 7 –154 所示。

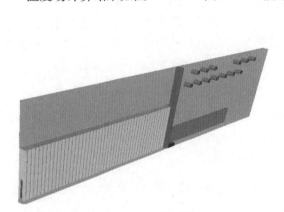

图 7 –147   定子本体计算模型

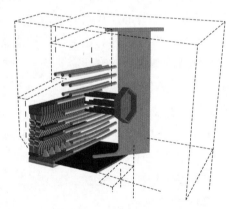

图 7 –148   定子端部计算模型

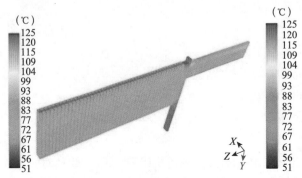

图 7 –149   定子总体温度分布

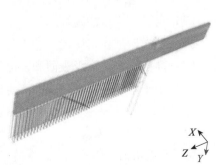

图 7 –150   绕组温度分布

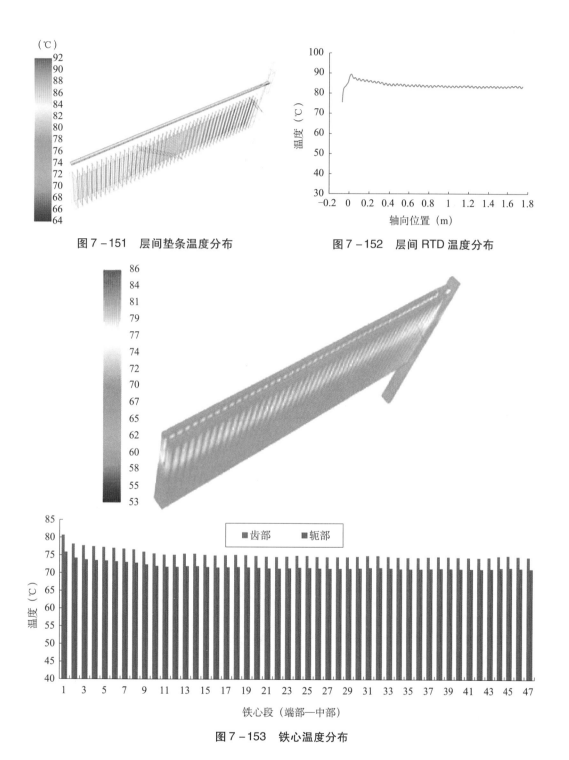

图 7－151　层间垫条温度分布　　　　　图 7－152　层间 RTD 温度分布

图 7－153　铁心温度分布

　　计算结果表明，层间 RTD 最高温升为 49 K，轴向温差为 6 K，端部比中部略高，齿部轴向温差为 6 K，轭部轴向温差为 5 K。齿部最高温升为 41 K，轭部最高温升为 36 K，汇流环最高温升为 54 K，各部件温升均满足设计要求。

2. 转子温度场

转子温度场计算采用 CFD 模型，模型取转子一个磁极轴向一半，包括极身、极靴、绕组、端部挡风板、磁轭、支架及周围冷却气体，图 7－155 所示为转子温度场计算模型。

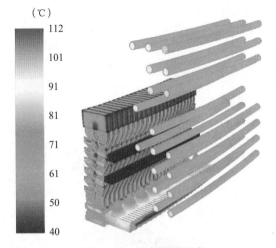

图 7－154　端部温度分布

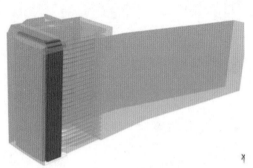

图 7－155　转子温度场计算模型

转子温度场计算时，边界给定如下：

（1）冷却空气入口设为转子支架入口，出口设为定子风沟及挡风板间隙。

（2）发电机有效总风量设为 300 m³/s，冷风温度设为 40℃。

（3）发热源按电磁设计给定。

转子温度场分布如图 7－156 所示，磁极线圈平均温度为 83.4℃，平均温升为 43.4 K，完全满足设计保证值 58 K 的要求。

7.7　发电机辅助设备设计

7.7.1　空气冷却器

7.7.1.1　设计要求

空气冷却器是水轮发电机组结构中冷却系统的重要组成部分，其主要功能是与电机冷却空气进行热交换，带走除轴承损耗外的

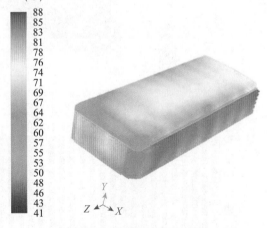

图 7－156　转子温度场分布

绝大部分热量，保持机组热稳定。冷却器对称布置在定子机座外壁位置（哈电机组设计 20 个，东电机组设计 18 个），通过内部具有高效换热能力的冷却水管，使定、转子内部产生的热风在通过空冷器时迅速降低温度，再重新回到定、转子端部进行风路循环。

空冷器的设计要求如下：

（1）采用水冷式，冷却水引自机组技术供水系统，进水温度最高为 25℃。

（2）换热能力强，冷却效率高，要求空气冷却器出口的冷风温度不超过 40℃。

（3）空气冷却器备有散热余量，当 15% 总冷却容量的空气冷却器（3 台）退出运行时，发电机能在额定运行工况下安全运行，且各部分温升满足规范要求。

（4）空气冷却器的冷却管采用高导热率材料（Cu）制成的无缝管，按照工作水压 1.0 MPa 设计，其试验压力不小于 2.0 MPa，历时 60 min 无渗漏；冷却器管中水的流速一般不超过 1.5 m/s，供排水管为不锈钢材质；冷却器能防止由于沉淀物的聚积堵塞冷却水管，并双向换向运行。

（5）散热部件牢固地连接在冷却管上，冷却管与承管板及承管板与水箱盖的连接能保证连接处密封性能良好，并便于拆装维护。

（6）拆卸和更换任一空冷器时，均不影响其他管路的连接。每个冷却器均设置一个能排除其内部积水的排水管，并设有适当阀门，同时设置公用集水环管，当冷却器检修时能将其内部积水排空。每个冷却器的顶端和管道系统的其他高部位均装上自动排气阀，每个冷却器上都设置起重吊耳。

7.7.1.2　结构与材料

空气冷却器内部主要结构型式为换热管加翅片，以增大换热面积，提高冷却效率，如图 7-157 所示。空气冷却器的冷却水管采用高导热的铜镍合金管（或紫铜管）与整体穿片（散热片）胀接结构，冷却水管通常采用与承管板胀接式，翅片为铜片，翅片间距离根据实际换热需要或供应商的制造工艺不同而做出不同的选择。

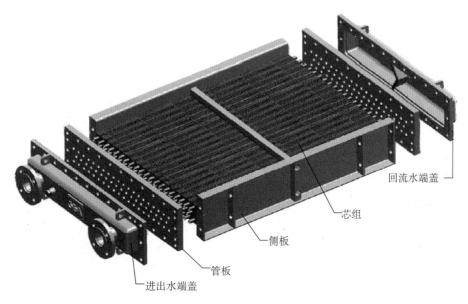

图 7-157　空气冷却器结构图

空气冷却器的进出水管通常由不锈钢材料制成，根据冷却器进、出水环管布置位置，空气冷却器采用上方进、出水的结构型式。

空气冷却器的供水系统配备有供、排水环管，均采用明管布置，安装在发电机机坑内壁处，冷却器和水管之间采用法兰连接。在每一冷却器与水管之间的连接处均设置一个阀门，以使发电机的任意一个冷却器在需要进行维修时，都可及时拆卸和更换，而不影响其他冷却器的运行。在各空气冷却器的排水支管上阀门和法兰之间安装电磁流量计，供、排水环管上设有温度计和防振型压力表。在环管进出水口连接法兰处测得的冷却器和环管的水压降不得超过 0.05 MPa。

供、排水管道的设计和布置便于冷却器拆卸、更换和修理，并设置适当的阀门、公用集水环管、自动进排气阀，以确保冷却器能将水排空或始终充满水。供、排水管材料采用不锈钢。

各空气冷却器的进、出风分别设置易于更换的测温电阻 RTD 元件，使得空气冷却器的冷风及热风全部实现计算机在线监控。

白鹤滩水电站项目空气冷却器的材料选择主要基于以下几方面考虑：

（1）满足换热能力、耐压、耐腐蚀和密封等方面要求。

（2）适合加工制造及采购需要。

结合上述几方面因素，白鹤滩水电站单个空气冷却器设计换热容量为 650 kW，换热管采用壁厚为 1.5 mm 的紫铜管，管径为 20 mm，有效长度为 3300 mm，换热管外部翅片采用铜片，进出水管材料采用不锈钢管。

7.7.2 集电环及电刷

发电机集电环和刷架是将外部励磁电流引入发电机转子的重要部件。集电环固定在上端轴上，与转子引线连接。刷架上正、负极各布置一定数量的电刷。电刷与集电环滑动接触，刷架的导电环与励磁电缆连接。为减少碳粉对机组的影响，在集电环和刷架外布置了密封罩，并配置碳粉除尘装置吸收碳粉。集电环装置三维模型如图 7-158 所示。

(a) 哈电机组模型   (b) 东电机组模型

图 7-158 集电环装置三维模型

集电环通过支架固定在上端轴上端部。两层集电环由同心分布的绝缘螺栓通过六角螺母和碟型弹簧压紧固定在法兰上。正、负两层集电环间通过适当厚度的绝缘垫圈隔开，以保持所需的电气距离和爬电距离，绝缘等级为"F"级。集电环外表面加工有螺旋状沟槽，以利于散热和防止气垫效应。集电环材料哈电机组采用锻钢 16Mn，东电机组采用钢板 Q345B。

集电环及刷架的主要设计要求如下：

（1）耐磨。集电环和电刷选用高抗磨材料制成，电刷的磨损量小于 2 mm/1000 h；集电环的磨损量小于 0.01 mm/7500 h，其使用寿命不少于 20 年。为使集电环磨损均匀，需在不拆卸或更换转子绕组引线和集电环的前提下，采取措施变换集电环或电刷的极性，确保电刷在运行中不产生火花。在电刷使用寿命期间，电刷对集电环的压力保持不变且不需调整。

（2）温度一般不高于 120℃，满足长期安全稳定运行要求。

（3）绝缘。正、负两层集电环间绝缘并有适当的安全距离，各部位绝缘等级为"F"级；集电环和引线的绝缘材料能耐油和防潮。

（4）防尘。集电环布置在转子上部的集电环罩内，罩内具有足够空间，便于检查、更换和调整电刷，并能有效防止操作人员在更换和调整电刷时引起集电环短路。

设置碳粉吸收装置，以除去机组运行中电刷产生的粉尘，收集的粉尘可方便地从吸收装置中清除。

白鹤滩水电站发电机电刷及吸尘装置布置如图 7 - 159 和图 7 - 160 所示。类似机组导电环、电刷相关参数见表 7 - 82。白鹤滩水电站发电机额定励磁电流为 4820 A，每极布置 56 个 34 mm×38 mm 的电刷，额定运行状态下电刷过流电密为 6.66 A/cm^2，相比三峡地电和溪洛渡水电站略小，有利于防止电刷电气磨损和过热。

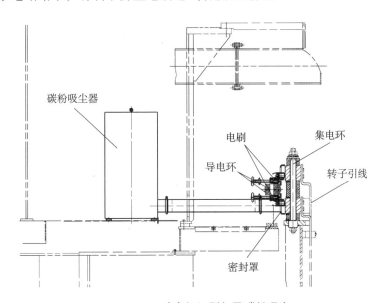

图 7 - 159　哈电机组刷架及碳粉吸尘

表 7 - 82　类似机组导电环、电刷相关参数

参　　数	三峡地下	溪洛渡	白鹤滩左岸	白鹤滩右岸
导电环的电流密度（A/mm^2）	0.95	0.74	1.07	0.85
电刷数量（个/极）	31	31	56	52
电刷规格（mm×mm）	34×38	34×38	34×38	34×38
电刷电流密度（A/cm^2）	9.78	8.81	6.66	6.2

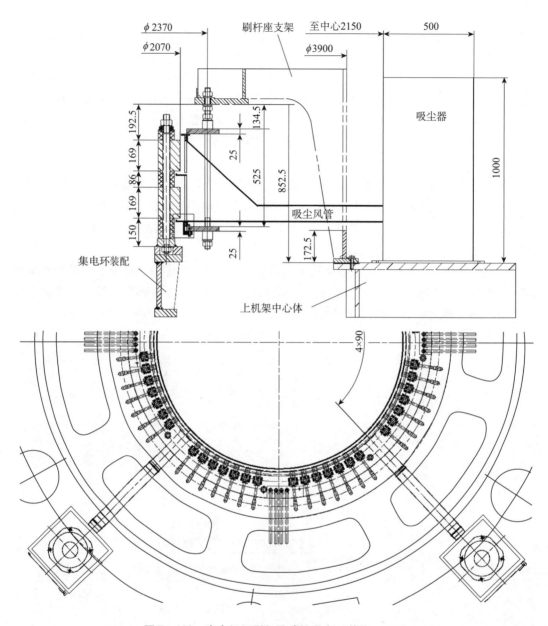

图 7 - 160　东电机组刷架及碳粉吸尘（单位：mm）

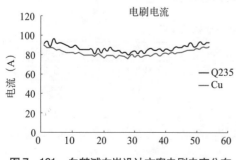

图 7 - 161　白鹤滩左岸设计方案电刷电密分布

由于集电环的结构特点，集电环电刷内的电流分布不均匀，使得电刷的温度不同，在设计不合理的情况下，可能会出现局部温度过高的问题。为了避免这种情况，对包括励磁引线集中引出、分散引出以及设计的分四组引出在内的不同结构下集电环内电刷电流的分布进行了计算，如图 7 - 161 所示，计算结果见表 7 - 83。计算结果表明，励磁引线分散引出相比集中引出，其电刷电流更加均匀。

表 7-83　电刷分布电流计算结果

励磁出线位置	电刷电流（A）		不平衡率（最大/最小）
	最大值	最小值	
分散输入	89.94	64.92	1.38
集中输入	114.03	73.37	1.55
分四组输入	96.10	79.78	1.20

7.7.3　发电机制动系统

白鹤滩水电站发电机制动系统设计方案如下：

（1）发电机制动系统采用电气制动和机械制动联合制动方式。

（2）电气制动采用定子绕组三相对称短路、转子加励磁产生的电功率制动，制动电流等于额定电流。

（3）电气制动单独使用时，一般在转子转速达到 50%～60% 额定转速时投入，制动时间不超过 5 min。

（4）电气制动与机械制动配合使用时，当发电机转速下降到 50% 额定转速时，电气制动系统投入运行；当转速下降到额定转速的 10% 时，机械制动系统投入运行，制动时间不超过 5 min。

（5）机械制动器为活塞式结构，具有足够容量的压缩空气进行操作，制动活塞直径为 300 mm（哈电机组）或 320 mm（东电机组）。制动器放置在下机架支臂上，哈电机组发电机制动器分为 12 组，每组 3 个共 36 个均匀布置。东电机组发电机也分为 12 组，每组 2 个共 24 个制动器均匀布置。制动投入时，在制动器下腔内通入压力气体，活塞上升，与转子下部的制动环摩擦，产生摩擦阻力。机组停机之后，在制动器上腔内通入压力气体，活塞下降复位。

（6）在正常工况下，该制动器能在投入后 120 s 内使水轮发电机组的旋转部分从 20% 额定转速到完全停止旋转。在紧急工况下，能在 300 s 内使机组旋转部分从 35% 额定转速到完全停止旋转。机械制动器采用压缩空气操作时的最大工作压力为 0.8 MPa，正常情况下设计压力为 0.7 MPa，制动工作压力为 0.5～0.8 MPa。制动器的油、气缸在 200% 工作压力下做耐压试验。

（7）制动器具有顶起整个转动部件的功能及锁定和复位装置，以便检查、拆卸和调整推力轴承。顶转子时，制动器可以将转子顶起的最大值为 25 mm，设计顶起高度为 10～15 mm。

（8）制动块（闸瓦）牢靠固定在制动器上，且便于更换。其材质为非金属、无石棉，具有制动时不产生火花和金属粉末；磨损小、温度低，不产生过热现象；无裂纹、无变形、抗冲击及抗压，安全可靠、无污染、使用寿命长等优点。在全年停机 1000 次、每天停机不少于 2 次且在 20% 额定转速制动条件下，其寿命保证不少于 8 年。

（9）制动控制柜内配置自动控制阀、手动控制阀以及转速表和制动气压表等。

（10）制动器能用作液压千斤顶，以将机组整个转动部件顶起至一定高度，便于检查、拆卸和调整推力轴承。发电机所有部件允许转子被顶起而不必拆卸或分离任何部件，且有适当的措施使转子在顶起位置时锁锭。锁锭装置能使转子在顶起位置时，无须维持千斤顶中的液压。

（11）转子顶起装置由油泵、油箱、控制器、电动机启动器、保护设备、限位开关、高压油管、软管、管接头、滤油器、调节器、压力表计、逆止阀、油槽等组成，采用整体组合结构并装在一个带有万向轮的小车上。全厂配备 1 套移动式转子顶起装置（每套含两个互为备用的由交流电动机驱动的油泵）。

（12）制动闸设置粉尘收集系统，用于除去在制动时产生的制动粉尘，消除制动块粉屑对定子和转子的污染。哈电机组发电机制动粉尘收集系统包括用于收集制动瓦上磨下来的微粒的静电过滤器、吸风机以及所有必需的金属风管、风道、仪表和控制装置，收集的粉尘能方便地从收集室中清除。粉尘收集装置采用分布式就近布置，路径短、效率高。东电机组发电机制动粉尘收集采用全包围结构，并在制动器旁就近设置吸尘口，保证粉尘出现即清理，避免粉尘逸出污染电机。

白鹤滩水电站发电机制动器主要性能参数与已经投运机组制动器参数对照见表 7 - 84。

表 7 - 84　白鹤滩发电机制动器与类似成熟机型主要结构对照表

参数	三峡右岸（哈电）	向家坝（左岸）	溪洛渡（左岸）	白鹤滩（右岸）	白鹤滩（左岸）
机组容量（MW）	700	800	770	1000	1000
制动方式	右岸：电气和机械联合制动 地下：机械制动	电气和机械联合制动	机械制动	电气和机械联合制动	电气和机械联合制动
制动器数量（个）	36	36	36	36	24
制动器活塞直径（mm）	$\phi280$	$\phi280$	$\phi280$	$\phi300$	$\phi320$
制动器分布直径（mm）	$\phi17\,000$	$\phi17\,800$	$\phi17\,800$	$\phi12\,800$	$\phi12\,660$
制动气压（MPa）	0.8	0.8	0.8	0.8	0.8
顶转子油压（MPa）	12	12.5	12.5	12	14

7.7.4　高压油顶起装置

白鹤滩水电站发电机推力轴承采用钨金瓦结构，需配备高压油顶起系统，以便在机组启动和停机过程中给推力轴承瓦面注入高压油。高压油顶起装置投入时，高压油将镜板顶起，推力瓦和镜板之间建立承载油膜，成为短时运行的静压轴承，从而保证轴承的安全启动和停机。

（1）高压油顶起系统投入自动运行方式时，在正常情况开机过程中，收到开机命令的高压油顶起系统自动启动，当机组转速大于设定值（通常为 90%）时自动停止。停机过程中，当机组转速小于设定值（通常为 90%）时自动启动，停机过程完成即自动停止。停机状态下当探测到机组发生蠕动时，系统自动启动。推力轴承设计结构及性能参数允许机组在事故情况下不投入高压油顶起系统也能安全停机。

（2）每台机组高压油顶起系统配备两套单独的油泵。油泵采用三相 380 V、50 Hz 的全封闭式电动机驱动。该两套油泵中，一套为工作油泵，另一套为备用油泵，两套油泵能进行自动和手动切换，油泵启动时间不大于 5 s。

（3）高压油顶起装置包含油泵、电机、联轴器、过滤器、溢油阀、单向阀、压力继电器等。高压油顶起装置集中布置在柜体中，放置在机坑内，如图 7 – 162 所示。

图 7 – 162　集成式高压油顶起柜

7.7.5　发电机轴承防甩油设计方案

发电机上导、下导和推力轴承油槽盖板密封处和转轴之间往往是有间隙的，该间隙很小，但在机组运行时，不断产生的油雾导致油槽内呈现正压，密封间隙内外出现压差。如果油槽外由于通风等原因形成负压区，油箱内外压差会更大，油雾会随之逸出；另外，运行过程中，由于轴的摆度等原因使得密封间隙可能会逐渐变大，油雾的逸出会逐渐严重。因此，油槽的油雾密封始终是水轮发电机的一大难题。

油雾的密封主要有非接触式密封和接触式密封，非接触式密封存在比较严重的爬油和油雾现象，目前普遍使用接触式密封结构。白鹤滩水电站机组采取了与溪洛渡水电站机组类似的防油雾方案，并有所改进。

（1）白鹤滩水电站发电机油槽上的密封盖采用无间隙式油挡结构，即为弹簧压紧、随动补偿间隙结构，使油雾无溢出缝隙。该油挡特点为：①密封体与主轴表面接触，密封体背部有弹簧支撑，确保密封体能够随着轴偏心时径向跟踪，实现无间隙运行；②密封体沿圆周为多瓣结构，每瓣均能与转轴形成径向跟踪，在转轴偏心运行时，可自动跟踪实现无间隙运行，且安装时无需调整间隙；③与转轴接触材料为特种复合材料，具有自润滑性能；④密封体较软，在运行中不会损伤轴表面，不引起轴振动和轴升温；⑤安装和调整方便。

推力及下导轴承、上导轴承上部油挡，以及推力及下导轴承油挡示意图如图 7 – 163 ~ 图 7 – 165 所示。

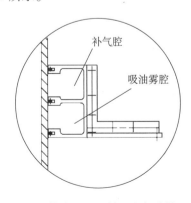

图 7 – 163　推力及下导轴承上部油挡示意图

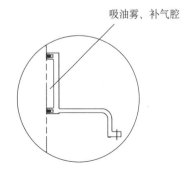

图 7 – 164　上导轴承上部油挡示意图

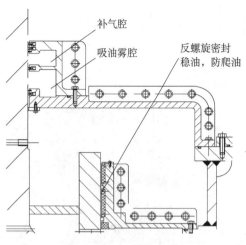

图 7-165　推力及下导轴承油挡示意图

（2）上密封盖采用排油雾装置，该排油雾装置由电机、风机及排雾装置等组成，并配有自动控制系统。开机时该系统自动投入，停机时该系统延时退出，从而保证油雾不污染发电机定、转子。排油雾装置的排烟机立式安装，分离出来的油污由排污装置下排至收集器内，一起清除。

（3）上密封盖采用排油雾装置后须设置补气管路，推力及下导轴承上部油挡为一个腔体，补气管路与排油雾管路设置在同一个腔体的不同方位；上导轴承上部油挡有上下两层腔体，补气管路设置在上部腔体，排油雾管路布置在下部腔体。将补气管路引至高压区对轴承

进行补气，配合排油雾装置，确保油雾不逸出。上导轴承、推力及下导轴承吸油雾及补气管路如图 7-166~图 7-168 所示。

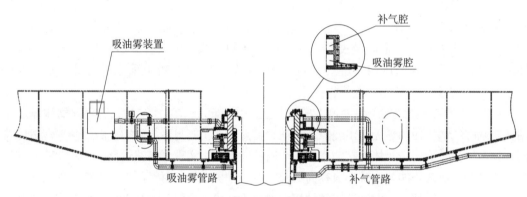

图 7-166　上导轴承吸油雾及补气管路示意图

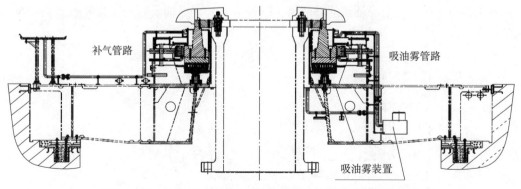

图 7-167　哈电机组推力及下导轴承吸油雾及补气管路示意图

（4）完善挡油管结构设计（销钉或止口定位）。满足静止部件和转动部件的同心度、垂直度等要求。

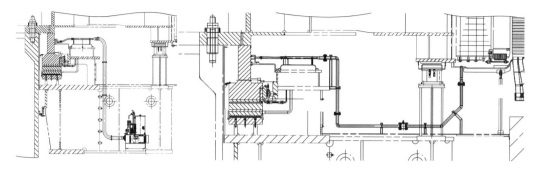

图 7 − 168　东电机组推力及下导轴承吸油雾及补气管路示意图

（5）提高油面与挡油管顶部的距离，防止内甩油。

7.7.6　轴绝缘结构

为防止发电机大轴上感应的杂散电流流经轴瓦，引起轴瓦损坏，与其他大型水轮发电机一样，白鹤滩水电站采用了上导轴承对地绝缘的设计方案。轴绝缘结构布置如图 7 − 169 所示，上导滑转子与顶轴之间用无碱玻璃布和聚酯胶绕制成型的玻璃钢绝缘，有效阻断轴电流从滑转子与导轴承瓦间通过，切断机组轴电流回路。绝缘层间设有检测绝缘电阻的铜箔，绝缘电阻值不低于 1 MΩ。

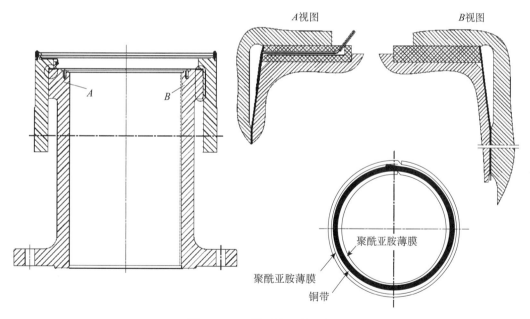

图 7 − 169　轴绝缘结构示意图

上导滑转子、铜箔、上端轴分别经测量集电环和电刷引至轴绝缘监测装置，对发电机轴绝缘电阻值进行在线监测，轴绝缘在线监测装置如图 7 − 170 所示。每层测量集电环对称布置两个电刷，以保证轴绝缘测量的可靠性。绝缘电阻值能以 4 ~ 20 mA 模拟量输出，当装置监测到绝缘值下降时，检测装置发出报警信号。

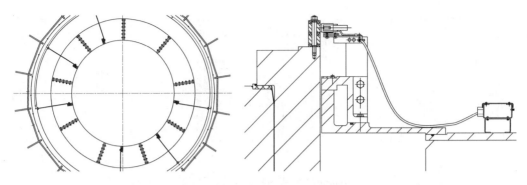

图 7 −170　轴绝缘在线监测装置

7.7.7　发电机中性点接地装置设计

7.7.7.1　哈电机组

1）接地方式

哈电机组发电机中性点接线方式如图 7 −171 所示。

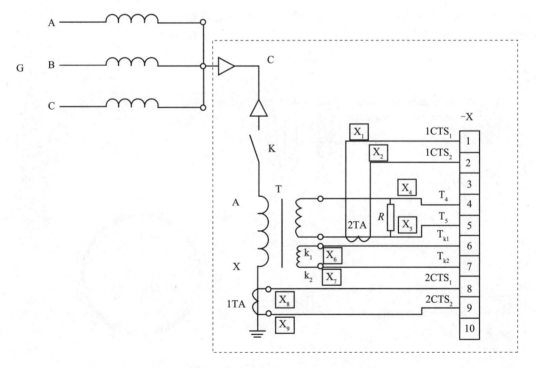

图 7 −171　哈电机组发电机中性点接线方式

G—发电机；C—电力电缆；K—单极隔离开关；T—接地变压器；R—电阻器；1TA/2TA——次/二次侧电流互感器
　注：虚线框内为接地装置设备。

2）设计参数

（1）发电机额定值：额定容量 1111.1 MVA/1000 MW、50 Hz、$\cos\phi = 0.9$、24 kV；

（2）发电机定子绕组每相对地电容值

$$C = 3.588 \ \mu F$$

（3）设计计算电容：考虑发电机电压母线、主变压器等设备后，初步取 $C = 3.95 \ \mu F$。

3）变压器选择

（1）型号：环氧浇注单相铜心干式变压器。

（2）额定电压：一次侧取发电机额定电压 24 kV；二次侧设二个绕组，接负载电阻器的绕组电压初步考虑为 $1.0 \sqrt{3}$ kV；供保护、故障录波用的辅助绕组电压为 0.173 kV。

（3）变压器容量：根据 ANSI/IEEE C37.101《发电机接地保护导则》的要求，按发电机回路设计计算电容值，初步确定变压器容量为 160 kVA。

4）电阻器选择

（1）电阻值。按照发电机回路设计计算电容值及接地变压器参数，初步计算确定接地变压器二次侧接入的负载电阻 $R = 0.78 \Omega$。

（2）电阻材料。选择目前国内抗氧化性好、在高温下有较高强度的高电阻电热合金材料。

7.7.7.2　东电机组

1）接线方式

东电机组发电机中性点接线方式如图 7-172 所示。

2）设计参数

（1）发电机额定值：额定容量 1111.1 MVA/1000 MW、50 Hz、$\cos\phi = 0.9$、24 kV。

（2）发电机出口三相对地总电容：$10.59 \ \mu F \times 1.2 = 12.708 \ \mu F$。

3）发电机回路对地电容电流计算

$$I_c = \frac{U_x \omega C}{\sqrt{3} \times 10^3} = \frac{24 \times 2 \times \pi \times 50 \times 12.708}{\sqrt{3} \times 10^3} A = 55.34 \ A$$

式中：I_c 为发电机三相对地电容电流，A；C 为发电机三相对地电容，μF；ω 为角频率，$\omega = 2\pi f$；U_x 为发电机额定电压，kV。

4）发电机中性点故障电流的选取

考虑到实际工程中存在误差，误差按照 10% 计算，取发电机单相接地故障点电流选取为 $I_f = 18$ A。故障点电流由两部分组成，即电阻电流和补偿后的电容电流。按这两个电流取值相等。

则电阻电流

$$I_R = \frac{18}{\sqrt{2}} A = 12.7 \ A$$

补偿后的电容电流

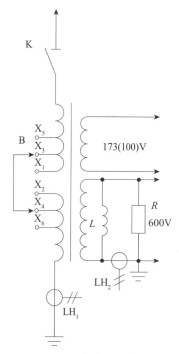

图 7-172　东电机组发电机
中性点接线方式

$$I_{C补} = \frac{18}{\sqrt{2}} \, A = 12.7 \, A$$

补偿电感电流

$$I_L = I_C - I_R = (55.3 - 12.7)A = 42.6 \, A$$

接地变压器一次侧电流

$$I_1 = \sqrt{I_L^2 + I_R^2} = \sqrt{42.6^2 + 12.7^2} \, A = 44.5 \, A$$

5) 接地变压器

为防止发电机发生单相接地时，中性点接地变压器产生较大的励磁涌流，变压器额定电压的选择不宜低于发电机额定电压，接地变压器的一次电压取发电机的额定电压。

变压器容量与其工作时间有关，可按下式计算

$$S = \frac{U_1 \times I_1}{k_1} = \frac{24 \times 44.5}{4.7} \, kVA = 227 \, kVA$$

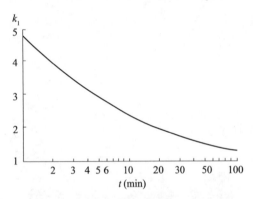

图 7 – 173　变压器故障运行时间和
过负荷系数的曲线

式中：S 为变压器容量，kVA；U_1 为变压器额定电压，kV；I_1 为发电机单相接地时接地变一次侧电流，A；k_1 为过负荷系数，过负荷持续时间按照 1 min 查曲线（见图 7 – 173），过负荷系数为 4.7。

按容量标准取接地变压器额定容量为 315 kVA。

实际过负荷系数

$$k_1 = \frac{S_N}{S} = \frac{24 \times 44.5}{315} = 3.39$$

变压器引线和抽头的支撑应使所有的重量不由线圈负担，线圈应支撑牢固。铁心应严格夹紧以避免运输中位移或运行时的振动。套管应为高质量瓷件或环氧树脂，从变压器至发电机中性点的连接应为单相母线，接地变压器柜内应提供与其连接布置空间。母线的引入口位置应与整套接地装置的设计相配合，并应提供固定母线的支架。内部的高压连接应按定子绕组的全线电压绝缘。高压绕组为密闭式，与二次绕组之间对地静电屏蔽。变压器应整体密封于一单独的金属防尘外壳内。除铁心、绕组和封闭的外壳外，所有的钢制部件均应为热浸渍镀锌钢。

6) 二次电抗器和二次电阻器

根据接地变压器一次侧等效、一次侧电阻电流和电感电流，可以计算出接地变压器二次侧相应的电阻电流和电感电流分别为

$$I_{R2} = I_R k = 12.7 \, A \times 40 = 508 \, A$$

$$I_{12} = I_L k = 42.6 \, A \times 40 = 1704 \, A$$

发电机发生单相接地故障时的中性点电压为相电压，此时接地变压器二次回路参数为

$$U_{2F} = U_2 \div \sqrt{3} = 346.4 \, V$$

$$I_2 = I_{R2} + I_{L2}i = 508 + 1704i$$

$$Z_2 = U_{2F} \div I_2 = 0.0557 + 0.1867i$$

考虑变压器的有功损耗通常不超过额定容量的 2%，即 $315\,\text{kVA} \times 0.02 = 6300\,\text{W}$，则等效电阻

$$R_P = \frac{PU_2^2}{S^2} \times \frac{6300 \times 0.6^2}{315^2}\Omega = 0.0229\,\Omega$$

在高感抗接地装置中，为减小接地变压器短路阻抗的影响造成补偿效果的不准确，要求其短路阻抗通常不超过 3%，则二次侧阻抗电压值

$$U_k = U_2 \times 0.03 = 600 \times 0.03\,\text{V} = 18\,\text{V}$$

接地变压器额定二次电流

$$I_2 = S \div U_2 = （315 \div 0.6）\,\text{A} = 525\,\text{A}$$

二次侧短路阻抗

$$Z_k = U_k \div I_2 = （18 \div 525）\,\Omega = 0.0343\,\Omega$$

二次侧漏抗

$$Z_{1k} = \sqrt{Z_k^2 - R_P^2} = \sqrt{0.0343^2 - 0.0229^2}\,\Omega = 0.0255\,\Omega$$

减去变压器有功损耗等效电阻后的阻抗

$$Z_2' = Z_2 - R_P = （0.0557 - 0.0229） + （0.1867 - 0.0255）i = 0.0328 + 0.1612i$$

$$Z_2' = \frac{R_2 X_L i}{R_2 + X_L i}$$

则 $R_2 = 0.82\,\Omega$，$X_L = 0.17\,\Omega$。

式中：R_2 为变压器低压侧接入电阻值，Ω；L_2 为变压器低压侧接入电抗值，Ω；U_2 为变压器低压侧电压，0.6 kV；k 为变压器变比，$k = U_1/U_2 = 24/0.6 = 40$；$P$ 为变压器总损耗，W。同容量配电变压器损耗约为 6300 W。

7）隔离开关

型式：户内，单相，GN19 - 24/400 A；额定电压：24 kV；额定电流：400 A；耐压水平：符合 GB 311—2012 标准；操作方式：在柜上手动操作；柜前操作，带辅助开关，有常开、常闭辅助接点各两对。

8）电流互感器

规格：LMZ - 0.550/1 A。

7.7.8　发电机灭火设计

（1）发电机采用水喷雾自动灭火系统，其设备符合中国有关消防标准要求。在发电机机坑内提供具有抗电磁干扰并适用于机组火灾特征的感温型和极早期吸入式空气采样探测器。

（2）每台发电机设置两条灭火环管。第一条环管布置在定子绕组上方，直接向绕组喷雾；第二条布置在定子绕组下方，直接把水雾喷向绕组端部。灭火环管采用不锈钢管，喷头采用蒙乃尔合金材料，哈电定子上方环管布置 96 个喷头，下方环管布置 100 个喷头；东电定子上部环管设置 20 个喷头，下部环管设置 50 个喷头，灭火水量为 2100 L/min。

（3）灭火系统按工作压力 0.4~0.6 MPa 设计。灭火持续时间不少于 15~20 min。当压力为 0.4 MPa、距离喷头 0.3 m 取样时，水滴平均直径小于 0.3 mm。在水喷雾灭火时，雾状水粒的平均直径小于 100 μm。

（4）在发电机机坑外的总消防供水管上，设置一个手动和一个电磁阀操作的消防机械操作柜，以便向灭火环管提供灭火用水。

（5）消防电气操作柜装设在发电机机坑外，自动喷雾和报警等操作程序规定等满足标准规范文件要求。

第8章 以往工程实践中大机组主要问题及预防对策

白鹤滩水电站装备了两种型号共 16 台单机容量 1000 MW 的水轮发电机组，是目前世界上单机容量最大的水轮发电机组，将于 2021 年开始投产发电。从三峡左岸电站 700 MW 机组的引进国外技术，到白鹤滩水电站 1000 MW 机组完全自主设计制造，中国三峡集团以三峡工程等国家重大水电工程为依托，联合国内制造企业一步一步实现了引进、消化、吸收再创新。在此过程中，三峡水电站、向家坝水电站、溪洛渡水电站的巨型机组在调试、运行过程中出现了一些技术问题，这些问题最终都得到了有效解决。解决这些问题的经验无疑对 1000 MW 机组的研发设计是非常宝贵的。本章介绍了这些问题的现象、原因及处理方案，并对照分析 1000 MW 机组设计方案，从源头上消除出现同样问题的可能性。

8.1 三峡 18 号发电机 100 Hz 振动问题

8.1.1 问题现象

三峡右岸电站 15 ~ 18 号共 4 台机组由东电负责供货，其发电机沿用了三峡左岸 VGS 机组的电磁方案和主要结构。首台机组（18 号机组）于 2007 年 10 月完成启动试运行并投产发电，机组调试及运行时直观感觉振动噪声较大。通过对比测试左岸 VGS 机组，发现振动噪声偏大的现象有共性。而站在 18 号机组盖板上的麻脚感和听到的 "嗡嗡" 声直观感觉更强烈。

经测量和频谱分析发现，18 号机组定子铁心存在两类振动。

一类是低频振动，主要是 1.25 Hz（转频）、2.5 Hz（两倍转频）与 3.75 Hz（三倍转频）在机组带 650 MW 负荷时，振幅分别达到了 21.5 μm、53.4 μm 和 52.3 μm，其中 2.5 Hz（两倍转频）振幅在空载 100% 额定电压 U_e 时也达到 49.21 μm，如图 8 – 1 所示。其特点是空转时很小，空载时随励磁电流（即发电机电压）增加而变大，负载时基本不随负荷大小变化。

另一类是高频 100 Hz 振动，在空载时振幅很小，但随着负载的增加而增加，在机组带 700 MW 负载时，铁心水平振动幅值达到 51.94 μm，如图 8 – 2 所示。这种 100 Hz 铁心振动传递到上机架及盖板，引起噪声、盖板振动等问题。

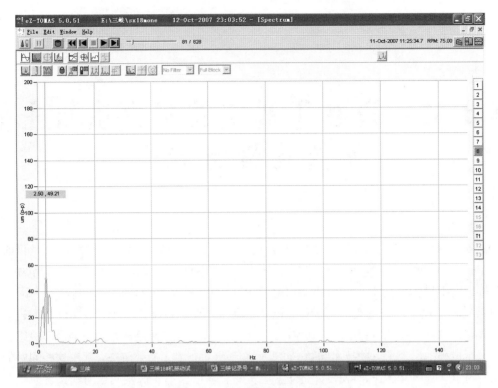

图 8-1　18 号机组转频振动频谱

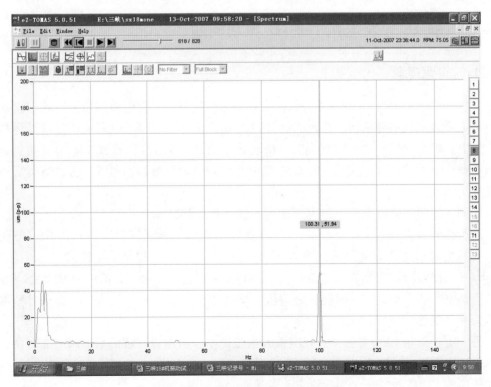

图 8-2　18 号机组 100 Hz 振动频谱

低频振动特别是转频、两倍转频、三倍转频，主要是机械原因（定、转子不圆）造成的。通过对 18 号机组定、转子圆度测试数据进行分析，发现存在较大的不圆度，特别是转子的凸轮和椭圆形状比较明显。对测量数据进行傅里叶分析，其中 1、2、3 对极几何尺寸谐波幅值最大，也即产生的 1、2、3 对极谐波磁场最强，与基波磁场（40 对极）作用，就会产生较强的 1~3 倍转频振动力。从图 8-3 中可以看出，18 号机转子圆度较差，计算表明不平衡磁拉力可达 30 t 左右，这是 18 号机组低频振动偏大的主要原因。通过吊转子后调整磁极背部垫片的方式调整圆度，减少了低频振动。

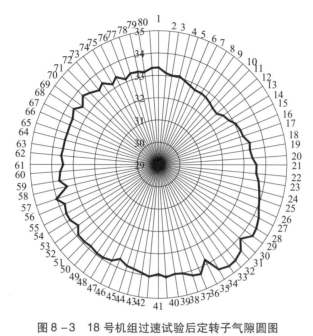

图 8-3　18 号机组过速试验后定转子气隙圆图

高频 100 Hz 振动为电磁振动，产生电磁振动的可能原因有两个：一个是定子绕组并联支路间的环流引起的分数次谐波磁场；另一个是定子绕组大小相带布置方式引起的分数次谐波磁场。两种次谐波磁场与基波作用形成力波，均会引发 100 Hz 振动。

三峡右岸 15~18 号机组的定子绕组设计满足分数槽双层波绕组支路对称条件，绕组支路对称设计，各支路的电动势完全相等，理论上并联支路间环流为零。为此，测试了定子绕组在断开各并联支路前后、空载工况下定子铁心的振动幅值，定子铁心 100 Hz 振动均在 5 μm 以内；而负载条件下，振动幅值随着负载的增加而增加。这从实践上证明支路间环流对定子铁心 100 Hz 振动影响不大，环流不是引起铁心振动的原因。

由于定子绕组采用分数槽设计，如三峡右岸 18 号机每相每极槽数 $q = 2\frac{1}{8}$，绕组电流在定、转子间气隙中产生分数次谐波磁势，即极对数不为基波极对数（40 对极）整数倍的谐波在铁心中产生力波节点，可能会引起铁心振动。这类谐波特别是极对数接近基波极对数的反转谐波，由于与基波相互作用而在铁心中产生的力波节点数较小，因而可能引起较大的振动。

据上分析，引起三峡右岸 18 号机组 100 Hz 振动的最大可能是绕组本身引起的次谐波振动，这种振动随着负载的增大、谐波磁场的加强而增大，它的振幅主要与定子槽数、定子绕组接线方式、铁心叠片后的弹性模量等因素有关。

8.1.2 原因分析

8.1.2.1 电磁分析

三峡右岸 18 号机组发电机采用与左岸 VGS 机组相同的电磁方案：定子 510 槽，并联支路数为 5，转子极对数为 40，每相每极槽数 $q = 2\frac{1}{8}$，单元电机数 $t = 10$，图 8 - 4 为发电机原方案基波相量星形图。

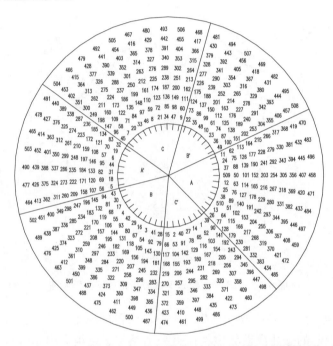

图 8 - 4　三峡东电机组发电机原方案基波相量星形图

从星形图中可以看出，原方案定子绕组采用的是 $N_1 + N_2 = 10 + 7$ 的一种大小相带布置，即每相正相带有 $N_1 = 10$ 列电角度相同的槽号，负相带有 $N_2 = 7$ 列电角度相同的槽号，这样的布置方案主要是考虑绕组跨接线距离较短，连接方便。理论上，18 号机组的定子铁心槽数不变，通过定子绕组改接线调整 N_1 和 N_2，可以得到不同的大小相带组合，而绕组对应有不同的各次磁动势分布系数。按照电机学理论，根据大小相带分布方式，可算出磁动势分布系数，以基波为例：

$$k_{\mathrm{d}} = \sum_{k=1}^{N_1} \mathrm{e}^{\mathrm{j}(k-1)\theta} - \mathrm{e}^{\mathrm{j}(N_1+N)\theta} \sum_{k=1}^{N_2} \mathrm{e}^{\mathrm{j}(k-1)\theta} \tag{8-1}$$

式中：θ 是同一相带中相邻槽之间的空间电角度，满足

$$\theta = Y\alpha = Y\frac{2\pi p}{Q} \tag{8-2}$$

式中：Y 为整数，是定子绕组的跨距；α 是定子相邻槽之间的电角度；Q 是定子总槽

数；p 是电机的磁极对数。如果是谐波，设谐波次数为 ν，则 ν 次谐波的磁动势分布系数为

$$k_{\mathrm{dv}} = \sum_{k=1}^{N_1} \mathrm{e}^{\mathrm{j}(k-1)\nu\theta} - \mathrm{e}^{\mathrm{j}(N_1+N)\nu\theta} \sum_{k=1}^{N_2} \mathrm{e}^{\mathrm{j}(k-1)\nu\theta} \qquad (8-3)$$

18 号机组定子总槽数 $Q = 510$，极对数 $p = 40$，定子绕组跨距 $Y = 13$，一并代入式（8-2）与式（8-3），可以得到 18 号机组各种大小相带布置方式下各次谐波的绕组系数，见表 8-1。

表 8-1 18 号机组大小相带布置谐波分布系数

谐波次数 v			1/4	1/2	1（基波）	5/4	7/4	2
极对数 k			10	20	40	50	70	80
大小相带	N_1	N_2	0.07542	0.04223	0.9546	0.03236	0.08845	0.02945
	9	8						
	10	7	0.02959	0.03963	0.9510	0.07447	0.04937	0.08791
	11	6	0.03423	0.04467	0.9438	0.06454	0.01152	0.1450
	12	5	0.07724	0.03688	0.9330	0.00951	0.06732	0.2000
	13	4	0.07331	0.04694	0.9186	0.05216	0.09338	0.2518
	14	3	0.02483	0.03399	0.9008	0.07739	0.07817	0.3000
	15	2	0.03874	0.04903	0.8795	0.04854	0.02843	0.3435

18 号机组气隙磁场中存在 10 对极、20 对极、50 对极、70 对极、80 对极等谐波。其中的 10 对极、70 对极谐波是正转谐波，它们与基波相互作用产生的力波是静止的，不会引发振动，因此不予考虑；20 对极、50 对极、80 对极谐波是反转谐波，与基波相互作用产生 100Hz 交变力波，如果对应力波在定子铁心中形成的力波节点数少，且对应节点数下定子铁心固有频率接近 100Hz，则可能引发明显振动。表 8-2 为各次谐波的特性。

表 8-2 各次磁动势谐波对应力波的特性

谐波极数	10 对	20 对	50 对	70 对	80 对
力波波长（按磁极对数计算）	4 对	2 对	4 对	4 对	1 对
力波节点数	10	20	10	10	40
力波频率（Hz）	0	100	100	0	100

从表 8-1 和表 8-2 来看，三峡左岸 VGS 机组同样采用 10+7 相带方案，50 对极谐波的节点数较少，而磁动势幅值较大，100Hz 振动也需复核。

8.1.2.2 机械模型分析

把定子铁心和机座模拟为一个圆环，可以推导出定子铁心振动计算式。

振动幅值

$$A_{\mathrm{m}} \propto \frac{F_{\mathrm{m}}}{E_1 (M^2 - 1)^2} \frac{1}{1 - \left(\dfrac{f}{f_0}\right)^2} \qquad (8-4)$$

对应振型定子固有频率

$$f_0 = \frac{M(M^2 - 1)}{\sqrt{M^2 + 1}} \sqrt{\frac{gE_1 J_1}{2\pi G_1 R_{\mathrm{j}}^3}} \qquad (8-5)$$

式中：F_{m} 为力波幅值；E_1 为定子铁心弹性模量；M 为力波节点数；f 为力波振动频率；f_0 为对应该力波振型的固有频率；g 为重力加速度；G_1 为定子铁心和绕组的重量。

铁心弹性模量 E_1 主要与机组尺寸、铁心的叠片方式、质量及铁心压紧的程度有关。一般来说，全圆叠片、铁心压紧程度好，铁心弹性模量 E_1 就高，反之则低。正常的厂内叠片小型机组，试验表明正常整圆叠片的中小型机组的铁心弹性模量 E_1 为 1.2×10^6 ~ 1.5×10^6 kg/cm^2，但对于三峡这样的巨型机组，铁心弹性模量 E_1 在何种范围、如何测量有待进一步研究。通过对不同的 E_1 取值进行计算分析，当取 $E_1 = 1.2 \times 10^6$ kg/cm^2 时，计算结果和实测值较为吻合。表 8-3 是改接线前后定子铁心振动计算结果。

表 8-3　改接线前后定子铁心振动计算结果

大小相带	谐波极对数	谐波占基波幅值比率（%）	力波节点数	定子固有频率（Hz）	定子铁心振幅（μm）
10 + 7	20	6.4	20	442.8	0.594
	50	5.28	10	109.5	45.67
	80	1.418	40	1776	0.008
	总计				46.3
12 + 5	20	6.075	20	442.8	0.56
	50	0.688	10	109.5	5.95
	80	3.29	40	1776	0.02
	总计				6.53

从表 8-3 中计算结果来看，50 对极谐波只有 10 个力波节点，定子固有频率接近 100 Hz，且 VGS 原电磁方案中 50 对极谐波的磁动势分量较大，故引起的电磁振动较大。20 对极谐波有 20 个节点数，对应的定子固有频率约为 450 Hz。更详细的计算表明，此谐波引起的振幅对弹性模量 E_1 比较敏感。为进一步验证计算的准确性，分别在 18 号、17 号机组上进行了区分 20 对和 50 对极谐波各自引起电磁振动大小的补充测试。按力波节点对数及空间分布节距来布置振动传感器，如图 8-5 所示。

通过对测试数据的分析运算，可以得到相应谐波的振动幅值大小，结果见表 8-4。

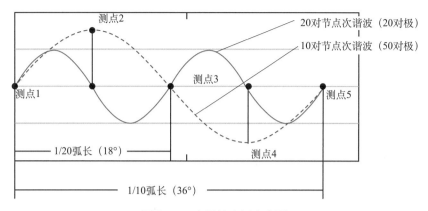

图 8-5　定子铁心测点布置

表 8-4　18 号、17 号机组次谐波 100 Hz 振动幅值测试结果　　　　单位：μm

工况		测点 1	测点 2	测点 3	测点 4	去掉 50 对极谐波的振动幅值（测点 1 + 3 运算）	去掉 50 对极谐波的振动幅值（测点 2 + 4 运算）	去掉 20 对极谐波的振动幅值（测点 1 - 3 运算）	去掉 20 对极谐波的振动幅值（测点 2 - 4 运算）
18 号	700 MW	47.9	41.9	21.6	47.7	10.4	4.5	35.8	41.8
17 号	500 MW	36.1	43.1	42.7	51	4.7	4.9	33.2	45
	700 MW	37.9	49	47.1	57.3	4.6	5.8	42	51

　　从表 8-4 的补充测试结果来看，50 对极谐波的确是引起定子铁心 100 Hz 电磁振动的主要因素，实测和理论计算相吻合。

8.1.3　改进方案和效果

　　由以上分析可以看出，减小铁心振动幅值的方法有两种：一是削弱次谐波的幅值；二是提高铁心的弹性模量。对三峡右岸东电机组发电机，设计和安装工艺均已确定，提高铁心的弹性模量较为困难，关键在于削弱引起振动的次谐波幅值，尤其是 50 对极的次谐波。参考表 8-1 中对各次谐波的计算结果，经多个方案计算分析发现，针对 50 对极谐波采用 12 + 5 的大小相带布置有较好的效果。这种接线方式的发电机基波相量星形图如图8-6 所示。

　　这种相带布置方案引起电磁振动的 50 对极磁场谐波被大大削弱，谐波占基波幅值比例由 5.28% 降到 0.688%，同时 20 对极谐波幅值也略有降低，谐波占基波幅值比例由6.4% 降到 6.075%，定子铁心振动计算值由 46.3 μm 降到 6.53 μm。充分考虑新相带布置方案不产生更多其他磁场谐波，不会带来次生振动；改进方案由于绕组利用率降低1.85%，会引起电磁参数及温升发生一些小的变化，计算表明为 1% ~ 2%，因此对发电机主要性能参数影响甚微，此方案是可行的。

　　按照上述原理和方案，发电机结构进行如下改动：

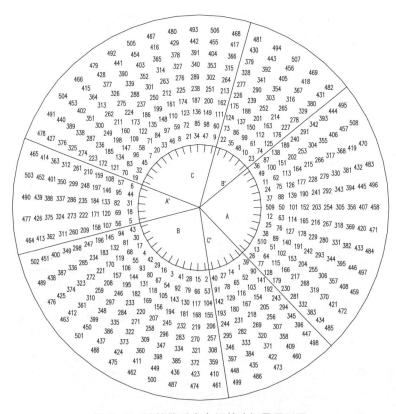

图 8-6　改接线后发电机基波相量星形图

1. 定子线棒

改进方案确定时，16 号、15 号机组尚未安装定子线棒，可直接利用原线棒，仅改变引出线线棒在槽中位置来实现方案更改。18 号、17 号则通过新设计并更换部分引线线棒来更改。

2. 铜环、跨接线及引水管

重新设计更改铜环、跨接线及引水管，原设计跨接线为 6 槽距，改接线后为跨 20 槽距。

3. 上盖板

由原三段盖板 48 块改为整体盖板 16 块，厚度由 100 mm 加大到 200 mm，与电站其他机型相当。这样大大减少了上盖板的受迫振动和因此产生的噪声。

18 号机组于 2008 年 12 月完成了相应改造。16 号、15 号机组直接采用改进后的方案制造、安装。17 号机组于 2009 年 3 月完成定子绕组改接线。东电供货的三峡右岸 4 台发电机通过优化改进，从根源上消除了 VGS 三峡发电机方案存在的电磁振动及噪声问题。

改进后的右岸东电机组的振动、摆度及噪声均有明显改善。从表 8-5 可以看出，改造实际效果与计算分析相符。发电机 100 Hz 高频电磁振动基本消除，发电机上盖板处噪声大幅下降近 4~6 dB（A），机组风洞内噪声也由原有的 97.3 dB（A）下降为 96.2 dB（A），其中 100 Hz 噪声分量下降 78.8%。机组运行平稳、安静。

表 8 - 5　18 号机改造前后定子铁心振动数据　　　　　　　　　单位：μm

测试项目		通频值	100Hz 幅值
铁心 - X 方向 中部水平振动	改造前	190.3	73.5
	改造后	141.8	3.9
铁心 13 号冷却器 上部水平振动	改造前	512.7	21.5
	改造后	210.9	0.4
铁心 14 号冷却器 上部水平振动	改造前	341.1	25.3
	改造后	213.7	4.0

三峡右岸东电机组改进取得了良好效果，在此基础上对三峡左岸 VGS 机组后续也进行了相应改造。2006 年，三峡左岸由 VGS 供货的 3 号机组曾发生因定子绕组汇流铜环破裂导致冷却水外泄引发机组短路故障，电磁振动正是引发定子绕组汇流铜环接头破裂的主要原因之一。

8.1.4　1000 MW 机组次谐波振动风险分析与预防对策

在大型水轮发电机设计时，如果采用每极每相整数槽绕组设计，则可以从源头避免产生次谐波，从而避开次谐波的振动风险。

白鹤滩东电机组发电机极对数为 $p = 27$，定子 810 槽，每极每相槽数 $Q = 5$，单元电机数 $t_0 = 27$。由前文论述可知，白鹤滩东电机组发电机每极每相槽数 Q 为整数，单元电机数 $t_0 = 27$，此时没有定子绕组的次谐波。而定子磁势的谐波与主波作用产生的力波节点对数很大，至少都为 $4p = 108$（$\nu = 5$），对应的定子铁心固有频率很高。另外，由于采用短距绕组，定子磁势谐波中的低阶分量的绕组系数很低，谐波幅值被抑制，由其引起的定子铁心 100 Hz 振动基本可以忽略。

对白鹤滩东电发电机谐波分量进行分析，与主波反向的谐波分量有： - 5， - 11， - 17…。对 5 次和 11 次谐波引起的 100 Hz 振动进行计算，结果见表 8 - 6。

表 8 - 6　白鹤滩东电发电机定子铁心次谐波振动（100 Hz）计算

定子磁势谐波空 间分布次数（νt_0）	谐波占基波幅 值比率（%）	力波节 点数 M	对应定子铁心 固有频率（Hz）[①]	对应定子铁心 振幅（μm）[①]
- 135（$\nu = -5$）	2.13	108	8071	~0
- 297（$\nu = -11$）	0.72	270	50 452	~0

①为计算定子铁心固有频率和振幅时，弹性模量 E 取 1.3×10^6 kg/cm²。

由表 8 - 6 可知，由于力波节点对数非常大，对应的定子铁心固有频率远大于 100 Hz 的激振频率，且谐波幅值非常低，白鹤滩东电机组发电机定子铁心不会出现由定子磁势谐波与主波作用引起的 100 Hz 振动问题。

在大型水轮发电机设计时，为了改善电势波形及槽数限制等，分数槽绕组也比较常见。分数槽绕组所产生的磁势，除主波和高次谐波（整数次谐波）外，还含有一系列分数次谐波（即次谐波）。电枢绕组的次谐波和主极磁场相互作用，可能使水轮发电机的定子铁心产生明显的振动和噪声，应予以计算分析。

白鹤滩哈电机组发电机采用了分数槽绕组，发电机极对数为 $p = 28$，定子 696 槽，每极每相槽数为 29/7，为此哈电针对次谐波进行了专门分析和计算。结果为冷态总径向振动幅值 3.461 μm，热态总径向振动幅值 3.136 μm，满足 GB/T 7894—2009《水轮发电机基本技术条件》中立式机组定子铁心振动幅值（双振幅值）应不大于 0.03 mm 的规定。如果次谐波振动幅值大于标准规定的 0.03 mm，需要采用以下措施：调整电机的固有振动频率；改变定子绕组接法；改变定子槽数。

8.2　三峡右岸地下电站 29 号、30 号发电机 700 Hz 齿谐波振动问题

8.2.1　问题现象

三峡右岸地下电站中 29 号、30 号机组于 2011 年 7 月率先进行启动试验。在进行空载升压试验时，机组出现了轻微啸叫声。在随后的带负荷试验中，发现机组有明显的啸叫声，30 号机组启动试验噪声测试数据如图 8 − 7 所示。

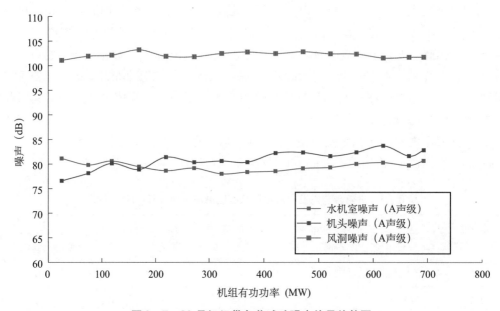

图 8 − 7　30 号机组带负荷试验噪声信号趋势图

对噪声信号做进一步分析发现，机组在空转时噪声基本正常，但机组空载（空转带励磁）时噪声频谱中出现 700 Hz 分量，带负荷后 700 Hz 噪声分量随负荷增加而增加。图 8 − 8 是风洞与水车室噪声随机组负荷变化的三维频谱图。

结合频谱图可以判定 700 Hz 噪声来自风洞。为了确定 700 Hz 噪声的具体来源，测试

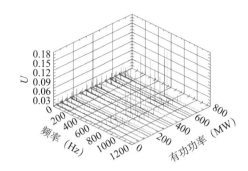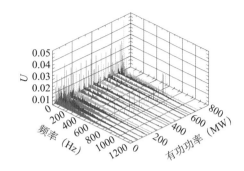

图 8 - 8　30 号机组噪声信号三维频谱图

组增补安装了高频加速度传感器，对铁心、母线、纯水环管等多个部件进行了检测。通过对比分析，确认振源来自定子铁心。

通过分析变负荷试验中定子铁心水平振动，发现在大试验负荷 600 MW 时峰峰值达到 4.5 g，振动的频率成分主频即为 700 Hz，频谱中也伴有 800 Hz 的次要成分。700 Hz 振动幅值随负荷的增加而增加。为了进一步分析原因，随后进行了空载变转速试验，将转速在额定转速 n_N 上下变动，测得数据如下：

转速 $0.913n_N$：频率 637 Hz，振幅 0.1248 g（峰峰值，下同）

　　　　　　　频率 728 Hz，振幅 0.727 g

转速 $0.96n_N$：频率 672.4 Hz，振幅 0.0816 g

　　　　　　　频率 768.5 Hz，振幅 0.3033 g

转速 $1.0n_N$：频率 700 Hz，振幅 0.798 g

　　　　　　　频率 800 Hz，振幅 0.2798 g

转速 $1.04n_N$：频率 728 Hz，振幅 0.2418 g

　　　　　　　频率 832 Hz，振幅 0.1883 g

从以上数据可以看出，30 号机组 700 Hz 振动振型的固有振动频率就在 700 Hz 附近。

考虑到三峡右岸机组（19 ~ 22 号）与 30 号机组的电磁设计、结构设计基本相同，但之前未发现明显的 700 Hz 振动，因此有必要做对比测试。测试表明，三峡右岸 19 号、21 号机组也存在 700 Hz 振动，最大振幅均不到 1.5 g，明显小于 30 号机组的 4.5 g。同时，这也可以佐证 30 号机组的 700 Hz 振动主要与设计、安装有关。

8.2.2　原因分析

在 30 号机组启动试验中，发现机组在空转无励磁时没有产生 700 Hz 与 800 Hz 的振动，在加励磁后才出现上述振动，且随负载的增大而增大，因而可以确认是电磁力引发的振动。

从变转速试验的测试数据来看，定子铁心的固有振动频率在 700 Hz 附近，因此这个频段的电磁力是引发 700 Hz 振动的重要嫌疑。

下面分析 30 号机组可能产生 700 Hz 和 800 Hz 的电磁激振源。

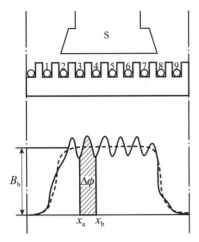

图 8-9　定子有齿槽时
磁通密度波形

发电机组采用定子铁心开槽，槽内放置定子绕组的结构，因此，定转子气隙磁通密度的分布波形会受到定子齿槽的影响，其波形如图 8-9 所示。

由于定子齿槽的出现，原本磁通密度波形平坦的顶部出现了纹波。对应定子齿部，磁感应强度会增大，而对应定子槽部，磁感应强度会减小。纹波的波长与定子槽距 τ_s 相同。假设基波的频率为 f_0（波长为 $2\tau_p$，τ_p 是转子极距），则齿槽引起的纹波频率 f_T 为

$$f_T = \frac{2\tau_p}{\tau_s}f_0 = \frac{Q}{p}f_0 = \frac{630}{42}f_0 = 15f_0 \qquad (8-6)$$

式中：Q 为定子槽数，$Q=630$；p 为转子极对数，$p=42$。在整个定转子气隙圆周上，满足 $Q\tau_s = 2P\tau_p = C$，C 为定转子气隙圆周长。

图 8-9 显示，由于定子开槽，原本周期为 $2\tau_p$（对应频率为 f_0）的转子磁场波形，被周期为 τ_s（对应频率为 f_T）的纹波所调制（两种波形相乘），形成了实际气隙中的磁通密度波形。

从数学公式 $\sin\alpha\sin\beta = \dfrac{\cos(\alpha-\beta) - \cos(\alpha+\beta)}{2}$ 可以看出，磁极的基波磁场在定子开槽产生的纹波效应下，调制后所形成的综合磁场频谱在频率为 $f_T \pm f_0$ 处形成峰值，恰好对应 700 Hz 与 800 Hz。这就是空载下机组轻微 700 Hz 振动和噪声的来源。

下面分析负载情况下的铁心受电磁场作用力的情况。30 号机组定子绕组跨距为 $Q/p = 15$，是双层整距绕组。由电机学原理可知，整距绕组的定子电流产生的磁动势的谐波次数为 $6k \pm 1$ 次。定子铁心中的磁动势谐波次数有：$\nu = 1$，-5，7，-11，13，-17，$19\cdots$次谐波，其中次数前有负号的磁动势谐波是反转谐波，次数为正的磁动势谐波是正转谐波（与机组旋转方向相同）。

从定子磁动势谐波次数序列可以看到，定子绕组所产生的磁动势谐波没有 14 次谐波，所以 30 号机组定子绕组产生的磁场自身不可能引发 700 Hz 振动。

下面详细分析定子绕组电流产生的磁场与转子励磁产生的磁场相互作用。

将定子铁心内表面一圈圆周按直线展开，设定为 α 轴（此坐标系以定子铁心为参照物，称为定子坐标系）。那么沿气隙圆周方向上的麦克斯韦张量的表达式为

$$\sigma(\alpha,t) = \frac{B^2(\alpha,t)}{2\mu_0} \qquad (8-7)$$

根据傅里叶分解公式，发电机气隙磁场强度可表达为

$$b_\delta = B_{1\delta m}\sin(\alpha - \omega t) + B_{3\delta m}\sin(3\alpha - 3\omega t) + \cdots + B_{n\delta m}\sin(n\alpha - n\omega t) \qquad (8-8)$$

理想情况下，若将 b_δ 看作一个方波，那么有

$$|B_{3\delta m}| = \frac{1}{3}|B_{1\delta m}|, \quad |B_{5\delta m}| = \frac{1}{5}|B_{1\delta m}|, \quad \cdots \quad |B_{n\delta m}| = \frac{1}{n}|B_{1\delta m}| \qquad (8-9)$$

式中：$B_{1\delta m}$ 表示基波的幅值；$B_{3\delta m}$ 表示三次谐波的幅值。依此类推。

　　根据电机学理论，理想情况下（不考虑定子开槽和转子磁极形状），整距定子绕组通入三相正弦交流电流产生的磁场 ν 次谐波表达式为

$$B_{s\nu} = \frac{1}{\nu} B_{s1m} \cos(\nu\alpha \mp \omega t) \quad (\nu = 6k \pm 1) \tag{8-10}$$

式中：$\nu = 6k + 1$ 时是正转谐波，$\nu = 6k - 1$ 时是反转谐波。如果考虑定子磁场 ν 次谐波与转子磁场 n 次谐波的相互作用，将式（8-8）～式（8-10）代入式（8-7），得到

$$\sigma(\alpha,t) = \frac{1}{2\mu} B_{s\nu} b_{\delta n} = \frac{1}{2\mu} \frac{1}{n} \frac{1}{\nu} B_{s1m} B_{n\delta m} \cos(\nu\alpha \mp \omega t)\sin(n\alpha - n\omega t) \tag{8-11}$$

利用公式 $\cos x \sin y = \dfrac{\sin(x+y) - \sin(x-y)}{2}$，式（8-11）的后半部分可化为

$$\sin[(\nu + n)\alpha - (n \pm 1)\omega t] - \sin[(\nu - n)\alpha + (n \mp 1)\omega t] \tag{8-12}$$

　　需要说明，式（8-11）计算磁场时均未考虑定子开槽对磁导率的影响。若考虑这个因素，实际的受力表达式需要乘以定子开槽带来的纹波效应。此纹波的周长是槽距 τ_s，采用傅里叶级数展开，其表达式为（对纹波而言，一个槽距 τ_s 内即是 2π 电角度，所以按此周期距离展开分解）：

$$F(\alpha) = \sum_{k=1,\cdots} C_k \cos\left(k \frac{2\tau_p}{\tau_s}\alpha\right) \tag{8-13}$$

式中：$F(\alpha)$ 是纹波的实际波形；C_k 表示纹波波形按照傅里叶分解后的系数。

　　将式（8-13）与式（8-12）相乘，可以得到含有如下项的表达式

$$\sin\left[\left(\nu \pm n \pm k\frac{2\tau_p}{\tau_s}\right)\alpha \pm (n \pm 1)\omega t\right] \tag{8-14}$$

式中：$\left(\nu \pm n \pm k\dfrac{2\tau_p}{\tau_s}\right)\alpha$ 表征了交变力 $\sigma(\alpha,t)$ 的空间分布周期，即力波的波长；$(n \pm 1)\omega t$ 表征了交变力的频率。$\left(\nu \pm n \pm k\dfrac{2\tau_p}{\tau_s}\right)$ 越小，则力波波长越长，定子铁心圆周上节点数就越少，振幅才可能越大。为满足这两个条件（力波波长尽可能长，节点数尽可能少），可令 $k = 1$，即对应铁心开槽所形成的纹波的基波；令 $\nu = 1$，$n = k\dfrac{2\tau_p}{\tau_s} = 15$，即考虑定子绕组电流产生的基波磁场与转子所产生的 15 次谐波磁场相互作用。此时交变力的频率为 $(n \pm 1)f_0$，恰好等于 700 Hz 与 800 Hz。

　　电机学理论表明，对于每极每相槽数为 q 的同步电机，定子电压中存在着谐波次数为 $2mq \pm 1$ 的高次谐波，称为齿谐波。其中 m 为相数，此处 $m = 3$。从表达式可以看出，齿谐波的次数仅与每极每相槽数 q 有关，与相带接线无关。

　　对于 30 号机组，$q = \dfrac{Q}{2mp} = \dfrac{630}{2 \times 3 \times 42} = \dfrac{5}{2}$，那么齿谐波次数为 $2mq \pm 1 = 14, 16$，恰好对应 700 Hz 与 800 Hz。由于三峡右岸地下电站该型机组定子的固有频率接近 700 Hz，所以在 700 Hz 齿谐波的作用下发生了共振。

根据式（8-11），该型机组负载下噪声随负载增加而增加的原因为：由于定子绕组电流增加，定子电流产生的基波磁场增加；与此同时转子励磁电流增加，导致转子磁场的第 15 阶谐波增加。二者相互作用的交变力增加，因此铁心振动加剧，噪声变大。

因此，700 Hz 振动电磁力波的来源是发电机定子的齿槽作用，而 700 Hz 振动过大是定子固有频率与这个齿谐波力波的频率相近所致。

8.2.3　改进方案和效果

30 号机组及同型机组的电磁设计方案会带来固有的 700 Hz 与 800 Hz 电磁力波，同时发电机铁心的固有频率接近 700 Hz，因而引发明显的振动和噪声。为了减少噪声和振动，可从电磁力波与固有频率两个方面入手。根据现场测试，当定子铁心 700 Hz 振动大于 2 g 时噪声和振感明显，因此确定改进的目标是将振动降至 2 g 以下。对三峡右岸电站相同设计机组进行测试，700 Hz 铁心振动均低于这一振幅。

根据上述分析，700 Hz 与 800 Hz 电磁力波是定子电流磁场基波与转子励磁磁场高次谐波相互作用所致。由于定子电流磁场基波与发电机发电能力直接相关，因此只能考虑减小转子励磁磁场高次谐波。一般而言，可通过增大定转子气隙、采用磁性槽楔、改变阻尼绕组等措施削弱转子励磁磁场高次谐波。增大定转子气隙后，为维持励磁能力，转子励磁电流也要相应增加，所以这个方法无法有效削弱转子磁场高次谐波。采用磁性槽楔，理论上可以改善定转子气隙的磁阻波形，减小纹波。改变阻尼绕组分布，可降低负荷状态下转子磁场指定高次谐波，但也会带来机组空载电压电话谐波因素恶化，在空载时谐波电磁力大大增加。制造厂详细的计算分析表明，以上措施实际均不可行。要减小机组的 700 Hz 振动与噪声，还是要从改变机组的固有频率入手，避免共振。现场对比测试 22 号机组的固有频率发现，22 号机组的固有频率是 649 Hz 左右，偏离 700 Hz 超过 5%，没有发生明显的共振。

为改变 30 号机组固有频率，首先对 30 号机组的铁心进一步增加压紧力。2011 年 12 月，将机组的铁心压力增加至 110%，片间压力由 1.7 MPa 增至 1.87 MPa。测试显示，冷态时定子固有频率由压紧前的 694~697 Hz 下降为 682~687 Hz，对应在 600 MW 负荷下，铁心中部水平振动幅值从平均 4.7 g 降到平均 3.35 g。风洞噪声在 500 MW 以上有微小下降。

实验中发现 30 号机组定子机座下挡风板 700 Hz 振动较大（有 15 g），于是在增加铁心压紧力后，下一步采取了加固定子下挡风板的措施。2012 年 1—2 月间，对 30 号机定子机座下挡风板与下环板之间增加了支撑。测试显示，600 MW 负荷下，铁心中部水平振动幅值降到平均 2.5 g，定子机座下挡风板 700 Hz 振动从 15 g 降至 0.8~1.2 g。此时测量定子固有频率下降为 676~680 Hz。700 Hz 噪声在空载带励磁情况下已基本消失，并且机组在带到 200 MW 负荷后才出现。

为进一步减低定子铁心的固有频率，30 号机又进一步采取了在定子铁心背部定位筋增加配重块的措施，共增加了 40 t。各次措施的效果详见表 8-7。

表 8 - 7　30 号改进措施效果表

参数	启动试验	定子铁心增加压紧力后	下挡风板加固后	增加 40 t 配重块后
固有频率（Hz）	697	687	680	676
负荷（MW）	600	600	600	600
铁心中部水平振动平均值 g	4.77	3.35	2.5	1.67
振动主要频率（Hz）	700	700	700	700
风洞平均噪声 [dB（A）]	107.4	103.9	102.1	102.3
机头噪声 [dB（A）]	80.3	—	—	75.5

从表 8 - 7 可以看出，30 号机组的改进措施达到了预期的效果。三峡地电 29 号机组在安装环节就提高了定子铁心压紧力，后续通过改造加固了挡风板并增加了定位筋配重块，定子铁心 700 Hz 振动降至 1.25 g。

8.2.4　1000 MW 机组齿谐波振动风险分析与预防对策

发电机电磁力波引起的振动和噪声一方面与力波的幅值有关，另一方面与力波的次数有关，大致与力波数的 4 次方成反比，力波次数低可能引起较大的振动和噪声。振动大小除了与激振电磁力的幅值和力波数有关外，还与激振电磁力频率与定子的固有频率接近程度密切相关，如果激振力频率与固有频率一致或接近，将发生共振而产生较大的振动和噪声。

白鹤滩水电站东电机组发电机极对数为 27，定子 810 槽，每极每相槽数 $Q = 5$，单元电机数 $t_0 = 27$。根据前文论述，可以确定与齿谐波作用产生的低节点对数力波的励磁磁动势谐波应该为 30 次左右。下面对 27、29、31、33 次励磁磁动势谐波与齿谐波引起的力波频率和节点对数分析，结果见表 8 - 8。

表 8 - 8　白鹤滩东电发电机齿谐波振动频率和力波节点分析

磁势谐波次数	$j = 27$		$j = 29$		$j = 31$		$j = 33$	
	$j+1$	$j-1$	$j+1$	$j-1$	$j+1$	$j-1$	$j+1$	$j-1$
力波频率（Hz）	1400	1300	1500	1400	1600	1500	1700	1600
力波节点对数	54	108	0	54	54	0	108	54

由表 8 - 8 可知，白鹤滩水电站东电机组发电机的设计方案会产生低节点对数（54 对极）的力波，对应频率有 1400 Hz 和 1600 Hz 两种。发电机定子铁心在 54 对节点下，对应不同的弹性模量 E 的取值，计算得到的固有频率 f_N 如下：

$E = 1.1 \times 10^6$ kg/cm² 时，$f_N = 1855$ Hz

$E = 1.2 \times 10^6$ kg/cm² 时，$f_N = 1938$ Hz

$E = 1.3 \times 10^6$ kg/cm² 时，$f_N = 2017$ Hz

$E = 1.4 \times 10^6$ kg/cm² 时，$f_N = 2093$ Hz

$E = 1.5 \times 10^6$ kg/cm² 时，$f_N = 2166$ Hz

可见，白鹤滩水电站东电机组发电机定子铁心在 54 对节点下的固有频率远离了激振频率 1400 Hz 和 1600 Hz，不会发生一阶磁导齿谐波与励磁磁动势高次谐波作用引起的高频振动问题。

同样，白鹤滩水电站哈电机组齿谐波次数较高，为 173 和 175，其电磁力的力波节点数均为数百次，如此高的次数导致电磁力幅值很小，且定子固有频率（0 节点环向固有频率为 69.3 Hz 与 150.3 Hz）与它相距较远，不会造成明显的振动和噪声。

8.3　三峡 21 号机组接力器关闭迟滞问题

8.3.1　问题现象

2007 年三峡右岸 21 号机组在过速试验过程中，发现导叶在关闭至 16% ～ 17% 时关闭曲线出现了一段水平台阶。针对此情况，重新检查该型机组其他的过速、电气事故停机关闭曲线，发现也存在同样或类似的问题。三峡电厂 21 号、22 号、20 号、19 号机组过速 152% 时的接力器转速与行程曲线如图 8 - 10 ~ 图 8 - 13 所示。

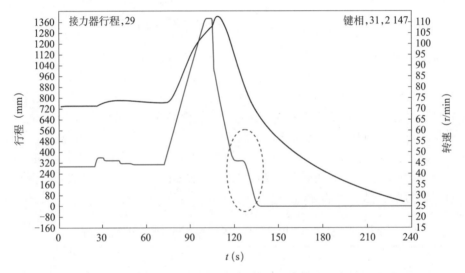

图 8 - 10　三峡电厂 21 号机组过速 152% 时的接力器转速与行程曲线

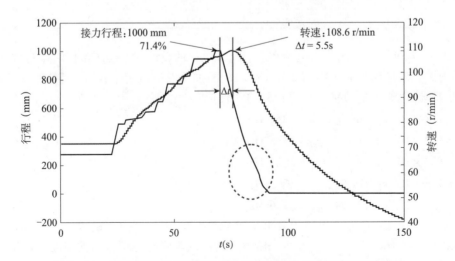

图 8 - 11　三峡电厂 22 号机组过速 152% 时的接力器转速与行程曲线

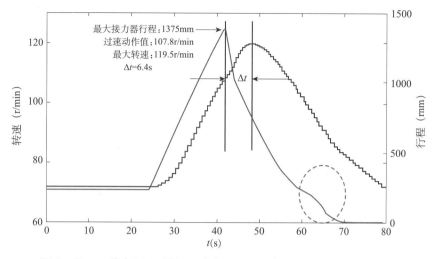

图 8 - 12　三峡电厂 20 号机组过速 152% 时的接力器转速与行程曲线

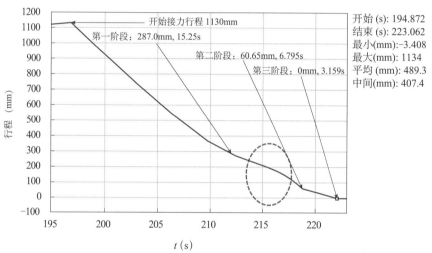

图 8 - 13　三峡电厂 19 号机组过速 152% 时的接力器转速与行程曲线

进一步对比 20 ~ 22 号机组的接力器关闭迟滞现象，还可以发现导叶大开度下关机更容易存在关闭滞后现象，见表 8 - 9。

表 8 - 9　过速试验数据表

项目	22 号机组（2007 年 5 月）	21 号机组（2007 年 8 月）	20 号机组（2007 年 12 月）
上游水位（m）	146.5	144.7	155.39
下游水位（m）	64.7	68.1	64.81
毛水头（m）	81.8	76.6	90.6
起始开度（%）	~70	~90	~100
转速上升测量值（r/min）	109	109	120
出力（MW）	~700	~680	~700
第二段关闭起始开度（%）	71	>78	>77
关闭时间增加	不明显	明显	明显

8.3.2 原因分析

试验表明，此现象只出现在过速停机和电气事故停机过程中，在无水情况下停机、低油压事故停机和正常停机时无此现象。进一步监测分析发现，在机组过速停机过程中，当导叶关回至17%左右时，开腔压力有一个急剧上升（见图8－14），接力器活塞的操作力矩此时最小，接力器活塞在水力矩和接力器的操作力矩共同作用下关闭速度降低，导致出现关闭曲线的趋缓段。

过速155% 记录[002] 过速155% 综合波形图

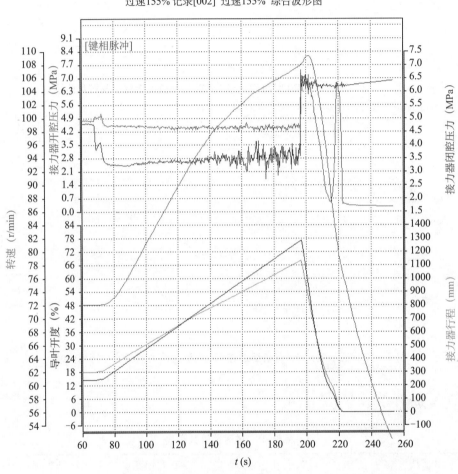

图 8－14 19 号机组过速 152% 时转速、行程、开度、接力器开/关腔压力

根据以上现象，初步怀疑接力器操作力矩与导叶机构及水力矩不匹配。制造厂计算了左、右岸电站供货机组的接力器的断面面积、操作力矩和导叶力矩，见表 8－10 ～ 表 8－12。

表 8－10 21 号机组接力器断面面积

电站	断面面积（mm²）
左岸电站	1 580 000
右岸电站	810 000

表 8 - 11　左岸 ALSTOM 机组接力器操作力矩和导叶力矩

导叶开度 (°)	CH：导叶 水力矩 (N·m)	THF：关闭过程 中来自导叶 的力矩（N·m）	Tho：开启过程 中来自导叶的 力矩（N·m）	关机过程中来自 接力器的最大 操作力矩（N·m）	开机过程中来自 接力器的最大 操作力矩（N·m）
0	85 830	-197 400	369 100	-1 121 000	1 121 000
10	355 600	123 200	588 000	-747300	747 300
15	400 000	193 000	607 000	-692 900	692 900
20	300 000	118 400	481 600	-665 600	665 600
25	200 000	43 860	356 100	-653 800	653 800
30	38 890	-91 830	169 600	-651 100	651 100
35	-77 780	-183 100	27 530	-652 400	652 400
39	-144 400	-229 400	-59 470	-653 200	653 200

表 8 - 12　右岸 ALSTOM 机组接力器操作力矩和导叶力矩

导叶开度 (°)	CH：导叶 水力矩 (N·m)	THF：关闭过程 中来自导叶的 力矩（N·m）	Tho：开启过程 中来自导叶的 力矩（N·m）	关机过程中来自 接力器的最大 操作力矩（N·m）	开机过程中来自 接力器的最大 操作力矩（N·m）
0	-82 000	-336 500	172 500	-640 000	640 000
10	61 785	-152 245	275 814	-430 000	430 000
15	106 973	-86 821	300 768	-397 000	397 000
20	136 366	-37 193	309 926	-384 000	384 000
25	136 366	-16 958	289 691	-377 000	377 000
30	110 673	-22 417	243 762	-370 000	370 000
35	72 782	-40 072	185 636	-359 000	359 000
40	35 891	-56 728	128 510	-347 000	347 000

从表中数据来看，左岸和右岸机组接力器提供的力矩和来自活动导叶的力矩的差值分别是接力器力矩的 12% 与 19%，为此制造厂认为接力器力矩设计是合适的。同时，制造厂认为 21 号、20 号机组导叶实际关闭曲线的第二段关闭的起始点偏高，没有达到设计要求的 71% 左右（见表 8 - 9），这是导致接力器关闭迟滞的可能因素。

考虑到三峡右岸该型机组接力器的断面尺寸明显小于左岸，不排除接力器设计操作容量裕度不足的因素。

8.3.3　处理方案和效果

制造厂提出修改机组的导叶关闭规律，建议按照表 8 - 13 执行。

表 8 – 13　右岸 ALSTOM 机组新导叶关闭规律

时间（s）	开度（%）	斜率 0 ~ 100%（%/s）
0	100	
3. 07	57	7. 14
14. 55	8	23. 77
19. 55	0	62. 50

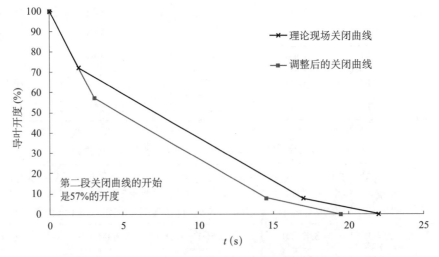

图 8 – 15　ALSTOM 推荐新导叶关闭规律与原规律对比

经过调整导叶关闭规律，三峡右岸 ALSTOM 机组在后续运行和试验中未再出现明显接力器关闭迟滞现象（见图 8 – 15）。虽然通过调整导叶关闭规律可以消除接力器关闭迟滞现象，但至少说明现行设计接力器操作功不能保证在所有关闭规律下能顺利关闭导叶，接力器操作功设计裕度不够。

三峡地电 ALSTOM 机组的接力器断面尺寸有所增大，调试运行中未再出现关闭迟滞现象。

8.3.4　1000 MW 机组接力器关闭迟滞风险分析与预防对策

机组接力器如关闭迟滞，会影响机组的关闭规律，不能满足调保计算要求，会引起机组转速上升比正常关闭时高，对机组运行和保护不利。

为避免 1000 MW 机组出现接力器关闭迟滞，哈电机组与东电机组均在设计上给予了充分的考虑。

第一，设计时提高接力器的操作容量，保证足够裕度。接力器按事故低油压下满足最大水头下导叶在可能开口范围（接力器全行程范围）内的操作要求设计。哈电机组根据导叶水力矩和各部位摩擦力矩，对接力器事故低油压下的操作容量进行核算，白鹤滩水电站 1000 MW 机组在开启和关闭方向均保证了不小于 50% 的余量。东电根据导叶水力矩试验曲线、导叶接力器结构和布置，计算得到活动导叶关闭需要的接力器最大操作油压为 3.28 MPa，其接力器在事故低油压时的操作容量可达该值的 1.37 倍，接力器在额定油压时的操作容量是该值的 1.92 倍。相近水头段机组的接力器参数对比见表 8－14。

表 8－14　相近水头段机组的接力器参数对比

参　数	白鹤滩左岸	溪洛渡右岸	小湾	锦屏
最大水头（m）	243.1	229.4	251	240
额定流量（m^3/s）	545.49	432.67	360.3	331.28
额定出力（MW）	1015	784	714	611
转轮直径 D_1（mm）	8472	7398	6601	6600
导叶高度 b_0（mm）	1456	1271	1250	1134
接力器直径（mm）	1000	900	660	800
作用在单个导叶上的最大操作力矩（kN·m）	624.6	392.7	254.7	313.3

从参数对比表可以看到，相比已经成功投运的溪洛渡水电站等 700 MW 机组，白鹤滩水电站东电机组接力器容量相对值是比较大的，不会出现接力器关闭迟滞问题。

第二，水力模型开发时通过合理设计导叶的水力叶型和枢轴中心来控制导叶的水力矩。例如，哈电机组在白鹤滩水力模型研发时通过优化设计，其导叶水力矩（绝对值）与一些相近水头段水轮机的导叶水力矩相比较小。考虑到白鹤滩项目的重要性，哈电机组设计时还根据一些相接水头段水轮机的导叶水力矩进行换算，采用最大的导叶水力矩对白鹤滩接力器操作容量进行了复核，白鹤滩水电站 1000 MW 机组的接力器操作容量有足够大的裕度，在快速关闭时的升压条件下也有足够的操作容量裕度，不会出现接力器关闭迟滞的情况。东电机组对水力矩做了详细校核的工作。经过活动导叶水力矩试验验证，在试验的四个特征水头范围内，活动导叶同步情况下，导叶开度在 6°～30°均具有自关闭趋势；在导叶同步的飞逸工况下，导叶开度在 9°～30°均具有自关闭趋势；开度小于9°的导叶开启趋势力矩值只相当于最大关闭力矩的 30% 左右；在一个活动导叶非同步时，受其影响的相邻导叶水力矩导叶有较大变化，最恶劣的情况时开启力矩和关闭力矩相当，但由于数量少，不会影响接力器对导叶的关闭。

第三，设置合理的导叶关闭规律和接力器进出油管直径。白鹤滩东电水轮机导叶为一段关闭，关闭时间 16 s，按此设计的接力器进出油管通径为 DN150。活动导叶正常关闭时，进出油管的油流速度为 1.6 m/s，流速合理，不会产生接力器憋压的现象。在接力器行程末端，接力器回油由主回油管逐渐过渡到节流旁通管，旁通管上设置 DN35 单向节流阀，既能保证接力器的关闭速度，又可保证接力器开腔压力升高不致过大。类似的结构在大量的机组中运用并已证明是可靠的。

8.4　三峡发电机集电环过热打火问题

8.4.1　问题现象

三峡水电站共安装了 ALSTOM 机组 12 台，其中左岸 8 台，右岸 4 台。自投运以来，相比其他机型，ALSTOM 机组存在着明显的集电环与电刷打火现象，且随着机组负荷的提高，打火现象更加严重。统计表明，各机型电刷打火现象都发生在负极。各机型电刷打火现象统计情况见表 8 – 15。

表 8 –15　三峡水电站机组集电环与电刷打火次数统计（截至 2010 年 5 月 17 日）

左　岸				右　岸					
VGS		ALSTOM		东电		ALSTOM		哈电	
1F	1	4F	13	15F	1	19F	41	23F	0
2F	0	5F	26	16F	2	20F	22	24F	1
3F	0	6F	13	17F	0	21F	16	25F	0
7F	24	10F	10	18F	0	22F	17	26F	0
8F	18	11F	19	—	—	—	—	—	—
9F	18	12F	49	—	—	—	—	—	—
—	—	13F	66	—	—	—	—	—	—
—	—	14F	2	—	—	—	—	—	—
合计	61	合计	198	合计	3	合计	96	合计	1

三峡左、右岸电站各台机组电刷打火现象大部分发生在机组连续运行时间较长的汛期（7—9 月），从表中还可以看出：

（1）左、右岸 ALSTOM 机组电刷打火现象严重，左岸占 77%，右岸占 96%。

（2）同型机组之间打火次数相差悬殊，13F 打火次数占总次数的 25%。

（3）右岸哈电机组情况较好，极少发生电刷打火现象。

8.4.2　原因分析

图 8 –16　左岸 ALSTOM 发电机集电装置

三峡左岸电站 ALSTOM 发电机组集电环装置主要由电刷、刷握、刷握的固定部件（刷握座）、刷架支撑（包括导电环、导电杆及绝缘件等）、正负极集电环（集电环）、绝缘件和励磁引线等组成；顺着集电环的旋转方向，集电环表面开有螺旋槽，用来散热和收集碳粉，如图 8 – 16 所示。

电刷打火一般包括如下几个原因：

1. 刷架振动的影响

发电机刷架在运行过程中有轻微振动，刷架的振动会影响电刷在刷握里的振动，造成电刷与集电环之间不能有效接触，可能会导致电刷打火。

2. 温度的影响

维护人员巡检时发现，电刷打火的机组相应的集电环室温度偏高，温度偏高的原因是集电环室内通风散热条件较差,过高的温度会使运行环境恶化,加剧电刷打火。

3. 电流分布不均的影响

电流分布不均匀,会使部分电刷分流过大。若单个电刷的电流密度大于电刷允许的最大电流密度,该电刷会首先发生打火甚至损坏。

引起电流分布不均的原因如下:

(1) 导电环沿途压降造成各个刷握处实际励磁电压不均匀。若励磁电缆集中接入导电环,则距离励磁电缆接入点较近的刷握励磁电流较大。

(2) 电刷与集电环之间的接触压力不均匀。例如,恒压弹簧疲劳引起压力下降,电刷长短不一造成压力不均,电刷在刷握内卡涩造成压力不均。

(3) 刷握调整不当。安装过程中,若部分刷握调整不精确,未能使刷握平行于集电环圆周的法线方向,使电刷不能垂直于集电环法线方向。

(4) 集电环表面状况较差。若集电环表面状况较差,由于腐蚀产生突起或者磨损,随着集电环的旋转,会造成电刷在刷握内部周期跳动,从而导致电刷电流的时大时小。

4. 集电环极性的影响

因为电刷打火都发生在负极,需分析集电环的极性对电刷打火与否有重要的影响。运行时由于集电环的正负极电化学效应不一样(负极侵蚀集电环,而正极侵蚀电刷),所以为了使集电环均匀磨损,机组大修时都将集电环的极性进行倒换。其具体的化学原理如图 8 – 17 所示。

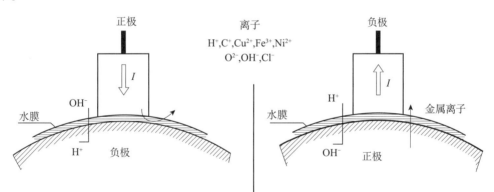

图 8 – 17　集电环 – 电刷的极性效应

5. 集电环表面光洁度影响

三峡电厂左岸电站有两种机型(VGS、ALSTOM),其中 VGS 机组电刷打火的现象相对于 ALSTOM 发电机组要少得多,检查表明 VGS 集电环表面光洁度比 ALSTOM 机组高两倍。提高集电环表面光洁度对减小电刷 – 集电环接触电阻、降低电刷 – 集电环压降、减轻电刷磨损速度均会产生有益影响，对避免电刷打火有一定效果。

8.4.3 处理方案和效果

根据集电环过热打火的原因分析，采取了一系列措施。

1. 减轻刷架振动

根据 ALSTOM 的建议，在冬修或机组安装期间对全部的 ALSTOM 机组的刷架支撑进行了加固，焊接了 8 块加强筋，主要目的是减小刷架支撑的振动。加固后，大部分机组电刷打火现象有不同程度的好转，但部分机组效果不是十分明显。

2. 改善集电环室散热条件

结合机组检修，对所有的 ALSTOM 发电机集电环室新增了两个通风口。增加通风口后，散热条件改善，温度有所降低，但电刷打火现象没有明显改善。

为了进一步验证集电环室内散热条件对电刷打火的影响，于 2005 年 10 月对正在打火的 12 号机组集电环室进行了强迫风冷降温试验，集电环各部分温度有明显降低，电刷打火现象有所改善。

3. 集电环正负极调换

2005—2006 年度冬修期间对所有 ALSTOM 发电机组都进行了极性倒换，调换之后运行良好，但是过了磨合期之后，负极电刷打火现象依旧出现。

4. 提高集电环表面光洁度

通过对 ALSTOM 电刷打火的机组的电刷振动测量，发现打火的电刷其振动加速度远大于其允许值（$100\ \text{m/s}^2$），前期刷架已经加固，因而引起电刷在刷握内加速度大小的决定因素是集电环表面状况。若集电环表面光洁度较差或者集电环表面因腐蚀而形成突起，则会造成电刷在刷握内部跳动而具有较大的加速度，因而需要对集电环表面光洁度不高或已出现电腐蚀的集电环进行空转打磨。打磨之后一段较短时期打火现象消除，随着时间的推移，集电环表面会再次腐蚀。所以，在日常维护中，要不定期对集电环进行空转打磨以提高其光洁度。

5. 改善刷握电流分布，降低电刷电流密度

对流经各个刷握的电流进行测量，发现各个刷握电流与计算值存在较大差别，刷握间电流差异比较大，最大可达 200 A 以上，造成部分电刷通流严重过载，若长期运行，可造成集电环灼伤、刷辫过热甚至严重氧化等严重事故。针对此种情况，三峡电厂一开始采取了定期调换电刷位置、消除电刷卡涩、清除碳粉、更换故障电刷等措施，打火现象有所缓解，但无法根本解决。

根本解决集电环打火问题的关键在于改善刷握电流分布的均匀性并降低电刷电流密度。左岸 ALSTOM 发电机导电环初始设计为单端过流、半环形结构，如图 8-18 所示。

该结构造成各个刷握处电压分布不均匀，

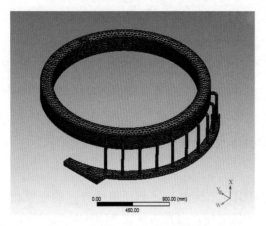

图 8-18 ALSTOM 发电机导电环

从而流经各个电刷的电流不均匀，部分载流量大的电刷将会先出现打火现象；同时，由于电刷数量较少，电刷电流密度较大，也会造成电刷打火概率增大。

通过对白鹤滩水电站左、右岸各机型集电环系统中主要部件导电环的对比分析，决定借鉴三峡右岸哈电机组的经验，针对左岸 ALSTOM 发电机集电环系统结构型式进行改造，2010 年 5 月首先在打火最严重的机组 13 号机组上进行。

（1）参照右岸哈电机组导电环结构，对 13F 导电环进行改造，改造为中间过流方式。

（2）由于 13 号机组励磁电缆已经定位，无法进行调整，本次改造参照右岸哈电机组导电环，励磁电缆依然采取集中布置方式。

（3）正负极集电环电刷数量由 10 组（30 个）增加为 13 组（39 个），电刷型号规格不变。

（4）集电环系统内部其他部件保持原状。

13 号导电环首次改造前后导电环示意图如图 8-19 所示，13 号导电环首次改造前后对比如图 8-20 所示。

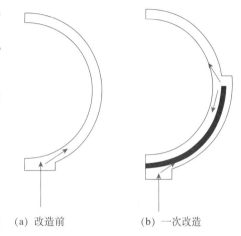

(a) 改造前　　　　(b) 一次改造

图 8-19　13 号导电环首次改造前后
导电环示意图

图 8-20　13 号导电环首次改造前后对比

经此改造后，13 号机组刷握电流分布均匀性改善，与采取同型导电环结构的右岸哈电机组相当，优于未改造的其他 ALSTOM 机组。电刷打火现象有所好转，从改造完成后至 2010 年 11 月 15 日，仅处理过一次打火缺陷，好于大部分 ALSTOM（未改造）机组。

从实际运行情况来看，采取中间过流和增加电刷数量的措施，可以大大改善电刷打火现象，改善导电环的电压分布和减小电刷的电流密度，的确有效改善了电刷打火现象。

此次改造仍遗留了两个问题：改造之后，导电环外环散热条件不好，导致温度过高，机组大负荷运行时超过了 F 级绝缘允许温度，不得已采取强迫风冷才能将温度降下来；虽然 13 号机组增加了电刷数量，单个电刷分流明显减小，但是由于导电环发热增大，电刷和集电环的温度并未降低。实测 13 号机组集电环和电刷温度与其他 ALSTOM 机组相比没有得到改善（但未超过允许值）。

为解决这次改造遗留问题，需从以下两个方面考虑：减小导电环外环直流电阻，使其自身发热量降低；增大导电环外环的有效散热面积，使热量及时散发出去。

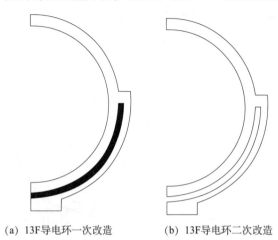

(a) 13F导电环一次改造　　(b) 13F导电环二次改造

图 8-21　13 号机组导电环再次改造前后对比

2010 年 11 月，对 13 号机组导电环再次进行了改进，如图 8-21 所示。

（1）增加外环的截面积，外环半径 R 由 1295 mm 增加至 1355 mm，外环的电流密度为 0.475 A/ mm^2，内外环电流密度基本相同。

（2）将导电环内外环的环氧绝缘去除，内外环之间间距由 15 mm 增加至 20 mm，内外环之间保持 20 mm 的空气间隙，该距离大大高于其放电距离，去除内外环绝缘可以增加导电环散热面积，有助于通风散热。

（3）导电环外环底部绝缘板半径 R 尺寸缩小至 1250 mm，外环有 105 mm 的空间露出，增加其散热面积。

（4）导电环材料用 UT 探伤检查，确保原材料无质量缺陷。

13 号机组导电环再次改造之后，导电环压降大幅降低，外环直流电阻减小，外环发热量减小。通过减小导电环外环直流电阻和增大导电环散热面积，解决了首次改造遗留下来的导电环外环温度过高的问题，从实际运行效果来看，温度远低于允许最高温度。再次改造后 13 号机组电刷温度与其他 ALSTOM 机组相比略有降低。

从表 8-16 可以看出，在相近有功功率条件下，集电环温度和导电环内环温度与其他 ALSTOM 机组和哈电机组相当，但是，导电环外环温度大幅度降低至 80℃ 以下。

表 8-16　13 号机组再次改造后相关部位温度测量

机组号	有功功率（MW）	无功功率（MW）	极性	集电环室温度（℃）	集电环温度（℃）	导电环温度（℃）	
						内环	外环
5 号	690	108	正	36.6	63	64	—
			负		69	72	—
11 号	690	108	正	46.1	74	82	—
			负		71	77	—
13 号	693	80	正	43	66	70	73
			负		74	73	72
19 号	660	70	正	—	77	70	—
			负		83	72	—
25 号（哈电）	690	80	正	—	76	65	107
			负		75	66	96.3

从两次改造情况中可以得出结论，13 号机组导电环实施首次改造，改善了刷握电流分布，减少了电刷打火频率，但改造过程中增加了导电环外环，由于导电环外环的设计缺陷，外环直流电阻偏大，发热量偏大，温度过高而不得已采取强迫风冷。再次改造后，导电环温度大幅降低，并且由于导电环发热量减少，电刷和集电环温度也有所降低，解决了首次改造遗留下来的问题。

13 号机组经过两次改造，从现阶段运行效果看，与其他 ALSTOM 机组相比，主要指标已经大为改善，也优于右岸哈电机组。

8.4.4　后续优化

受制于机组励磁电缆布置，导电环上电流密度分布不均的问题依然存在，更理想的方法是所有励磁电缆沿导电环的圆周均匀分布。

导电环采用整圆环结构，对降低电刷电流不均衡、改善导电环及电刷的运行温度来说是较理想的结构，如图 8－22 所示。励磁电流从圆环的任何位置进出，都可使电流向两端分流。但由于三峡左岸 ALSTOM 机组的刷握为每刷握有三个电刷，而且固定刷握的结构限制，无法实现整圆结构。哈电在三峡地下、溪洛渡和向家坝水电站采用整环的导电环，刷握采用一握一刷的结构，使电刷容易更换，各电刷的电流分布更均衡，彻底消除集电装置的运行隐患。

图 8－22　整圆结构导电环

8.4.5　1000 MW 发电机集电环过热风险分析与对策

白鹤滩水电站两种机型在集电装置设计时均采取了针对性措施，保证机组安全稳定运行。

（1）两种机型导电环均采用整圆环结构，降低电刷电流不均衡，从而改善导电环及电刷的运行温度，其中东电机组励磁引线分 4 组均匀接入导电环，电刷圆周均布。

（2）刷握采用一握一刷的结构，直接固定在导电环上，使电刷容易更换，各电刷的电流分布更均衡。

（3）哈电机型增加了刷架支撑刚度，保证运行过程中不产生较大振动。

（4）改善顶罩通风散热结构，在顶罩壁上设计有多个通风散热孔，保证热量及时排出。东电机组更在顶罩内设置多个风机，在集电环表面及中心设置通风结构，通过有限元计算确定吸尘器风量风压选型及系统工作点，有利于电刷冷却散热。

（5）选择合理的电刷电流密度。

（6）通过对各种材料的电刷进行对比试验，从而选择合理的电刷。

（7）提高集电环摩擦表面质量，减少电刷磨损。

（8）完善安装要求，严格控制刷握与集电环的相对位置以及导电环的平面度。

8.5 三峡 32 号机组定子铁心低频振动过大问题

8.5.1 问题现象

三峡左岸电站 700 MW 机组分别由 ALSTOM 与 VGS 两家公司制造供货，哈电与东电通过技术转让分别获得了上述两种机型的技术，在消化、吸收的基础上，哈电与东电各为三峡右岸电站和三峡右岸地下电站提供了 6 台 700 MW 机组，哈电机组属 ALSTOM 系，东电机组属 VGS 系。在机组调试过程中发现，采用斜元件结构的 ALSTOM 系发电机低频振动较大。三峡地下电站由哈电供货的 32 号机组表现尤为明显。

32 号机组于 2011 年 4 月进入启动调试，当时发现 700 MW 满负荷运行时定子机座水平振动的振幅比三峡右岸哈电机组和 ALSTOM 机组偏大，如图 8 - 23 ~ 图 8 - 25 所示。

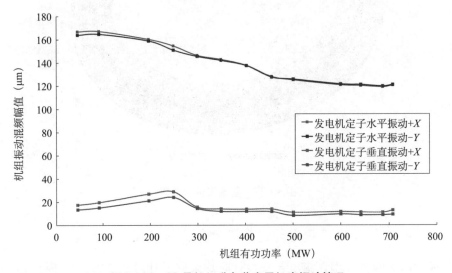

图 8 - 23　32 号机组升负荷定子机座振动情况

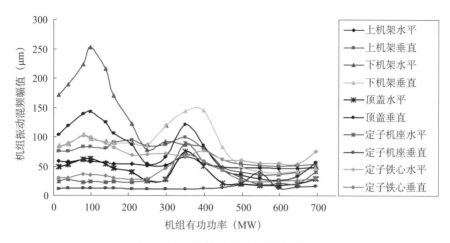

图 8 - 24　22 号机组升负荷振摆情况

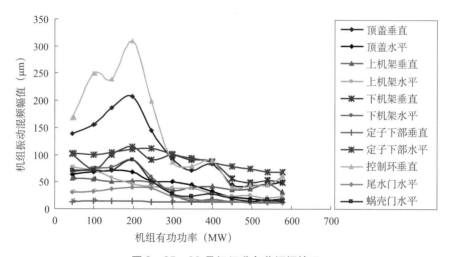

图 8 - 25　26 号机组升负荷振摆情况

针对 32 号机组定子机座振幅较大的现象，进一步测量了铁心的振动并做频谱分析。图 8 - 26 是 32 号机组进入 72 h 试运行后，定子铁心的振动频谱，可以看到 700 MW 满负荷下机组定子铁心振动约为 140 μm，其中 4 倍转频振动幅值约 56 μm，3 倍转频振动幅值约 39 μm，5 倍转频振动幅值约 36 μm，2 倍转频振动幅值约 32 μm。

试验中发现，定子铁心振动随励磁电流的增加而增大，由此可判定磁拉力不平衡是引起机组振动的主要原因，从振动频率为转频及其倍数可以进一步判断是由于转子不圆造成的。进一步监测停机过程中发电机气隙均匀度及转子圆度的变化，发现转速超过约 56.25 r/min 时，转子不圆度显著增加，如图 8 - 27 所示。

由图 8 - 27 可以看出，随转速降低，转子的圆度变好。当转速低于 56.25 r/min 时，转子圆度明显好于转速大于 56.25 r/min 时，偏差小于 1.8 mm（8% 平均间隙值为 2.31 mm），满足国标要求；当转速为额定转速时，转子不圆度达到 3.25 mm，不满足国标要求（±8% 平均间隙值为 1.962 mm）。

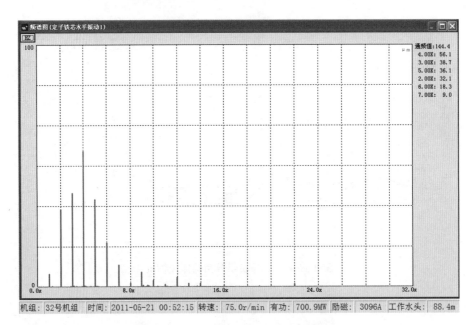

图 8 - 26　调整磁极后定子铁心振动频谱

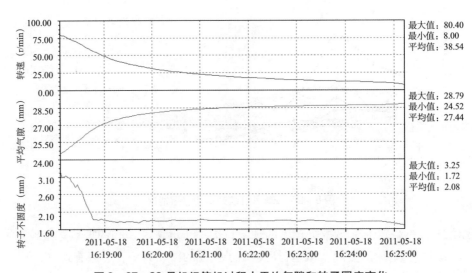

图 8 - 27　32 号机组停机过程中平均气隙和转子圆度变化

　　停机过程中定、转子间气隙测量的结果见表 8 - 17。停机过程中转子磁极回缩, 平均气隙增大了 3.67 mm。

表 8 - 17　停机过程平均气隙变化

测点名称	高转速 (74.4 r/min)	低转速 (10.4 r/min)	平均气隙变化值
所有测点平均气隙 (mm)	25.08	28.75	3.67
+ X 向气隙 (mm)	25.12	28.86	3.74
+ X / + Y 向气隙 (mm)	24.70	28.37	3.67

测点名称	高转速（74.4 r/min）	低转速（10.4 r/min）	平均气隙变化值
+Y 向气隙（mm）	25.35	28.99	3.64
+Y/-X 向气隙（mm）	25.58	29.26	3.68
-X 向气隙（mm）	25.32	28.96	3.64
-X/-Y 向气隙（mm）	24.78	28.43	3.65
-Y 向气隙（mm）	25.07	28.75	3.68
-Y/+X 向气隙（mm）	24.70	28.37	3.67

　　停机过程中更详细的转子各磁极气隙变化如图 8-28 所示，其中每个磁极的气隙变化值为高转速下转子磁极形貌 - 低转速下磁极形貌。从图中可明显看出，32 号机组 80 个转子磁极对应的气隙在停机过程中的变化大不一样。

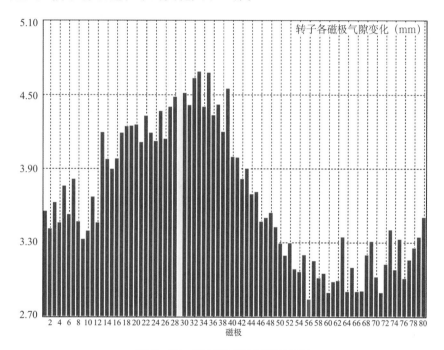

图 8-28　转子各磁极气隙变化图

　　其中变化最大的是 29 号磁极，停机过程中磁极回缩了 5.03 mm；变化最小的是 56 号磁极，停机时磁极约回缩 2.85 mm。不均匀回缩很明显。变化最大的前 10 个磁极号及变化值见表 8-18。

表 8-18　变化最大的前 10 个磁极号及变化值

磁极号	29	33	35	32	39	30	28	37	31	34
数据（mm）	5.03	4.69	4.68	4.63	4.55	4.52	4.49	4.42	4.42	4.41

从现场监测结果来看，随着转速的提高，转子磁极不均匀外凸，形成了"凸轮"。停机则是相反的过程。

作为对比，三峡右岸电站东电供货的16号机组（发电机没有采用斜元件结构）在运行时的转子不圆度及开机过程中的气隙变化如图8-29和图8-30所示。

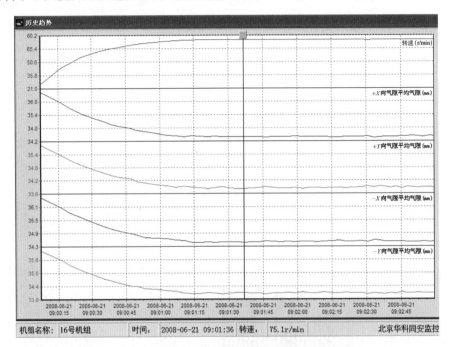

图8-29 三峡水电站16号机开机过程平均气隙变化

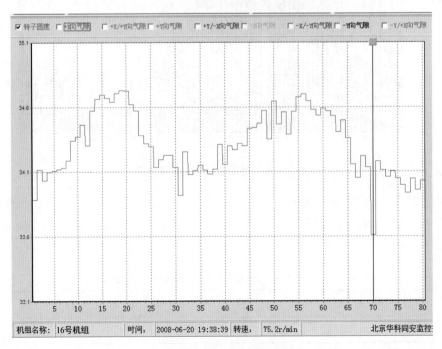

图8-30 16号机运行状态转子磁极对应气隙

由图 8 - 29 和图 8 - 30 可以看到，停机过程中 16 号机组的平均气隙增大了约 2.5 mm，运行状态下转子不圆度约 1.2 mm，小于 32 号机组的 3.67 mm 和 3.25 mm。

8.5.2　原因分析

8.5.2.1　电磁力分析

将定子看作 N 极，转子看作 S 极，根据电磁场的基本理论可以推导出定、转子间将产生一径向电磁力

$$F_\gamma = \frac{B_\delta^2(x,t)}{2\mu} \tag{8-15}$$

式中：电磁力是一个矢量，其方向和磁感应强度 B_δ 的方向一致；磁感应强度 B_δ 与空间坐标 x 和时间 t 有关；μ 是介质磁导率。定转子气隙磁场与气隙不圆示意图如图 8 - 31 所示。

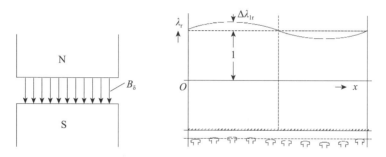

图 8 - 31　定转子气隙磁场与气隙不圆示意图

由于 B_δ 随时间和空间位置不断变化，因此定子铁心受到的电磁力 F_γ 也在不断变化。此交变的径向电磁力是引发定子铁心振动的主要原因。若转子不圆或不同磁极下的定、转子气隙不均匀，则气隙磁密 B_δ 在不同位置会随之变化。

在理想情况下，定子、转子同心，且定子、转子为理想圆形，则定、转子间气隙完全均匀，那么根据式（8 - 15）可算出定子铁心受到的分布均匀的 100 Hz 电磁力，且随定转子气隙变化，此电磁力大小不变。这是由于为了维持额定电压，通过调整励磁电流保持气隙磁密不变，电磁力因而也不变。

实际情况中，定、转子气隙不可能完全均匀，那么假设将整圆周的定、转子气隙按傅里叶分解化为一个理想的平均气隙与许多不同转频倍数波长的气隙组合，可计算不同平均气隙下 k 倍转频电磁力随气隙变化情况。转子不圆度计算公式如下：

不圆度（%）＝转子不圆造成的气隙偏差（与平均气隙之差）/气隙长度 × 100

哈电计算结果见表 8 - 19 和表 8 - 20。不圆度保持相同，平均气隙变化不影响 k 倍转频电磁力。

表 8 - 19　不圆度为 5% 时 1 倍转频电磁力随气隙变化情况

气隙（mm）	24	25	26	27	28	28.52	29	30	31	32
气隙偏差（mm）	1.2	1.25	1.3	1.35	1.4	1.426	1.45	1.5	1.55	1.6
电磁力（kN/m²）	18.8	18.8	18.8	18.8	18.8	18.8	18.8	18.8	18.8	18.8

在平均气隙一定时，k 倍转频电磁力与不圆度成线性关系。

表 8 – 20　气隙为 24 mm 时 1 倍转频电磁力随不圆度变化情况

不圆度（%）	1	2	3	4	5	6	7	8	9	10
气隙偏差（mm）	0.24	0.48	0.72	0.96	1.2	1.44	1.68	1.92	2.16	2.4
电磁力（kN/m²）	3.8	7.5	11.3	15.0	18.8	22.6	26.3	30.1	33.8	37.6

综上分析，32 号机组定子铁心低频振动主要是由于转子不圆导致的不平衡磁拉力造成的。虽然吊出转子对磁极进行了圆度调整，但由于转子结构设计固有的弱点，机组转动后在离心力的作用下转子圆度又发生了变化。

8.5.2.2　结构刚度分析

发电机定子刚度也与定子振动密切相关。在不平衡电磁力、水轮机的低频水力振动的作用下，如果定子结构过软，则会加大低频振动。

三峡地电哈电机组采用了从 ABB 引进的斜元件支撑结构，即定子支撑筋板偏离半径方向一个角度，增加了定子径向活动的弹性。该技术能够很好地解决热膨胀带来的定子铁心翘曲的问题，但也降低了径向刚度，使抗不平衡电磁力晃动能力较弱。

在不平衡电磁力一定的情况下，定子机座采用斜立筋柔性设计结构，径向刚度低，在受同样的电磁不平衡力作用时，定子低频振动幅值较大。以三峡地电 32 号发电机定子机座为例，通过有限元计算比较，将定子机座下端的约束分别加在大齿压板底环上与加在斜立筋与基础的把合处（实际工况）计算比较，前者的计算刚度是后者的 3.6 倍，由于刚度与振动幅值成反比，所以假设将定子机座的弹性支腿去掉，振动幅值也会直接下降 3.6 倍。由此可见，柔性斜立筋定子机座下部支腿的刚度弱是造成定子低频振动幅值偏大的又一主因。

向家坝右岸电站的 4 台 TAH 机组继续采用与三峡水电站 ALSTOM 机组类似的柔性斜立筋结构，定子机座也表现出了低频振幅较大的现象。图 8 – 32 所示为天津 ALSTOM 供货的向家坝右岸电站 6 号机组在启动调试过程中的现场测量结果。

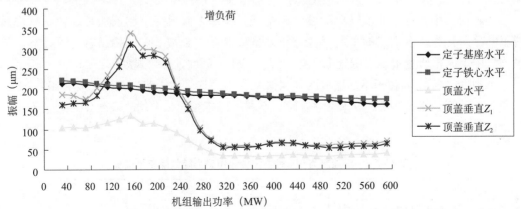

图 8 –32　向家坝水电站右岸 6 号机组升负荷过程顶盖及定子水平振动变化趋势

从测量结果来看，向家坝水电站右岸 TAH 机组在额定负荷附近，定子机座水平振动为 120~140 μm，这个振动幅值甚至超过了三峡地下电站 32 号机组。

溪洛渡左岸电站的 7~9 号机组由 VOITH 供货，机组采用了径向结构（非斜立筋），其机组定子机座的水平振动相对较小。图 8-33 和图 8-34 即是四川中试所在溪洛渡水电站左岸 8 号机组启动调试中的相应测试结果。由图可以发现，溪洛渡水电站 8 号机组在空载时定子机座水平振动约为 40 μm，额定负荷附近则振动更低，可达 30 μm。

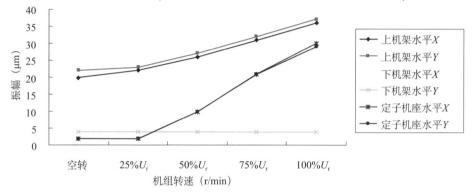

图 8-33　溪洛渡水电站 8 号机组变励磁过程典型测点振动转频幅值折线图

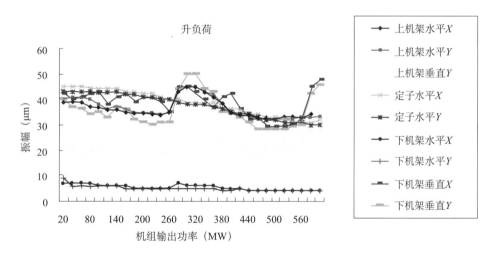

图 8-34　溪洛渡水电站 8 号机组升负荷过程机架及定子水平振动变化趋势

表 8-21 是三峡、溪洛渡、向家坝水电站不同机型额定工况下的定子机座振幅对比。

表 8-21　三峡、溪洛渡、向家坝水电站不同机型定子机座振幅比较　单位：μm

电站名	机型	典型机组	额定工况下定子机座水平振动 X	额定工况下定子机座水平振动 Y
三峡水电站	哈电机型（柔性斜立筋结构）	26 号机组	60	60
	ALSTOM 机型（柔性斜立筋结构）	21 号机组	40	40

续表

电站名	机型	典型机组	额定工况下定子机座水平振动 X	额定工况下定子机座水平振动 Y
三峡水电站	东电机型 （径向支撑结构）	16 号机组	40	40
	VGS 机型 （径向支撑结构）	2 号机组	40	25
溪洛渡水电站	哈电机型 （柔性斜立筋结构）	3 号机组	47	44
	VHS 机型 （径向支撑结构）	9 号机组	28	29
	东电机型 （径向支撑结构）	14 号机组	29	14
向家坝水电站	TAH 机型 （柔性斜立筋结构）	1 号机组	100	90
	哈电机型 （柔性斜立筋结构）	8 号机组	45	60

从表 8 – 21 中可以看出，柔性斜立筋支撑结构比径向结构的定子机座低频振动幅值要大。这说明定子机座的水平刚度是影响定子低频振动的重要因素，提高定子机座的水平刚度可以有效地抑制定子低频振动。

8.5.3 处理措施和效果

2013 年 3—5 月，中国三峡集团组织相关单位将 32 号机组转子吊出机坑，经测量发现磁轭外径平均增大了 2.6 mm，其中第 21～41 号磁极对应磁轭处变形最严重，磁轭鸽尾槽呈明显的波浪形。磁轭实测数据见表 8 – 22。

表 8 – 22　磁轭实测数据表

参数	磁轭半径					垂直度
	上部（5/5）	中部（4/5）	中部（3/5）	中部（2/5）	下部（1/5）	
最大值（mm）	8982.77	8982.31	8982.01	8981.86	8982.40	1.41
最小值（mm）	8981.36	8981.41	8981.47	8981.13	8981.15	0.15
平均值（mm）	8981.96	8981.85	8981.75	8981.60	8981.85	0.62
圆度（mm）	1.41	0.90	0.54	0.73	1.25	
同心度（mm）	0.44	0.23	0.09	0.10	0.31	

随后对三峡地电 32 号发电机空气间隙进行了调整工作，重新挂装磁极。调整后定、

转子安装空气间隙增大了 1.87 mm，通过气隙传感器监测的定、转子运行动态平均气隙对比同等条件下的气隙增大了 2.4 mm。气隙增大值达到了预期值。

调整后定子机座水平低频振动幅值与调整前相当，定子铁心水平振动通频值比调整前减小了 10 μm 左右，改善不够明显。这也验证了之前理论计算的结论，不平衡磁拉力与平均气隙无关。机组启动过程中当转速超过 63 ~ 65 r/min 之后，空气间隙发生变化，转子仍然产生"凸轮"现象。

哈电对 32 号机组低频振动问题进行了研究，结论如下：由转子动态情况下的不圆产生的不平衡电磁力是引起定子低频振动的直接起因，柔性斜立筋定子机座下端支腿刚度弱是定子低频振动幅值偏大的重要影响因素；三峡地电哈电发电机仅增大空气间隙，不能大幅度降低定子低频振动幅值。受现有结构限制，三峡地电 32 号发电机转子"凸轮"现象暂无妥善的现场解决方案，但 32 号机组可以在目前的定子低频振动水平下长期稳定运行。

根据 GB 8564—2003《水轮发电机组安装技术规范》的要求，对于转速小于 100 r/min 的机组（32 号机组为75 r/min），定子铁心部位机座水平振动不超过 40 μm，定子铁心 100 Hz 振动峰峰值不超过 30 μm。转子磁极调整后，32 号机组的定子机座水平振动略有超标，定子铁心 100 Hz 振动峰峰值完全满足国标要求。

图 8 - 35 是溪洛渡水电站哈电供货的 1 号机组在开机过程中的气隙变化，可以看到开机过程中定、转子平均气隙缩小了 2.5 mm 左右。从中可以看出哈电已根据三峡右岸地下电站 32 号机组的情况采取了有效措施，在机组的动态气隙稳定性方面取得了令人满意的效果。

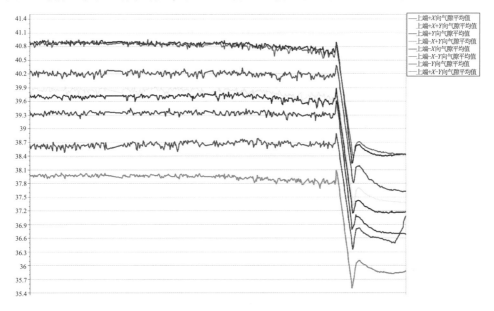

图 8 -35　溪洛渡水电站 1 号机组开机过程气隙变化

8.5.4　1000 MW 机组定子低频振动风险分析与预防对策

根据以上分析，防止定子低频振动过大应重点从两方面入手：一是提高转子圆度，从而控制不平衡电磁力；二是增加定子支撑刚度，以减小低频振动幅值。

电机空载励磁时，如果气隙均匀，则由励磁磁动势建立的磁场为基波磁场及一系列极对数为基波的 3，5，7，…倍的高次谐波磁场。但如果转子圆度缺陷导致气隙不再均匀时，则励磁磁势除了包含前述谐波磁场外，还会建立一系列其他极对数的磁场，可能导致定子铁心振动，而且这种振动在空载和负载状态下都会存在。这里所说的转子圆度为磁极极弧中心线顶端构成的外圆曲线的圆度。

对气隙磁场做进一步分析

$$B_{\delta\theta t} = B_\delta \cos(2\pi f_1 t - p\theta) = \frac{\phi_\delta}{S_\delta}\cos(2\pi f_1 t - p\theta)$$

$$= \frac{AW_f \Lambda_\delta}{S_\delta}\cos(2\pi f_1 t - p\theta) = \frac{AW_f \mu_0 S_\delta}{S_\delta \delta}\cos(2\pi f_1 t - p\theta)$$

$$= \frac{AW_f \mu_0}{\delta}\cos(2\pi f_1 t - p\theta) \tag{8-16}$$

式中：AW_f 为磁动势，A 匝；Λ_δ 为气隙磁导，H；S_δ 为计算面积，cm^2。

当气隙均匀时，式（8-16）中的 δ 则为定转子间的最小间隙。但当转子圆度存在缺陷时，转子外圆 $R_{2\theta t}$ 不可能为一完全规则的圆形，定子内径与转子外径之差 $R_1 - R_{2\theta t} = \delta_{\theta t}$ 也会不再均匀。从定子侧观察，转子外圆半径不仅是空间位置的函数，也是时间的函数，按式（8-17）表达

$$R_{2\theta t} = R_2 + \Sigma r_{\nu_2}\cos(2\pi f_{\nu_2} t - \nu_2 \theta) \quad （忽略相角因素） \tag{8-17}$$

式中：R_2 为转子外圆平均半径，cm；$\nu_2 = 1，2，3，…$，为几何尺寸谐波次数；r_{ν_2} 为 ν_2 次几何尺寸谐波的幅值，cm；f_{ν_2} 为 ν_2 次几何尺寸谐波经过定子的频率，Hz。

由于转子谐波固定在转子上，其极对数为 ν_2，并和转子以同样的速度 n_N（r/min）经过定子，因此 $f_{\nu_2} = \frac{\nu_2 n_N}{60} = \frac{\nu_2}{p}\frac{p n_N}{60} = \frac{\nu_2}{p}f_1$，则上式可写为

$$R_{2\theta t} = R_2 + \Sigma r_{\nu_2}\cos(2\pi \frac{\nu_2}{p}f_1 t - \nu_2 \theta) \tag{8-18}$$

则气隙 $\delta_{\theta t}$ 表达为

$$\delta_{\theta t} = R_1 - R_{2\theta t}$$

$$= R_1 - R_2 - \Sigma r_{\nu_2}\cos(2\pi \frac{\nu_2}{p}f_1 t - \nu_2 \theta)$$

$$= \delta_0\left[1 - \Sigma \frac{r_{\nu_2}}{\delta_0}\cos(2\pi \frac{\nu_2}{p}f_1 t - \nu_2 \theta)\right] \tag{8-19}$$

根据式（8-16），需要先将 $\delta_{\theta t}$ 取倒，结合泰勒级数公式 $\frac{1}{1-x} = 1 + x + x^2 + x^3 + \cdots + x^n + o(x^n)$，计算如下

$$\frac{1}{\delta_{\theta t}} = \frac{1}{\delta_0}\frac{1}{1 - \Sigma \frac{r_{\nu_2}}{\delta_0}\cos(2\pi \frac{\nu_2}{p}f_1 t - \nu_2 \theta)} = \frac{1}{\delta_0}\left[1 + \Sigma \frac{r_{\nu_2}}{\delta_0}\cos\left(2\pi \frac{\nu_2}{p}f_1 t - \nu_2 \theta\right) + \cdots\right]$$

忽略 $\frac{r_{\nu_2}}{\delta_0}$ 二次方及高次分量，得到下式

$$\frac{1}{\delta_{\theta t}} = \frac{1}{\delta_0}\Big[1 + \Sigma\, \frac{r_{\nu_2}}{\delta_0}\cos\Big(2\pi\frac{\nu_2}{p}f_1 t - \nu_2\theta\Big)\Big]$$

将上式带入式（8-16），可得气隙中的磁密波表达式

$$B_{\delta\theta t} = \frac{A W_f \mu_0}{\delta_0}\cos(2\pi f_1 t - p\theta)\Big[1 + \Sigma\,\frac{r_{\nu_2}}{\delta_0}\cos\Big(2\pi\frac{\nu_2}{p}f_1 t - \nu_2\theta\Big)\Big]$$

$$= B_{\delta 1}\cos(2\pi f_1 t - p\theta) + \Sigma\,\frac{r_{\nu_2} B_{\delta 1}}{2\delta_0}\left\{\begin{array}{l}\cos\Big[2\pi\Big(\frac{p+\nu_2}{p}\Big)f_1 t - (p+\nu_2)\theta\Big] \\ + \cos\Big[2\pi\Big(\frac{p-\nu_2}{p}\Big)f_1 t - (p-\nu_2)\theta\Big]\end{array}\right\} \quad (8-20)$$

式中，$B_{\delta 1} = \dfrac{A W_f \mu_0}{\delta_0}$ 为气隙基波磁场的磁密幅值，GS。

由式（8-20）可以看出，由于转子圆度缺陷，导致气隙磁场在基波磁场 $B_{\delta 1\theta t} = B_{\delta 1}\cos(2\pi f_1 t - p\theta)$ 之外，出现了因转子圆度缺陷引起的谐波磁场

$$B_{\nu_2\theta t} = \Sigma\,\frac{r_{\nu_2} B_{\delta 1}}{2\delta_0}\left\{\begin{array}{l}\cos\Big[2\pi\Big(\frac{p+\nu_2}{p}\Big)f_1 t - (p+\nu_2)\theta\Big] \\ + \cos\Big[2\pi\Big(\frac{p-\nu_2}{p}\Big)f_1 t - (p-\nu_2)\theta\Big]\end{array}\right\} \quad (8-21)$$

考虑谐波磁场 $B_{\nu_2\theta t}$ 与基波磁场 $B_{\delta 1\theta t}$ 联合作用的力波方程表示为

$$F_{\nu_2\theta t} = \frac{1}{\mu_0}B_{\delta 1\theta t}B_{\nu_2\theta t}$$

$$= \Sigma\,\frac{1}{\mu_0}\frac{r_{\nu_2}B_{\delta 1}^2}{2\delta_0}\cos(2\pi f_1 t - p\theta)\left\{\begin{array}{l}\cos\Big[2\pi\Big(\frac{p+\nu_2}{p}\Big)f_1 t - (p+\nu_2)\theta\Big] \\ + \cos\Big[2\pi\Big(\frac{p-\nu_2}{p}\Big)f_1 t - (p-\nu_2)\theta\Big]\end{array}\right\}$$

$$= \Sigma\,\frac{1}{\mu_0}\frac{r_{\nu_2}B_{\delta 1}^2}{2\delta_0}\left\{\begin{array}{l}\cos(2\pi f_1 t - p\theta)\cos\Big[2\pi\Big(\frac{p+\nu_2}{p}\Big)f_1 t - (p+\nu_2)\theta\Big] \\ + \cos(2\pi f_1 t - p\theta)\cos\Big[2\pi\Big(\frac{p-\nu_2}{p}\Big)f_1 t - (p-\nu_2)\theta\Big]\end{array}\right\}$$

$$= \Sigma\,\frac{1}{\mu_0}\frac{r_{\nu_2}B_{\delta 1}^2}{4\delta_0}\left\{\begin{array}{l}\cos\Big[2\pi\Big(\frac{2p+\nu_2}{p}\Big)f_1 t - (2p+\nu_2)\theta\Big] \\ + \cos\Big[2\pi\Big(\frac{2p-\nu_2}{p}\Big)f_1 t - (2p-\nu_2)\theta\Big] \\ + 2\cos\Big(2\pi\frac{\nu_2}{p}f_1 t - \nu_2\theta\Big)\end{array}\right\} \quad (8-22)$$

由式（8-22）可知，当因转子圆度缺陷引起的每个幅值为 r_{ν_2}、极对数为 ν_2 的几何尺寸谐波，其与基波磁场作用后，会产生三个力波，具体分析如下：

（1）第一个力波，幅值为 $\dfrac{1}{\mu_0}\dfrac{r_{\nu_2}B_{\delta 1}^2}{4\delta_0}$，频率为 $\Big(\dfrac{2p+\nu_2}{p}\Big)f_1$，节点对数为 $2p+\nu_2$。由于节点对数很大，由其引起的铁心振动很小。

（2）第二个力波，幅值也为 $\dfrac{1}{\mu_0} \dfrac{r_{\nu_2}}{4} \dfrac{B_{\delta 1}^2}{\delta_0}$，频率为 $\left(\dfrac{2p - \nu_2}{p}\right) f_1$，节点对数为 $2p - \nu_2$。当 $2p - \nu_2$ 很小而 $\dfrac{r_{\nu_2}}{\delta_0}$ 较大时，可能引发较大的定子铁心振动。但由于水轮发电机的极数 $2p$ 往往较大，当 ν_2 与 $2p$ 相近时，如此高次的谐波分量幅值往往较低，由其引起的定子铁心振动也很小。

（3）第三个力波，幅值是前两个力波的两倍，为 $\dfrac{1}{\mu_0} \dfrac{r_{\nu_2}}{2} \dfrac{B_{\delta 1}^2}{\delta_0}$，频率为 $\dfrac{\nu_2}{p} f_1$，节点对数为 ν_2。其中，频率可进一步计算为

$$\frac{\nu_2}{p} f_1 = \frac{\nu_2}{p} \frac{p\, n_N}{60} = \nu_2 \frac{n_N}{60} = \nu_2 f_r \tag{8-23}$$

式中：f_r 为发电机的转频，Hz，$f_r = \dfrac{n_N}{60}$。

当转子外圆缺陷较为严重，几何尺寸谐波次数为 ν_2 的幅值很大时，由于节点对数小、力波幅值大，可能会引起严重的定子铁心振动，且振动频率为转频的倍数。因此，对于转子圆度缺陷，主要考虑第三种力波引起的定子铁心振动问题。

根据该力波幅值的计算公式，当转子安装完成后，力波的幅值仅与气隙磁密 $B_{\delta 1}$ 相关。因此，当机组带励磁空载启动时，振动幅值随励磁电流增大而增大；在空载 100% U_e 和不同负荷的负载工况下，振动的幅值基本一致。

一般而言，当由于转子圆度缺陷导致转子外圆出现 N 个明显偏离平均半径的高（或低）峰值时，对应于 $\nu_2 = N$ 的谐波幅值分量将会很大，由其引起的定子铁心振动将会格外明显，且频率为 $N f_r$。如果定子铁心对应 N 对节点的固有频率又刚好与 $N f_r$ 接近，则可能引发剧烈的定子铁心共振。

对于白鹤滩水电站发电机，经过计算，当由于转子圆度缺陷导致转子外圆出现 3 个明显偏离平均半径的高（或低）峰值时，对应于 $\nu_2 = 3$ 的谐波幅值分量将会很大，此时的力波激振频率为 $3 \times 111.1/60 = 5.55$ Hz。同时，定子铁心对应 3 对节点的固有频率为 5.25 Hz（$E_1 = 1.3 \times 10^6$ kg/cm^2），与力波频率很接近。因此，在白鹤滩水电站发电机的转子安装过程中，除了尽量保证转子圆度外，尤其要避免转子外圆出现 3 个明显偏离平均半径的高（或低）峰。

由以上分析可知，转子圆度缺陷导致的定子铁心低频振动与相应力波的节点对数、定子铁心对应相应节点对数的固有频率相关，但影响最大的仍然是力波的幅值，即谐波分量的幅值。而控制谐波分量幅值的根本措施，就是最大限度地避免或者减小各种类型的安装缺陷。

对于白鹤滩水电站发电机这种大容量、大尺寸的巨型发电机而言，东电近年来的供货项目如三峡右岸、三峡地电、溪洛渡、糯扎渡、大岗山、桐子林等水电站投运以来，均未发生明显的定子铁心振动问题，相应的测试数据见表 8-23。

表 8-23　由东方电机供货的部分大型水轮发电机定子铁心振动数据

电站名称	三峡右岸	三峡地电	溪洛渡	糯扎渡	大岗山	桐子林
单机容量（MW）	700	700	770	650	650	150
定子铁心外径（mm）	19 310	19 560	15 260	14 500	14 500	16 000
投运时间	2007.10	2011.12	2013.7	2013.3	2015.9	2015.6
定子铁心径向振动幅值（μm）	<30	20	10~20	1~3	20~30	20~30

东电在白鹤滩水电站为防止圆度缺陷，将采取以下几个成熟措施：

（1）转子支架采取工地组焊、现场加工立筋键槽的施工方案，通过加工来高质量地保证转子支架键槽表面的圆度。

（2）采用先进的转子磁轭加热方式，确保热打键阶段磁轭膨胀的均匀性。

（3）采用成熟的径向主键与切向键分离的磁轭键布置结构，以及径向打紧的磁极键结构，防止出现"虚打紧"现象，避免出现转子静态圆度合格但运行圆度超标的问题。

哈电也将在三峡水电站的经验基础上，针对发电机定子低频振动在白鹤滩发电机上采取以下一系列措施：

（1）转子支架采用工地现场加工主立筋再贴装副立筋的结构，可以保证主、副立筋平面的径向尺寸，有利于工地安装时降低工地热打键加垫片的难度及控制磁轭外缘的圆度。

（2）对磁轭结构进行了大量优化：磁轭工地叠装采用二段磁轭结构，有利于磁轭压紧，有利于减小磁轭残余变形和保证磁轭叠压质量；每段磁轭分别设切向加强键，有效减小磁轭的残余变形；磁轭采用全通风隙结构，同时减小磁轭冲片与拉紧螺杆之间的间隙，提高磁轭整体压紧度（刚度）可进一步减小磁轭残余变形。

（3）磁极铁心采用加强定位键结构，保证磁极制造的形位公差达到设计要求，提高装配精度和质量。

（4）磁极与磁轭连接结构采用大 T 尾结构，可有效加强磁极与磁轭连接的紧密性，提高机组运行时转子动态圆度的稳定性。

（5）缩短定子机座斜立筋弦距（弦距为 3 m 左右），提高机座径向刚度，可有效降低低频振动的幅值。

8.6　三峡 5 号发电机推力轴承损坏问题

8.6.1　问题现象

三峡左岸电站中 4~6 号、10~14 号共 8 台机组由同一厂家供货，其中 5 号机组于 2003 年 7 月最先投产，14 号机组于 2005 年 7 月最后投产。

该型机组推力轴承为弹性小支柱式，具体结构如图 8-36 所示，布置在下机架中心体内，其内、外径分别为 3.5 m 和 5.2 m。推力头外圆为下导瓦的配合面，其下平面用螺栓与镜板组合，上平面与转子支架下法兰连接。推力瓦为双层瓦结构，即托瓦与钨金推力瓦，在每块推力瓦下面装配有可进行受力调整的支柱螺栓，并附有监测装置。机组运行时，根据瓦面受力情况不同由弹性支柱的不同弹性变形来调节。推力瓦装有高压油顶起装置。

机组的推力头与镜板用长螺栓组合成一体结构，螺栓布置于推力头镜板装配的内、外圆两圈，每圈整圆均布 16 颗 M20 螺栓。镜板材质为 ST440，厚度为 82 mm，直径为 5203 mm，组合后总重量为 68 740 kg。

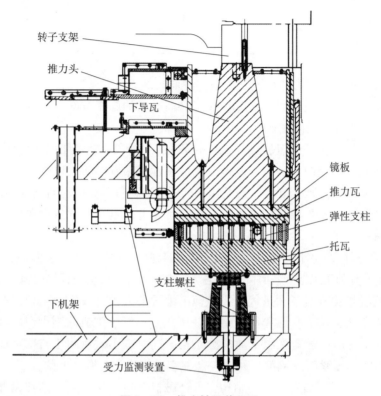

图 8-36　推力轴承装配图

投产后多年运行中，三峡左岸 ALSTOM 机组的推力轴承先后发生了一些故障。例如镜板与推力头连接螺栓均有不同程度的松动甚至断裂情况；镜板镜面发现较大变形；油箱内的润滑冷却油进入推力头与镜板结合面并产生锈蚀，而后锈蚀油泥进入油箱并产生污染。2009 年 11 月和 2011 年 2 月，5 号机组还先后两次发生了推力瓦烧瓦事件。

2011 年 3—4 月，三峡水电站 5 号机组的镜板和推力头拖运至武汉重机集团进行检查和机加工修复。首先对镜板进行了平面度和表面粗糙度检测，还对镜板与推力头的间隙做了测量，如图 8-37 所示。

平面度测量方法：Ⅰ、Ⅱ、Ⅲ为平尺摆放位置，A～G 为测点。镜板平面度检测记录见表 8-24。

两个方向的平面度测量结果趋势一致，均显示内圆面间隙较大，最大为 0.30 mm，最外圆面间隙几乎没有，0.02 mm 塞尺不能塞进，检测数据显示，镜板平面呈凹字形弯曲，平面度为 0.28 mm。而镜板表面粗糙度最大在 0.91 μm（镜板内圆），最小为 0.46 μm（镜板最外圆）。镜板与推力头结合缝间隙见表 8-25。

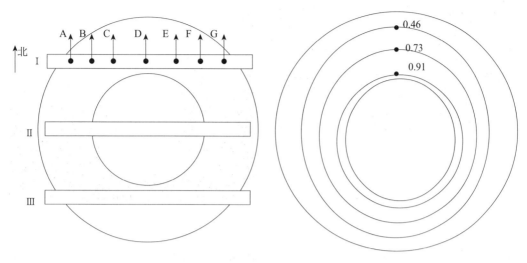

图 8-37　镜板平面度和表面粗糙度检测

表 8-24　5 号机组镜板平面度检测　　　　　　　　　　　单位：mm

	A	B	C	D	E	F	G
Ⅰ	<0.02	0.10~0.15	0.25	0.23	0.23	0.10~0.15	<0.02
Ⅱ	<0.02	0.15	0.22	—	0.22	0.15	<0.02
Ⅲ	<0.02	0.10~0.15	0.19	0.28	0.18	0.10~0.15	<0.02

表 8-25　5 号机组镜板推力头结合缝间隙检测　　　　　　单位：mm

测点位置	22 号	15~16 号	15~16 号	14~13 号	14~13 号	10~9 号	4~3 号	4~3 号
间隙值	0.02	0.05	0.04	0.04	0.04	0.04	0.03	0.02
间隙深度	60	10	100	20	100	100	20	40
间隙宽度	40	20	100	100	170	140	120	120

随后将镜板和推力头结合面分解开检查。拆卸后发现两个部件结合面均严重锈蚀。大部分区域呈深咖啡色锈斑，部分严重区域有黑色锈斑，有 2 颗连接螺栓断裂，连接螺栓断裂处有油泥堆积情况，推力头下端面及止口均有起壳及凹坑。各种情况如图 8-38~图 8-41 所示。

8.6.2　原因分析

从镜板和推力头把合面解开情况来看，推力头与镜板存在相对位移。螺栓断裂部位为与镜板连接段螺纹根部，断口整齐，其中断口上部约 15 mm 内有疑似挤压痕迹，检查其他螺栓孔发现，内圈螺栓孔及螺栓绝大部分有此痕迹，外圈螺栓孔无此现象。压痕位置一致，均位于俯视逆时针侧，怀疑螺栓有受到剪切应力的可能，这会导致螺栓断裂。

图 8 - 38　把合面整体情况

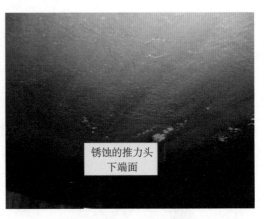

图 8 - 39　推力头下端面

图 8 - 40　镜板上端面

图 8 - 41　断裂的连接螺栓

一旦发生连接螺栓断裂，镜板与推力头把合面必定发生局部松动，在周期性受力的情况下，把合面会出现周期性的开合现象，更容易导致油脂混入其中，发生污染和锈蚀现象。而且螺栓断裂情况下，镜板因受力不均易变形，可能导致烧毁推力瓦。向家坝、溪洛渡水电站后续机型改进情况见表 8 - 26。

表 8 - 26　向家坝、溪洛渡水电站后续机型改进情况

机型	镜板厚度（mm）	连接面结构	连接螺栓数量	连接螺栓规格
向家坝哈电	80	无销钉，有密封环	2 圈 ×24	M20
向家坝 TAH	80	有销钉，无密封环	2 圈 ×24	M20
溪洛渡哈电	82	无销钉，有密封环	2 圈 ×24	M20
溪洛渡 VHS	220	有销钉，无密封环	1 圈 ×24	M42
溪洛渡东电	250	螺栓有销套，无密封环	1 圈 ×20	M30

向家坝、溪洛渡水电站的机组吸取了三峡机组的经验，在镜板与推力头连接结构上有所改进。从表 8 - 26 可以看出，改进措施：一是加厚镜板，增大镜板刚度，防止变形；二是配置销钉、销套，保护螺栓不受剪切力导致断裂；三是加密螺栓或加粗螺栓以防镜板变形。目前向家坝、溪洛渡水电站各型机组镜板与推力头均连接良好，也未发生镜板

变形导致烧瓦事件。

8.6.3　改进措施和效果

根据故障原因分析，采取了如下改进措施：

（1）加密了镜板与推力头的连接螺栓。将原有内外圈 16 颗 M20 螺栓加密为 32 颗。如此镜板与推力头间的连接螺栓从原 32 颗变为 64 颗。通过加密螺栓，增加了镜板与推力头的把合强度和均匀性，避免出现缝隙、镜板变形导致烧瓦。

（2）为防止推力油槽内油渗入推力头镜板把合面间，导致把合面污染，在推力头内外圆增加 2 组 $8.6_{0}^{+0.2}$ mm 宽的整圆密封槽，如图 8 - 42 中 3 所示。

（3）为避免连接螺栓受到切向力，在把合面上按整圈均匀增加 8 个径向骑缝销，骑缝销直径为 50 mm。为了防止径向销在机组运行时甩出，在销孔上加工了一个挡销槽，骑缝销上也相应加工了一个挡销环。

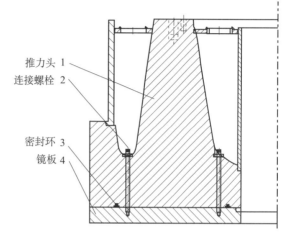

推力头　1
连接螺栓　2
密封环　3
镜板　4

图 8 - 42　推力头镜板组合示意图

截至 2017 年，三峡水电站 13 台 ALSTOM 机组的推力轴承均进行了上述改进，从改进后机组的运行情况来看，再未发生过烧瓦事件，轴承运行良好。

8.6.4　1000 MW 机组推力轴承镜板风险分析与预防对策

为避免推力轴承镜板变形的风险，哈电和东电均采用了以下相应措施：

（1）两型机组的镜板厚度均有增加，哈电、东电分别为 240 mm 与 220 mm，刚度提高，可以有效避免镜板变形恶化推力瓦运行条件，并防止推力头与镜板接触面出现间隙进而造成腐蚀。

（2）哈电机组推力头与镜板把合螺栓采用两圈各 24 个 M30 螺杆把合，大大提高了螺杆强度，而且有效提高推力头与镜板间预紧力，避免推力头与镜板接触面产生间隙而造成腐蚀；而东电采用销套螺栓连接结构，扭矩由销套传递，连接螺栓不承受剪力，避免被破坏。

（3）哈电机组推力头与镜板把合面内外侧均设置有密封槽并设有耐油橡皮条，可有效防止润滑油进入结合面而造成腐蚀。

8.7　三峡左岸电站投产初期水轮机导流板撕裂问题

8.7.1　问题现象

三峡左岸电站 8 台 ALSTOM 机组的水轮机蜗壳上、下环板处各装有 50 块导流板，导流板与座环焊接连接，相邻导流板之间通过弧形筋板焊接连接，其作用主要是使进入固定导叶的水形成稳定环流,平稳过渡到固定导叶的进口。导流板安装位置示意图如图 8 - 43 所示。

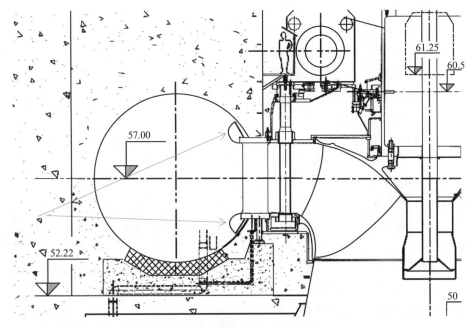

图 8 -43　导流板安装位置示意图

该型机组投产后,有 3 台机组先后共发生 7 次部分导流板损坏,其中 6 号机组 3 次, 10 号机组 2 次,11 号机组 2 次,损坏形式有撕裂和裂纹。导流板损坏情况见表 8 - 27, 导流板撕裂脱落如图 8 - 44 所示。

表 8 -27　导流板损坏情况统计

序号	机组号	时间	受损部位	受损尺寸（mm）	破坏形式
1	6F	2004. 02	11 号下导流板	1100 × 1050	部分掀起并脱落
			7 号下导流板右侧焊缝	810 × 430	未掀起未脱落
2	6F	2005. 03	21 号下导流板	1100 × 860	部分掀起并脱落
			22 号下导流板	1700 × 1100	整体掀起并脱落
			16 号下导流板	810 × 430	撕裂未脱落
3	6F	2005. 12	35 号下导流板左侧焊缝	350	纵向裂纹
4	10F	2005. 01	16 号上导流板	1200 × 700	掀开并脱落
			17 号上导流板右侧焊缝	480 × 100	L 型裂纹
			18 号上导流板	1100 × 910	掀开未脱落
5	10F	2005. 12	20 号下导流板	1100 × 800	部分掀起并脱落
			25 号下导流板	1100 × 1050	部分掀起并脱落
			19 号上导流板右侧焊缝	680	纵向裂纹
6	11F	2005. 10	35 号下导流板	1100 × 900	部分掀起未脱落
7	11F	2006. 03	34 号上导流板左侧焊缝	550	纵向裂纹

图 8 - 44　导流板撕裂脱落

8.7.2　原因分析

为分析研究导致蜗壳导流板撕裂的原因，2006 年 2 月对 ALSTOM 供货的 13 号机组进行了蜗壳导流板振动、应力和压力脉动试验。

从测试结果看，机组开停机过程中，尽管在导叶开启时导流板内外侧压力出现了多次幅值较大的波动，但实测导流板应力变化不大，导流板静应力及动应力幅值都较小。机组在不同负荷工况下，实测导流板最大水平静应力为 13.91 MPa，最大垂直静应力为 7.14 MPa，导流板筋板最大静应力为 5.08 MPa；导流板最大动应力为 6.07 MPa，导流板筋板最大动应力为 5.87 MPa。机组不同负荷工况下，实测导流板与筋板的动应力幅值都较小。

机组从空载升负荷至 600 MW 后运行约 60 s 时，导流板内外侧压力和动应力混频幅值出现突然增大现象，导流板内外侧压力脉动最大混频幅值约为 80 kPa，导流板的动应力混频幅值为 63 MPa，且振动频率较高，主要频率成分为 119 Hz、237 Hz（约 119 Hz 的 2 倍频）和 352 Hz（约 119 Hz 的 3 倍频）。初步分析，蜗壳导流板可能存在水力共振现象。根据固有频率测试结果，8 块导流板在空气中的一阶固有频率约为 190 Hz，考虑水体质量附加力，估算在水体中的固有频率与 119 Hz 比较接近，当某一水力激振源频率与其相等或接近时，容易引发导流板产生共振。

从试验结果来看，在机组负荷升高至 600 MW 后运行约 60 s 时出现高周交变应力，且交变应力的幅值较大，是导流板产生疲劳裂纹、引起导流板撕裂的主要原因。从图 8 - 44 也可看出，导流板是一端焊接在座环上、另一端悬空的悬臂结构，这种结构更易在交变应力下发生疲劳。

三峡水电站的其他机型，导流板内侧的支撑筋板或加强结构均更加密集，相应结构强度也更大。向家坝、溪洛渡水电站各型机组的导流板结构也比三峡左岸 ALSTOM 机组有所增强，目前运行均未发现撕裂现象。

8.7.3　处理措施和效果

考虑到导流板支撑结构属于机组埋件，结构设计上改造施工难度较大，所以仅对导流板进行加固修复处理。

首先是全面检查上、下导流板表面破损、撕裂情况，拆除不合格导流板，同时对导流板一般裂纹和焊缝裂纹进行补焊处理。

其次是新增加强结构。在 1~39 号导流板上，下导流板与弧形筋板连接处的尾端加焊长 500 mm、焊角高 6~8 mm 的立角焊缝；在筋板与导流板连接部位内侧边缘加焊长 30 mm、厚 5 mm 的方形加强筋板；在 1~39 号导流板上、下导流板内侧距边缘 150 mm 处加焊横向加强筋板，加强结构示意图如图 8-45 所示。

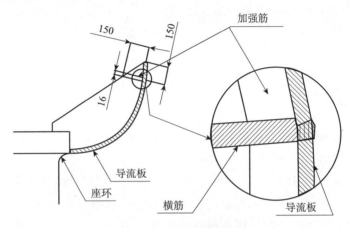

图 8-45　加强结构示意图

导流板修复和裂缝处理工艺依据 ALSTOM 方面提供的方法和要求，所有横向加强筋和托板及导流板材质均为 Q235C，厚度均为 16 mm，横向加强筋和托板宽度均为 150 mm，长度根据导流板适配。焊接前对导流板所有焊缝处进行 PT（着色渗透探伤检验）检测，对不合格部位应更换导流板或在原位置补焊。焊接完毕后，进行 PT 检测，对检测不合格的部位进行重新补焊处理，直至 PT 检测合格。对处理后的焊接部位与区域重新进行防腐处理。对所有焊缝除漆、表面抛光打磨后进行 PT 检测，检查是否有裂纹产生，并做好标记。

通过以上修复及加固处理，提高了导流板的结构强度，后续机组运行过程中未出现变形、撕裂等情况。

8.7.4　1000 MW 机组导流板撕裂风险分析与预防对策

为避免白鹤滩水电站 1000 MW 机组出现类似问题，导流板应谨慎采用三峡机组蜗尾结构，如采用类似结构，则应加强结构刚度。

白鹤滩水电站哈电机组在水力研发时，模型座环按真机座环采用双平板厚板结构，导流弧在上、下平板上直接加工设计，故已不存在导流弧板脱落的问题。

传统设计的导流弧板，一侧与座环环板焊接，另一侧与座环蜗壳过渡段焊接成一体，没有出现导流弧板撕裂脱落的问题。白鹤滩水电站东电机组导流弧板即采用类似传统结构，导流弧板的截面两端分别与座环环板和蜗壳焊接，相比一端焊接的悬臂结构，具有更好的稳定性和抗撕裂能力。导流板焊缝坡口深度与板厚相同，焊缝做全部的磁粉探伤检查，结果合格；焊缝表面全部按过流面的要求磨光并且圆角过渡，确保焊缝质量优良。东电机组导流弧板结构如图 8-46 所示。

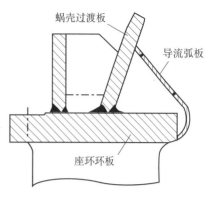

图 8-46　东电机组导流弧板结构

由于导流弧板的刚度比座环环板及蜗壳低得多，属于柔性结构，在蜗壳受压膨胀及放空泄压的情况下，均能够产生适当的变形以适应膨胀和收缩。另外，导流弧板与座环环板及蜗壳过渡板三者形成的空腔有多个平压孔与蜗壳流道联通，保证弧板内外侧压力平衡，弧板不单独承受蜗壳内的水压力，避免导流弧板受压屈曲变形或破坏。该结构已经过多个不同水头、不同容量、不同尺寸大小的机组实际运行的检验，结构是安全可靠的。

8.8　三峡 5 号等机组关机水体激振问题

8.8.1　问题现象

三峡左岸电站 ALSTOM 供货的 8 台机组中，5 号机组于 2003 年 7 月最先投产。5 号机组于 2003 年 6 月启动调试期间进行过速试验，当导叶开度关闭至 5% 左右、机组转速约 100% 额定转速时，水轮机出现异常强烈振动，水轮机活动导叶剪断销（拉断杆）被剪断，导致紧急关闭进水口快速门。

之后 6 号机组在启动调试期间的过速试验关机过程中，出现了同样的异常振动现象。当 6 号机组导叶关闭至约 4% 导叶开度时，转速此时下降到 70~75 r/min，水轮机导水机构出现异常强烈振动。与此同时，顶盖、控制环、导水机构拐臂等水轮机结构部件产生了剧烈的机械振动。两台机组发生异常振动时，三峡水电站上游水位在 135~135.5 m 之间，尾水位在 66~69 m 之间。

根据在线监测系统的监测结果，异常振动的频率为 1.359 Hz。该频率最为明显地体现在蜗壳水压波动上，其水压波动幅值达 37 m 水柱等效压力，超过了机组水头（69 m）的一半。其他结构部件的振动，虽然呈现出其他的频率，但其振动仍受到蜗壳水压的主导，如图 8-47 所示控制环的轴向跳动。另外，在振动时，转轮室、尾水管的水压并未发生明显的波动，说明活动导叶前后的压力波动规律完全不同。

哈电为三峡右岸电站生产的 4 台（23~26 号）700 MW 机组，采用与 ALSTOM 机组相同的设计。2007 年 6 月，26 号机组（首台投产哈电机组）启动调试运行过程中，在进行过速 152% 试验时，机组也出现了与左岸 ALSTOM 机组类似的异常振动与水压脉动现象。

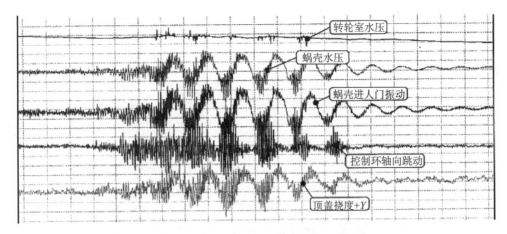

图 8-47　关机过程中机组振动及压力波形图

26 号机组过速过程中，压力脉动与振动幅值突然增大。其中蜗壳进口压力脉动幅值为 235 kPa，无叶区压力脉动幅值为 528 kPa，水导摆度、上机架、下机架与顶盖振动幅值均超过了 1 mm，同时，机组多处导叶剪断销发生了断裂。此时，机组转速为 95.8 r/min，而压力脉动与振动幅值却比最高转速 119.76 r/min 时还要大许多。

8.8.2　原因分析

针对"ALSTOM 系"水轮机异常振动的问题，各相关方进行了研究分析。ALSTOM 公司采用 Gibson 法（压力时间法）估计出流量的变化过程，并认为负流量是机组异常振动的主因。这一说法遭到了一些专家的质疑，因为最大振动与负流量的最大值并不对应。哈尔滨大电机研究所进行了模型试验，认为引起振动的原因是水轮机从反水泵工况快速进入零流量，从而发生水锤现象所致。

华中科技大学结合模型试验的数据以及三峡水电站三次真机试验数据，提出了新的观点。这三次真机试验中采用了不同的活动导叶关闭规律，其中前两次出现了强烈振动，而第三次没有。在三次试验中，都出现了负流量，但第一次和第二次振动开始的时候流量已经变为正值，不再是负流量，而第三次试验中也出现了负流量，却没有发生振动。因此，华中科技大学认为负流量不是引起振动的必要原因。

华中科技大学认为水锤也不是发生振动的原因。其一，反水泵工况是指水轮发电机组在运行过程中出现负流量，但转轮的旋转方向仍然与水轮机工况一致。从真机数据上看，上述三次关机过程都出现了反水泵工况，也都有流量由负进入到零流量的过程，但是前两次发生了振动而第三次没有。其二，如果是水锤引发的振动，则振动幅度应该和水击的强度相关。由于在开始时导叶关闭速度较快，此时的流量变化率大大高于流量由负变正时的流量变化率，从而水锤引起的压力变化也是开始的时候大于流量由负变正的时候，但此时没有异常振动；在流量由负变正的时刻，第三次关机过程中没有异常振动，但其实这次的流量变化率大于前两次。因此，水锤应该也不是引发异常振动的原因。

综上所述，排除了负流量和水锤的因素，那么造成异常振动的一个可能性较大的原因是水体共振。机组在极小开度下的异常振动非常强烈，两次试验时测得的振动频率相当稳定，从这两点事实来看，水体共振是一个不能排除的原因。

水体共振发生的充要条件：一是激振源；二是固有频率相符的共振水体。前者只可能来源于旋转的转轮。转轮的转速是不断变化的，激振力的频率也在变化。当激振力的频率与水体的固有频率接近到一定程度时，就会发生强烈振动。当激振力的频率继续变化以后，共振现象又会自动消失。这样的设想与实际发生的现象非常接近。

共振水体初步认为是蜗壳与压力钢管内的水体，其末端为导叶的开口。导叶开口不同，其固有频率也会有所不同。转轮作为激振源所产生的压力脉动的频率与转速相关，而转轮的转速与导叶开度也相关。如果某种导叶关闭规律使得两者的频率在某一时刻达到相等或非常接近，就可能引起共振现象。异常振动现象只是发生在特定的开度与转速下，是因为只有在这个特定的条件下两者的频率才正好相等。

华中科技大学采用 STAR-CD 解算器对三峡左岸 6 号机组包括蜗壳、固定导叶、活动导叶、转轮和尾水管在内的区域进行了动态 CFD 分析，发现在导叶小开度下，的确会产生 1.359 Hz 的压力脉动。这就解释了水体共振的激振力的来源。曾有文献从理论上分析计算了刘家峡水电站 2 号机组压力钢管内出现的共振响应现象，得出水体共振导致了压力脉动约 20 倍的放大。对比三峡 6 号机组，华中科技大学计算出的压力脉动峰峰为 12 ~ 28 kPa，而实测的压力钢管压力脉动约为 379 kPa，放大了 13 ~ 31 倍，与刘家峡水电站的分析文献基本相符。

8.8.3　处理措施和效果

如上分析，机组发生异常振动与机组的转速、导叶开度有直接关系，在某种导叶关闭规律下，激振力与共振水体的固有频率一致或非常接近，则引发水体共振。因此要消除水体共振，可以在导叶关闭规律上采取措施。

为验证上述方法，在 6 号机调试过程中，将导叶分段关闭规律的第三段由 24 s 延长至 120 s 后，重复关机试验未发生异常振动现象；反之，当导叶分段关闭规律的第三段缩短至 15 s 后，振动更加剧烈。分析和试验表明，为避免过速关机出现振动，导叶分段关闭规律的第三段时间不宜小于 40 s。根据上述原则提出的导叶最佳关闭规律，已在三峡左岸其他同型号机组上采用，避免了过速关机过程中异常振动现象。在 2006 年 10 月 22 日库水位蓄至 156 m 进行的过速试验中，机组未再发生异常振动。

鉴于三峡右岸 26 号机组在 152% 过速试验中的异常振动现象与 ALSTOM 机组非常相似，因此同样采取了对导叶关闭规律进行调整的措施。第三段关闭时长由 4.9 s 延长至 92 s。导叶关闭规律调整后机组再次进行过速试验，机组压力、摆度与振动变化缓慢，没有发现异常的振动或水压脉动现象，水力共振问题得以解决。

8.8.4　1000 MW 机组水体共振风险分析与预防对策

三峡"ALSTOM 系"机组关机时出现水体激振问题，各相关方都进行了持续的研究分析，引起振动的原因说法不完全一致。哈电认为现有研究都侧重于水体和流态方面，没有注意导叶支撑结构的稳定性问题。如果仅从导叶关闭规律上解决"水体激振"问题，那么其他机组包括 1000 MW 机组都还会有水体共振风险。

通过对引起振动的主体（导叶及支撑结构）分析对比，三峡"ALSTOM 系"机组导叶的支撑刚度偏弱（轴瓦间隙大，导叶臂止推瓦铺设面积偏小、止推压板间隙大等）。在快速关闭时导叶受到的水力扰动大，易造成导叶振动，在接近关闭位置时使导叶立面密封之间流态引起自激振荡。哈电分析认为引起异常振动的原因，主要与导叶的支撑稳定性有关，在抽水蓄能机组上，为防止引起导叶自激振动，各制造公司都对导叶的支撑结构稳定性采取了加强措施，如采用小间隙轴承、楔形预应力轴承、上导轴承偏心预应力支撑等。

为防止 1000 MW 机组水体共振（导叶小开度自激振动），白鹤滩哈电机组设计时加强了导叶的支撑稳定性，具体措施包括导叶支撑采用小间隙轴承配合、导叶臂推力瓦采用整圈铺设、导叶臂止推压板采用整圈结构等，同时加强了导水机构部件的刚强度。

在白鹤滩水电站东电机组设计中，尤其关注了导叶（含活动导叶与固定导叶）的固有频率与水力激励频率的错开。首先对活动导叶进行水下固有频率分析与错频分析，分析涉及两种介质，即空气中和水中。空气及水中活动导叶的固有振动频率计算结果见表 8 - 28。

表 8 -28　活动导叶固有振动频率计算结果

阶数	空气介质下 自振频率（Hz）	水介质下 自振频率（Hz）	下降系数
1	277.9	273.4	0.984
2	356.3	339.6	0.953

活动导叶可能的激振频率见表 8 - 29。

表 8 -29　活动导叶可能的激振频率

激　励　源	频率（Hz）
转频	1.852
叶片通过频率（15 个）	27.775
导叶通过频率（24 个）	44.440
活动导叶卡门涡频率	465.94 ~ 685.79
涡带（Rope）频率（0.20 ~ 0.4 倍转频）	0.371 ~ 0.741

由表 8 - 28 可以看出，活动导叶固有频率与卡门涡频率有效避开 10% 以上，同时与其他激励力频率均避开，满足安全稳定运行要求。

此外，为了确保固定导叶不发生卡门涡共振，需要对固定导叶水中的固有频率与错频分析。

空气及水下固定导叶的固有振动频率计算结果见表 8 - 30，可能的激振源频率计算结果见表 8 - 31。

表 8 - 30　固定导叶固有振动频率计算结果

组别	阶数	空气中（Hz）	水中（Hz）	系数
第一组 （1~5 号固定导叶）	1	214.442	186.586	0.870
	2	334.62	288.316	0.862
第二组 （6~13 号固定导叶）	1	211.114	179.358	0.850
	2	339.583	288.482	0.850
第三组 （14~22 号固定导叶）	1	195.602	163.196	0.834
	2	331.648	275.882	0.832

表 8 - 31　固定导叶可能的激振源频率计算结果

激励力名称	激励力频率（Hz）
机组转动频率	1.8517
导叶通过频率	44.44
2 倍导叶通过频率	88.88
转轮叶片通过频率	27.775
3 倍转轮叶片通过频率	83.325
固定导叶出口卡门涡频率	687.62~794.32
涡带（Rope）频率（0.2~0.4 倍转频）	0.3703~0.7407

由此可以看出，各组固定导叶水中的固有频率均有效避开了卡门涡频率，固定导叶不会发生共振。

除了错频设计外，在结构方面，白鹤滩东电机组特别注重顶盖结构刚性和活动导叶稳定性的设计。顶盖采用低应力厚重结构，有足够的刚性支撑活动导叶传递的作用力。导叶轴承间隙最大值不超过 0.33 mm，导叶关闭采用线接触，避免有面接触压力传递到导叶，提高了导叶承载条件下的稳定性。这些都将有利于避免关机水体激振。

作为预案，调整导叶关闭规律也是应对水轮机与水体共振的对策之一。

8.9　三峡右岸 17 号发电机推力轴承油池设计问题

8.9.1　问题现象

三峡水电站右岸东电供货的机组共 4 台，其中 17 号机组安装进度最快。2008 年 7 月，17 号机组总装盘车时（尚未挂转轮，推力负荷约 1850 t）发现高压油顶起装置投入后，机组依然难以盘车转动。检查发电机转子及推力头外围未发现有碰撞摩擦痕迹，于是怀疑推力轴承高压油未完全顶开推力瓦。

此后启动推力轴承高压油顶起系统，在间隔 90° 的三个位置测得镜板抬起高度为 0.08 mm，转子风闸处抬起约 0.05 mm，所有推力瓦外缘间隙 0.05 mm（塞尺深入瓦内约 150 mm）。再将所有推力瓦高压油入口处的节流孔板取掉，用内窥镜观察了两块瓦，发现两块瓦外油池对应的瓦外径、进油边、出油边都有油流淌下，而内油池对应的瓦出油边侧没有油流淌下。由此确认高压油顶起系统未将推力瓦内径侧与镜板面完全顶开，造成瓦面摩擦阻力过大和盘车困难。

8.9.2　原因分析

三峡水电站右岸东电机组推力轴承采用了与左岸 VGS 相同的结构和相近的尺寸，均为加拿大 GE 公司传统结构的多弹簧支撑方式，瓦面材料为巴氏轴承合金，单层瓦结构，如图 8 -48 所示。

图 8 -48　三峡 VGS 机组推力瓦小弹簧支撑结构

VGS 机组的推力瓦面上设置了 2 个环形油池（外侧内侧各一），两个环形油池间有联通沟互通，其中外侧环形油池上还设置有高压油的出油口。

由于三峡水电站左岸 VGS 机组推力轴承瓦温过高，因此东电在设计右岸机组推力轴承时进行了若干改进，包括增大推力瓦的瓦面尺寸、提高外循环冷却系统的冷却能力、调整进出油管的位置以改进循环油路、优化厚度尺寸以及弹簧个数以获得较佳的瓦面形状等，取得了较好的效果。700 MW 负荷下推力轴承最高瓦温 72.4℃，相对油槽油温最高温升 35 K，温升比同期左岸 VGS 机组降低 7 ~ 11 K。

东电推力瓦油池原始设计如图 8 -49 所示。

东电对推力瓦油池原始设计进行了在未挂转轮状态下的油膜计算，结果如图 8 -50 所示。

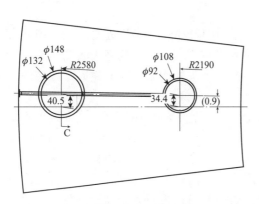

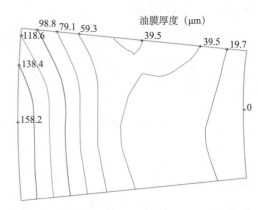

图 8 -49　三峡水电站右岸东电机组推力瓦油池原始设计　　图 8 -50　未挂转轮时原推力瓦设计的油膜分布

从图 8 - 50 可知，原设计的确会导致在未挂转轮时推力瓦内侧油膜偏薄，从而导致摩擦力过大而无法盘车。

8.9.3　处理措施和效果

东电对此进行了多方案改进对比计算和试验。首先是将原外油池由圆形填充为月牙形，如图 8 - 51 所示，目的是通过减小外侧的油池体积，促使油膜偏向内侧。

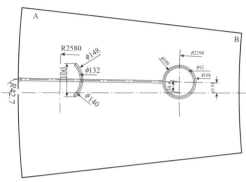

图 8 - 51　月牙形外油池

在这种油池分布下，东电做了油膜分布计算，如图 8 - 52 和图 8 - 53 所示。从计算来看，挂转轮前推力瓦内侧出油边角的油膜厚度不足，而挂转轮后推力瓦外侧出油边角的油膜厚度不足，均有可能造成瓦面磨损。实际结果如图 8 - 54 和图 8 - 55 所示。

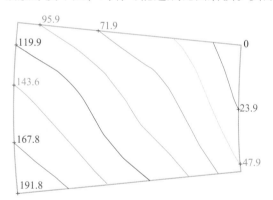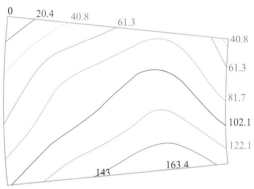

图 8 - 52　挂转轮前油膜分布（单位：μm）　　图 8 - 53　挂转轮后油膜分布（单位：μm）

图 8 - 54　挂转轮前盘车后内侧瓦面　　图 8 - 55　挂转轮后盘车外侧瓦面

综上所述，不论模拟计算还是实际验证都说明，简单填充外油池改为月牙形，不能满足推力瓦油膜分布的要求。东电后续设计了多种瓦面油池方案，包括新双环形联通油池、双出油口双环形油池等（见图 8-56～图 8-58），并均通过计算和实际盘车来验证方案。

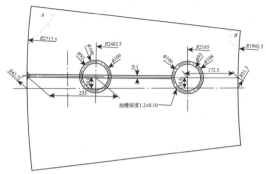

图 8-56　新双环形联通油池方案

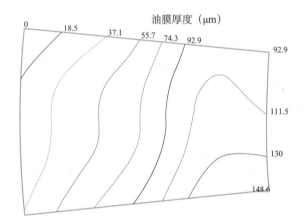

图 8-57　新双环形联通油池实物

图 8-58　新双环形联通油池挂转轮后油膜分布

这个新双环形联通油池方案与原方案比，缩小了外侧的环形油池，直径由 148 mm 变为了 100 mm，内侧环形油池直径依然是 108 mm。从图 8-58 可以看出，在转轮挂装后依然出现了推力瓦外侧出油边油膜厚度不足，可能引发瓦面磨损。不论原方案，还是新双环形联通油池方案，瓦面上均只有一个出油口。东电提出增加一个出油口，为内外侧的环形油池均配置一个出油口，并取消双环形油池间的联通沟，由此形成了双出油口双环形油池方案。东电机组设计了两种双出油口双环形油池方案，两者的区别在于环形油池的直径不同，分别是 100 mm 和 80 mm，而油池的布置和相应出油口的位置也有所不同，如图 8-59～图 8-62 所示。

计算分析的挂转轮前后的油膜厚度分布如图 8-63～图 8-66 所示。

从图示的计算结果可以看出，ϕ80 mm 双油池方案的油膜分布更合理，在挂转轮前后均能形成覆盖全面厚度更佳的油膜。所以最终东电选择 ϕ80 mm 双油池方案作为最终改进方案。

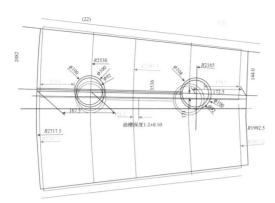

图 8 -59　双 ϕ100 mm 方案

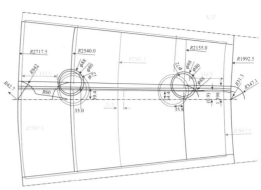

图 8 -60　双 ϕ80 mm 方案

图 8 -61　双 ϕ100 mm 方案实物图

图 8 -62　ϕ80 mm 方案实物图

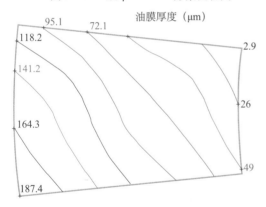

图 8 -63　双 ϕ100 mm 方案挂转轮前

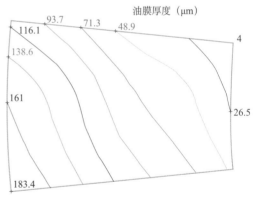

图 8 -64　ϕ80 mm 方案挂转轮前

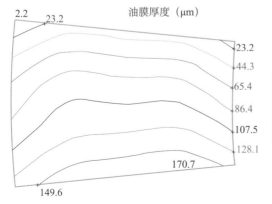

图 8 -65　双 ϕ100 mm 方案挂转轮后

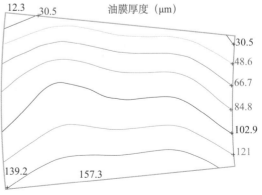

图 8 -66　ϕ80 mm 方案挂转轮后

东电按照新方案加工了推力瓦，现场进行了更换。之后机组盘车顺利进行，启动调试阶段 700 MW 满负荷 72 h 试运行时推力轴承温度为 69~72℃，表现良好。

8.9.4 1000 MW 发电机推力轴承高压油顶起风险分析与对策

为防范类似风险，白鹤滩两型机组设计时均有针对性计算分析。东电机组推力负荷 4325 t，比溪洛渡（3700 t）增加近 17%。计算结果表明，白鹤滩推力轴承设计方案计算结果优于溪洛渡设计方案，机组运行时最小油膜厚度大于 0.040 mm，轴承瓦温小于 80℃，计算结果见表 8-32，其分布如图 8-67~图 8-70 所示。

表 8-32　白鹤滩水电站东电机组推力轴承计算表（额定运行工况）

参数	溪洛渡东电	白鹤滩东电
额定推力负荷（t）	3700	4325
转速（r/min）	125	111.1
单位压力（MPa）	4.78	4.83
外循环热油温度（℃）	40	40
最小油膜厚度（μm）	40	46
主承载区油膜厚度（μm）	60	64
平均油膜厚度（μm）	121	124
最大油膜压力（MPa）	13.51	12.41
最高油膜温度（℃）	84.6	78.4
瓦的监测温度 RTD（℃）	72	68.5

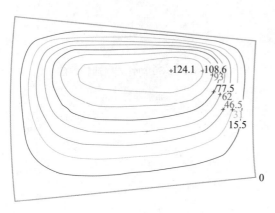

图 8-67　额定运行时油膜
压力分布（单位：×0.1 MPa）

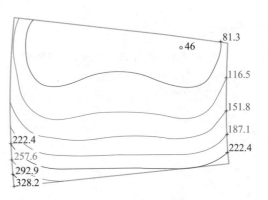

图 8-68　额定运行时油膜
厚度分布（单位：μm）

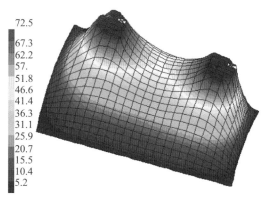

图 8-69　顶起时油膜压力分布（单位：×0.1 MPa）

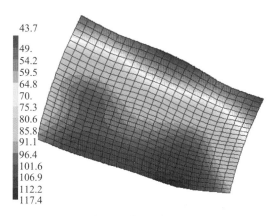

图 8-70　顶起时油膜厚度分布（单位：μm）

高压油顶起时，最小油膜厚度大于 0.040 mm，可以保证盘车的顺利进行，不会损坏瓦面。具体参数及计算结果见表 8-33。

表 8-33　白鹤滩东电机组静态高压油顶起计算参数及计算结果

参数	单位	数值
机组转动部分重量	t	2685
比压	MPa	3.00
外油池直径	mm	120
内油池直径	mm	120
最小油膜厚度	μm	44
平均顶起高度	μm	89
油泵流量	L/min	90
油泵工作压力	MPa	10.75
油池压力	MPa	7.25
油泵额定压力	MPa	25
油泵电动机额定功率	kW	22

白鹤滩水电站哈电机组的转动重量为 29 596 kN，高于三峡和向家坝，为此哈电在设计上提高了高压油顶起的供油量，使顶起高度与三峡、向家坝水电站轴承处于相同水平，具体参数见表 8-34 和表 8-35。同时对高压油顶起时推力瓦变形、油膜厚度分布进行了计算，如图 8-71 和图 8-72 所示。

表 8-34　推力轴承参数

序号	参数	三峡/向家坝/白鹤滩
1	瓦内直径（mm）	3500
2	瓦外直径（mm）	5200
3	瓦夹角（°）	12.6
4	瓦厚（mm）	64/115/240
5	瓦块数	24

表 8 - 35　高压油池计算参数

序号	参数	三峡	向家坝	白鹤滩
1	顶起量（mm）	0.061	0.06	0.06
2	机组转动部分重量（kN）	25 800	26 166	29 596
3	一套瓦的润滑油流量（L/min）	70	70	80
4	顶起压力（MPa）	21.5	21.8	25
5	泵电机功率（kW）	45	45	45

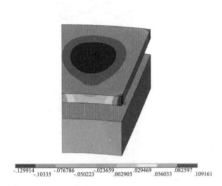

图 8 - 71　顶起时瓦变形

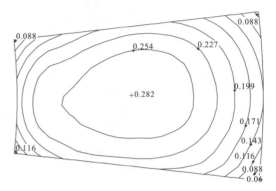

图 8 - 72　顶起时瓦面油膜厚度分布

8.10　溪洛渡 7 号等机组定子铁心断片问题

8.10.1　问题现象

溪洛渡左岸电站 7 ~ 9 号机组由上海福伊特（VHS）公司设计制造，分别于 2013 年 11 月、2013 年 8 月、2013 年 9 月投产。2017 年 12 月，7 号机组在运行时发生定子绕组接地短路，现场检查发现定子铁心 499 号槽下端部的阶梯段中有铁心硅钢片断裂，断裂的硅钢片割伤 499 号槽上层线棒，破坏了线棒主绝缘导致发生接地短路。割伤线棒的是第 4 阶梯段的右侧硅钢片齿部，如图 8 - 73 和图 8 - 74 所示。

图 8 - 73　溪洛渡 7 号机组铁心断片割伤线棒

图 8 - 74　溪洛渡 7 号机组铁心阶梯段断片

VHS 定子铁心高度为 2750 mm，定子铁心的内、外径分别为 13 800 mm 和 15 000 mm，由 0.5 mm 厚的低损耗硅钢片现场叠制而成，共 576 槽。定子铁心由通风槽分成多段，通风槽钢为 5 mm 高的不锈钢，截面为工字形。铁心的上端部和下端部均设计 7 级阶梯，上下阶梯段均在 VHS 工厂叠制，并用黏胶将铁心扇形片层间黏结，整体送至工程现场安装。

在拆除 499 号槽线棒过程中，发现该处铁心片黏结已完全散开，检查用塞尺很容易插入铁心片间。检查中还发现 7 号机组铁心其他槽的类似部位也有铁心片断裂现象，如 482 号槽。此外，还发现铁心下端部阶梯段的硅钢片多处出现散开现象，如图 8 - 75 所示。

图 8 - 75　溪洛渡 7 号机组铁心阶梯段散开现象

随后对 8 号、9 号两台同型机组进行了检查，发现铁心端部阶梯段的硅钢片普遍存在不同程度的松动现象。统计表明，约 75% 的铁心阶梯片齿部未松动，约 10% 轻微松动，约 15% 明显松动。检查中还发现，断片或松动现象多发生在阶梯段的第 2 ~ 4 段，铁心阶梯段硅钢片原有黏胶黏结效果不佳，与设计要求不符。

更详细的检查发现，压指和阶梯片之间有间隙，0.1 mm 塞尺可以插入 5～10 mm。部分压指似乎不是一个平面，前部有低头或打磨现象，如图 8－76 所示。多处铁心阶梯片齿部可以用手抠开，但铁心叠片的直线段并未出现散开现象，如图 8－77 所示。

图 8－76　压指有低头或打磨现象

从黏结的和松动的齿上切取样片，如图 8－78 所示。

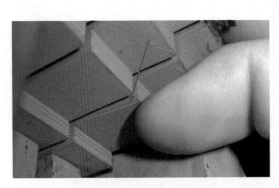

图 8－77　阶梯段散开现象

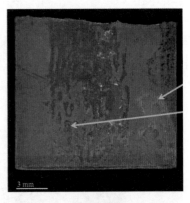

图 8－78　取自 9 号机组的样片

该样片显示没有有效的黏结，但没有松开。仅约 20% 面积有胶，其中仅约 20% 有效黏结，但整体上黏结不良。黏胶涂刷面积不足、胶固化时没有正确地压紧，导致叠片没有牢固地黏结成整体。

8.10.2　原因分析

VHS 机组的铁心在上下端部设置了阶梯段，这是水轮发电机组的常见设计，其目的是减少端部漏磁和损耗。

铁心阶梯段的设计不仅要考虑漏磁和损耗，也要考虑受力。而定子整体的压紧和稳定性是靠上下两端的压指和压板通过压紧螺杆实现的，铁心端部结构及漏磁损耗分布如图 8－79 所示。

为减小轴向漏磁和损耗，VHS 设计的铁心压指和阶梯段的外轮廓线基本按照圆形分布，最初的几个阶梯外伸距离较长，压指处的压力形成压力分布锥，无法传递到硅钢片齿部末端，硅钢片台阶末端无法压紧，相关部位的压指和压力锥分布如图 8 - 80 所示。为此，按设计要求需要黏胶来固结端部齿片，以此提供该区域需要的刚度和整体性来避免齿片轴向（图中为上下方向）运动。

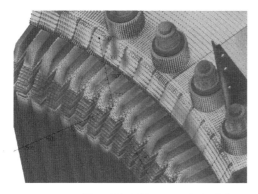

图 8 - 79　铁心端部结构及漏磁损耗分布

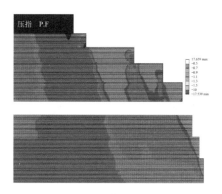

图 8 - 80　压指和压力锥分布

VHS 对铁心齿部断片进行了数字显微镜观察分析，无论断裂起始阶段还是扩展阶段，都没有强迫断裂迹象。断裂面具有近乎相等宽度的条纹，说明在断裂扩展过程中载荷是几乎恒定的。

现场检查发现铁心阶梯段硅钢片齿部并未黏结牢固。由于定子铁心要承受 100 Hz 的电磁力，铁心端部未黏结牢固的叠片在此电磁力作用下上下振动产生疲劳损伤，这是导致硅钢片齿部断裂的最可能的原因。阶梯片齿部根部受力分析如图 8 - 81 所示。

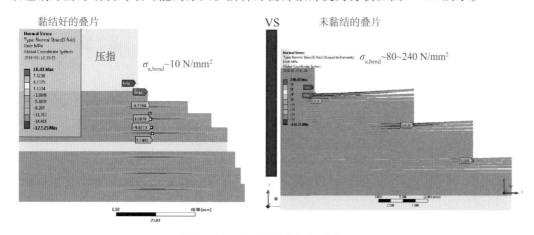

图 8 - 81　阶梯片齿部根部受力分析

检查溪洛渡水电站其他机型，均未发现类似 VHS 机型的情况。对比溪洛渡水电站其他机型铁心设计，VHS 机组铁心至少有两处明显不同：

一是阶梯段轮廓线不一样，VHS 机组铁心阶梯段外轮廓线是圆弧，导致前 4 阶铁心阶梯横向长度较大，难以压紧，如图 8 - 82 所示。其他机型铁心阶梯段外轮廓线是直线且横向长度较短，更符合压力锥的分布。

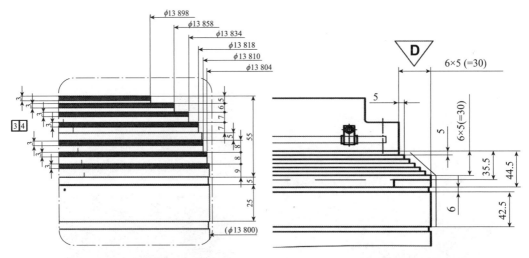

图 8-82　溪洛渡 VHS 机组（左）与向家坝 TAH 机组（右）铁心阶梯段剖面

　　二是阶梯段硅钢片齿部一般采用开槽设计，以减少硅钢片齿部的宽度继而减少齿部的涡流损耗。其他机型均只开一槽，VHS 机型开两槽，导致硅钢片齿部过于细长，强度较弱，更容易折断，如图 8-83 所示。

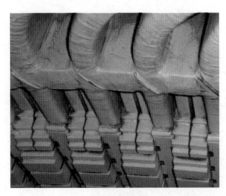

(a) 其他机型　　　　　　　　　　　(b) VHS机组

图 8-83　铁心阶梯段开槽区别

　　经多次组织各方专家研究讨论，最终认为溪洛渡水电站 VHS 机组铁心断片的原因主要有以下两点：一是铁心端部各级阶梯长度配合不当，部分阶梯过长导致铁心端部压紧死区过大，造成端部叠片缺乏约束；二是阶梯片黏结施工工艺欠缺，造成黏结不牢，在电磁力作用下散片、振动直至疲劳断片。

8.10.3　处理措施和效果

　　为尽快消除故障恢复机组运行，VHS 公司提出先采取了临时措施，主要如下：

　　第一，增加叠片黏结，首先对断片进行了拔除，并清理阶梯片表面的粉红绝缘漆，然后在阶梯片处涂胶，尽量让黏胶通过渗透作用进入阶梯片层间，然后压紧阶梯片等待黏胶固化，如图 8-84 所示。

图 8 - 84　灌胶后压紧固化

第二，新增压紧结构，压紧端部阶梯。新增压紧结构和槽口槽楔如图 8 - 85 所示。通过新增的压紧装置对铁心上、下两端部阶梯部分齿片施加压力，保证阶梯片始终牢固成为一个整体。用螺母锁紧螺柱，压紧件下垫有适形毡（橙色），压紧件在径向也能阻止齿片的移动。另外，增加槽口槽楔，槽口槽楔在铁心片叠装的槽内可靠安装，可阻止齿片切向移动，如图 8 - 86 所示。

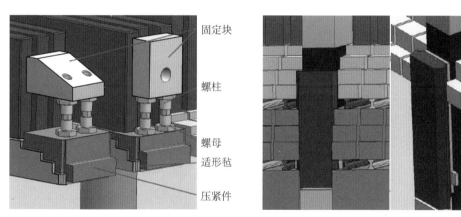

固定块

螺柱

螺母

适形毡

压紧件

图 8 - 85　新增压紧结构和槽口槽楔

图 8 - 86　齿部小槽填充绝缘材料和胶

第三，用绝缘材料和胶填充齿部小槽，填充后铁心片小齿将被锁定，无法移动。最后，使用黏胶将第1~4层阶梯片黏结固定，如图8-87所示。

图8-87　加固装置

作为临时措施，2018年初在VHS机组上实施，保障了2018年汛期电站顺利发电。2018年冬休期间，对7号、9号进行了彻底改造，主要内容有：

（1）更换定子铁心。新的定子铁心端部采用了直线轮廓阶梯设计，每个阶梯高度和长度各5 mm，共5个台阶。

（2）更换线棒，保留原有定子连接铜环。原因是原线棒存在端部电晕问题。更换的新线棒采用防晕层一次模压生产工艺。

8.10.4　1000 MW 发电机定子端部铁心断片风险分析与预防对策

针对发电机定子端部铁心断片问题，哈电在白鹤滩水电站结构设计时给予了重点关注。白鹤滩水电站哈电机组定子铁心结构中端部阶梯片相邻段内径尺寸的差值为4~5 mm，压指内沿与相邻端片内沿仅相差2 mm，压指覆盖范围外的死区面积很小，可以有效地将压指的压力传递到冲片。哈电铁心上段结构如图8-88所示。哈电铁心下段结构如图8-89所示。

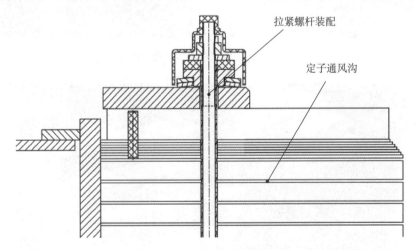

拉紧螺杆装配

定子通风沟

图8-88　哈电铁心上段结构

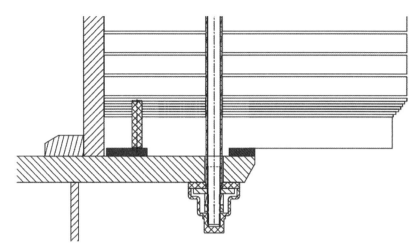

图 8 -89　哈电铁心下段结构

制造和安装过程中控制相邻压指之间的高度差不超过 0.5 mm，整圆高度差最大不超过 2 mm，以确保压紧力传递的均匀性和一致性。

端片黏结方面，白鹤滩哈电机组端部阶梯片在制造厂内使用黏结胶将 5 片（2.5 mm）黏结成一摞，进一步控制黏结质量，到工地仅黏结摞与摞之间，提高黏结质量的同时减少工地黏结量。此外，白鹤滩项目哈电机组在端部阶梯片背部设置闭口槽，提高定位筋对端片的限位作用，进一步提高端片安装后的整体性，防止铁心端片滑移和分离。哈电机组端部阶梯片结构如图 8 -90 所示。

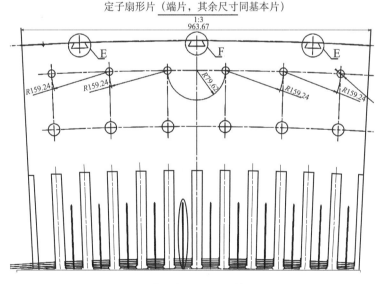

图 8 -90　哈电白鹤滩机组端部阶梯片结构

结合以往机组使用和运行经验，通过上述措施可以有效提高哈电机组铁心端部齿片的整体强度和铁心压紧效果，能够有效防止铁心端部发生松动及断齿。

对白鹤滩水电站东电发电机定子铁心端部设计进行复核后，认为发生定子铁心端部断片的风险很小，主要体现在以下几方面：

（1）东电发电机铁心端部阶梯共有 6 层，每层阶梯设计高度为 5 mm，压指凸出端部铁心内径，能够对端部铁心实现全面有效压紧。东电机组铁心端部结构如图 8 - 91 所示。

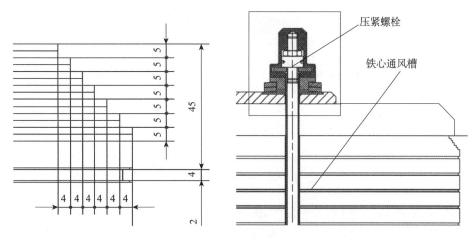

图 8 - 91　东电白鹤滩机组铁心端部结构

（2）阶梯采用黏胶片，每 5 张冲片在厂内黏为一体，每层阶梯包含两层黏胶片。

（3）通过有限元计算，对端部铁心和压指开槽宽度和深度进行了优化，在降低端部损耗的同时保证结构的机械安全性。

（4）在保证对地绝缘安全的前提下，尽量将穿心螺杆分布位置内移，增强对齿部的压紧效果。

白鹤滩水电站东电发电机采用的定子铁心端部结构是已经经过验证的成熟技术，结合以往机组使用和运行经验，能够有效地降低铁心端部发生松动及断齿的风险。

第9章 白鹤滩 1000 MW 机组制造关键技术

9.1 水轮机主要部件制造关键技术

9.1.1 水轮机基本结构

白鹤滩水轮机为中高水头低转速巨型竖轴混流式水轮机,是目前世界上单机容量最大的水轮机,容量达 1015 MW。水轮机总体布置和基本结构与常规大型混流式水轮机相同,由埋件、导水机构、转动部分和辅助部分等组成。

埋件主要有尾水管、肘管、锥管、蜗壳、座环、基础环;导水机构主要部件有顶盖、底环、控制环、导叶、导叶臂、连接板;转动部分主要部件有转轮、主轴、轴承、密封、中心孔补气管;辅助部分主要包括接力器、排水阀、油水气管路等。

转轮由上冠、下环、叶片在电站转轮制造厂房组焊成整体结构。白鹤滩左岸为常规叶片转轮,右岸为长短叶片转轮。主轴为带轴领中空锻焊结构,与发电机轴连接端为外法兰、与转轮连接端为中法兰结构。轴承为带轴领有内油箱结构的稀油润滑分块瓦轴承。主轴密封为轴向端面密封结构。座环为上、下平行厚环板结构,蜗壳采用高强度钢板焊接制作,顶盖、底环为箱型钢板焊接结构,导叶为整体铸造结构。

9.1.2 主要部件制造难度概述

常用最大水头与转轮直径二次方的乘积 $H_{max}D_1^2$ 表示水轮机的制造难度。表 2-10 给出了国内外有代表性的几个大型水轮机制造难度与白鹤滩对比情况。白鹤滩的左、右岸水轮机制造难度系数 $H_{max}D_1^2$ 分别为 17 290 和 18 338,处于世界最高水平,高于三峡、向家坝、溪洛渡等巨型水电站,其中有些方面的难度已经大大超出已建和在建的其他大型水电站。具体来说,1000 MW 水轮机的核心部件如座环、蜗壳、顶盖、导水机构装配、主轴、转轮等的制造技术是关键。

大型部件的制造难度主要在于大厚度、高强度钢板的结构焊接、大尺寸加工能力和加工工艺,同时大部件的起吊与翻身等也是需要在制造中重点解决的技术难题。其中座环制造难度主要体现在大厚度抗撕裂钢板材料选择、高强钢焊接质量控制、座环开档、固定导叶及过渡板等装焊尺寸的保证、座环车削方式选择以及在车削时如何保证装焊和加工的尺寸要求等；顶盖制造难度主要体现在焊接变形控制、顶盖各加工尺寸的精度控制，尤其是止漏环部位的尺寸精度控制、巨型顶盖加工过程中起吊翻身的安全性、顶盖与底环导叶轴孔的同轴度控制等；导叶制造难度主要体现在三轴颈同轴度及表面粗糙度控制；副底环制造难度主要体现在加工及运输过程中的变形控制，以及止漏环部位的尺寸精度控制；主轴制造难度主要体现主轴窄间隙焊接、主轴车削支承方式选择以及主轴法兰端面平面度等高精度的形位公差控制；转轮制造难度主要体现在转轮焊接质量保证、转轮制造过程中起吊翻身的安全性、过流面粗糙度高要求的铲磨保证、车削尺寸和形位公差的控制与测量、转轮高精度平衡的保证等。

9.1.3 座环制造技术

白鹤滩座环由上下环板、23 件固定导叶、过渡板和舌板组焊而成，其中 6 件固定导叶端面有一个 $\phi80$ mm（东电）/$\phi50$ mm（哈电）排水孔。座环焊接重量 478 t（东电）/519 t（哈电），加工重量 467 t（东电）/505 t（哈电），最大外径 14 160 mm（东电）/14 465 mm（哈电），其中舌板段最远端中心距为 R10 128（东电）/R10 060（哈电），最大高度约 3880 mm（东电）/3980 mm（哈电）。

座环加工分为厂内加工和工地加工两阶段完成；两种机型座环均分 4 瓣在工厂制造，厂内加工主要有流道磨削、分瓣面镗铣、平面和圆面车削及整体预装。工地加工包括锪平、钻孔、攻螺纹，便于配装顶盖的把合螺栓。

作为 1000 MW 水轮机机组的关键承载部件，白鹤滩座环使用了大量的高强度钢材料。因其结构尺寸和材料的特殊性，保证焊接质量和尺寸精度是白鹤滩座环制造的关键。

9.1.3.1 环板制造流程优化

座环环板制造的传统方式是，将采购的矩形钢板数控下料后进行拼焊。为进一步提高材料利用率，简化生产流程，东电对环板制造流程进行了优化，改为环板扇形钢板采购，回厂后直接拼焊；同时开发出窄间隙机器人焊接技术，用于环板拼焊，能很好地控制环板拼焊后的不平度，使钢板原材料的设计厚度由 260 mm 降至 255 mm，提高了材料利用率，降低了生产成本。对比传统方式，该方案可节约综合成本数百万元，改善焊工劳动环境，降低焊接弧光、烟尘对焊工的影响。

9.1.3.2 座环 SX780CF 调制高强钢焊接关键技术

白鹤滩水电站机组的座环采用了抗拉强度 800 MPa 级的 SX780CF 调制高强钢，相对抗拉强度 600 MPa 级 610CF，SX780CF 材料板厚能够减少 27% 左右，而焊接量能够减少 47% 左右。对结构减重、缩减制造周期、运输安装等方面具有显著优势。

高强钢的使用首先要解决其焊接技术。高强钢材料通常都是通过合金元素提高钢板的强度指标。而这些元素一般都会增大钢板的碳当量指标，导致母材具有淬硬倾向，冷裂敏感性较高，焊接性差。其原因是焊接后会在焊缝及热影响区形成粗大的淬硬马氏体组织，加上焊接残余应力及扩散氢的影响，很容易形成冷裂纹，也会使热影响区产生脆化和硬化现象。东电与哈电为此均做了相关研究，完成了"国内外 800 MPa 高强钢性能对比""800 MPa 高强钢裂纹敏感性及控制技术""800 MPa 高强钢焊接热处理后性能稳定性"等项目的研究。

　　针对抗拉强度 800 MPa 级的 SX780CF 热处理强化高强钢，焊后热处理性能下降方面，东电进行了焊后热处理态焊接接头的技术开发，通过调整焊缝中热稳定元素，使焊缝热处理后，-40℃的冲击功高于 47 J，先后在苗尾、黄登、绩溪等项目的水电机组上进行了工程性验证。东电实现了白鹤滩蜗壳过渡连接板、蜗壳、舌板全部采用抗拉强度 800 MPa 级的 SX780CF 高强钢工程应用。

9.1.3.3　座环环板超厚截面窄间隙焊接关键技术

　　白鹤滩水电站机组的座环环板东电厚度 260 mm，哈电厚度 265 mm，东电开发了机器人窄间隙熔化极焊接技术，哈电开发了埋弧焊自动焊技术。

　　1. 东电超厚环板机器人窄间隙熔化极气体保护焊技术开发

　　座环环板直径约 14 m，必须进行拼接。厚板常规拼焊方式为手工气保焊、开 X 型坡口、双面多层多道交替焊接，焊量巨大；焊接过程中，还要检测平度变化，进行翻身交替焊接，生产效率低，焊接变形难以控制。窄间隙焊接技术是 1963 年美国 Battelle 研究所开发的一种利用现有弧焊方法、采用 I 型或 U 型坡口、进行每层 1~2 道的多层焊接方法。与常规焊接方法相比，窄间隙焊的优点主要有：

　　(1) 焊缝截面积大幅度减小（一般减小 50%~80%），从而显著提高焊接效率，节省焊材。

　　(2) 热输入相对较小，冷却速度较快，使接头的残余应力、残余变形明显减小，热影响区缩小，接头力学性能提高。

　　目前，适用于水电设备制造的窄间隙熔化极气体保护焊炬结构型式主要有折曲焊丝方式、导电嘴旋转摆动方式及双丝方式（见图 9-1）。

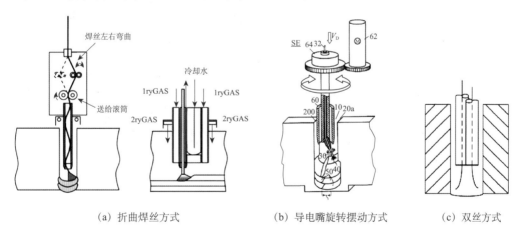

(a) 折曲焊丝方式　　　　　(b) 导电嘴旋转摆动方式　　　　　(c) 双丝方式

图 9-1　窄间隙熔化极气体保护焊炬结构原理图

　　东电开发了导电嘴折曲焊丝窄间隙焊炬，并搭载于弧焊机器人，形成机器人窄间隙焊接技术。窄间隙气体保护焊可以实现全位置焊接，在大部件上采用窄间隙智能机器人焊接，这是东电首创（见图 9-2）。

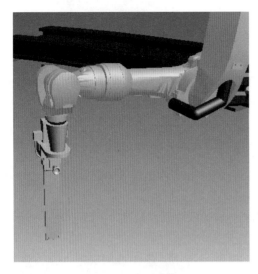

（a）机器人窄间隙焊炬三维图　　　　　（b）机器人窄间隙焊炬实拍图

图 9−2　东电折曲焊丝焊炬与弧焊机器人的结合

东电厂内配备 6 台不同配置的弧焊机器人（见图 9−3），全部为 KUKAKR16 机器人与十字操作机的组合，其中三台为 6 轴机器人 + 十字操作机（无联动），一台 6 轴机器人 + 十字操作机（伸缩臂为联动轴），一台 6 轴机器人 + 十字操作机（升降、伸缩、旋转为联动轴），一台 6 轴机器人 + 十字操作机（升降、伸缩、旋转及弧形导轨为联动轴）。最后这台弧焊机器人达到了十轴联动。

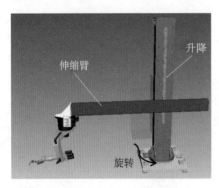

（a）KR16+十字操作机　　　　　　　（b）十轴弧焊机器人

图 9−3　东电弧焊机器人

窄间隙气保焊开 I 型坡口，坡口间隙 13～16 mm，单面焊双面成型，无需翻身与清根，降低焊接熔敷量 70% 以上，最大限度地降低了制造成本，提高了生产效率。

以白鹤滩座环环板为例，环板厚度为 270 mm，机器人窄间隙气保焊与半自动气保焊焊量的对比如表 9−1 和图 9−4 所示，窄间隙气保焊焊接示意图如图 9−5 所示。

表 9－1　机器人窄间隙气保焊与半自动气保焊焊量对比

焊接方法	环板厚度（mm）	焊缝长度（mm）	熔敷金属量（kg）	翻身次数	清根量（kg）
半自动气保焊	270	1450	215	10	2.3
机器人窄间隙气保焊	270	1450	44.5	0	0

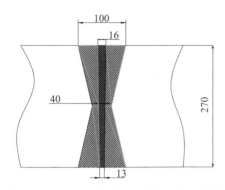

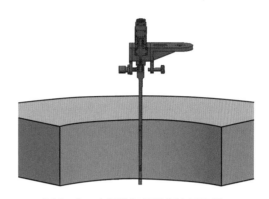

图 9－4　手工气保焊与窄间隙气保焊焊量
对比（单位：mm）

图 9－5　窄间隙气保焊焊接示意图

东电采用双丝结构原理焊炬搭载弧焊机器人，对白鹤滩座环环板进行机器人窄间隙焊接（见图 9－6），利用机器人的可编程性，实现一层两道的高效机器人焊接，该技术突破了诸多难点，实现了多个首次：

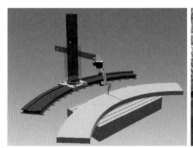

图 9－6　东电白鹤滩座环环板机器人焊接

（1）将窄间隙焊接技术与弧焊机器人相结合，开辟了弧焊机器人在发电设备水电行业机器人焊接新的领域。

（2）超厚截面结构件采用窄间隙熔化极气体保护技术进行焊接。

（3）为控制环板焊后变形，采用刚性固定加反变形的复合控制变形方式控制大型厚板、超厚板的单面焊接，通过数值计算定量化给出刚性固定位置及固定力矩，准确给出焊接塑性变形与弹性变形量，并通过试验和模拟件焊接验证变形量，实现超厚截面环形结构件的焊接变形精细化控制。

（4）窄间隙平台的搭建，使厚板、超厚板的焊接向机器人、窄坡口化、流水线化生产方向转变。

2. 高强钢大厚度环板窄间隙埋弧自动焊接技术的生产应用

白鹤滩哈电座环环板最大厚度为 265 mm，调质状态供货，要求其具有良好的拉伸性能和低温冲击韧性。目前高强钢大厚板的焊接，因其焊缝金属冲击韧性的限制，其焊接方法在生产应用上停留在熔化极气体保护焊和手工电弧焊，其生产效率和焊缝质量受到一定限制。窄间隙埋弧自动焊是大厚板焊接领域的一项先进技术，与普通埋弧自动焊相比，窄间隙埋弧自动焊坡口窄、焊材消耗量少，热输入量低、焊接时间短，焊接变形和焊接应力小、焊接裂纹少，实现高效率、低成本、高质量的焊接。

哈电从焊接材料、焊缝坡口设计、焊接工艺规范等方面进行创新研究，实现了白鹤滩座环窄间隙埋弧焊自动焊焊接的生产应用。

1）焊接材料选择

窄间隙埋弧自动焊因其坡口深而窄，焊接材料选择除熔敷金属的力学性能，还要综合考虑脱渣性、焊道成型、电弧稳定性、熔渣流动性等焊接工艺性能。综合焊接工艺评定试验和焊接工艺性试验，焊接材料选用伯乐埋弧焊材 T Union SA 3NiMo1/T-UV618。

2）坡口形式设计

窄间隙埋弧焊坡口形式，对环板的生产工序、焊接效率及焊接质量具有较大的影响，根据设备的特点、环板板厚及焊接变形的控制，白鹤滩座环环板窄间隙埋弧焊坡口示意图如图 9 - 7 所示。

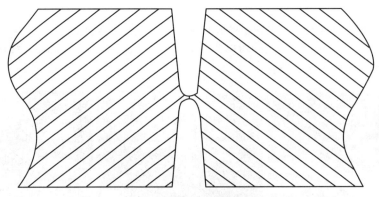

图 9 - 7　座环环板窄间隙埋弧焊坡口示意图

坡口设计为双 U 型对称坡口，两侧熔敷金属重量相同，便于控制焊接变形；坡口角度设计保证焊道与坡口侧壁实现良好的熔合成形，若坡口角度太小易出现未熔合、夹渣等焊接缺陷；坡口根部钝边尺寸设计与窄间隙埋弧焊的第一道焊缝的工艺规范相匹配，实现单面焊接双面成形，取消焊缝背面清根。

3）焊接工艺规范

根据焊接工艺评定试验线能量的控制及根部焊道单面焊接双面成形的要求，焊接工艺参数见表 9 - 2。

表 9 - 2　座环环板窄间隙埋弧焊焊接工艺参数

焊缝层数	焊接电流（A）	焊接电压（V）	焊接速度（cm/min）	预热温度（℃）	层间温度（℃）
打底焊道	400	26	38	120	180
其他焊道	600	31	40	120	180

座环环板焊接采用窄间隙埋弧自动焊接（见图 9 - 8）优点显著：生产效率较熔化极气体保护焊接提高 50%；超声波无损探伤合格率 100%；双 U 型的对称坡口设计能有效控制焊接变形，施焊后环板的平面度不大于 4 mm，对座环整体尺寸的控制提供有效保证。

图 9 - 8　座环环板窄间隙埋弧自动焊接应用

9.1.3.4　焊接关键工艺

大厚板高强钢焊接通过焊接材料选择、焊前预热、焊接线能量控制、控制层间温度、焊缝多层多道焊接，防止冷裂纹和层状撕裂的产生。

1）焊接材料选择

按照等强度匹配原则选择焊材，选择 60 kg 级焊材 AWS ER90S-G，抗拉强度大于 620 MPa，-20℃冲击功大于 47 J。

2）SXQ500D-Z35 和 ASTM A668E 材料斜 Y 型坡口焊接裂纹试验

斜 Y 形坡口焊接裂纹试验板厚为 90 mm。按照 GB/T 4675.1—1984《焊接性试验　斜 Y 型坡口焊接裂纹试验方法》进行了试样加工，选取 50℃、80℃和 120℃进行试验。焊接工艺参数按照表 9 - 3 执行。

表 9 - 3　斜 Y 型坡口冷裂纹试验焊接参数

焊接位置	焊接电流（A）	焊接电压（V）	焊接速度（mm/min）	保护气体组分	流量（L/min）
平焊	280	28	260	78% Ar + 22% CO_2	20

焊接后，48 h 自然空冷，经外观检查后将试件解剖成 5 件试样，对断面进行打磨、抛光和腐蚀后，利用宏观金相显微镜，进行 5 个断面的表面裂纹和端面裂纹检查。分别计算出表面裂纹率、根部裂纹和断面裂纹率，如表 9 - 4 和表 9 - 5 所示。图 9 - 9 为 SXQ500D-Z35 钢板铁研试件典型解剖断面。

表 9 - 4　SXQ500D-Z35 斜 Y 型坡口焊接裂纹试验结果

序号	预热温度（℃）	表面裂纹率（%）	根部裂纹率（%）	断面裂纹率（%）
1 - 1	50	0	1.52	0
1 - 2	50	0	1.7	0

续表

序号	预热温度 （℃）	表面裂纹率 （%）	根部裂纹率 （%）	断面裂纹率 （%）
1 – 3	50	0	50.86	54
2 – 1	80	0	1.52	0
2 – 2	80	0	1.16	0
2 – 3	80	0	1.46	0
3 – 1	120	0	0.64	0
3 – 2	120	0	0.42	0
3 – 3	120	0	0.56	0

表 9 – 5   ASTM A668E Y 型坡口焊接裂纹试验结果

序号	预热温度 （℃）	表面裂纹率 （%）	根部裂纹率 （%）	断面裂纹率 （%）
1 – 1	50	0	40.6	0
1 – 2	50	0	33.7	8.5
1 – 3	50	0	37.5	0
2 – 1	80	0	11.2	0
2 – 2	80	0	12.6	0
2 – 3	80	0	14.5	0
3 – 1	120	0	1.02	0
3 – 2	120	0	1.26	0
3 – 3	120	0	1.42	0

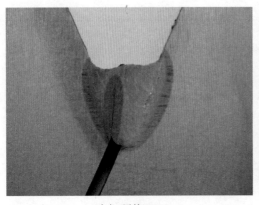

（a）预热50℃　　　　　　　（b）预热120℃

图 9 – 9   SXQ500D-Z35 钢板铁研试件典型解剖断面

根据表 9 - 4 和表 9 - 5 的试验，焊前预热可有效防止冷裂纹，合理地选择预热温度十分重要。预热温度的选择根据母材冷裂敏感指数、抗拉强度、板厚及焊接接头的拘束应力等因素进行综合考虑，预热温度过高，恶化劳动条件。针对白鹤滩座环环板 SXQ500D-Z35 和固定导叶 ASTM A668E，焊接预热温度 $T_0 \geqslant 120℃$。

3）焊接线能量控制

焊接线能量过大，会引起焊接热影响区过热区晶粒粗大，降低接头的抗裂性能，同时焊缝及焊缝热影响区的冲击韧性下降，影响接头强度；线能量过小，会使热影响区淬硬，也不利于氢的逸出，也增大冷裂倾向。选用最佳的焊接线能量至关重要。根据相应焊接工艺评定试验，座环环板、固定导叶焊接线能量控制在 $20\ kJ/cm \leqslant E \leqslant 35\ kJ/cm$。

4）层间温度的控制

采用多层多道焊接，后层对前层有消氢和回火的作用，以及改善组织的作用。层间温度控制在 $T \leqslant 200℃$。

9.1.3.5　座环装配及焊接变形控制

在座环装配过程中，对涉及关键尺寸的各序，明确了内控尺寸，以过程控制实现最终的精品质量要求。如在固定导叶与环板装配时，细化到对每瓣环板的水平度，固定导叶垂直度、弦距，上下环板同轴度，固定导叶与环板坡口间隙，均有具体的要求。

白鹤滩座环焊接量约 20 t，如此大的焊接量必然带来较大的焊接变形。在座环焊接制造中，哈电采取了刚性固定、反变形法、分步骤装配焊接、控制焊接顺序等措施，有效地控制了焊接变形。

9.1.3.6　东电座环机器人焊接

座环装配及固定导叶焊接的传统工艺一般是在固定导叶上开 K 型坡口，进行双面焊接。为缓解优秀焊工不足，东电采用弧焊机器人的进行焊接。但是对于厚板异形结构的焊接，弧焊机器人的焊接还存在诸多难点，主要有：

（1）厚板 T 接时，开 K 型坡口进行多层多道焊接，一般采用在线示教或离线编程的方式进行程序编制。在线示教时间长，效率低；离线编程时，由于焊接热过程导致焊接变形，往往需要现场纠偏，目前尚无可靠的跟踪方式进行自动纠偏，需人工进行纠偏，致使生产效率低。

（2）随着厚板厚度的增加，坡口面积急剧加大，每层需焊道数增加，道间清理需时长，且道间易形成未熔合。

（3）采用传统 K 型坡口进行多层多道焊接，焊接量巨大，由于水电设备结构庞大，且焊接空间受限，无法实现多机器人联动，一台或两台机器人的生产产出无法纳入正常生产流程。

（4）异形结构件的焊接，其焊道不规则，编程复杂，无法保证机器人轨迹的准确性，致使焊道成型不良。

因此，对于异形结构厚板、超厚板的机器人焊接，始终无法得到广泛的使用。为此，东电对固定导叶坡口结构进行优化，通过改变异形结构件焊接端的坡口结构，将弧形坡口改为直线型坡口，将 T 型接头的 K 型坡口改为 I 型坡口，采用弧焊机器人末端装载特殊的 L 型扁形窄间隙焊炬进行机器人窄间隙焊接。并开发新的焊炬系统——基于导电嘴旋转摆动的 L 型窄间隙焊炬。焊接时，采用两台机器人同时焊接同一个固定导叶的两侧焊缝，并根据焊接变形情况，调整焊接量，进行分步多次焊接（见图 9 - 10）。

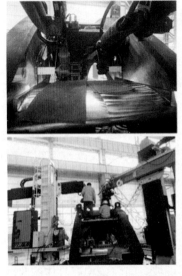

图 9 - 10 采用弧焊机器人焊接座环环板与固定导叶

白鹤滩座环的机器人窄间隙焊接，具有重要意义，具体如下：

（1）根据产品结构特点，将坡口设计为机器人窄间隙焊接坡口 + 部分人工焊接坡口，实现人机合作模式，为后续大型机组座环的焊接及抽水蓄能座环的机器人焊接奠定基础。

（2）机器人窄间隙焊接技术的推广应用，改变了产品实现方式，相对常规人工焊接，生产绿色、环保、高效，为精品制造提供技术保障。

9.1.3.7 座环磨削

座环流道磨削在座环焊接和退火之后进行，磨削部位包括固定导叶焊缝、上下环板过流表面焊缝、过渡板和导流板焊缝。焊缝圆角采用专用样板检查，固定导叶和环板过流面波浪度采用样条尺检查，流道表面粗糙度要求 $Ra3.2~\mu m$。

座环固定导叶出水边部位有加厚渐变区。以东电机组为例，座环装焊时，在出水边正、背面的上、下两端需堆焊出 50 mm × 80 mm × 5 mm 的加厚区，每台座环共有 88 处需堆焊，每处堆焊都需采用铲磨方式按厚度渐变要求修磨成型。堆焊工作量大，铲磨难度大，质量控制困难，铲磨后每处形状存在差异，生产效率也比较低。

为保证质量、提高效率，制造时对该加厚渐变区进行结构工艺优化，改变原先的堆焊方式，在固定导叶单件加工时，将出水边的加厚渐变区域直接数控加工成型。优化后，座环装焊时该加厚部位不需堆焊，铲磨时也只需光滑过渡即可，保证了加厚区形状的一致性，也大大提高了生产效率。图 9 - 11 为座环焊缝铲磨，图 9 - 12 为座环车削加工。

图 9 - 11　座环焊缝铲磨　　　　　　　　图 9 - 12　座环车削加工

9.1.3.8　座环厂内加工技术

哈电白鹤滩座环加工采用了先进的可移式座环专机（见图 9 - 13），该专机工作台直径 5 m，具有先进的数控分度系统功能，保证了加工精度。该可移式座环专机可在装配平台上组装和加工座环。可移式工作台通过与立柱、横梁、刀架装拆组合方式，实现设备装拆和搬运；加工时设备工作台旋转带动立柱刀架，加工固定的座环工件，实现一次安装，全方位加工工艺，是继溪洛渡、向家坝座环项目后，在座环加工技术上又一次技术进步。

分瓣座环（见图 9 - 14）保证跨合缝面固定导叶弦长和合缝面间隙是关键，为保证跨合缝面的两固定导叶出水弦长符合要求，在 1/4 瓣座环两两拼接为半圈以及半圈拼接为整圆时，相应合缝面采用配加工；1/4 瓣、1/2 瓣座环合缝面加工前，镗床找正与精画线交替进行，定出合缝面最终加工线。为减少设备精度造成的偏差，对应组合的合缝面采用在同一镗床加工；组合 1/2 瓣合缝面加工时均采用拉半径法，确保分瓣面为 90° 垂直。为减少机床加工合缝面偏差，采用激光跟踪仪对加工后的合缝面进行测量，保证合缝面与水平基准线垂直。采用专用座环加工专机并结合数控镗床在厂内完成所有加工面和把合螺孔，是哈电公司在借鉴三峡、景洪等大型座环制造技术基础上的一次技术创新，保证了加工精度和制造质量。

图 9 - 13　哈电工厂内座环专机车削座环　　　图 9 - 14　哈电座环分瓣在数控镗床加工螺孔

东电白鹤滩座环在 15 m 大型立车上车削平面和圆面，15 m 立车为可移龙门立式车床，卡盘直径 8 m，最大加工直径 15 m，最大加工高度 5 m，最大承重 160 t，配有辅助刀架。座环车削前，先进行单瓣座环画线检查，不仅要检查分瓣面、平面和圆面的加工余量，也要根据加工基准检查固定导叶、过渡板等重要装焊尺寸，确保座环加工后满足精品质量要求。画检合格后加工单瓣座环的 90°分瓣面，两瓣座组成半圆后再加工 180°分瓣面，确保座环组圆后的分瓣面间隙要求。座环车削时采用工件不动、刀架旋转的加工工艺，将座环安装在 15 m 大型立车卡盘外的固定工作台上，将立车辅助刀架安装在卡盘上，加工时以工件不动、刀架旋转的方式进行座环车削，立车卡盘不承受工件重量，这种加工工艺解决了大型座环重量超重、回转直径超大的加工难题，目前东电已采取这种方式完成了龙滩、小湾、官地、溪洛渡等数十台座环的厂内加工，并不断优化工艺方法，提高了加工效率和制造质量。

座环车削后，在厂内进行整体组圆预装、修磨错牙、配作分瓣面过渡板和导流板等，预装后进行检查和见证，主要检查项目包括座环开档尺寸、过渡板装焊尺寸、固定导叶内切圆和外切圆半径尺寸、固定导叶垂直度、主要加工尺寸、分瓣面间隙情况等。

9.1.4 蜗壳制造技术

20 世纪 90 年代，国内水轮机蜗壳开始使用屈服强度 490 MPa 级的日本进口材料 62U 低碳高强度钢板制造，后续国内宝钢开发出同类产品并得到应用，且性能更优良，随后舞钢、兴澄特钢等国内厂家的低碳高强度钢板性能也均满足中国三峡集团制定的高强度低焊接裂纹敏感性钢板的性能要求。国产低碳高强度低焊接裂纹敏感性钢板材料对微量元素控制得更精细，并增加了 Ni 元素，使钢板性能更好。三峡、向家坝、溪洛渡的机组蜗壳即选用了屈服强度不小于 490 MPa 级的低碳高强度合金钢板（NK-HITEN 610U2、B610CF、ADB610D），其中三峡左岸蜗壳采用日本 JFE 公司生产的 HITEN610 钢板，右岸和地下电站采用国内研制的 B610CF、ADB610D 钢板，溪洛渡采用宝钢生产的 610CF 钢板（610CF 钢是日本 HITEN610 的国产化，抗拉强度达到 610 MPa）。

610CF 和 HITEN610 属于高强度低焊接裂纹敏感性钢。为适应蜗壳、压力钢管等野外焊接作业对焊接性能的苛刻要求，与常规高强钢板相比，极力压低了钢的碳含量，同时添加若干微合金化元素，通过 TMCP 或调质处理，使钢既具备高强度、高韧性，又具有低的碳当量（$C_{eq} \leqslant 0.44\%$）和低的焊接裂纹敏感系数（$P_{cm} \leqslant 0.20\%$）。

与三峡、向家坝、溪洛渡类似，白鹤滩机组蜗壳尺寸大，所以管节分为瓦块拼焊。蜗壳单节组装验收，蜗壳相临瓦块对接时，板厚不同处都依内表面对齐，相临蜗壳纵向焊缝错开 200 mm 以上。下料采用数控火焰切割，瓦块切割后检查尺寸并做好相应记录。蜗壳瓦块上标注内外表面，壳节号，机组号，远点线，顶、底中心线位置等。

切割后画滚压成型线。滚压线从腰线位置开始往两边赶，按照弧长相等等分的原理画线。然后通过卷板机进行压头处理，使钢板两端头满足弧度要求。瓦块卷板采用小量进辊，反复多次卷制，并用弧度样板检查其半径。卷制好的瓦块在自由状态下直立于平台上，用样板检查间隙不超过 2.0 mm。

将卷制合格的瓦块按瓦块编号图上的拼装顺序在放好的地样上拼装，检查管口半径、开口值、周长等各尺寸在验收表格要求范围之内，根据图纸要求拼装内支撑和吊耳。

蜗壳在现场安装时，采用覆盖电热板进行焊前预热，焊后保温消氢处理。蜗壳焊缝进行 100% UT + 100% PT 或 MT 检查，对 T 型头焊缝及蜗壳与座环过渡板连接焊缝和凑合节纵缝进行 100% TOFD + 100% PT 或 MT 检查，对 TOFD 检查有争议的部位，采用 RT 复检（该做法在后续阶段有新的改进）。为了方便工地进行安装，设置了三个凑合节以保证蜗壳能同时进行 4 个工作面的作业。蜗壳采用铺设弹性垫层方法埋入混凝土。

9.1.4.1　白鹤滩蜗壳钢板

白鹤滩水轮机蜗壳采用 SX780CF 钢板制造。SX780CF 钢板具有很高的抗拉强度和冲击韧性，用这种材料制造的蜗壳，在很大程度上减小了蜗壳钢板的厚度，易于成型和安装，同时能大幅度减少蜗壳焊接量，综合经济效益显著。但在制造方面，SX780CF 高强钢板焊接工艺技术极为严格，甚至苛刻，其中氢致延迟冷裂纹与焊接热影响区脆化是该材料焊接面临的两大技术难题。

由宝钢生产的 SX780CF 钢板满足三峡技术标准 Q/CTG 24—2015《大型水电工程高强钢强度低焊接裂纹敏感性钢板技术条件》，其化学成分要求如表 9-6 所示，力学性能要求如表 9-7 所示。

表 9-6　SX780CF 钢板典型化学成分　　　　　　　　单位:%

C	Si	Mn	P	S	Cr	Ni	Mo	V	Cu	B
0.088	0.071	1.29	0.006	0.002	0.47	0.56	0.37	0.043	0.23	0.001

表 9-7　SX780CF 钢板力学性能

$R_{p0.2}$ （MPa）	R_m （MPa）	A （%）	Z （%）	KV_2（−40℃）（J）
≥670	≥750~920	≥15	≥35	≥100

根据 SX780CF 中合金元素的含量，首先从理论上对材料的焊接性进行评估。目前，主要通过碳当量对材料的淬硬、冷裂倾向进行评估。按照目前通用的国际焊接协会（IIW）碳当量计算公式 C_{eq} 和焊接冷裂纹敏感指数 P_{cm}：

$$C_{eq} = C + Mn/6 + (Cr + Mo + V)/5 + (Ni + Cu)/15$$

$$P_{cm} = C + Si/30 + (Mn + Cu + Cr)/20 + Ni/60 + Mo/15 + V/10 + 5B$$

SX780CF 碳当量值 C_{eq} 为 0.52，焊接冷裂纹敏感指数 P_{cm} 为 0.23%。

根据碳当量 C_{eq}、冷裂敏感指数 P_{cm} 分析，SX780CF 具有较高的焊接淬硬、冷裂倾向。为此哈电和东电通过一系列试验来摸索蜗壳 SX780CF 材料的焊接工艺，例如通过热影响区最高硬度试验、斜 Y 型坡口焊接裂纹试验和焊接线能量影响试验，说明合理选择焊接工艺规范可有效控制焊接质量；通过氧 - 可燃气体火焰切割面淬硬倾向试验，发现 SX780CF 钢板氧 - 可燃气体火焰切割面淬硬倾向不大，火焰气割下料后将坡口氧化皮机械磨削去除，全部露出金属光泽即可等。

根据试验结果，进行蜗壳 SX780CF 钢板的焊接工艺评定，焊接工艺满足 ASME 第Ⅸ卷相关标准的判定要求。

9.1.4.2 焊接热影响区最高硬度试验

焊接热影响区最高硬度试验是以热影响区最高硬度来相对地评价钢材冷裂倾向的试验方法。焊接热影响区最高硬度比碳当量能更好地判断钢种的淬硬倾向和冷裂的敏感性，因为其不仅反映了钢种化学成分的影响，而且也反映了金属组织的作用。

试验按照 GB/T 4675.5—1984《焊接性试验 焊接热影响区最高硬度试验方法》的规定进行，试板厚度 20 mm，SX780CF 的试板分别按照室温和预热温度 80℃ 进行焊接。焊接热影响区最高硬度试验焊接方法选用熔化极气体保护焊（GMAW），焊接工艺参数见表 9–8，焊接材料选用 AWS A5.28 ER110S-G。硬度测量试样的检测面经研磨后，再加以腐蚀。室温下，按照 GB/T 4675.5—1984 的要求，进行载荷为 HV10 的维氏硬度的测定，测量数值见表 9–9。

表 9–8 斜 Y 型坡口冷裂纹试验焊接参数

焊接方法	焊接电流（A）	焊接电压（V）	焊接速度（mm/min）	保护气体组分	流量（L/min）
GMAW	280	29	300	78% Ar + 22% CO_2	20

表 9–9 SX780CF 焊接热影响区最高硬度值

预热温度	HV10					HV（max）
室温	259	271	280	264	266	292
80℃	283	277	278	282	290	297

根据表 9–9，SX780CF 最高硬度值 HV 为 297，具有较高淬硬、冷裂倾向，必须制定合理的焊接工艺规范保证焊接质量及接头的力学性能。

9.1.4.3 斜 Y 型坡口焊接试验

斜 Y 型坡口焊接裂纹试验板厚为 90 mm。哈电按照 GB/T 4675.1—1984 进行了试样加工，并准备选取 20℃、50℃ 和 80℃ 进行试验。焊接工艺参数按照表 9–10 执行。

表 9–10 斜 Y 型坡口冷裂纹试验焊接参数

焊接方法	焊接电流（A）	焊接电压（V）	焊接速度（mm/min）	保护气体组分	流量（L/min）
平焊	280	28	260	78% Ar + 22% CO_2	20

焊接后，48 h 自然空冷，经外观检查后将试件解剖成 5 件试样，对断面进行打磨、抛光和腐蚀后，利用宏观金相显微镜，进行 5 个断面的表面裂纹和端面裂纹检查。分别计算出表面裂纹率、根部裂纹率和断面裂纹率，如表 9–11 所示。

预热温度 80℃ 时，试验试件表面、根部、断面均发现裂纹，因此 SX780CF 钢板焊前预热温度大于 80℃。综合考虑蜗壳钢板厚度和工地现场施工环境的影响，哈电认为白鹤滩水轮机蜗壳焊接预热不低于 100℃。

表 9 – 11　SX780CF 斜 Y 型坡口焊接裂纹试验结果

序号	预热温度 （℃）	表面裂纹率 （%）	根部裂纹率 （%）	断面裂纹率 （%）
1 – 1	20	78.2	100	100
1 – 2	20	50.6	100	100
1 – 3	20	85.3	100	100
2 – 1	50	0	40.6	0
2 – 2	50	0	33.7	8.5
2 – 3	50	0	37.5	0
3 – 1	80	0	0	0
3 – 2	80	0	0	0
3 – 3	80	0	0	0

东电也按照 GB/T 4675.1—1984 进行了斜 Y 型坡口的冷裂试验。试样的尺寸规格和焊接方式如图 9 – 15 所示。

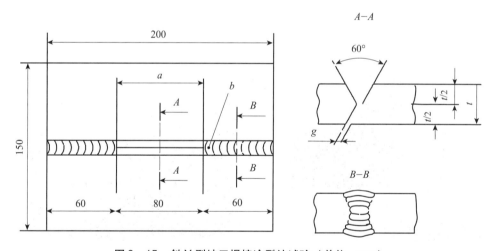

图 9 – 15　斜 Y 型坡口焊接冷裂纹试验（单位：mm）

采用 $\phi 1.2$ mm 的 YM – 80A 实心焊丝和不同厚度的宝钢 B780CF 钢板，气体为 80% Ar + 20% CO_2。焊接参数如表 9 – 12 所示。

表 9 – 12　斜 Y 型坡口的冷裂纹试验参数

焊接材料	焊接电流（A）	焊接电压（V）	焊接速度 （mm/min）	气体流量 （L/min）
$\phi 1.2$ mm 焊丝	200	24	160	20

焊接后，48 h 自然空冷，经外观检查后将试件解剖成 4 件试样，对断面进行打磨、抛光和腐蚀后，利用宏观金相显微镜，进行 5 个断面裂纹检查。

在不同预热温度下的结果见表 9 – 13 和表 9 – 14。

表 9 – 13　50 mm 厚斜 Y 型坡口冷裂纹试验

焊材	母材	预热温度（℃）	表面裂纹率（%）			断面裂纹率（%）		
			1 号	2 号	3 号	1 号	2 号	3 号
YM – 80A	B780CF	80	0	0	0	0	0	0
YM – 80A	B780CF	100	0	0	0	0	0	0
YM – 80A	B780CF	120	0	0	0	0	0	0

表 9 – 14　120 mm 厚斜 Y 型坡口冷裂纹试验

焊材	母材	预热温度（℃）	表面裂纹率（%）		断面裂纹率（%）	
			1 号	2 号	1 号	2 号
YM – 80A	B780CF	80	0	0	2	3.2
YM – 80A	B780CF	100	0	0	1	2
YM – 80A	B780CF	120	0	0	0	0

图 9 – 16 为 120 mm 厚 B780CF 钢的斜 Y 型焊接冷裂纹试样。从图中可以看出拘束焊缝焊接量很大，为试验焊缝的焊接形成了极大的拘束度。

（a）斜 Y 型坡口试样正面　　　　　（b）斜 Y 型坡口试样侧面

图 9 – 16　东电 120 mm 厚 B780CF 斜 Y 型坡口试样

图 9 – 17 为解剖后的试样，利用金相显微镜观察焊缝断面的裂纹发生情况。

根据冷裂纹试验结果，50 mm 厚板在 80℃ 以上预热、120 mm 厚板在预热温度至 120℃ 时，斜 Y 型坡口试样中均未出现表面和断面裂纹。东电认为，厚度较大的 SX780CF 高强钢焊接时应采取不低于 120℃ 的预热温度，厚度及刚度较小时可降低预热温度以避免冷裂纹的发生。

此外，东电利用斜 Y 型坡口试验结果进行了刚性拘束焊接裂纹试验，发现单道焊及多层多道焊均未出现表面和断面裂纹（见图 9 – 18）。

采用 80 mm（120 mm 板加工后）厚 B780CF 材料，配合 YM – 80A 及 GM – 100 两种焊材进行窗口试验，预热温度 120℃。经磁粉探伤、超声波探伤及 TOFD 探伤，焊缝及热影响区均未发现裂纹，如图 9 - 19 所示。

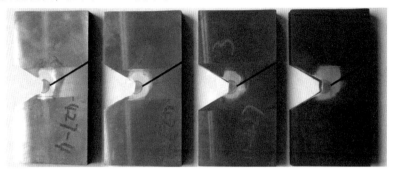

图 9 - 17　斜 Y 型坡口试样的端面检查

图 9 - 18　刚性拘束焊接裂纹试验

（a）预热处理　　　　　　　　　　　　　（b）焊接效果

图 9 - 19　窗口试验

9.1.4.4　氧 - 可燃气体火焰切割面淬硬倾向试验

焊接坡口表面的硬度对焊接冷裂纹有直接影响，为了评估氧 - 可燃气体火焰切割对

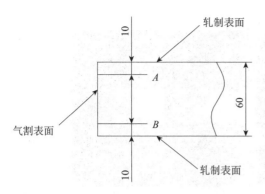

图 9-20　火焰切割热影响区试验试件（单位：mm）

焊接坡口表面淬硬的影响，对 SX780CF 氧－可燃气体火焰切割面淬硬倾向进行试验。选取试验钢板切割表面粗糙度不大于 12.5 μm 的部位进行截取试样，如图 9-20 所示。SX780CF 火焰切割热影响区金相组织如图 9-21 所示。从金相图中可以看出，SX780CF 的气割热影响区厚度约为 2 mm。使用 $HV0.1$ kg 压头进行显微硬度试验，火焰切割热影响区的硬度值在 $HV212 \sim HV278$ 且分布不均匀，其硬度值小于焊接热影响的最高硬度值，说明火焰切割热影响区淬硬倾向小于焊接热影响区的淬硬倾向。

因此，SX780CF 钢板氧－可燃气体火焰切割下料后，火焰切割热影响区无需全部去除淬硬层，在生产中 SX780CF 焊接坡口制备，氧－可燃气体火焰切割制备，然后采用机械磨削方式将坡口打磨至完全见金属光泽，去除氧化皮。

(a) 标线A　　　(b) 标线B

图 9-21　火焰切割热影响区厚度

9.1.4.5　焊接工艺评定

低合金高强钢供货状态一般为调质状态，其组织为低碳马氏体和下贝氏体的混合组织。焊接时，在焊接热循环作用下，焊接接头的焊缝区和热影响区的力学性能和组织将发生一系列变化，对于多层多道焊接头，将经历多次热循环作用，焊接线能量是影响性能的主要因素，不合适的焊接线能量将导致焊接接头性能的恶化。如过大的焊接线能量将会增大焊接接头在高温停留的时间，进而影响焊接热影响区的结晶晶粒尺寸大小和冷却转变速度，得到粗大的马氏体组织，造成焊接接头脆化，冲击韧性下降；焊接线能量过小，热影响区的淬硬性增强，也使韧性下降。

白鹤滩蜗壳焊接，焊接材料按照等强匹配原则，选择 80 kg 级焊接材料。为保证焊接接头的力学性能，要严格控制焊接线能量。

1. SX780CF 钢焊接线能量对接头力学性能的影响

试验选取了两组不同的焊接线能量进行试验，SX780CF 钢板厚度 22 mm，焊接工艺参数见表 9 - 15，焊接方法为熔化极气体保护焊，焊接材料为 AWS A5. 28 ER100S-G。

表 9 - 15　不同焊接线能量焊接工艺参数

试板编号	预热温度（℃）	焊接电流（A）	焊接电压（V）	焊接速度（mm/min）	层间温度（℃）	线能量（kJ/cm）
1 号	80	280	30	291	200	17. 3
2 号	80	300	32	171	200	33. 7

按照国标（GB 2649—1989《焊接接头机械性能试验取样方法》、GB/T 2650—2008《焊接接头冲击试验方法》、GB/T 2651—2008《焊接接头拉伸试验方法》、GB/T 2653—2008《焊接接头弯曲试验方法》、GB/T 2654—2008《焊接接头硬度试验方法》）对两种不同线能量的焊接接头进行了综合力学性能试验，其焊接接头焊缝金属拉伸、弯曲（侧弯）及冲击试验结果见表 9 - 16 ~ 表 9 - 18。可见随着线能量增加焊缝金属抗拉强度呈下降趋势，采用过大的热输入量焊接有可能导致焊缝金属的强度低于 B780CF 钢的设计标准；不同的焊接热输入量变化对焊接接头冲击韧性影响不大。

表 9 - 16　SX780CF 焊接接头拉伸试验结果

序号	试样截面积（mm²）	极限总载荷 N（kN）	抗拉强度 R_m（MPa）	断裂位置
1 - 1	20. 36 × 19. 76	315. 60	784	焊缝
1 - 2	20. 07 × 19. 76	307. 23	775	焊缝
2 - 1	20. 04 × 19. 89	303. 08	761	焊缝
2 - 2	19. 80 × 19. 73	299. 87	768	焊缝

表 9 - 17　SX780CF 焊接接头弯曲试验结果

编号	试样数量	结果
1 号	4	完好
2 号	4	完好

表 9 - 18　SX780CF 焊接接头冲击试验结果

编号	冲击韧性（-40℃）（J）		
	焊缝上表面 2mm	焊缝上表面 7mm	1/2 热影响区
1 号	77/73/81	90/75/84	155/187/145
2 号	66/95/90	58/77/92	96/190/162

图 9 - 22 分别为 SX780CF 焊接接头母材区、焊缝区和热影响区的金相照片。可以看

出，母材的显微组织为低碳回火马氏体 + 低碳回火下贝氏体，马氏体、贝氏体板条尺寸均匀细小，说明钢板的综合力学性能良好。焊缝区主要为综合力学性能的下贝氏体组织。热影响区照片中能够明显地看到熔合线，暗绿色部分为焊缝组织；热影响区中的粗晶区主要为马氏体组织，过渡到不完全相变区部分时为马氏体与下贝氏体的混合组织。1 号试板（线能量 17.3 kJ/cm）热影响区在热循环中，高温停留的时间较短，而冷却速度较快，粗晶区形成了晶粒尺寸相对适中的马氏体组织；2 号试板（线能量 33.7 kJ/cm）热影响区在热循环中，高温停留的时间较长，而冷却速度较慢，粗晶区形成了晶粒尺寸较大的马氏体组织 + 少量下贝氏体组织。由于下贝氏体的冲击韧性高，具有良好的综合力学性能，补偿了综合力学性能差的粗大马氏体组织的力学性能，这也说明了两种不同线能量焊接接头的热影响区冲击韧性变化不大的原因。

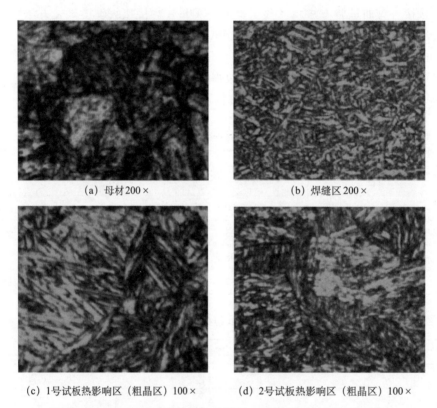

(a) 母材 200×　　　　　　　　　　(b) 焊缝区 200×

(c) 1号试板热影响区（粗晶区）100×　　(d) 2号试板热影响区（粗晶区）100×

图 9-22　SX780CF 焊接接头母材区、焊缝区和热影响区的金相

综合考虑白鹤滩蜗壳实际状况和质量管理方式，保证 SX780CF 钢板焊接接头力学性能要求，焊接线能量一般控制在 20~30 kJ 之间。

2. 白鹤滩蜗壳 SX780CF 焊接工艺评定试验

白鹤滩蜗壳 SX780CF 钢板焊接工艺评定试验按照 ASME 第 Ⅸ 卷执行，焊接评定试板厚度 50 mm。所有的焊接试板均进行 TOFT 无损探伤合格后进行力学性能试验，包括拉伸、弯曲和冲击韧性试验，所有力学性能试样均为焊态。

1）焊接材料

白鹤滩蜗壳 SX780CF 钢板焊接工艺评定焊接材料选用伯乐焊条 T Phoenix11018、大西洋焊条 CHE807RH、西冶 XY-J80SD，其力学性能标称值见表 9 - 19。

表 9 - 19　焊接工艺评定选用焊接材料熔敷金属力学性能标称值

焊接材料	$R_{p0.2}$ （MPa）	R_m （MPa）	A （%）	KV_2 （-40℃）（J）	热处理
T Phoenix11018	≥700	≥770	≥17	≥48	焊态
CHE807RH	≥690	≥780	≥13	≥47	焊态
XY-J80SD	≥685	≥785	≥15	≥47	焊态

2）焊接工艺规范

白鹤滩蜗壳 SX780CF 焊接工艺参数见表 9 - 20 和表 9 - 21，分别由水电七局和水电八局承做。

表 9 - 20　焊接工艺参数（水电七局）

焊接材料	焊接方法	焊接位置	直径 （mm）	焊接电流 （A）	焊接电压 （V）	焊接速度 （mm/min）	线能量 （kJ/cm）	预热温度 （℃）	层间温度 （℃）	热处理
T Phoenix11018	SMAW	3G	3.2	113 ~ 125	21	75	21	100	155	焊态
			4.0	149 ~ 151	21 ~ 22	62	32.1			
CHE807RH	SMAW	3G	3.2	118 ~ 125	21	75	21	100	150	焊态
			4.0	142 ~ 148	21 ~ 22	62	31.5			
XY-J80SD	SMAW	3G	3.2	113 ~ 126	21	75	21.2	100	150	焊态
			4.0	140 ~ 145	21 ~ 22	62	30.9			

表 9 - 21　焊接工艺参数（水电八局）

焊接材料	焊接方法	焊接位置	直径 （mm）	焊接电流 （A）	焊接电压 （V）	焊接速度 （mm/min）	线能量 （kJ/cm）	预热温度 （℃）	层间温度 （℃）	热处理
T Phoenix11018	SMAW	3G	3.2	107 ~ 115	21 ~ 23	75	21	100	165	焊态
			4.0	138 ~ 150	22 ~ 24	62	32.1			
CHE807RH	SMAW	3G	3.2	110 ~ 115	21	75	21	100	160	焊态
			4.0	145 ~ 151	23 ~ 24	62	31.5			
XY-J80SD	SMAW	3G	3.2	115	21	75	21.2	100	155	焊态
			4.0	140 ~ 145	23 ~ 24	62	30.9			

3）焊接接头力学性能

焊接接头力学性能试验按照 ASME 第Ⅸ卷执行，其力学性能见表 9 - 22 和表 9 - 23。

表 9 – 22　SX780CF 焊接接头力学性能（水电七局）

焊接材料	R_m (MPa)		180°弯曲 $d=4a$	冲击韧性 KV_2（−40℃）(J)					
				焊　缝			热影响区		
T Phoenix11018	812	813	合格	83	99	104	84	149	150
				74	80	80	161	106	227
CHE807RH	805	799	合格	143	152	144	113	98	152
				153	189	130	121	136	107
XY-J80SD	832	841	合格	48	62	48	213	223	213
				50	44	62	207	198	137

表 9 – 23　SX780CF 焊接接头力学性能（水电八局）

焊接材料	R_m (MPa)		180°弯曲 $d=4a$	冲击韧性 KV_2（−40℃）(J)					
				焊　缝			热影响区		
T Phoenix11018	811	813	合格	82	84	78	179	191	181
				93	86	88	215	209	194
CHE807RH	805	819	合格	66	89	61	248	252	257
				58	84	77	250	260	256
XY-J80SD	824	823	合格	81	75	59	250	251	252
				56	49	50	224	226	225

从表 9 – 22 和表 9 – 23 中数据可知，焊接材料 T Phoenix11018、CHE807RH 和 XY-J80SD 的力学性能值均符合 ASME 第Ⅸ卷相关标准的判定要求。6 组焊接工艺评定的冲击韧性中，T Phoenix11018 焊材的冲击韧性最优，有利于蜗壳制造焊接生产过程中综合力学性能的保证。

9.1.4.6　焊后热处理

采用的 SX780CF 高强钢技术条件要求焊后消除应力热处理不高于570℃。热处理试验中采用550℃保温温度，将试验时的热处理保温时间定为 10 h。大型水电结构尺寸大，焊接残余应力水平较高，如果采用过快的升/降温速度可能在结构中引起热应力变形，因此将升/降温速度确定为 60℃/h。

所设计的焊接热处理方案如图 9 – 23 所示。

焊接时选用 120 mm 厚 B780CF 钢板，$\phi1.2$ mm 的 YM – 80A 焊丝进行试板

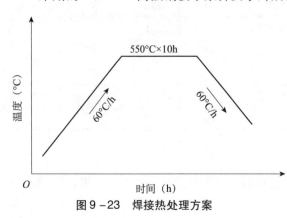
图 9 – 23　焊接热处理方案

焊接，同一试件焊态和经热处理后性能结果见表 9 – 24。

表 9 – 24　热处理试验

焊材	母材	热处理状态	拉伸试验			–40℃冲击值	
			屈服强度（MPa）	抗拉强度（MPa）	伸长率（%）	焊缝（J）	热影响区（J）
YM – 80A 焊丝	B780CF	焊态	703	838	16	82	253
YM – 80A 焊丝	B780CF	550℃×4h	743	837	17.5	81	246
CHE807R 焊条	B780CF	焊态	776	832	17	70	225
CHE807R 焊条	B780CF	550℃×4h	769	826	17	62	230

从结果来看，热处理后焊接接头的屈服强度、抗拉强度及伸长率基本不变。冲击值有所下降，但均满足 – 40℃冲击值不小于 47 J 的冲击韧性要求。

9.1.5　导水机构制造技术

9.1.5.1　顶盖、底环、控制环加工技术

顶盖、底环、控制环均为钢板焊接结构。这些部件的加工主要包括分瓣面镗铣、平面和圆面车削及导叶轴孔和大小耳孔镗削。

白鹤滩哈电水轮机顶盖、底环均为 4 瓣结构，合缝面定位方式为偏心销套加轴向骑缝销辅助定位结构。顶盖、底环加工技术关键是要保证导叶轴孔尺寸及位置度、合缝面把合孔及偏心销套孔位置度、工件翻身时防止变形、顶盖与座环把合孔位置度等（见图 9 – 24）。

对于白鹤滩大型顶盖、底环的特定结构，采用大型数控立车加工，充分利用数控立车承载重量大、一个工位车序、镗序一次加工完成的优势，精车后利用数控立车的精确分度功能精镗导叶轴孔，避免二次找正误

图 9 – 24　哈电顶盖在 NCφ16 立车加工

差，精确保证导叶轴孔的尺寸及位置度、垂直度等形位公差。

白鹤滩东电顶盖分 4 瓣，焊接重量 426.5 t，加工重量 370.5 t，最大外径 11 660 mm，最大高度 2645 mm。底环分两瓣，焊接重量 112 t，加工重量 103 t，最大外径 11 096 mm，最大高度 650 mm。控制环分两瓣，焊接重量 67.6 t，加工装配重量 66.9 t，最大外径 8400 mm（其中大耳孔最远端 φ9100 mm），最大高度 1890 mm。

考虑到顶盖的尺寸及重量，为保证加工精度，东电将顶盖各平面和圆面的加工在 22 m 数控立车上进行；底环重量较轻，为了减小 22 m 立车的负荷，底环各平面和圆面的加工在 18 m 数控立车上进行，控制环平面和圆面车削在 12.5 m 数控立车上进行，各加工设备

性能参数如下：

22 m 数控立车为单柱立式车床，卡盘直径 10 m，最大加工直径 22 m，最大加工高度 8 m，最大承重 700 t，带镗铣功能。

18 m 数控立车为单柱立式车床，卡盘直径 10 m，最大加工直径 18 m，最大加工高度 7.5 m，最大承重 600 t，带镗铣功能。

12.5 m 数控立车为双柱立式车床，卡盘直径 8 m，最大加工直径 12.5 m，最大加工高度 5.75 m，最大承重 205 t。

1. 顶盖、底环合缝面、把合孔加工

白鹤滩顶盖、底环合缝面把合孔数量多，如把合孔加工出现偏差，工件组圆时会出现把合孔把不上以及工件合缝面错牙较大等问题。

顶盖、底环合缝面把合孔、偏心销套孔利用数控镗床加工，有效保证把合孔位置准确，保证把合孔背侧平面与合缝面平行；把合孔加工时按工件平线找正，以靠近内圆处下方的第一个孔为起始基准孔，确定零点后编程加工其余各孔，保证相对合缝面对应孔的加工坐标值一致；组合装配时利用合缝面定位销定位，保证装配后合缝面间隙满足要求。

2. 顶盖、底环导叶轴孔加工

顶盖、底环导叶轴孔的位置度以及顶盖、底环轴孔的同轴度是顶盖、底环加工的关键。利用 NC 立车的车、镗一体功能，保证顶盖、底环在数控立车上一个工位一次性完成车、镗精加工，有效保证了导叶轴孔位置度及垂直度要求。导叶轴孔加工时，利用数控立车夹盘分度，粗镗，精镗。在镗序的每一个过程，要检查轴孔的分度情况。每个导叶轴孔先镗一段找正基准，并测量轴孔位置精度，轴孔找正基准检查合格后，按基准找正并精镗轴孔，保证导叶轴孔的位置度满足图纸及安装要求。

3. 顶盖的起吊、翻身

图 9 - 25　顶盖平吊

由于顶盖直径达到 12 m，重量近 400 t，顶盖的起吊、翻身难度大。起吊、翻身均在顶盖上设置了合适的吊点，经过强度计算，在顶盖外圆跨合缝面处或内圆筋板上设置了大型吊装用吊耳，用于顶盖平吊和翻身。翻身前要保证合缝面把合螺栓预紧力合格且合缝面定位销装配合格，避免起吊、翻身导致的工件错牙及变形（见图 9 - 25）。

9.1.5.2　导叶加工技术

传统中低水头大型水轮机导叶一般采用铸焊结构，上、下轴头为 ZG20SiMn 或 ZG06Cr13Ni5Mo，导叶瓣体采用普通碳素钢板或不锈钢板制造。中、高水头水轮机导叶一般采用整体砂型铸造，材料一般选择 ZG06Cr13Ni4Mo（普通铸造或精炼铸造）、ZG04Cr13Ni4Mo（精炼铸造）、ZG04Cr13Ni5Mo（精炼铸造）。

　　传统的活动导叶制造技术主要在型线加工方面，型线加工采用刨削 + 铲磨 + 样板控制方式进行：先用画线样板在导叶两端面画出导叶型线，采用刨床根据画线刨削加工出导叶头尾部型线，对由于轴颈遮挡而不能刨削加工的中间部位，采用碳弧气刨和砂轮机铲磨进行型线加工，并用检查样板进行导叶型线控制。

　　白鹤滩机组活动导叶采用抗空蚀、抗磨损和具有良好焊接性能的低碳优质不锈钢ZG04Cr13Ni5Mo（哈电）/ ZG04Cr13Ni4Mo（东电）材料、实心整体电渣熔铸制造。两型机组活动导叶尺寸重量如下：

　　东电导叶总长 4433 mm，瓣体长 1456 mm，毛坯重量 6.1 t，加工重量 5.7 t，导叶数量 24 件。哈电导叶总长 5075 mm，瓣体长 1569 mm，毛坯重量 8.8 t，加工重量 8.0 t，活动导叶 24 件。

　　电渣熔铸铸件的致密性和纯净度优于传统的砂型铸造，铸件基本没有缺陷焊补问题。为进一步提高材料的抗腐蚀、抗磨损能力，东电对 ZG04Cr13Ni4Mo 做了活动导叶成分和性能优化，将 Cr 含量下限由 11.5% 提高到 12.5%，这有利于提高铸件的抗腐蚀能力；将材料的屈服和抗拉强度分别提高到 600 MPa 和 800 MPa，有利于提高材料的抗磨损能力。具体对比见表 9 – 25。

表 9 – 25　东电活动导叶成分与性能对比

牌号	化学成分　max.（%）								
	C	Si	Mn	P	S	Cr	Ni	Mo	Nieq/Creq
标准 ZG04Cr13Ni4Mo	0.04	0.80	1.50	0.030	0.010	11.5 ~ 13.5	3.5 ~ 5.0	0.40 ~ 1.00	–
白鹤滩 ZG04Cr13Ni4Mo	0.04	0.60	1.00	0.028	0.008	12.5 ~ 13.5	3.8 ~ 5.0	0.40 ~ 1.00	0.42

牌号	力学性能				
	屈服强度（MPa）	抗拉强度（MPa）	断后伸长率（%）	断面收缩率（%）	冲击试验 KV_2 0℃（J）
标准 ZG04Cr13Ni4Mo	≥580	780	≥18	≥50	≥80
白鹤滩 ZG04Cr13Ni4Mo	≥600	≥800	≥18	≥55	≥100

　　注：标准 ZG04Cr13Ni4Mo 要求见 GB/T 6967—2009《工程结构用中、高强度不锈钢铸件》。

　　主要加工部位是导叶瓣体型面和导叶轴颈，其中的技术关键是保证导叶上中下轴颈的同轴度、导叶瓣体垂直度、导叶进出水边密封面的相对位置及分瓣键销孔相对于瓣体中心线的角度。

　　1. 导叶瓣体密封面加工

　　导叶瓣体进、出水边密封面是导叶上的重要部位，密封面的准确程度将直接影响导水装配精度。导叶密封面采用数控龙门铣床编程加工，头、尾部密封面一次加工完毕，确保了头、尾部密封面相对位置的准确性（见图9-26）。

2. 导叶轴颈加工

导叶上中下三个轴颈的尺寸公差、形位公差、表面粗糙度要求较高。根据导叶的设计结构要求，导叶轴颈加工在大型卧车和旋风铣床加工。即导叶瓣体配重后，在大型卧车粗车、半精车导叶轴颈，精车导叶瓣体长度，然后在旋风铣精加工轴颈（见图9-27）。

图9-26　导叶密封面加工图　　　　图9-27　旋风铣加工导叶

旋风铣加工时导叶不旋转，调整两旋风铣头同轴度在0.02 mm之内，铣头旋转，精加工三个轴颈。利用旋风铣加工导叶轴颈的最大优点是保证了三个轴颈的形位公差，避免卧车加工产生的轴颈椭圆度，表面粗糙度也可达到 $Ra1.6\ \mu m$。为达到设计要求的更高表面粗糙度，利用进口的抛光机进行抛光。

3. 销孔同钻铰

导叶加工完成后需与导叶臂同钻铰销孔，由于导叶、导叶臂尺寸较大，为保证产品质量，导叶和导叶臂单件预装后，在镗床上采用减振刀杆进行销孔同钻铰。

9.1.5.3　导叶轴孔同轴度控制技术

顶盖、底环导叶轴孔同轴度直接影响到活动导叶转动的灵活性，是机组安装的主要控制指标，加工中必须确保顶盖、底环导叶轴孔的同轴度要求。

东电利用22 m数控立车完成顶盖车削加工后，在同一工位上进行顶盖中轴孔精镗加工时，在机床主轴中心位置不变的状态下，在上轴孔内圆部位加工出20~30 mm长的一段圆柱段，该圆柱段与中轴孔内圆同心。以后上轴孔精加工时，就以该圆柱段为基准进行找正，该圆柱段称为找正段。

顶盖拆开后，在数控天桥铣和数控镗床上，以找正段为基准，完成上轴孔的精镗加工；底环下轴孔在底环车削完成后，拆成两瓣，在数控龙门铣上进行数控编程精镗加工。东电所用的数控天桥铣龙门跨距6.6 m，X轴加工行程14 m，Y轴加工行程8 m，最大加工高度4 m。数控双龙门铣龙门跨距5.8 m，X轴加工行程12.5 m，Y轴加工行程7 m，最大加工高度4 m。

通过对影响同轴度因素的深入研究，东电开发出一套顶盖、底环导叶轴孔同轴度的控制系统，形成了一套体系完整、质量可控、操作性强的导叶轴孔加工体系，可适应不同类型的机床、工件多种安装状态下的顶盖、底环导叶轴孔加工。一方面，通过研究导叶轴孔同轴度精度的影响因素，确立了导叶轴孔数控加工时同轴度的加工原则和控制措施，形成了顶盖、底环导叶轴孔加工的标准规范。另一方面，开发出导叶轴孔数控加工程序软件，并将软件固化于机床操作系统中，能自动对工件的测量误差进行评估；在加工过程中能同步完成导叶轴孔加工的计算分析和误差修正；加工之后能自动进行顶盖、底环导叶轴孔同轴度值的分析计算；能有效减少和消除加工中的误操作，切实保证导叶轴孔加工质量。

9.1.5.4 大尺寸测量技术

针对顶盖、底环、转轮等大型零部件的尺寸测量进行系统攻关，包括测量器具的使用方法、环境温度变化对测量的影响、各种测量方法的使用范围等，形成了大型零部件的尺寸测量规范，能够满足加工的测量精度要求。

对影响大尺寸测量最重要的温度因素明确规范要求，对测量时间根据温度变化进行选择；在实际测量中，要求量具必须与被测工件等温处理，以保证测量的有效性；对 6 m 以上的大尺寸测量，增加工艺块进行分段测量，要求各段长度均小于 6 m，采用普通内径千分尺进行测量，其测量精度高于受温度影响变化较快的雪茄型内径千分尺；规范测量器具的使用方法，对重要尺寸进行多次测量，要求进行一人 5 次以上测量，或者两人 3 次以上测量，以保证测量结果的稳定性。

9.1.5.5 导水机构预装

导水机构厂内预装的目的是为了验证设计的正确性、加工的准确性。通过厂内导水机构预装，将导叶立面间隙、端面间隙调整合格，减轻工地导水机构安装时的工作量。

白鹤滩顶盖、底环、活动导叶、连杆、导叶臂、连接板和连杆销这些导水零件已全部实现数控加工，各导叶轴孔分布圆、连接孔的弦长和角度保证有较高的加工精度。对大型机组，目前普遍采用首台导水机构厂内预装，其余各台可采用局部预装的工艺技术。

1. 白鹤滩导水装配设计结构特点

白鹤滩导水装配（见图 9 - 28）总重量为 830 t（哈电）/820 t（东电），其中装配最大部件顶盖重量约 380 t，装配总占地 14 m×14 m。

导水装配端面间隙要求上端间隙 0.55～1.0 mm，下端间隙 0.35～0.70 mm；根据导叶出水边楔形结构的特点，立面间隙：下端为零，上端允许 0.30±0.10 mm，从上到下均匀变小。为满足设计要求，需要保证总装的基础平台稳固、可靠。

2. 白鹤滩导水装配技术关键

为满足白鹤滩巨型导水装配的基础稳定，哈电对现有的 700 MW 机组重型装配平台进行了全面改造，对基础进行加固和深挖，保证改造后的装配平台满足至少 1000 t 总装承载能力。为保护装配平台，总装方案充分考虑增加局部平台承载能力和支撑刚度，保证装配调平后精度稳定的要求。东电专门研制了一套适用于大型混流、轴流式机组导水机构开度试验的通用装置，并在黄登、里底等项目上进行了试验，具有效率高、操作方便、可控性强、稳定性好等特点。

导水机构总装过程中需要进行动作试验，检查导叶开关行程。在厂内通过在控制环和顶盖间设置专用的开关接力器装置来实现。在顶盖上安装导叶开关工具，并与顶盖、控制环

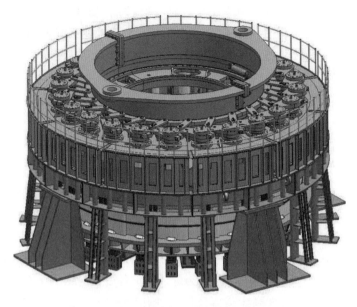

图 9 – 28 导水机构厂内装配示意图

装配牢固。利用接力器开关装置转动控制环进行导叶开、关动作试验（见图 9 – 29）。

图 9 – 29 接力器开关装置

3. 整体预装的主要检查内容

（1）检查相关配合件的把合孔对位情况、平面贴合情况，以及止口配合情况。

（2）检查顶盖、底环导叶轴孔的同轴度。

（3）检查顶盖、底环过流面间的平行度和开档尺寸。

（4）检查导叶瓣体与顶盖、底环间的端面间隙。

（5）检查导叶轴颈与导叶轴孔的配合间隙。

（6）检查顶盖与底环同心度。

（7）检查导叶转动的灵活性。

（8）检查导叶全关时的立面间隙。

（9）检查导叶开度情况，以及导叶开度与接力器行程的关系。

（10）检查连杆的水平度和长度尺寸。

9.1.6　转轮制造技术

9.1.6.1　概述

白鹤滩哈电转轮是迄今为止世界上尺寸及重量最大的长短叶片混流式水轮机转轮。转轮最大外径 8870 mm，高度 3795 mm，重量 338 t，叶片 30 个，包括 15 个长叶片及 15 个短叶片。

白鹤滩东电转轮最大外径 8620 mm，高度 3920 mm，焊接重量 359.3 t，加工重量 346.5 t，叶片 15 个。

由于运输条件等因素的限制，无法做到制造厂内转轮整体交货，只能工厂散件交货、工地组装焊接，白鹤滩工地建有两个转轮加工厂。两机型的转轮上冠、下环、叶片均在各自厂内加工后，散件运至白鹤滩转轮加工厂，在工地加工厂组焊成整体转轮并整体加工。转轮加工包括转轮流道打磨、转轮整体车削加工、转轮联轴孔加工和转轮平衡。

大型水轮机转轮叶片目前普遍采用砂型铸造方法，三峡、向家坝、溪洛渡等水轮机叶片均采用此方法铸造。2016 年 6 月，沈阳铸造研究所针对白鹤滩水电站 1000 MW 级水轮机转轮叶片研发的"大型水轮机电渣熔铸模压叶片"新产品技术通过国家级技术鉴定，白鹤滩转轮叶片的制造方法增加了一种新的选择。哈电分别采购了 4 台套砂型铸造叶片和 4 台套电渣熔铸模压成型叶片，电渣熔铸模压成型叶片工艺方法是首次在大型转轮叶片上运用。

"电渣熔铸 + 热模压"的主要生产工艺过程为：精炼电极→电渣熔铸二维板坯→无损检测→热模压成型三维叶片→热处理→性能检验、无损检测→机加工（见图 9 - 30）。

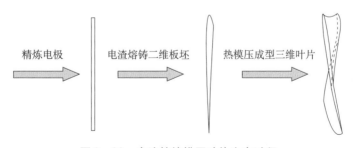

精炼电极　　　　电渣熔铸二维板坯　　　　热模压成型三维叶片

图 9 - 30　电渣熔铸模压叶片生产过程

叶片经过 AOD 和电渣熔铸双精炼，能够有效提高铸件的纯净度，电渣熔铸的金属型顺序凝固特点可降低铸件内部缩松，铸件缺陷少、致密性高，抗疲劳性能得到了提升。与传统砂型铸造相比，叶片整体性能和质量都有明显提高。叶片通过热模压电渣熔铸板坯成型，金属利用率高，毛坯加工余量小，特别对于叶片厚度差较大的叶片，具有成本和制造工期方面的优势。

"电渣熔铸 + 热模压"大型水轮机叶片制造技术解决了传统砂型铸造内部缩松质量问题,具有冶金质量好、内外品质一致性好等优点,综合技术指标达到了国际领先水平。

白鹤滩哈电和东电转轮铸件均采用抗气蚀能力较强的马氏体不锈钢材料ZG04Cr13Ni4Mo,与三峡、溪洛渡转轮采用的材料相同。20 世纪 60 年代,瑞典和美国首先开发出 2RM2H、CA6NM 系 Cr-Ni-Mo 马氏体不锈钢,显著提高了转轮材料的抗空蚀能力。我国在引进技术的基础上也开发出了相应的 ZG06Cr13Ni4Mo、ZG06Cr13Ni5Mo 等系列钢种,并掌握了大型不锈钢铸件的冶炼、铸造和热处理技术。在此基础上,还对传统的 Cr-Ni-Mo 马氏体不锈钢进行了优化,使得中国的转轮铸件材料综合性能达到世界领先水平,主要体现在:

(1)进一步降低 C 含量,将 C 含量上限由 0.06% 降低到 0.04%,有利于提高大型铸件的焊接性能。

(2)进一步提高铸件的强度、塑性和韧性要求。

(3)将 Cr 含量下限由 12% 提高到 12.5%,有利于提高铸件在静水中的抗腐蚀能力。

(4)提出了 N、H、O 等气体元素的控制要求,提高了铸件的纯净度。

白鹤滩转轮铸件标准与国外标准的对比见表 9 – 26。

表 9 – 26 白鹤滩转轮铸件标准与国外标准对比

牌号	化学成分 max.(%)									
	C	Si	Mn	P	S	Cr	Ni	Mo	N/H/O	Nieq/Creq
CA6NM	0.06	1.00	1.00	0.040	0.03	11.5 ~ 14.0	3.5 ~ 4.5	0.40 ~ 1.0	—	—
白鹤滩 ZG04Cr13Ni4Mo	0.04	0.60	1.00	0.028	0.008	12.5 ~ 13.5	3.8 ~ 5.0	0.40 ~ 1.0	N≤0.015 H≤0.0003 O≤0.008	0.42

牌号	力学性能				
	屈服强度(MPa)	抗拉强度(MPa)	断后伸长率(%)	断面收缩率(%)	冲击试验 KV_2(J) 0℃
CA6NM	≥550	≥755	≥15	≥35	—
白鹤滩 ZG04Cr13Ni4Mo	≥600	≥800	≥20	≥55	≥100

9.1.6.2 转轮工地制造厂房

白鹤滩共有两栋转轮加工厂房,1 号转轮加工厂为哈电厂房,2 号转轮加工厂为东电厂房。转轮加工制造厂位于工区内左岸新建村 1 号公路旁,单个厂房长度 150 m,轨距 24 m,厂房净宽 22.5 m,内配有主钩 500 t、副钩 32 t 桥式起重机,起重机有效起吊高度为 15.8 m(主钩销孔中心至地面距离)。

哈电厂房内设 9 个工位,分别为下机架焊接工位 1 个、焊接工位 3 个、喷砂工位 1 个、退火工位 1 个、下机架装配及转轮翻身工位 1 个、立车工位 1 个、静平衡工位 1 个,用于完成 8 台份转轮焊接、退火、加工、静平衡等工序，同时也用于下机架的焊接、喷砂、涂漆、加工等作业。

东电转轮厂房设 9 个工位：转轮平衡工位 1 个、立车工位 1 个、转轮和中心体装焊铲磨工位 4 个、下机架预装工位 1 个、退火工位 1 个、喷砂刷漆区 1 个。图 9 - 31 为工地转轮加工厂房外观。表 9 - 27 为工地厂房总体方案。

图 9 - 31　工地转轮加工厂房外观

表 9 - 27　工地厂房总体方案

序号	名　称	规　　格
1	厂房型式	单层重型钢结构及钢筋混凝土结构
2	厂房最大承重	不低于 500 t
3	厂房起重机	桥式起重机 1 台，主钩 500 t，副钩 32 t；主钩开设起吊孔，穿轴后须能承重 500 t；桥机主梁北侧加装 1 个 10 t 电葫芦
4	厂房跨度	24 m 跨（起重机轨距 23 m）
5	厂房有效长度	150 m
6	柱间距	11.5 m
7	厂房高度	吊钩（起吊中心孔）下净高不小于 15 m
8	厂房大门位置	厂房南端、北端各开 1 个大门
9	厂房大门宽×高	11 m×7 m（电动卷帘门）
10	主厂房区和运输通道地面承重	500 t 级
11	退火方式	电加热炉退火

9.1.6.3　叶片数控加工及检测

通过十多年的开发研究以及多个大型电站工程的探索实践，国内已形成了一套技术先进、成熟可靠的叶片五轴数控加工一体化技术和叶片三维检测技术，两制造厂运用这一技术进行白鹤滩转轮叶片的加工及检测。

数控加工技术包括叶片空间曲面及坡口曲面三维造型技术、叶片数控加工刀位轨迹计算技术、叶片数控加工刀位轨迹仿真技术、五轴刀位后处理技术等。

在叶片检测技术方面，采用多站点转站测量技术和叶片正背面合面技术，叶片毛坯测量时，不仅能准确地确定叶片毛坯余量分布，还可自动寻优，为叶片加工数控编程、叶片加工准确的安装定位提供基准；叶片精加工后，可对叶片加工后的尺寸进行精确的测量，并可进行误差分析与评估。

9.1.6.4　转轮焊接

哈电与东电转轮3D模型图见图6-80。

哈电转轮采用长短叶片转轮，叶片数30个，包括15个长叶片及15个短叶片，转轮叶片之间的结构空间狭窄，转轮焊接操作难度极大，其中短叶片出水边端部向外侧500 mm长度范围内对应的长短叶片与下环间焊缝施焊最为困难，为此，工程人员制作了1:1转轮局部模型进行实际操作模拟训练。整个模型体积相当于实际转轮的1/8，包含两长一短叶片及与之相对应的上冠、下环区域，通过模型验证，精确掌握了白鹤滩转轮焊接困难区域。在短叶片出水边为起点向进水边方向约500~600 mm范围内焊接，需要选择身高体重相对瘦小、专业技能优秀的焊工进行焊接作业。东电在转轮焊接工艺方面，以富氩熔化极脉冲混合气体保护焊为主导，对气体的类型、比例及不同条件下焊接规范参数通过比对试验予以确定，由多个焊工同时施焊，固化了适合大型不锈钢转轮焊接的工艺程序；转轮焊接材料选用与母材等强度的马氏体型焊接材料。

采用熔化极混合气体保护焊，在焊前和焊接过程中进行预热，在圆周方向对称施焊；叶片与上冠、下环间焊缝共开4道坡口，焊接时将每条焊缝按600~700 mm长进行分段，从中间依次向两端退步施焊；通过转轮翻身，将焊缝从仰焊位置变为易操作的平焊位置。

转轮焊接后，整体进热处理炉进行焊缝焊后热处理，热处理炉为钟罩式电加热炉，采取本体热电偶控温，8支热电偶，沿转轮圆周均布，温度控制均为电脑控制。热电偶显示温度与要求值偏差±10℃以内，炉内任意两点（炉膛热电偶）温度偏差±20℃。退火前后分别进行残余应力测试。焊后热处理参数如下：

加热速率：≤15℃/h。

在加热过程中转轮的最高温度和最低温度的温差不应大于100℃，如超过则应延长保温时间直至温差小于30℃。

均温平台：(300±30)℃，时间4 h。

保温平台：(590±15)℃，时间12 h。

冷却速率：≤30℃/h。

出炉温度：≤150℃。

9.1.6.5　转轮工地立车加工

转轮在工地现场工厂采用数控立车加工，立车可加工转轮平面和圆等所有需加工部位。采用通用立车加工，特点是加工质量好、生产效率高。

哈电在糯扎渡、猴子岩转轮工地加工已应用该技术，所用的数控立车由齐重数控公司进行设计、制造。该立车卡盘直径 ϕ10 m，承载 500 t，最大加工工件高度 5.5 m，也同时满足下机架工地加工（见图 9 - 32）。

图 9 - 32　白鹤滩现场哈电转轮加工用立车

东电转轮则采用 9 m 数控立车（见图 9 - 33）进行车削加工，立车直径 8 m，最大加工直径 9 m，最大加工高度 5.6 m，工作台最大承重 450 t，主电机功率 160 kW。车削工艺过程如下：

（1）转轮倒放，画检各部位加工余量。

（2）画导水机构水平中心线，打标记；画平面、圆面加工线。

（3）以所画加工线找正，粗精车下环底平面、止漏环部位外圆面。

（4）粗精车上冠泄水锥小端处的平面、圆面和止口。

（5）采用专用机床钻攻泄水锥部位的把合孔。

图 9 - 33　9 m 数控立车加工白鹤滩东电转轮

（6）转轮翻身，正面朝上。

（7）在上冠凹槽部位装焊镗孔机胎板。

（8）按已加工面找正半精车、精车各平面和圆面，以及镗孔机胎板平面。

（9）检查配合标记与主轴把合面高、低点。

9.1.6.6　转轮联轴孔的加工

转轮镗联轴孔时，机床的主轴必须与联轴的法兰面垂直，若用传统的卧式镗床加工，必须将转轮侧立在镗床的工作台上，装夹、找正不便。白鹤滩转轮联轴孔的加工，哈电和东电均使用专用的镗孔机，采用正放工位进行，按镗模找正后进行镗孔加工（见图9－34）。

图9－34　专机镗孔图

该方法的优点是：转轮不需要侧向翻身，节约了许多侧翻工具，避免了精车后转轮的变形；镗孔机的安装找正方便，同时转轮不需要翻身和转动；由于镗轴的伸出长度较短，刚性好，镗孔精度容易保证。

在转轮上冠凹槽内安装镗孔机支承胎板，该胎板平面与转轮平面一同车削加工出，作为镗孔机安装的支承平台。

在转轮法兰面上装把镗模，以转轮上法兰外圆为镗模的定位基准，进行镗模的定位和安装，安装后在镗模和转轮上同钻铰定位销，装入定位销，以防止加工过程中镗模移位。镗孔时，检查镗杆与镗模平面的垂直度、镗模与转轮同轴度、高低点对正情况，调整镗孔机主轴与镗模孔的同轴度在0.01 mm以内，进行销套孔的半精镗和精镗。销套孔镗铣加工既可在立车工位上进行，也可在平衡工位上进行。

9.1.6.7　转轮翻身工艺

白鹤滩哈电转轮采用长短轴翻身方案（见图9－35）。转轮的翻身将在两个翻身架之间进行。长短两根吊轴通过过渡法兰与转轮把合在一起。翻身时首先将位于上方的一端和长吊杆连接，吊转轮到翻身架上，使位于下方的一端坐在翻身架的 U 型架口上，落吊车至转轮呈水平位置，与吊杆相连的另一端坐入另一侧翻身架的 U 型架口上，然后将吊杆换至另一端，起吊车至转轮垂直立放位置，完成翻身动作，翻身方向可根据工艺需要向正反两个方向进行。这一系列翻身装置的最大优点是转轮的重量均匀地分布在长短吊轴的连接法兰上，不会引起上冠和下环变形，也避免了因焊接大吊耳产生的应力和变形。

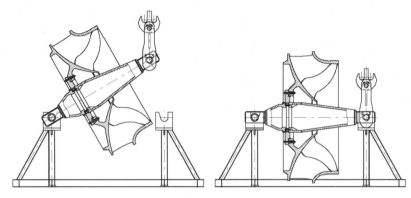

图 9 -35　白鹤滩哈电转轮长短轴翻身装置示意图

东电针对工地转轮厂房吊车有效起吊高度低的特点，开发转轮吊梁空中翻身技术，采用平衡吊梁进行转轮的平吊、翻身（见图 9 -36）。

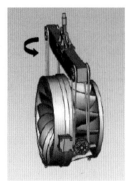

图 9 -36　白鹤滩东电转轮吊梁翻身示意图

在平衡吊梁和主钩上均开设销孔，通过销轴将平衡吊梁和主钩连在一起，整个起吊翻身都十分安全方便。

9.1.6.8　转轮静平衡工艺

哈电采用液压静平衡法成熟工艺技术（见图 9 -37 ~ 图 9 -39）。该平衡法与传统的钢球平衡法比较，其优点是摩擦系数极大地减小：钢球镜板式是球对钢的滚动摩擦，而静压球面靠油膜接触，是纯液体润滑油摩擦，摩擦系数极低，因而灵敏度大大提高，其平衡转轮重量可达 500 t 以上，该装置也曾应用于三峡、岩滩、向家坝等多台大型水轮机。

该装置工作时，静压轴承将工件浮起，根据不平衡方位，工件会发生相应倾斜。此

时两个沿 X、Y 方向放置的电子水平仪发出信号，输入计算机系统经处理，很快显示出不平衡重量的方向和位置大小，该平衡技术曾获国家科技进步奖。

图 9 - 37 同步起升千斤顶

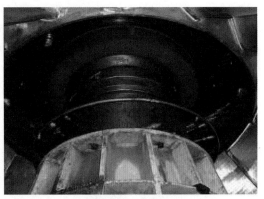

图 9 - 38 静压轴承

图 9 - 39 哈电转轮液压静平衡

白鹤滩东电转轮加工后净重 346.5 t，允许残余不平衡力矩为 1870 N·m，最终不平衡力矩的精品值要求为 740 N·m。东电采用了应力棒静平衡工艺。应力棒平衡技术具有原理新颖、平衡精度高的特点，平衡工具主要包括应力棒、平衡底座、平衡支柱和平衡盖板等。在应力棒上粘贴布置 4 个应变片，4 个应变片的布置互成 90°，在 180° 方向的两个应变片 J_1、J_3 连成一个惠斯登电桥，另两个应变片 J_2、J_4 构成一个惠斯登电桥，如图 9 - 40 所示。

转轮平衡时，将平衡支柱固定在平衡底座上，支柱上放置应力棒，应力棒上端放置平衡盖板。通过螺栓连接将转轮和平衡工具装把在一起，转轮的任何不平衡重将以弯曲应力的形式传递给应力棒，再通过应变片传递给应变仪，由应变仪的读数可以准确地计算出消除不平衡重所需的配重和配重位置（见图 9 - 41）。

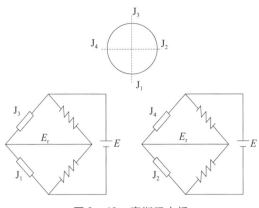

图 9-40　惠斯登电桥

图 9-41　转轮平衡示意图

东电对平衡原理、应力棒材料选择、弹性模量标定、平衡 K 值计算、平衡读数计算等原理性问题进行了深入研究，确定了应力棒直径与转轮重量的对应关系，形成了应力棒选用的多个系列，覆盖了 500 t 以下重量的转轮平衡；针对应力棒平衡系统的结构要素，对各结构的制造精度、装配要求、系统误差等进行综合分析，优化平衡工艺流程，形成了应力棒平衡的标准规范。按照规范操作，完全能够保证转轮的平衡精度。

转轮平衡过程分为粗平衡和精平衡，平衡盖板装把在转轮泄水锥下平面，上冠内腔设有木制平台，操作十分方便。根据粗平衡结果，在转轮上冠内腔装焊不锈钢平衡块，焊后再进行转轮精平衡，直至满足设计要求。

9.1.6.9　精密测量仪器运用

为保障白鹤滩转轮精品质量要求，转轮的平度、进出口角度、节距及同心度尺寸首次采用精密光笔测量仪进行测量，保证上冠、下环的装配同心度不大于 1 mm，较以往的 2 mm 同心度要求提升 1 倍。该设备完全能够满足白鹤滩转轮高标准的同心度测量精度及公差要求，如图 9-42 所示。

使用精密光笔测量仪测量上冠及下环的装配同心度，在上冠、下环的某个外圆加工面上选取 8 点或 16 点作为测量点，为减小转站累计误差，要求在一个坐标系中一次性测量上冠、下环的一个扇形面，这样上冠和下环的各测量点坐标值就可

图 9-42　精密光笔测量仪检测叶片开口尺寸

以在一个坐标系中得出各自的圆心坐标，通过对比上冠及下环各自的圆心坐标就可以得出同心度偏差。一个扇形面同心度测量完后，再测量其余扇形面同心度，如果某个扇形面同心度偏差超过1 mm，则微调上冠、下环的装配位置，直至各扇形面同心度偏差均满足要求。

9.1.7　主轴制造技术

主轴是转动部分的主要部件，尺寸精度和形位公差要求都非常高。白鹤滩两种机型

的主轴尺寸类似，总长约 6 m，最大外径约 4 m，重量达 120 ~ 140 t，加工制造难度大。由上法兰、下法兰、轴身三段组焊而成。主轴加工主要包括主轴轴身及法兰面车削、联轴孔镗削等。

主轴采用低碳微合金化优质合金钢锻件材料 25MnSX，C 含量不超过 0.25%，碳当量控制在 0.55% 以内，以保证锻件具有良好的焊接性能。与以往常用的 20SiMn、ASTM A668D 锻件相比，25MnSX 通过添加 Ni、V 等微合金化元素，采用调质处理工艺，使得锻件的强度水平更高，韧性更好。主轴材料合金成分及性能见表 9 - 28。

表 9 - 28　主轴材料合金成分及性能

牌号	化学成分　max.（%）										
	C	Si	Mn	P	S	Cr	Ni	Mo	V	Cu	Ceq
20SiMn	0.16 ~ 0.22	0.60 ~ 0.80	1.00 ~ 1.30	0.012	0.010	—	—	—		—	—
A668D	—	—	1.35	0.050	0.050	—	—	—		—	—
25MnSX	0.25	0.25	1.25	0.025	0.01	0.40	1.00	0.20	0.10	0.05	0.55

牌号	力学性能			
	屈服强度（MPa）	抗拉强度（MPa）	断后伸长率（%）	断面收缩率（%）
20SiMn	≥255	≥470	≥16	≥30
A668D	≥260	≥515	≥22	≥35
25MnSX	≥310	≥565	≥20	≥35

9.1.7.1　主轴焊接

主轴为焊接结构，轴身采用钢板卷焊件（哈电）/锻件（东电），两端法兰采用锻件。每段进行单件焊前加工，组装后采用窄间隙埋弧自动焊将分段的轴身和法兰焊成整体。

窄间隙埋弧自动焊的焊接过程为全自动焊接，焊缝由焊剂覆盖进行保护，焊接质量的稳定性大大高于其他焊接方式，而且焊缝宽度窄，焊接热影响区域窄，焊接变形小，焊缝均匀一致、质量优良。主轴焊后进行去应力热处理，所有焊缝按 ASME 标准进行 UT 和 MT 探伤检查。

9.1.7.2　主轴卧车车削及双托架支承加工技术

白鹤滩主轴采用卧车加工。哈电与东电均采用了最大加工工件长度可达 18 m 的重型数控卧车，配置了先进的数控技术、大尺寸测量系统和内孔加工工具安装固定系统等（见图 9 - 43）。哈电与东电所用卧车最大承重分别达 250 t 和 300 t，加工工件直径分别达 4.3 m 和 5 m。机床主轴中心孔的同心度和端面轴向偏心精度高，车削刀架可实现二轴联动及全闭环控制加工。

主轴滑转子外圆、法兰外圆和法兰端面的形位公差要求高，表面粗糙度要求高，加工难度大，尤其是主轴车削，加工难度非常大。为此，东电开发出了主轴的双托架支承加工技术，尤其适合于高精度要求的大型主轴加工，已成为大型水轮机主轴车削加工的

图 9 - 43　18 m 数控卧车加工主轴

首选方案。双托架支承加工时，用两个中心架支承主轴，主轴的重量全部承载在机床床身导轨上，床头箱花盘不夹持主轴，不受重力，仅通过万向节传递扭矩用。因机床床头箱不受重力，机床主轴本身的跳动量不影响主轴的加工精度，因此加工精度非常高。

白鹤滩主轴轴身直径为 3250 mm，已超出现有中心架最大 2500 mm 的夹持范围。经过综合分析研究，东电研制了一套整体式工艺芯轴，芯轴穿过主轴中心孔，与主轴两端装把固定。芯轴两端支承部位直径小于 2500 mm，可利用现有卧车中心架，采取双托支承方式完成主轴车削，该芯轴工装能同时完成水轮机轴、发电机轴的车削加工。

9.1.7.3　主轴表面高精度光整加工

在大轴的表面加工精度方面，通过改进工艺方法采用一种专用装置进行加工应用。由于主轴轴身表面粗糙度为 $Ra0.8$ μm，18 m 数控卧车设备本身一般不能直接加工完成，必须经过特殊工艺过程，滚压、磨削才能达到。哈电选用一种新型提高金属表面粗糙度水平的装置，该装置结构简单、操作方便，利用高频电磁冲击滚压原理保证主轴表面粗糙度由 6.3 μm 一次性达到 0.8 μm 以上，大大提高了生产效率（见图 9 - 44）。

图 9 - 44　金属表面光整加工装置

9.1.7.4 轴孔位置精度保证技术

水轮机端与转轮把合轴孔的位置精度高，机组由于结构限制、异地加工、装配难度等原因，转轮与主轴不能于装配后同镗加工，因此采用镗模加工。按定位位置装配后，以镗模轴孔为基准，在数控镗床加工把合孔，保证主轴与转轮装配位置正确（见图 9-45）。

图 9-45 镗模找正加工主轴轴孔

为保证水轮机轴发电机端与发电机轴把合轴孔位置精度，传统工艺是将水轮机轴与发电机轴把合在一起后，在卧车同找两轴摆度合格后，同加工定位把合孔。

哈电对总重在 250 t 以内的联轴可进行厂内卧式找摆度，并卧式加工，超过 250 t 的联轴重量则采用镗模加工。按定位位置装配后，以镗模轴孔为基准，在数控镗床加工把合孔，保证联轴位置准确。为验证工地联轴精度，镗模加工后的水、发两轴，将在厂内立式进行联轴找正（见图 9-46）。

图 9-46 水轮发电机主轴立式联轴找正复查

白鹤滩东电机组主轴的转轮端和发电机端均在数控 260 镗床上采用镗模加工，共采用了两套镗模，其中一套镗模有两件，一件用于厂内加工水机轴销套孔，另一件发往转轮工地厂房加工转轮销套孔；另一套仅有一件，用于厂内加工水机轴的发电机端销孔和发电机轴的水机端销孔。

东电已形成了一套完整的镗模加工技术，广泛应用于生产制造中。镗模加工技术的主要特点体现在以下方面：

对镗模的设计精度、制造要求、标记检查、连接法兰孔的编号以及放置保存等进行明确规范；对连接法兰单件在镗床上的安装定位、加工步骤、连接面的高低标记等进行合理规范；对镗模安装位置原则、镗模定心时的偏差要求、法兰间隙测量方法、法兰外圆测量方法、外圆标记，以及尺寸检查等进行严格要求；对单个孔的加工步骤、主轴连接法兰孔的加工顺序、把合要求、最终验收时检验销的使用，以及尺寸和形位公差检查等过程进行合理控制。

通过上述措施，一方面确保镗模本身的制造精度，另一方面保证单件的加工满足要求，同时在镗模加工时，对连接面的高低点位置进行规定，以控制工件装配后的轴系摆度，实现了大型机组水机轴与发电机轴制造时无需在厂内连轴找摆度。

9.2　发电机主要部件制造关键技术

9.2.1　主要部件结构简介

白鹤滩两种 1000 MW 水轮发电机均采用立轴半伞式结构，发电机采用密闭自循环端部回风系统，主要由定子（定子机座、定子铁心、定子绕组）部分、转子（转子支架、磁轭、磁极、主轴、顶轴）部分和轴承（上导轴承、推力与下导组合轴承）部分组成。总体结构见图 9 - 47。

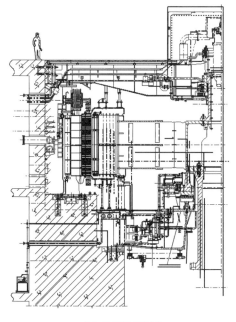

（a）哈电设计方案

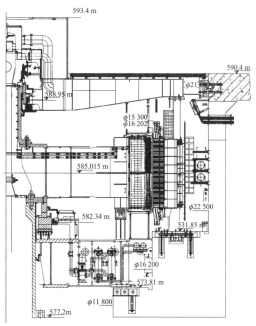

（b）东电设计方案

图 9 - 47　总体结构图

定子机座立筋及其基础板采用后倾式斜元件支撑结构，为便于运输，机座分瓣制造，在工地现场组焊成整体，如图9-48所示。考虑磁感涡流发热问题，位于主引出线、中性点引线处的上、下两层环板采用非磁性钢。定子铁心叠片通过穿心螺杆和碟型弹簧压紧，螺杆与铁心之间采用全绝缘结构。哈电定子绕组为条式波绕组，东电定子绕组为条式叠绕组。

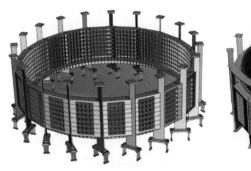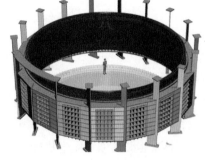

(a) 哈电设计方案　　　　　　　　(b) 东电设计方案

图9-48　定子机座三维模型图

转子采用三段轴结构（见图9-49）。转子支架采用斜立筋圆盘式结构，为便于运输，由中心体和多个外环组件组成，在工地现场组焊成整体，中心体由上圆盘、下圆盘、中心筒及径向垂直筋板组焊成整体。哈电设计方案的进风口靠近中心体，东电设计的转子支架进风口更偏向支架外侧。

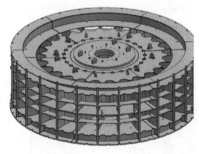

(a) 哈电设计方案　　　　　　　　(b) 东电设计方案

图9-49　转子支架三维模型图

上机架采用斜元件焊接结构，由中心体和多个斜支臂组成。下机架采用辐射型支臂焊接结构，由中心体和多个"工"字截面辐射型支臂构成。上、下机架的支臂与中心体均在工地焊接成整体（见图9-50、图9-51）。

9.2.2　主要部件制造难度概述

白鹤滩机组为当前世界单机容量最大的水电机组，从零部件、分装配到总装配，从机组性能到产品外观，比现有机组标准大幅提高，如定子线棒长度差要求控制在3 mm以

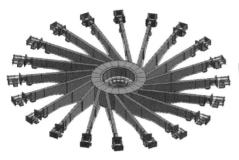

(a) 哈电设计方案 （b）东电设计方案

图9-50 上机架三维模型图

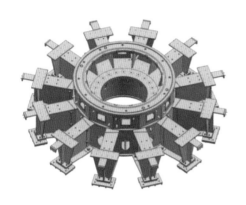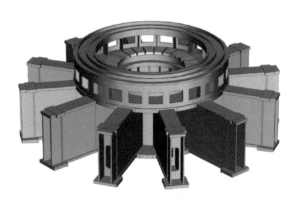

(a) 哈电设计方案 （b）东电设计方案

图9-51 下机架三维模型图

内，定子铁心叠装后槽误差不大于0.10 mm，转子整体偏心允许值为0.4 mm，但最大不大于设计空气间隙的1.2%等新标准。

针对发电机大型锻件和冲片等主要原材料，中国三峡集团制定了主轴、镜板、无取向硅钢片、特厚钢板、磁轭钢板技术条件的专用标准，并同时明确了供货来源。同时对转子中心体圆盘、上端轴、推力头等大型加工件也规定了供货来源。其中，主轴采用25MnSX锻件，上端轴采用20MnSX锻件，推力头、转子中心体圆盘采用20SiMn锻件，镜板采用55钢锻件，供货来源为一重、二重、大洋、锋源等国内优质厂商。磁轭钢板为750 MPa等级高强度钢板，供货来源为武钢和瑞典SSAB。无取向硅钢片为50W250低损耗硅钢片，供货来源为武钢和宝钢。标准中对原材料的化学成分和力学性能的规定基本与相关国家或国际标准一致，但对部分指标比如磁轭冲片原材料钢板的不平度和同板差、无取向硅钢片成品的涂层和叠装系数、主要锻件的探伤流程和要求等，都提出了更高的要求。

新标准与新要求，不仅增加了制造难度，同时对原材料的要求也在提高。有些要求如铁心叠装精度与定位筋、硅钢片等原材料影响极大，定位筋型材精度、硅钢片轧制质量的有些要素，如因材料内应力产生的不同程度的变形等，是后期安装技术不能全部补偿的。这些新标准与要求更增加了产品制造的难度。

此外，受机组结构尺寸及新标准限制，一些常规可以在制造厂内充分利用各类设备资源保证精度的大型部件，如下机架、转子支架等只能转到工地现场或临时加工厂制造完成，这也极大地增加了制造难度。

9.2.3　定子冲片制造技术

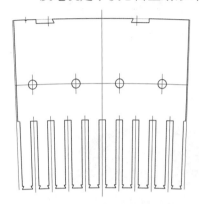

图 9-52　定子主扇形冲片

发电机定子铁心由主扇形冲片、通风槽片和叠在铁心两端的多种短齿扇形冲片堆叠而成，其中主扇形冲片约 50 万张。铁心冲片的材料为 0.5 mm 厚的冷轧硅钢片，原材料涂层为水溶性绝缘涂层 C6。考虑到叠片方便，定子扇形冲片鸽尾槽比鸽尾筋尺寸适当放大；为避免叠片时相邻扇形片边缘搭叠，接缝边留有 0.2 ~ 0.3 mm 的间隙；为防止接缝处槽底错牙损伤线棒绝缘，东电将接缝处的半槽槽底直角处设计成 30°的斜边。定子主扇形冲片如图 9-52 所示。

几种铁心冲片的主要制造流程如下：

（1）定子主扇形冲片工艺流程：落料→去毛刺→刷漆。

（2）铁心两端的短齿扇形冲片工艺流程：落料→切圆弧→切断→去毛刺→刷漆。

（3）定子通风槽片工艺流程：落料→扩槽切边→点焊→去毛刺→喷漆。

9.2.3.1　定子扇形冲片的冲制

大容量电机每台定子铁心需堆叠扇形冲片数量很大，因此用单一复式冲模冲制比较经济而且质量好。用分离冲模将主扇形片切成两部分制成小扇形片，用圆弧切边冲模按图样尺寸将主扇形片齿部切去一部分而制成多种短齿扇形冲片。目前定子主扇形片的冲制已实现了从卷料送进、冲制、工件与废料送出、分离、冲片抓取、码垛、废料收集的单机自动化生产，其冲压生产线如图 9-53 所示。

图 9-53　定子冲片全自动冲压生产线

9.2.3.2　定子扇形冲片去毛刺

冷冲压出来的定子扇形冲片周边常有毛刺，它的锐边在装配好的铁心中会形成闭合回路，从而增加损耗并使铁心的温度升高，损伤线棒的绝缘和铁心。因此必须在去毛刺机上消除冲片周边的毛刺。经过去除毛刺的扇形冲片，个别点处仍可能有残留毛刺，此残留毛刺必须小于冲片涂漆厚度。在去毛刺的过程中应特别注意：冲片表面毛刺不能出现"倒伏"于断面的现象，如图 9 - 54 所示，这种情况叠片后会导致线棒绝缘损坏。一旦有此现象，应用手工或用断面毛刺机消除。

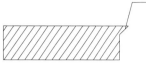

图 9 - 54　毛刺倒伏于断面

9.2.3.3　定子扇形冲片涂漆

为了减小铁心中的涡流损耗，扇形冲片表面必须进行绝缘处理。目前大型发电机定子铁心绝缘涂层包含有机漆、半无机漆、水溶性漆三类。

传统有机漆为二甲苯硅钢片树脂，该产品具有耐高温、电绝缘性能好、黏接力强、高温烘焙不起泡、边缘增厚小等特点，耐热等级 F 级，适用作 B 级、F 级电机，电器硅钢片间的绝缘涂层。由于在使用过程中需要二甲苯作为稀释剂，因此对操作者的健康有一定危害，近年来已不再使用。

国产 F 级半无机硅钢片漆为 133C 环氧聚酯酚醛硅钢片漆，该漆的固化涂层外观平整，具有优良的电气性能、机械性能和耐热性能，同时具有良好的耐湿热气候性能，硅钢片冲剪断面漆膜覆盖率较好，在大型水电机组及火电重点产品上均有着广泛的使用经验和良好的应用业绩。

水溶性硅钢片漆是一种含无机填料的 H 级有机绝缘涂料，该硅钢片漆涂漆工艺性较好，固化后涂层外观光滑平整，具有良好的环保特性和良好的电气性能、机械性能和耐热性能，非常适合于大型发电机使用。白鹤滩发电机定子冲片采用了近十年国内发电机行业逐渐形成的水溶性绝缘体系，与传统的有机溶剂稀释的有机漆绝缘体系相比，其主要特点是：

（1）环保性比有机漆好。

（2）依靠漆中的无机填料绝缘，绝缘性能稳定，铁心不会因漆膜老化而减小压紧力，提高电机运行的可靠性。

（3）水溶剂漆半无机填料的绝缘性能好，涂层比有机漆薄，因而提高了铁心叠压系数。

（4）黏度大，填料多，它与溶剂呈混合物，容易沉淀，在冲片上液体的内聚力大，因此流平性不好，工艺参数严格。

（5）由于流平性不好，如果用双滚轮涂漆装置，无法严格控制涂到冲片上的漆量，多余的漆都聚集在边缘附近，产生涂漆的边缘效应。因此涂漆机头比有机漆涂漆机头复杂，要采用四滚轮（带漆量调节辊）涂漆装置。目前这种四滚轮涂漆机已应用成熟。

涂漆的基本流程：配漆→分散搅拌→漆液进入漆槽（循环装置）→冲片进入四辊涂漆机→流平→烘干固化→冷却→下件。

图 9-55 是哈电、东电分别从国外进口、在白鹤滩机组中使用的全自动高效、节能、环保的全自动涂漆生产线。

图 9-55   全自动涂漆生产线

9.2.3.4   定子通风槽片的结构及制造

对于采用径向通风系统的中、大容量水轮发电机，每段铁心叠片高度约为 30 ~ 45 mm，各段铁心间叠装通风槽片形成通风沟，以便空气流过冷却定子。

通风槽片组焊元件包括通风槽板和通风槽钢，通风槽板所用材料采用 0.65 mm 厚的硅钢板，其表面应平整光滑，无氧化皮、锈蚀、污物。由于点焊时的热变形和机械变形会引起通风槽板齿部变形，导致通风槽片装入铁心后凸出定子铁心槽，因此必须将其槽形扩大。

通风槽钢采用不锈钢热轧圆钢，经工厂拉、轧制成形后，再用模具按需要长度进行切割，通风槽片装配图如图 9-56 所示。

衬口环的材料为 3 mm 厚的 Q235 系列钢板，通过模具在冲床上落料和成形。采用点焊的工艺方法将通风槽钢和衬口环固定于通风槽片上，衬口环点焊三点。东电通风槽钢的焊点间距约为 100 mm。

定子通风槽片的点焊质量要求如下：

（1）通风槽钢在通风槽板上的位置必须准确一致，这样可保证定子铁心的各个通风沟内的通风槽钢沿纵向断面对齐成一条直线，提高定子铁心的紧度。

（2）焊点必须牢固，其检查方法为：观察焊点的附近，不允许在通风槽板上有烧穿孔洞；将通风槽钢打掉后，通风槽钢上粘有通风槽板母材，且通风槽板的焊点位置出现孔洞。

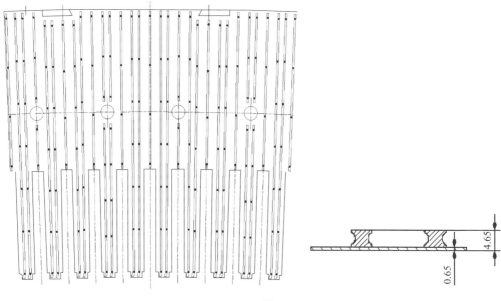

图 9 - 56　通风槽片装配图

（3）将点焊完成的通风槽片与主冲片重合对照，通风槽片和槽钢不允许有挡住主冲片槽形的现象。

（4）表面质量：无毛刺和焊渣附着于表面。定子通风槽片点焊、清理后，还要进行喷漆。

为制造高质量的定子通风槽片，采用了质量稳定、高效的二氧化碳激光焊接工艺方法焊接，从而克服了电阻焊接尺寸精度不好、飞溅、牢固性不稳定、焊后变形等众多缺陷，图 9 - 57 为通风槽片激光焊接设备。

（a）哈电激光点焊机

（b）东电激光点焊机

图 9 - 57　通风槽片激光焊接设备

白鹤滩哈电定子通风槽片采用 5 × 5 通风槽钢与定子扇形片点焊的结构，东电定子通风槽片采用 4 × 5 通风槽钢与定子扇形片点焊的结构，冲片平面度等要求极高，激光点焊通风槽片，点焊过程只有几毫秒，作用时间很短，能量密度很高，热量集中，所以焊接热影响区极小，通风槽片焊后变形小，并且采用高精度的定位装置保证通风槽片的点焊位置精度，通过数控编程控制激光点焊的速度和路径，从而提高通风槽片焊后质量。

9.2.3.5 定子扇形冲片的质量检查

1. 扇形冲片的尺寸检查及叠检

在复式冲模合格的基础上进行冲片试冲，首片由专业质量检验人员进行手检或三维检测，合格后冲制叠检所用冲片。叠检是在工厂内模拟电站叠片的工艺操作方法进行质量检查的方法。用冲片槽形定位，按电站安装叠片方法将冲片叠成整圆，如图9-58所示。

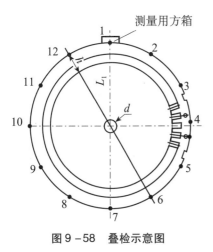

图9-58 叠检示意图

按初步叠完的整圆冲片，根据外圆尺寸大小等分为若干点，用钢卷尺或红外线测量仪测量各点到相对应点的直径距离。测量值与理论尺寸比较，进行圆周的"内敲"或"外敲"。在实际中，可能要反复多次操作才能达到铁心外径的要求值。

实测直径尺寸的平均值计算公式如下：

$$D_{平均} = 2 \times \left[(L_1 + L_2 + \cdots + L_n)/n \right] + d$$

式中：$D_{平均}$为实测冲片直径尺寸的平均值；L_1，L_2，$\cdots$，L_n为各等分点测量长度尺寸；n为总的测量点数；d为测量用中心柱直径。

实测平均尺寸符合要求后，用槽形检查块、鸽尾检查块对所有槽形进行检查。

2. 扇形冲片的毛刺检查

采用千分尺或专用毛刺测量仪进行冲片毛刺检测，将冲片放置在清洁平台上，以垂直于冲片的角度进行测量。经毛刺机去除毛刺后，残留毛刺应不大于0.01 mm，且不允许将毛刺打到进入槽内与齿端面位置，有特殊要求的按特殊要求标准执行。

3. 扇形冲片的绝缘质量检查

（1）外观检查。漆膜色泽均匀，无外来杂质，无气泡，无边缘增厚，无未分散填料颗粒。

（2）绝缘厚度检查。采用平均漆膜厚度测量仪进行厚度测量，一般以20片为一组，在冲片上标记出若干测量点，分别测量涂漆前、后各点的厚度值，测量仪自动计算出涂漆的平均厚度值（包括叠压系数）。白鹤滩水轮发电机冲片单面绝缘厚度不大于0.01 mm（包括预涂层）。

（3）绝缘电阻测量。根据冲片涂漆种类及产品要求，一般有两种测试方法。

富兰克林仪测试法：将单张冲片置于测试仪下台面加热板上，通过开关使上电极压在冲片上进行测量（冲片正、反面各测2~3处）。其测试电压为直流0.5 V，电极面积6.45 cm^2，加热板温度150℃，施加3 MPa压力，读取流过单层漆膜电流值。此值越小，说明绝缘电阻越大。

层间（片间）电阻测试法：将两片冲片重叠（毛刺方向相同）置于片间绝缘电阻测试仪台板上，上、下台板一边缘的中间部位镂空，使冲片边缘在此处露出，两个测量电极分别固定在露出的冲片上、下刺破表面漆膜处，连接电源和测量绝缘欧姆表，施加压强1.5 MPa，施加6 V的直流电压，读取稳定时的电阻值。

除此之外，还应对冲片漆膜固化度、柔软性、附着性等按有关标准进行检查。

9.2.4 定子线棒制造技术

大型发电机目前有两种主绝缘体系，一种是少胶 VPI 绝缘体系，另一种是多胶模压绝缘体系。白鹤滩两种机型分别采用了 VPI 技术（东电）和多胶模压技术（哈电）。

白鹤滩两种机型的定子线棒结构基本一致。定子线棒分为上、下层。定子线棒由电磁线、排间绝缘、换位绝缘、换位填充、内均压层（等电位层）、对地绝缘（主绝缘）、低阻防晕层以及并头块等组成，定子线棒典型截面如图 9－59 所示。

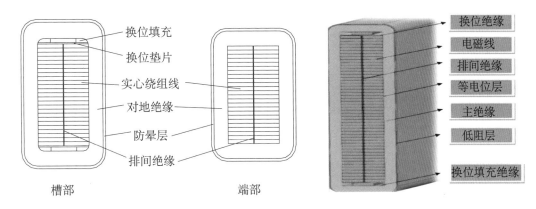

图 9－59　东电（左)/哈电（右）定子线棒典型截面

白鹤滩东电机组定子线棒绝缘结构采用少胶 VPI，其工艺制造流程主要包括：下料、去丝→压换位弯→编花→组合、垫包→直线胶化（股间试验）→端部成型→端部胶化、铲头、封焊→刷内均压层→包对地绝缘→VPI 浸渍→包防晕→绝缘压型→刷防晕漆→试验、入库。

白鹤滩哈电机组定子线棒绝缘结构采用多胶模压成型工艺，其工艺流程主要包括：下料、去丝→压换位弯→编织→组合、垫包→直线胶化及序间试验→端部数控成型→端部胶化、铲头、封焊→等电位层处理→主绝缘包扎→防晕处理→模压成型→尺寸检验及电气试验→刷漆→包装。

可以看出，两种工艺除主绝缘部分外，其余基本类似。以 VPI 工艺为例，展示具体工艺流程（见图 9－60）。

值得一提的是，在世界上大多数厂家均采用 VPI 工艺的情况下，哈电坚持发展多胶模压工艺，经过几十年的探索形成了具有哈电技术特点的大电流感应加热模压成型技术，针对多胶云母带技术指标，确定特定工艺参数，以便云母带中挥发物在线棒压制前彻底挥发掉，这样使得定子线棒主绝缘内部不含均匀分布的微小气隙，从而保证线棒主绝缘技术性能。线棒主绝缘材料采用高场强多胶粉云母带，按照工艺参数设定主绝缘最佳包扎层数，在数控包带机上进行绕包。数控包带机按照线棒外形设定程序，根据线棒不同位置自动调整包扎角度，确保云母带包扎质量。包扎完云母带的线棒在模具内经加热、加压、保压最终固化成型。成型后的定子线棒具有外形尺寸统一、主绝缘与防晕层一次成型、线棒电性能优良、整体性好的特点。

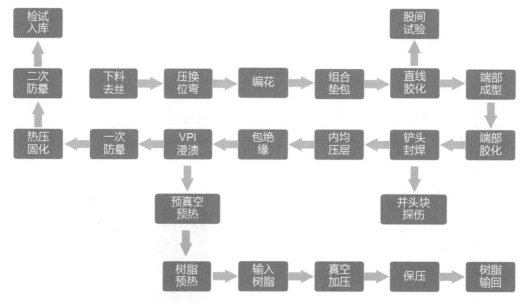

图 9 –60　空冷少胶 VPI 定子绕组制造工艺流程

9.2.4.1　绝缘前处理

1. 下料、去丝

条式定子线棒采用的绕组线一般为双玻璃丝包线（SBEB）、涤纶双玻璃丝包线（DS-BEB）和双玻璃丝包漆包线（SBEQB），其绝缘厚度为 0.2 ~ 0.4 mm。电磁线通过全自动下料去丝机剪切到需要的尺寸，并去除股线端头绝缘。单支线棒由两排导线合并而成，线棒槽部采用小于或等于 360°换位。线棒两排线之间垫入排间绝缘、小面垫换位垫片及换位填充。图 9 –61 所示为数控下料机。

图 9 –61　数控下料机

2. 直线胶化

为了提高线棒刚性，清除股线间隙，使股线黏结成一个整体，并保证导线的截面尺寸，需将压编好的线棒放入直线胶化模进行直线胶化，如图 9-62 所示。

线棒出模后，将其 4 个棱角倒成圆角，既可以减少绝缘包扎时对云母带的损伤，又可以使绕组角部电场更均匀。此外，线棒出模后还需检查截面尺寸，并用 220 V 交流工频电压串入灯泡对线棒相邻股线进行股间短路测试，确保相邻股线及两排线之间没有短路。

3. 端部成型

白鹤滩定子线棒端部采用全自动数控成型机进行端部成型（见图 9-63）。根据图纸给出的三维数据编制成型机成型程序，对直线 R、端部弧度、引线 R 进行分步成型。线棒垫入端部排间绝缘后，放入数控成型机成型。数控成型机成型保证了整台线棒端部形状的一致性，导线表面平整，无叠线、股线损伤等现象。

图 9-62　直线胶化

图 9-63　数控成型机

4. 端部固化、封焊

端部股线胶化要求与直线胶化一样，在端部二排股线之间垫入排间绝缘，排间绝缘中含有富余的黏结胶，在热压过程中排间的绝缘胶将被挤压出来，流入股线之间，将股线和排间绝缘黏结成整体。

东电定子线棒端部固化、引线封焊在一体化模具中完成。端部固化采用外加热方式，在端部固化模侧压铁中插入电热管，电热管通过全自动加热控制设备进行温度控制。在端部固化模两端设计铲头、封焊专用工装，线棒按尺寸铲头后，在模具上进行中频感应焊，完成引线部位并头块的封焊。封焊前需将股线清理干净，以保证焊接质量。在端部固化模中进行铲头、封焊，能很好地保证线棒的几何尺寸。

哈电导线端部弯形后，在模具上对导线进行铲头和热压固化成型。由于其采用多胶模压工艺，因此导线排间在数控成型前垫放了多胶云母板，成型后在热压模中采用外加热使云母板流胶，填充导线间隙，最终确保导线热压成整体。该过程包含了铲头、热压和封焊，导线在模具上进行铲头，有固定限位工具，确保线棒总长尺寸的一致性。引线封焊（见图 9-64）采用中频焊，将引线连接铜块与电磁线焊接成一个整体。

图 9 - 64　引线封焊

9.2.4.2　东电线棒 VPI 主绝缘和防晕处理

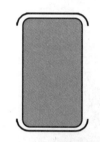

图 9 - 65　内均压层
截面示意图

1. 内均压层处理

绝缘包扎之前，先在绕组导线表面进行内均压层处理（见图 9 - 65）。采用内均压层处理的主要目的是为了改善绕组棱角部位电场，使其电场均匀。

2. 线棒对地绝缘包扎

线棒采用数控包带机半叠包规定层数的含促进剂的少胶云母带。数控包带机能提供恒定张力，能确保包扎的走向和服帖性，从而保障包扎质量。云母带包扎完成后，检查线棒槽部绝缘厚度；合格后，在线棒外面包一层聚四氟乙烯薄膜。

3. 线棒 VPI 处理

VPI 的基本原理是：通过真空干燥，去除绝缘层中的水分，降低绝缘层内的气体压强，然后以电气性能优良的浸渍剂（漆、胶、油类等）去浸渍绝缘。浸渍剂在外界压力下渗透到绝缘层内，最大限度地填充孔隙，从而使电气产品获得较理想的绝缘性能。线棒在浸渍前需要预先加热烘焙，驱除绝缘内部的潮气和低分子挥发物，并得到适当的温度，从而有利于绝缘漆的渗透和填充。采用真空烘焙干燥可以大大缩短烘焙时间并可降低烘焙温度，有利于去除水分和挥发物，获得较好的浸渍质量。

浸渍的目的是将绝缘浸渍漆浸入绕组绝缘内部，使得绝缘内部无气隙。用压力浸渍保证浸渍漆浸透绝缘，为了更好地浸透，应采取间歇浸漆方法，即加压浸漆几小时，而后回漆抽真空，让绝缘在松紧之间恢复浸渍的通道，然后再输漆加压浸漆，从而提高产品绝缘性能。图 9 - 66、图 9 - 67 为少胶 VPI 设备。

4. 线棒一次防晕包扎处理

主绝缘经 VPI 浸渍完成后，包扎防晕带。各种防晕带、热收缩带及云母带均采用半叠包，要求半叠包均匀，首、末端整齐并与线棒轴向垂直；高阻防晕带应确保外 R 为半叠包。

图 9-66　少胶 VPI 设备（浸渍罐）　　　　图 9-67　少胶 VPI 设备

5. 热压固化

少胶 VPI 线棒采用外加热、全模压方式，一次可压制多支线棒。线棒装入模具，采用液压油缸从模具中间向两端同时进行加压。加压完成后，将模具放入烘炉中进行烘焙固化。绕组绝缘固化后，对绕组的外观、截面尺寸、几何形状进行检查。

6. 线棒二次防晕处理

在低阻一次成型防晕层外面涂刷一层规定长度的低电阻防晕漆；刷完并固化后，按规定在线棒端部表面辊涂二层高电阻防晕漆，再刷一层红瓷漆。

9.2.4.3　哈电线棒多胶模压主绝缘和防晕处理

1. 导线等电位层处理工艺

国内外不同发电设备制造企业有不同的定子线棒导线等电位层处理工艺，哈电利用有限元分析软件 ANSYS，对大型发电机定子线棒导体棱角处的电场进行了数值分析（见图 9-68）。根据数值计算得到场强分布数据，哈电通过改善定子导线角部场强分布技术后，显著降低了定子导线角部场强畸变系数。采用该技术使发电机定子线棒主绝缘瞬时工频击穿电压提高了 20%，主绝缘介电强度达 30 kV/mm 以上，大幅度提高了电老化寿命。

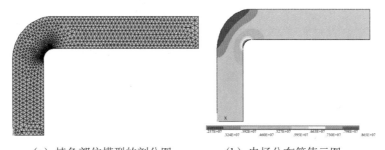

（a）棱角部位模型的剖分图　　　　（b）电场分布等值云图

图 9-68　有限元分析导线棱角部位电场分布图

等电位层处理工艺包括：导线棱角处倒 R 角→打露铜点→等电位层刷漆缠带处理→干燥后转入下序。

2. 主绝缘包扎

主绝缘包扎质量对线棒绝缘电气性能有重要的影响，为保证云母带包扎紧度、层数，提高绝缘包扎质量，大型水轮发电机定子线棒采用数控包带机（见图 9-69、图 9-70）。

通过工艺试验，确定了既不拔丝又无褶皱的最佳包扎张力，确保包扎过程中云母带始终处于恒张力，且包带角度自动调节，避免了云母带的损伤。另外根据线棒转角、槽部、引线等不同部位确定不同的包扎工艺，确定合理的绝缘包扎层数，保证绝缘厚度均匀。

图9-69　龙门式数控包带机

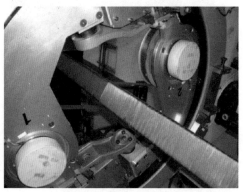

图9-70　主绝缘云母带包扎

3. 防晕处理

哈电对不同电压等级产品端部电场进行了计算，将传统防晕结构的各级防晕层阻值及长度进行优化处理，使各级防晕层的非线性参数合理搭配，形成高压电机定子线棒防晕层，然后包扎附加保护绝缘，与主绝缘"一次模压成型"（见图9-71、图9-72）。

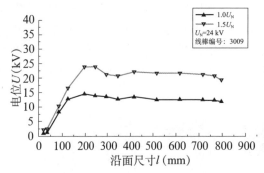

图9-71　防晕优化设计及试验

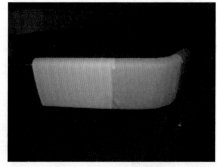

图9-72　防晕处理

4. 模压成型

多胶模压主绝缘制造技术是利用模具压制线棒主绝缘层，主绝缘成型固化采用低电压大电流的加热方式，在定子线棒通过大电流产生阻抗发热升温的同时，模具（见图9-73）因交变电流产生的涡流发热升温，绝缘受到导线和模具的内外均匀加热。经过试验，确定了适当的升温速度和初压、全压二级加压方式的工艺过程。该种工艺方式，使环氧胶可在升温加压的过程中充分流动并缓慢流出，主绝缘材料逐渐固化成紧密的整体。热压模具的温度和压力控制柜为电子控制柜（见图9-74），可在模压过程中输出稳定的电流并监控模具温度和各个液压支路的压力。

图 9-73 模压设备   图 9-74 模压设备控制台

5. 线棒几何形状尺寸控制

定子线棒截面尺寸关系到线棒电绝缘性能的优劣，HEC 完善了模具超平、模座固定、连接端胎地线；考虑直线尺寸较长，为保证受力均匀不变形，直线采用 15 个缸座；采用专用导电夹子，确保了槽部、端部绝缘厚度均匀（见图 9-75）。

定子线棒端部空间形状直接会影响下线安装、并头焊接质量。哈电目前采用框形卡具，通过合理设计卡具结构，改进卡具各部件的连接和配合方式。在连续生产的情况下，热压模具长期使用过程中，实现在不拆分导电卡具的前提下，定期更换绝缘板，保证引线卡具与线棒引线接触面清洁，确保装卡位置准确，线棒的外观质量及几何尺寸得到了有效的控制，白鹤滩线棒的总长公差控制在 ±1.5 mm。并采用三坐标测量平台（见图 9-76）和线棒校验模（见图 9-77）从尺寸实测和模拟下线等多角度进行测量，确保满足安装要求。

图 9-75 解剖后的线棒截面   图 9-76 三坐标测量平台

6. 哈电多胶模压定子线棒电气性能水平

HEC 大型发电机采用的多胶模压主绝缘体系的电气、机械性能与国外少胶 VPI 体系相当，定子线棒采用多胶模压成型工艺已成为具有哈电技术特点的成熟技术，针对多胶云母带技术指标，确定特定工艺参数，特别是对初压温度进行了严格控制，以便云母带中挥发物在线棒压制前彻底挥发掉，这样使得定子线棒主绝缘内部不含均匀分布的微小气隙，从而保证线棒主绝缘常态介质损耗 $\tan 0.2\, U_{\mathrm{n}} \leqslant 1.0\%$，常态绝缘介质损

耗增量 $\Delta\tan = \tan0.6\ U_\mathrm{n} - \tan0.2\ U_\mathrm{n} \leqslant 0.5\%$，热态介损值 $\tan0.6\ U_\mathrm{n}/155℃ \leqslant 6.0\%$ 的技术性能。定子线棒瞬时击穿性能大于并高于国标要求的 $5.5\ U_\mathrm{n}$。在 180℃/48 h 热稳定性试验后，线棒绝缘不分层、不发空，尺寸没有明显变化。定子线棒"一次成型防晕技术"解决了涂刷防晕漆时存在污染环境、防晕层阻值不稳定的问题，取得了良好的应用效果，并已成为哈电核心技术之一。

HEC 制造的白鹤滩 1000 MW 多胶模压定子线棒（见图 9 – 78）满足对绝缘反复承受电、热、机械应力冲击的要求，绝缘技术指标达到国内外先进水平，线棒电、热老化寿命水平也完全满足机组安全运行要求。

图 9 –77　线棒校验模

图 9 –78　成品线棒

9.2.5　定子机座制造技术

定子机座由多个斜立筋和多层环板组成，各层环板之间用筋板焊接相连，斜立筋装在各层环板外边缘的槽中，外边缘装焊有冷却器框，全部采用钢板焊接结构。由于运输限制，机座各分瓣在厂内生产制造，预装合格后用临时合缝块连接，然后拆分发往工地现场，在工地现场将分瓣的定子机座组焊成整体。

9.2.5.1　斜立筋的单件制造和装配

哈电机组的斜立筋由下立筋和上立筋组成，下立筋和上立筋通过把合连接。下立筋、上立筋分别包含上板、下板和筋板，其中，下立筋下板厚 100 mm、筋板厚 60 mm、上板厚 70 mm，上立筋下板厚 70 mm、筋板厚 60 mm、上板厚 70 mm。上、下立筋单独完成装配、焊接、退火等工序，之后单件完成上、下板平面和孔的加工，加工后与基础板同钻铰，在参加机座整体装焊后，不再对上、下板的平面和孔进行加工。

在定子机座制造中，由于斜立筋需要插装在各层环板的槽中，斜立筋与环板槽的间隙较小，在高度方向与环板接触的长度约为 5 m，同时斜立筋筋板自身的平面度和垂直度偏差将导致装配难度较大，尺寸较难保证，哈电采用了先装斜立筋，随后配装各中环板的装配方案。

东电采取了不同的方案。斜立筋单件装配、焊接并进行焊缝消应力处理后，进行上板、下板的加工，保证尺寸的稳定性。斜立筋在定子机座其他部件装配、焊接完成后，进行整体插装并焊接，有利于控制上板、下板弦距等关键尺寸。

9.2.5.2　定子机座分瓣

哈电定子机座共分为 5 瓣，上环板和中环板在下料时的分瓣位置不在定子机座理论分瓣面处，上环板和各层中环板按照相邻的两个斜立筋之间的轮廓尺寸在周向分块下料，装配到斜立筋之间。厂内制造时对定子机座进行整体装配、焊接。焊接完成后，按照理论分瓣面尺寸画线，使用半自动气割机将分瓣面割开，修磨工地焊接坡口，装焊临时合缝块，分瓣运往工地现场。东电定子机座共分为 9 瓣，环板下料时的分瓣位置在定子机座理论分瓣面处，厂内制造时在分瓣面装焊临时搭板对定子机座进行整体装配、焊接。焊接完成后装焊合缝块，去除临时搭板，分瓣运往工地现场。

9.2.5.3　定子机座装焊工艺

由于定子机座尺寸较大，无法进行翻身操作，所有的焊缝必须在全位置状态下进行焊接。机座的焊接方法采用熔化极气体保护焊，保护气体采用混合气体（78% Ar + 22% CO_2）。这种焊接方法效率高、质量稳定，焊接过程中的飞溅较小，便于焊后清理。与 CO_2 气体保护焊相比较，在焊缝的外观成型，尤其是仰焊位置的焊缝成形方面具有明显的优势。

定子机座装焊公差要求严格，由于焊接变形，焊接后内圆的尺寸无法达到设计要求，哈电因此在定子机座焊接后，使用大型精密中心柱并配备专用的半自动磁力气割机，完成特大尺寸定子机座的测量、画线及精割工作。

东电针对机座结构刚度小、层数多的特点，在厂内装焊机座时，采取了下列控制手段：

（1）环板先拼焊，后下料，外圆留精割余量，并用压机校平，最后，机座装配、焊接后，9 瓣组成整圆，用旋转中心柱精割内圆、外圆，保证内圆、外圆尺寸。

（2）每层肋板按 1 mm 预留收缩余量下料，装配后各层高度均量加高 1～1.5 mm，保证焊后高度尺寸。

（3）为防止扭曲变形，采取成熟的焊接顺序，从中间层环板向上、下层环板，从分瓣中间向合缝交替进行。

（4）采用分步装配焊接工艺，即预先将斜立筋、骨架进行装配和焊接，减少总装时的焊接量。

（5）采用自制工艺装备气割机座内圆代替整圆加工。

9.2.5.4　不锈钢部件在喷砂过程中的防护

定子机座中部分部件为奥氏体不锈钢材料，具有磁导率低、耐蚀性强的特点。为了防止在喷砂过程中，碳钢的微小颗粒嵌在不锈钢表面，影响其导磁性能和耐腐蚀性能，使用橡胶板覆盖在不锈钢部件表面进行防护，避免钢砂直接打在不锈钢部件表面。按照以往的经验，此措施具有良好的防护效果。

9.2.5.5　定子机座的变形规律

根据三峡、溪洛渡、向家坝机组定子机座的生产经验，针对大型斜立筋定子机座的装焊工艺日趋成熟，正确掌握斜立筋定子机座各结构尺寸之间的相互关系和焊接变形的内在规律是合理制定焊接工艺的基础。在焊接完成并割开径向分瓣面后，特大尺寸的斜立筋结构定子机座通常表现为扭曲变形，即上环板及上层中环板径向尺寸变大，下层中环板和下环板的径向尺寸变小，同时各层环板与筋板焊接后产生的变形对斜立筋的径向尺寸及弦距尺寸影响较大。根据这一变形特点，哈电、东电不断改进、完善斜立筋结构定子机座的装配、焊接顺序，制定各种抑制焊接变形的方案，使产品满足设计精度要求。

9.2.5.6　定子机座加工

厂内加工时，首先在镗床上加工斜立筋上、下平面，然后将斜立筋与基础板把合同钻铰定位销孔。定子机座组成整体后采用数控精割内圆的工艺进行加工，加工后手工修磨，工地加工穿心螺杆孔。此工艺在三峡右岸、三峡地下等电站数十台机组的定子机座制造中已成功应用，有完善的工艺方案保证加工尺寸满足设计要求。

9.2.6　转子支架制造技术

白鹤滩两种机型的发电机转子支架均采用了俯视顺时针偏转的斜支臂结构。机组运行时受到径向力作用，支臂上的斜立筋能够通过自身的变形吸收能量，减小对中心体的冲击，使转子结构应力均衡。同时，上述原理使转子磁轭铁心热打键时对中心体联轴止口造成的变形减至最小，确保了机组的联轴能够顺利进行。

哈电转子支架由中心体和 7 个外环组件组成，中心体重约 105 t，每个外环组件重约 45 t，整体重量约 420 t，转子支架最大外径 ϕ13 520 mm。中心体由上圆盘、下圆盘、中心筒及内外筋板组成，上、下圆盘材质为锻钢 20MnSX，其他材料为 Q345B。外环组件由上、中、下环板及上、下立筋挡风板等组成，材质均为 Q345B。转子支架结构参见图 7-22。各组件分别在厂内进行装焊，焊后分别进行热处理以消除应力，然后进行预装。预装合格后装焊临时合缝块，拆分后发往工地，在工地将转子支架焊成整体。

东电转子支架为斜立筋圆盘式转子支架，由一个中心体和 6 瓣扇形支臂组成。中心体重约 102 t，三个大瓣外环组件每件重约 53 t，三个小瓣外环组件每件重约 43 t。转子支架整体重量约 398 t，转子支架最大外径 ϕ13 744 mm。中心体由上圆盘、下圆盘、中心筒及内外筋板组成，上、下圆盘材质为锻钢 20SiMn，其他材质为 Q345B。外环组件由内侧上下环板及圆筒，外侧上中下三层大环板、两层小环板、挡风和制动环板，以及腹板等组成，除中环板材质为 610CF 外，其余部件材质均为 Q345B。

9.2.6.1　转子支架焊接工艺

根据各自结构特点，哈电与东电的转子支架焊接工艺采用的流程有所不同。哈电的工艺流程如下：

（1）中心筒滚压成型。哈电在以往的三峡、溪洛渡、向家坝项目中，中心筒的材料厚度超过了当时滚板机的冷滚能力，因此选用热滚成型。随着近年设备能力的提升，白鹤滩转子支架中心筒可通过冷滚成型，圆筒分 1/3 成型，成型后拼焊成整圆，随后加工内外圆及接头坡口。中心筒与上、下圆盘的内侧小坡口焊缝采用熔化极气体保护焊的方法进行焊接，此部分焊接量较小，外侧大坡口焊缝采用埋弧自动焊的方法进行焊接，与传统熔化极气体保护焊相比，此处对接坡口间隙显著减小，焊接量极大降低，进而缩短焊接周期，同时可减小中心体的焊接变形。

（2）中心体外筋板的气割加工。外侧筋板在与转子支架外环组件预装时进行精割、铲磨，利用新型的气割机轨道在中心体倒放位置沿垂直方向进行气割，气割后对表面进行铲磨，达到设计要求。采用这一技术后，中心体在热处理后无需转序进行中间加工，极大地降低了制作成本并缩短了生产制造周期。

（3）单个外环组件的装焊。转子支架的 7 个外环组件单独进行装焊。外环组件装配时严格控制装配尺寸，并且各外环组件预留焊缝收缩量需要具有同一性，以使各瓣外环组件在焊接时均匀收缩，以减少预装时相邻外环组件之间的错口值和平面度的误差。对于局部变形，可以通过火焰校形的方式进行修复，使最终的工件尺寸满足设计要求。

（4）外环组件的气割加工及厂内预装。转子支架装配要求中心体与外环组件及外环组件与外环组件之间的合缝间隙不超过 4 mm，这给装焊工艺提出了很高的精度要求。为了保证满足这一要求，在中心体及外环组件合缝位置均预留 10 mm 的切割余量，在预装时采用半自动气割机进行精割。

厂内整体预装时，吊放外环组件到支墩上，以立筋外端垂直度为基准调整外环组件的位置，检查各主要尺寸项目，符合设计要求后，在外环组件的立筋上画出水平基准线供预装时调整水平使用。以预先制作好的外环组件画线样板为基准画出环板径向缝的精割线及检查看线，使用半自动气割机精割余量，并开出焊接坡口。随后将已完成侧筋精割的转子中心体吊放到支墩上并调水平。在平台上画出转子支架外环组件的轮廓线、分瓣面线，布置各外环组件所用的支墩，吊装第一瓣外环组件，以外环组件立筋外端为基准与地样线对正，前端与中心体侧筋对正。根据实测的径向尺寸画外环组件立筋的精割线及检查看线。将工件移开后使用半自动气割机对外环组件立筋进行精割。将精割后的外环组件与中心体进行预装。依次吊装其余外环组件并精割其立筋，完成所有外环组件的预装。

东电以装焊后粗加工的中心体为基准，装配、焊接扇形支臂骨架，各部分固定后，最后装配制动环板组合件和大立筋。主要工艺有：

（1）在中心体装配、焊接、热处理、粗加工后，以中心体为基准装配和焊接扇形支臂。

（2）扇形支架的支臂下环板（制动环板）与立圈、筋板组装（见图 9-79、图 9-80），以环板贴合，立圈、筋板分别位于环板两边，增加组合件刚性，使环板两边的焊接量对称，控制焊接变形，如此形成背靠背组合便于焊接后进行消应力热处理，平度、圆度矫正好后参加扇形支臂装配、焊接。

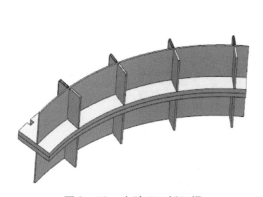

图 9-79   支臂下环板组焊

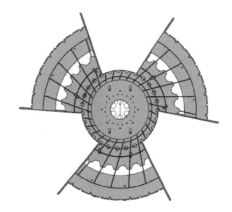

图 9-80   扇形支臂装配

（3）分步装焊以减少总装的焊接变形。转子支架支臂下环板是制动板，若在总装时进行焊接，下翼板、制动板的焊接应力交互作用则会加剧支臂下环板不平度，内外双止口加工深度不均匀，增加转子动平衡配重难度及配重量。

预先装焊支臂下环板组合件，包括立圈、内外筋板，并将每两瓣组合件以环板把合成背靠背组合，用工艺搭板搭牢。焊后对组合件进行热处理，消除焊接残余应力，从而提高支臂下环板的平度，使止口的加工量更加均匀。

为控制扇形支臂各瓣上下翼板之间的工地装配间隙，厂内扇形支臂单瓣焊接制造时，间隔分布的一半数量的扇形支臂预留修配余量，在中心体、扇形支臂焊接后的整体预装时，进行余量修配，避免工地转子支架组圆时上下翼板间隙偏大，影响焊接质量和转子支架焊接变形。

转子支架整体预装时，进行制动板组件、大立筋的装配和焊接，此时，转子支架中心体、扇形支臂各部分尺寸已经稳定，制动板、大立筋的尺寸装配准确性高，焊接变形容易控制，转子支架的整体装焊质量可以保证。

9.2.6.2　转子支架加工工艺

哈电、东电转子支架都是在工地焊接成整体，主立筋面工地焊接后再现场加工，图9-81是现场加工示意图。

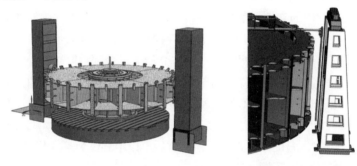

图9-81　哈电（左）/东电（右）转子支架现场加工示意图

哈电转子支架中心体与外环组件组合，在16 m立车上加工转子支架下部制动环面。解体前，划出中心体与外环组件的水平基准线，在9 m立车上加工中心体各圆面和平面，在φ250 mm镗床上加工各孔。为了减少加工过程中中心体内应力对精加工表面尺寸精度及形位公差的影响，加工时先对各加工部位进行粗加工和半精加工，释放应力后再进行精加工，最终保证各尺寸满足设计要求（见图9-82）。

图9-82　转子支架中心体加工实例

东电转子支架中心体与扇形支臂组焊、预装完成后，整体画加工线，然后拆开，在立车、五坐标龙门铣上加工中心体，在数控龙门铣上加工制动环把合面，使用大型摇臂钻加工螺孔。

转子支架与支臂分别运输到工地后，在安装间组焊成整体，在所有焊接尺寸交检合格后，随即开展主立筋铣削加工工作。首先复检、调整转子支架水平，使用转子测圆架、内径千分尺、画线工具画定所有立筋加工线；然后，依次吊运立筋铣削设备至各主立筋前，调整、固定，按加工线铣削主立筋面和槽；最后检查各主立筋面至中心尺寸、立筋垂直度、立筋间弦距尺寸是否符合设计要求。

9.2.7　磁轭冲片制造技术

9.2.7.1　扇形磁轭冲片结构

白鹤滩两种机型的磁轭冲片如图 7 – 27 和图 7 – 28 所示。

扇形磁轭冲片采用厚 4 mm 的 750 MPa 高强度钢板，外缘是多边形，内缘也是多边形或圆形。磁轭冲片的弦长与一张扇形磁轭冲片上的极数以及叠片方式有关，通常电机极数应能被一张扇形片上的极数整除，两者的比值是构成一整圆的扇形片数。为了增加通风量，在磁轭冲片间形成通风间隙，实际弦长小于名义尺寸，白鹤滩东电机组的通风间隙为 280 mm（周向），哈电机组的通风间隙为 250 mm。

两种机型的磁轭冲片均设置了 T 尾槽，其数量、形式和尺寸是根据飞逸转速的强度要求计算确定的，它受磁轭宽度的最小断面影响。

扇形磁轭冲片上有拉紧螺杆孔和销孔，沿 T 尾槽中心线的两侧均匀分布，使冲片受力均匀。通常每张扇形磁轭冲片上的螺杆孔面积应不小于扇形片净面积的 3% ~ 4%。为了磁轭叠片时定位，每极位置布置一销孔。东电机组通过高精度的拉紧螺杆和冲片孔定位，无需设置销孔。

磁轭冲片内径上有键槽，与转子支架外缘键槽对齐，用于装一对斜键以楔紧磁轭。两种机组磁轭冲片键槽均为鸽尾槽，其中东电磁轭冲片键槽深 25 mm，哈电磁轭冲片键槽深 20 mm，其中心线均与 T 尾槽中心线重合。

9.2.7.2　扇形磁轭冲片的制造

两种机型的扇形磁轭冲片均采用激光切割机加工（见图 9 – 83）。用激光切割机切出单张磁轭冲片全形，这种方法只需要制作过程质量控制的检查工装，工装成本低，切割断面好，但效率低，且磁轭冲片数量太多时，其成本会超过冲制生产成本。因此激光加工适用于厚度不小于 4 mm 的磁轭冲片生产。

冲制件一般都有毛刺，激光切割加工的冲片还存在挂渣、拉紧孔断面接刀痕等缺陷，这对于大型发电机是不允许的，需用手提砂轮机对轭冲片逐片清除毛刺。

图 9 – 83　数控激光切割机

9.2.7.3　磁轭冲片尺寸检查

在复式冲模合格的基础上进行冲片试冲，采用激光切割的冲片进行试切割。首片由专业质量检验人员进行手检或三维检测，其尺寸公差体系符合图纸或有关标准，合格后冲制叠检所用冲片，叠检是在工厂内模拟、检查电站叠片操作工艺质量的有效方法。用冲片上拉紧螺杆孔定位，按电站安装叠片方法将冲片叠成整圆，叠片高度约 100 mm，如示意图 9 - 84。

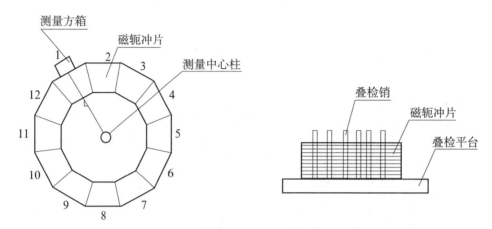

图 9 - 84　磁轭冲片叠检测量示意图

对初步叠完的整圆冲片，根据外圆尺寸大小等分为若干点，用钢卷尺或红外线测量仪测量各点到相对应点的直径或半径。根据与理论尺寸比较，进行圆周的"内敲"或"外敲"。在实际中，可能要反复多次操作才能达到磁轭外径的要求值。

根据下式计算各等分点的外半径和直径：

$$H_1\ (H_2,\ \cdots,\ H_n)\ =L_1\ (L_2,\ \cdots,\ L_n)\ +d/2\quad D=2\ [\ (H_1+H_2+\cdots+H_n)/n]$$

式中：H_1（H_2，$\cdots$，H_n）为实测冲片各等分点的外半径；L_1（L_2，$\cdots$，L_n）为中心柱到等分点之间的距离；n 为总的测量点数；d 为中心柱尺寸；D 为实测直径。

实测平均尺寸符合要求后，使用检查圆柱销逐个对磁轭拉紧螺杆孔进行检查，使用键槽通规和 T 型槽通规插入并能全部通过。叠检合格后才能大批生产，对于激光切割的磁轭冲片，还要用检查胎具工装进行过程的质量控制。

9.2.8　镜板制造技术

9.2.8.1　镜板技术要求

1. 材质要求

（1）镜板制造材料采用锻钢，锻件机械性能、化学成分、无损检验应符合三峡企业标准 T/CEEIA 238—2016《大型水轮发电机镜板锻件技术条件》和 JB/T 7023—2014《水轮发电机镜板锻件技术条件》。

（2）锻件最终热处理（包括粗加工消应力退火）后，其镜板轴承表面半精加工后硬度应达到 200～240 HB，且任何两点硬度差不大于 30 HB。

2. 镜板加工关键要求

（1）两面平行度 0.03 mm；镜板上、下两平面的平行度对安装时机组摆度的调整和运行稳定性有直接影响。

（2）镜面表面粗糙度值 $Ra = 0.4\ \mu m$。机组运行中，镜板与推力轴承瓦进行摩擦，镜板油膜厚度一般只有 $30 \sim 70\ \mu m$，如果镜面有刮痕、高点、毛刺等缺陷，则可能破坏油膜及推力瓦面，甚至造成烧瓦事故。

（3）把合面上的盲销孔与把合螺孔位置度为 $\phi 0.2\ mm$。

图 9 - 85 为东电镜板示意图。

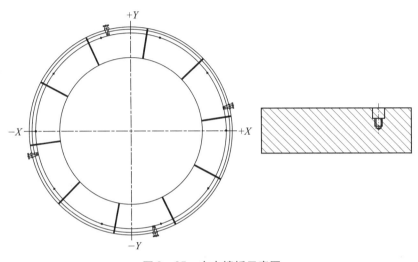

图 9 - 85　东电镜板示意图

9.2.8.2　镜板加工工艺

白鹤滩水轮发电机镜板尺寸较大，且对上、下两平面的精度、表面粗糙度等要求都很高，所以镜板内外圆、上下面选择采用高精度立式车床对镜板进行加工；把合面上的盲销孔与把合螺孔位置度要求较高，采用数控龙门铣进行加工。

镜面锻件采购回厂后，基本加工流程为：

车探伤面、探伤→车磨上下面、打硬度、选镜面→车磨把合面→钻、铣、攻盲销孔与螺孔→车磨垫筒→半精车、精车镜面→磨镜面→研磨、抛光→清理防护。

1. 车探伤面、探伤

大型镜板锻件交货前，一般在承制厂粗加工检测合格后，到货后不再进行此加工、检验。

2. 车磨上下面、打硬度、选镜面

由于要求镜板轴承表面半精加工后硬度应达到 $200 \sim 240$ HB，且任何两点硬度差不大于 30 HB。为此需进行车磨上下面，肉眼观察两面的缺陷情况，测量两平面硬度，最终选择缺陷相对较少且硬度差值较小的平面作为镜面。

如果镜板订货图中要求锻件承制厂标出"轴承油膜面侧"，那么镜板锻件到货后一般也无需此道工序。

3. 钻、铣、攻盲销孔与螺孔

镜板把合面上的盲销孔和把合螺孔的位置度要求较高，为此一般安排在大型数控龙门铣进行加工。

4. 车磨垫筒

镜面的精车、研磨、抛光加工都是以镜板把合面作为基准面，为保证镜板两平面平行度达到设计要求，所有垫筒压紧在立式车床上之后，需精车和磨削所有垫筒上平面，其精度和表面粗糙度应不低于镜板把合面。然后镜面朝上将镜板放置在垫筒上，检查无间隙后，固定镜板。

5. 半精车、精车镜面

为保证镜面的加工精度，镜板精加工前，需对立车精度进行检查与调整，要求花盘端面跳动不应大于 0.02 mm，刀架导轨水平度和直线度分别不大于 0.02 mm/m。

6. 镜板磨削

将自制磨削装置安装在立式车床刀夹上，进行镜面磨削。磨削时先使用砂轮进行粗磨，然后使用千叶轮进行精磨，如图 9 – 86 所示。

千叶轮坚硬耐磨，具有较强的弹性，具有切削锋利、加工效率高、不烧伤工件、理化性能稳定、安全性高、连续操作简单方便的特点，具有较好的跑合和抛光作用。

7. 镜面平面度检查

镜面磨削后，使用检定合格的 00 级大理石平尺借助塞尺的方法进行平面度检查与判定。镜面进行研磨、抛光后就不能再用接触检测手段进行平面度、表面粗糙度等的检测，以免损坏镜面。

8. 镜面的研磨和抛光

镜面分研磨、抛光两个步骤进行。研磨可降低表面粗糙度值至 $Ra \leqslant 0.4$ μm，抛光可获得光亮光滑镜面，如图 9 – 87 所示。

图 9 – 86　镜板磨削　　　　图 9 – 87　镜面的研磨和抛光

9.2.9　磁极制造技术

磁极由磁极铁心和磁极线圈两部分组成。磁极铁心由磁极冲片叠压而成。在加压的状态下，通过螺栓压紧磁极两端磁极压板，保证铁心的压紧力满足标准要求。磁极压板在数控加工中心加工，尺寸精确。由于磁极过长，磁极铁心装压后增加了一次平直序，此序保证铁心直线度、扭斜度满足标准要求。磁极线圈采用钎焊工艺进行焊接，热压成型。

为了保证各磁极重量的一致性，磁极铁心和线圈套装前先分别进行称重，根据称重结果配重，按配重表进行套装。磁极线圈、绝缘托板、极身绝缘采用整体热压成型工艺制造。整个磁极装完后，单个磁极做耐压试验。最终全部磁极进行第二次配重，确保工地安装时转子整体重量分布均匀。图 9 - 88 为磁极装配实例。

图 9 - 88　磁极装配实例

9.2.9.1　磁极线圈

1. 磁极线圈基本结构及制造工艺

大容量和特殊的带散热匝的线圈，普遍采用焊接方法取代绕制方法，焊接式磁极线圈有以下优点：

（1）铜排的宽度和厚度比可以加大。

（2）铜排不存在拉窄、拉薄现象。

（3）便于制造散热匝线圈。

（4）矩形线圈转角和散热匝铜线加宽，使铜排截面局部加大，铜线规格更多样化。

（5）线圈内腔为矩形，转角不带圆弧，因此磁极铁心也不带圆弧，可以简化磁极铁心制造工艺。

白鹤滩发电机式磁极线圈制造工艺与三峡、向家坝、溪洛渡相类似，在此不做介绍。所不同的是，东电创造性地采用了磁极线圈铜排内通风冷却技术，铜排上通风孔的加工是磁极线圈制造的一个难点（见图 9 - 89）。

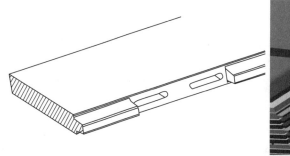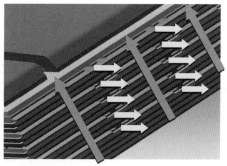

图9-89　带通风孔的铜排及磁极线圈

　　磁极铜排材料为紫铜，采用一体式挤压成型，其长度近4 m，宽度130 mm，厚度16 mm，属超细长零件。在其16 mm厚度的侧面上，加工26个宽度5 mm、长度30 mm贯穿式腰形孔，贯穿深度达110 mm，宽深比达到1∶22，远超出1∶10的深孔加工。由于紫铜的断屑性能差，切削产生的铜屑极易黏结在切削刀具上导致刀具断裂零件报废，因此在加工时选用直径小于5 mm的刀具从两侧先后加工对接成型。

　　为避免翻面定位误差大导致腰形孔错位零件报废，在加工时采用高精度专用夹具（装夹误差小于0.1 mm）进行装夹，保证每次装夹的误差减至最小，使用高精度定位工装（定位误差小于0.03 mm）进行定位，保证翻面二次装夹时腰形孔处于同一位置。铜排所有工序选择在高刚性、高精度CNC机床（重复定位精度小于0.006 mm）上进行加工，保证加工精度及加工质量。

　　2. 焊接式磁极线圈制造关键工序

　　（1）匝焊、组焊。线圈每匝铜排之间为直接对焊，采用全自动感应焊机，能有效地保证铜排对接焊接质量，降低了模具制造成本与人工工作量，大大提高了产品质量和工作效率。

　　图9-90为磁极线圈组焊，图9-91为磁极线圈热压。

图9-90　磁极线圈组焊　　　　　　　　　图9-91　磁极线圈热压

　　（2）垫绝缘。垫绝缘前，将线匝散开于清理架上，用细砂纸去除铜线表面毛刺，再用布浸酒精擦洗干净。检查铜线应无毛刺及脏物，接头无气孔、开焊现象。磁极线圈匝间绝缘采用上胶玻璃坯布、上胶玻璃毡布或上胶绝缘纸。为了避免磁极线圈匝间短路，要求匝间绝缘的宽度大于铜排宽度。

（3）热压清理。热压的目的是使匝间绝缘固化并与铜排黏合成一个坚实的整体，使线圈达到要求的形状和尺寸。磁极线圈热压也在四柱式油压机上进行，采用冷热压工具。用低压大电流直流电源给线圈通电加热。在通电加热的过程中，磁极线圈上、下层的温度较低，中间匝的温度较高，这样容易造成首末匝绝缘固化不好而使线圈首末匝开匝，因此，需要在热压模上、下与线圈接触位置增加辅助加热装置，以减少温差，提高磁极线圈热压质量。

热压完成后，清除线圈内腔表面余胶和绝缘纸，清除线圈外表面绝缘。

磁极线圈表面清理完成后，在线圈内、外表面均匀涂刷一层室温固化胶。在胶固化后，再在线圈内表面涂刷一层红瓷漆。

9.2.9.2　磁极冲片

1. 磁极冲片结构

东电与哈电的磁极冲片分别采用 1.5 mm 厚与 2 mm 厚的高强度冷轧薄钢板冲制而成，冲片上双 T 尾与磁轭挂接。磁极冲片形状如图 9 - 92 所示。

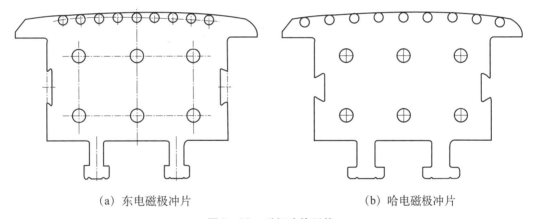

（a）东电磁极冲片　　　　　　　　　（b）哈电磁极冲片

图 9 - 92　磁极冲片形状

2. 磁极冲片的制造工艺

东电与哈电磁极冲片均采用高精度复式落料模冲一次冲成，这种工艺虽需要用较复杂的冲模冲制，成本较高，但生产效率高、精度高、叠片错牙小，可避免冲片翘曲，满足冲片的平面度要求，从而保证磁极铁心的叠装质量。由于薄钢板的厚度沿着轧制方向相差较小，沿着宽度方向的厚度，通常中间与两边相差较大，因此磁极冲片采用套裁冲制，磁极铁心装配时其厚度差能得到相互补偿。冲制排样采用单排套裁，如图 9 - 93 所示，通常 T 尾的厚度与靴部的厚度相差 0.02 ~ 0.05 mm，沿轧制方向可冲出多件，这样冲片叠到一起，就可消除材料各点位置厚度不一致的影响，叠装磁极时，使靴部的长度和 T 尾的长度一致。这样正反交错排样还可以节约原材料。

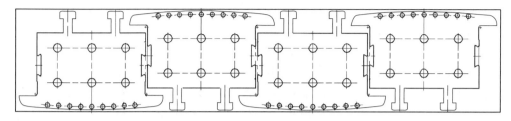

图 9 - 93　磁极叠片冲制排样图

9.2.10　上机架制造技术

白鹤滩两种机型的上机架均采用斜支臂结构。

哈电机型的上机架由中心体和20个斜支臂组成。组装后，上机架的最大外径尺寸为 ϕ21 100 mm，总重量106.6 t。上机架中心体由上中下环和内外壁板等部件组成，其中内外壁板、筋板形成了20个封闭的腔体，给制造带来很大的难度。上机架中心体高度尺寸为1590 mm，重量30.5 t。斜支臂长约8189.87 mm，高度1930 mm，重量2.95 t，支臂的上、下翼板材料为20 mm厚的Q235B钢板，立筋为8 mm厚的Q235B钢板。

东电机型的上机架由中心体和18个支臂组成。组装后，上机架的最大外径尺寸为 ϕ21 318.5 mm，总重量91.5 t。上机架中心体由上中下环和内外壁板等部件组成，其中内外壁板、筋板形成了18个封闭的腔体。上机架中心体高度尺寸为1716 mm，重量34.6 t。斜支臂长约7894 mm，高度1690 mm，重量3.13 t，支臂的上、下翼板材料为20 mm厚的Q235B钢板，立筋为10 mm厚的Q235B钢板。

中心体与斜支臂分别进行装配、焊接及消除应力处理。消除应力处理合格后，中心体与支臂需进行整体预装，预装尺寸检查合格后，装焊合缝块并标记装配基准。中心体、斜支臂经喷砂、清理及涂漆后转入加工工序。中心体和斜支臂分别进行加工，加工后发往工地，在电站工地将中心体与斜支臂装焊成整体，具体结构如图9-50所示。

9.2.10.1　焊接工艺要点

1. 中心体与斜支臂高度尺寸公差控制

为满足上机架中心体装焊尺寸精度要求，对于焊接结构件需要充分保证焊后加工余量。因此需要严格控制各环板下料尺寸和环板平面度以及装配时预留合理的焊接收缩量，装配高度尺寸公差一般按照 +3 ~ +5 mm进行控制。施焊过程中，分段、对称焊接控制焊接变形，保证中心体的最终尺寸精度并满足环板加工余量要求。中心体与斜支臂单独装焊，中心体与斜支臂的高度尺寸公差要求应合理并保持一致，避免中心体与支臂整体组焊时出现过大错口。

斜支臂结构主要由上、下翼板和立筋等组成，其结构材料主要为Q235B，上、下翼板厚度都为20 mm，而立筋厚度只有8 mm（哈电）或10 mm（东电），结构尺寸大而且非常单薄，焊接过程若控制不当易发生扭曲变形。同时焊后热处理过程中会产生退火变形。因此在斜支臂装配后，在上、下翼板间焊接30 mm×30 mm支撑拉筋，可以有效控制焊接和退火变形，如图9-94所示。

2. 上机架中心体加工余量的保证工艺措施

白鹤滩发电机上机架中心体尺寸精度要求高，各项单件尺寸大且钢板普遍偏薄，局部理论加工量为 5 mm，极难保证。因此在下料过程中，必须严格控制下料尺寸和上、下环板的平面度，保证装配间隙值在合理范围内。中心体装配时，高度尺寸预留 3~5 mm 的焊接收缩量。中心体施焊过程中，必须严格控制焊接电流、焊接速度等工艺参数，并采取分段、对称焊接等工艺措施。同时，焊接过程中，需要监测上机架各项尺寸，依据尺寸变化情况随时调整焊接顺序、焊接参数等，进而实现对焊接变形的控制。

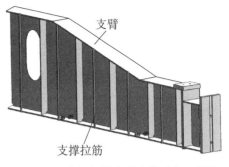

图 9-94　上机架斜支臂支撑型式示意图

中心体焊后需经热处理，对于这种薄钢板的焊接结构件，热处理过程中极容易出现较大的变形。在热处理过程中，上机架中心体需采用科学合理的支撑、垫放形式，避免出现局部过大变形。

9.2.10.2　上机架加工

上机架由于直径尺寸大，无法整体机械加工。为保证中心体和斜支臂工地组合符合要求，保证支臂外圆端孔的分布位置，采用整体画线、单件加工的方式。中心体与支臂焊接合格后解体前，画出孔的分布圆线及支臂与中心体的水平基准线，中心体以此基准加工各部位，在 12.5 m 立车上完成车、镗加工，避免多工位找正误差，利用立车的分度盘加工各孔及导瓦定位面，保证位置度。图 9-95 为上机架整体画线实例。

9.2.11　下机架制造技术

白鹤滩发电机下机架由中心体和 12 个向心工字型支臂组成，在电站厂房内将中心体与支臂装配、焊接成一体。

图 9-95　上机架整体画线实例

哈电机型下机架中心体外径最大尺寸为 ϕ7630 mm，高度尺寸为 3950 mm，总重量约 208.6 t。下机架支臂高度尺寸为 2280 mm，单个支臂的重量约 9.5 t。下机架整体最大外径尺寸 ϕ17 800 mm，总重量约 339.3 t。

东电机型下机架中心体外径最大尺寸为 ϕ8020 mm，高度尺寸为 4040 mm，总重量约 187 t。下机架支臂高度尺寸为 2565 mm，单个支臂的重量约 9.6 t。下机架整体最大外径尺寸为 ϕ13 670 mm，总重量约 304.4 t。

由于重量、尺寸、结构型式所限，在装焊过程中，翻身非常困难，焊工需要进行全位置焊接操作，施工困难。两种机型下机架的结构如图 9-51 所示。

9.2.11.1　下机架焊接工艺

1. 大厚钢板拼焊及焊接工艺方法

白鹤滩发电机下机架中心体的上环板、中环板和下环板的外径尺寸大，哈电钢板厚度分别为 200 mm、170 mm、100 mm，东电钢板厚度分别为 80 mm、170 mm、150 mm，每个环板采用 6 等分进行拼焊，焊接变形不易控制，焊接方法采用半自动埋弧焊。焊接过程中，需监测环板平面度，依据平面度变化多次翻身、对称焊接进而实现平面度控制。

2. 封闭空间内部表面质量控制

下机架中心体（见图 9 - 96）筋板与椎体之间形成封闭空间，中心体经热处理后，封闭空间内部氧化且无法进行涂漆操作。因此，在装配筋板前，在封闭空间内部及筋板内侧表面刷涂耐热漆。此种耐热漆经热处理后，仍可保留原有的漆膜状态，进而改善表面外观质量。

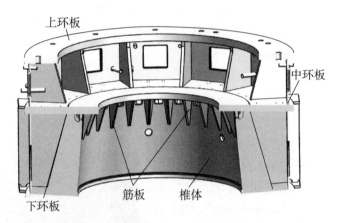

图 9 - 96　筋板形成封闭空间示意图

3. 不锈钢管路的装焊

油槽部分的进、回油管路由数十件不锈钢管及不锈钢弯头装焊而成，均为油密封焊缝。管路弯头与部分不锈钢管路采取分装配工艺措施。焊接方法采用钨极氩弧焊，并自制焊缝背面保护气体接头工具以确保焊缝根部质量。焊后对分装配进行酸洗进而提高管路内部的清洁度。考虑管路内部不便清理及管壁较薄且奥氏体不锈钢材料不适合进行焊后热处理等因素，管路需在中心体完成热处理、喷砂、涂漆工序后进行装焊。

4. 保证加工余量的工艺措施

下机架中心体的焊接量较大（超过 10 t），如此巨大的熔化金属重量必然带来较大的焊接变形。根据下机架中心体的加工面均在中环板以上的结构特点，采取分多次装焊的工艺方案。

第一阶段：装配、焊接中心体下环板与中环板间的各项零部件。

第二阶段：装配、焊接中环板与上环板间的各项零部件。

按照此种工艺方案，中环板以下各项零部件焊接完成后，大部分焊接量已经完成，焊接变形已经形成，尺寸已经相对稳定，再装焊剩余需要加工的各项零部件，变形更易控制。中心体分步装焊示意图如图 9 - 97 所示。

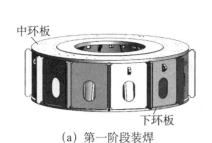
（a）第一阶段装焊

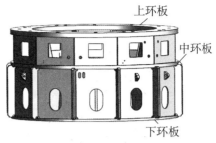
（b）第二阶段装焊

图 9 - 97　中心体分步装焊示意图

5. 中心体与支臂间翼板错口控制工艺措施

下机架中心体与支臂（见图 9 - 98）单独装配、焊接，合缝位置翼板的错口极难控制。工艺上采取如下措施：

（1）中心体与支臂翼板设计成不等厚板的型式，降低错口控制难度。

（2）中心体大部分焊量完成后，画线确定下机架的导轴承中心线，作为装配基准，以此基准装配中心体翼板。

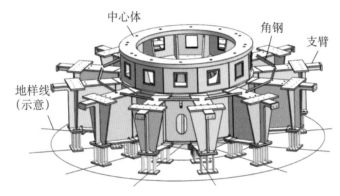

图 9 - 98　中心体翼板装配示意图

（3）中心体翼板装配时，需同时在平台上摆放各项支臂，作为参考基准。

（4）支臂至中心尺寸适当放大 3 ~ 5 mm，作为工艺收缩余量，确保下机架径向尺寸焊后符合设计公差要求。

9.2.11.2　下机架加工

因下机架中心体尺寸超过陆路运输限制，哈电下机架加工采取中心体与支臂整体画线、拆开后单件加工的工艺方案，下机架中心体在工地现场转轮加工厂装焊、加工，支臂在厂内装焊后运到工地现场转轮加工厂整体预装确定基准线，再单独加工。图 9 - 99 为哈电下机架预装实例。

中心体与支臂焊接合格后按装焊基准线把合，以下导瓦支撑中心线为基准调平，在中心体和支臂上画出找正平线和圆线、支臂底板平面加工线及与基础板把合孔位置线。在每个支臂与中心体对应的筋板上画出复位线。

中心体在 10 m 数控立车上加工，同时立车配合画出推力支撑孔分布圆线，用磁力钻加工该孔。支臂按整体基准线找正，用镗床加工支臂底板平面及销孔，钻床加工基础板把合孔。

图 9 - 99　哈电下机架预装实例

东电下机架加工采取支臂在厂内单独装焊、加工后运到工地现场转轮加工厂与中心体预装，整体画中心体加工线，拆开后最后精加工中心体的工艺方案。下机架中心体在工地现场转轮加工厂装焊、加工。

中心体在 9 m 数控立车上完成车序加工；基础环与中心体进行预装，配钻攻把合螺孔，同钻铰销；使用专机设备完成导轴承瓦支撑孔加工。